普通高等教育“十一五”国家级规划教材
全国高等农林院校“十一五”规划教材

园艺植物昆虫学

第二版

李照会　主编

中国农业出版社

第二版编审者

主　　编　李照会

副 主 编　师光禄　徐志宏　黎家文　张新虎　叶保华

编　　者　（按姓名笔画排列）

于洪春（东北农业大学）
王进忠（北京农学院）
王国红（福建师范大学）
王勤英（河北农业大学）
贝纳新（沈阳农业大学）
叶保华（山东农业大学）
师光禄（北京农学院）
花　蕾（西北农林科技大学）
李有志（湖南农业大学）
李照会（山东农业大学）
杨茂发（贵州大学）
杨益众（扬州大学）
张振芳（青岛农业大学）
张新虎（甘肃农业大学）
庞保平（内蒙古农业大学）
祝树德（扬州大学）
徐　伟（吉林农业大学）
徐志宏（浙江农林大学）
郭线茹（河南农业大学）
席景会（吉林大学）
陶　玫（云南农业大学）
黄寿山（华南农业大学）
曹　挥（山西农业大学）
蔡　平（苏州大学）
黎家文（湖南农业大学）
潘洪玉（吉林大学）
薛　明（山东农业大学）

审　　稿　仵均祥（西北农林科技大学）
刘永杰（山东农业大学）

第一版编者

主　　编　李照会（山东农业大学）

副 主 编　师光禄（山西农业大学）

徐志宏（浙江大学）

黎家文（湖南农业大学）

张新虎（甘肃农业大学）

编写人员　（按姓名笔画排列）

于洪春（东北农业大学）

王进忠（北京农学院）

王国红（江西农业大学）

王勤英（河北农业大学）

贝纳新（沈阳农业大学）

叶保华（山东农业大学）

花　蕾（西北农林科技大学）

杨茂发（贵州大学）

杨益众（扬州大学）

张振芳（莱阳农学院）

庞保平（内蒙古农业大学）

祝树德（扬州大学）

徐　伟（吉林农业大学）

郭线茹（河南农业大学）

席景会（中国人民解放军军需大学）

陶　玫（云南农业大学）

黄寿山（华南农业大学）

曹　挥（山西农业大学）

蔡　平（苏州大学）

潘洪玉（中国人民解放军军需大学）

第二版前言

跨入21世纪以来，随着我国改革开放和经济建设的迅速发展，科技水平和人们生活水平迅速提高，食品安全（food safety）提到了全国人民的议事日程；我国的植保技术和化学农药生产水平日新月异，无公害植保技术、绿色植保技术、生态调控技术和有害生物可持续治理技术等的研究与示范不断涌现；低毒、高效、低残留、选择性的环境友好农药大批出现。

我国无公害农产品生产迅速扩大，截至2007年8月，全国已累计认定无公害农产品产地34 406个，接近全国耕地面积的20%，认证无公害农产品28 563个，绿色食品14 339个，有机食品2 647个，“三品”实物总量约占全国食用农产品商品总量的20%。2009年5月15日，农业部披露，力争通过5～8年的时间，使我国的无公害食用农产品生产面积从目前的30%提高到70%以上。就我国的果蔬生产而言，面积扩大更快，品种日益增多，栽培方式多样，复种指数提高，其中无公害果蔬面积现已逾种植面积的40%。

2009年2月28日，第十一届全国人民代表大会常务委员会第七次会议通过了《中华人民共和国食品安全法》。食品生产可依照法律、法规和食品安全标准从事生产与经营活动。

鉴于上述原因，《园艺植物昆虫学》的有些内容已不适应当前的教学，因此修订工作迫在眉睫，同时修订版被列入“普通高等教育‘十一五’国家级规划教材”。

本教材保持了第一版原有的章节和基本内容，其修订的主要内容如下：

1. 删除了国家禁止使用、停止使用的农药和高毒农药，更换了低毒或中毒、高效、低残留、选择性的环境友好农药。

2. 删除了不适合的陈旧内容，更换了新的研究成果和防治技术。

3. 更换了部分昆虫形态特征图。

本教材力图以简练的文字和简明的体系，在有限的篇幅内，帮助读者全面、系统地认识和了解各类园艺昆虫，掌握园艺害虫防治的基本原理和技能。教材可供园艺专业必修课使用，也作为植物保护、植物检疫、农学、植物科学与技术、烟草、种子科学与工程、生物技术、食品科学与工程等其他专业选修课教材，还可为相关技术工作者和管理者提供参考。

教材将大量有关参考文献列于书后，以供参考。在此谨向所有提供帮助、支持的单位和个人表示衷心谢意！

由于水平所限，错误和不足之处在所难免，敬请各位读者不吝指正，以便再版修正。

编　者

2010 年 10 月于泰山

第一版前言

随着我国高等教育改革不断深入，在教育理念、教育体制、教学内容、教学手段和教学方法上均发生了巨大变化，同时获得了许多适应21世纪大众化教育和培养创新人才的新成果。为使高校培养的人才具有根据社会需要转换较多工作岗位的能力，教育部总结提出了“宽口径、厚基础、高素质、强能力、广适应”的高等教育改革指导思想。在调整本科专业目录时，为了拓宽专业面和提高实践能力，国家将原来的蔬菜、果树和茶学三个专业合并为园艺专业，相应将原来的蔬菜昆虫学、果树昆虫学、花卉昆虫学和茶叶害虫防治等课程合并为园艺植物昆虫学。

我国幅员辽阔，南北地跨热带、南亚热带、中亚热带、北亚热带、暖温带、温带、寒温带，园艺植物种类和品种多样性极其丰富，其上发生的害虫种类繁多，且每种害虫的食物范围大小不一，即使同种害虫，在不同地域的发生规律也有显著差异。为了尽量减少教材篇幅及其内容中不必要的重复，在编写的体系上，利用许多院校近年来的教学成果，将传统的以作物种类为单元介绍各种害虫发生及其防治，改为以害虫形态分类和为害方式相结合的单元体系。全书分上、下两篇共十八章。其中，上篇第一至七章为昆虫学基础。主要讲授昆虫及螨类的分类地位、外部和内部形态结构及其功能、一般生物学特性、分类体系及重要目科介绍、生态环境、调查及其预测预报方法、害虫防治原理与方法以及目前常用的化学药剂，为学习下篇奠定基础。第八至十八章为下篇，分别讲授各种重要害虫、害螨的形态识别、发生和为害规律、常用的预测预报和综合治理方法等。其中第十六至十八章分别介绍了食用菌害虫、仓储害虫、果蔬害虫综合治理。在讲授时，可结合当地害虫发生情况，对教材内容做适当取舍。

各章节编写分工：前言、绪论、第十二章卷叶类及第十八章第五节，全书终审（李照会）；第九章吮吸式害虫的第二节蚧类及第十八章第三节，部分初审（师光禄）；第十四章蛀茎（枝干）害虫及第十八章第二节，部分初审（徐志宏）；第十三章食叶害虫的引言、第一至三节，第十八章第四节，部分初审（黎家文）；第八章地下害虫及第十八章第一节，部分初审（张新虎）；第四章昆虫与农螨分类的第三节同翅目、缨翅目、脉翅目、鞘翅目（蔡平）；第五章生态环境对昆虫的影响（庞保平）；第六章害虫防治原理与方法的引言、第一至四节（于洪春）；第六章害虫防治原理与方法的第五至七节（黄寿山）；第四章昆虫与农螨分类的第三节鳞翅目、膜翅目、双翅目、农螨（杨茂发）；第一章昆虫的外部形态（祝树德、杨益众）；第九章吮吸式害虫的第一节蚜虫类（陶玫）；第十五章蛀果害虫（花蕾）；第十三章食叶害虫的第四至六节（王勤英）；第十三章食叶害虫的第七至九节（张振芳）；第二章昆虫的内部器官（潘洪玉、席景会）；第七章昆虫的田间调查与预测预报（王国红）；第十章害螨（贝纳新）；第四章昆虫与农螨分类的第一、二节、第三节的直翅目、半翅目（王进忠）；第九章吮吸式害虫的第三至六节（郭线茹）；第三章昆虫的生物学（徐伟）；第十一章潜叶、潜皮害虫（曹挥）；第十六章食用菌害虫（叶保华）、第十七章仓储害虫（叶保华）。

本教材的编写得到了中国农业出版社与各编委所在单位的教务处和植保学院（系）的大力支持；承蒙印象初院士、牟吉元和幕立义教授鼓励，并提出了宝贵意见；杨勇、李雪雁同志在编写中做了大量校改等工作；李照会教授进一步筛选、修饰和制作了大量插图，并做最后统稿。在此向所有帮助、支持本教材编写的单位和个人谨表衷心谢意！

由于水平所限，不足之处在所难免，敬请各位读者不吝指正，以便再版修正。

编　者

2003 年 12 月于泰山

目　　录

下篇 各 论

绪　论

一、园艺植物害虫及其防治意义

园艺植物（horticultural plant）是指在露地或保护地中人工栽培的蔬菜、果树、观赏植物、草坪、香料及部分特用经济植物等。取食为害园艺植物的动物统称为园艺有害动物（horticultural harmful animal），主要包括节肢动物门的昆虫（insect）和螨类（mite），软体动物门的蜗牛（snail）和蛞蝓（slug），以及脊椎动物门的鼠（mouse）、野兔（rabbit）和害鸟（harmful bird）等，其中绝大多数种类是昆虫，被称为害虫（insect pest）。

据有关研究报道，昆虫在地球上至少有3.6亿年的历史。由于昆虫具有历史长、虫体小、食物来源广、代谢利用率高、生活周期短、生态适应性和繁殖力强等优势，经过与植物漫长的协调进化和分化，无论是外部形态、内部生理结构、代谢方式、食性、行为、生态可塑性，还是遗传特性等，均显示了非常丰富的生物多样性。昆虫现已成为生态系统中十分重要的生物类群。目前全世界已知昆虫有100多万种，约占动物界已知总物种的2/3。估计全世界可能有昆虫1 000万种，其中，植食性昆虫（herbivorous or phytophagous insect）约占48.2%，捕食性昆虫（predatory insect）占28%，寄生性昆虫（parasitoid insect）占2.4%，腐食性昆虫（saprophagous insect）占17.3%左右。

人类的园艺活动形成了以作物为中心的集约化种植，从而为某些植食性昆虫提供了丰富的营养物，并创造了适于这类昆虫生活的其他环境条件；同时，削弱或灭绝了以非园艺植物为营养和环境的其他植食性昆虫及其天敌种类，从而减少了园艺生物群落中的物种组分和种群之间的竞争，致使园艺植物昆虫种群数量急剧增长，给园艺生产造成不同程度的经济损失。人们通常将这些有害昆虫称为园艺植物害虫（horticultural plant pest）。据调查报道，我国已记载蔬菜有植食性昆虫300余种，果树有1 600余种，其中经常发生为害的害虫占1%～5%。在正常防治的情况下，每年病虫害仍造成较大的经济损失，蔬菜为15%～25%，果品为20%～30%。有时因防治失利，损失可达50%以上。人们为了保护园艺植物避免或减少其为害损失，不断开展害虫防治工作。园艺植物昆虫学（horticultural plant entomology）就是在人类长期与害虫的斗争中逐渐形成和发展起来的。由此可见，学习和研究园艺植物害虫防治理论和方法，保护园艺植物不受或少受虫害，对于提高作物产量和品质，增加经济收入，改善和提高人们生活水平，早日建成小康社会，将我国建设成为一个繁荣富强的国家具有极其重要的意义。

二、园艺植物昆虫学的性质、研究内容和任务

园艺植物昆虫学是研究园艺植物昆虫发生规律、预测预报、害虫控制和益虫利用原理与方法及其实践技能的应用科学，是一门具有广泛理论基础的昆虫学和植物保护学的分支学科。

园艺植物昆虫学广义的研究内容和任务是研究园艺生态系统（horticultural ecosystem）中害虫和益虫的形态特征、地理分布、取食特点、年生活史与习性、群落结构变动和种群数量消长与周围环境因子之间相互依赖、相互制约的关系，以及园艺植物的抗虫性及其受害后的经济损失，从而找出其中的规律和薄弱环节，进而提出预测预报的方法和经济、简便、安全、有效的治理策略及其配套措施，以期达到保护园艺植物优质、高产、高效和维护优良生态环境的目的。该学科狭义上的研究内容仅研究害虫部分。由于受教材篇幅和授课学时的限制，该教材主要介绍园艺植物害虫，并包括重要的害螨、蜗牛和蛞蝓，而害虫天敌和其他资源昆虫不作单独介绍。

园艺植物昆虫学与物理学、化学、植物学、植物生理学、生物化学、分子生物学、遗传育种学、园艺植物栽培学、土壤肥料学、农业气象学、植物化学保护、生物统计学、微生物学和害虫生物防治等生物科学和农业科学的其他分支学科有着密切的关系。随着害虫综合治理理论和技术向高、深层次发展和系统工程原理与方法在害虫综合治理中的应用，害虫的计算机优化管理将会逐步提高，这就使园艺植物昆虫学与信息学、环境学、运筹学、社会学、经济学、决策学、计算机与信息科学等也将发生越来越密切的联系。

三、我国园艺植物昆虫研究的历史和现状

我国园艺植物昆虫研究与实践的历史悠久。据考古证实，早在4 800年前已开始养蚕纺丝；3 000年前开始养蜂酿蜜；2 600年前就有治蝗、防螟的科学记载；2 200年前已开始应用砷、汞制剂和藜芦杀虫。公元前1世纪的《氾胜之书》中关于谷种的处理，是世界最早记载的药剂浸种。304年，我国广东一带果农就利用黄猄蚁（*Oecophylla smaragdina* Fabricius）防治柑橘害虫，并将蚁和蚁巢作为商品出售，这是世界上最早的生物防治实例。3世纪还记载了“使某种鸟数量增加的因素，将间接利用蚜虫种群，此因是鸟对瓢虫有稀疏作用，瓢虫食蚜虫，而其自身亦将为鸟所食”的食物链（food chain）和自然种群控制的反馈机制。528—549年，开始运用调节播种期、调节收获期、选用抗虫品种防治害虫。

害虫防治作为昆虫学科进行系统研究，我国则始于清朝戊戌变法以后。百余年来，我国昆虫学工作者经过不懈的努力，取得了许多经验和成绩。特别是新中国成立后，国家对害虫防治工作极为重视，通过广大植保工作者共同努力研究和实践，取得了举世瞩目的成就：

①许多高等院校增设昆虫学专业和植物保护专业，为社会培养了大批各学历层次的专业技术人才。从中央到地方建立和健全了植物保护技术推广、植物检疫组织机构和科学研究单位，配备了各类专业人员和较先进的设备条件。

②制定和修订了我国有关的法规和植物保护工作方针，并进行了大量的研究、修订和卓有成效的生产实践活动。随着农村经济的飞速发展，广大农民的文化素质普遍提高，掌握害虫防治知识已成为广大农民群众的一种自觉行动，从而保障了园艺植物的连年增产、丰收。

③基本摸清了全国农林害虫及其天敌区系，出版了系列经济昆虫志、动物志和各地的农林害虫及其天敌图谱、名录、手册等，为深入研究其基础理论和应用技术，以及开展普及昆虫知识打下坚实的基础。

④基本探明了各地主要农林害虫的生物学特性和种群数量消长规律，积累了大量的科学

数据，为搞好害虫预测预报和防治奠定了雄厚的理论基础。尤其是数学生态、生物统计、遥感、计算机与信息等科学理论和应用技术，显著提升了害虫预测预报的技术水平，更加显示了全国农业病虫害测报网的作用。

⑤通过开展大规模群众性的害虫防治工作，积累了丰富的防治经验，发展了防治策略，提高了防治技术水平。尤其是20世纪90年代以来，我国广大植保工作者围绕有害生物可持续治理，在害虫生物防治、基因工程在抗虫育种中的应用、大力开发与推广果实套袋和防虫网技术、作物抗虫品种、高效低毒低残留化学农药、无公害的生物源等特异性杀虫剂及其新型药械、不育技术防治害虫等方面的工作中均取得了长足的发展，并禁止或限制了高毒农药的使用，逐步改变了单一依赖化学防治的状况，制定和实施了适合当地生态条件的主要园艺植物有害生物可持续治理措施及其安全控制技术规程，基本控制了桃小食心虫（*Carposina sasakii* Matsumura）、旋纹潜叶蛾（*Leucoptera scitella* Zeller）、卷叶蛾、叶螨及蚜虫类等许多重大害虫的猖獗危害，减少了农药残毒对环境和农产品的污染，基本实现了无公害甚至绿色食品生产，取得了持续增长的经济、生态和社会效益。

然而，随着农村经济管理体制的改革和市场经济的建立，产业结构大幅度调整，果树、蔬菜、观赏植物和中药材等植物种植面积不断增加，耕作制度和栽培技术不断变化，作物品种和农药品种不断更新，农田水肥条件不断改善，加上气候和人为等因素的影响，致使园田昆虫群落结构不断演替，害虫种群消长规律也发生着相应的变化，有些害虫害螨如温室白粉虱（*Trialeurodes vaporariorum* Westwood）、烟粉虱（*Bemisia tabaci* Gennadius）、小菜蛾（*Plutella xylostella* Linnaeus）、甜菜夜蛾（*Spodoptera exigugua* Hübner）、菜粉蝶［*Pieris rapae*（Linnaeus）］、东亚飞蝗（*Locusta migratoria manilensis* Meyen）、茶黄螨［*Polyphagotarsonemus latus*（Banks）］、二斑叶螨（*Tetranychidae urticae* Koch）、韭菜迟眼蕈蚊（*Bradysia odoriphaga* Yang et Zhang）、梨木虱（*Psylla chinensis* Yang et Li）、茶翅蝽［*Halyomorpha halys*（Stål）］、桃潜叶蛾（*Lyonetia clerkella* Linnaeus）、蛴螬类、蚧类、小叶蝉类等在我国许多地区呈猖獗发生的趋势，仍是影响园艺植物生产最突出的问题。特别是20世纪90年代以来，良种繁育显著增加，国内外种苗调运愈加频繁，有些如美洲斑潜蝇（*Liriomyza sativae* Blanchard）、南美斑潜蝇［*L. huidobrensis*（Blanchard）］、苹果绵蚜［*Eriosoma lanigerum*（Hausmann）］、美国白蛾［*Hyphantria cunea*（Drury）］、蔗扁蛾（*Opogona sacchari* Bojer）、马铃薯甲虫［*Leptinotarsa decemlineata*（Say）］、葡萄根瘤蚜（*Daktulosphaira vitifoliae* Fitch）、栗苞蚜（*Moritziella castaneivora* Miyazaki）、西花蓟马［*Frankliniella occidentalis*（Pergande）］等检疫性害虫不断入侵和蔓延，对园艺植物生产造成严重的经济损失。以上情况说明，害虫防治是一项长期、复杂而又艰巨的工作。任重而道远，需要有志于该项事业的工作者不断地刻苦学习，努力工作，与时俱进，开拓创新，因地因时制宜，进一步研究提高有害生物可持续治理的基本理论和方法，并积极推广和普及应用，以便为园艺植物和害虫天敌创造良好的生态环境，将有害生物控制在经济损失水平以下，实现园艺植物的持续增产、增收。

时代在前进，科学在发展。园艺植物昆虫学已经由宏观、微观向超微观发展，从一般形态观察进入分子生物学研究阶段。各种高新技术在园艺植物昆虫学的研究和实践中日益普及。GPS和GIS技术已用于侦测害虫的分布、为害程度和防治，极大提高了预测预报的准确性和工作效率；原子能、激光、微波、超声波、激素、生物技术已在害虫综合治理上显示出越来越重要的作用。

四、我国植物保护工作方针

随着我国工农业生产迅速发展和植物保护工作经验不断积累，国家在各个时期都制定了相应的植物保护工作方针，使之不断完善，对治虫、保产发挥了积极作用。

1950 年我国正式提出了“防重于治”的植保工作方针，治虫以人工为主，化学农药为辅。不久，六六六、滴滴涕、对硫磷等化学农药大量生产和使用，治虫转向以化学农药为主，所以，1955 年又提出“依靠互助合作，主要采用以农业技术和化学药剂相结合的综合防治方法，加强预测，并研究制造效率高的农械，以便做到及时、彻底、全面防治，重点开展植物检疫工作，防止危险病虫害的蔓延，并加强有益生物的研究与利用”的植保方针。1958 年在“大跃进”形势下，制定了全国农业发展纲要六十条，其中明确要求在 7～12 年内消灭十大病虫害，并提出了“有虫必治，土洋结合，全面消灭，重点肃清”的植保方针。1960 年以后形势趋向稳定，植保工作进一步发展，要求贯彻土洋并举，经济、安全、有效防治结合，将植保方针改为“以防为主，防治结合”。

进入 20 世纪 70 年代，由于连年大面积地单一使用化学防治，带来的残毒、环境污染、害虫抗药性（即“3R”问题）等诸多不良副作用日渐突出。1974 年在广东韶关召开全国农作物主要病虫害综合防治讨论会，认真总结了治虫经验和教训，越来越明确地看出综合防治（integrated pest control，IPC）的必要性和可能性。1975 年在河南郑州召开的全国植保工作会议上，进一步研究确定了“预防为主，综合防治”的植物保护工作方针，为此后的害虫防治技术研究和推广指明了方向，使我国的农业病虫害防治进入了一个新阶段。20 世纪 70 年代末，在国际有害生物综合治理（integrated pest management，IPM）战略及其理论的影响下，结合本国实际，将我国当时的植保工作方针充实了与有害生物综合治理基本相同的含义，从而使综合防治成了综合治理的同义词。随着系统工程原理和方法的引入，着眼于农田生态系统的管理，结合现代信息及计算机数据处理技术，形成害虫治理的联机系统，使害虫治理更为科学、合理、有效。

20 世纪 90 年代以来，随着害虫抗药性、环境保护、物种多样性等问题的日益突出和严峻，人们进一步认识到充分利用自然控制因素，特别是生物防治在害虫综合治理中的重要性，国际上提出了生态调控（ecological regulation）或生态控制（ecological control，EC）策略，即通过人工调控措施，充分发挥自然因子的控害作用，使其在经济损失水平以下。为了保证世界各国在经济发展的同时，保护和改善人类赖以生存的生态环境质量，联合国在 1987 年召开的环境与发展大会上提出了“可持续发展”（sustainable development），在 1992 年第二次更大规模的环境与发展大会上通过了大会宣言，并颁布了《21 世纪议程》，进一步提出“促进可持续的农业和农村发展”的要求，我国政府在第二次大会上积极提出各项要求和承担有关义务。1994 年我国国务院批准颁布了《中国 21 世纪议程》，将可持续发展定为 21 世纪的重大国策之一，并把可持续农业列为我国 21 世纪农业的奋斗目标。在实施可持续农业所需完成的各项指标中，农作物有害生物的可持续控制是必不可少的环节，它与环境、资源、人口、物种多样性等指标都有密切关系。如果有害生物可持续控制不能达标，农业就无法实现可持续发展。1995 年根据世界可持续发展、可持续农业等观点的提出，可持续植保（sustainable plant protection，SPP；sustainable crop protection，SCP）或有害生物可持续治理（sustainable pest management，SPM）相继提出。可持续植保或有害生物可持续治理是指植物保护或有害生物治理技术不仅能够保证当时的作物高产、稳产、优质、高效，取得良好的经济、生态、社会效益，而且要求所采用的治理技术体系能对其后年份的有害生物具有持续的控制作用，使经济植物生产得以持续稳定地发展提高，并追求生态系统的平衡和协调发展。它包括有害生物的可持续治理、经济效益的可持续提高、环境的可持续保护、资源的可持续利用及降低能耗等方面，它侧重于整个生态系统的良性循环。因此，SPM 是可持续农业的要求，是 IPC 的深化和发展，是 IPM 发展的必然趋势。SPM 实际是 IPM 的一种战略和发展的一个范式，也是农业甚至整个社会可持续发展的一个重要组分，可持续发展为 SPM 的研究和实施提供了更广阔的天地，SPM 的成功实施将促进可持续发展。

复习思考题

1. 园艺植物和园艺有害动物分别包括哪些内容？如何理解常发性害虫仅占植食性种类的 1%～5%？

2. 园艺植物昆虫学广义的研究内容和任务是什么？你认为如何才能实现这个目标？

3. 当前，我国园艺植物害虫综合治理的主要成就有哪些？还存在哪些问题？

4. 我国现行的植保工作方针是什么？谈谈当今的有害生物可持续治理、生态控制和综合防治的特点。

上篇

总　论

第一章　昆虫的外部形态

危害园艺植物的害虫及与园艺植物相关的昆虫数以万计，它们生活在错综复杂的环境中，通过长期适应环境和自然选择，其外部形态、生理生化、新陈代谢、遗传和生物学特性等发生了很大变异，形成了极为丰富的生物多样性。但万变不离其宗，各种形态的昆虫，其基本构造及功能都有许多共性。学习园艺植物昆虫学应首先掌握昆虫的外部形态特征及功能。

第一节　昆虫体躯的一般构造

昆虫属于无脊椎动物的节肢动物门（Arthropoda）昆虫纲（Insecta）。节肢动物的共同特征是：体躯左右对称，只有外骨骼的躯壳；体躯由一系列体节组成，有些体节上具有成对的分节附肢，故名节肢动物；循环系统位于身体背面，神经系统位于身体腹面。昆虫纲除具有以上节肢动物门的共同特征外，其成虫还具有以下特征（图 1-1）：

1. 体躯　体躯分成头、胸和腹部 3 个明显的体段。

2. 头部　头部着生有口器和 1 对触角，还有 1 对复眼和 0～3 个单眼。

3. 胸部　胸部分前胸、中胸和后胸 3 个胸节，各节有足 1 对，中胸、后胸一般各有 1 对翅。

4. 腹部　腹部大多数由 9～11 个体节组成，末端具有肛门和外生殖器，有的还有 1 对尾须。

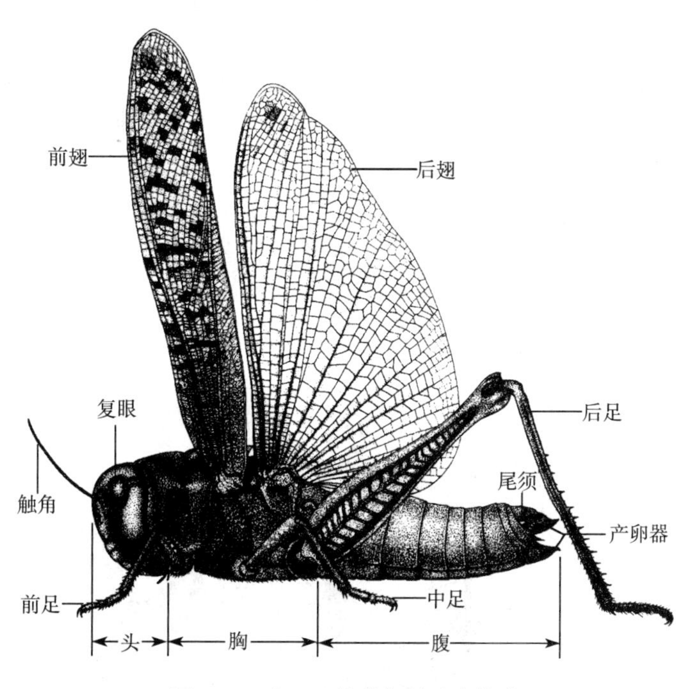

图 1-1　东亚飞蝗体躯的基本构造
（仿彩万志）

掌握以上特征，就可以把昆虫与节肢动物门的其他常见类群（图 1-2）分开。如多足纲（Myriopoda）（如蜈蚣、马陆等）体分头部和胴部 2 个体段，胴部每节有足 1～2 对；甲壳纲（Crustacea）（如虾、蟹、鼠妇、水蚤等）体分头胸部和腹部 2 个体段，触角 2 对，足至少 5 对，无翅；蛛形纲（Arachnida）（如蜘蛛、蜱、螨、蝎等）体分头胸部和腹部两部分，无触角而有须肢 1 对，有足 4 对，无翅。

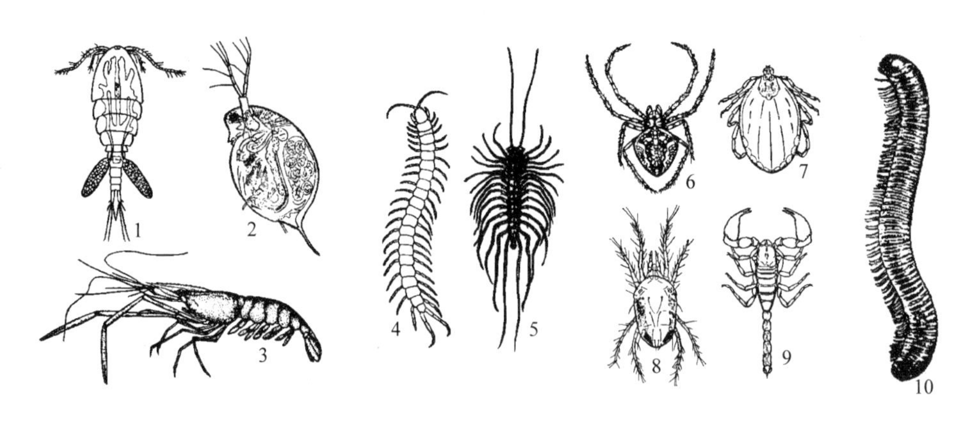

图 1-2 节肢动物门常见类群

1. 剑水蚤 2. 水蚤 3. 虾 4. 蜈蚣 5. 钱串子 6. 蜘蛛 7. 蜱 8. 螨 9. 蝎 10. 马陆

第二节 昆虫的头部

头部是昆虫体躯最前的一个体段，以膜质的颈与胸部相连。头上着生触角、复眼、单眼等感觉器官和取食的口器，所以头部是昆虫感觉和取食的中心。

一、头部的基本构造

昆虫的头部由若干环节愈合而成（图 1-3）。学者们多认为由 6 个体节构成，也有的认为由 4 个体节构成，但其分节现象仅在胚胎发育期才能见到，至胚胎发育完成，各节已愈合成为一个坚硬头壳而无法辨别。昆虫的头壳表面由于有许多的沟和缝，从而将头部划分为若干区，这些沟、缝和区都有一定的名称。头壳前面最上方是头顶，头顶的前下方是额。头顶和额之间以人字形的头颅缝（又称蜕裂线）为界。额的下方是唇基，以额唇基沟分隔，唇基的下方连接一个垂片称上唇，两者以唇基上唇沟为界。头壳的两侧为颊，其前方以额颊沟与额区相划分，但头顶和颊间没有明显的界限。头壳的后面有一条狭窄拱形的骨片为后头，其

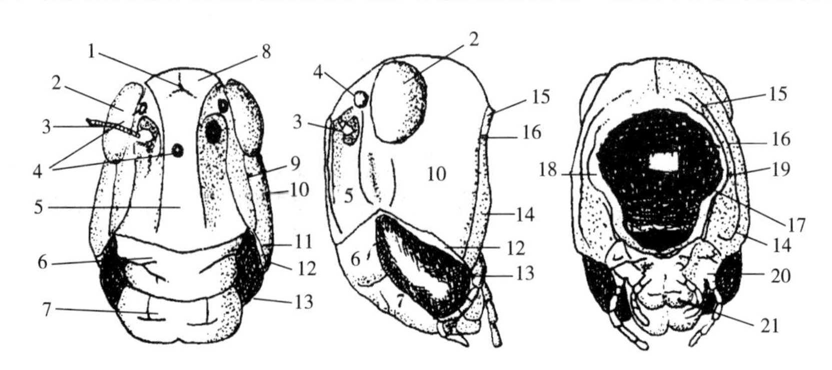

图 1-3 蝗虫头部的构造（正面、侧面和后面观）

1. 蜕裂线 2. 复眼 3. 触角 4. 单眼 5. 额 6. 唇基 7. 上唇 8. 头顶 9. 额颊沟 10. 颊 11. 额唇基沟 12. 颊下区 13. 上颚 14. 后颊 15. 后头 16. 后头沟 17. 后头孔 18. 次后头 19. 次后头沟 20. 下颚 21. 下唇

（仿周尧）

前缘以后头沟和颊区相划分。后头的下方为后颊，两者无明显的界限。

如将头部从体躯上取下，可见头的后方有一很大的孔洞为后头孔，是头部和胸部的通道。头壳上沟缝的数目、位置、分区大小、形状随昆虫种类而有变化，是分类上的特征。

昆虫的头部，由于口器着生位置不同，可分为 3 种头式（图 1-4）：

1. 下口式　口器着生在头部的下方，头部纵轴与体躯纵轴几乎成直角，大多见于植食性昆虫，如蝗虫等。

2. 前口式　口器着生在头的前方，头部纵轴与体躯纵轴近于一直线，大多见于捕食性昆虫，如步甲等。

3. 后口式　口器从头的腹面伸向身体的后方，头部纵轴与体躯的纵轴成锐角相交，多见于刺吸植物汁液的昆虫，如蚜虫、叶蝉等。

昆虫头式的不同，反映了取食方式的差异，是昆虫对环境的适应。利用头式还可区别昆虫大的类别，因此昆虫头式也是分类学的特征。

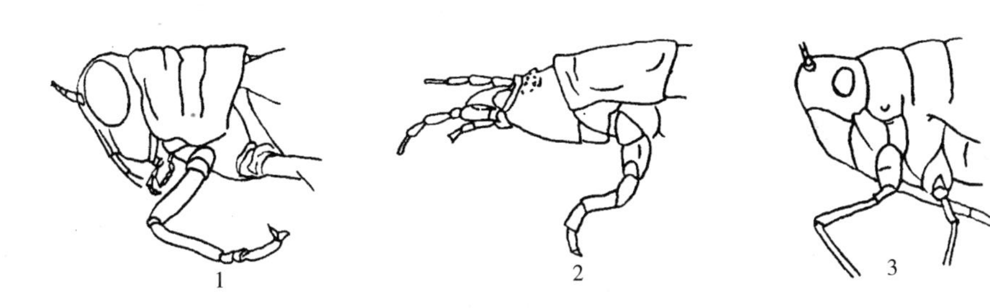

图 1-4　昆虫的头式

1. 下口式（蝗虫）　2. 前口式（步甲）　3. 后口式（蚜虫）

二、昆虫的触角

昆虫中除少数种类外，头部都具有 1 对触角，一般位于头部前方或额的两侧，其形状构造因种类而异。

（一）触角的基本构造

触角的基本构造由 3 部分组成（图 1-5A）。

1. 柄节　柄节为触角连接头部的基节，通常粗短，以膜质连接于触角窝的边缘上。

2. 梗节　梗节为触角的第 2 节，一般比较细小。

3. 鞭节　鞭节为梗节以后各节的统称，通常由若干形状基本一致的小节或亚节组成。

柄节、梗节直接受肌肉控制，鞭节的活动由血压调节，受环境中气味、湿度、声波等因素的刺激而调整方向。

（二）触角的类型

触角的形状随昆虫的种类和性别而有变化，其变化主要在于鞭节。常见的形状按其象形分成以下几种类型（图 1-5B）。

1. 刚毛状（鬃形、鞭状）　触角很短，基部 2 节粗大，鞭节纤细似刚毛。如蝉和蜻蜓的触角。

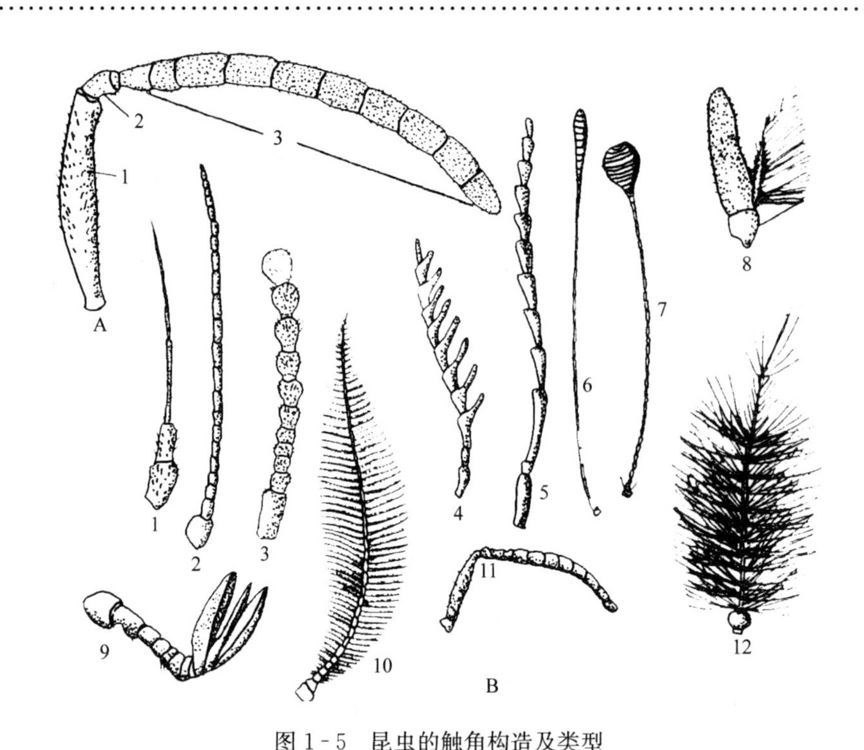

图 1-5 昆虫的触角构造及类型

A. 触角的构造：1. 柄节 2. 梗节 3. 鞭节

B. 触角的类型：1. 刚毛状 2. 丝状 3. 念珠状 4. 栉齿状 5. 锯齿状 6. 棍棒状 7. 锤状 8. 具芒状 9. 鳃片状 10. 双栉齿状 11. 膝状 12. 环毛状

（仿周尧）

2. 丝状（线形） 除基部 2 节稍粗大外，其余各节大小相似，相连呈细丝状。如蝗虫和蟋蟀的触角。

3. 念珠状（连珠形） 鞭节各节近似圆珠形，大小相似，相连如串珠。如白蚁的触角。

4. 锯齿状 鞭节各节近似三角形，向一侧作齿状突出，形似锯条。如锯天牛、叩头甲及绿豆象雌虫的触角。

5. 栉齿状（梳形） 鞭节各节向一边作细枝状突出，形似梳子。如绿豆象雄虫的触角。

6. 双栉齿状（羽形） 鞭节各节向两侧作细丝状突出，形似鸟羽。如毒蛾、樟蚕蛾的触角。

7. 膝状（肘形） 柄节特长，梗节细小，鞭节各节大小相似，与柄节成膝状曲折相接。如蜜蜂的触角。

8. 具芒状 触角短，鞭节仅 1 节，但异常膨大，其上生有刚毛状的触角芒。如蝇类的触角。

9. 环毛状 鞭节各节都具一圈细毛，越近基部的毛越长。如雄蚊的触角。

10. 棍棒状（球杆形） 基部各节细长如杆，端部数节逐渐膨大，以至整个形似棍棒。如菜粉蝶的触角。

11. 锤状 基部各节细长如杆，端部数节突然膨大似锤。如皮蠹的触角。

12. 鳃片状 触角端部数节扩展成片状，相叠一起形似鱼鳃。如金龟甲的触角。

（三）触角的功能

触角是昆虫重要的感觉器官，具有嗅觉和触觉的功能。由于触角上有种类繁多和数量极大的感化器和感触器，因此，不仅能感触物体且对外界环境中的化学物质具有十分敏锐的感觉能力，借此可以找到所需要的食物或异性。例如，二化螟凭借稻酮的气味可以找到水稻，菜粉蝶根据芥子油的气味可以找到十字花科植物；许多蛾类、金龟甲雌虫分泌的性激素可以引诱数千米外的雄虫前来交配。所以，触角对于昆虫的取食、求偶、选择产卵场所和逃避敌害都具有十分重要的作用。有些昆虫的触角还有其他的功能，如雄蚊的触角具有听觉的作用，雄芫菁的触角在交配时可以抱握雌体，魔蚊的触角有捕食小虫的能力，水龟虫成虫的触角能吸取空气，仰泳蝽的触角具有保持身体平衡的作用。

（四）了解触角类型和功能在实践上的意义

触角的形状、分节数目或着生位置等随昆虫种类不同而有差异。多数昆虫雄虫的触角常较雌虫发达，在形状上也表现出明显的不一致，因此，触角常作为识别昆虫种类和区分性别的重要依据。例如，金龟甲类具鳃片状触角；蝇类的触角为具芒状；小地老虎雄蛾的触角为羽状，而雌蛾的触角为丝状。蚜虫触角上感觉器的形状、数目和排列方式是区分种类的常用特征。

三、昆虫的眼

昆虫的眼一般有复眼和单眼两种。

（一）复眼

成虫和不全变态昆虫的若虫、稚虫都有 1 对复眼，着生在头部的两侧上方，多为圆形、卵圆形或肾形，也有少数种每一复眼又分离成两部分。善于飞翔的昆虫复眼比较发达；低等昆虫、穴居昆虫及寄生性昆虫，复眼常退化或消失。

1. 复眼的构造和物像的构成　复眼由许多小眼组成（图 1－6）。小眼数目因昆虫种类而有不同，如家蝇的 1 个复眼由 4 000 多个小眼组成，蜻蜓的复眼多的由 28 000 多个小眼组成。一般小眼数目越多，其视力越好。小眼的表面一般呈六角形。每一小眼的构造，表面为角膜镜，角膜镜下接圆锥形的晶体。角膜镜和晶体具有透光和聚光的作用。晶体下具有感光作用的由视觉细胞围成的视觉柱（视杆），视觉细胞下端穿过底膜形成的视神经通入视叶中，在每个小眼的周围都包围着含有暗色色素的细胞，这种色素细胞能把小眼与小眼之间的透光作用互相隔离起来不致干扰，使每个小眼的视觉柱只感受垂直射入本小眼内的光线，在小眼内形成一个光点的形象，由许多小眼接受强弱和色泽不同的光点构成整个形象（图 1－7A、B）。这种只接

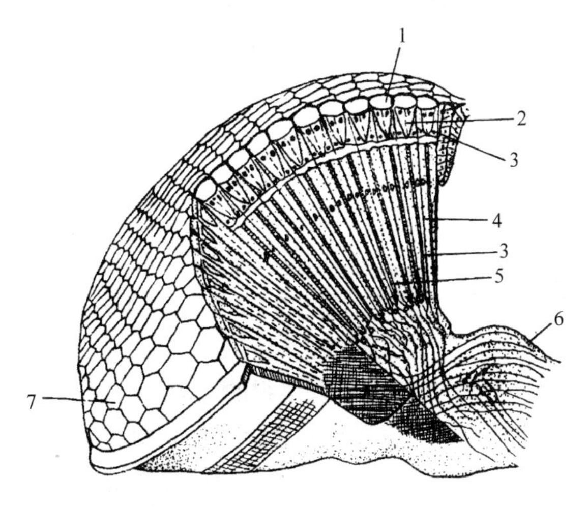

图 1－6　昆虫复眼的模式构造

1. 角膜镜　2. 晶体　3. 色素细胞　4. 视觉细胞　5. 视觉柱　6. 脑　7. 小眼面

（仿周尧）

收直射光点所构成的物像称为并列像。由于复眼接受的光量有限，因此必须在白天光线充足时才能看清物体。夜间光线不足，就不能形成物像，因此不能活动。

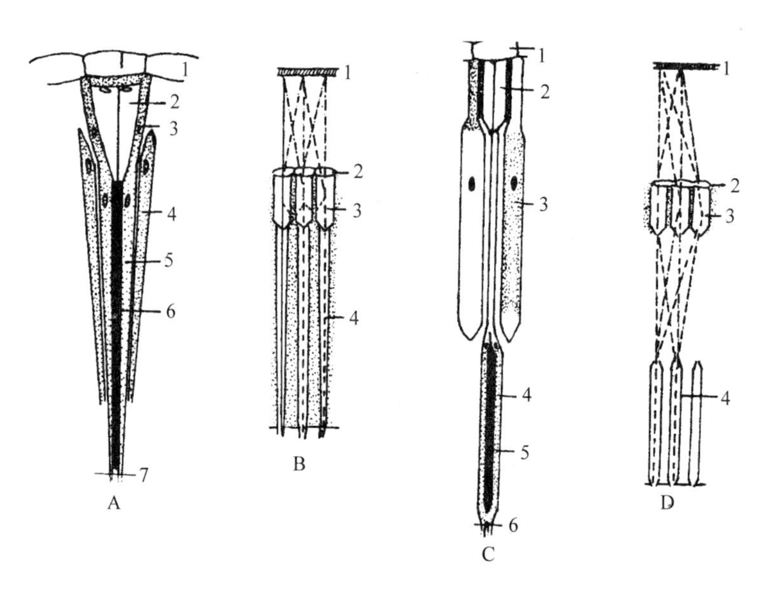

图 1－7 日出性和夜出性昆虫复眼构造及成像原理
日出性昆虫：A. 小眼构造：1. 角膜镜 2. 晶体细胞 3. 虹膜色素细胞 4. 网膜色素细胞 5. 视觉细胞 6. 视觉柱 7. 底膜
B. 成像原理：1. 物体 2. 角膜镜 3. 晶体 4. 视觉细胞
夜出性昆虫：C. 小眼构造：1. 角膜镜 2. 晶体 3. 色素细胞 4. 视觉细胞 5. 视觉柱 6. 底膜
D. 成像原理：1. 物体 2. 角膜镜 3. 晶体 4. 视觉细胞
（仿 Imms）

夜间和晨昏活动的昆虫复眼构造则有显著变化，其小眼极度延长，在视觉柱与晶体间以一段无伸缩性的透明介质相隔，同时复眼色素细胞中色素体能够上下移动，具有调节光线的作用。因此，每个小眼的视觉柱不仅能感受通过本小眼的光线，还能感受到由邻近小眼面折射过来的同一光点的光线，可由许多个重叠的光点构成物像，形成所谓重叠像，以致复眼在微光线下，也能构成清晰的图像。相反，在强烈光线下，反而看不清物体，因而这些昆虫只能在夜间活动（图 1－7C、D）。有些昆虫既能在白天活动又能在夜间活动，则是由于包围在视觉柱外的暗色色素向前移动，集中到细胞的前端部分以调节视觉的需要。

2. 复眼的功能 昆虫的复眼不但能分辨近处物体的物像，特别是运行着的物体，而且对光的强度、波长和颜色等都有较强的分辨能力，能看到人类所不能看到的短波光，尤其对 330～400nm 的紫外线有很强的反应，并呈现正趋性。由此可利用黑光灯、双色灯、卤素灯等诱集昆虫。很多害虫有趋绿习性，蚜虫有趋黄特性，但昆虫很少能识别红色色彩。总之，复眼是昆虫的主要视觉器官，对昆虫的取食、觅偶、群集、避敌等都起着重要的作用。

（二）单眼

成虫和不全变态昆虫的若虫、稚虫的单眼常位于头部的背面或额区上方，称为背单眼；全变态昆虫幼虫的单眼位于头部的两侧，称为侧单眼。背单眼通常为 3 个，但有的只有 1～2 个或没有；侧单眼一般每侧各有 1～6 个。单眼的有无、数目以及着生位置常作为昆虫分类特征。

单眼的构造比较简单，它与复眼中的一个小眼相似，由一凸起角膜透镜，下面连着晶体、角膜细胞和视觉柱组成。从构造和光学原理上看，单眼没有调节光度的能力，因此，一般认为单眼只能辨别光的方向和强弱，不能形成物像。但也有人认为，单眼是近视的，能在一定范围的近距离内构成物像。近来认为，单眼是一种激动性器官，可使飞行、降落、趋利避害等活动迅速实现。

四、昆虫的口器

口器是昆虫取食的器官，位于头部的下方或前端，由属于头壳的上唇、舌以及头部的3对附肢组成。

(一) 口器的基本构造、类型和为害特点

昆虫由于食性和取食方式不同，因而口器在外形和构造上也发生相应的特化，形成各种不同的口器类型。一般分咀嚼式和吸收式两类，后者又因吸收方式不同分为刺吸式、虹吸式和锉吸式等几种主要类型。

1. 咀嚼式口器　咀嚼式口器在演化上是最原始的类型，其他不同类型的口器都是由这种类型演化而来。它为取食固体食物的昆虫所具有，如蝗虫的口器（图1-8），由以下5部分组成。

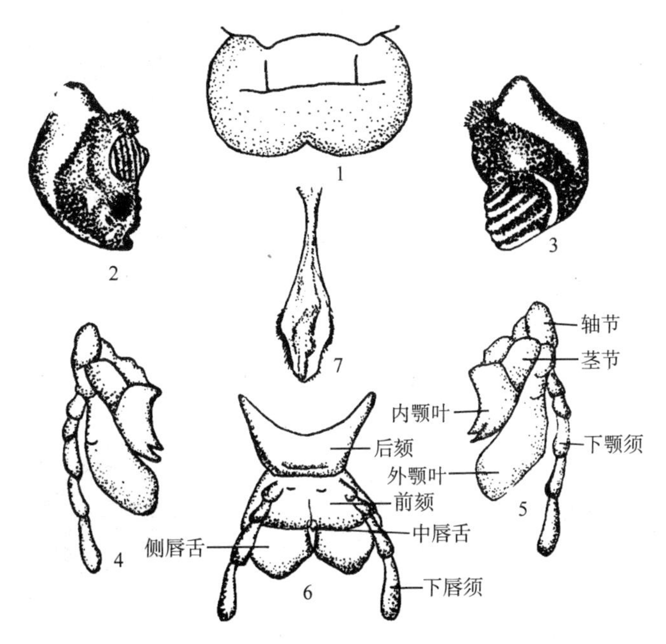

图1-8　昆虫的咀嚼式口器

1. 上唇　2、3. 上颚　4、5. 下颚　6. 下唇　7. 舌

（仿北京农业大学等）

(1) 上唇　上唇是连接在唇基下方的一个薄片，能前后活动，其外壁骨化，内壁为柔软而富有味觉器的内唇，能辨别食物味道，它盖在上颚前面，能关住被咬碎的食物，以便把食物送入口内。

（2）上颚　上颚在上唇的后方，由头部1对附肢演化而来，是1对坚硬不分节、呈倒锥形而中空的结构，其上具有切区和磨区。昆虫取食时，即由两个上颚左右活动，把食物切下并予磨碎。

（3）下颚　下颚1对，位于上颚之后，也由头部1对附肢演化而来，但结构较复杂，由轴节、茎节、内颚叶、外颚叶和下颚须5个部分组成。其中外颚叶和内颚叶具有握持和撕碎食物的作用，协助上颚取食，并将上颚磨碎的食物推进。下颚须具有触觉、嗅觉和味觉的功能。

（4）下唇　下唇位于口器的后方或下方，由头部的1对附肢演化而来，其结构与下颚相似，只是左右愈合成1片，可分为后颏、前颏、中唇舌、侧唇舌和下唇须5个部分。下唇的主要功能是托持切碎的食物，协助把食物推向口内。下唇须的功能与下颚须相似。

（5）舌　舌位于口器中央，为一狭长囊状突出物，唾腺开口于后侧。舌表面有许多毛和味觉突起，具味觉作用。舌还可帮助运送和吞咽食物。舌与上唇之间的空隙为食窦，与下唇之间的空隙为唾窦。口器各部分包围起来形成的空间为口腔。

咀嚼式口器具有坚硬的上颚，能咬食固体食物，其为害特点是使植物受到机械损伤。有的沿叶缘蚕食成缺刻；有的在叶片中间啮成大小不同的孔洞；有的能钻入叶片上下表皮之间蛀食叶肉，形成弯曲的虫道或白斑；有的能钻入植物茎秆、花蕾、铃果，造成作物断枝、落蕾、落铃、枯心、白穗；有的甚至在土中取食刚播下的种子或作物的地下部分，造成缺苗、断垄；有的还吐丝卷叶，躲在里面咬食叶片。

2. 刺吸式口器　刺吸式口器为吸食植物汁液或动物汁液的昆虫所具有，如蝉、蚜虫、蝽的口器（图1-9）。刺吸式口器由于适应需要而具有特化的吸吮和穿刺的构造，它与咀嚼式口器的主要不同点是：下唇延长成管状分节的喙，喙的背面中央凹陷形成1条纵沟，以包藏由上、下颚特化而成的2对口针，其中上颚口针较粗硬，包于外面，尖端有倒齿，为主要穿刺工具，里面1对为下颚口针，较细；2根下颚口针内面相对各有2条纵沟，当左右2根

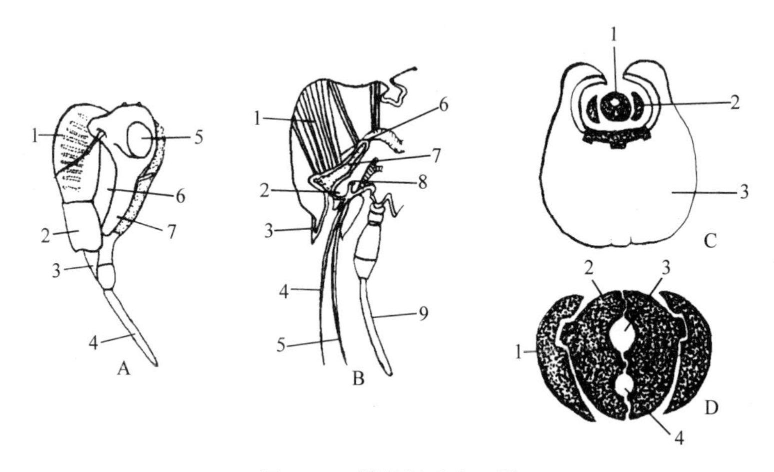

图1-9　蝉的刺吸式口器

A. 头部侧面：1. 额　2. 唇基　3. 上唇　4. 喙管　5. 复眼　6. 上颚骨片　7. 下颚骨片

B. 头部正中纵切面：1. 食窦背扩肌　2. 舌　3. 上唇　4. 上颚　5. 下颚　6. 咽喉　7. 食窦　8. 唾唧筒　9. 下唇

C. 喙的横断面：1. 下颚　2. 上颚　3. 下唇

D. 口针横断面：1. 上颚　2. 下颚　3. 食物管　4. 唾液管

（仿管致和）

口针嵌合时，形成2个管道，粗的为食物管，细的为唾液管；其上唇退化为小型片状物盖在喙管基部上面，下颚须和下唇须多退化或消失，舌位于口针基部，食窦和咽喉一部分形成具有抽吸作用的唧筒构造。

由于4根口针相互嵌合成束，只能上下滑动而不分离。在不取食时，口器紧贴于体躯腹面；取食时，先用喙管探索取食部位，而后上颚口针交替刺入植物组织内，同时下颚口针也随着刺入，如此不断刺入直至植物内部有营养液处。喙管留于植物表面起支撑作用。由于食窦肌肉的收缩，口腔部分形成真空，唾液沿着唾液管进入植物组织内，植物汁液则沿着食物管被吸进消化道。

具有刺吸式口器的害虫，其为害特点是：被害的植物外表通常不会残缺、破损，一时难于表现，但在吸食过程中因局部组织受损或因注入植物组织中的唾液酶的作用，破坏叶绿素形成变色斑点，或枝叶生长不平衡而卷缩扭曲，或因刺激形成瘿瘤。在大量害虫为害下，植物由于失去大量营养物质而致生长不良，甚至枯萎而死。许多刺吸式口器昆虫，如蚜虫、叶蝉等于取食的同时还传播病毒病，使作物遭受更严重的损失。

3. 虹吸式口器　虹吸式口器为蛾、蝶类所特有（图1-10）。其主要特点是下颚的外颚叶极度延长形成喙，其内面具有纵沟，相互嵌合形成管状的食物道，此外，除下唇须仍然发达外，口器的其余部分均退化或消失。喙由许多骨化环紧密排列组成，环间为膜质，故能卷曲。喙平时卷藏在头下方两下唇须之间，取食时伸到花心取食花蜜。这类口器除少数吸果夜蛾类能穿破果皮吸食果汁外，一般均无穿刺能力。有些蛾类在成虫期不进食，以致口器退化，但幼虫期为咀嚼式口器，很多种类是园艺植物上的害虫。

4. 锉吸式口器　锉吸式口器为蓟马的口器类型（图1-11）。其上唇、下颚的一部分和

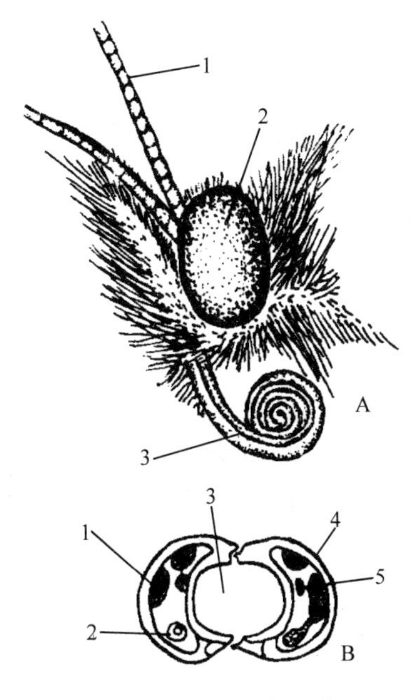

图1-10　虹吸式口器

A. 侧面观：1. 触角　2. 复眼　3. 喙

B. 喙的横断面：1. 肌肉　2. 气管　3. 食物道

4. 外颚叶　5. 神经

（仿Eidmann）

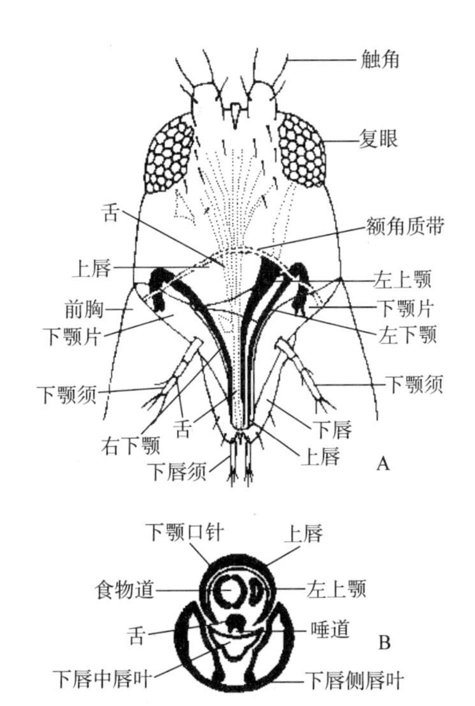

图1-11　蓟马的锉吸式口器

A. 头部正面观示口针位置　B. 喙的横断面

（仿Eidmann）

下唇形成圆锥形的短喙，内藏舌和3根口针。口针是由左上颚和下颚的内颚叶特化而成的，而右上颚完全退化，形成不对称口器。食物管由2条下颚口针相互嵌合而成，唾管则由舌与下唇相接合而成。取食时，左上颚口针锉破植物组织表皮，随即注入唾液，然后以喙端吸取汁液。被害植物常出现不规则的失绿斑点、畸形或叶片皱缩卷曲等症状。

5. 幼虫的口器 许多昆虫的幼虫由于食性与成虫不同，其口器类型往往与成虫有很大的差异。

（1）蛾蝶类 蛾蝶类幼虫的口器基本上属于咀嚼式，其上唇和上颚无变化，但下颚、舌和下唇并成一个复合体。复合体的两侧为下颚，中央为下唇和舌，在其顶端具有一个突出的吐丝器，用以吐丝结茧，特称咀纺式口器。

（2）叶蜂类 叶蜂类幼虫的口器与蛾蝶类幼虫的口器相似，但没有突出的吐丝器，仅有一个开口。

（3）蝇类 蝇类幼虫的口器仅有1对可以伸缩活动的骨化的口钩，2口钩间为食物的进口，取食时用口针钩烂食物，然后吸取汁液。

（二）了解口器类型和为害特性在害虫防治上的意义

了解昆虫口器类型和为害特性，不但可以帮助认识害虫的为害方式，根据为害状来判断害虫的种类，而且可针对害虫不同口器类型的特点，选用合适的农药进行防治。例如，防治咀嚼式口器的害虫，可选用具有胃毒性能的杀虫剂，将农药喷洒在作物表面或拌和在饵料中，这样，害虫取食时农药可随着食物进入其消化道，从而中毒死亡。但胃毒剂对刺吸式口器的害虫则无效。防治刺吸式口器的害虫，则需选用具有内吸性能的杀虫剂，因内吸剂施用后可被植物和种子吸收，并能在植物体内运转，当害虫取食时，农药便随植物汁液而被吸入虫体，从而引起中毒死亡。由于触杀剂是从害虫体壁进入而起毒杀作用，因此不论防治哪一类口器的害虫都有效。有些杀虫剂同时具有触杀、胃毒、内吸甚至熏杀等多种作用，适于防治各种类型口器的害虫。此外，了解害虫的为害方式，对于选择用药时机也有密切关系。例如，某些咀嚼式口器的害虫常钻蛀到作物内部为害，某些刺吸式口器害虫形成卷叶，因此用药防治则需在尚未钻入或造成卷叶之前。

第三节 昆虫的胸部

胸部是昆虫的第2体段，由膜质的颈部与头部相连。胸部由3个体节组成，自前向后依次称为前胸、中胸和后胸。各胸节的侧下方生有1对足，分别称为前足、中足和后足。许多种类的中胸和后胸背面两侧各着生1对翅，分别称为前翅和后翅。足和翅是昆虫的主要运动器官，所以胸部是昆虫的运动中心。

一、胸部的基本构造

胸部为了适应承受足和翅肌的强大牵引力和配合翅的飞行动作，一般都高度骨化，具有复杂的沟和脊，肌肉特别发达，各节结构紧密，尤其是中后胸（具翅胸节）。胸部各节的发达程度与足和翅的发达程度有关，如螳螂、蝼蛄的前足很发达，所以前胸很发达；蝇类、瘿蚊等前翅特别发达，所以中胸也特别粗壮；蝗虫、蟋蟀的后足和后翅都很发达，以致后胸也很发达。这些都是具有足和翅的昆虫胸部构造上的特点。无翅的昆虫和无足的幼虫的胸部则不存在上述特点。

昆虫的每个胸节均由 4 块骨板组成，背面的称背板，两侧的为侧板，腹面的为腹板。这些骨板又因所在胸节而冠以胸节名称，如前胸背板、前胸侧板、前胸腹板，中、后胸同样如此。胸部的骨板并非完整一块，而被一些沟缝划分成若干骨片，即由骨片组成，这些骨片都有各自名称。骨板和骨片的形状，以及其上的突起、刺毛等常用作鉴别昆虫种类的特征。

二、胸足的基本构造和类型

(一) 胸足的基本构造

胸足是昆虫体躯上最典型的分节附肢，由下列各部分组成（图 1 - 12A)。

1. 基节 基节为连接胸部的一节，形状粗短，着生在胸节侧板和腹板间膜质的基节窝内。在甲虫种类中，基节窝的形式不一，成为分类特征。

2. 转节 转节是连接基节的第 2 节，常为各节中最小的一节，形状呈多角形，可使足的行动转变方向。少数昆虫转节分为 2 个亚节，如某些蜂类。

3. 腿节 腿节又称股节，它为最粗大的一节，能跳跃的昆虫腿节特别发达。

4. 胫节 胫节通常细长，与腿节呈膝状相连，常具成行的刺，有的在端部，具有能活动的距。

5. 跗节 跗节通常分为 2～5 个亚节，亚节间以膜相连，可以活动，但亚节间并无肌肉，跗节的活动由来自胫节的肌肉所控制。在甲虫中，有的科 3 对足的跗节不等，常作为分类依据，如拟步甲、芫菁的前、中、后足的跗节数为 5 - 5 - 4。蝗虫跗节腹面有辅助行动用的跗垫。

6. 前跗节 前跗节是胸足的最末端构造，通常包括 1 对爪和 1 个膜质的中垫，有的在两爪下方各有 1 个瓣状爪垫，中垫则成为 1 个针状的爪间突，如家蝇。爪和中垫用来抓住物体。

前跗节的爪垫、中垫以及跗节上的跗垫，其构造多为袋状，内充血液，下面凹陷，作用如真空杯，便于吸附在光滑的物体表面或身体倒悬。在垫上还常着生许多细毛，能分泌黏液，称为黏吸毛。所以这些垫状构造是辅助行动的攀缘器官。

昆虫跗节的表面还具有许多感觉器，当害虫在喷有触杀剂的植物上爬行时，药剂容易由此进入虫体使其中毒死亡。

(二) 胸足的类型及功能

昆虫的足大多用来行走，有些昆虫由于生活环境和生活方式不同，胸足的构造和功能发生了相应的变化，形成各种类型的足（图 1 - 12B)。

1. 步行足 步行足最为常见，比较细长，各节无显著特化现象。有的适于慢行，如蚜虫的足；有的适于快走，如步行虫的足等。

2. 跳跃足 跳跃足的腿节特别发达，胫节细长，适于跳跃。如蝗虫和蟋蟀的足。

3. 捕捉足 捕捉足基节特别长，腿节的腹面有 1 条沟槽，槽的两边具 2 排刺，胫节的腹面也有 1 排刺，胫节弯折时，正好嵌在腿节的槽内，适于捕捉小虫。如螳螂和猎蝽的前足。

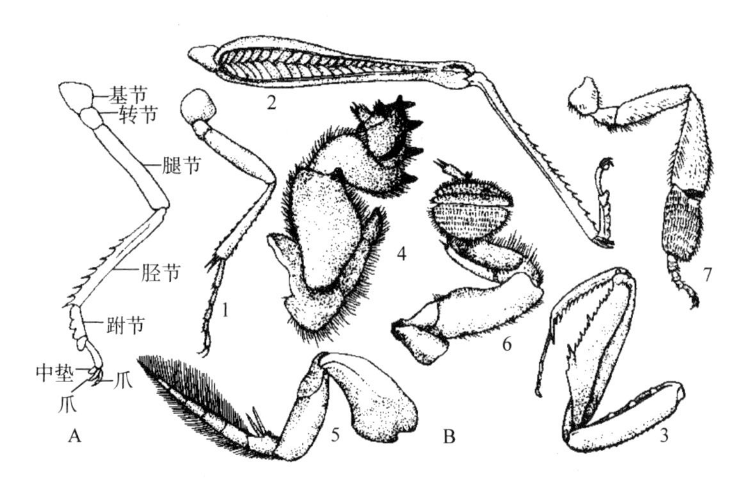

图 1-12 昆虫胸足的基本构造和类型
A. 足的基本构造
B. 足的类型：1. 步行足 2. 跳跃足 3. 捕捉足
4. 开掘足 5. 游泳足 6. 抱握足 7. 携粉足
（仿周尧）

4. 开掘足 开掘足粗短扁壮，胫节膨大宽扁，末端具齿，跗节呈铲状，便于掘土。如蝼蛄的前足，有些金龟甲的前足也属此类。

5. 游泳足 有些水生昆虫的后足为游泳足，各节变得宽扁，胫节和跗节有细长的缘毛，适于在水中游泳。如龙虱的后足。

6. 抱握足 抱握足的跗节特别膨大且有吸盘状的构造，在交配时能抱握雌体。如雄性龙虱的前足。

7. 携粉足 携粉足胫节端部宽扁，外侧平滑而稍凹陷，边缘具长毛，形成携带花粉的花粉篮。同时第 1 跗节也特别膨大，内侧具有多排横列的刺毛，形成花粉梳，用以梳集花粉。如蜜蜂的后足。

三、昆虫的翅

除了原始的无翅亚纲昆虫无翅和某些有翅亚纲昆虫因适应生活环境翅已退化或消失外，绝大多数昆虫都具有 2 对翅，成为无脊椎动物中唯一能飞翔的动物。由于昆虫有翅能飞，不受地面爬行的限制，所以翅对昆虫寻找食物、觅偶繁衍、躲避敌害以及扩展传播等具有重要意义。

（一）翅的发生和构造

昆虫的翅是由背板向两侧扩展演化而形成。昆虫的翅尽管很薄，却是由双层的膜质表皮合并而成。在两层表皮之间分布着气管，翅面在气管的部位加厚形成翅脉，借以加固翅的强度。

昆虫的翅多为膜质薄片，一般多呈三角形，位于前方的边缘称为前缘，后方的称为后缘或内缘，外面的称外缘。与身体相连的一角称为肩角，前缘与外缘所成的角为顶角，外缘与后缘间的角为臀角（图 1-13）。

昆虫的翅由于适应飞行和折叠，翅上生有褶纹，从而将翅面划分为若干个区。在翅基部有基褶，把基部划出一个三角形的腋区。从翅基到臀角有一臀褶，臀褶之前的部分为臀前区，臀褶之后的部分为臀区。有些昆虫在臀区的后方还有一条轭褶，轭褶的后方有一个小区为轭区，轭区在昆虫飞行时用以连接后翅以增强飞行力量。

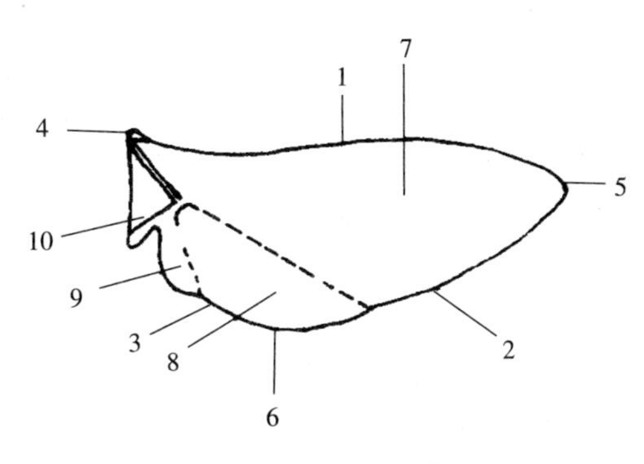

图 1-13　翅的基本构造

1. 前缘　2. 外缘　3. 后缘　4. 肩角　5. 顶角　6. 臀角　7. 臀前区　8. 臀区　9. 轭区　10. 腋区

（仿 Snodgrass）

（二）翅脉

翅脉在翅面上的分布形式称为脉相或脉序。不同种类的昆虫，翅脉的多少和分布形式变化很大，而在同类昆虫中则十分稳定和相近似，所以脉相在昆虫分类学上和追溯昆虫的演化关系上都是重要的依据。昆虫学家们在研究了大量的现代昆虫和古代化石昆虫的翅脉，加以分析比较和归纳概括后拟出模式脉相，或称为标准脉相（图 1-14），作为比较各种昆虫翅脉变化的依据。

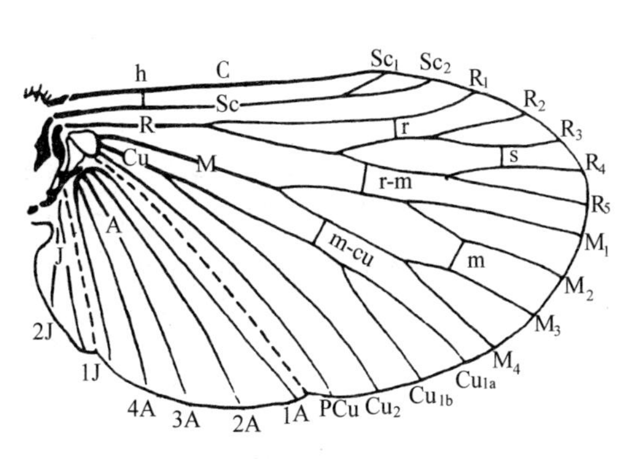

图 1-14　翅的模式脉相

（仿 Snodgrass）

模式脉相的翅脉有纵脉和横脉两种，由翅基部伸到边缘的翅脉称为纵脉，连接两纵脉之间的短脉称为横脉。模式脉相的纵、横脉都有一定的名称和缩写代号（纵脉缩写第 1 个字母大写，横脉缩写字母全部小写）。

1. 纵脉　纵脉有以下几条：

（1）前缘脉（C）　前缘脉是一条不分支的纵脉，一般构成翅的前缘。

（2）亚前缘脉（Sc）　亚前缘脉位于前缘脉之后，端部常分成 2 支（Sc_1、Sc_2）。

（3）径脉（R）　径脉在亚前缘脉之后，于中部分为 2 支，前支称第 1 径脉（R_1），后支称径分脉（Rs），径分脉再分支两次成 4 支，即 R_2、R_3、R_4、R_5。

（4）中脉（M）　中脉在径脉之后，位于翅的中部，此脉在中部分为 2 支，再各分 2 支，共 4 支，即 M_1、M_2、M_3、M_4。

（5）肘脉（Cu）　肘脉在中脉之后，先分为第 1、2 肘脉即 Cu_1、Cu_2，Cu_1 再分为 2 支，即 Cu_{1a}、Cu_{1b}。

（6）臀脉（A）　臀脉分布在臀区内，为独立不分支的一些纵脉，有 1～12 条不等，通常有 3 条，即 1A、2A、3A。

（7）轭脉（J）　轭脉位于轭区，不分支，一般 2 条，即第 1 轭脉 1J、第 2 轭脉 2J。

2. 横脉　横脉通常有下列 6 条，根据所连接的纵脉而命名。

（1）肩横脉（h）　连接 C 和 Sc（处于近肩处）。

（2）径横脉（r）　连接 R_1 和 R_2。

（3）分横脉（s） 连接 R_3 和 R_4 或 R_{2+3} 和 R_{4+5}。

（4）径中横脉（r-m） 连接 R_{4+5} 和 M_{1+2}。

（5）中横脉（m） 连接 M_2 和 M_3。

（6）中肘横脉（m-cu） 连接 M_{3+4} 和 Cu_1。

在现代昆虫中，除了毛翅目昆虫的脉相与模式脉相很相似外，其他昆虫都多少发生变化，有的增多，有的减少，有的退化严重。

由于纵、横翅脉的存在，又将翅面围成若干小区，称为翅室。若翅室四周全为翅脉所封闭，称为闭室；如有一边无翅脉而达翅缘，则称开室。翅室的命名是以形成翅室的前面纵脉称谓，如亚前缘脉以后的翅室称为亚前缘室，中脉后方的翅室称为中室等。

昆虫的翅脉和翅室所以予以命名，是由于它在分类中占有重要的地位。有了命名的准则，就便于研究和描述。

（三）翅的变异

昆虫的翅一般为膜质，用作飞行。但是，各种昆虫由于适应特殊的生活环境，翅的功能有所不同，因而在形态、发达程度、质地和表面被覆物上发生许多变化，归纳起来有以下几种类型（图 1-15）。

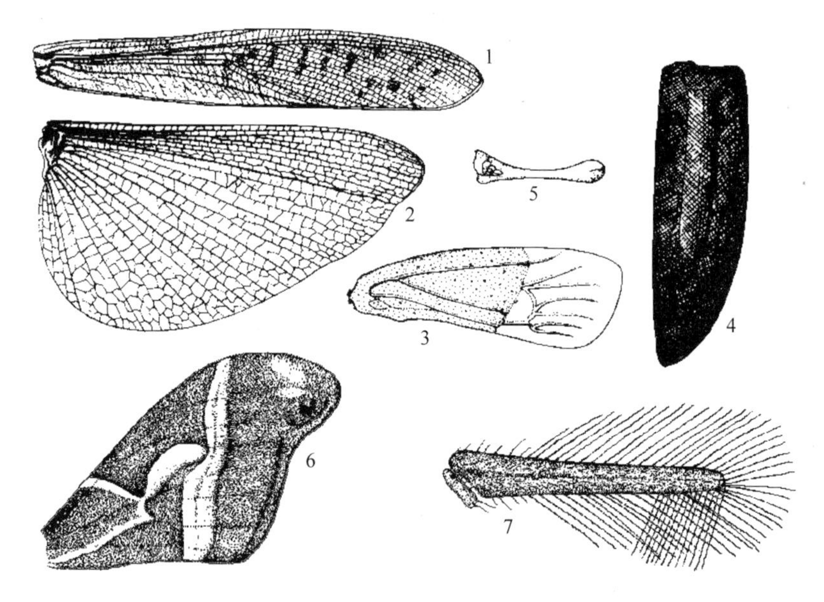

图 1-15 昆虫翅的类型

1. 覆翅 2. 膜翅（扇状翅） 3. 半鞘翅 4. 鞘翅
5. 平衡棒 6. 鳞翅 7. 缨翅
（1～5 仿南京农业大学，6、7 仿彩万志等）

1. 膜翅 翅膜质透明，翅脉明显。如蚜虫、蜂类、蝇类的翅。

2. 鳞翅 翅膜质，翅面上覆有一层鳞片。如蛾、蝶类的翅。

3. 毛翅 翅膜质，翅面密生细毛。如石蛾的翅。

4. 缨翅 翅膜质狭长，边缘着生很多细长的缨毛。如蓟马的翅。

5. 覆翅 翅质加厚成革质，半透明，仍然保留翅脉，兼有飞翔和保护作用。如蝗虫、蝼蛄、蟋蟀、螋螋、蜚蠊、螳螂的前翅。

6. 鞘翅　翅角质坚硬，翅脉消失，仅有保护身体和后翅的作用。如金龟甲、叶甲、天牛等甲虫的前翅。

7. 半鞘翅　翅的基半部为革质，端半部为膜质。如蝽类的前翅。

8. 平衡棒　翅退化成很小的棍棒状，飞翔时用以平衡身体。如蚊、蝇和介壳虫雄虫的后翅。

(四) 翅的连锁与飞行

许多昆虫在飞行时，前后翅借各种特殊构造以相互连接起来，使其飞行动作一致，以增强飞行效能，这种连接构造统称翅的连锁器。常见的连锁器有以下几种：

1. 翅钩列　后翅前缘具有一列小钩，用以钩住前翅后缘的卷褶，如蜜蜂的翅钩列向上钩住前翅向下的卷褶；另一种是前后翅都有卷褶，前翅后缘卷褶向上，后翅有一段短而向上的卷褶，如蝉等。

2. 翅缰和翅缰钩　大部分蛾类后翅前缘的基部具有 1 根或几根鬃状的翅缰（通常雄蛾只有 1 根，雌蛾多至 3 根，可用以区别雌雄）。在前翅反面的翅脉上（多在亚前缘脉基部）有一簇毛状的钩，称翅缰钩。飞翔时翅缰插入钩内，使前后翅连接在一起。

3. 翅轭　在低等的蛾类和蝙蝠蛾中，在前翅后缘的基部有一指状突出物，称为翅轭。飞翔时伸在后翅前缘的反面，并以前翅臀区的一部分叠盖后翅前缘的正面，以挟夹持，使前后翅连接起来。

蝴蝶的前翅后缘紧贴于后翅前缘而协调飞翔，但有些昆虫前后翅都无连锁器，各自独立飞舞，如蜻蜓、白蚁等。

翅的飞行运动包括上下拍动和前后倾折两种基本动作。昆虫向前飞行时，上述两种动作在虫体周围形成了定向气流，后者产生向前的压力，将虫体推向前进，如此达到飞行的目的。

第四节　昆虫的腹部

腹部是昆虫的第 3 体段，构造比头、胸部简单，由多节组成。在有翅亚纲成虫中，一般无分节的附肢，仅在腹端部具有附肢特化成的外生殖器，有些昆虫还有尾须。腹内包藏着各种内脏器官和生殖器官，腹部的环节构造也适于内脏活动和生殖行为，所以腹部是昆虫新陈代谢和生殖的中心。

一、腹部的基本构造

昆虫的腹部一般由 9～11 节组成，较高等的昆虫多不超过 10 个腹节。腹部的体节只有背板和腹板而无侧板，背板与腹板之间以侧膜相连。由于背板常向下延伸，侧面膜质部常被掩盖。各腹节间以环状节间膜相连，相邻的腹节常相互套叠，前节后缘套于后节前缘上。由于腹节间和两侧均有柔软宽厚的膜质部分，致使腹部具有很大的伸缩性，便于交配和产卵活动。如蝗虫产卵时腹部可延长 1～2 倍，以便将卵产于土中。

腹部 1～8 节的侧面具有椭圆形的气门，着生在背板两侧的下缘，是呼吸的通道。在腹部第 8 节和第 9 节上着生外生殖器，是雌雄交配和产卵的器官。有些昆虫在第 11 节上生有尾须，是一种感觉器官。

二、外生殖器的构造

昆虫的外生殖器是用来交配和产卵的器官。雌虫的外生殖器称为产卵器，可将卵产于植物表面，或产于植物体内、土中以及其他昆虫或动物寄主体内。雄性外生殖器称为交配器，主要用于与雌虫交配。

（一）雌性昆虫外生殖器

雌虫的生殖孔多位于第8～9节的腹面，生殖孔周围着生3对产卵瓣，合成产卵器（图1-16）。在腹面的1对称腹产卵瓣（第1产卵瓣），由第8腹节附肢形成；内方的1对产卵瓣为内产卵瓣（第2产卵瓣），由第9腹节附肢特化而成；背面的为背产卵瓣（第3产卵瓣），是第9腹节肢基片上的外长物。如螽斯的产卵器。

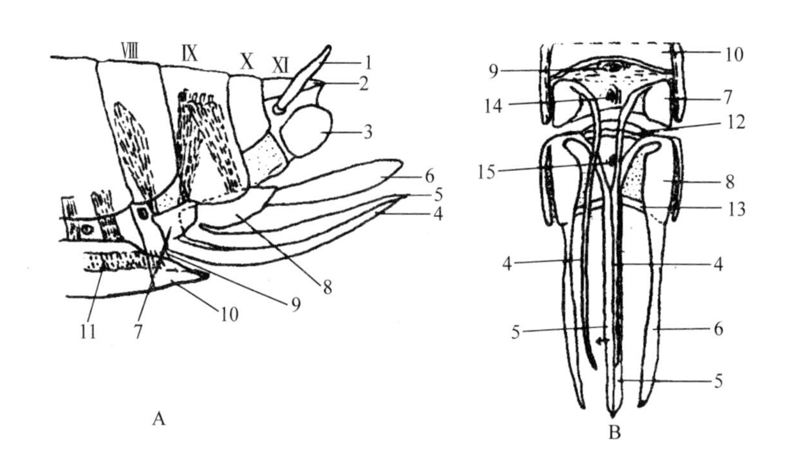

图1-16 雌性昆虫产卵器构造

A. 腹部末端侧面观 B. 腹部末端腹面观

1. 尾须 2. 肛上板 3. 肛侧板 4. 第1产卵瓣 5. 第2产卵瓣 6. 第3产卵瓣 7. 第1负瓣片 8. 第2负瓣片 9. 生殖孔 10. 第8腹板 11. 中输卵管 12、13. 内产卵瓣 14. 受精囊孔 15. 附腺孔

（仿Snodgrass）

产卵器的构造、形状和功能常随昆虫的种类而不同。如蝗虫产卵器是由背产卵瓣和腹产卵瓣所组成，内产卵瓣退化成小突起，背、腹2对产卵瓣粗短，闭合时呈锥状，产卵时借2对产卵瓣的张合动作，致使腹部逐渐插入土中而后产卵。蝉、叶蝉和飞虱等昆虫，产卵时用矛状或锯状产卵器把植物组织刺破将卵产于其中，由此而对植物造成伤害。寄生蜂和胡蜂的毒刺（螯针）为腹产卵瓣和内产卵瓣特化而成，内连毒腺，成为御敌的工具，而蜜蜂工蜂的产卵器已经失去产卵能力。蛾蝶等许多昆虫没有附肢特化形成的产卵器，产卵时把卵产于植物的缝隙、凹处或直接产在植物表面，一般没有穿刺破坏能力。但也有少数种类如实蝇、寄生蝇等，能把卵产入不太坚硬的动植物组织中。

（二）雄性昆虫外生殖器

交配器主要包括将精子送入雌虫体内的阳具和交配时挟持雌体的抱握器（图1-17）。阳具由阳茎及辅助构造组成，着生在第9腹节腹板后方的节间膜上，是节间膜的外长物，此膜

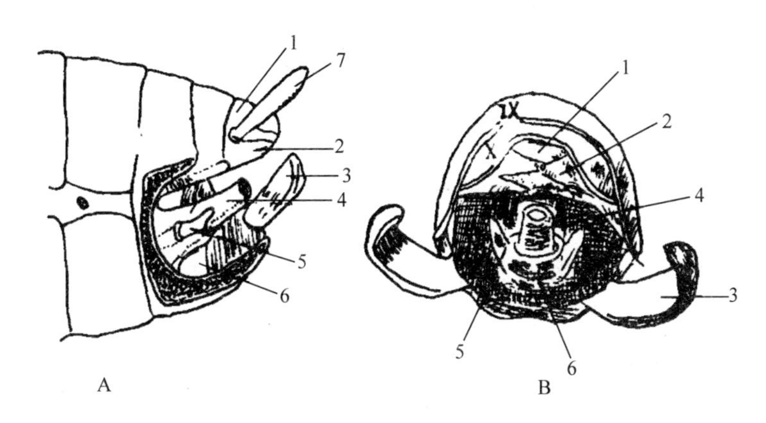

图 1-17　雄性昆虫外生殖器构造

A. 侧面观　B. 后面观

1. 肛上板　2. 肛腹板　3. 抱握器　4. 阳茎　5. 阳茎侧叶　6. 阳茎基　7. 尾须

（侧面观仿 Weber，后面观仿 Snodgrass）

内陷为生殖腔，阳具平时隐藏于生殖腔内。阳茎多为管状，射精管开口于其末端。交配时借血液的压力和肌肉活动，将阳茎伸入雌虫阴道内，把精液排入雌虫体内。

抱握器是由第 9 腹节附肢所形成，其形状、大小变化很大，一般有叶状、钩状和弯臂状，雄虫在交配时用以抱握雌虫以便将阳茎插入雌虫体内，一般交配的昆虫多具抱握器。

雄性外生殖器在各类昆虫中变化很大，具有种的特异性，由此在自然界中昆虫不能进行种间杂交，同时也是分类上用作种和近缘种鉴定的重要依据。

三、尾　　须

尾须是第 11 腹节的一对附肢，许多高等昆虫由于腹节的减少而没有尾须，只在低等昆虫中较普遍，且尾须的形状、构造等变化也大。有些昆虫尾须很长，如蝗虫、蚱蜢；有的无尾须，如蝶、蛾、椿象、甲虫等。尾须上长有许多感觉毛，是感觉器官。但在双尾目的铗尾虫和革翅目的蠼螋中，尾须硬化，形如铗状，用以御敌，蠼螋的铗状尾须还可帮助折叠后翅。在缨尾目和部分蜉蝣目昆虫中，一对细长的尾须间，还有一条与尾须极相似的中尾丝，中尾丝不是附肢，而是第 11 腹节的延伸物，构成这两类昆虫最易识别的特征。

四、幼虫的腹足

有翅亚纲昆虫中只有幼虫期在腹部具有行动用的附肢。常见的如鳞翅目中蝶、蛾幼虫和膜翅目中叶蜂幼虫，皆有行动用的腹足。其中蝶、蛾类幼虫腹足有 2～5 对，通常为 5 对，着生在第 3～6 腹节和第 10 腹节上。第 10 腹节上的 1 对又称臀足。腹足由亚基节、基节和趾节所组成，趾节腹面称跗掌，外壁稍骨化，末端具有能伸缩的泡，称为趾。趾的末端有成排的小钩，称趾钩。趾钩数目和排列形式种类间常有所不同，可用作昆虫种类鉴别特征。叶蜂类幼虫一般有 6～8 对腹足，有的可多达 10 对，从第 2 腹节开始着生。腹足的末端有趾，但无趾钩，由腹足数及无趾钩可与鳞翅目幼虫相区别。这些幼虫的腹足亦称伪足，到幼虫化蛹时便退化消失。

复习思考题

1. 阐述昆虫的基本特征和分类地位。

2. 昆虫的头式有哪几种？分别说明触角、足和翅的基本构造及其主要变异类型，并各举出一种昆虫。

3. 咀嚼式口器由哪几部分组成？刺吸式、虹吸式、锉吸式口器的构造与咀嚼式口器相比，发生了哪些变化？

4. 翅脉由哪部分组织变化而成？自前缘向后主要有哪些纵脉？前后翅以哪些方式连锁协调飞翔？

5. 除了本章介绍的以外，昆虫还有哪些口器和足的类型？分别说明其构造。

6. 昆虫雌、雄性外生殖器各由哪些基本器官构成？雌性外生殖器发生哪些常见变异类型？

第二章　昆虫的内部器官

第一节　昆虫的体壁

体壁是昆虫骨化的皮肤，包在昆虫体躯的外围，而肌肉却着生在骨骼的里面，所以昆虫的骨骼系统称为外骨骼，也叫体壁。体壁具有构成昆虫体壳、着生肌肉、保护内脏、防止体内水分过量蒸发、阻止微生物及其他有害物质侵入等功能。此外，体壁上还有昆虫与外界环境取得联系的各种感觉器官。

一、体壁的构造和特性

体壁由外向内可以分为表皮层、皮细胞层和底膜 3 部分（图 2-1）。底膜是紧贴在皮细胞层下的一层薄膜。皮细胞层是一层活细胞，虫体上的刚毛、鳞片、各种分泌腺体都是由皮细胞特化而来。表皮层是皮细胞向外分泌的非细胞性的物质层，体壁的特性和功能主要与表皮层有关。

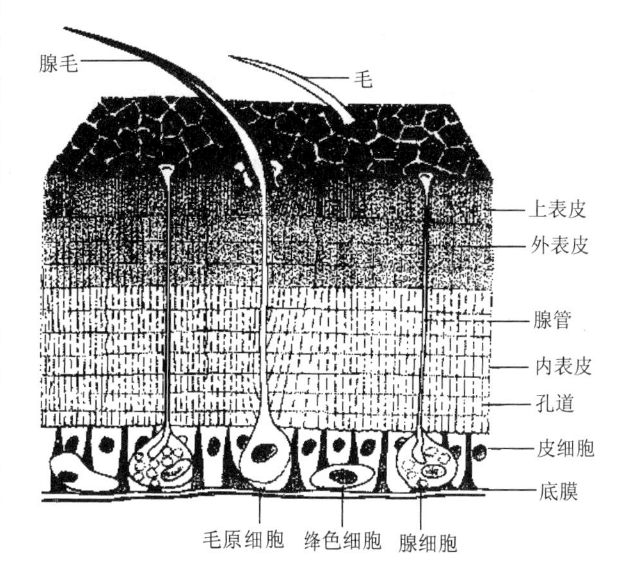

图 2-1　昆虫体壁的模式结构

（仿 Hackman）

（一）表皮层

表皮层是由皮细胞分泌的异质的非细胞层，由上表皮、外表皮和内表皮 3 层组成。

1. 上表皮　上表皮是表皮的最外层，最薄，厚度为 1～4μm，不含几丁质。一般由内到外分以下几层。

（1）*角质精层*　由皮细胞下面的绛色细胞所分泌，含有高度稳定的蛋白质、脂类化合物，是形成新表皮时最先形成的一层，是表皮中最重要的层次，是表皮的通透性屏障。

（2）*多元酚层*　在角质精层之上，含有多元酚类，主要是 3,4-二羟基苯酚及其氧化酶类，与表皮的鞣化有关。

（3）*蜡层*　由皮细胞所分泌，含有蜡质，厚度为 0.2～0.3μm，是表皮的防水层。

（4）*护蜡层*　体壁的最外层，由皮腺体分泌而来，含有脂类及蛋白质，其厚度因虫种而异，一般在 0.1μm 左右。护蜡层具有保护作用，防止水分蒸发，具有高度的疏水性。

2. 外表皮　外表皮位于内表皮之外，厚度约占表皮层的 1/3，含骨蛋白、几丁质和脂类。昆虫体壁的坚硬程度，取决于所形成的外表皮的厚薄。外表皮对蜕皮液有很强的抵抗性，当内表皮被蜕皮液消化溶解时，外表皮则不受侵害，最后作为蜕的一部分脱去。

3. 内表皮 内表皮是表皮中最厚的一层，厚度为10～200μm，主要成分是几丁质—蛋白质复合体，因此表皮所具有的柔软的韧性和弹性是内表皮表现出来的。

（二）皮细胞层

皮细胞层是一个连续的、单层细胞的活组织，有较活泼的分泌机能，位于底膜与表皮层之间。覆盖在皮细胞层外面的表皮层就是皮细胞层的分泌物。昆虫体表的刚毛、鳞片、刺、距以及陷入体内的各种腺体，还有视觉器、听器、感化器等感觉器官，都是皮细胞特化形成的。

（三）底膜

底膜是体壁的最里层，在皮细胞之下，直接与体腔中的血淋巴接触，成分为中性黏多糖，它的作用就是把皮细胞层和血腔隔开。

二、体壁的外长物

体壁的外长物有非细胞性外长物和细胞性外长物。

1. 非细胞性外长物 完全为表皮突起，没有细胞参与，如小刺、微毛、脊纹等。

2. 细胞性外长物 细胞性外突，突起部分有细胞参与，可分为单细胞与多细胞的两种突起。单细胞突起是由1个皮细胞形成的突起，如刚毛、鳞片、毒毛和感觉毛等。刚毛是由1个原细胞和1个膜原细胞所构成。若毛原细胞与感觉神经相连，则为感觉毛；如与1个毒腺相通，则为毒毛。鳞片则是毛原细胞突起呈扁平、囊状，其表面有脊纹，常因折光作用产生各种色彩。多细胞突起是由一部分体壁向外突出而成，突起中含有一层皮细胞。通常基部不能活动的称刺，基部有一圈膜质而能活动的称距。

三、昆虫的体色

昆虫的体色可分为色素色和结构色两类。色素色亦称化学色，是由于虫体一定部位存在某些化合物而产生，这些物质吸收某种光波，反射其他光波而形成各种颜色。结构色亦称光学色，发生于表皮，由于昆虫表皮结构性质不同，而发生光的干涉、衍射而产生各种颜色，用沸水和漂白粉不能使其褪色或消失。

多数昆虫的体色大多是混合上述两种颜色而成的，称为混合色。如蝶类的鳞片既有色素，又有能产生色彩的脊纹。幻紫蛱蝶的翅，其黄褐色为色素色，而紫色的闪光则为结构色。

四、体壁构造与药剂防治的关系

体壁的特殊构造及其理化性能，使其成为昆虫的良好的保护性屏障，尤其体壁上的被覆物（如鳞片、蜡粉等）和上表皮的蜡层、护蜡层，对杀虫剂的渗入有一定的阻碍作用。不同种类和同一种类不同发育期的昆虫，其体壁的构造、质地及被覆物的多少都不尽相同。一般来说，同一种昆虫幼龄期的体壁薄，尤其在刚蜕皮时，由于外表皮或其他被覆物尚未形成，药剂较易渗入体内。此外，体驱不同部位的结构和厚度也不相同，一般节间膜、侧膜、感觉器和足的跗节部分体壁较薄，尤其感觉器往往还直接与神经相连，触杀剂更容易透入感觉器而使之中毒。所以在制定药剂防治方案时，一定要根据防治对象的体壁构造和形成机理、害虫发生为害的特点以及农药的作用机理，选择有效的农药品种、剂型、防治适期和施用方法。

第二节　昆虫内部器官的位置

昆虫的内部器官按功能分为消化、排泄、呼吸、循环、生殖和内分泌等系统，各系统相互协调，共同完成其生命活动。

昆虫的内部器官都分布在体腔（coelomic cavity）中（图 2-2）。体腔是一个纵贯体躯的通腔，由于腔内充满血液，故又称为血腔。

血腔被肌纤维和结缔组织构成的纵向膈膜隔成的小腔称为血窦（sinus）。图 2-2 中上、下两膈膜分别称为背膈和腹膈。背膈与背板之间的小腔称背血窦，由于背血管、心脏位于其中，又称围心窦。腹膈与腹板之间的小腔称为腹血窦，腹神经索位于其间，又称为围神经窦。背膈与腹膈之间的血窦内有消化道、马氏管和生殖器官等内脏器官，故称围脏窦。呼吸器官（气管系统）分布于整个体腔，以成对气门开口在体躯侧面。体壁下和内部器官上都着生很多肌肉，即肌肉组织，为昆虫的运动、飞翔提供能量。

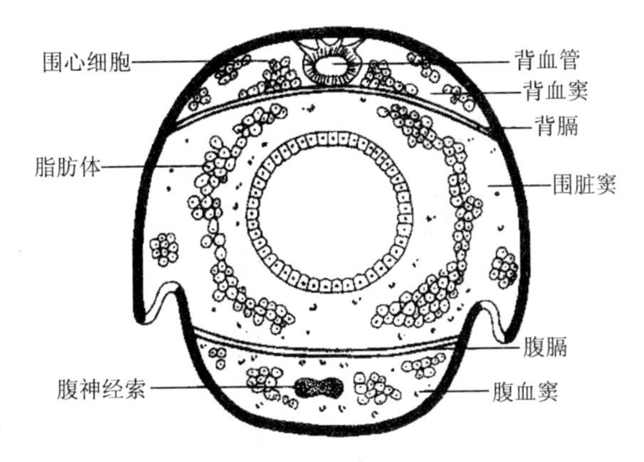

图 2-2　昆虫腹部横切面

（仿 Snodgrass）

第三节　昆虫的消化系统

（一）消化系统的构造与功能

昆虫的消化系统（digestive system）包括一条从口至肛门的消化道及与消化有关的腺体。昆虫的消化道前端开口于口前腔，后端终止于肛门，是贯穿于围脏窦中央的一根不对称管道（图 2-3）。消化道根据其来源和功能分为前肠、中肠和后肠。前肠是由外胚层内陷而成的，前肠以伸入中肠的贲门瓣与中肠分界，贲门瓣可以调节食物由前肠进入中肠的量。前肠具有摄食、磨碎食物和暂时贮存食物的功能。中肠又称胃，是由内胚层发生的中肠韧演化而成，中、后肠之间有幽门瓣，用以控制未被消化的食物排入后肠。中肠是分泌消化酶类，消化食物、吸收营养的主要器官。后肠也是由外胚层内陷而成。后肠是消化道的最后一段，前端以马氏管的着生处与中肠分界，后端终止于肛门。按结构和功能可将后肠分为回肠、结肠和直肠。在有些昆虫中，回肠与结肠形态上无区别，常称为前后肠，具有排除废物、吸回废物中水分和盐类、调节血液渗透压和离子平衡的作用。昆虫种类多，消化道的变化较大。一般取食固体食物的昆虫的消化道较粗短，而刺吸为害的昆虫的消化道较长，有的种类还形成滤室结构（图 2-4）。

昆虫消化道本身没有腺体，与消化有关系的腺体主要是唾腺。唾腺包括上颚腺（mandibular gland）、下颚腺（maxillary gland）和下唇腺（labial gland）。其中，下唇腺普遍而重要。

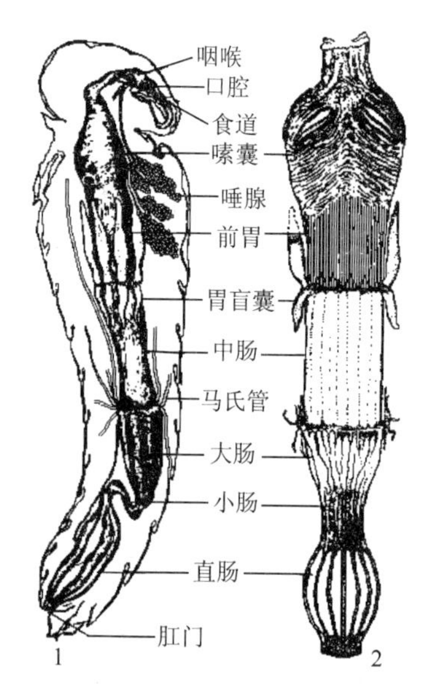

图 2-3 蝗虫的消化系统
1. 侧面观 2. 正面观
（仿刘玉素、卢宝廉）

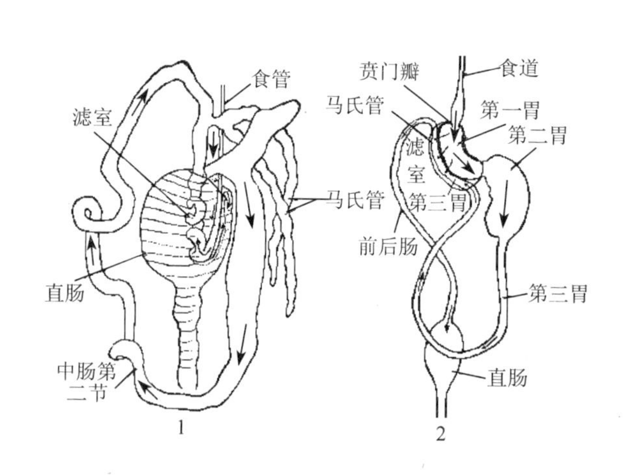

图 2-4 刺吸式口器昆虫消化道的代表
1. 软蚧（*Lecanlum* sp.）的消化道
2. 十七年蝉（*Magicicada septemdecim*）的消化道
（仿北京农业大学）

（二）昆虫对食物的消化与吸收

昆虫消化道是消化食物和吸收营养的主要器官。食物的消化是靠中肠分泌含有各种酶的消化液进行的，即将食物中的淀粉、脂肪及蛋白质等大分子化合物水解成葡萄糖、甘油、脂肪酸和氨基酸等小分子化合物，而被肠壁细胞所吸收，这一过程为消化作用（digestive process）。

消化酶的种类不同，昆虫的食性就不同。一般昆虫消化酶种类多，食性就广。植食性和杂食性昆虫的消化酶种类多，含有淀粉酶、麦芽糖酶、脂肪酶、蛋白酶等。捕食性昆虫脂肪酶和蛋白酶活性高，而无淀粉酶。食性专一的昆虫消化酶种类少，如食木的天牛等纤维素酶活性高，吸血昆虫具有胰蛋白酶。

昆虫的消化酶活性受中肠消化液的 pH 影响，昆虫消化液的 pH 随昆虫种类、虫态不同而变化，一般为 6～8。蝗虫 pH 为 5.8～7.5；葱蝇幼虫 pH 为 4.4～7.7；日本金龟甲幼虫为 9.5，成虫为 7.5；鳞翅目幼虫为 8.5～10，呈强碱性。

（三）消化作用与害虫防治

昆虫的消化作用与害虫防治密切相关。胃毒剂是通过被取食进入消化道，溶解吸收后引起毒杀作用的一类药剂。可见，杀虫剂能否被中肠消化液溶解和吸收是决定杀虫效果的重要条件。由于鳞翅目幼虫中肠 pH 为 8～10，苏云金杆菌（Bt）制剂、昆虫核型多角体病毒（NPV）和颗粒体病毒（GV）等生物杀虫剂一般对这些害虫有特效。因为在碱性条件下，Bt 制剂能释放出 δ-内毒素，NPV 和 GV 能产生病毒粒子，起到杀虫作用。目前，在转基因抗虫品种研究中，为了抑制消化道内蛋白酶的活性，干扰害虫生长发育，将豇豆胰蛋白酶抑制剂（CPTL）基因、马铃薯蛋白抑制剂（PI-Ⅱ）基因和水稻巯基蛋白抑制剂基因转移到烟草、玉米、水稻、棉花、油菜、杨树等植物中，表达后产生相应的蛋白酶抑制剂，害虫取食后在中肠与蛋白消化酶相结合，形成酶抑制复合物（EI），使害虫发育不正常或死亡。一些品种对烟草芽蛾（*Heliothis virescens*）、玉米穗蛾（*H. zea*）、棉铃虫（*H. armigera*）等抗性较好。另外，开发像抑食肼等一类的具有拒食作用、忌避作用或呕吐作用的杀虫剂，也可达到防治害虫的目的。

第四节　昆虫的排泄系统

排泄（excretion）是昆虫代谢的一个重要生理现象，其功能是排除体内的代谢废物和某些有毒的、多余的物质，保持体内渗透压的稳定，维持昆虫正常的生命活动。

（一）昆虫的主要排泄器官

马氏管（Malpighian tubule）是绝大多数昆虫的主要排泄器官。它是意大利解剖学家 Malpighi 于 1669 年首次在家蚕中发现并命名的。马氏管是一种细长的盲管，基部着生在中、后肠交界处，游离并浸泡在血液内。马氏管的数量因虫种而异，如介壳虫仅有 2 条，半翅目和双翅目昆虫有 4 条，鳞翅目昆虫多为 6 条，直翅目昆虫多达 100 条以上。幼虫因龄期不同而马氏管的数目也不同，但不影响它们的排泄能力，一般数量多的比较短，数量少的则较长，两者的排泄面积差异不大。

血液中的可溶性原尿（尿酸钾、尿酸钠、H_2O、K^+、Na^+ 等）通过被动运输（passive transport）、离子泵的主动运输（active transport）和胞饮作用透过马氏管端的管壁而进入管腔内，并从端部流向基部。当原尿流过马氏管的基段或直肠时，具有刷状边的管壁细胞和直肠垫再吸收其中的 H_2O、K^+、Na^+，使原尿变成尿酸而沉淀，随食物残渣经肛门被排泄掉，同时维持血液正常的渗透压和离子平衡。

近年来研究表明，昆虫的排泄是受激素控制的，这种激素称利尿激素（diuretic hormone，DH），是由神经分泌细胞、心侧体或咽侧体分泌的，故又称神经肽类激素，其功能是刺激排尿。已经发现的利尿激素一般有两种成分，即利尿肽Ⅰ和利尿肽Ⅱ。利尿肽Ⅰ的分子质量较大，约 1 000u。两者都溶于水和甲醇，热稳定性强。

马氏管除具有排泄作用外，还具有分泌丝、石灰质泡沫和黏液等功能。

（二）其他排泄器官

不是所有的昆虫都有马氏管，因此，其排泄只能以其他器官进行。如蚜虫就是以消化道进行排泄的。其他排泄器官主要有下唇肾（labial kindey）、围心细胞（pericardial cell）、脂肪体（fat body）等。

（三）排泄系统与害虫防治的关系

昆虫的排泄器官也是杀虫剂作用的靶标，如有机氯和菊酯类杀虫剂可直接作用于马氏管和脂肪体，引起组织病变，影响害虫正常的生长发育，甚至导致死亡。昆虫病毒杀虫剂（NPV、GV）感染害虫后，极易侵染脂肪体、马氏管等排泄器官，并进行复制，产生大量病毒粒子和包涵体，使害虫发病死亡。

利尿激素在调节虫体水分平衡方面起重要作用。当体液中利尿激素浓度急剧变化，将导致虫体水分代谢严重失调，从而影响虫体生长发育，利用利尿激素是防治害虫的有效途径。目前，将烟草天蛾的利尿激素基因与家蚕核型多角体病毒重组，新重组的病毒在杀虫速度、杀虫效果上有一定的提高。

另外，马氏管和脂肪体等排泄器官对杀虫剂的活性又有一定的忍受力，因为进入虫体的杀虫剂可被马氏管排出体外，或者被脂肪体贮存，具有一定的解毒能力，降低了杀虫剂的药效。

第五节　昆虫的呼吸系统

昆虫生活的能量大部分来源于食物贮存的化学能。这些化学能只有通过呼吸作用，以特定的形式释放。昆虫的呼吸作用要通过两个步骤：一是吸入 O_2，排出 CO_2，与环境进行气体交换；二是利用吸入的 O_2 分解体内的能量物质，产生高能化合物 ATP 及热量，进行能量代谢。

一、呼吸系统的一般构造

昆虫的呼吸系统就是气管系统，气管系统是由外胚层内陷形成的开放式管状系统（tracheal system），由一系列排列固定的网状分支的气管所组成。气管系统就是昆虫呼吸中气体交换的通道，气管在各体节两侧体壁表面的开口及其附属构造称气门（spiracle）；自气门延伸入体内的一段气管称气门气管（spiracular trachea），又称气管主干（tracheal trunk）；主干后的分支为气管分支或支气管（tracheal branch）；最后分化成许多微气管（tracheole），直径 2～5μm 时，由末端细胞呈掌状生长，产生 1μm 以下的微气管，末端封闭，伸入细胞内部，将 O_2 送至线粒体附近。气管主干通常有 2 条、4 条、6 条，纵贯体内两侧，气管主干间有横气管相连（图 2-5、图 2-6）。

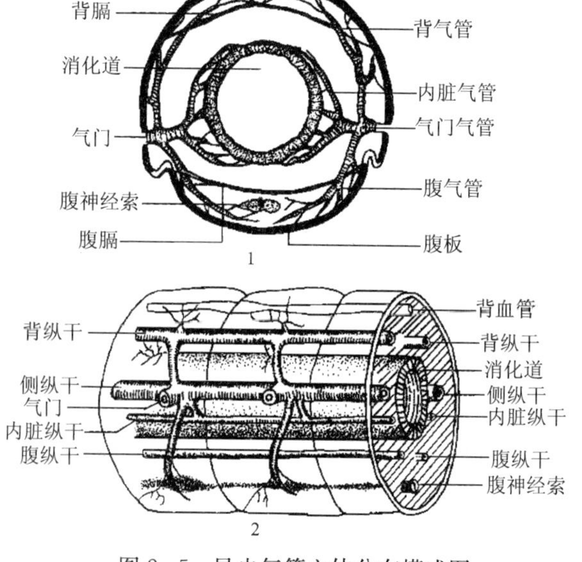

图 2-5　昆虫气管立体分布模式图
1. 体纵干横切面，示体节内的气管分布
2. 体躯侧面投射，示气管干
（仿 Snodgrass）

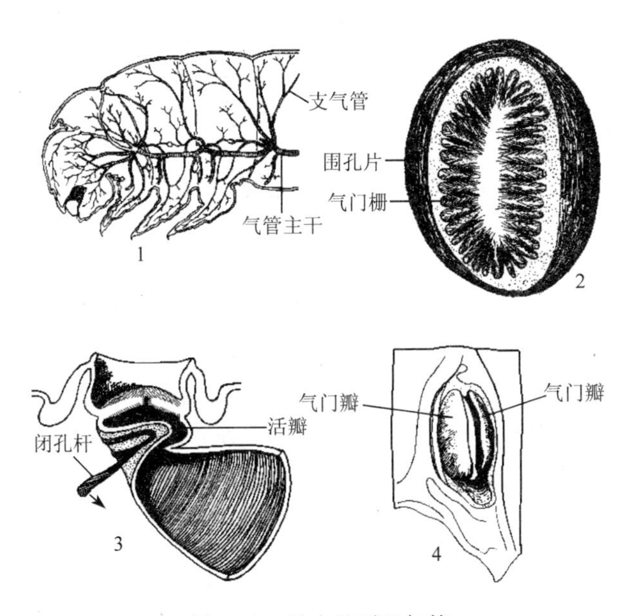

图 2-6　昆虫的呼吸气管

1. 鳞翅目幼虫身体前段气管分布图　2. 夜蛾幼虫的气门

3. 夜蛾幼虫气门的剖面，示开关装置　4. 蝗虫胸部的气门，示开关装置

（1、3、4 仿 Snodgrass，2 仿周尧）

二、气门的构造和形式

（一）气门

气门是昆虫与外界交换的呼吸孔，是由体壁内陷形成气管所留下的开口，又称气管口（tracheal orifice）。在一些低等昆虫中，气门就是简单的气管口，但大多数昆虫的气管口已特化，气管口与气门之间形成了一个空腔，称气门腔（atrium），气门腔口变成了气门，四周围有一块硬化的骨片，称围气门片（peritreme）。有的具有气门腔的气门常特化成控制气体进入和限制水分散失的构造，称开闭机构（closing apparatus）；有的气门腔口常具有两排密生细毛，形成刷状的过滤构造（filter apparatus），称筛板，可防止灰尘、杂菌、水等侵入。

（二）气门的数目及形式

气门的数目与位置在昆虫中有各种变化。一般认为，昆虫气门典型的数目是 10 对（胸部 2 对，腹部 8 对），根据气门的数目与功能可把昆虫的气门分为 5 种形式。

1. 全气门式　胸部 2 对，腹部 8 对，全部有功能，如蝗虫。

2. 两端气门式　只有胸部 1 对和腹部末端 1 对气门开放，如双翅目幼虫。

3. 前气门式　只有胸部 1 对气门开放，如蚊蛹。

4. 后气门式　只有腹部最后 1 对气门开放，如蚊幼虫。

5. 无气门式　气门全部封闭或完全无气门，如很多水生昆虫及若干内寄生蜂类的幼虫，它们多用体壁或鳃呼吸。

气管呼吸是昆虫的主要呼吸方式。由于昆虫种类多，生活环境不同，还有体壁呼吸（integumentary respiration），如弹尾目昆虫和多数水生昆虫；气管鳃呼吸（respiration of tracheal gill），如蜉蝣、蜻蜓的稚虫等；气泡和气膜呼吸等。

三、呼吸作用与害虫防治

了解昆虫的呼吸机理有助于防治害虫。在杀虫剂中，无论是神经毒剂或呼吸毒剂，对昆虫的呼吸代谢都有一定的影响，干扰或破坏昆虫的呼吸，起到毒杀害虫的作用。

1. 害虫防治途径 通过呼吸系统对害虫的防治途径有：①熏蒸性杀虫剂在害虫呼吸时随空气进入气门，沿气管系统到达组织产生毒效，如氯化汞、溴甲烷、磷化锌等；②有机磷等神经挥发性杀虫剂，由气管进入血液，到达神经系统产生毒效，如敌敌畏；③鱼藤酮、硫化氢等呼吸抑制剂，进入害虫体内后，抑制呼吸代谢的酶类，从而影响正常的细胞或组织呼吸代谢。另外，在害虫防治时，阻塞气门也是防治害虫的有效方法，如喷施糊剂、油乳剂能防治室内花卉蚜虫、红蜘蛛等，可提高防治效果。

2. 提高呼吸毒剂的杀虫效果 由于呼吸毒剂是随着空气进入虫体的，一般进入越多，对害虫的防效越好。因此，促进呼吸作用，有助于提高防治效果。可采用的方法有：①适度提高熏蒸场所的温度，温度高，酶活性大，呼吸强，防效好。②增加环境中 CO_2 浓度，刺激气门开启，增大呼吸系数，毒效高。③加工并喷施乳油、油剂等杀虫剂，有助于杀虫剂由气门渗入体内，相反，水剂、水溶剂等防效较差。

第六节 昆虫的循环系统

昆虫的血液循环属于开管式或开放式循环，即血液自由运行在体腔内各器官和组织之间，使内部器官和组织都浸没在血液之中。血液只有经过搏动器官时才能局限在血管内流动。背血管是昆虫的心脏和动脉，其有规律的搏动推动血液在体内循环。同时，背膈、腹膈及一些辅助搏动器有规律地收缩活动，使血液按一定方向流动。

一、循环器官的构造

（一）背血管的构造

背血管（dorsal vessel）是昆虫血液的循环器官，构造比较简单，仅为一条前端开口的管道，是由肌纤维构成的，位于背血窦之中。按功能分为两部分，前端为动脉（又称大血管），后端为心脏。动脉前端开口于脑和食道之间，输送血液向前流动；心脏位于昆虫的腹部，由一系列鳞茎球状心室（chamber）组成，心室的数目因种类而不同，一般与心脏所占腹节的数目相一致。蜚蠊有 11 个心室，但一般不超过 9 个；虱目昆虫仅有 1 个心室。心脏后端封闭，每个心室具有 1 对垂直或倾斜的孔，称心门（ostia）。心门与体腔相通，其边缘向内延伸形成具有活门作用的构造，称心门瓣（ostial valve）。当心室扩张时，活瓣开启，血液进入心室，当达到完全扩张时，活瓣关闭；当心室收缩时，使血液向前端流动。这种有规律的舒张和收缩，并配合心门瓣等开闭，形成血液循环的动力（图 2-7）。

（二）辅搏动器

辅搏动器是心脏以外具有促进血液在虫体一定部位（足、翅、触角等）内循环的辅助器官。辅搏动器有两种：一种是与背血管有关的，如背膈、腹膈和中胸小盾片下的搏动膜；另一种是在足、翅和触角等基部独立的搏动构造。正是这些搏动构造，才使血液在体内有规律地循环。

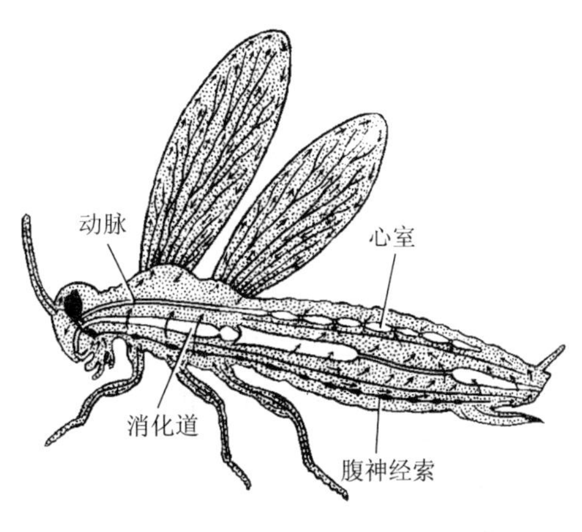

图 2-7 昆虫背血管和血液循环示意图
（箭头表示血液流向）
（仿周尧）

二、昆虫血液及其功能

（一）昆虫的血液

流淌于昆虫体腔内淋巴样的液体就是血液（blood），其中包括血浆（血淋巴）和悬浮在血浆中的血细胞两部分。一般称昆虫血液为血淋巴（hemolymph）。血浆是一种浸浴所有组织和细胞的循环液，约占血液总量的 97.5%，其中水分占 85%左右。血浆是各器官间化学物质交换，内分泌物、营养物和代谢物等输送的媒介，其成分十分复杂，主要有无机离子、血糖、血脂、氨基酸和蛋白质、氮素代谢物及其他物质等。血浆中的主要成分是变化的，常随昆虫种类、发育阶段、外界因素等变化而变化。分析昆虫血浆成分，有助于了解和掌握昆虫的生理状况。

昆虫的血细胞是悬浮在血浆中的游离细胞，约占血液的 2.5%，是由中胚层细胞分化而来的。血细胞种类较多，主要有原血细胞、浆血细胞、粒血细胞、珠血细胞、类绛色血细胞、凝血细胞等。

（二）血液的性质及主要功能

1. 血液性质 昆虫的血液是一种黏稠状的液体，除摇蚊幼虫为红色外，其他颜色常为黄、橙、蓝、绿或无色，是由血液中色素决定的。昆虫血液的 pH 因种类不同而异，pH 为 6.0～8.2。据测定，85%的属微酸性，如蝗虫类 pH 为 6.4～7.1，家蝇成虫为 7.2～7.6，家蚕幼虫为 6.6～6.8。

昆虫血液的相对密度为 1.012～1.045，与人血较接近。血液的渗透压一般比哺乳动物稍高。若以 NaCl 浓度表示，则为 0.75%～1.5%，主要靠游离氨基酸及有机酸调节其渗透压，而不是 Na^{+}、Cl^{-} 等无机盐。昆虫血液量变化较大，一般为体重的 0.9%～45.5%。

2. 血液的主要功能 由于昆虫的血液是由血浆和血细胞组成的，因此，血液的功能是由血淋巴和血细胞所决定的。其主要功能：一是通过循环，将消化吸收的营养物质、内分泌激素运送到作用部位，同时将各组织或器官的代谢物或排泄物携带到其他组织或排泄器官；二是具有吞噬包被病原物、消化旧组织等免疫作用；三是对表皮、消化道或其他组织产生的损伤有修复作用；四是对血液凝结和昆虫孵化、蜕皮、羽化起凝血和机械压力的作用。但是，与 O_2 的输送无关。

三、血液循环与害虫防治的关系

干扰、破坏昆虫血液的正常循环和功能是防治害虫的途径之一。杀虫剂对循环系统的影响主要有：①破坏血细胞，如砷、氟、汞等无机盐类杀虫剂主要是干扰或破坏血细胞，使血细胞产生病变，起到杀虫作用；②影响心脏正常搏动，如烟碱能抑制心脏舒张，使心脏搏动停止。除虫菊酯类杀虫剂能降低心脏搏动率。有机磷杀虫剂可干扰心脏搏动。另外，血液的pH对杀虫剂的毒效具有一定的影响，使害虫对杀虫剂表现一定程度的耐药性，如除虫菊素随血液pH增高而毒力下降。某些鳞翅目幼虫龄期越大，pH越高，故老熟幼虫对除虫菊素的抗药性就越强。

第七节　昆虫的神经系统

昆虫的一切行为活动，都是通过感受器从外部或内部接收各种信息，依靠神经系统的综合能力做出各种行为反应，并调节自身的生长发育。因此，可以说昆虫的神经系统（nervous system）就是昆虫的控制系统。

一、神经系统的组成与构造

（一）神经系统的组成

昆虫的神经系统是由外胚层发育而来的。从解剖学上讲，昆虫的神经系统包括中枢神经系统（central nervous system）、交感神经系统（sympathetic nervous system）和周缘神经系统（peripheral nervous system）3部分。

1. 中枢神经系统　昆虫的中枢神经系统是神经脉冲和内分泌的控制中心，是由脑（brain）、围咽神经索（circumoesophageal connective）和腹神经索（ventral nerve cord）3部分组成（图2-8）。脑位于头腔内咽喉的背面，它是头部的感觉器官和口器、胸部、腹部运动神经的中枢。昆虫的脑可分为前脑、中脑和后脑。前脑（protocerebrum）是复眼、单眼的视觉神经中心。中脑（deutocerebrum）主要是指两个膨大的中脑叶部分，让发出的神经通过触角，所以，中脑是触角的神经中心。后脑（tritocerebrum）是由第1体节的一对神经节特化而成的，连接在中脑下面，左右各有一叶状构造，常位于咽喉的上侧面。后脑主要发出与额神经节相连的额神经索、与上唇相连的上唇神经和与体壁相连的背壁神经（图2-9）。

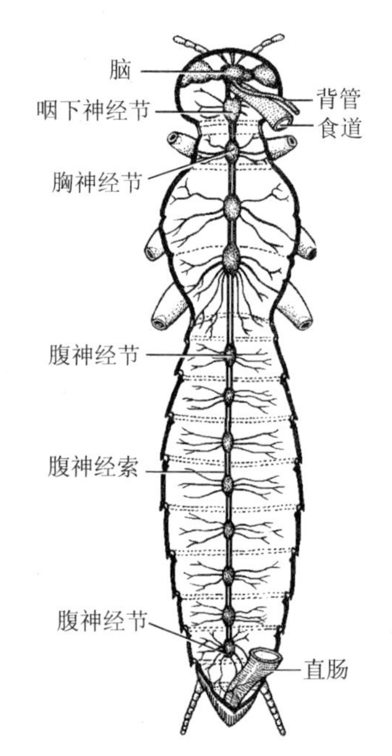

图2-8　昆虫中枢神经系统模式图
（仿Snodgrass）

腹神经索是中枢神经系统位于消化道腹面的部分，包括头部内的咽下神经节（suboesophageal ganglion）和胸、腹部的一系列体神经节，以及前后神经节间成对的神经索。咽下神经节由 3 个神经节合并而成，其神经分别通向上颚、下颚、上唇、舌和唾腺，是口器运动的神经中心。体神经节包括胸、腹部一连串神经节和纵贯各神经节间的神经索。胸部 3 对神经节的神经通入前、中、后胸及足和翅。腹部 8 对神经节或有愈合现象，其神经通入各节肌肉。

有些昆虫的幼虫期，在两根腹神经索之间还发出一根中神经（median nerve），成为呼吸器官控制神经中心。

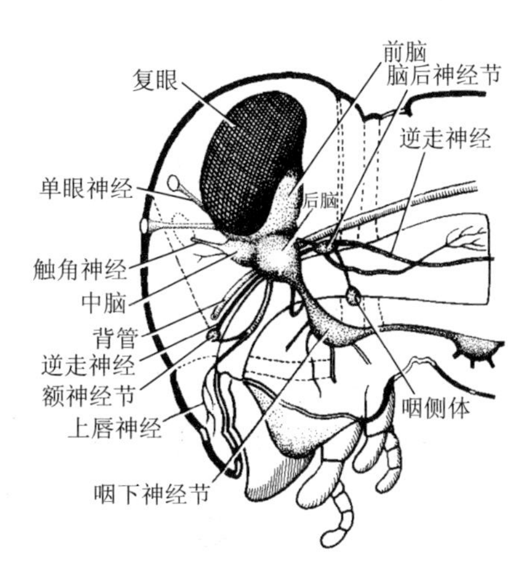

图 2-9　昆虫头部和前胸神经系统侧面观
（仿周尧）

2. 交感神经系统　交感神经系统包括口道神经系统、腹交感神经系统和尾交感神经系统 3 部分。口道神经系统（sympathetic nervous system）主要包括额神经节和后头神经节，其神经分布于前肠、上唇肌、上颚肌、唾腺和咽侧体。额神经节向后发出一条逆走神经与脑下后方的后头神经节相连。腹交感神经系统包括连于腹神经索各神经节上的横神经，其神经纤维分布到该节的各气门上。尾交感神经系统是腹末端神经节发出的神经，分布于后肠和生殖器。

3. 周缘神经系统　周缘神经系统位于体壁下面，是仅由感觉神经元和运动神经元的神经纤维所形成的神经网络。神经末梢通到各感觉器、体壁底膜和各种肌肉组织中，在软体的幼虫中最为发达，接收刺激引起适当反应。

（二）神经系统的基本构造

1. 神经元　神经元（neurone）又称神经细胞，是昆虫神经系统的基本组成单位（图 2-10：1），每一神经系统都是由无数的神经元构成的。据观察，中枢神经系统约由 10 万个神经元组成。1 个神经元包括 1 个神经细胞体及其发出的纤维状主支和所有分支。其中从细胞体发出的神经分支又称神经纤维。细胞体的主支是一根较长的神经纤维，称轴突（axon）。细胞体附近，由轴突分出的短支称侧支（collateral）。轴突和侧支顶端的细分支称端丛（terminal arborization）。细胞体四周发出的许多短小纤维称为树状突（dendrite）。神经细胞的膜都由双层脂蛋白组成，膜上有很多蛋白质构成的离子通道，如乙酰胆碱通道，Na^{+}、K^{+} 和 Ca^{2+} 通道。通道的开闭影响离子在膜上的透性。神经元按其作用可分为 3 类，即感觉神经元、运动神经元和联系神经元。昆虫体内的神经均由成束的神经纤维（轴突）集合而成，起着接收、联系和传递刺激的作用（图 2-10：2）。

2. 神经节　昆虫的体神经节（ganglion）是卵圆形或多角形的神经组织，是由很多神经细胞和神经纤维集合而成的。神经节和神经索的外壁的构造是比较复杂的，是由结缔组织形成的鞘，称神经鞘（nerve sheath）。其外层为非细胞性的薄膜，即神经围膜（neural lamella），厚约 0.3μm，呈均匀的颗粒状，由无定形的胶蛋白和黏多糖构成，是由内层细胞分泌的；内层为细胞性组织，称鞘细胞层（perineurium），细胞质中含有大量糖原、脂肪粒、线粒体和氧化酶，可以调节中枢神经系统与血液的离子交换，是神经鞘的离子通透作用的屏障。神经就是神经纤维传导神经冲动的通道。外层为神经鞘，里面为成束的神经纤维。一般情况下，同一神经内包含运动神经纤维和感觉神经纤维两种。

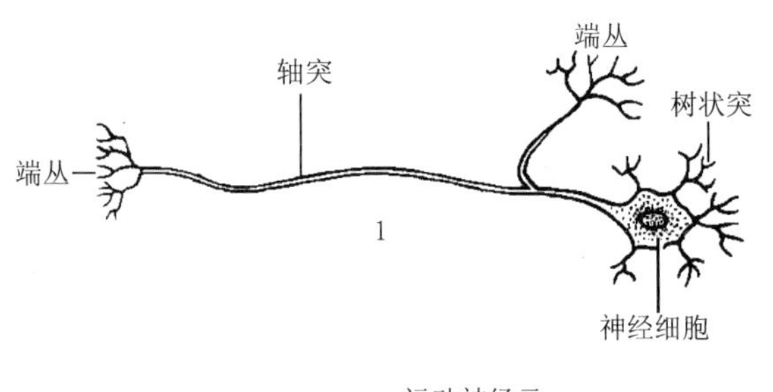

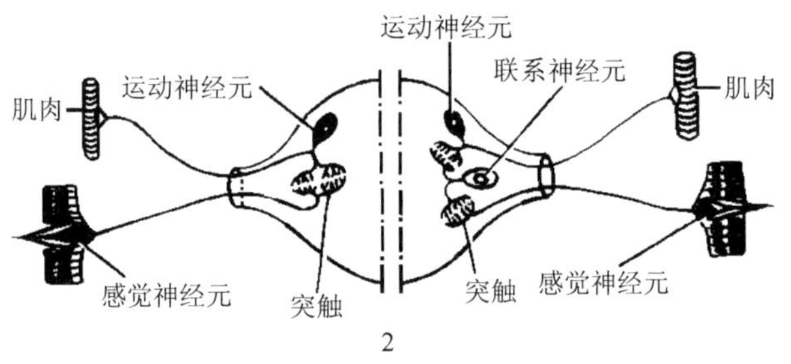

图 2-10　昆虫神经元和神经反射弧模式图

1. 神经元模式结构　2. 反射弧示意图

（1 仿 Snodgrass，2 仿 Знлманн）

二、神经冲动的传导机理

神经具有兴奋性和传导性。了解神经冲动的产生和传导，可以正确选择不同杀虫机理的杀虫剂，以达到更好的防治害虫的效果。

（一）基本概念

1. 静止膜电位与动作电位

（1）静止膜电位　由于神经细胞膜的选择通透性和离子的不均匀分布，在静止时，神经细胞和纤维膜表面电位正于膜内，这种电位差称静止膜电位（又称静息电位，resting potential）。

（2）动作电位去极化　当神经的某一部位接收刺激后，该部位的神经细胞膜的通透性立即改变，膜外 Na^+ 大量涌入膜内，使膜表面电位下降，膜内电位上升，形成了扩散性脉冲型的电位差，这一电位差称动作电位（action potential）。这一使膜通透性和电位改变的过程称去极化（depolarization）。

2. 突触及突触传导

（1）突触　各类神经元间是以树状突、轴突或侧支的端丛相对应，并不是直接相连的，具有一定间隔，这种神经纤维末梢间的间隔又称突触间隙，一般为 20～30nm，这种连接方式称突触（synapse）。

（2）突触传导　神经冲动在神经元间通过突触间隙进行的传导称突触传导（synaptic conduction）。

3. 神经递质与神经调质

（1）神经递质　通过突触间隙是靠化学物质传递神经冲动的，这类物质称神经递质

(neurotransmitter)。

(2) 神经调质 在昆虫体内，某些参与神经冲动传递的生物胺（单胺类如多巴胺、章鱼胺、去甲肾上腺素、5-羟色胺等）释放后，能对较远距离的受体产生作用，这些不同于神经递质的物质称神经调质。

（二）神经冲动传导

神经是唯一具有传导性的组织。神经冲动按传导部位和方式可分为神经纤维内的传导和神经纤维间的传导（即突触传导）。

1. 神经纤维内的传导 由于神经细胞膜的选择通透性，在静止时，K^+易穿透神经纤维的神经鞘，而Na^+不能透过，Cl^-等阴离子也不能穿透，使神经膜表面电位相等，而内外却不同，外正内负，形成了静止膜电位。当神经纤维某部位受刺激后，兴奋部位膜的通透性立即改变，体液中Na^+立即涌进膜，使静止膜电位逆转成外负内正，造成膜的去极化，形成动作电位。动作电位使神经膜表面受刺激部位与附近相邻处产生电位差，并形成局部电流，同时也使相邻处膜去极化，再次产生动作电位，这样依次传导下去。在传导过程中，动作电位的强度不发生改变，冲动过后膜立即恢复原来的静止膜电位。

2. 突触传导 突触是神经元之间、神经元与感受器或效应器之间的接触区域。突触前神经元的轴突末梢反复分支，最后的小分支末端膨大，与突触后神经元的小分支形成了突触。1个神经元可有多达数千个突触，其形态和功能各异，为神经元系统的整合和协调活动提供了基础。突触处的膜较其余部分的膜稍厚，分别称为突触前膜和突触后膜，二者之间称为突触间隙，由此传递神经元之间的兴奋。突触传递多为化学传递，且为单向性，只能由前膜传向后膜。传递引起的膜电位称为突触后电位，由于神经递质的性质不同，引起的突触后电位也不同。当突触前膜释放的神经递质引起突触后膜去极化时，产生兴奋性突触后电位。

昆虫神经系统中含有大量的乙酰胆碱和乙酰胆碱酯酶。乙酰胆碱可能是昆虫中枢神经系统中主要的神经递质，存在于突触前膜内的小囊中，当兴奋传递到突触前膜时，引起膜的去极化，小囊因与膜碰撞而破裂，将乙酰胆碱释放到突触间隙，并迅速通过间隙与突触后膜上的特殊位点（受体）结合，引起突触后膜的去极化，当局部电位达到阈值时，形成动作电位。乙酰胆碱瞬即被膜上的乙酰胆碱酯酶水解，水解产物为突触前膜吸收，在胆碱乙酰化酶的作用下再合成乙酰胆碱，贮于小囊内，为下一兴奋传递准备条件。昆虫神经系统还有其他神经递质，如肾上腺素、5-羟色胺、多巴胺等。当突触前膜释放的神经递质引起突触后膜超极化时，产生抑制性突触后电位。γ-氨基丁酸可能即是此类递质。神经和肌肉接点处的兴奋性递质不是乙酰胆碱，在部分昆虫中已证明是谷氨酸盐（glutamate）。

三、神经系统与害虫防治

很多高效杀虫剂都是神经毒剂，它们的类型不同，对神经系统的作用也不同，并按神经系统的结构与特性，形成不同的神经靶标。对杀虫机制的深入研究，不但有利于杀虫剂毒理学的发展，也丰富了对昆虫神经生理学的了解。

1. 对轴突传导的影响 滴滴涕是应用最早的有机氯杀虫剂。昆虫受滴滴涕中毒以后，表现出过度兴奋和肌肉痉挛，随之发生麻痹而死亡。滴滴涕究竟是怎样影响昆虫神经系统的？一般认为是轴突膜上有特殊的空隙，构成各种离子通道，滴滴涕的分子结构正好能嵌入这些空隙，从而改变周围离子的通道，延缓轴突去极化以及 Na^+ 通道的关闭，延长了 Na^+ 电流，因此出现重复的动作电位，产生中毒症状。

拟除虫菊酯药剂的杀虫作用与滴滴涕很相似，也是抑制轴突膜的离子通道（主要是 Na^+ 通道），使膜的渗透性改变，从而造成传导阻断，但也可能影响突触传递，产生神经毒素及其他作用，如 ATP 酶的抑制等。

2. 对乙酰胆碱受体的影响 烟碱作为杀虫剂，是由于它能与突触后膜上的乙酰胆碱受体结合，使昆虫不断出现神经冲动，产生颤抖症状，随之发生痉挛，最后麻痹而死。沙蚕毒类杀虫剂也是对受体产生抑制作用。

3. 对乙酰胆碱酯酶的影响 有机磷和氨基甲酸酯类杀虫剂都是乙酰胆碱酯酶抑制剂，它们能像乙酰胆碱那样与乙酰胆碱酯酶相结合，但结合以后很不容易水解，结果使酶正常水解乙酰胆碱的作用受阻，造成突触部位乙酰胆碱大量积累，昆虫中毒后表现出过度兴奋，随之行动失调，麻痹而死。还有一些农药如环戊二烯和六六六等杀虫剂，通过增加突触前膜对囊泡的释放，干扰突触传导产生过度兴奋而造成昆虫中毒。

第八节 昆虫的生殖系统

昆虫担负着繁殖后代、延续种族的任务。由于雌雄不同，生殖系统的构造和功能就不同。

一、生殖器官的构造

昆虫的生殖器官是由外生殖器和内生殖器两部分组成的。外生殖器包括雌性的产卵器和雄性的阳茎、抱握器，是由外胚层发育而成的，保证雌雄交配、受精和产卵，在昆虫形态学中已进行了介绍。而内生殖器是指能够产生和贮存卵子和精子的内部特殊构造，保证昆虫种群的繁衍。昆虫种类繁多，生殖方式多种多样，有两性生殖、孤雌生殖、幼体生殖、多胎生殖和卵胎生等。绝大多数昆虫都具有雌性生殖器官和雄性生殖器官，下面分别介绍。

（一）雌性生殖器官

雌性生殖器官主要是产生和保存成熟的卵子，接受和贮存精子的构造。包括 1 对卵巢（ovary）、2 根侧输卵管（lateral oviduct）、1 根中输卵管（common oviduct）、生殖腔（genital chamber）、阴道（vagina）、生殖孔（genital pore），以及由生殖腔演化而成的受精囊（spermatheca）和 1 对附腺（accessory gland）（图 2 - 11）。其中，卵巢、侧输卵管是由中胚层形成的；中输卵管是由外胚层形成的；生殖腔或阴道是由体壁内陷而成的；受精囊及其附腺是由生殖腔特化而成的。

卵巢是雌性生殖器官产生卵子的部位，由数条卵巢管（ovariole）组成，通常 4～8 条，多则 100～200 条（双翅目、膜翅目），白蚁多达 2 400 条，少者如虱、蝇仅 2 条，舌蝇和蚜虫仅 1 条。卵巢管的端丝汇集成悬带，用以固定卵巢。

输卵管包括 1 对连接卵巢管柄的侧输卵管和 1 条中输卵管。管外常包有肌肉鞘以助伸缩排卵。中输卵管下形成阴道（或生殖腔），末端向外的开口为交配和产卵用的生殖孔。一些低等昆虫（无翅亚纲及蜉蝣等）无外胚层发生的中输卵管，以侧输卵管直接开口体外，故有

1 对生殖孔。

受精囊常开口于中输卵管基部，用以贮存精子，囊壁上常有腺细胞或囊状附腺——受精囊腺，其分泌物为精子提供营养并可保持精子活力达数月（鳞翅目）或数年（如蜜蜂）之久。生殖孔上方另有 1～2 对开口于阴道的附腺，分泌黏胶使产出的卵能黏附于物体上，或使卵与卵相互黏结成块，或形成卵鞘（蜚蠊、螳螂等）。蜜蜂（工蜂）和蚁类（工蚁）的附腺特化为分泌毒液的毒腺通入由产卵器转化成的螯刺用于防卫；捕食性蜂类（如胡蜂、土蜂等）则用其麻痹猎物。

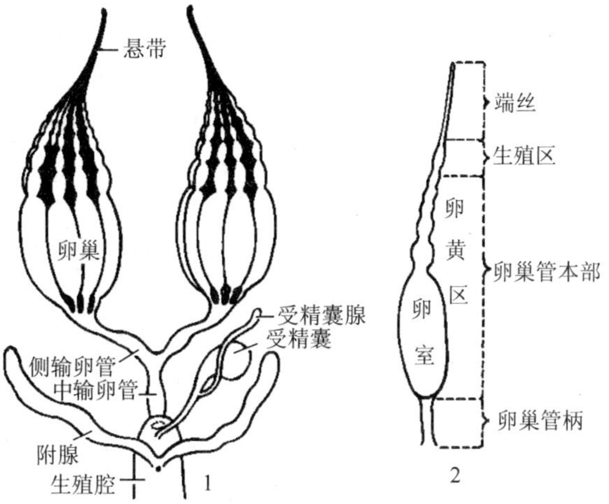

图 2-11　昆虫雌性生殖系统
1. 雌性生殖器官　2. 一个卵巢管图解
（仿 Snodgrass）

（二）雄性生殖器官

雄性生殖器官是指产生、贮存和运送精子的构造及其腺体。主要包括 1 对睾丸（testis）、1 对输精管（vasa deferentia）和贮精囊、1 根射精管（ejaculatory duct）、生殖孔及附腺等（图 2-12）。睾丸、输精管和贮精囊是由中胚层演化而来的；射精管是由外胚层形成的。

睾丸是产生精子的器官。睾丸由数条睾丸管组成。睾丸管一般较同种昆虫的卵巢管少，鞘翅目肉食亚目只有 1 条，虱目 2 条，鳞翅目 4 条，蝗科约 100 条。较高等昆虫的睾丸包在一层围膜内，有些昆虫则 1 对睾丸包在共同的围膜内（如蝗虫、蝼蛄、蝶类等）。每条睾丸管基部有一短小的输精小管与输卵管相通，管壁为一层有细胞结构的围膜，用以从血淋巴中吸收营养物质，产生精子。

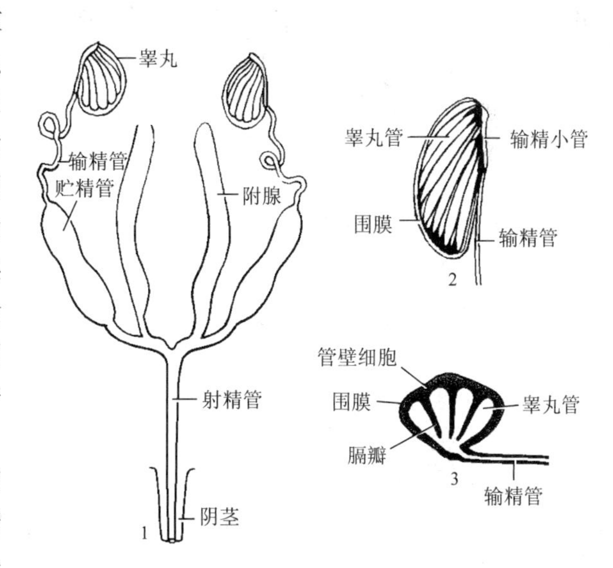

图 2-12　昆虫雄性生殖系统
1. 雄性生殖器官　2. 睾丸的构造　3. 一个睾丸的纵切面
（仿 Snodgrass）

输精管是与睾丸基部相连的一对细长的精子通道，下半段常膨大成贮存精子团的贮精囊。两根输精管下端通入一条公共通道与射精管相接，射精管开口于阳茎端部，管壁外包有发达的肌肉层，用以控制射精管的收缩。雄性附腺多开口于贮精囊下部或贮精囊、射精管交界处的背面，呈长囊状或管状，数目因虫而异，无翅亚纲及某些双翅目昆虫（如家蝇、牛虻）等无附腺，多数昆虫有 1 对，蝗虫有 15 对。附腺能分泌黏液与精子混合成精液，用以浸润和保藏精子，某些昆虫则分泌形成包围精子的薄囊——精珠，交配时雄虫将整个精珠送进雌虫阴道内。

射精管在形态学上相当于雌性的中输卵管，是由第9腹节后端的外胚层部分内陷而成的管道。因此，射精管的表皮层是与体壁相连的，管壁外面包围着强壮的肌肉层，肌肉的排列次序常是纵肌在内，环肌在外，射精时用以伸缩射精管。射精管的顶端部分常包藏于体壁外突成的阳茎内。

二、昆虫的交配、授精与受精

（一）交配

交配（mating）又称交尾（copulation），是指同种异性个体交配的行为和过程。昆虫的交配是以性外激素、鸣声、发光、发音等因子刺激后，雌雄个体才能求偶和配偶，从而雄虫才能将精液或精珠注入雌虫的生殖器内。多数昆虫的交配是由雌虫分泌性外激素引诱雄虫的，但也有一些昆虫，如蝶类是由雄虫分泌性外激素引诱雌虫的。不同种昆虫一生交配次数不同，有的一生只交配1次，有的则交配多次，往往雌虫比雄虫交配次数少。例如，棉红铃虫雌虫一生交配1～2次，而雄虫交配6～7次；三化螟雌虫一生交配1～3次，雄虫则交配1～5次。昆虫交配的时间与分泌性外激素的节律是一致的，多数昆虫都发生在每日的黄昏时候，有些雌雄虫羽化时间相差1～2d，以免与同批雌雄个体近亲交配。昆虫交配的地点多与下一代幼虫的取食有关。鳞翅目昆虫多在幼虫的寄主植物附近交配，这些植物的气味能刺激雌虫释放性信息素，从而吸引雄虫；寄生性昆虫常在寄主密集的场所交配和产卵，使幼虫孵化后迅速发现寄主。刚羽化的雌性多音天蚕蛾（*Antheraea polyphemus*）不产生性行为，只有当触角与栎树叶或与含（E）-2-乙烯醇的提取物接触以后，激发了中枢神经系统的活动，腹部末端才释放雌性信息素，即（E-Z）-6-11-十六碳二烯醇与它的乙酸酯混合物。这种信息素作用于雄性触角感觉器，通过中枢神经系统，产生交配行为。雌虫在交配以后，交配囊内的精子又能刺激它释放一种激发产卵的体液因子，促进雌蛾的产卵活动。

交配求偶行为的延续时间长短不一，有的昆虫一直能持续到授精作用完成。这种持续交配能阻止雌虫排斥精包。

有的昆虫具有特殊的交配方式。如雌雄螳螂在交配时雄虫耐心地靠近雌虫，再跃到雌虫背上进行交配，如果雌虫是饱食的，交配时间就比较长，相反，饥饿的雌虫，能很快吃掉雄虫的头部，在这种情况下能促使雄虫加剧交配动作，从而缩短交配时间。

（二）授精

两性交配时，雄虫将精液或精珠注入雌虫生殖器官，使精子贮存于雌虫受精囊中的过程称授精（receptaculum）。

昆虫的授精方式可分为间接授精和直接授精两种。间接授精是指雄虫将精包排出体外，置于各种场所，再由雌虫拾取；直接授精是雄虫在交配时将精子以精液或精包形式直接送入雌虫生殖道内。多数昆虫都是采用直接授精的方式进行授精。毛翅目、鳞翅目、膜翅目、鞘翅目和双翅目中某些昆虫，雄性附腺分泌物在精子排出前，按一定顺序直接射入阴道或交配囊内，然后靠机械作用或化学作用的刺激使精液进入受精囊，形成一定形状的精包，可用于害虫的预测预报。

（三）受精

雌雄成虫交配后，精子贮存在雌虫的受精囊中，当雌虫排卵经过受精囊孔时，精子由卵孔进入卵子中，精子核与卵核结合成合子，这个过程称受精（fertilization）。

受精作用能否完成取决于两个因子，即精子从受精囊泄出与卵从卵巢管排出的同步性和精子对卵孔定位的准确性。昆虫精子准确定位并进入卵内有多种机制，如果蝇卵排入阴道时能调节方位，使卵孔对准受精囊孔；蝗虫通过受精囊壁的压肌收缩，控制精子的释放；长绿蝽的精子进入卵孔时受到化学趋性的驱使；蜚蠊的卵有很多卵孔，有利于精子进入；捻翅目昆虫的卵漂浮在血腔内受精。

三、昆虫的生殖系统与害虫防治

学习昆虫生殖系统有助于从根本上防治害虫，科学地进行害虫防治，探索害虫防治的新途径。

（一）卵巢发育在害虫测报上的应用

卵是多数昆虫的第1虫态。掌握两性卵生害虫的卵巢发育程度和抱卵情况，可以科学准确地掌握害虫的产卵时间及幼虫孵化盛期，以便确定其防治适期。生产上常采用这种方法进行黏虫的预测预报，准确地推测黏虫的发生期，确定防治适期。

（二）不育技术在害虫防治中的应用

对于两性生殖的昆虫，若精子和卵子的形成和发育受阻，或者不能正常交配，将造成不育。利用这一理论，通过不育技术，可以有效地根治害虫种群。不育的方法有辐射不育、化学不育和遗传不育3种。

1. 辐射不育 利用^{60}Co作为辐射源，处理大批的螺旋蝇和地中海实蝇雄虫，可杀死体内的精细胞和精子，但仍能保持雄虫的生活能力和竞争能力，释放到野外可同雌虫交配，造成雌虫不育。在美国和墨西哥采用这种不育方法防治这两种害虫，已经获得相当好的效果。

2. 化学不育 利用化学药剂干扰生殖细胞中核酸的合成，也能造成昆虫不育。这类药剂的种类很多，如影响核酸代谢的氨基蝶啶和5-氟尿嘧啶、替派、塞替派、不育特等，能破坏雌虫合成卵黄蛋白，阻止卵巢发育，使害虫不育。目前，使用不育剂进行过防治试验的害虫已有70多种，其中大多数是双翅目昆虫。

3. 遗传不育 利用遗传工程技术培育一些杂交不育后代，或生理缺陷的品系，释放到田间，使其与田间同种害虫交配，其后代不育，能使害虫种群衰亡。

第九节 昆虫的激素

现已明确，昆虫的生长发育、休眠与滞育等行为都是受环境因素和体内激素控制的。昆虫激素是控制昆虫胚后发育特征和行为活动的重要微量物质。了解和掌握昆虫激素及其作用机制，能够揭示昆虫生长、蜕皮、变态和滞育等本质，对于害虫的防治和益虫的利用都有重要意义。

一、昆虫激素的主要种类及其功能

昆虫激素是由昆虫体内神经分泌细胞或腺体分泌的调节昆虫生命活动不可缺少的微量化学物质。据研究报道，目前已知昆虫激素达 20 多种，一般按其来源和作用方式分为两大类，一类是内激素，另一类为外激素。

（一）内激素

内激素（inner hormone）是由昆虫的内分泌系统（secretory system）所分泌，经血液运送到作用部位，在不同的生长发育阶段相互作用，调节和控制昆虫的生长、变态、滞育、生殖等生命活动，如脑激素（brain hormone，BH）、蜕皮激素（molting hormone，MH）、保幼激素（juvenile hormone，JH）、滞育激素（diapause hormone）等。

1. 脑激素 脑激素又称活化激素，是昆虫脑神经分泌细胞的分泌物，属蛋白质多肽类物质，一般由心侧体释放进入血淋巴，激活前胸腺和咽侧体等分泌器官，使之分泌相应的激素。因此，脑激素按功能可称为促激素。脑激素种类较多，按功能主要有促前胸腺激素（prothoracicotropic hormone，PTTH）、咽侧体活化激素（AT）和咽侧体静止激素（AS）。这些激素统称为神经肽，即由神经组织分泌的，作用于特定部位，对昆虫生长发育及行为起控制作用的肽类物质。

2. 蜕皮激素 蜕皮激素又称蜕皮甾醇（ecdysteroid），是由前胸腺分泌的促进昆虫蜕皮的激素。早在 1954 年 Buteuandt 与 Karlson 从家蚕蛹的前胸腺中分离到由 27 个碳组成的类固醇类化合物，分子式为 $C_{27}H_{44}O_6$，分 α-蜕皮素和 β-蜕皮素两种。这两种蜕皮素在昆虫体内普遍存在，没有种的特异性。前胸腺分泌的释放到血淋巴中的 α-蜕皮素本身没有活性，必须经脂肪体代谢转化为 β-蜕皮素才有活性，是一种激素源；β-蜕皮素较 α-蜕皮素在 20 碳位上多 1 个羟基，通称 20-羟基蜕皮素，易溶于水。昆虫本身不能合成蜕皮激素的前体物质三萜烯化合物，必须从植物中取食到胆甾醇，转化为蜕皮甾醇，经血淋巴运送到脂肪体中转化为 β-蜕皮素。目前，在很多植物中发现了类蜕皮素化合物，如牛膝属和筋骨草属植物中含量较高，这些类似物统称植物蜕皮素。

3. 保幼激素 保幼激素通常是一类含多个碳原子的倍半萜烯甲基酯类化合物，现已鉴定出 4 种结构，即 0 号（$C_{19}JH_0$）、Ⅰ号（$C_{18}JH_1$）、Ⅱ号（$C_{17}JH_2$）、Ⅲ号（$C_{16}JH_3$），其中两种结构式如下：

$$(CH_3)_2\overset{11}{C}\!-\!\overset{O}{\frown}\!-\!CH-\overset{9}{CH_2}-CH_2-C(CH_2CH_3)=CH-\overset{5}{CH_2}-CH_2-\overset{3}{C}(CH_3)=CH-\overset{1}{C}(=O)-OCH_3$$

$$(CH_3CH_2)(CH_3)\overset{11}{C}\!-\!\overset{O}{\frown}\!-\!CH-\overset{9}{CH_2}-CH_2-\overset{7}{C}(CH_2CH_3)=CH-\overset{5}{CH_2}-CH_2-\overset{3}{C}(CH_3)=CH-\overset{1}{C}(=O)-OCH_3$$

在植物、动物、细菌中都可分离到天然的保幼激素。天然保幼激素很不稳定，见光和高温易分解，不能直接应用。因此，各国都在合成开发保幼激素类似物（JHA），如 ZR-515（防治泛水伊蚊）、ZR-777（防治蚜虫）、ZR-619、JH25（738）、沪农-20（6520）、AB-36206 等，活性较高，专一性强，这些类似物统称为昆虫生长调节剂。

另外，还有滞育激素、激脂激素、鞣化激素、利尿激素、脱壳激素、卵静态激素、后肠灵。

（二）外激素

外激素（pheromone）又称信息激素（messages），是由昆虫腺体分泌于体外，作用于种间或种内个体间产生生理和行为反应的微量化学物质。昆虫信息激素种类较多，根据作用性质不同可分为种内信息素和种间信息素两类。

1. 种内信息素

（1）性信息素　性信息素（sex pheromone）是一类性成熟的雌性或雄性昆虫分泌释放的，能引诱同种异性个体进行交配的化学物质。交配后的雌虫极少或不再分泌，多次交配的种类则多次分泌。舞毒蛾、松毛虫、桃小食心虫等蛾类多由雌虫腹部背面 8～9 节上的腺体分泌，在空气中扩散传播来引诱雄虫交配；蝶类和甲虫多由雄虫翅上香鳞和后足、腹部末端分泌，吸引雌虫交配。多数鳞翅目昆虫性信息素为长链不饱和醇、醛或乙酸酯，或若干组分的混合物。目前，人工合成多种昆虫性信息素的类似物，即性引诱剂（sex attractant），如棉铃虫、松毛虫、舞毒蛾、桃小食心虫、玉米螟等，为这些害虫测报和防治开辟了新的途径，具有一定潜力。

（2）聚集信息素　聚集信息素（aggregation pheromone）是由某种昆虫释放，招引同种个体（雌虫和雄虫）群集的一类化学物质。如小蠹虫的粪便和木屑中以及沙漠蝗蝻（由后肠分泌）的粪便中都有这类物质，蜜蜂由上颚腺分泌，使这些昆虫具有群集性。

（3）报警信息素　报警信息素（alarm pheromone）是昆虫受到天敌侵袭时，释放到体外并引起同种个体逃避或防御的化学物质。如蚜虫受攻击后由腹管排出报警信息素（β-法尼烯），蝽由腹部肾腺释放此类物质（2-己烯醛）。

（4）疏散信息素　疏散信息素是昆虫种群密度自我调节的信息物质。如大菜粉蝶产卵时在卵壳上留有驱使同种雌虫不在附近产卵的信息素。

（5）标迹信息素　标迹信息素（trail pheromone）又称示踪信息素，是由某种昆虫释放给同种其他个体指示路径的物质。如白蚁和蚂蚁等社会性昆虫，工蚁找到食物源后沿途释放此类物质，使同种工蚁得以寻觅。蚁类标迹物一般为甲酸。

2. 种间信息素（allelochemic）

（1）利己素　利己素（allomone）是由一种昆虫释放，能引起其他物种个体行为反应的化学物质，其行为对释放者有利。按作用可分为：①驱避物质（repellent），如蝽类臭腺排出的醛或酮化合物；②逃避物质（escape substance）；③毒性物质（venom），如蜂毒（肽类）和瓢虫受攻击时放出生物碱；④引诱物质（attractant），如花粉香中含有的能引诱蜜蜂采蜜的物质，为反-2 顺，顺-12-十三碳三烯酸。

（2）利他素　利他素（kairomone）是由一种昆虫释放，能引起其他物种个体行为反应的化学物质，对接收者有利。这类物质在动植物体内普遍存在，如蚜虫粪便（蜜露）中的信息素为捕食天敌（瓢虫、蚜蛉）提供信息；植物次生代谢产物为害虫寻找到寄主提供信息，如十字花科蔬菜上芥子油能引诱菜粉蝶产卵、取食，使昆虫找到寄主植物和被捕食和寄生的猎物。利他素在昆虫取食、产卵、寻找寄主等过程中起十分重要的作用。

（3）协同素 协同素（synomone）是由一种昆虫释放，能引起其他物种个体行为反应的化学物质，这一反应对释放者和接收者均有利。如蚜虫为蚂蚁提供蜜露，蚂蚁保护蚜虫，使蚜虫与蚂蚁互利共栖。

在生态系统中，生物与生物、生物与无机物间都存在着复杂的化学联系。生物群落的组成及其种群间的数量关系已不能完全依靠能流作出解释，不论是定性或定量分析均不能忽视信息流这一重要因素。昆虫信息素的应用前景十分广阔，应用性信息素的诱捕法和迷向法已在棉红铃虫、梨小食心虫的防治上初见成效。许多性信息素已形成商品广泛地用于害虫预测预报。田间试验表明，许多信息素将是综合防治害虫的重要组成部分。它们与常规化学农药不同，是通过影响或扰乱害虫的正常行为达到防治害虫目的的微量化学物质。

二、昆虫激素的作用机制

昆虫的生长、蜕皮、变态、滞育等许多生理活动都具有明显的周期性。现已证明，这些生理现象都是受昆虫激素调节控制的。昆虫激素的作用过程概括如下。

1. 昆虫生长发育的激素调控 昆虫的生长、蜕皮、变态等生理活动是受脑激素、蜕皮激素和保幼激素的协调控制的。一般认为，昆虫的脑接收外界环境与内在刺激后，引起脑神经分泌细胞活动，释放出脑激素活化咽侧体及前胸腺，从而分泌保幼激素和蜕皮激素。由于保幼激素的作用，幼虫不断地生长发育，保持幼虫状态；而蜕皮激素的作用，则引起若虫或幼虫蜕皮。在幼虫时期保幼激素和蜕皮激素同时存在，共同起作用时，幼虫蜕皮仍然作为幼虫而生长，在这两种激素的协同作用下，昆虫的幼期生长发育便可完成。当幼虫到最后一龄时，咽侧体停止分泌保幼激素或分泌量很少，此时，前胸腺照常分泌蜕皮激素，因而发生变态，出现蛹或成虫。如果蜕皮激素单独起作用，昆虫便发育为成虫。如果体内除蜕皮激素外，尚有少量保幼激素，就表现出蛹的特征。在成虫时期保幼激素又行分泌，对卵的成熟和胚胎发育起作用。

2. 昆虫滞育的激素调控 昆虫滞育受两种方式的内分泌调节，一种是滞育虫态（龄）具有滞育激素，另一种是缺少某些激素。家蚕以卵滞育是由于雌蛾的咽下神经节分泌的滞育激素进入卵内，使产出的卵不能进行胚胎发育；以幼虫、蛹或成虫滞育的昆虫是由于缺乏某些激素。环境条件变化的信号传入脑中，抑制脑神经分泌细胞的分泌活动，从而影响咽侧体、前胸腺等分泌激素。在促前胸腺激素、蜕皮激素、保幼激素等含量极低甚至不存在时，便停止生长发育进入滞育。同时，造成成虫生殖腺发育受阻，还会导致成虫生殖滞育。经过滞育阶段的昆虫逐渐恢复对外界刺激的敏感性后，条件变得有利的信号可启动神经分泌细胞活动和内分泌腺的分泌活动，从而解除滞育。

3. 昆虫迁飞的滞育调控 当昆虫体内缺乏蜕皮激素和保幼激素或其含量极低时，使成虫生殖腺停止发育，便发生迁飞行为。由于体内含有丰富的脂肪体，卵巢和精巢未成熟，迁飞距离可达上千千米。迁飞开始后，保幼激素水平逐渐上升，卵巢开始发育，迁飞即可停止。

三、昆虫激素及其类似物与害虫防治

1967 年 Williams 首先提出将昆虫激素制剂发展成第 3 代杀虫剂的设想。昆虫激素作为昆虫生长发育的调节物质，即昆虫生长调节剂（insect growth regulator，IGR），能有效干扰昆虫体内的激素平衡，破坏正常的生长发育、变态及生殖，导致害虫死亡，被认为是十分理想的第 3 代杀虫剂。

（一）内激素及其类似物（IGR）的应用

1. 保幼激素类似物的应用 保幼激素和蜕皮激素是昆虫体内周期性有规律分泌的，若人为施加适量的保幼激素、蜕皮激素或其类似物，将会干扰昆虫体内激素的平衡，严重影响其正常生长发育，甚至死亡。

天然的保幼激素活性高，但不稳定，见光分解，很难直接作为杀虫剂进行应用。自 Slama（1961，1966）从黄粉甲粪便和北美洲的冷杉中分别发现法尼醇、法尼醛和“纸因子”（椴松酸甲酯）具有保幼激素活性后，至今已从植物中提取并合成了多种保幼激素类似物（juvenile hormone analogue，JHA），比较常用的 ZR - 515、ZR - 512、hydroprene、ZR - 777 等，分别用来防治泛水伊蚊、蚜虫、蜚蠊和仓储害虫，使害虫保持幼体状态，不能正常生长发育而死。这类物质脂溶性强，易穿透体壁，具有一定的实用价值。

另一类有应用前景的为抗保幼激素（anti - alla）或早熟素（precocene），可从熊耳草和胜红蓟中提取，现已人工合成早熟素 1 号和早熟素 2 号。这类物质能破坏咽侧体的作用，抑制其分泌，使昆虫过早变态、过早成熟、畸形、不育等。

目前，在蚕业生产上，可施用保幼激素类似物保持幼体状态，以提高蚕丝的产量。

2. 蜕皮激素类似物的应用 蜕皮激素主要作用于幼虫到成虫阶段，引起昆虫蜕皮。很多植物体中含有蜕皮激素类似物（molting hormone analogue，MHA），称为植物蜕皮素（phytoecdysone），如从紫杉（*Taxus cuspidata* var. *nana*）中分离到百日青甾酮（ponasterone A），从川牛膝中分离到川膝酮（cyasterone），从牛膝（*Achyranthes* sp.）中分离到牛膝甾酮（inokosterone），这些物质施用后可使害虫提早蜕皮，不能正常发育。另外，Robbins 等（1968）又发现一类抗蜕皮激素，能有效阻止昆虫蜕皮。Wellinga 等（1973）发现了灭幼脲 1、2、3 号和噻嗪酮等，已被开发成为一类新型杀虫剂。这类杀虫剂的作用机理是抑制几丁质合成酶的活性，使幼虫蜕皮后不能形成新表皮，变态受阻，畸形或死亡。

（二）外激素及其类似物的应用

外激素种类较多，但是研究最多的是性外激素和性诱剂。

1. 性外激素或性诱剂的主要种类 所谓性诱剂是根据天然性外激素的结构式，人工合成的性外激素，是引诱同种异性个体进行交配的信息素。诺贝尔奖获得者德国生物化学家布特南特（Butenandt，1959）首次鉴定家蚕的性外激素——家蚕醇（bombykol）为反- 10，顺- 12 -十六碳二烯- 1 -醇；Bierl 等（1970）分离鉴定了舞毒蛾性外激素（disparlure）为顺- 7,8 -环氧- 2 -甲基十八烷，对雄蛾有高度活性。赫梅尔（1973）鉴定并合成了棉红铃虫性外激素的混合物（gossyplure）为顺- 7,顺- 11 -十六碳二烯醇醋酸酯和顺- 7,反- 11 -十六碳二烯醇醋酸酯（1∶1）。据不完全统计，目前已有近千种昆虫的性外激素被分离鉴定，并人工合成性诱剂。国外已有少量性诱剂商品化出售，我国也正在大力试验与推广。

2. 外激素的利用途径 外激素及其类似物被用来防治害虫主要有两个途径，一是进行害虫预测预报，二是直接进行害虫防治。

（1）害虫预测预报 利用某种害虫的性诱剂监测害虫的发生动态，是害虫测报的最有效的方法。性诱剂专一性强，灵敏度高，诱集准确。目前生产上已有多种昆虫的性诱剂被应用，如玉米螟、桃小食心虫、大豆食心虫、棉铃虫性诱剂等，对这些害虫的测报起到了一定的作用。

（2）害虫防治 采用适当方法，利用性诱剂可直接防治害虫。例如，采用诱捕法或诱杀法，将性诱剂与杀虫剂、捕虫机械等配合使用，能有效杀死害虫，与其他诱杀法相比，更安全、有效；采用迷向法，在非农田释放性诱剂诱集同种异性个体，干扰其正常交配，可达到控制害虫的目的。另外，聚集激素、疏散激素、利他素等外激素在害虫防治方面都有不同程度的应用。

复习思考题

1. 昆虫体壁由哪些层次构成？具有哪些作用？触杀杀虫剂主要从什么部位进入虫体？
2. 消化道分哪几部分？分别起什么生理作用？刺吸式口器害虫的消化道发生什么变异？有何意义？
3. 昆虫有哪些排泄器官和组织？作为主要排泄器官的马氏管，排泄的主要氮素废物是何种排泄物？
4. 昆虫的血液有哪些主要功能？血液在昆虫体内是如何实现开管式循环的？
5. 在解剖学上，昆虫的呼吸系统由哪几部分组成？毒气通过什么部位进入虫体？
6. 简述昆虫神经系统的基本构造。冲动在神经纤维和突触上如何传导？一般神经杀虫剂如何起毒杀作用？
7. 分别说明昆虫雌、雄性内生殖系统的主要构造及其作用。
8. 昆虫内、外激素各主要有哪几类？起何作用？激素及其类似物在害虫测报和防治上怎样发挥作用？

第三章　昆虫的生物学

昆虫生物学是研究昆虫生命特征的科学，包括生殖方式、胚胎发育、变态，以及胚后各生长发育阶段的生命特征和行为习性等。通过学习昆虫生物学，了解昆虫的行为习性及在发育过程中的薄弱环节，对采取有效措施、抓住有利时机、积极进行防治或保护利用天敌开展生物防治等工作，均具有重要的实践意义。

第一节　昆虫的生殖方式

昆虫在长期的演化过程中，由于对环境的适应和种类的变异，形成了多种生殖方式。主要有以下几种。

（一）两性生殖

在自然界中绝大多数昆虫进行两性生殖（sexual reproduction），即雌雄异体交配，在雌虫体内卵子和精子结合形成受精卵，进而发育成新个体的生殖方式。

（二）孤雌生殖

有些昆虫不经过雌雄异体交配，雌虫产下的未受精卵就可发育成新个体，这种生殖方式称为孤雌生殖（parthenogenesis）。孤雌生殖对种的扩散和大量繁殖后代有利。一般又可分为 3 种类型：

1. 偶发性孤雌生殖　偶发性孤雌生殖（sporadic parthenogenesis）即在正常情况下昆虫进行两性生殖，雌虫偶尔产下未受精卵也能发育为正常个体，如家蚕、一些枯叶蛾和毒蛾等。

2. 经常性孤雌生殖　经常性孤雌生殖（constant parthenogenesis）即雌虫产下受精卵和未受精卵两种，前者发育为雌虫，后者发育为雄虫，如蜜蜂、蚂蚁等。有些昆虫的雌虫产下的卵大都发育为雌虫，几乎或完全进行孤雌生殖，如粉虱、介壳虫、蓟马等。

3. 周期性孤雌生殖　周期性孤雌生殖（cyclical parthenogenesis）即有些昆虫随着季节的变迁交替进行两性生殖和孤雌生殖的现象，又称为世代交替或异态交替。如蚜虫从春季到秋季进行孤雌生殖十余代，到了秋末才出现雄性个体，进行两性生殖 1 代。有性繁殖可使蚜虫进行基因重组，使种群的遗传结构保持一定的丰富度，以适应变化着的环境。另外，两性世代的蚜虫与孤雌世代的蚜虫在形态和生活习性上也存在着差异。

（三）多胚生殖

一个卵可以形成 2 个以上的胚胎并能发育成正常新个体的生殖方式，称为多胚生殖（polyembryony）。这种生殖方式多见于膜翅目的寄生蜂，寄生性昆虫一旦找到寄主，就可以产生较多的后代，这对于繁衍后代有利。

(四) 卵胎生

多数昆虫进行卵生，但有些昆虫产下的却是幼虫（或若虫），即昆虫的胚胎发育在母体内进行，而营养仍由卵提供，这种生殖方式称为卵胎生（egg viviparity）。卵胎生是对卵有效保护的一种适应，如蚜虫的单性世代行孤雌胎生。

(五) 幼体生殖

少数昆虫如瘿蚊，在幼虫期就可进行生殖，称为幼体生殖（paedogenesis）。因为在幼虫期尚未达到性成熟，无雌雄异体交配，因此幼体生殖也属于孤雌生殖，是对不利环境的一种适应。由于缩短了完成一个世代的周期，在短时间内就可以繁殖大量个体。

第二节 昆虫的卵与胚胎发育

对于绝大多数卵生昆虫来说，在个体发育过程中，卵是第1虫态，胚胎发育在卵内进行。

一、卵

(一) 卵的结构

昆虫的卵是一个大型的细胞，外面包有一层起保护作用的坚硬卵壳，卵壳上常有刻纹，可作为分类的特征。卵壳下面是卵黄膜（vitelline membrane），膜内为卵黄和原生质，卵黄分布于原生质的网络空隙间，在紧贴卵黄膜下面的原生质中无卵黄，这部分原生质称为周质（periplasm）。卵核位于卵细胞的中间，在卵的顶端有1个或数个贯通卵壳的小孔，称为卵孔（micropyle），这是精子进入卵内的通道，因此，也称精孔或受精孔（图3-1）。

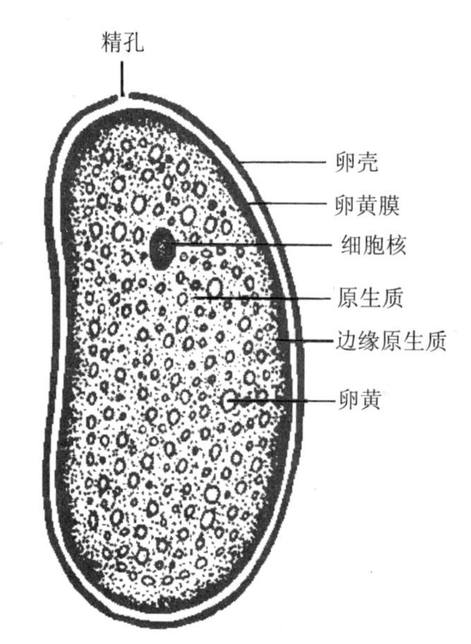

图3-1 昆虫卵的模式构造
（仿周尧）

(二) 卵的类型和产卵方式

昆虫卵的大小、形状及产卵方式因种类不同而异，常见的有卵圆形、肾形、半球形（如小地老虎）、瓶形（如菜粉蝶）、桶形（如椿象）、有柄形（如草蛉）等多种（图3-2）。卵的大小种间差异较大，大的如飞蝗卵，长6～7mm；小的如蚜虫卵，有的种类长不足0.03mm。卵的颜色一般为乳白色，也有淡黄色、淡绿色、褐色等其他颜色，通常在接近孵化时颜色变深。因此，卵的大小、形状和颜色也是鉴定昆虫种类的特征之一。另外，昆虫产卵方式也存在差异，有的单产，如桃蛀果蛾、菜粉蝶；有的卵粒聚集在一起而成各种形状的卵块，如天幕毛虫和山楂粉蝶。

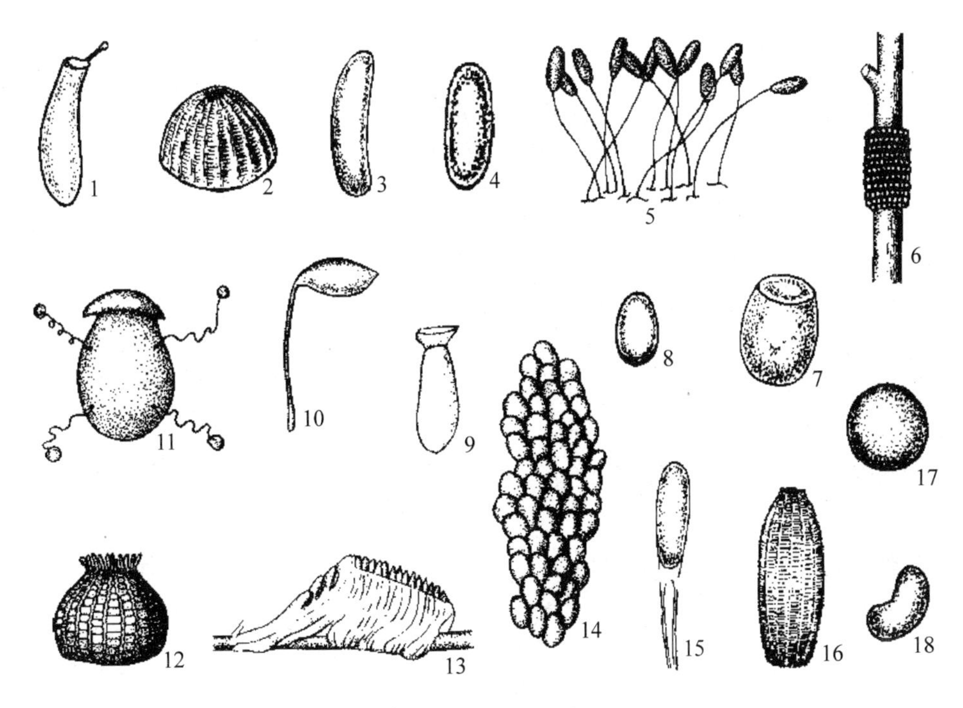

图 3-2　昆虫卵的类型

1. 袋形（三点盲蝽）　2. 半球形（小地老虎）　3. 香蕉形（蝗虫）
4. 长椭圆形（瓜蚜）　5. 有柄形（草蛉）　6. 顶针状（天幕毛虫卵块）
7. 桶形（茶翅蝽）　8. 椭圆形（蝼蛄）　9. 端帽瓶形（玉米象）
10. 有柄珍珠形（一种小蜂）　11. 孢菇形（蜉蝣）　12. 鱼篓形（鼎点金刚钻）
13. 菱形（螳螂卵囊）　14. 鱼鳞状（玉米螟卵块）　15. 双辫形（豌豆象）
16. 炮弹状（菜粉蝶）　17. 球形（旋花天蛾）　18. 肾形（葱蓟马）

二、胚胎发育

胚胎发育（embryonic development）是指由受精卵开始卵裂到发育为幼虫为止的过程。卵生昆虫的胚胎发育可分为卵裂、胚盘形成、胚带形成、胚膜形成、胚层形成、胚体分节、附肢形成等阶段，在发育过程中，有些发育阶段是同时进行的。

（一）卵裂及胚盘、胚带、胚膜和胚层的形成

受精卵开始分裂形成很多子核，这一过程称为卵裂（cleavage）。子核再进行若干次分裂，并向卵的周缘移动。于周缘再经分裂，子核间出现细胞膜，形成围绕卵黄的单细胞层称为胚盘（blastoderm）。胚盘形成过程中，在卵的下端就已分化出原始生殖细胞。胚盘形成后开始分化，位于卵腹面的逐渐增厚为胚带（germ band），其余逐渐加宽变薄，形成胚膜（embryonic envelop）。以后胚带裂殖由前向后沿腹中线内陷，中间的内陷部分称为胚带中板，两边部分称为胚带侧板。胚带侧板自中板腹面相向延伸并对接，形成胚带外层，将来发育为外胚层（ectoderm）。与此同时，胚带中板形成沟的沟边，也相向延伸并对接，与内陷的胚带中板形成双层细胞的里层。以后胚带里层的中部发育形成内胚层（endoderm），两侧部分发育形成中胚层（mesoderm）（图 3-3）。

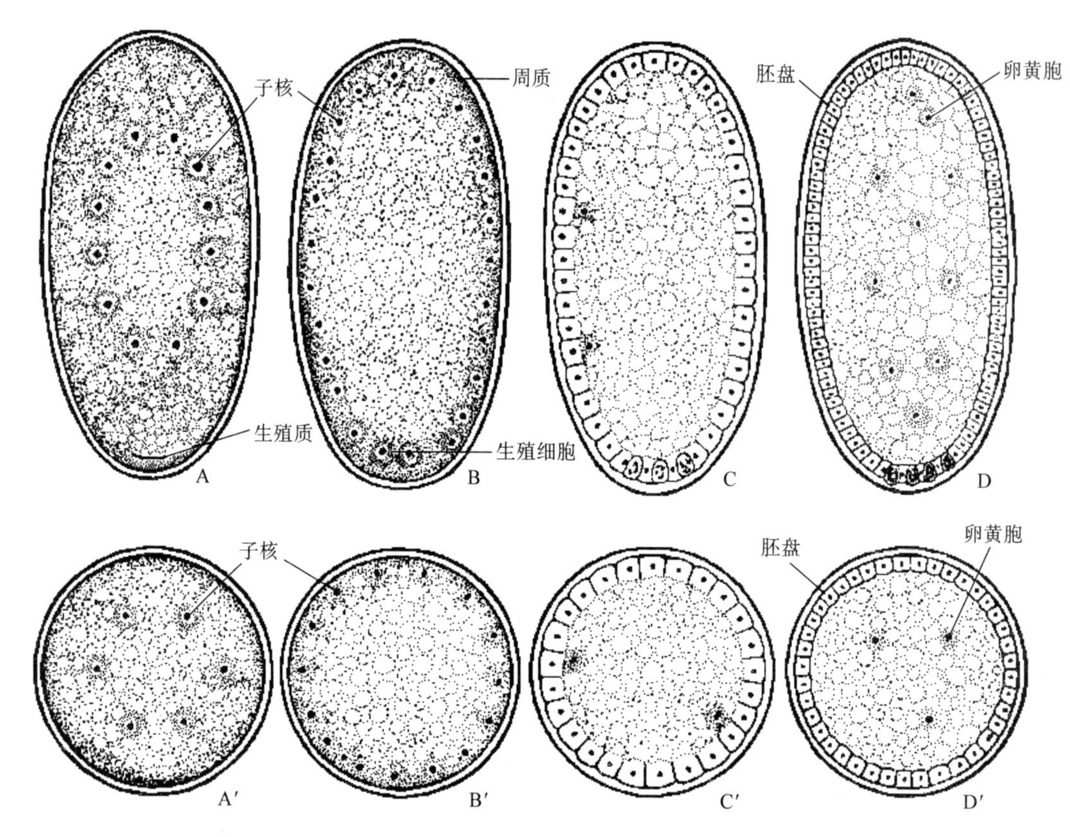

图 3-3　胚带、胚膜和胚层的形成过程

A～D. 纵切面　A′～D′. 横切面

A、A′. 合核分裂成若干子核　B、B′. 子核向周缘移动至周质

C、C′. 子核间出现细胞膜　D、D′. 胚盘形成

（仿管致和）

（二）胚体分节和附肢形成

在胚带伸长的同时，胚带逐渐出现分节（图 3-4），前端较宽的称为原头（protocephalon），以后发育形成上唇、口、眼、触角等。原头后部的胚带较窄，称为原躯（protocorm），它又分化出下唇节和前胸节，以后下唇节和原头合并为昆虫的头部，多数昆虫再自前胸节向后端分节，依次形成胸部和腹部各节。

胚胎出现分节后，每一体节的两侧各发生 1 个囊状突起，以后就发育为分节的附肢，按照胚体分节和附肢发生的顺序，可将昆虫胚胎的外形发育分为 3 个连续的阶段（图 3-5），即原足期、多足期和寡足期。

1. 原足期　原足期（protopod）昆虫头胸明显分节，并发生附肢，但腹部尚未分节和发生附肢。

2. 多足期　多足期（polypod）昆虫腹部已经分节，并出现附肢。

3. 寡足期　寡足期（oligopod）又称消足期，腹部各节附肢有些又退化消失。

由于不同种类昆虫卵内的卵黄含量不同，其幼虫则在不同的胚胎发育阶段孵化，因而出现了不同的幼虫类型。

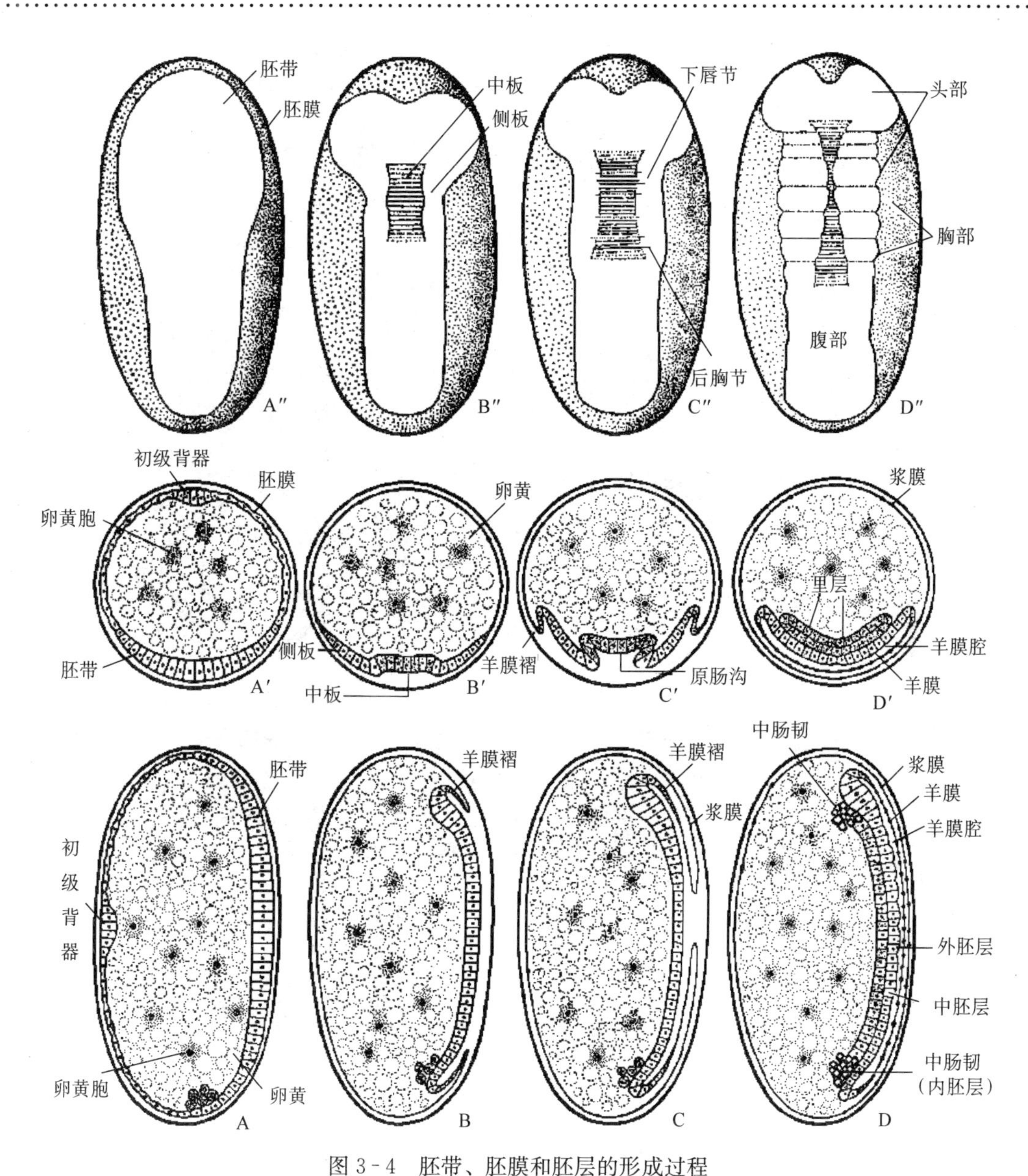

图 3-4 胚带、胚膜和胚层的形成过程

A～D. 纵切面 A′～D′. 横切面 A″～D″. 腹面观 A、A′、A″. 胚带形成 B、B′、B″. 胚膜和中板形成 C、C′、C″. 中板两侧相向伸长，形成羊膜褶 D、D′、D″. 羊膜腔形成和胚层发生

（仿管致和）

（三）胚层分化和器官系统的形成

昆虫的各种器官系统是在胚胎各发育阶段中陆续形成的（图 3-6）。其中，外胚层形成体壁、多种腺体、绛色细胞、消化道的前肠及后肠、马氏管、神经系统、呼吸系统等；内胚层仅形成中肠肠壁细胞层；中胚层形成肌肉、循环系统（包括心脏和血细胞）及部分生殖腺等。

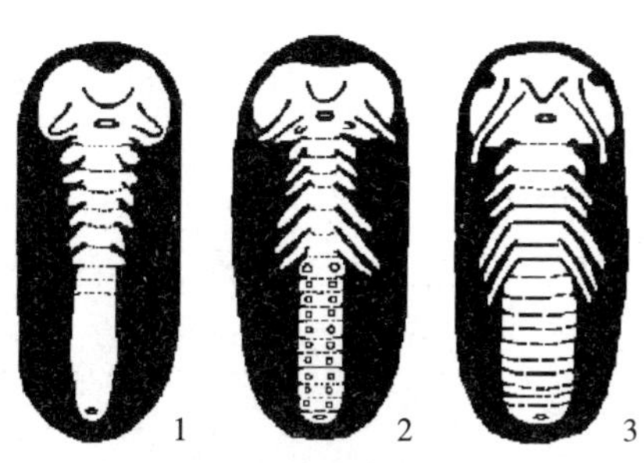

图 3-5 胚胎发育的 3 个阶段

1. 原足期 2. 多足期 3. 寡足期

（仿 Imms）

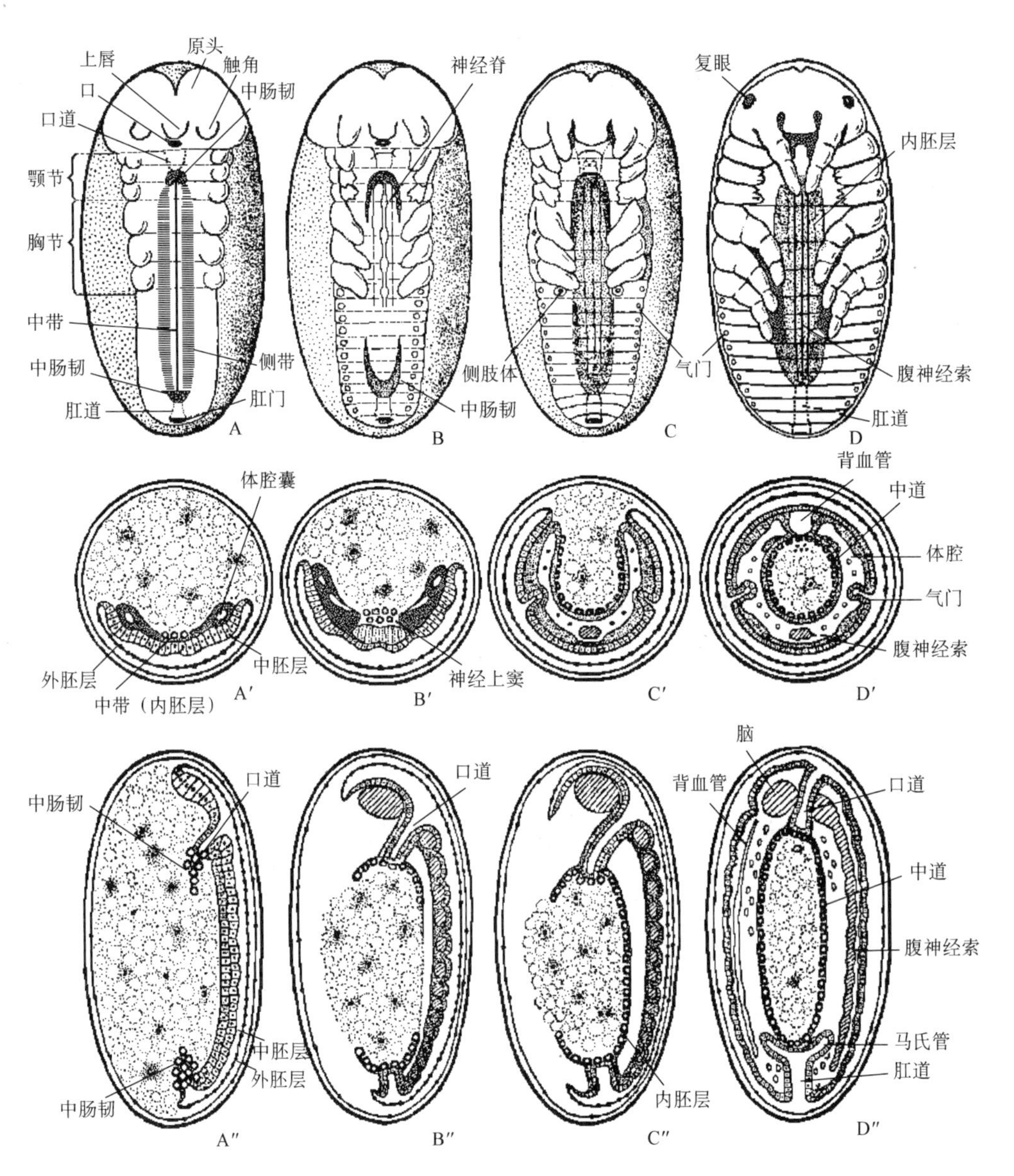

图 3-6 胚胎附肢发生至成熟的各个时期

A～D. 腹面观 A′～D′. 横切面 A″～D″. 纵切面

（仿管致和）

第三节 昆虫的胚后发育与变态

昆虫的胚后发育（postembryonic development）是幼虫孵化后到成虫性成熟为止的整个发育过程，包括蜕皮、变态、滞育等一系列的生长发育过程。

一、孵　　化

昆虫完成胚胎发育后破卵壳而出的现象，称为孵化（hatching）。很多昆虫具有特殊的破卵壳构造，如鳞翅目幼虫以上颚咬破卵壳，双翅目蝇类幼虫的口钩也有类似的作用。当胚胎发育完成之后，幼虫将羊膜液吞入消化道或吸入空气，使虫体膨大，依靠肌肉的活动产生压力，将卵壳挤破，或将血液挤向头部，将压力集中在头部的破卵构造上，来突破卵壳。

二、变　　态

昆虫在胚后发育过程中，外部形态、内部结构以及生活习性发生一系列变化，转变为性成熟的成虫，称为变态（metamorphosis）。由于昆虫的进化程度不同，以及对生活环境的适应形成了不同的变态类型，主要有以下几种。

（一）增节变态

增节变态（anamorphosis）是昆虫纲中最原始的变态类型，无翅亚纲中的原尾目昆虫属于此种类型，其主要变态特点是幼虫与成虫体形相似，仅个体大小和性器官发育程度存在差异，腹部节数随蜕皮次数的增加而增加。

（二）表变态

表变态（epimorphosis）也是较原始的变态类型，无翅亚纲中的弹尾目、双尾目和缨尾目昆虫属于此种类型，其主要变态特点是幼虫与成虫相比，除个体大小、性器官发育程度、触角及尾须分节等方面存在差异外，在外部形态上无明显差异，因此又称为无变态，此类变态的另一显著特点就是成虫达到性成熟后仍继续蜕皮。

（三）原变态

原变态（prometamorphosis）是有翅亚纲中最低等的变态类型，仅见于蜉蝣目昆虫。其主要变态特点是幼虫水生，成虫陆生，幼虫转变为成虫需经过一个亚成虫期。亚成虫与成虫相比，形态相似，性器官已发育成熟，但体色较浅、足较短、多静止，一般经过 1 至数小时再蜕皮变为成虫。

（四）不全变态

不全变态（incomplete metamorphosis）是有翅亚纲外生翅类除蜉蝣目外各目昆虫的变态类型。其主要特点是胚后发育仅包括幼期和成虫期两个虫态。成虫的特征随幼期虫态的生长发育而逐渐显现，翅在幼期虫态体外发育，成虫期不再蜕皮。不全变态一般可分为以下 3 种类型。

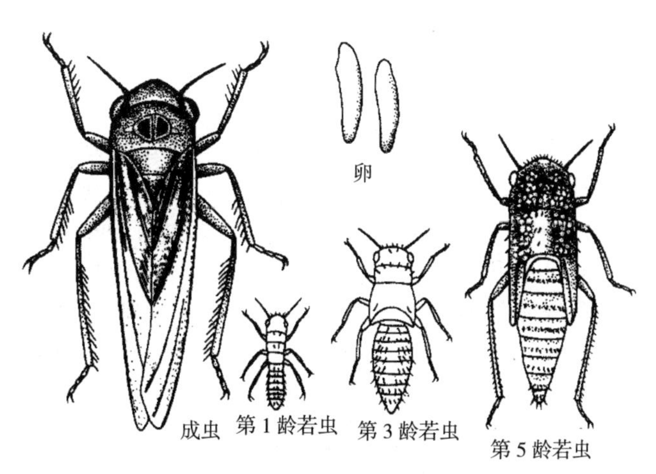

图 3-7　叶蝉的不全变态的渐变态
（仿葛仲麟、黄邦侃等）

1. 渐变态　幼期与成虫期的形态、习性及栖息环境等都很相似，只是幼期的个体小，翅发育不完全（称为翅芽），性器官未成熟。幼期虫态称为若虫（图 3-7）。如蝗虫、蝼蛄、螽斯、蜚蠊、螳螂、蝽类、蝉、叶蝉、蚜虫、木虱等都属于此种变态类型。

2. 半变态 幼期水生，成虫期陆生，幼期与成虫期在形态、器官、生活习性上均存在明显差异。此类幼期虫态称为稚虫，常见的如蜻蜓目、襀翅目昆虫。

3. 过渐变态 若虫与成虫均陆生，形态相似，但末龄若虫不吃不动，极似全变态昆虫中的蛹，但其翅在若虫的体外发育，故称为拟蛹或伪蛹。如缨翅目的蓟马、同翅目的粉虱和雄性蚧类均属过渐变态，一般认为它是不全变态向全变态演化的一个中间过渡类型。

（五）全变态

全变态（complete metamorphosis）是有翅亚纲内生翅类各目昆虫的变态类型，其主要特点是胚后发育包括幼虫、蛹、成虫3个虫态（图3-8）。幼虫与成虫在外部形态、内部结构及行为习性上存在着明显的差异，翅在幼虫的体内发育。如鳞翅目的蛾、蝶类昆虫，幼虫无翅，口器是咀嚼式，取食植物等固体食物；成虫有翅，口器为虹吸式，吮吸花蜜等液体食物。如鞘翅目的甲虫类、膜翅目的蜂类、双翅目的蚊蝇类等昆虫也属于该变态类型。在全变态类型昆虫中，有些如芫菁、螳蛉等种类，在幼虫期各龄间体形、结构和生活习性存在明显差异，这种更为复杂的变态过程称为复变态（hypermetamorphosis）。如芫菁1龄幼虫为蛃型，2～4龄为蛴螬型，5龄为伪蛹型，6龄又变为蛴螬型。

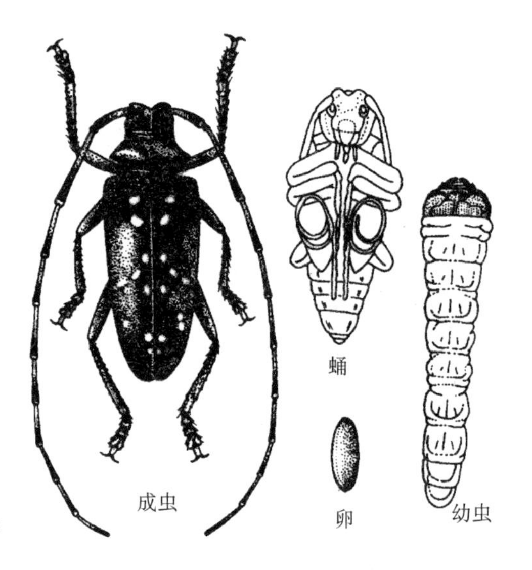

图3-8 天牛的全变态
（仿北京农业大学）

三、幼虫期

（一）生长和蜕皮

幼虫是昆虫个体发育的第2虫态。幼虫从卵内孵化出来，发育到蛹（全变态）或成虫之前的整个发育阶段称为幼虫期（larval stage）。在幼虫期，昆虫获取大量营养进行生长发育，因此，幼虫期是主要危害期，一般是害虫防治的重要时期。

昆虫从卵中孵化出来以后，随着虫体的生长，经过一段时间，表皮就会限制虫体生长，要重新形成新的表皮而将旧表皮蜕去，这种现象称蜕皮（moulting），蜕下来的皮称为蜕（exuviate）。昆虫的生长和蜕皮是交替进行的，每次蜕皮后，在体壁硬化以前，有一个急速生长的过程，随后生长缓慢，到下一次蜕皮前几乎停止生长，因此昆虫的生长速率是不均衡的。一般一种昆虫的蜕皮次数是固定的，受环境影响较小，因此可以用蜕皮次数来作为昆虫生长进程的指标，从卵孵化出来，到第1次蜕皮前的幼虫称为第1龄幼虫，以后每蜕1次皮增加1龄，两次蜕皮之间的历期称为龄期（instar）。随着幼虫的生长，虫龄的增加，食量也大大增加，危害加剧，并且抗药性也增强，因此掌握幼虫的龄期，抓住防治的关键时期，具有重要意义。

（二）幼虫的类型

不全变态的幼虫与成虫形态、习性相似，称为若虫；而全变态昆虫的幼虫与成虫在形态、结构及习性上存在明显的差异，特称为幼虫。根据幼虫胚胎发育程度和在胚后发育过程中的适应，可分为 4 种类型（图 3-9）。

1. 原足型　幼虫在胚胎发育的原足期孵化，腹部未分节或分节尚未完成，胸足仅为简单的突起，口器发育不全，神经系统和呼吸系统不发育，不能独立生活，需吸收寄主的营养继续发育，如膜翅目的一些寄生蜂。

2. 多足型　幼虫在胚胎发育的多足期孵化，具有 3 对胸足、多对腹足，头部发达，口器咀嚼式。根据幼虫的体形和附肢的形态又可分为蠋型和伪蠋型幼虫。

（1）蠋型　腹部一般有 5 对腹足，腹足端部有趾钩，如蛾、蝶类幼虫。

（2）伪蠋型　腹部一般有 6～8 对腹足，足上无趾钩，如叶蜂幼虫。

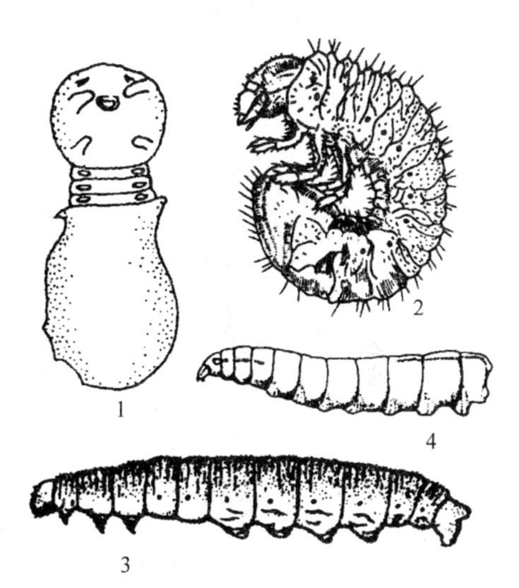

图 3-9　幼虫的类型

1. 原足型　2. 寡足型　3. 多足型　4. 无足型

（仿陈世骧）

3. 寡足型　幼虫在胚胎发育的寡足期孵化，只具有 3 对发达的胸足，腹足退化，头部发达，口器咀嚼式，常见的有鞘翅目、毛翅目、部分脉翅目昆虫。典型的寡足型幼虫是捕食性的，身体纺锤形，前口式，行动迅速，称为蛃型幼虫，如步行虫。也有中间过渡类型或特化类型的，如金龟甲幼虫，身体肥胖，呈 C 字形弯曲，行动迟缓，称为蛴螬型幼虫。还有叩头虫和伪步行虫的幼虫，体细长、稍扁平，胸足较短，称为蠕虫型幼虫。

4. 无足型　无足型既无胸足又无腹足，多数是由寡足型或多足型幼虫附肢消失形成的。如吉丁虫、天牛和蝇类幼虫。

四、蛹　　期

蛹（pupa）是全变态昆虫从幼虫发育到成虫必须经历的一个静止虫态。幼虫老熟后，停止取食，开始寻找适当的场所化蛹，有的在树皮缝中，有的在土中筑蛹室，甚至还有的吐丝做茧，而后幼虫体色变淡，身体缩短变粗，不再活动，进入前蛹期（prepupa stage），又称预蛹期。前蛹期是老熟幼虫化蛹前的时期。此时幼虫的表皮已经部分脱离，成虫的翅和附肢等翻出体外，但仍被有末龄幼虫的表皮，待蜕皮后才变为蛹。从化蛹到变为成虫所经历的时期称为蛹期（pupa stage）。蛹表面上不吃不动，而内部进行着激烈的生理变化过程，解离幼虫的组织器官，同时重新形成成虫的组织器官，因此要求外界环境相对稳定。蛹期是昆虫生命活动中一个薄弱环节，易受敌害的侵袭和气候的影响，所以掌握蛹的生物学特性，破坏其生态条件，如翻耕晒土、人工捕杀等，是消灭害虫的一个有效途径。

昆虫的种类不同，蛹的形态也有所不同，根据蛹的翅、触角、足等附肢是否紧贴于虫体上，能否活动及其他外形特征，可将蛹分为离蛹（exarate pupa）、被蛹（obtect pupa）和围蛹（coarctate pupa）3种类型（图3-10）。其中，离蛹（又称裸蛹）的触角、翅和足等不贴附在虫体上，可以活动，腹节也能自由活动，如鞘翅目叶甲、膜翅目蜜蜂的蛹；被蛹的触角、足和翅等紧贴于虫体上，不能活动，腹节多数或全部不能活动，如鳞翅目蛾、蝶的蛹；围蛹是蝇类所特有的蛹的类型，实际是离蛹，只是由于末龄幼虫蜕下的皮硬化成壳将离蛹包围在内。

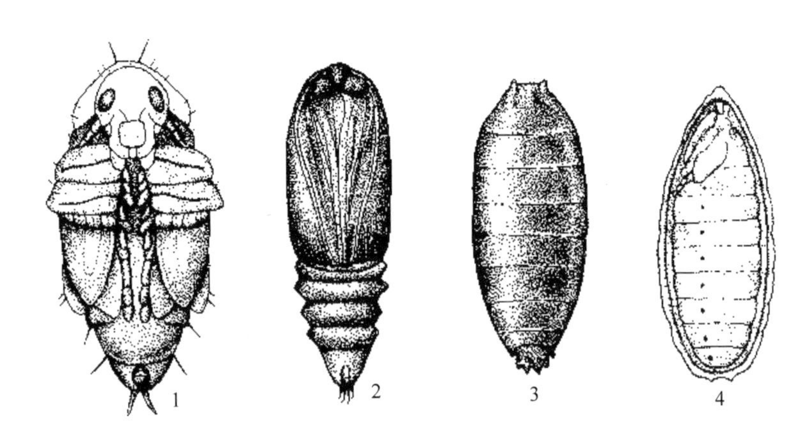

图3-10 蛹的类型

1. 离蛹 2. 被蛹 3. 围蛹 4. 围蛹的透视

（仿Snodgrass等）

五、成 虫 期

全变态类蛹或不全变态类若虫经过最后一次蜕皮，变为成虫的过程称为羽化（emergence）。成虫是昆虫个体发育的最后一个阶段，到了成虫期其雌雄性别明显分化，性细胞逐渐成熟，具有生殖力，所以成虫的一切生命活动都是以生殖为中心，另外由于成虫的性状稳定，其特征成为系统发生和分类鉴定的依据。

（一）成虫的发育

有些昆虫（如蛾类）在幼虫期积累了足够的营养，羽化时，生殖腺已发育成熟，羽化后不需要取食就可交配产卵，产卵后不久便死去。所以，此类昆虫的成虫寿命往往很短，一般只有数天甚至数小时。而大多数昆虫刚羽化时生殖腺尚未发育成熟，在成虫期仍需继续取食，使其达到性成熟，才能交配产卵，一般雌性比雄性需要的时间更长。这种对性细胞发育不可缺少的成虫期取食行为称为补充营养（supplementary nutrition）。有些昆虫的性成熟还需要特殊的刺激，如东亚飞蝗和黏虫需经历远距离的迁飞，一些雌蚊必须经过吸血刺激。需要补充营养的昆虫，成虫期也能造成危害，并且成虫期一般较长，因此对此类昆虫进行预测预报，采取有效的措施对成虫进行防治是十分重要的。

（二）交配与产卵

昆虫性成熟后就可交配。通常以分泌性激素的形式来引诱同种异性个体前来交配，交配次数因种类不同而异，有的一生只交配 1 次，有的交配多次，一般雄虫比雌虫交配次数多。雌虫交配后即可产下受精卵。昆虫产卵的次数、产卵量及产卵期的长短等因不同种类而有所不同，并且受到环境和营养条件的制约，只有在最适宜的生态条件下，才能达到最大的生殖力。昆虫的生殖力很强，一般每头雌虫可产卵几十至数百粒，如小菜蛾可产卵 100～200 粒，小地老虎平均产卵 1 000 粒，最多可达 3 000 多粒。

成虫从羽化到开始产卵所经过的历期，称为产卵前期。从开始产卵到产卵结束的历期，称为产卵期。防治成虫时，应注意掌握在产卵前期进行，因为成虫产卵之后很快死亡。防治成虫是一种预防性防治策略，它将害虫消灭在对农作物产生危害之前，控制害虫种群数量，从而可以挽回更大的损失。

（三）雌雄二型和多型现象

昆虫雌雄个体之间除内、外生殖器官（第一性征）不同外，其个体大小、体形、体色及器官构造等（第二性征）方面也常有差异，这种现象称为雌雄二型（sexual dimorphism）（图 3 - 11）。如介壳虫雄性有翅，雌性无翅；鞘翅目锹形甲雄虫的上颚比雌虫发达得多；蟋蟀、螽斯的雄虫具有发音器；鳞翅目舞毒蛾雄虫为暗褐色，触角羽状，雌虫为黄白色，触角线状等。除了雌雄二型现象外，同种昆虫同一性别的个体中也会出现不同类型分化的现象，称为多型现象（polymorphism）。多型现象常发生在成虫期，有些昆虫在幼虫期也会出现，如异色瓢虫翅面上的色斑有多种类型，稻飞虱有长翅型和短翅型，棉蚜有无翅型和有翅型等（图 3 - 12）。多型现象在膜翅目的蜜蜂、蚂蚁和等翅目的白蚁等社会性昆虫中体现得更为典型，不仅个体间结构、颜色不同，而且行为差异明显，社会分工明确。

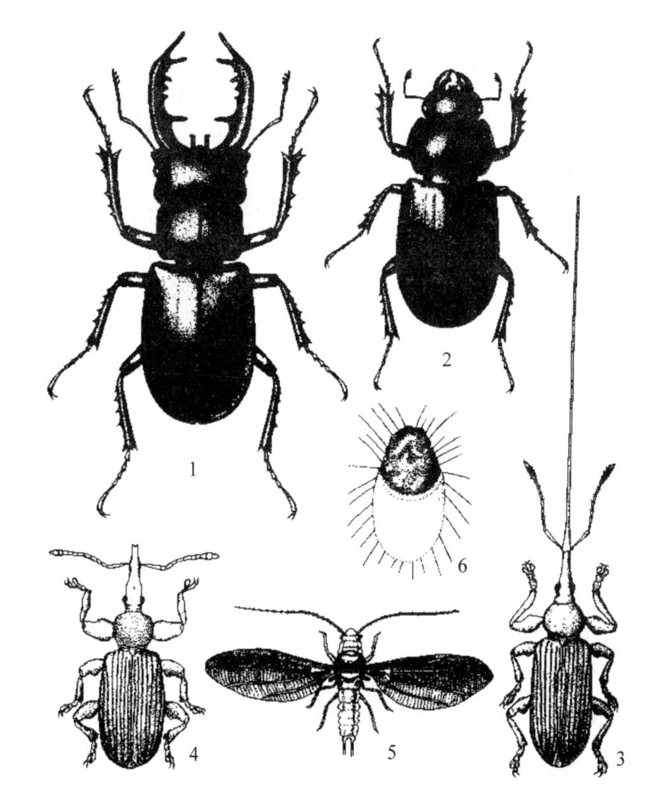

图 3 - 11　几种昆虫的雌雄二型现象

1、2. 斑股锹甲　3、4. 苏铁象甲　5、6. 吹绵蚧

（1、2 仿彩万志，3、4 仿 Scholtz & Holm，5、6 仿周尧）

了解昆虫的雌雄二型和多型现象，可以避免鉴别昆虫种类时产生误差，同时可以提高昆虫种类调查和预测预报的准确性。

图 3-12　棉蚜的多型现象
1. 有翅胎生雌蚜　2. 小型无翅胎生雌蚜
3. 大型无翅胎生雌蚜　4. 干母　5. 有翅若蚜
（仿西北农学院农业昆虫学教研组）

第四节　昆虫的世代与年生活史

昆虫的世代和年生活史是研究昆虫个体发育的连续性和季节性停滞的规律。

一、世代和年生活史

昆虫由新生命（卵、幼虫或若虫）离开母体开始发育到成虫性成熟开始产生后代为止的个体发育史，称为一个世代（generation），简称一代或一化。昆虫的年生活史（life history）是指一种昆虫在一年内的发育史，即由当年的越冬虫态开始活动，到第二年越冬结束为止的发育过程。

昆虫种类不同，环境条件不同，一年内完成的世代数也存在差异。有些昆虫如舞毒蛾、大地老虎等，不论在南方还是北方，一年只发生1代；有些昆虫如华北蝼蛄、沟金针虫和黑蚱蝉几年发生1代；也有些如梨小食心虫、菜粉蝶、桃蚜和温室白粉虱等则一年可发生多代。这与昆虫种的遗传性有关，另外还受气候因子的影响，不同纬度地区的温度不同，所以它们发生世代数也会有相应的变化，如小菜蛾在东北、华北北部地区一年发生3～4代，在黄河流域中下游地区发生5～6代，广西达17代。

一年发生多代的昆虫由于产卵期长或越冬虫态出蛰期不集中，造成前1世代与以后1或多个世代相同虫态发生重叠现象，称为世代重叠（generation overlapping）。如桃蛀果蛾，越冬幼虫出土时间超过2个月，以致同时出现前后2个世代的成虫、卵和幼虫，致使世代的划分变得十分复杂。还有一些昆虫，如榆叶甲在北京一年发生1代，绝大多数以成虫越冬，而有一小部分则继续产卵发育，发生第2代，即所谓的局部世代（partial generation）。为了清楚地表明昆虫的世代重叠和年生活史，可以用年生活史图或表来表示（表3-1）。

表3-1　葱斑潜蝇年生活史（山东省）

世代	1～3月	4月	5月	6月	7月	8月	9月	10月	11月	12月
	上中下	上中下	上中下	上中下	上中下	上中下	上中下	上中下	上中下	上中下
越冬代	△△△	△△△	△△△	△△△	△					
		+++	+++	+++	++					
1		··	···	···	··					
		——	———	———	———					
		△	△△△	△△△	△△△	△				
			+++	+++	+++	++				
2			··	···	···	··				
			——	———	———	———				
			△	△△△	△△△	△△△	△			
				+++	+++	+++	++			
3				···	···	···	··			
				———	———	———	———			
				△△	△△△	△△△	△△△	△		
				+	+++	+++	+++	++		
4				·	···	···	···	··		
				—	———	———	———	———		
					△△△	△△△	△△△	△△△	△△△	△△△
					++	+++	+++	+++		
5					··	···	···	···	·	
					——	———	———	———	——	
					△	△△△	△△△	△△△	△△△	△△△
						+++	+++	+++		
6						···	···	···		
						———	———	———	——	
						△△	△△△	△△△	△△△	△△△
						+	+++	+++		
越冬代						·	···	···		
						—	———	———	——	
							△△△	△△△	△△△	△△△

注：·卵　—幼虫　△蛹　+成虫。

通过年生活史图表，可以清楚地了解该种昆虫在一年中的发生代数、各世代中各虫态的发生始期、盛期和末期及越冬虫态开始和结束的时间。发生始期就是某种昆虫一个世代中少数发生早的个体出现的时期，盛期就是大量个体发生时期，末期就是少数发生迟的个体出现的时期。掌握昆虫的发生代数、发生阶段、相应的寄主发育状况以及越冬虫态等，有助于确定害虫是否需要防治、何时防治、采用何种措施防治，所以，它是害虫有效治理的基础。

二、昆虫的休眠和滞育

昆虫在一年的发生过程中，在严冬或盛夏季节时，往往有一段生长发育停滞的时期，即所谓的越冬或越夏。这是昆虫安全度过不良环境，长期演化所形成的有利于其种群延续的一种高度适应。从引起和消除这种现象的条件和本质来看，可以将这种停育现象划分为休眠和滞育。

1. 休眠 休眠（dormancy）是昆虫在个体发育过程中，由不良的环境条件直接引起的生长发育停滞的现象，当不良环境消除时，即可恢复生长发育。例如在温带或寒带地区，冬季气温较低，植物干枯，食物减少，有些昆虫如东亚飞蝗、瓢虫等，便会进入休眠状态，称为冬眠。而在中低纬度地区，夏季炎热，如叶甲就会潜伏于草叶下或草丛中，生长发育暂时停止，称为夏眠。昆虫一般以固定虫态休眠，但也有以各种虫态休眠的昆虫。昆虫进入休眠，体内生理代谢降低，脂肪体含量增高，抗逆能力明显增强。以不同虫态休眠的昆虫抗逆能力不同，因此，经过不利环境后的死亡率也存在差异。所以，在害虫预测预报时这是需要考虑的一个因素。

2. 滞育 滞育（diapause）是指昆虫在自然情况下的系统发育过程中，当不利的环境条件来临之前，便停滞发育的现象。一旦停育，即使给予最适宜的环境条件，也不会发育，必须经过特定的生态因素刺激和一段较长时间的滞育代谢，才能恢复生长发育。滞育是对不良环境的一种适应，具有遗传稳定性。昆虫滞育一般有固定的滞育虫态。

昆虫的滞育分专性滞育和兼性滞育两种。专性滞育（obligatory diapause）又称绝对滞育，都出现在每年只发生 1 代的昆虫，滞育虫态固定，不论当时环境条件如何都按期进入滞育，如舞毒蛾、天幕毛虫、草履蚧、桑蚕和大地老虎等。兼性滞育（facultative diapause）的昆虫由于在不同的地理分布，发生世代数不同，滞育可以出现在不同世代，滞育的发生由不利环境诱导引起，种的遗传性具有一定的可塑性，但滞育虫态固定，如棉铃虫、桃小食心虫和菜粉蝶等。

引起滞育的生态因子有光周期、温度和食物等，其中光周期（photoperiod）是影响昆虫滞育的主要因素。光周期在自然界中的变化规律是最稳定的因素，昆虫对光信号的刺激直接而又敏感，因此，在不利条件来临之前，昆虫便在生理上有所准备，进入了滞育。其中，有些种类接受到一定的长光照时进入滞育，而有些则接受到一定的短光照时进入滞育。温度对昆虫滞育也有影响。一般情况下，对于冬季滞育的昆虫，较低的温度有利于其提前进入滞育；而夏季滞育的昆虫，较低的温度导致其延期进入滞育。而食物也是促进滞育的一个因素，在自然界中，植物随季节变化，秋季植物枯熟，含水量下降，昆虫取食后代谢减慢，促进其滞育。

生态因素是引起昆虫滞育的外因，而内因则是激素。如家蚕以卵滞育是由于家蚕成虫对光周期反应后，咽下神经节分泌卵滞育激素，促使其产下的卵停止发育，为滞育卵。

了解昆虫休眠和滞育，对分析昆虫的化性、种群数量动态，以及对农业害虫的测报、益虫的繁殖等都有重要的实践意义。

第五节 昆虫的行为与习性

昆虫的行为和习性是昆虫生物学的重要组成部分，是防治害虫、制定控制策略的重要依据。

（一）昼夜节律

昼夜节律（circadian rhythm）是指昆虫的活动与自然界中昼夜规律相吻合的节律。绝大多数昆虫的活动，如交配、产卵、取食、飞翔等均有其昼夜节律，这体现了种的遗传特性，有利于昆虫的生存和繁衍。根据昆虫的昼夜节律，可将昆虫分为 3 类，即日出性昆虫（diurnal insect），这类昆虫仅在白天活动，如蝶类、蜜蜂等；夜出性昆虫（nocturnal insect），在夜间活动，如绝大多数蛾类；弱光性昆虫（crepuscular insect），在黎明或黄昏时活动，如一些蚊类。还有一些昆虫无明显的昼夜节律，如蚂蚁昼夜都可以活动。昆虫的夜出或日出现象，表面上与光有关，实际上还与温度、湿度、食物状况及个体生理条件等因素有关，并且受昆虫体内生物钟的控制。生物钟（biological clock）就是一个复杂的生理过程，它控制着昆虫生理机制的节律，并与光周期节律的信号密切关联，使昆虫的活动和行为表现出时间上的节律反应。

（二）食性

昆虫的食性（feeding habit）就是昆虫在长期演化过程中对食物所形成的选择性。不同的昆虫食性不同，同种昆虫的不同虫期食性也不完全相同，甚至差异很大。按昆虫的食性，可将昆虫分为 4 类：植食性昆虫，以植物活体组织为食，如棉铃虫、小菜蛾等；肉食性昆虫，以动物活体组织为食，如蜻蜓、瓢虫和寄生蜂等；腐食性昆虫，以动物尸体、粪便或腐败的植物为食，如埋葬甲、粪蜣螂和果蝇等；杂食性昆虫，兼食动物、植物等，如蟋蟀、蜚蠊等。另外，根据昆虫取食的范围还可将昆虫分为 3 类：单食性昆虫，仅取食 1 种植物，如豌豆象只取食豌豆；寡食性昆虫，以 1 个科或少数近缘科为食，如菜粉蝶主要为害十字花科植物；多食性昆虫，可以取食多个科的植物，如棉蚜可食害 74 科植物。昆虫的食性具有稳定性，但当其嗜好食物缺乏时，食性会被迫发生改变。

（三）趋性

趋性（taxis）是昆虫对外界刺激（如光、温度、湿度、某种化学物质等）所产生的趋向或背向的活动。趋向活动称为正趋性，背向活动称为负趋性。昆虫主要有趋光性、趋化性和趋湿性等。趋光性是昆虫对光的刺激所做出的定向反应。例如许多夜出性昆虫，对光源都表现为正趋性，尤其是对波长 360～400nm 的黑光灯具有强的趋性，因此，广泛应用于预测预报和害虫防治。趋化性是昆虫对某些化学物质的刺激所做出的定向反应。昆虫在觅食、求偶、避敌、寻找产卵场所等活动都与其趋化性有关，如菜粉蝶趋向于在含有芥子苷的十字花科植物上产卵，小地老虎对糖醋液具有趋性。利用趋化性可以诱集或捕杀害虫，也可以人工释放大量性诱剂干扰交配，从而降低害虫种群数量。

（四）假死性

假死性（feign death）是昆虫受到异常刺激或突然震动，虫体表现一种反射性的抑制状态而立即蜷缩不动，或从停留的地方或飞行的空中跌落下来。一般稍停片刻，便恢复正常活动，如叶甲、金龟甲等的成虫及菜粉蝶、甜菜夜蛾等的幼虫以及叶螨类受到触动，就会呈现假死状态。假死性是昆虫逃避敌害的一种适应，在害虫防治中可以利用它们的假死性用震落法捕杀害虫或采集标本。

（五）群集和迁移

群集性（aggregation）是同种昆虫的个体大量聚集在一起生活的习性。根据群集方式的不同，可分为临时性群集和永久性群集。临时性群集是昆虫仅在某一虫态或某一时期群集在一起，之后便分散活动。如天幕毛虫低龄幼虫在树杈结网，并群集于网内，近老熟时便分散活动。永久性群集是昆虫在整个生育期都聚集在一起，外力很难将其分散。如飞蝗，卵块较密集时，孵出蝗蝻就会聚集成群，集体行动迁移，发育成成虫后仍不分散，成群迁飞。永久性群集主要是由于昆虫受到环境的刺激引起体内特殊的生理反应，并通过外激素，使个体间保持信息联系。了解群集性规律，可为集中杀灭害虫提供方便。

大多数昆虫在环境条件不适或食物不足时，就会发生近距离的扩散或迁移。如斜纹夜蛾和旋花天蛾等幼虫，当吃完一片地的作物后就会成群地迁移到邻近的地块危害。有些昆虫的成虫常成群地从一个地区迁到几百至上千千米以上的地区，如当东亚飞蝗密度大而形成群居型时，常形成远距离的群迁。而小地老虎、黏虫等则呈季节性地借助上空季风气流做南北方向的长距离飞行，这种周期性行为称为迁飞（migration）。迁飞是昆虫个体生理因子与环境相互作用的综合反应，常发生在某一特定时期。昆虫的迁移、扩散和迁飞会造成短期内害虫大发生。

复习思考题

1. 昆虫主要有哪几种生殖方式，对其繁衍后代和扩大分布有何意义？
2. 什么是昆虫的变态？昆虫变态主要有几种类型？研究昆虫变态类型有何生物学意义？
3. 昆虫幼虫和蛹分别有哪些类型？研究它们对于防治害虫有何意义？
4. 试区别休眠与滞育，专性滞育与兼性滞育。研究滞育有何意义？
5. 何谓年龄期、世代、世代重叠、世代交替、世代生活史？
6. 昆虫年生活史研究的主要内容有哪些？
7. 昆虫有哪些生物学特性？如何在害虫预测预报和防治中加以利用？
8. 通过学习昆虫生物学，在害虫调查中如何利用其生物学特性采集昆虫标本？

第四章 昆虫与农螨分类

自然界中昆虫的种类非常丰富，形态多姿多彩。人们要识别它们，首先要逐一加以命名和描述，并按其亲缘关系的远近，归纳成为一个有次序的分类系统，才便于正确地区分它们。同种昆虫，一生有成虫、卵、幼虫（或若虫），甚至还有蛹等几个截然不同的虫态，而且成虫还常有性二型和多型现象。对于如此多样的昆虫，如果不先对其进行科学的分类，就无法以科学的方式研究昆虫，甚至给人类的生产和生活带来不便和一定的损失。例如，在益虫利用、害虫防治和植物检疫工作中，对某些有重要经济意义的昆虫种类，由于近缘种间的形态、习性相似，常易引起混淆，若忽视了分类工作，就有可能弄错对象，收不到预期的效果。因此，昆虫分类有极其重要的生产实践意义。

第一节 分类的基本原理与方法

一、分类的基本概念

（一）物种

物种（species）既是一个分类学概念，又是一个生物学概念。物种是分类的基本阶元，物种定义是分类学的核心问题之一。人们普遍接受的是生物学物种概念，即“物种是自然界能够交配、产生可育后代，并与其他物种存在着生殖隔离的群体”。例如，桃蚜（*Myzus persecae* Sulz）就是一个物种；黄刺蛾［*Cnidocampa flavescens*（Walker）］和绿刺蛾［*Parasa consocia*（Walker）］都为害果树和林木，但它们在形态、生物学等方面各不相同，且不能彼此进行交配繁殖后代，它们是两个不同的物种。

（二）分类阶元

已经命名的昆虫有100多万种，如此众多的物种，如果没有分类阶元体系，分类就不能有效地进行。

根据生物进化理论，昆虫是由共同的祖先进化而来的。这样，就必然有些种类之间的亲缘关系比较近，而有些种类之间的亲缘关系比较远。许多亲缘关系密切的物种合在一起，就组成一个属，同理，特征相近的属组成一个科，相近的科组成目，目上又归为纲，这些属、科、目、纲等就是分类阶元（taxonomic category），合在一起就是分类体系。

例如，菜粉蝶的分类地位是：

界（kingdom） 动物界（Animalia）
　门（phylum ） 节肢动物门（Arthropoda）
　　纲（class） 昆虫纲（Insecta）
　　　目（order） 鳞翅目（Lepidoptera）

科（family） 粉蝶科（Pieridae）

属（genus） 粉蝶属（*Pieris*）

种（species） 菜粉蝶［*Pieris rapae*（Linnaeus）］

这是分类的7个主要阶元。但由于昆虫种类繁多，进化级别和程度不同，以上7个阶元在实践中不够用，因此经常在这7个阶元下加亚（sub-）、次（infra-）等，如蝗亚目、肉食亚目等；在其上加总（super-），如金龟甲总科、蚧总科等。

有了分类体系，分类学就成为有效的信息存储系统。当提到一个物种时，就没必要每次都描述这个物种的所有特征。例如，如果鉴定出一种昆虫属于蚜虫类，就可知道它以刺吸的方式取食植物的汁液，而且非常有可能传播植物病毒病等。

昆虫分类的主要任务就是鉴定识别种类，并进而研究它们之间的亲缘关系，建立客观的分类系统。

二、分类特征

特征是昆虫个体可能具有的任何性状，它可以是形态特征如翅脉形状，生化特征如血淋巴中某氨基酸组成，行为特征如对光周期的反应，或是遗传特征即一段DNA的核苷酸序列。实际上，大多数物种描述都是根据选择的形态特征，但是现代分类的趋势肯定是向着其他类型的特征延伸，尤其是生物化学、遗传学、分子生物学的特征。

分类中可以选择的特征很多，主要包括：

1. 形态学特征 它是分类学中最常用、最基本的特征，包括体长、体色、外生殖器、各种腺体、胚胎学特征等。

2. 生理学特征 包括代谢因子、血清、蛋白质和其他生化差异等。

3. 生态学特征 包括栖息环境、寄主食物变异、行为求偶机制等。

4. 地理特征 主要包括地理分布格局等。

5. 遗传学特征 包括细胞核学、同工酶、核酸序列、基本表达和调控等。

显然，随着多学科的渗透，昆虫分类学的手段也在不断变化并日臻完善。

三、命 名 法

命名法（nomenclature）涉及生物和生物类群的命名，以及命名所遵循的规则和程序。最初的命名法规是在林奈（Carl von Linnaeus，1758）的《自然系统》（第10版）中对生物命名原则的基础上制定的。在过去的近250年中，经过多次修订，逐渐发展与完善。生物命名法规包括植物命名法规和动物命名法规，目前使用的动物命名法规是1999年修订的《国际动物命名法规》（第4版）。

（一）学名

按照国际动物命名法规，给动物命名的拉丁语或拉丁化名称，就是学名（scientific name）。学名由拉丁语单词或拉丁化的单词构成，大多数名称源于拉丁语或希腊语，通常表示命名的动物或类群的某个特征，也可以用人名、地名等命名。

1. 双名法 双名法（binomen）即昆虫种的学名，由2个拉丁词构成，属名在前，第1

个字母必须大写，种名在后，第1个字母小写，在种名之后通常还附上命名人的姓，第1个字母也要大写，如棉蚜 *Aphis gossypii* Glover 等。

2. 三名法 三名法（trinomen）即亚种的学名，由3个词组成，属名、种名和亚种名，即在种名之后再加上一个亚种名，就构成了三名法。如东亚飞蝗 *Locusta migratoria manilensis*（Meyen），将命名人的姓加上括号，是因为这个种已从原来的 *Acrydium* 属移到 *Locusta* 属，这叫新组合。移到新组合后的物种，原定名人的姓要加括号。命名人的姓不应缩写，除非该命名人由于他的著作的重要性他的姓缩写能被认识，如将 Linnaeus 缩写为 L.，Fabricius 缩写为 F. 或 Fab.。属名只有在前面已经提到的情况下可以缩写，如亚洲飞蝗 *L. migratoria migratoria*（L.），属名首次提及时不能缩写。

物种学名印刷时常用斜体，以便识别。如果一个物种只鉴定到属而不知道种名，则可用 sp. 来表示，如 *Aphis* sp. 表示蚜属1个种。多于1个种时用 spp.，如 *Aphis* spp. 表示蚜属的2个或多个种。

一些分类阶元的学名有固定的词尾，科名是以模式属名词干加词尾-idae 构成，亚科名以模式属词干加词尾-inae 构成，族名加词尾-ini，总科名加词尾-oidea。如夜蛾属的学名是 *Noctua*，夜蛾族的学名是 Noctuini，夜蛾亚科是 Noctuinae，夜蛾科是 Noctuidae，夜蛾总科是 Noctuoidea。

（二）模式

记载新种用的标本称为模式标本（type specimen）。记载新种时，所根据的单一模式标本称为正模（holotype）；如果根据多个标本记载新种，则应指定其中的一个标本作为正模，而把其余的标本称为副模（paratype）；有时记载新种时根据一系列标本而未指定正模标本，这时全部模式标本称为综模（syntype）。

各级分类单元都应有它的模式（type）。建立一个新属，需同时指明以建立该新属的一个模式种的名称。同样，建立一个新科，需同时指明其模式属。目和纲没有模式，它们不受命名法规的严格约束。

（三）优先律

动物命名法规的核心是优先律（priority），即一个分类单元的有效名称是最早给予它的可用名称。命名法规定，把1758年1月1日林奈《自然系统》（第10版）的出版作为分类学和学名的起始日期，一种昆虫经科学工作者第1次作为新种公开发表后，如果没有特殊理由，不能随意更改。一种昆虫只能有1个学名，以后任何人所定的学名都称为异名（synonym），是不被采用的。

同样，一个学名只能用于一种昆虫，如果作为另一种昆虫或动物的名称，就成为同名（homonym），也不为科学界所承认。这样就保证了一种昆虫只能有一个学名，一个学名只能用于一种动物或昆虫。

四、分类的方法

1. 一般分类方法 自林奈创双名法以来，一直沿用到现在。在生物的分类方法上，仍然普遍地以外部形态作为主要依据。这一分类方法符合人类由表及里认识自然的规律，所鉴别的种类绝大多数都是准确的，而且使用简便。但亦有其局限性，有些近缘科，单靠外部形态特征加以区分，特别是种下分类常有困难，往往将同一种昆虫误定为不同的种，增加了许多异名，造成了分类上的混乱，给分类订正工作带来不少麻烦。

2. 近代分类方法 随着科学的发展，分类方法也不断改进，电子显微镜的应用，使分类特征提高到超微水平，为微小的近似种的分类创造了条件。生物化学方法的应用，使分类特征深入到分子水平；电子计算机的应用，使分类进入了数理统计的水平。这些方法在研究昆虫的亲缘关系上有极为重要的意义，它能使人们在新的水平上探索进化途径，并澄清在形态上不易区分的近缘种和种下类群的分类。

3. 检索表 在进行昆虫分类工作时，通常要使用检索表（key）来鉴定昆虫的种类和区别不同等级分类单元的所属地位。检索表的编制，是用对比分析和归纳的方法，选定不同种类昆虫比较重大而稳定的特征，做成简短的文字条文排列而成。因此，检索表的运用和编制是昆虫分类工作重要的基础。

常用的检索表形式有单项式和双项式两种，现按表 4-1 所列 6 个目主要特征制成双项式检索表。

表 4-1 昆虫纲 6 个目形态特征区别

目 名	口 器	翅	其他特征
弹尾目	咀嚼式	无	腹末有弹器
缨尾目	咀嚼式	无	腹末有尾须 1 对和中尾丝 1 条
直翅目	咀嚼式	前翅为覆翅，后翅膜质	后足适于跳跃，或前足适于开掘
鞘翅目	咀嚼式	前翅为鞘翅，后翅膜质	
半翅目	刺吸式	前翅为半鞘翅，后翅膜质	喙着生于头前端
同翅目	刺吸式	前后翅膜质，或前翅稍加厚	喙着生于头腹面后端

双项式

1. 无翅 …………………………………… 2
   有翅 …………………………………… 3
2. 腹末有弹器 ……………………………… 弹尾目
   腹末有尾须 1 对和中尾丝 1 条 ……………… 缨尾目
3. 口器刺吸式 ……………………………… 4
   口器咀嚼式 ……………………………… 5
4. 前翅为半鞘翅，后翅膜质 ………………… 半翅目
   前后翅膜质 ……………………………… 同翅目
5. 前翅为覆翅，后翅膜质 …………………… 直翅目
   前翅为鞘翅，后翅膜质 …………………… 鞘翅目

第二节 昆虫纲的分目

昆虫纲各目的划分是根据翅的有无及其特征、变态类型、口器的构造、触角形状、跗节及化石昆虫的特征等。昆虫分类系统不断发展变化，各分类学家分目各有不同，自然分类学的创始人林奈（Linnaeus，1758）最初将昆虫纲分为 7 目。波尔纳（Borner，1904）根据变态，将有翅亚纲分为不全变态和全变态两大类，共分为 22 目。布鲁斯和梅立德（Brues &

Melander，1932）将昆虫分为无翅、有翅 2 个亚纲，共 34 目。我国昆虫学家周尧（1964）将昆虫分为 4 个亚纲，即蚣虫亚纲、黏管亚纲、无翅亚纲和有翅亚纲，共 33 目。陈世骧（1958）将昆虫分为 3 个亚纲 33 目。蔡邦华（1955）将昆虫分为 2 个亚纲共 34 目。本书系采用 2 个亚纲 34 目系统。

一、无翅亚纲（Apterygota）

1. 原尾目（Protura） 俗称原尾虫，简称蚖。体型微小，在 2mm 以下。口器内藏式，触角退化，无单眼和复眼，前足特别长，常上举并向前方伸出，用作感觉器，腹部 12 节。终生在土壤中度过，主要以寄生植物根须上的菌根为食。常见的如华山夕蚖（*Hesperentomon huashanensis* Yin）。

2. 弹尾目（Collembola） 亦称黏管目，俗称跳虫或弹尾虫，简称[虫兆]。体小，无翅昆虫，常有发达的弹器，能跳跃。腹部 6 节，第 1、第 3 和第 4 腹节上分别生有腹管、握弹器和弹器。生活在潮湿场所，以腐殖质、菌类为食，少数种为害作物、蔬菜或菌类。常见的如短足球圆[虫兆]（*Sphaeridia pumilis* Krausbauer）。

3. 双尾目（Diplura） 俗称双尾虫、铗尾虫，简称[虫八]。体细长，无复眼和单眼，口器咀嚼式，内藏式，腹部 11 节，尾须 1 对，无中尾丝。表变态。取食活的植物、微小动物、微生物及动物的尸体和碎屑。常见种类如韦氏鳞[虫八]（*Ledpidocampa weberi* Oudemans）。

4. 石蛃目［Microcoryphia（Archeognatha）］ 俗称石蛃，简称蛃。小至中型，体被鳞片，口器咀嚼式，复眼大，两复眼在内面接触，触角长丝状。腹部 2～9 节有成对的刺突，尾须长，分节，有长的中尾丝。表变态。主要栖息在阴暗潮湿处，如苔藓和地衣上、石缝中、枯枝落叶中，以植食性为主，如浙江跳蛃（*Pedetontus zhejiangensis* Xue et Yin）。

5. 缨尾目（Thysanura） 又称衣鱼目（Zygentoma），俗称衣鱼。中小型，体被鳞片，口器咀嚼式，复眼分离，触角长丝状。腹部 11 节，第 11 节具 1 对尾须和正中尾丝。表变态。喜湿暖，多夜出活动，生活于土壤中、朽木落叶上，有的生活在室内书籍、衣服、丝绢品上。常见种如糖衣鱼（*Lepisma saccharina* L.）、毛衣鱼［*Ctenolepisma villoss*（Fabricius）］。

二、有翅亚纲（Pterygota）

6. 蜉蝣目（Ephemeroptera） 俗称蜉蝣，简称蜉。体小至中型，细长，复眼发达，单眼 3 个，口器咀嚼式，退化；翅膜质，翅脉网状，前翅大，后翅小；有 1 对丝状尾须。原变态。蜉蝣成虫不食，稚虫主要食水生高等植物和藻类，少数捕食水生节肢动物。常见种如中国短丝蜉（*Siphluriscus chinensis* Ulmer）。

7. 蜻蜓目（Odonata） 俗称蜻蜓、豆娘，简称蜻、蜓或螅 。体中到大型，细长，色彩艳丽；口器咀嚼式，触角刚毛状，翅脉网状；尾须 1 节。半变态。稚虫水生，常见于溪流、湖泊、稻田。成虫捕食各类昆虫。最常见种如黄蜻（*Pantala flavescens* Fab.）和黑色螅（*Agrion stratum* Selys）。

8. 蜚蠊目（Blattaria） 俗称蟑螂，简称蠊。体中至大型，阔而扁平；口器咀嚼式，触角长丝状，前胸背板盖住头部；前翅为覆翅；尾须 1 对，腹背常有臭腺。渐变态。蜚蠊多喜黑暗，为夜行性昆虫，杂食性，取食动植物性食料。常见种有德国小蠊（*Blattella germanica* L.）和冀地鳖（*Polyphga plancyi* Bol.）。

9. 螳螂目（Mantodea）　俗称螳螂，简称螳。体中到大型，头大，三角形；口器咀嚼式，前胸极长，前足捕捉式；前翅覆翅，后翅膜质；尾须1对。渐变态。螳螂是肉食性昆虫，卵鞘可入中药，所以既是天敌昆虫，又是药用昆虫。常见种类如中华螳螂（*Paratenodera sinensis* Sanssure）、小刀螂（*Statilia macalata* Thunberg）和拒斧（*Hierodula petellifera* Serville）。

10. 等翅目（Isoptera）　俗称白蚂蚁、白蚁，简称螱。小至中型，体软，长而扁；口器咀嚼式，触角念珠状；翅膜质，前后翅大小、形状几乎相等，因此称为等翅目。渐变态，多型性社会昆虫。为害房屋建筑、木材、水库堤坝。如台湾乳白蚁（*Coptotermes formosanus* Shiraki）和黑翅土白蚁［*Odontotermes formosanus*（Shiraki)］。

11. 直翅目（Orthoptera）　包括蝗虫、蚱蜢、螽斯、蟋蟀、蝼蛄，简称蝗、蜢、螽、蟋、蝼。口器咀嚼式，前胸背板发达；翅通常2对，前翅为覆翅，后翅膜质，翅脉直。渐变态。除少数肉食性外，大多数植食性。常见种类有东亚飞蝗［*Locusta migratoria manilensis*（Meyen)］等。

12. 竹节虫目（Phasmatodea）　又称蛸目，俗称竹节虫或杆蛸、叶蛸，简称蛸。体大型，头前口式，咀嚼式口器；体形竹节状或叶片状，多为绿色或褐色，高度拟态。渐变态。常生活在高山、密林。常见种类如广华枝蛸（*Sinophasma largum* L.）、东方叶蛸（*Phylliun siccifolium* L.）。

13. 革翅目（Dermaptera）　俗称蠼螋或蝠螋，简称螋。体中型，头前口式，能活动，咀嚼式口器，触角丝状；有翅者前翅革质，短小缺翅脉，后翅膜质，脉纹辐射状；尾须不分节，钳状。渐变态。多为夜出性，日间栖于黑暗处，大多数杂食性。常见种类有河岸蠼螋［*Labidura riparia*（Pallas)］和达球螋（*Forficula davidi* Burr）。

14. 蛩蠊目（Grylloblattodea）　俗称蛩蠊。体细长，无翅，头前口式，口器咀嚼式，复眼退化，无单眼，足步行式。渐变态。产于寒冷地区，尤其是高山上、岩石下或枯枝落叶中。属杂食性，我国仅见一种，中华蛩蠊（*Galloisiana sinensis* Wang）。

15. 纺足目（Embioptera）　又称蛴目，俗称足丝蚁，简称蛴。体细长，触角丝状或念珠状，口器咀嚼式，前足第1跗节膨大，特化成丝腺；雌无翅，雄虫有2对相似的膜翅，翅脉简单。渐变态，植食性。我国目前已知6种，如等尾足丝蚁（*Oligotoma saundersii* Westwood）、海南足丝蚁（*Aposthonia hainanensis* Lu）。

16. 襀翅目（Plecoptera）　俗称石蝇，简称襀 。体中小型，细长柔软，口器咀嚼式，触角长丝状；翅膜质，前翅狭长，后翅臀区发达。半变态。喜栖息于O_2充足的急流中。成虫多数不取食；稚虫水生，取食蚊类幼虫、植物、藻类。常见种类有石蝇（*Perlodinella fuliginosa* Wu）。

17. 缺翅目（Zoraptera）　俗称缺翅虫。体微小，头大，口器咀嚼式，触角念珠状，跗节2节；有翅，为2对膜翅，多有2条翅脉。渐变态，有多型现象。多生活于树皮下、土中，取食真菌孢子和小节肢动物。我国现见2种，分布于西藏东南部，如中华缺翅虫（*Zorotypus sinensis* Huang）和墨脱缺翅虫（*Z. medoemsis* Huang）。

18. 啮虫目（Psocoptera）　俗称啮虫或书虱，简称蛄。体微小，触角线状，口器咀嚼式；翅膜质，休息时呈屋脊状；无尾须。渐变态。啮虫多数生活在树皮、管道、石块、枯叶、仓库处，在潮湿阴暗或苔藓、地衣丛生的地方也常见，多为植食性和菌食性。如嗜卷虱啮（*Liposcelis bostrychophila* Badonnel）。

19. 食毛目（Mallophaga） 俗称鸟虱、羽虱，简称虱。体小而扁，无翅，常外寄生生活，头大，口器咀嚼式，足为攀缘式。渐变态。寄生于鸟类和哺乳动物体上，大多数以寄主羽毛和皮肤分泌物为食，是养禽业的主要害虫。如鸡禽鸟虱（*Menopon gallinae* L.）和牛鸟虱［*Bovicola bovis*（L.）］。

20. 虱目（Anoplura） 俗称吸虱、虱子，简称虱。体小而扁，无翅，头小，前口式，口器刺吸式，足攀缘式。渐变态。终生外寄生于哺乳动物及人体上，吸食寄主血液，传播多种疾病。常见种如人头虱（*Pediculus humanus capitis* De Geer.）和人体虱（*P. humanus corporis* De Geer.）。

21. 缨翅目（Thysanoptera） 俗称蓟马。体小型，下口式；口器锉吸式；翅 2 对，狭长，边缘上有长而整齐的缨毛，翅脉极少或无；足跗节末端有可伸缩的端泡，爪 2 个。过渐变态。常见于植物花丛、嫩梢、植物残体、树皮；食性多样化，植食性、菌食性和捕食性。如花蓟马［*Frankliniella intonsa*（Trybom）］和茶黄蓟马（*Scirtothrips dorsalis* Hood）。

22. 同翅目（Homoptera） 包括蝉、蚜虫、木虱、介壳虫等，简称蝉、蚜、蚧等。头后口式，刺吸式口器，从头部后方伸出；翅 2 对，前翅质地均一，膜质或革质。多数渐变态，少数过渐变态，植食性。常见种类如桃蚜［*Myzus periscae*（Sulzer）］和大青叶蝉［*Cicadella virides*（L.）］。

23. 半翅目（Hemiptera） 俗称臭屁虫，简称蝽。体扁平，口器刺吸式，口器基部从头的前端发出；大部分成虫前翅基半部革质，端半部膜质，为半鞘翅；许多种类有臭腺。渐变态。多数陆生，有些种类水生；大多数种类为植食性，少数肉食性。常见种类如茶翅蝽［*Halyomorpha halys*（Stal）］等。

24. 广翅目（Megaloptera） 包括泥蛉、鱼蛉或齿蛉。体大型，头前口式，口器咀嚼式；前胸方形，翅大，膜质，休息时呈屋脊状；跗节 5 节，无尾须。全变态。成虫多在水边、岩石、树干或杂草上，夜间活动有趋光性，成虫为捕食性。常见种类有炎黄星齿蛉（*Protohermes xanthodes* Navas）和中华斑鱼蛉［*Neochauliodes sinensis*（Walker）］。

25. 蛇蛉目（Rhaphidioptera） 俗称骆驼虫，通称蛇蛉或蛈。口器咀嚼式，头部活动自如；前胸呈长筒状，前后翅近于相似，翅痣明显；雌虫有一条细长的针状产卵器。全变态。幼虫生活在树皮下，成虫和幼虫多生活在松柏类植物上，捕食小蠹虫等。常见种类如中国蛇蛉（*Raphidia sinica* Steinman）和福建盲蛇蛉（*Inocellia fujjiana* Yang）。

26. 脉翅目（Neuroptera） 包括草蛉、蚁蛉、螳蛉等，通称为蛉。口器咀嚼式，复眼发达；翅膜质透明，纵脉多分支，使脉成网状；跗节 5 节，无尾须。全变态，成虫、幼虫均为捕食性。常见的有大草蛉［*Chrysopa pallens*（Ramber）］和中华东蚁蛉［*Euroleon sinicus*（Navas）］。

27. 鞘翅目（Coleoptera） 俗称甲虫，简称甲。口器咀嚼式，上颚发达；前翅骨化为鞘翅，后翅膜质。全变态。鞘翅目昆虫食性分化强烈，有植食性、捕食性、腐食性、寄生性、菌食性等。如神农洁蜣螂［*Catharsius molossus*（L.）］和铜绿金龟甲（*Anomala corpulenta* Motschulsky）等。

28. 捻翅目（Strepsiptera） 俗称捻翅虫，简称蝙（扇）。雌雄异型，雄虫自由生活，靠后翅飞行，前翅如平衡棒；雌虫无翅，无足，终生不离寄主，触角、复眼、单眼、口器退化。复变态。寄主均为昆虫类，如蜂、蚁、叶蝉、飞虱等。常见种类如稻虱跗扇［*Elenchus japonicus*（Esaki et Hashimsto）］和中华蚤蝼扇（*Tridactylophagus sinensis* Yang）。

29. 长翅目（Mecoptera） 通称蝎蛉。体中型细长，下口式，延长成喙状，口器咀嚼式，位于喙的末端，触角线状；翅2对，膜质，前后翅的大小、形状和脉序相似，脉序接近模式脉序。全变态。成虫和幼虫均属肉食性或腐食性或杂食性，生活在树木茂密环境、苔藓腐木中。常见种如华山蝎蛉（*Panorpa emarginata* Cheng）等。

30. 毛翅目（Trichoptera） 俗称石蛾。体小至中型，形似蛾类，但口器咀嚼式；翅2对膜质，翅脉接近模式脉序；足细长，跗节5节。全变态。成虫常见于溪水边，在黄昏、夜间活动，白天隐蔽在灌木丛中，不取食或仅食蜜露；幼虫水生，主要以藻类和水生植物为食。常见种类如东北石蛾（*Limnophilus amurensis* Ulmer.）和稻黄石蛾（*L. correptus* Mac Lachlan.）等。

31. 蚤目（Siphonaptera） 俗称跳蚤，简称蚤。成虫体微小，能爬善跳，体壁坚韧，体表多鬃毛，身体侧扁，呈黄棕或黑褐色，触角棒状，口器刺吸式，无翅，后足发达，为跳跃足。幼虫蛆状，全变态，雌雄均吸血，耐饥力强。常见种如人蚤（*Pulex irritans* L.）等。

32. 双翅目（Diptera） 包括蚊、蠓、蚋、虻、蝇等。成虫仅有1对发达的膜质前翅，后翅特化成平衡棒，口器刺吸式、刮吸式或舐吸式。幼虫蛆形。全变态。幼虫食性差异很大，有腐食性、捕食性、寄生性、植食性；成虫取食液体食物。常见种类如中华按蚊（*Anopheles sinensis* Wiedemann）、家蝇（*Musca domestica* L.）和灰地种蝇［*Delia platura*（Meigen）］等。

33. 鳞翅目（Lepidoptera） 包括蛾和蝴蝶。成虫翅膜质2对，翅脉简单，横脉极少，身体、翅、附肢均密被鳞片，口器虹吸式。全变态。幼虫几乎全部为植食性。常见种类如菜粉蝶［*Pieris rapae*（L.）］和小菜蛾［Plutella xylostella（L.）］等。

34. 膜翅目（Hymenoptera） 包括蜂和蚂蚁。口器咀嚼式，具翅者有膜质翅2对，前大后小，飞行时以翅钩连接；雌虫产卵器发达，锯状、刺状或针状。全变态。大多数为寄生性和捕食性，少数植食性。常见种类如普通长足胡蜂（*Polistes olivaceus* De Geer.）、家蚁（*Monomorium pharaonis* L.）和中华蜜蜂（*Apis cerana* Fabr.）等。

第三节 园艺植物昆虫主要目、科简介

昆虫纲34个目中，有9个目与园艺植物害虫的防治及益虫的利用关系最为密切，它们是直翅目、半翅目、缨翅目、同翅目、鞘翅目、脉翅目、鳞翅目、双翅目、膜翅目。下面作有关分类介绍。

一、直翅目（Orthoptera）

直翅目包括蝗虫、蚱蜢、螽斯、蟋蟀、蝼蛄等，分别简称蝗、蜢、螽、蟋、蝼等。体小到大型，头多为下口式，少数前口式，口器为典型的咀嚼式；前胸背板发达，常向侧下方延伸，呈马鞍状；翅通常2对，前翅狭长，加厚成革质，称为覆翅，后翅膜质、扇形，翅脉

直；腹部 11 节。雌虫多具发达的产卵器，尾须发达（图 4-1）。

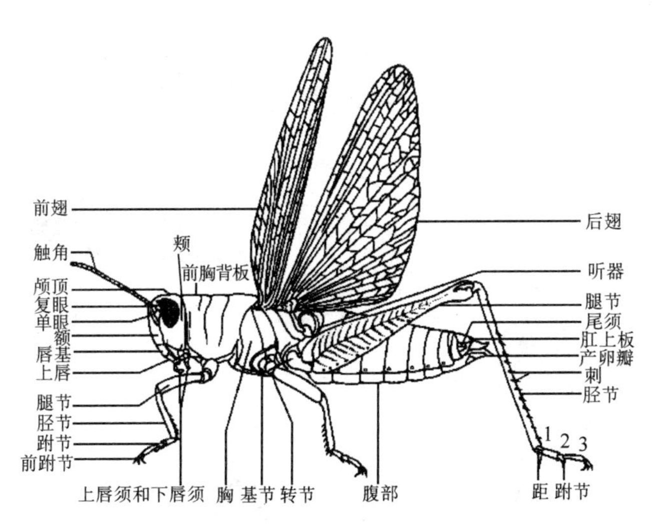

图 4-1 直翅目（蝗科）特征模式
（仿 Essig）

直翅目昆虫为典型的陆生种类。多数种类都具有灵敏的视觉和听觉，并具较强的警惕性，不易被捉。大多数蝗虫生活在地面，螽斯生活在植物上，蝼蛄生活在土壤中。绝大多数种类为植食性，许多种类是农林重要害虫。仅螽斯科少数种类为肉食性。卵常为圆卵形，单产或成卵块。蝗虫卵产在土中，螽斯产在植物组织中。渐变态。1 年 1 或 2 代，少数种类 2 至几年 1 代。若虫一般 5 龄，多以卵越冬。

主要科的特征：

1. 蝼蛄科（Gryllotalpidae） 触角比体短；前足开掘式，后足较短，非跳跃式；前翅短而后翅长，后翅伸出腹末如尾状；产卵器退化；跗节 3 节；尾须很长。常见的种类有华北蝼蛄（*Gryllotalpa unispina* Saussure）和东方蝼蛄（*G. orientalis* Burmeister）等（图 4-2：1）。

2. 蝗科（Acrididae） 体大型；触角丝状、棒状或剑状；前胸背板发达，盖住中胸背板；跗节 3 节，爪间有中垫；腹部第 1 节背板两侧有 1 对鼓膜听器。常见的种类有东亚飞蝗[*Locusta migratoria manilensis*（Mayen）]、短额负蝗（*Atractomorpha sinensis* Bolivar）、中华蚱蜢（*Acrida cinerea* Thunberg）、中华稻蝗[*Oxyza chinensis*（Thunberg）] 等（图 4-2：2）。

3. 螽斯科（Tettigoniidae） 触角比体长，丝状，30 节以上；发音器通常位于前翅基部，听器位于前足胫节基部；跗节 4 节；产卵器特别发达，呈剑状或刀状；尾须短。产卵于植物组织内，多为植食性种类，少数肉食性；有绝好的保护色与拟态。常见的种类有中华露螽（*Phaneroptera sinensis* Uvarov）、变棘螽[*Deracantha onos*（Pallas）] 和纺织娘[*Mecopoda elongata*（L.）] 等（图 4-2：3）。

4. 蟋蟀科（Gryllidae） 触角丝状长于身体；听器在前足胫节上；跗节 3 节；产卵器针状或矛状；尾须长。常见的种类有黄脸油葫芦[*Teleogryllus emma*（Ohmachi et Matsunra）]、大扁头蟋（*Loxoblemmus doenitzi* Stein)]、斗蟋（*Velarifictorus micado* Saussure）等（图 4-2：4）。

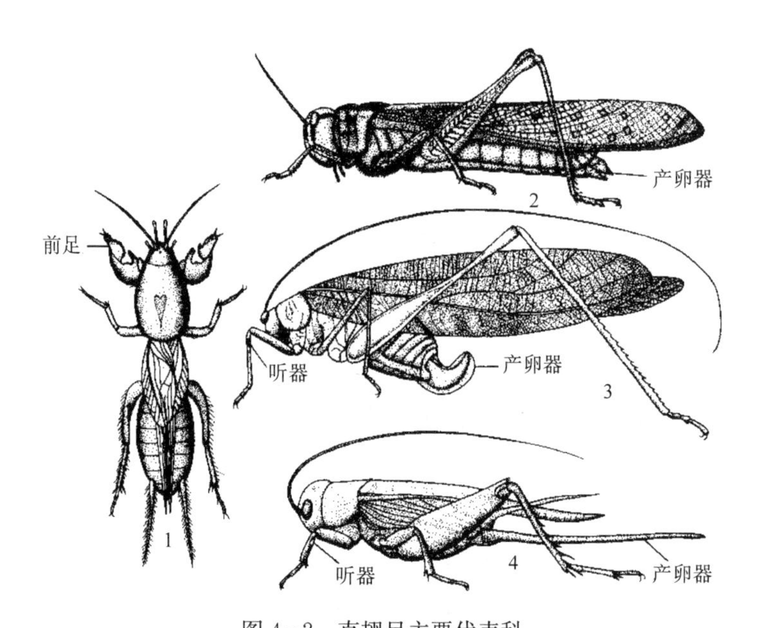

图 4-2 直翅目主要代表科

1. 蝼蛄科（华北蝼蛄） 2. 蝗科（东亚飞蝗） 3. 螽斯科（日本螽斯） 4. 蟋蟀科（油葫芦）

（仿周尧）

二、半翅目（Hemiptera）

半翅目通称椿象，简称蝽。该目昆虫体壁坚硬，多呈扁平；口器刺吸式，自头的前端伸出；喙多为 4 节，触角 3～5 节；前胸背板发达，为不规则的六角形，中胸小盾片发达，多呈三角形；前翅大多为半鞘翅，即基部革质，端部膜质，革质部又常分为革片、爪片、缘片、楔片等部分，后翅膜质；多数种类有臭腺，能分泌挥发性油，散发出类似臭椿的气味；跗节通常 3 节；腹部 9～11 节；通常 10 节；无尾须（图 4-3）。

渐变态，一生经过卵、若虫、成虫 3 个虫期。卵单产或聚产在土壤、植物组织内、表面或缝隙中，卵常为圆筒形、卵形、鼓形或肾形。初孵若虫留在卵壳附近，蜕皮后才分散。仅寄蝽和少数长蝽为卵胎生。若虫通常蜕皮 5～6 次，若虫在腹部背面第 4～6 节有臭腺，到成虫期这些腺孔消失。

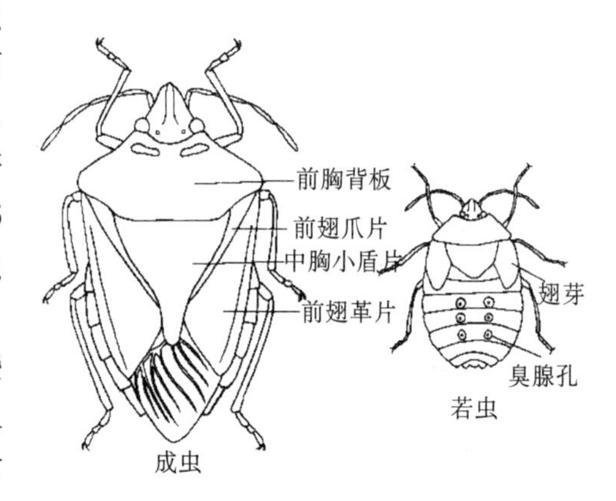

图 4-3 半翅目昆虫特征

（仿杨惟义）

半翅目昆虫栖息地复杂，多为陆生，有些种类水生，还有的外寄生于鸟类、哺乳类及人体。陆生蝽类大多生活在植物叶片上，可吸食农作物、蔬菜、果树、林木的幼枝、嫩叶汁液，传播植物病害，如缘蝽、网蝽、盲蝽、长蝽等。一部分生活在土壤或植物根部，如土蝽。捕食性种类如猎蝽、姬猎蝽、花蝽和部分盲蝽，捕食各种害虫。水生蝽类生活在水塘、稻田、溪流或海水中，如水黾生活在水面上，负子蝽、蝎蝽、仰泳蝽生活在水中，水生蝽类多为捕食性，捕食小动物、孑孓、蝇蛆、鱼苗和鱼卵。

有些营外寄生的吸血蝽类如臭虫、寄蝽为害人畜，传播疾病。

主要科的特征：

1. 蝽科（Pentatomidae）　体扁平，盾形；触角 5 节，喙 4 节，有单眼；前胸背板常为六角形，中胸小盾片三角形；半鞘翅，有爪片、革片、膜片，膜区有许多纵脉，多从一基脉分出。多为植食性。常见种类如菜蝽［*Eurydema dominulus*（Scopoli)］为害十字花科蔬菜；茶翅蝽［*Halyomorpha halys*（Stal)］为害梨、苹果等；斑须蝽［*Dolycoris baccarum*（L.)］为害禾谷类、豆类、果树等；麻皮蝽（*Erthecina fullo* Tunberg）为害柳、槐、法国梧桐、果树等；少数为肉食性，如蠋蝽（*Arma costos* Fabricius）（图 4－4：1、图 4－5：4）。

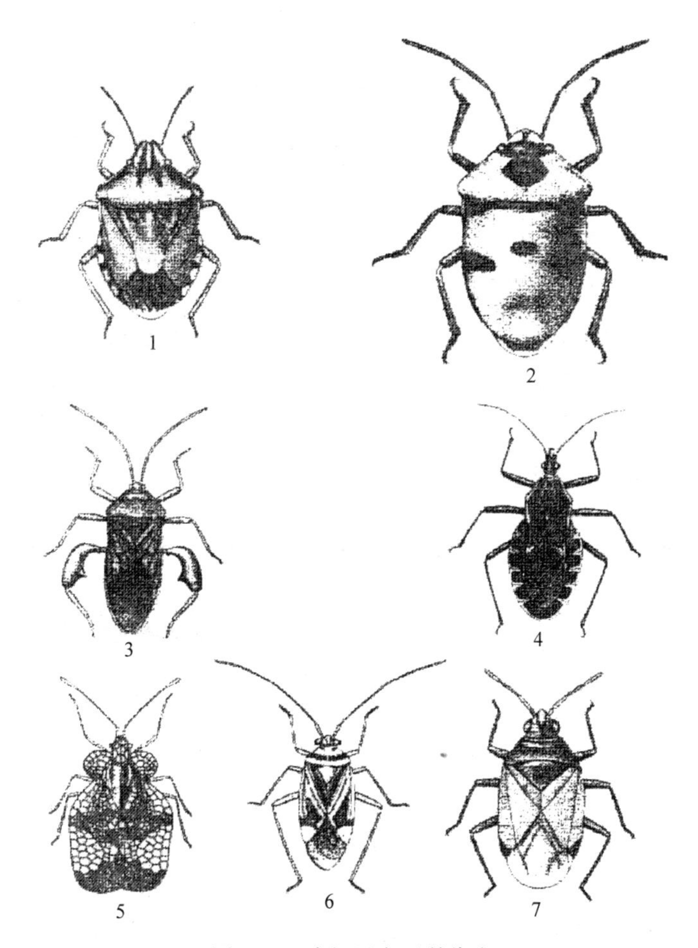

图 4－4　半翅目主要科代表

1. 蝽科（斑须蝽）　2. 盾蝽科（丽盾蝽）　3. 缘蝽科（红背安缘蝽）　4. 猎蝽科（广锥猎蝽）
5. 网蝽科（梨网蝽）　6. 盲蝽科（三点盲蝽）　7. 花蝽科（微小花蝽）
（仿彩万志）

2. 盾蝽科（Scutelleridae）　体小型至中大型；背面强烈圆隆，腹面平坦，卵圆形；多数种类具有鲜艳的色斑和金属光泽；触角多 5 节，喙 4 节；中胸小盾片极度发达，盖及腹部和前翅的绝大部分；跗节 3 节。植食性，多生活在木本植物上。常见种类如丽盾蝽［*Chrysocoris grandis*（Thunberg)］为害柑橘、油桐、柚、板栗等果树和经济林木；油茶宽盾蝽（*Poecilocoris latus* Dallas）为害油茶和茶树；扁盾蝽［*Eurygaster testudinarius*（Geof-

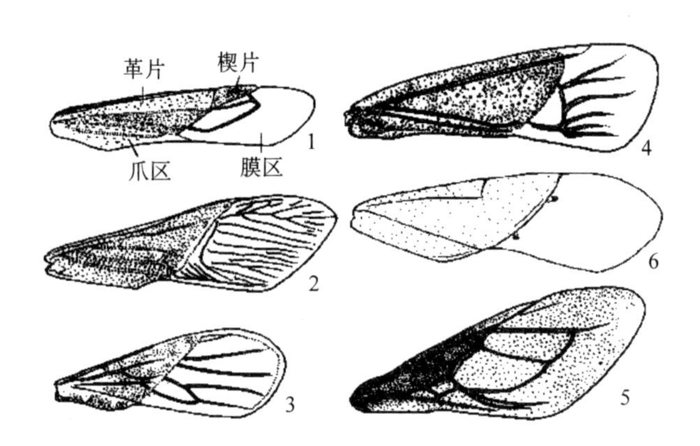

图 4-5　半翅目重要科昆虫的前翅
1. 盲蝽科　2. 缘蝽科　3. 长蝽科　4. 蝽科　5. 猎蝽科　6. 花蝽科
（仿周尧）

froy)］为害小麦等禾本科作物（图 4-4：2）。

3. 缘蝽科（Coreidae）　体狭长，两侧缘略平行；头部较前胸部窄、短，触角 4 节，有单眼，喙 4 节；膜片具 5 条以上平行纵脉；后足腿节有时膨大或具齿列。多数种类植食性，世界有 2 000 种，我国有 200 多种。常见害虫有粟缘蝽［*Liorhyssus hyalinus*（Fabricius)］为害谷子等作物；稻棘缘蝽（*Cletus punctiger* Dallas）为害水稻；瘤缘蝽［*Acanthocoris scaber*（Linnaeus)］为害茄科作物（图 4-4：3、图 4-5：2）。

4. 猎蝽科（Reduviidae）　体小至大型；头部在眼后变细，伸长似颈；多有单眼，喙 3 节，粗短而弯曲，强劲，适于刺吸；前胸腹板中央有 1 条纵沟；前足为捕捉足；前翅仅分为革片、爪片和膜片，膜片常有 2 个大翅室，翅室端部伸出一长脉。多为捕食性。常见种类有黑红赤猎蝽［*Haematoloecha nigrorufa*（Stål)］、黄足直头猎蝽（*Sirthenea flavipes* Stål）等（图 4-4：4、图 4-5：5）。

5. 姬猎蝽科（Nabidae）　体小至中型，细长；触角 4 节，有单眼；喙细长，4 节；前胸腹板中央无纵沟。多为捕食性。常见种类有华姬猎蝽（*Nabis sinoferus* Hsiao）、光姬猎蝽（*Arbela nitidula* Stål）。

6. 网蝽科（Tingidae）　体小型，极扁平；触角 4 节，喙 4 节；前胸背板和翅上有许多网状花纹，极易辨认；前胸背板向后延伸盖住小盾片，向前盖住头部；跗节 2 节。多为植食性，常群集为害。常见种类有梨网蝽（*Stephanitis nashi* Esaki et Takeya）为害梨树；亮冠网蝽（*S. typica* Distant）为害香蕉；小板网蝽［*Monosteira unicostata*（Mulsant&Rey)］可严重为害杨、柳；角菱背网蝽（*Eteoneus angulatus* Drake et Maa）为害泡桐（图 4-4：5）。

7. 盲蝽科（Miridae）　体小型或中型；触角 4 节，无单眼，喙 4 节；前翅分为革片、爪片、楔片和膜质部，膜质部有 1～2 个小型翅室；雄虫一般为长翅型，雌虫为短翅或无翅型。盲蝽科是半翅目的第 1 大科，全世界已知约 10 000 种，我国已知 560 余种。大多数植食性，如绿盲蝽（*Lugus lucorum* Meyer-Dur）为害水稻、麦、棉花、蚕豆、蔬菜等；牧草盲蝽（*L. pratensis* L.）为害棉、苜蓿、蔬菜、苹果、梨、柑橘、杏等；三点盲蝽（*Adelphocoris fasciaticollis* Reuter）为害棉花、苜蓿，并传播植物病毒病等；也有的如食蚜盲蝽（*Deraeocores punctulatus* Fallen）捕食小型昆虫和螨类（图 4-4：6、图 4-5：1）。

8. 花蝽科（Anthocoridae） 体小，长椭圆形；触角 4 节，常有单眼；喙 4 节，第 1 节极短小，看似 3 节；前翅具有明显的楔片和缘片，膜片有不明显的纵脉 2～4 根或缺翅脉。主要为捕食性，栖于植物叶片间或花朵、叶鞘内，取食蓟马、蚜虫、介壳虫、木虱等及螨类。世界已知 500 余种，我国已知 90 种。常见种类有微小花蝽［*Orius minutus*（L.）］、东亚小花蝽［*O. sauteri*（Poppius）］、南方小花蝽（*O. similis* Zheng）（图 4－4：7、图 4－5：6）。

三、同翅目（Homoptera）

同翅目昆虫体小至大型；头后口式，刺吸式口器从头部腹面后方伸出；触角刚毛状或丝状；单眼 2～3 个或无；前翅质地均一，膜质或革质，停息时常呈屋脊状置于体背；也有无翅种类，以蚜虫和雌性介壳虫最为常见；雄性介壳虫只有 1 对前翅，后翅退化成平衡棒。除粉虱及雄性介壳虫属于过渐变态外，其余为不全变态。

全世界已知 45 000 余种，我国记载有 3 000 多种，包括蝉、蚜、蚧、粉虱等。全为植食性，以刺吸式口器吸食植物汁液，许多种类可以传播植物病毒病，约占已知传毒昆虫的 80%，是重要的农林、园艺植物害虫。

主要科的特征：

1. 蝉科（Cecadidae） 体中至大型；头部宽短，触角刚毛状，复眼发达，单眼 3 个排成三角形；前腿节膨大，下缘具齿；雄虫腹部具发音器，雌虫产卵器管状。成虫刺吸汁液并产卵为害林木、果树枝条；若虫孵化后落入土中，吸食根部汁液，一般在土内生活 2～5 年，将羽化时，出土爬至树木枝干上，产卵在杨、苹果、梨、桃、柑橘等果树、林木枝条内。全世界已知 3 000 多种，我国有 200 多种，常见种类有蚱蝉（*Cryptotympana atrata* F.）、蟪蛄（*Platypleura kaempferi* F.）、蚱蟟（*Cncotympana maculicollis* Motsch.）等（图 4－6：1）。

2. 叶蝉科（Cicadellidae） 体多为小型，似蝉；单眼 2 个，少数缺失；前翅皮革质或膜质；后足胫节具纵棱脊，并有成列的刺。卵产于叶片或枝干组织内。多数种类趋光性强。以成虫、若虫刺吸植物汁液，被害叶出现苍白色点，严重为害时叶片早落。全世界已知 23 800多种，我国记载 1 300 多种。已知有 135 种叶蝉为植物病毒病和类病毒病的媒介昆虫。常见害虫如大青叶蝉［*Cicadella viridis*（L.）］、桃一点叶蝉（*Typhlocyba sudra* Distant）、葡萄斑叶蝉（*Zygina apicalis* Nawa）、假眼小绿叶蝉［*Empoasca vitis*（Gothe）］等（图4－6：2～4）。

3. 蜡蝉科（Fulgoridae） 体中至大型，通常色彩艳丽；头顶突出，额与颊间有隆起堤，有些种类额常前伸如象鼻；触角基部 2 节膨大呈锥状，单眼 2 枚；前后翅宽大，端区多分叉和横脉；后足胫节多刺，腹部通常大而宽扁。全世界已知 700 多种，我国记载 24 种。多数种类为果树、林木害虫，以成虫、若虫刺吸枝条汁液。常见种类如斑衣蜡蝉［*Lycorma delicatula*（White）］为害葡萄、猕猴桃、椿树等；龙眼鸡［*Fulgora candelaria*（L.）］为害龙眼、荔枝、乌桕等。此外，为害柑橘等常绿果树的还有蛾蜡蝉科的白蛾蜡蝉（*Lawana imitata* Melichar）。

4. 木虱科（Chermidae） 体小型，似蝉，善跳；触角丝状，末端有 2 根不等长的刚毛；单眼 3 个；翅透明，翅上各分支脉均发自翅基 1 条总脉；后足基节膨大，胫节端部有

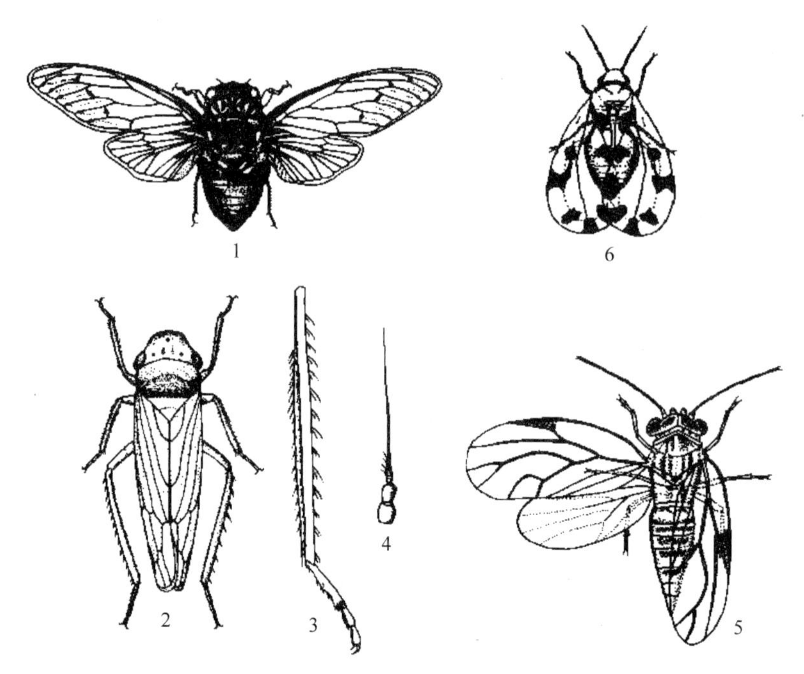

图 4-6 同翅目重要科的代表及其特征
1. 蝉科（蚱蝉） 2～4. 叶蝉科（大青叶蝉）
5. 木虱科（中国梨木虱） 6. 粉虱科（黑刺粉虱）
（仿周尧）

刺，适跳跃；跗节 2 节。大多为害木本植物，以成虫在杂草中越冬；卵长椭圆形，有短柄；若虫体扁似虱，翅芽突出于体侧。常分泌蜡质覆盖体上，喜群栖。全世界已知 1 000 多种，我国记载约 40 种。如常见为害果树的柑橘木虱（*Diaphorina citri* Kuwayama）和中国梨木虱（*Psylla pyrisuga* Foerster）等（图 4-6：5）。

5. 粉虱科（Aleyrodidae） 体小型，体及翅被白色蜡粉；单眼 2 个；触角 7 节，丝状；前翅脉序简单，后翅仅有 1 条纵脉；跗节 2 节；腹末背面有皿状孔。过渐变态。卵有短柄，附在植物上。若虫 4 个龄期，第 1 龄触角 4 节，足发达，可以自由活动，蜕皮后足和触角退化；第 4 龄结束时即成有外生翅芽的蛹，所蜕之皮蛹壳是分类的重要特征。成虫、若虫刺吸植物汁液，有些种类传播植物病毒病，为木本植物、保护地栽培植物的重要害虫。全世界已知 500 种左右，我国记载约 170 种，常见的如温室白粉虱（*Trialeurodes vaporariorum* Westwood）、烟粉虱（*Bemisia tabaci* Gennadius）和黑刺粉虱（*Aleurocanthus spiniferus* Quaint），为露地和保护地园艺植物主要害虫之一（图 4-6：6）。

6. 蚜总科（Aphidoidea） 小型多态昆虫，同种有无翅型和有翅型，体柔软；触角 3～6 节，其上具感觉器；前翅有径分脉，中脉分叉；腹部常有 1 对腹管，末节背板和腹板分别形成尾片和尾板（图 4-7）。

全世界已知 4 000 多种。1 年发生多代，多以卵越冬。繁殖方式有两性生殖和孤雌生殖，卵生或卵胎生。生活周期复杂，全年孤雌生殖和两性生殖交替进行或孤雌生殖不发生性蚜。全为植食性，有寄主专化性；刺吸植物汁液引起发育不良，排泄蜜露招致霉菌滋生，并能传播植物病毒病，是最重要的农业害虫类群之一。少数种类如角倍蚜的虫瘿五倍子，为重要的工业和药用原料。

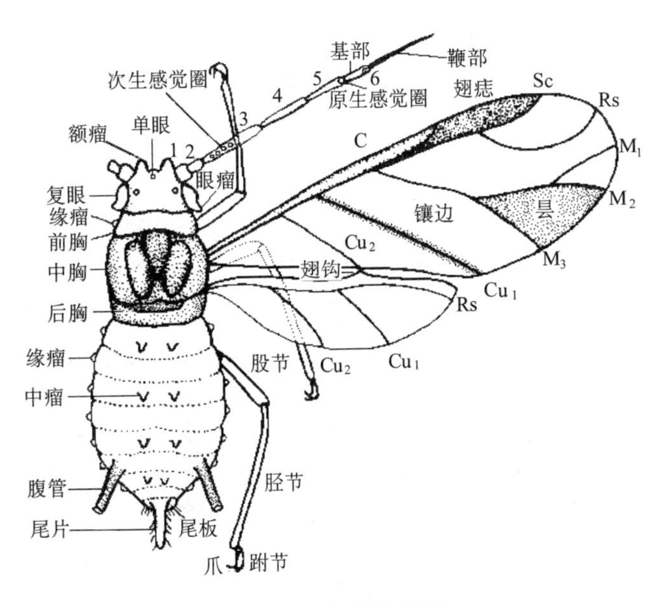

图 4-7　蚜总科特征
（仿张广学、钟铁森）

常见园艺植物蚜虫分科检索表

1. 触角 3 节；前翅有 3 条斜脉而后翅无；无腹管 ………………………………… 根瘤蚜科（Phylloxeridae）
   触角 4～6 节；前、后翅均有斜脉；具腹管或不发达，有时缺失 ……………………………………… 2
2. 触角多为 6 节，少数 4～5 节；腹管细长；尾片形状多样，但不为瘤状 ……………… 蚜科（Aphididae）
   触角多为 6 节；腹管甚短或缺失；尾片多为半月形或瘤状 ……………………………………………… 3
3. 触角末节端部长；腹管短截状、杯状或环状 ……………………………………… 斑蚜科（Callaphididae）
   触角末节端部甚短；腹管孔状、短圆锥状或缺失 ……………………………………………………… 4
4. 前翅中脉至多分叉 1 次，后翅有斜脉 1～2 支；腹管小孔状、短圆锥状或缺失 ……………………
   …………………………………………………………………………………… 瘿绵蚜科（Pemphigidae）
   前翅中脉分叉 1～2 次，后翅有斜脉 2 支；腹管孔状，极短，位于隆起多毛的圆锥体上，或无腹管 ……
   …………………………………………………………………………………… 大蚜科（Lachnidae）

7. 蚧总科（Coccoidea）　一般称为介壳虫，形态奇特，雌雄异型。雌虫无翅，口器发达，触角、复眼和足通常消失，体段常愈合，跗节 1～2 节，具 1 爪，体上常被蜡粉、蜡块或有特殊的介壳保护。雄虫具 1 对前翅，翅脉 2 分支，无翅痣，后翅退化为平衡棒，触角念珠状，口器退化，跗节 1 节。

全世界已知 5 000 多种，我国有 500 多种。一年 1 代或多代，通常以若虫越冬。孤雌生殖或两性生殖，卵生或卵胎生。卵圆球形或卵圆形，产在雌虫体腹面、介壳下或体后的蜡质袋内。第 1 龄若虫有触角和足，能够爬行，还能靠风等携带传播。一般自 2 龄若虫起失去触角和足，固定在植物上为害。多寄生于木本植物或多年生草本植物，是重要的园艺植物害虫。除了直接吸取植物汁液、分泌蜜露造成霉菌滋生污染外，有的种类还能传播植物病毒病。有些种类取食杂草，可用于杂草的防治，有的种类分泌蜡、胶和色素等，成为重要的工业资源和药用资源昆虫（图 4-8）。

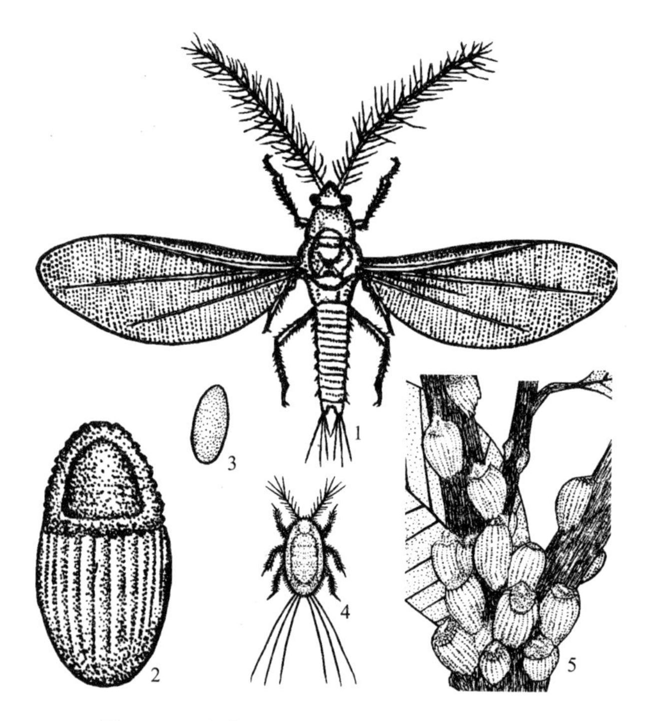

图 4-8 吹绵蚧（*Icerya purchasi* Maskell）
1. 雄成虫 2. 雌成虫 3. 卵 4. 若虫 5. 为害状
（仿赵庆贺等）

常见园艺植物蚧类分科检索表

1. 雄虫有复眼，第 9 腹节背板具 2 个生殖突，第 8 腹节两侧有时向后突出；雌虫触角 11 节，胸腹部分节明显 ………………………………………… 绵蚧科（Margarodidae）
   雄虫无复眼，第 9 腹节和第 8 腹节不如上述；雌虫触角 5～9 节或退化，体明显分节或不明显 ……… 2
2. 雄虫腹末无蜡质丝，交配器长；雌虫触角和足极退化或消失，无肛板、肛环和肛刺毛，体被有分泌物或分泌物与蜕皮形成的盾状介壳 ………………………………………… 盾蚧科（Diaspididae）
   雄虫腹末有 2 根蜡质丝，交配器短；雌虫具足和 5～9 节触角，有肛板、肛环和肛刺毛，体被蜡质、虫胶分泌物或裸露 ………………………………………… 3
3. 雌虫通常卵圆形，少数长形或圆形；体壁常柔软；体分节明显；触角 5～9 节，足发达；腹部末端完整，没有深裂 ………………………………………… 粉蚧科（Pseudococcidae）
   雌虫长卵形、圆形，扁平或隆起呈球形和半球形；体壁有弹性或坚硬，光滑，裸露或被有蜡质或虫胶分泌物；体分节不明显；触角 6～8 节，足短小；腹部末端深裂成臀裂 ……………… 蚧科（Coccidae）

四、缨翅目（Thysanoptera）

缨翅目昆虫统称蓟马。体微小至小型，细长，一般为 0.5～7.0mm；触角 6～9 节，口器圆锥形，锉吸式；有 2 对翅或无翅，翅膜质、狭长，翅脉极少或无，翅缘常具长缨毛，故称缨翅目；足的末端有可伸缩的端泡；无尾须。两性生殖和孤雌生殖，过渐变态（图 4-9）。

全世界已知约 6 000 种，我国已记录 340 多种。大多数为植食性，生活于植物的花、叶、枝、芽上，其中不少种类为害农作物、花卉及林果；也有大量的菌食性或腐食性种类；

少数为捕食性，捕食蚜虫、粉虱、介壳虫、螨类等。

主要科的特征：

1. 蓟马科（Thripidae） 体较扁平；触角 6～8 节，第 3、4 节有锥状感觉器；有翅或无翅，有翅则翅狭长、末端尖削，翅面有微毛，前翅常具纵脉 2 条，缺横脉；雌虫腹部末端锥状，产卵器腹向弯曲。大多数为植食性，一些种类是农林、园艺植物的重要害虫，如葱蓟马（*Thrips tabaci* Lindeman）、温室蓟马［*Heliothrips haemorrhoidalis*（Bouche)］等。

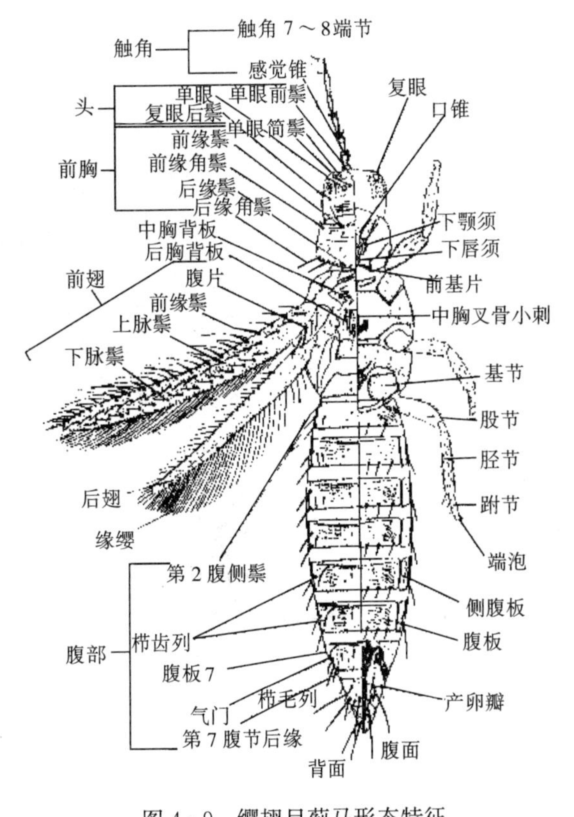

图 4－9 缨翅目蓟马形态特征
（仿 Palmer）

2. 纹蓟马科（Aeolothripidae） 体粗壮；触角 9 节，第 3、4 节有线形感觉器；翅宽阔，末端钝圆，翅面具微毛，前翅有 2 条纵脉到达翅端并具横脉，前翅面常有暗灰色斑纹；雌虫产卵器锯状，背向弯曲。全世界已知 220 余种，大多数为捕食性，能捕食蓟马等小型昆虫及螨类，如横纹蓟马［*Aeolothrips fasciatus*（L.）］广泛分布于长江以北各地。

3. 管蓟马科（Phloeothripidae） 体多为暗褐色或黑色；触角 4～8 节，具锥状感觉器；有翅或无翅，有翅者翅脉消失一段中脉，翅面光滑无毛；腹部末端管状，雌虫无外露的产卵器。多数种类取食真菌孢子，有些种类捕食性，少数取食植物。常见种类如榕管蓟马（*Gynaikothrips uzeli* Zimm.）分布于长江以南各地，榕树常受其害。

五、脉翅目（Neuroptera）

脉翅目昆虫成虫小至大型；头为下口式，咀嚼式口器，复眼发达；触角细长多节，形状多样；前胸通常短小；2 对膜质翅大小、形状和脉序均相似，许多纵脉和横脉形成网状，翅脉在翅缘多二分叉，后翅臀区小，有或无翅痣；无尾须。全变态（图 4－10）。

全世界已知 4 500 多种，我国记载有 640 余种，包括草蛉、蚁蛉、螳蛉等。成虫、若虫均为肉食性，捕食蚜虫、蚂蚁、叶螨、介壳虫等，是重要的天敌昆虫类群。

主要科的特征：

1. 草蛉科（Chrysopidae） 体中至大型，多数种类草绿色；复眼半球形，金黄色有光泽；触角细长丝状，无单眼；前、后翅大小、形状、脉序相似或后翅略小，翅透明，前缘区多横脉，Rs 脉不分叉，翅脉在翅缘多二分叉。幼虫称为蚜狮，纺锤形，胸、腹部两侧生有毛瘤，口器前口式，上、下颚合成长而尖的吸管，主要捕食蚜虫，体背常附有杂物。老熟后能自肛门吐丝作茧化蛹，茧多附着在叶片背面。卵椭圆形，通常单粒或聚

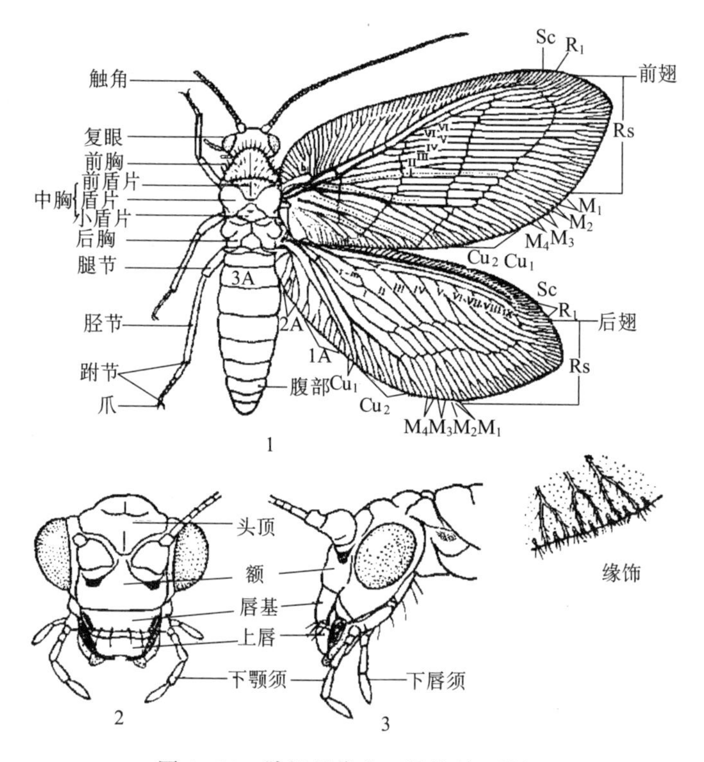

图 4-10 脉翅目代表（褐蛉科）特征

1. 褐蛉整体 2. 头部正面观 3. 头部侧面观

（仿杨集昆）

集成束产于植物叶片上，有丝质长柄。草蛉科是脉翅目中最大的科，全世界已知 1 800 多种，我国至少记载 240 种。我国常见的有大草蛉［*Chrysopa pallens*（Ramber）］、丽草蛉（*C. formosa* Braoer）、中华通草蛉［*Chrysoperla sinica*（Tjeder）］等，可用于生物防治（图 4-11：1）。

2. 粉蛉科（Coniopterygidae） 小型种类，体和翅覆有灰白色蜡粉；触角长念珠状；翅脉简单，前缘区无横脉，翅脉在翅缘不分叉，无翅痣。肉食性，捕食螨、蚜虫等。全世界已知 450 余种，我国已记载 70 多种，常见的如中华啮粉蛉（*Conwentzia sinica* Yang）（图 4-11：2）。

3. 褐蛉科（Hemerobiidae） 体小至中型，黄褐色，翅多具褐斑；触角长，念珠状；无单眼；前翅前缘区横脉多分叉，Rs 一般有 3～4 条分支，脉上有毛。卵为长卵形，单粒或堆产在枝叶上。幼虫体较狭长而少毛，体背不附有杂物。常见于林区，捕食蚜虫、粉虱、木虱、介壳虫等。全世界已知 600 种，我国已记载 120 种，我国常见的种类有点线脉褐蛉（*Micromus multi* Matsumura）等（图 4-10）。

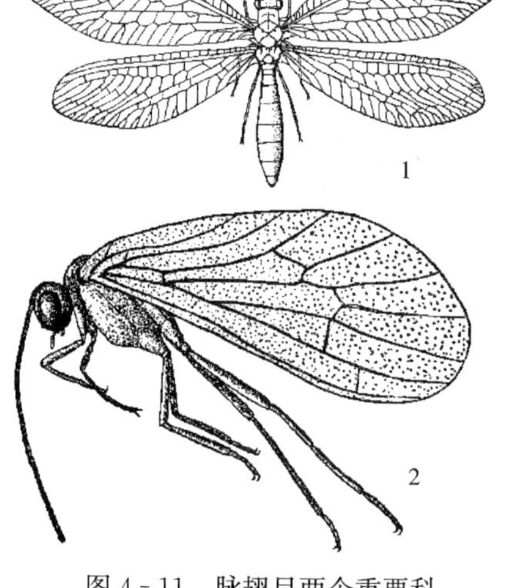

图 4-11 脉翅目两个重要科

1. 草蛉科 2. 粉蛉科

（仿周尧）

六、鞘翅目（Coleoptera）

鞘翅目统称甲虫。体微小至大型，体壁坚硬；咀嚼式口器，无单眼；触角 11 节，形状多样；前翅角质为鞘翅，后翅膜质或缺，亦有无翅或短翅者；腹末无尾须。全变态或复变态（图 4-12）。

鞘翅目为动物界最大的目，已知约 35 万种，占昆虫纲 40%以上，我国记载有 7 000 多种。食性复杂，大多数植食性，一部分捕食性，少数腐食性、粪食性、寄生性。多数种类有假死性和趋光性。幼虫一般有胸足 3 对，口器咀嚼式。许多鞘翅目昆虫是农林、果树、仓储重要害虫。捕食性种类如瓢虫、虎甲和步甲等，可用于害虫的生物防治。

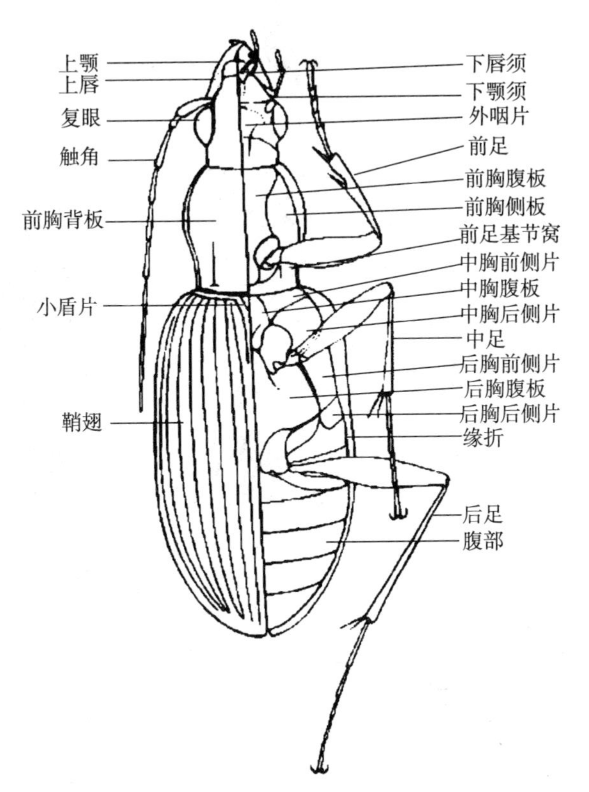

图 4-12　鞘翅目代表（步甲科）特征

主要科的特征：

1. 步甲科（Carabidae）　体小至大型，多为黑色或褐色，少数色泽艳丽；头前口式，窄于前胸；唇基窄于触角基部；鞘翅一般隆凸，表面多具刻点；后翅一般发达，土栖种类后翅退化，左右鞘翅愈合；足多细长，适于行走。步甲科是鞘翅目中仅次于象甲科和叶甲科的大科，全世界已知 26 000 余种，我国记录 1 750 多种。成虫、幼虫均为肉食性，捕食各种昆虫，部分种类兼为植食性。常见捕食种有金星步甲（*Calosoma chinense* Kirby），而谷婪步甲［*Harpalus calceatus*（Duftschmid）］兼植食性（图 4-12、图 4-13：1）。

2. 虎甲科（Cicindelidae）　体中型，常具金属光泽和斑纹；头下口式，比前胸宽；复眼突出；唇基宽于触角基部；下颚长，有 1 个能动的齿；上颚发达，弯曲而有齿；鞘翅上无沟或刻点行，后翅发达，能飞行；足细长，胫节有距，适于行走。成虫、幼虫多数土栖，个别属树栖。捕食性，少数种类幼虫为害棉花。成虫行动敏捷，常在路上捕食小虫，当人走近时，常向前做短距离飞翔，俗称引路虫或拦路虎。全世界已知约 2 000 种，我国记载有 120 余种。常见种类有中国虎甲（*Cicindela chinensis* De Geer）和杂色虎甲（*C. hybrida* L.）等（图 4-13：2）。

3. 金龟总科（Scarabaeoidea）　体粗壮，卵圆形或长形；触角 8～11 节，端部 3～8 节向前侧延伸呈栉状或鳃片状；前足胫节膨大变扁，外侧具齿，适于掘土；跗节 5 节；腹部可见腹板 5～6 节。幼虫寡足型，体常弯曲呈 C 字形，称为蛴螬（图 4-13：3）。

全世界已知 19 000 多种，我国记载 1 300 余种。金龟总科习性差异大，许多种类为粪食性、腐食性，植食性种类也很多，如华北大黑鳃金龟［*Holotrichia oblita*（Faldermann）］、

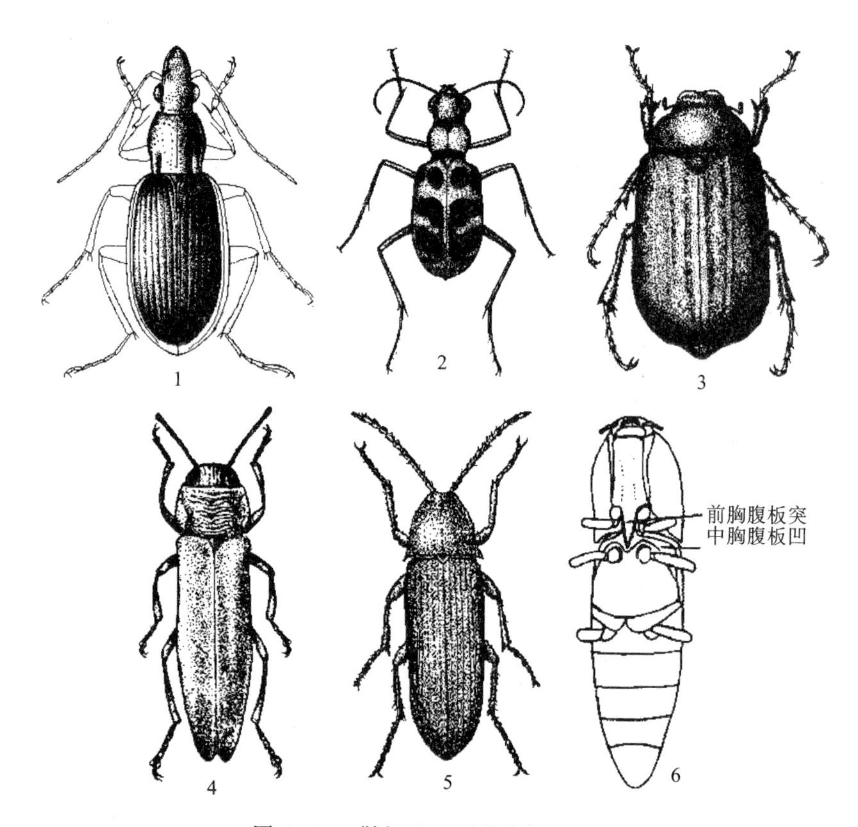

图 4-13 鞘翅目重要科代表（一）

1. 步甲科（黄缘步甲） 2. 虎甲科（中国虎甲） 3. 金龟科（棕色鳃金龟）
4. 吉丁甲科（苹小吉丁甲） 5、6. 叩头甲科（沟金针虫雌虫）
（4 仿北京农业大学，5 仿浙江农业大学，余仿周尧）

暗黑鳃金龟（*Holotrichia parallela* Motschulsky）、棕色鳃金龟（*Holotrichia titanis* Reitter）、毛黄鳃金龟［*Holotrichia trichophora*（Fairmaire）］、铜绿丽金龟（*Anomala corpulenta* Motschulsky）、苹毛丽金龟（*Proagopertha lucidula* Faldermann）、黑绒金龟（*Maladera orientalis* Motschulsky）等，是农林、园艺植物的重要害虫。

园艺植物常见金龟甲分科检索表

1. 跗节末端 2 爪长度不等，较短小爪的末端不分叉；体常有金属光泽 ……………… 丽金龟科（Rutelidae）
   跗节末端具 2 爪，至少后足的爪长度相等；体艳丽或色暗单调 ……………………………………………… 2
2. 色彩艳丽的日出性类群；鞘翅侧缘近基部处微凹 ………………………………… 花金龟科（Cetoniidae）
   体色晦暗、单调的夜出性类群；鞘翅常具 4 条纵肋 ………………………… 鳃金龟科（Melolonthidae）

4. 吉丁甲科（Buprestidae） 体较长，小至中型，常具金属光泽；头下口式，嵌入前胸；触角多为锯齿状；前胸腹板有一扁平突起嵌入中胸腹板，前胸与体后相接紧密，不可活动，后胸腹板上有一条明显的横缝，腹部可见腹板第 1、2 节彼此愈合。幼虫体扁，无足，头小，前胸膨大略呈 T 字形。成虫、幼虫均为植食性，幼虫钻蛀枝干或根部，生活于树木的形成层中，是林木、果树的重要害虫。全世界已知 13 000 种，我国记录 450 余种。常见的如柑橘吉丁虫（*Agrilus auriventris* Saunders）等（图 4-13：4）。

5. 叩头甲科（Elateridae） 体小至中型，体狭长，两侧平行，体色暗；触角多为锯齿状或丝状；前胸背板后侧角刺状；前胸腹板突刺状向后插入中胸腹板的凹窝内，当虫体被压时头和前胸做叩头状活动，故称为叩头虫；后胸腹板上无横沟；腹部可见腹板第 1、2 节间缝清晰。幼虫体细长，光滑而坚韧，黄褐色，俗称金针虫，生活在土壤中，取食植物的根、块茎、幼苗及播下的种子，对农林、园艺植物和中药材等为害大。全世界已知 10 000 多种，我国记载近 600 种。常见害虫有沟金针虫［*Pleonomus canaliculatus*（Faldermann)］、细胸金针虫（*Agriotes fusicollis* Miwa）（图 4 - 13：5、6）。

6. 瓢甲科（Coccinellidae）　体呈半球形或卵圆形，常有鲜明的星斑；头小，后部被前胸背板覆盖；触角短棒状或锤状；跗节隐 4 节，第 3 节小，藏于双叶状的第 2 节内。幼虫多为纺锤形，头小，体侧或背面多具枝刺或瘤突。大多数肉食性，捕食蚜虫、介壳虫、螨类、粉虱等，肉食性成虫上颚基部有齿；少数植食性，多为害茄科植物，植食性成虫上颚基部无齿，末端及内侧有多个小齿；少数菌食性，其成虫上颚末端分成 5～8 个小齿，鞘翅缘折发达。成虫与幼虫食性一致。全世界已知约 5 000 种，我国记录 650 多种。常见的益虫有七星瓢虫（*Coccinella septempunctata* L.）、龟纹瓢虫［*Propylaea japonica*（Thunberg)］、异色瓢虫［*Harmonia axyridis*（Pallas)］等。重要害虫有马铃薯瓢虫［*Henosepilachna vigintiomaculata*（Motsch.)］等（图 4 - 14：1～7）。

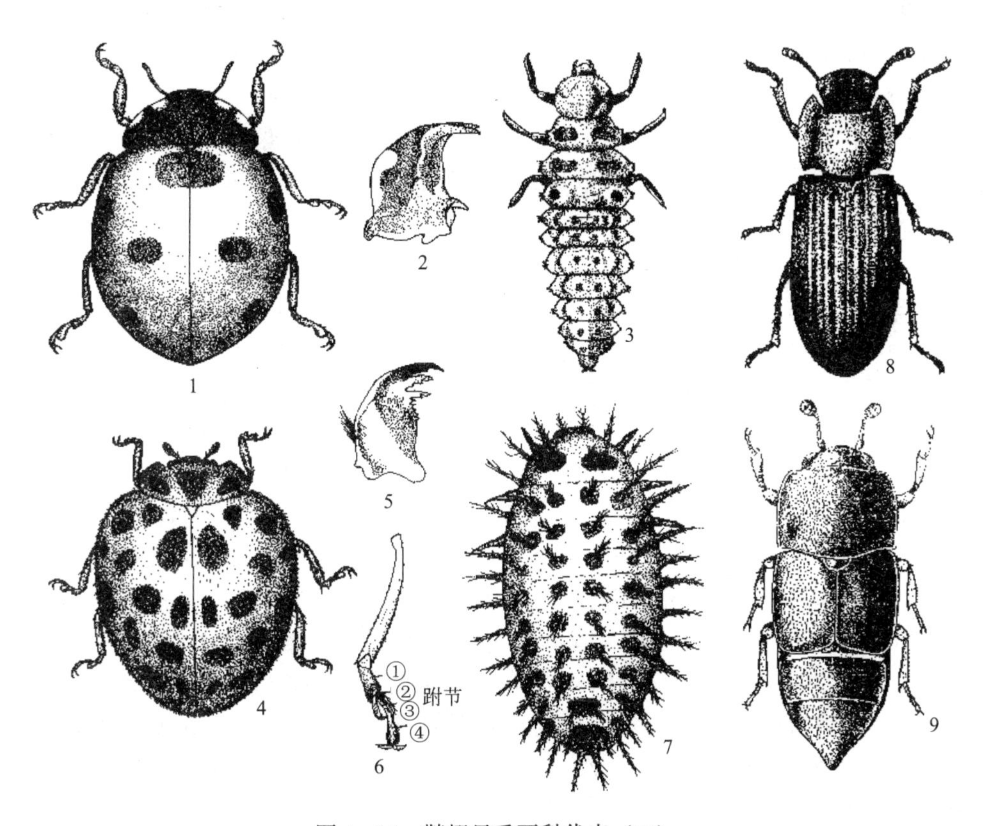

图 4 - 14　鞘翅目重要科代表（二）

1～7. 瓢甲科　1～3. 瓢虫亚科：七星瓢虫成虫、上颚和幼虫　4～7. 食植瓢虫亚科：马铃薯瓢虫成虫、上颚、足和幼虫　8. 拟步甲科（蒙古拟地甲）　9. 露尾甲科（隆胸露尾甲）

（1～7 仿周尧，8、9 仿赵养昌）

7. 拟步甲科（Tenebrionidae）　体小至大型，体多扁平坚硬，通常黑色，形似步甲；头前口式，前唇基明显；触角丝状、棒状或念珠状；鞘翅有发达的假缘折，常在中部以后愈合，后翅退化；前足基节窝闭式，跗节 5-5-4 式。幼虫细长，形似金针虫。一般植食性，也有捕食性者和栖居蚂蚁巢中者。在荒漠、沙丘、干燥地区常成群出现为害作物。全世界已知 25 000 多种，我国有 2 000 种左右。常见的农作物和仓储害虫有网目拟地甲（*Opatrum subartum* Faldermann）、蒙古拟地甲（*Gonocephalum reticulatum* Motschulsky）、赤拟谷盗（*Tribolium castaneum* Herbst）和黄粉虫（*Tenebrio molitor* L.）等（图 4-14：8）。

8. 大蕈甲科（Erotylidae） 体小至大型，体长形；头部显著，复眼发达；触角端部 3 节膨大成棒状，额与唇基合并；前胸背板长与宽近相等；鞘翅达腹末，表面多具刻点纵行；前胸腹板突把前足基节分开，基节相距较远；腹板可见 5 节。成虫、幼虫均为菌食性，常见于食用菌体、土壤及植物组织中。全世界已知约 3 000 种，我国记录 170 余种，常见的有小凹黄蕈甲（*Dacne picta* Crotch）、凹黄蕈甲（*D. japonica* Crotch）、斑胸大蕈甲（*Encauste cruenta* Macleay）、戈氏大蕈甲（*Episcopha gorhomi* Lewis）等。

9. 露尾甲科（Nitidulidae） 体小型，宽扁，黑色或褐色；头显露，上颚宽，强烈弯曲；触角短，柄节及端部 3 节膨大；前胸背板宽大于长；鞘翅宽大，表面具纤毛和刻点行，臀板或末端 2～3 节背板外露；胫节端部膨大，前胫节外侧具锯齿状突起；腹板可见 5 节。成虫、幼虫均食腐败植物组织、花粉、花蜜等，常见于腐烂物、松散的树皮及潮湿处，近年报道也有为害蔬菜的种类。全世界已知 3 000 多种，我国记录不超过百种，如脊胸露尾甲［*Corpophilus dimidiatus*（Fabricius）］、黄斑露尾甲［*C. hemipterus*（Linnaeus）］、隆胸露尾甲（*C. obsolelus* Er.）等（图 4-14：9）。

10. 芫菁科（Meloidae） 体中型，体壁柔软被微毛；头下口式，宽于前胸，后头急缢如颈；触角丝状或锯齿状，雄虫中间数节膨大；跗节 5-5-4 式，爪裂分为 2 叉；可见腹板 6 节。复变态。幼虫捕食蝗卵或寄生于蜂巢内，取食蜂卵、蜂蜜、花粉等。成虫植食性，主要为害豆科、藜科等植物。成虫体内含有斑蝥素，可以入药。全世界已知 2 300 多种，我国记载 130 种左右，常见的如中国豆芫菁（*Epicauta chinensis* Laporte）、锯角豆芫菁（*E. gorhami* Marseul）等（图 4-15：1）。

11. 天牛科（Cerambycidae） 体小至大型，体长形；前口式或下口式；触角生于额突上，长线状，至少为体长的 2/3；复眼肾形，内缘凹陷，环绕触角基部外侧或被分为两部；跗节为隐 5 节。均为植食性，大多数幼虫钻蛀木质部，成虫常取食植物的柔嫩部分和花等或菌类，是林木、园艺植物的重要害虫。全世界已知 25 000 多种，我国记载 2 200 多种。常见的害虫如桑天牛［*Apriona germari*（Hope）］、桃红颈天牛（*Aromia bungii* Faldermann）、星天牛［*Anoplophora chinensis*（Forster）］等（图 4-15：2）。

12. 叶甲科（Chrysomelidae） 体小至中型，椭圆形；头部外露，略呈前口式；触角丝状，11 节；上唇、唇基通常明显；鞘翅盖住腹末或缩短；跗节为隐 5 节。幼虫一般为寡足型，成虫、幼虫均为植食性，许多为重要的农林害虫。全世界已知 26 000 种，我国记载 1 500多种，常见的害虫如黄守瓜［*Aulacophora femoralis*（Motschulsky）］、黄曲条跳甲［*Phyllotreta striolata*（Fabricius）］等（图 4-15：3）。

13. 豆象科（Bruchidae） 体小型，卵圆形，多为褐色或黑色，体表具刻点，并有短毛形成的斑纹；头下口式，向前延伸形成短的阔喙；复眼下缘具深的 V 字形缺刻；前胸背板近似三角形；鞘翅短，臀板外露。全变态。植食性，多为单食性，少数寡食性。成虫在田间或仓库内繁殖，卵产于豆荚、种子或蛀孔内，幼虫多生活在豆科种子内，是豆科植物的重要害虫。全世界已知约 1 000 种，我国记录 44 种，常见害虫如蚕豆象（*Bruchus rufimanus*

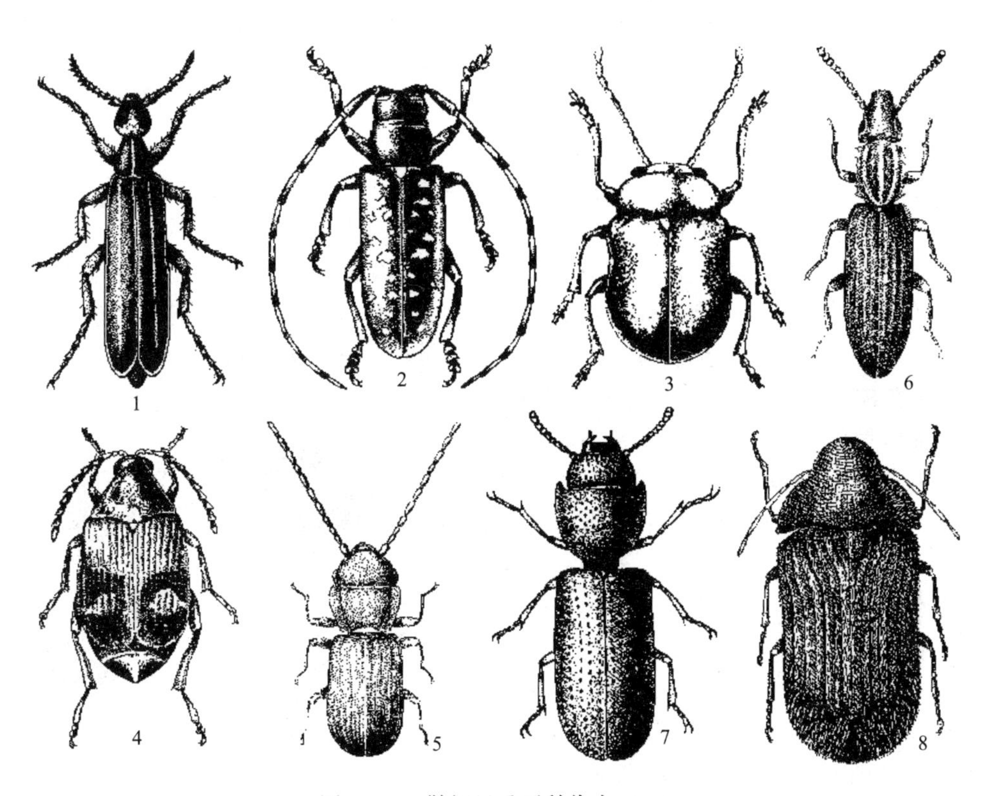

图 4-15　鞘翅目重要科代表（三）
1. 芫菁科（豆芫菁）　2. 天牛科（光肩星天牛）　3. 叶甲科（甘薯叶甲）　4. 豆象科（四纹豆象）
5. 扁甲科（长角扁谷盗）　6. 锯谷盗科（锯谷盗）　7. 谷盗科（大谷盗）　8. 窃蠹科（药材甲）
（1 仿河北农业大学，2 仿张培义，3 仿福建农学院，4 仿 Southgate & Howe，
6 仿 Cotton，7 仿张景欧，余仿赵养昌）

Boheman)、豌豆象［*B. pissorum*（Linnaeus)］等（图 4-15：4）。

14. 扁甲科（Cucujidae）　体小，长形，极扁，多为黑色、红色或褐色；头大，三角形；前胸背板两侧较圆，常具锯齿状突起；鞘翅盖及腹端；可见腹板 5 节。一般生活于树皮下或仓库中，少数有捕食习性。全世界已知 700 余种，我国仅记载 10 多种，常见有锈赤扁谷盗［*Cryptolestes ferrugineus*（Stephens)］、长角扁谷盗［*C. pusillus*（Schinherr)］等，是重要仓储害虫（图 4-15：5）。

15. 锯谷盗科（Silvanidae）　体小型，体长而扁；触角棒状；前胸背板长形，基部窄于鞘翅，侧缘有边或锯齿状；跗节隐 5 节；可见腹板 5 节。全世界已知 400 余种，我国记录 10 多种，常见害虫锯谷盗［*Oryzaephilus surinamensis*（Linnaeus)］和米扁虫（*Ahasverus advena* Waltl）是世界性仓储害虫（图 4-15：6）。

16. 谷盗科（Trogossitidae）　体小至中型，卵圆或长椭圆形，宽扁；头前口式，部分缩入前胸；前胸背板侧缘有边或锯齿；鞘翅盖及腹末，表面多粗糙或具纵脊或纵沟纹；跗节 5-5-5 式，腹板可见 5 节。幼虫生活在朽木、树皮下等处，捕食木栖昆虫或取食菌类、谷物等。全世界已知 650 多种，我国记录 10 余种，大谷盗（*Tenebroides mauritanicus* L.）是常见的仓储害虫（图 4-15：7）。

17. 窃蠹科（Anobiidae）　体小型，卵圆形，表面具半竖立毛；头被前胸背板覆盖；触角端部 3 节明显膨大；后足基节横宽具沟槽，可纳入腿节；跗节 5-5-5 式；腹板可见 5

节。幼虫蛴螬型，触角2节，腹部各节背面具横的小刺列。仓储害虫，主要为害食品、烟草、药材、水产干品等。全世界已知1 300余种，我国记录50多种，常见的仓储害虫有烟草甲（*Lasioderma serricorne* Fabricius）、药材甲［*Stegobium paniceum*（Linnaeus）］等（图4-15：8）。

18. 皮蠹科（Dermestidae） 体小至中型，卵圆形、半球形或长圆形，密被绒毛和鳞片；头部小，略呈下口式；额部常有单眼1个；触角短棒状或锤状，5～11节；鞘翅通常盖住腹部，后翅发达，能飞；足短，跗节5节。多为仓储害虫，成虫和幼虫主要为害动植物制品，如皮革、毛纺制品、干肉、标本、奶酪、粮食、花生等。全世界已记载1 000多种，我国已知近100种，如常见的黑皮蠹［*Attagenus piceus*（Olivier）］等（图4-16：2）。

19. 长蠹科（Bostrichidae） 小至中型，圆筒形，体表强烈骨化，黑或黑褐色；头下口式，隐于前胸下；触角短，端部3节膨大成棒状；前胸背板端部隆突呈帽状，光滑或有颗粒状突起；鞘翅平滑或具刻点，端部倾斜，常具刺突。幼虫蛴螬型，头小，胸部大，取食枯木等，为家具、建筑竹木及仓储害虫，有些种类为害活的树枝，甚至侵害电线等。全世界已知约450种，我国记载30种，常见的如谷蠹［*Rhizopertha dominica*（Fabricius）］为害储粮，日本竹长蠹（*Dinoderus japonicus* Lesne）为害竹房及竹制家具十分严重（图4-16：1）。

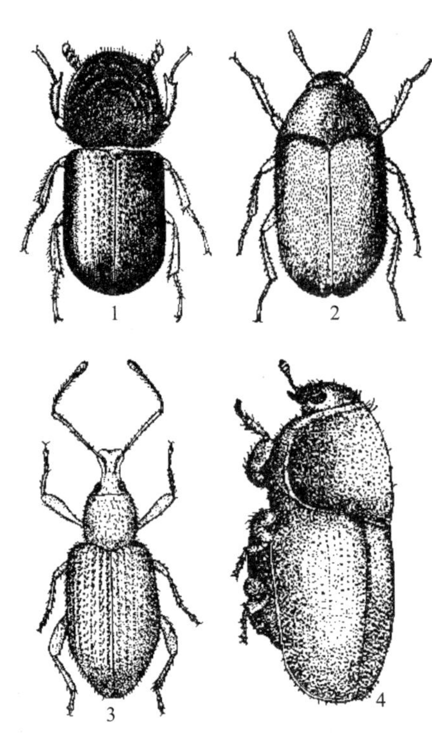

图4-16 鞘翅目重要科代表（四）
1. 长蠹科（日本竹长蠹） 2. 皮蠹科（黑皮蠹）
3. 象甲科（棉尖象甲） 4. 小蠹科（桃小蠹）
（1仿谭瑞成，2仿邓望喜，3、4仿周尧）

20. 象甲科（Curculionidae） 通称象鼻虫。小至大型，多被鳞片；额和颊向前延伸形成明显的喙，口器生于其顶端；触角膝状，末端3节膨大呈棒状；鞘翅长，多盖及腹端，端部倾斜。幼虫身体柔软，肥胖而弯曲，无足。成虫、幼虫均为植食性。象甲科为动物界最大的科，已知约5万种，我国已记载1 200多种，常见的害虫有山茶象（*Curoulio chinensis* Chevrolat）、栗象（*C. davidi* Fairmaire）等（图4-16：3）。

21. 小蠹科（Scolytidae） 体小型，长椭圆形，褐色至黑色，有毛鳞；头半露于体外，窄于前胸；无喙，上唇退化，上颚发达；触角膝状，末端3～4节呈锤状；鞘翅多宽短，两侧近平行，翅面具刻点行，端部长倾斜，其周缘多具齿或瘤突；足粗短，胫节发达。蛀干为害，多侵害衰弱树木，有植食和菌食习性。全世界已知6 000余种，我国记录约500种，许多种类是林木的重要害虫，如桃小蠹（*Scolytus seulenis* Muray）、杏小蠹［*S. rugulosus*（Ratz.）］、苹果小蠹［*S. mali*（Bechst）］、云杉小蠹（*S. sinopiceus* Tsai）等（图4-16：4）。

七、鳞翅目（Lepidoptera）

鳞翅目包括蛾和蝴蝶。口器虹吸式，由下颚的外颚叶特化形成，上颚退化或消失；前后翅均为鳞翅，通常组成一定形状的条纹和斑纹，翅脉简单，横脉极少；身体和附肢上亦被鳞片（图 4-17）。

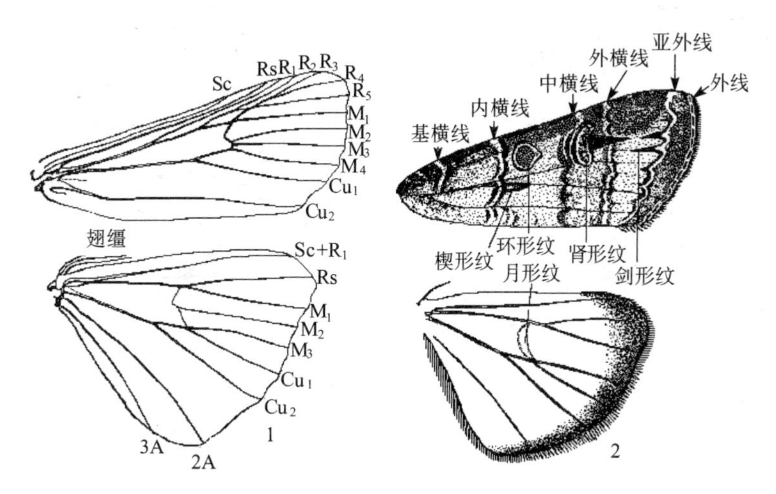

图 4-17　鳞翅目（小地老虎）前后翅脉序和斑纹
1. 脉序　2. 斑纹
（仿周尧）

全变态。幼虫蠋型；侧气门，咀嚼式口器；腹足一般 5 对，着生在第 3 至第 6 和第 10 腹节上；腹足端部具趾钩。少数种类腹足退化。蛹多为被蛹，极少数为离蛹。

蝶类成虫多白天活动，而蛾类多夜间活动。成虫一般不为害植物，仅取食一些花蜜；只有极少数吸果蛾类，其口器坚硬，能刺入苹果、柑橘等果实取食果实的汁液，造成一定的危害。幼虫大多为植食性，有的食害植物的叶、芽，有的钻蛀茎、根、果实，有的在叶的上下表皮间潜食叶肉，有的为害储藏的粮食。极少幼虫捕食其他昆虫。

鳞翅目昆虫全世界已知 16 万余种。目前多把鳞翅目分为 4 个亚目和 6 个次亚目，即轭翅亚目、无喙亚目、异蛾亚目和有喙亚目，有喙亚目又分为毛顶次亚目、新顶次亚目、冠顶次亚目、外孔次亚目、异脉次亚目和双孔次亚目。与园艺植物相关的主要科有：

1. 潜蛾科（Lyonetiidae）　体微小至小型；头部有粗鳞毛；触角长达前翅的 2/3 或约等长，柄节阔，形成眼罩，静止时盖在复眼上半部；缺单眼；下唇须正常或短，向前伸或下垂；后足胫节背面有长毛或短毛；前翅披针形，尖端常延长，向上或向下弯曲，中室细长，约达翅长的 3/4，脉序不完全，顶端常有几条脉共柄；后翅线状，有长缘毛，无中室，$Sc+R_1$ 很短，Rs 直达翅顶角。幼虫体扁，胸足 3 对，腹足完整（而细蛾科幼虫腹部第 6 节无腹足）或退化，如有腹足，趾钩单序。幼虫潜入叶片组织内为害，如旋纹潜叶蛾（*Leucoptera scitella* Zeller）、桃潜蛾（*Lyonetia clerklla* Linnaeus）等（图 4-18：1）。

2. 橘潜蛾科（Phyllocnistidae）　又名叶潜蛾科。体微小而白色，外形与潜蛾科很相似，主要区别：唇须发育正常并向上弯曲；眼罩小；翅多数为带闪光的白色；前翅 Sc 脉达中室中部，R_1 脉起自中室中部以外，R_5 达翅顶角；后翅翅脉极度减少；后足胫节有 1 列粗背鬃。幼虫扁平，无足。潜叶为害。常见害虫如柑橘潜叶蛾（*Phyllocnistis citrella* Stainton）等（图 4-18：2）。

3. 细蛾科（Gracillariidae）　体小型，一般呈灰或褐色，有金黄、银白等金属光泽，形似潜蛾科和橘潜蛾科，但无眼罩；丝状触角不短于前翅；下颚须发达并前伸；下唇须向前或

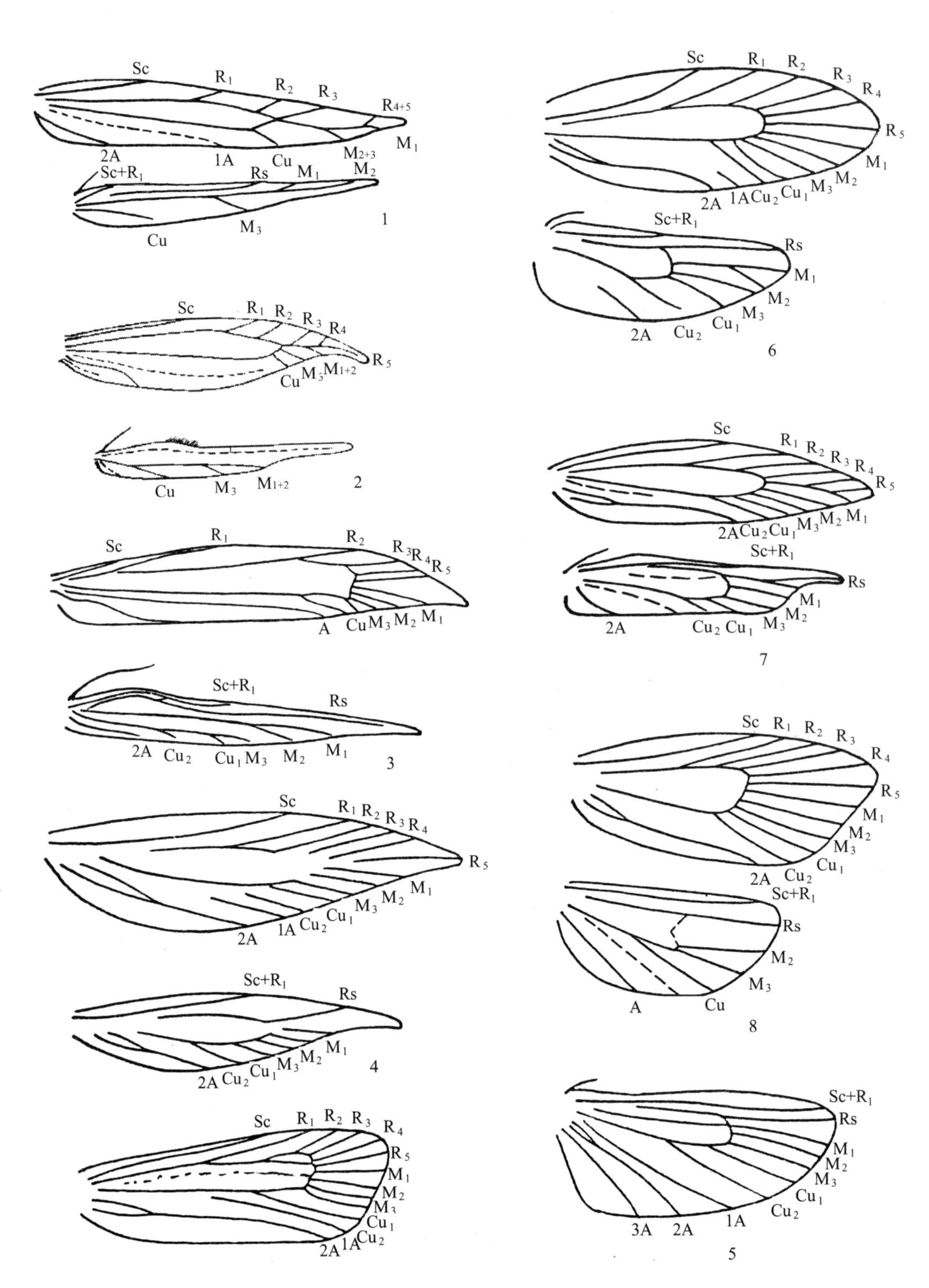

图 4-18 鳞翅目蛾类重要科前后翅脉序（一）

1. 潜蛾科 2. 橘潜蛾科 3. 细蛾科 4. 举肢蛾科 5. 巢蛾科

6. 菜蛾科 7. 麦蛾科 8. 蛀果蛾科

（1、2、3、4 仿刘友樵，余仿朱弘复）

上举；前翅色彩常鲜艳，常有白斑和指向外的V字形横带，脉序特别简化，R_5 脉止于前缘，A脉基部无分叉；休息时身体前部由前、中足支起，翅端接触物体表面，触角伸向前方，形成坐势。幼虫潜食叶片、树皮或果实。常见的害虫有金纹细蛾（*Lithocolletis ringoniella* Matsumura）、柳细蛾（*L. pastorella* Zeller）和梨潜皮蛾（*Acrocercops astaurrota* Meyrick）等（图4-18：3）。

4. 举肢蛾科（Heliodinidae）　体小型；有单眼；翅狭长而尖；前翅至少有3脉从中室顶端分出，中室在M脉之下多开放；后翅极窄，披针形，缘缨长于翅宽；后足各跗节末端和胫节有轮生刺群。成虫为日出性，静止时常把后足竖立身体两侧，高出翅面。幼虫蛀入果实、潜叶或缀叶取食，多为果树、林木害虫，如核桃举肢蛾（*Atrijuglans hetaohei* Yang）、桃举肢蛾［*Stathmopoda auriferella*（Walker）］及柿蒂虫（*Kakivoria flavofasciata* Nagano）等（图4-18：4）。

5. 巢蛾科（Yponomeutidae）　体小至中型；单眼有或无；翅广或较窄，前翅常有鲜艳斑点；前翅主脉各支分离，R_5 止于外缘，副室有1个或无；后翅Rs与 M_1 分离，M_1 与 M_2 不共柄；腹部背面有微刺。幼虫一般群集在枝叶上，吐丝结网成巢，群居为害，亦有潜食叶、枝、果实为害的种类。苹果巢蛾（*Yponomeuta padella* Linnaeus）为我国北方苹果害虫（图4-18：5）。

6. 菜蛾科（Plutellidae）　体小型，暗色；触角短于前翅，静止时向前伸，柄节有栉毛；有单眼；下唇须第2节有丛毛，呈三角形；前翅狭长，后翅 M_1 与 M_2 共柄，而Rs与 M_1 分离；前后翅的缘毛有时发达并向后伸，静止时突出如鸡尾状。幼虫真蠋型，潜叶或钻蛀。小菜蛾（*Plutella xylostella* Linnaeus）为十字花科蔬菜重要害虫，遍布全世界（图4-18：6）。

7. 麦蛾科（Gelechiidae）　体小型，颜色多暗淡；下唇须长，上翻，末节长而尖；触角丝状，静止时向后伸，柄节有栉状刺毛列；前翅狭长，端部变尖，R_4 和 R_5 在基部共柄；后翅外缘略尖，并向后凹入，呈菜刀形，Rs与 M_1 共柄或在基部靠近，而 M_1 与 M_2 分离或有时消失；前后翅后缘均有长缘毛。幼虫通常缀叶或蛀入嫩枝，并在其间取食。常见害虫有甘薯麦蛾（*Brachmia macroscopa* Meyrick）、马铃薯块茎蛾（*Phthorimaea operculella* Zeller）、黑星麦蛾（*Telphusa chloroderces* Meyrick）等（图4-18：7）。

8. 木蠹蛾科（Cossidae）　体小到大型，灰或褐色，有时奶油色；头小，无毛隆；喙消失；触角多为双栉状，极少单栉或线状；前翅狭长，有副室，翅脉几乎完整，前后翅中室内有分叉的中脉，Cu_2 发达。幼虫真蠋型，钻蛀木本或草本植物的茎干、枝条、根等，多为害果树和林木，如咖啡木蠹蛾（*Zeuzera coffeae* Nietner）、芳香木蠹蛾（*Cossus cossus* Linnaeus）等。

9. 蛀果蛾科（Carposinidae）　体小型；触角柄节无栉毛；缺单眼；下唇须3节，雄蛾上举，雌蛾第3节较长、前伸；前翅较宽，正面有直立鳞片簇，R_5 到外缘；后翅中等宽，M_1 弱或消失，M_2 消失，Cu_1 有一基栉。幼虫真蠋型，蛀食果实、花芽、嫩枝等。重要种类有桃小食心虫（*Carposina niponensis* Walsingham）等（图4-18：8）。

10. 卷蛾总科（Tortricoidea）　体小至中型，多为褐色或棕色；触角线状，柄节无栉毛；有单眼；下唇须第2节被厚鳞；翅宽，但缨毛较短；前后翅均有Cu脉，后翅 $Sc+R_1$ 不与Rs接触，臀脉3条（图4-19）。

（1）卷蛾科（Tortricidae）　前翅通常略呈长方形，肩区发达，有些种类的前缘具褶

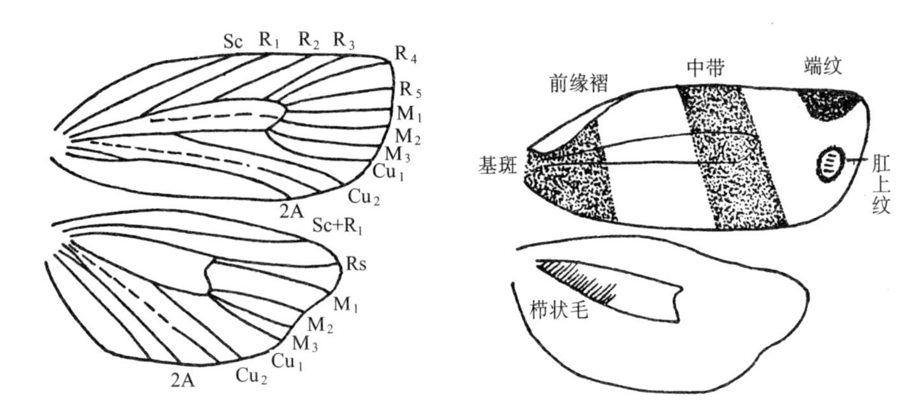

图 4-19 卷蛾总科前后翅脉序（左）和斑纹模式图（右）
（仿朱弘复）

叠，休息时呈钟罩状覆于体背；后翅 Cu 脉基部无栉状毛。幼虫常吐丝缀叶，匿于其中为害，有的啃食果皮或蛀果为害，如柑橘褐带卷蛾（*Adoxophyes cyrtosema* Meyrick）、苹小卷叶蛾（*A. orana* Fischer von Röslerstamm）、黄斑长翅卷蛾（*Acleris fimbriana* Thunberg）。

(2) 小卷蛾科（Olethreutidae） 体较小；前翅前缘常有 7～8 条淡色斜短纹，而无褶叠；后翅 Cu 脉有栉状毛。幼虫蛀茎、蛀果或卷叶为害，有许多种类是农林重要害虫，如梨小食心虫［*Grapholitha molesta* (Busck)］、顶梢卷叶蛾（*Spilonota lechriaspis* Meyrick）等。

11. 透翅蛾科（Sesiidae） 体小至中型，色彩鲜艳；有单眼；触角柄节无栉毛；翅窄长，通常有无鳞片的透明区，极似蜂类；前后翅有特殊的、类似膜翅目的连锁机制；腹末有一特殊的扇状鳞簇。成虫白天活动。幼虫真蠋型，钻蛀树木的主干、树皮、枝条、根部或草本植物的茎和根。常见种类有苹果透翅蛾（*Conopia hector* Butler）、葡萄透翅蛾（*Parathrene regalis* Butler）等。

12. 蓑蛾科（Psychidae） 体中型。雌雄异型。雄虫具翅，翅面稀被毛和鳞片，几乎无任何斑纹；触角栉齿状；喙消失；翅缰异常大。雌虫多无翅，蛆状，触角、口器和足有不同程度的退化，生活于幼虫所缀的巢内。幼虫吐丝粘连叶片及小枝营造囊巢匿于其中，并携带之取食叶片。有许多种类能造成树木落叶，果树上常见的有大窠蓑蛾（*Eumeta variegata* Snellen）等。

13. 斑蛾科（Zygaenidae） 体小至中型，色彩常鲜艳，昼出性。具单眼；喙发达；翅阔，中室内有简单或分支的 M 脉主干；前翅中室长，R_5 脉独立，Cu_2 发达；后翅 $Sc+R_1$ 与 Rs 愈合至中室末端之前或有一横脉与之相连，有些种类后翅有尾突，似蝴蝶状。幼虫体粗短，纺锤形，毛瘤上被稀疏长刚毛，腹足完全。幼虫多为害果树和林木，如梨星毛虫（*Illiberis pruni* Dyar）、葡萄斑蛾（*Illiberis tenuis* Butler）、李叶斑蛾（*Elcyma westwoodi* Vollenhoven）等。

14. 刺蛾科（Limacodidae） 体中型，黄褐或绿色。体粗壮，多为夜出性。缺单眼；口器退化或消失；翅通常短、阔、圆，中脉主干在中室内存在，并常分叉；前翅无副室，R_3 常与 R_4 共柄，M_2 近 M_3 而远离 M_1；后翅 $Sc+R_1$ 与 Rs 从基部分开，或沿中室基半部短距离愈合。幼虫短粗，蛞蝓状，长有毛瘤和枝刺，无腹足。常见种类多为害果树和林木，如黄刺蛾［*Cnidocampa flavescens*（Walker）］、扁刺蛾［*Thosea sinensis*（Walker）］、梨刺蛾（*Narosoideus flavidorsalis* Staudinger）等（图 4－20：1）。

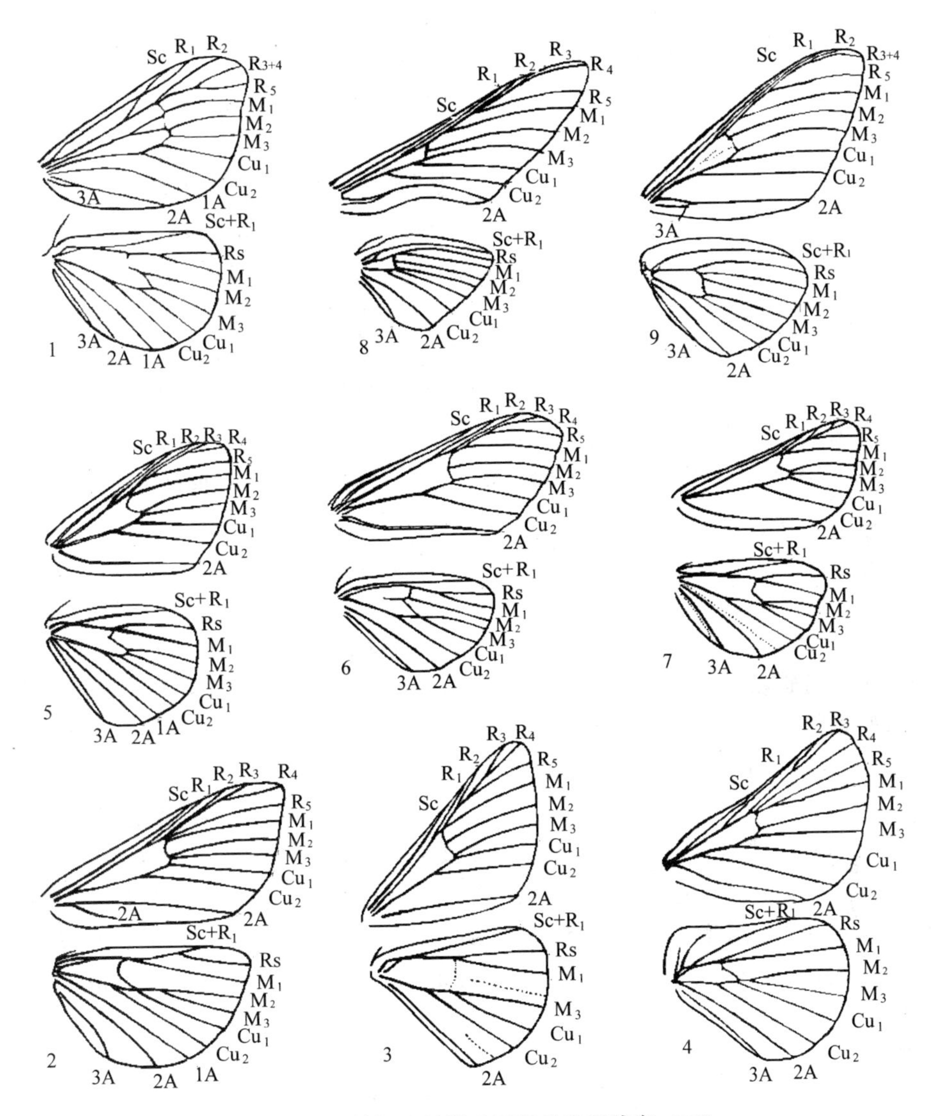

图 4－20　鳞翅目蛾类重要科前后翅脉序（二）

1. 刺蛾科　2. 螟蛾科　3. 尺蛾科　4. 枯叶蛾科　5. 毒蛾科　6. 舟蛾科
7. 灯蛾科　8. 天蛾科　9. 大蚕蛾科
（1、4、9 仿朱弘复，余仿周尧）

15. 螟蛾科（Pyralidae）　体小至中型。有单眼；喙基部有鳞片；下唇须 3 节，长，前伸；前翅 R_3 与 R_4 常共柄，偶尔合并；后翅 $Sc+R_1$ 与 Rs 在中室外极其接近或短距离愈合；中室内无 M 主干；腹部基部有鼓膜听器。多为植食性，隐蔽取食，蛀茎或缀叶，有些为腐食性，取食植物产品。许多种类为害禾本科植物，亦有一些为害果树和蔬菜，如桃蛀螟（*Dichocrocis punctiferalis* Guenée）、梨大食心虫（*Nephopteryx pirivorella* Matsumura）、豆荚螟（*Etiella zinckenella* Treitschke）、菜螟（*Hellula undalis* Fabricius）等（图 4－20：2）。

16. 尺蛾科（Geometridae）　体小至大型，体细，翅阔，纤弱，常有细波纹。无单眼；喙发达；前翅 R_5 与 R_3、R_4 共柄，M_2 通常靠近 M_1；后翅 $Sc+R_1$ 在近基部与 Rs 靠近或愈合，形成一小基室；第 1 腹节腹面两侧有 1 对鼓膜听器。幼虫细长，常仅第 6 和第 10 腹节具腹足，行动时一曲一伸；通常似植物枝条。许多种类是森林和果树的重要害虫，如核桃尺蛾（*Culcula panterinaria* Bremer et Grey）、枣尺蛾（*Sucra jujuba* Chu）、柿星尺蛾［*Percnia giraffata*（Guenée）］等（图 4-20：3）。

17. 枯叶蛾科（Lasiocampidae） 体中至大型，体粗壮，灰色或褐色，体、足、复眼多毛。喙退化；无单眼；触角双栉状；前翅 R_5 通常与 M_1 脉共柄，M_2 与 M_3 脉共柄；后翅肩角极度膨大，并通常有 2 或多条肩脉从 $Sc+R_1$ 基部之间的亚缘室伸出，无翅缰。幼虫取食树木叶片，常造成严重危害。常见种类有天幕毛虫（*Malacosoma neustria testacea* Motschulsky）、杏枯叶蛾（*Odonestis pruni* Linnaeus）等（图 4-20：4）。

18. 毒蛾科（Lymantriidae） 体中至大型，体被长鳞毛。触角双栉齿状；无单眼；喙退化或无；后翅 $Sc+R_1$ 在中室前缘 1/3 处与中室接触或接触后又分开，形成一大基室，M_1 与 Rs 在中室外有短距离共柄，M_2 非常靠近 M_3 脉。幼虫被浓密长毛，并经常成毛丛或毛刷，有时具螯毛，第 6 和第 7 腹节背面经常有 2 个毒腺。幼虫取食叶片，大多为害树木。常见的有舞毒蛾［*Lymantria dispar*（Linnaeus）］、松针毒蛾［*L. monacha*（Linnaeus）］、茶黄毒蛾（*Euproctis pseudoconspersa* Strand）等（图 4-20：5）。

19. 舟蛾科（Notodontidae） 体中至大型。喙不发达；大多无单眼；雄蛾触角常为双栉形；前翅 M_2 从中室端部中央伸出，肘脉似 3 叉式，后缘亚基部经常有后伸鳞簇；后翅 $Sc+R_1$ 与 Rs 靠近但不接触，或由一短脉相连。幼虫受惊时，抬起身体前、后端凝固不动，以身体中央的 4 对腹足支撑身体，故称为舟形毛虫。幼虫取食多种乔木和灌木，通常有群集性。其中有些种类为害果树，如苹果舟蛾［*Phalera flavescens*（Bremer et Grey）］、龙眼舟蛾（*Stauropus alternus* Walker）等（图 4-20：6）。

20. 夜蛾科（Noctuidae） 体中至大型，体多粗壮，前翅略窄而后翅宽。喙发达；有单眼；前翅 M_2 基部近 M_3 而远 M_1，肘脉似 4 叉式；后翅 $Sc+R_1$ 与 Rs 在基部分离，但在近基部接触一点而又分开，造成一小基室。成虫夜出性，有趋光性和趋糖性。幼虫多数取食叶片，少数蛀茎和隐蔽生活。有很多园艺植物的重要害虫，如斜纹夜蛾［*Prodenia litura*（Fabricius）］、小地老虎［*Agrotis ypsilon*（Rottemberg）］、棉铃虫［*Heliothis armigera*（Hübner）］等。

21. 灯蛾科（Arctiidae） 体小至中型，色彩鲜艳。多有单眼；喙退化；后翅 $Sc+R_1$ 与 Rs 愈合至中室中央或更外，M_2 靠近 M_3 脉；腹部第 1 节气门前有反鼓膜巾。幼虫植食性，取食多种植物叶片，幼龄有群集性。害虫有红缘灯蛾［*Amsacta lactinea*（Cramer）］、尘污灯蛾［*Spilarctia obliqua*（Walker）］等（图 4-20：7）。

22. 天蛾科（Sphingidae） 体中至大型，体很粗壮，纺锤形，两端尖削。无单眼；喙发达，常很长；触角中部或向端部加粗，末端尖，呈钩状；前翅窄长，外缘极斜直，M_1 与 R_5 共柄或同出一点；后翅 $Sc+R_1$ 与中室间有一横脉相连，并在中室外接近 Rs；翅缰很发达。成虫飞行迅速。幼虫第 8 腹节背面有一向后上方斜伸的尾角。园艺上重要的种类有豆天蛾（*Clanis bilineata tsingtauica* Mell）、旋花天蛾［*Herse convolvuli*（Linnaeus）］、桃天蛾［*Marumba gaschkewitschi gaschkewitschi*（Bremer et Grey）］、葡萄天蛾（*Ampelophaga rubiginosa rubiginosa* Bremer et Grey）等（图 4-20：8）。

23. 大蚕蛾科（Saturniidae） 体大至极大型。触角羽状；口器发达；翅宽大，翅中央有显著的透明眼状斑；前翅 M_2 靠近 M_1 或与之共柄，顶角大多向外突出；后翅 $Sc+R_1$ 与中室分离，M_2 从中室中央或之前分出；翅缰完全消失；足胫节无距。有些种类是林木及果树害虫，如小桕大蚕蛾（*Attacus cynthia* Drury）、乌桕大蚕蛾（*A. atlas* Linnaeus）；但也有些种类是经济益虫，如柞蚕（*Antheraea pernyi* Guérin-Méneville）等（图 4-20：9）。

24. 弄蝶科（Hesperiidae）　体小至中型，体粗壮。头大，头宽大于或等于胸宽；触角端部略粗，末端弯曲呈钩状；无单眼；喙长；前翅所有径脉均不共柄，单独从中室分出；Cu_2 在前后翅中均消失；缺翅缰；后足胫节有 2 对距。幼虫纺锤形，一般隐蔽取食，把叶片缀在一起做一居所，夜晚出来取食。为害果树的害虫如香蕉弄蝶（*Erionota torus* Evens）等（图 4-21：1～3）。

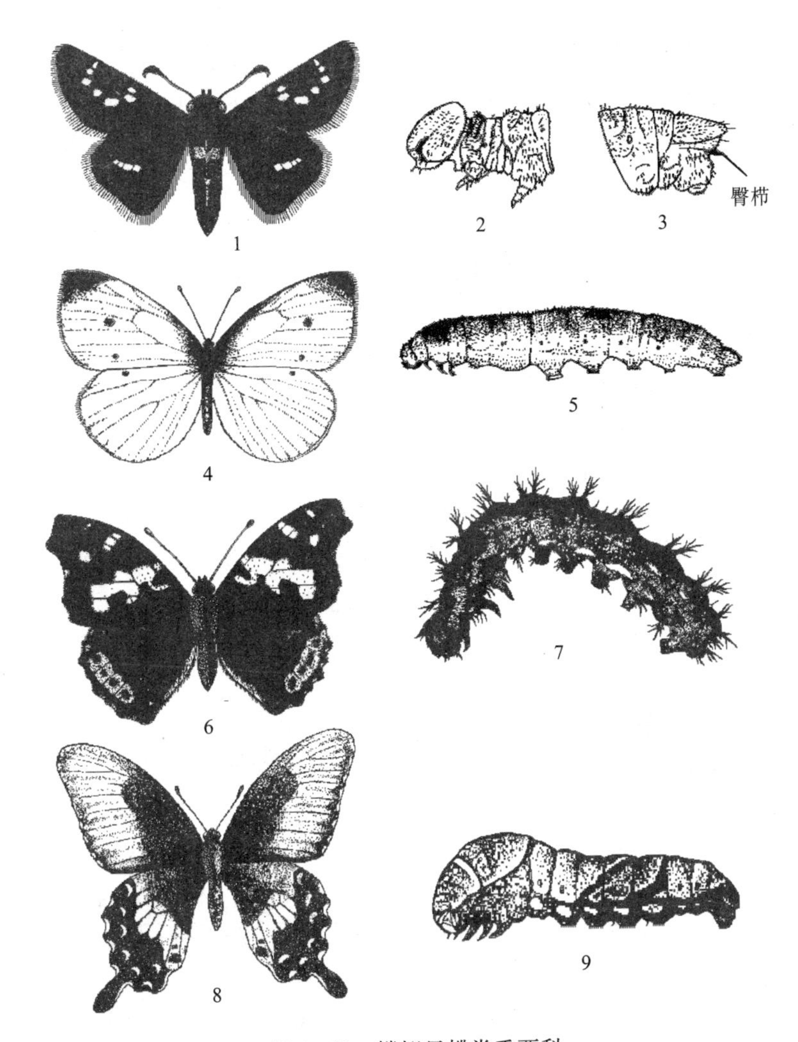

图 4-21　鳞翅目蝶类重要科

1、2、3. 弄蝶科（直纹稻弄蝶成虫、幼虫头胸部及其腹末臀栉）　4、5. 粉蝶科（菜粉蝶成虫、幼虫）　6、7. 蛱蝶科（大红蛱蝶成虫、幼虫）　8、9. 凤蝶科（玉带凤蝶成虫、幼虫）

（仿周尧）

25. 粉蝶科（Pieridae）　体中型，通常白色、黄色或橙色，常有黑色或红色斑纹。前足正常，有两分叉的两爪；前翅 R 脉 3 支或 4 支，极少 5 支，M_1 与 R_{4+5} 长距离愈合；后翅有 2 条臀脉。幼虫食叶，许多种类以十字花科、豆科植物为食，有些是重要害虫，如常见的菜粉蝶［*Pieris rapae*（Linnaeus）］、大菜粉蝶［*P. brassicae*（Linnaeus）］、山楂绢粉蝶

[*Aporia crataegi* (Linnaeus)]、云斑粉蝶 [*Pontia daplidie* (Linnaeus)] 等 (图 4-21: 4～5)。

26. 蛱蝶科 (Nymphalidae) 体中至大型,色彩鲜艳,花纹复杂。雌雄前足均退化,无爪,短而不用于行走,通常折叠在前胸上,胫节短,被长毛;前翅 R 脉 5 条,常共柄;后翅 A 脉 2 条。幼虫食叶,为害果树的蛱蝶常见的有大红蛱蝶 [*Vanessa indica* (Herbst)]、无花果蛱蝶 (*Cyrestis thyodamas* Boisduval)、梅蛱蝶 [*Neptis alwina* (Bremer et Grey)]、黄钩蛱蝶 [*Polygonia c-aureum c-aureum* (Linnaeus)] 等 (图 4-21: 6～7)。

27. 凤蝶科 (Papilionidae) 体中至大型,色彩鲜艳。前足正常,有前胫突;前翅 M_2 靠近 M_3,径脉 5 支,R_4 与 R_5 脉共柄,A 脉 2 条;后翅亚缘室上有 1 条钩状肩脉,Sc 与 R 脉在基部形成一小室,M_3 脉上通常有 1 条尾状突起,A 脉 1 条。幼虫光滑,前胸有一翻缩性 Y 字形腺。幼虫食叶。常见的有柑橘凤蝶 (*Papilio xuthus* Linnaeus)、金凤蝶中华亚种 (*P. machaon venchuanus* Moonen)、玉带凤蝶 (*P. polytes* Linnaeus)、碧凤蝶 (*P. bianor* Cramer)、丝带凤蝶 (*Sericinus montela* Gray) 等 (图 4-21: 8～9)。

八、膜翅目 (Hymenoptera)

膜翅目包括各种蜂和蚂蚁。口器咀嚼式或嚼吸式。具膜质翅 2 对,前大后小;飞行时后翅以钩列与前翅连锁;翅脉较特化。雌虫产卵器发达,锯状、刺状或针状,在高等类群中特化为螫针 (图 4-22)。一般分为广腰亚目和细腰亚目。

全世界已知膜翅目昆虫为 10 万种以上,估计至少有 25 万种。全变态。繁殖方式有两性生殖、孤雌生殖和多胚生殖 3 种。植食性幼虫为多足型的伪蠋型,或寡足型;肉食性的多为原足型,或无足型。蛹均为离蛹,有时结茧。生活习性比较复杂,多数为单栖性,少数为群栖性,营社会生活。大多数种类为寄生性,有些为捕食性,是重要的天敌昆虫;不少种类则是显花植物的重要传粉昆虫;也有一些植食性种类,可为害农作物、蔬菜、果树及森林树木。

与园艺植物相关的主要科:

1. 叶蜂科 (Tenthredinidae) 体中型,粗短。触角多为丝状,少数为棒状或羽扇状;前胸背板后缘深凹;小盾片后有分开的后小盾片;翅室很多,有明显的翅痣;前足胫节有 2 个端距;产卵器锯齿状。幼虫伪蠋型,具 1 对单眼,腹足 6～8 对,无趾钩。成虫以锯状产卵管锯破植物组织,产卵于小枝条或叶内。幼虫食叶、卷叶、潜叶、蛀果或做虫瘿为害各种作物、果树和林木。常见害虫有黄翅菜叶蜂 [*Athalia rosae ruficornis* (Jakovlev)]、梨实蜂 (*Hoplocampa pyricola* Rhower) 等 (图 4-23: 1)。

2. 茎蜂科 (Cephidae) 体中小型,细长,黑色或间有黄色。触角丝状或棒状;前胸背板后缘近平直;前足胫节具 1 个端距;腹部第 1 和第 2 节间略收缩;雌虫产卵器较短,但端部伸出腹端。幼虫体弯曲呈 S 形或 C 形,胸足退化,无腹足。幼虫常钻蛀禾本科、蔷薇科等植物的茎。茎蜂科的梨茎蜂 (*Janus piri* Okamoto et Muramatsu) 产卵为害梨树新梢,是我国北方地区梨树的重要害虫。

3. 姬蜂科 (Ichneumonidae) 体微小至大型,多数体长大于 7mm,一般细弱。触角长,丝状,多节;足转节 2 节;翅发达,少数无翅或短翅型,翅脉明显,第 1 亚缘室与第 1 盘室合并成一盘肘室,有第 2 回脉和小翅室;腹部多细长,产卵管长度不等,有鞘。寄生

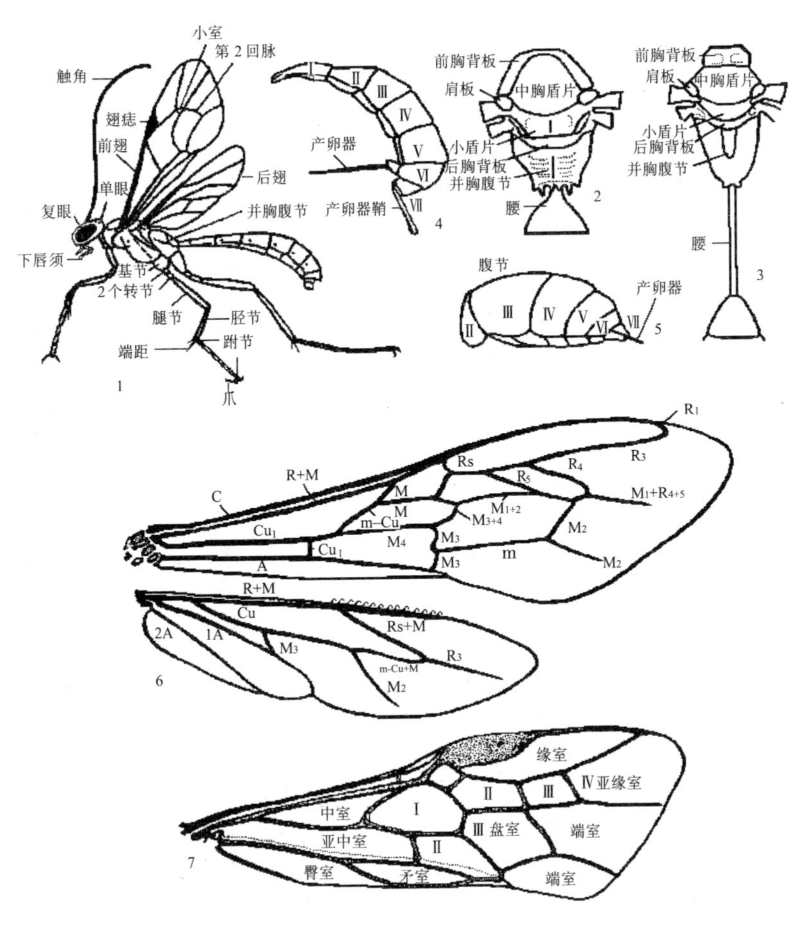

图 4-22　膜翅目特征模式图

1～5. 体躯特征　6. 前后翅翅脉命名　7. 翅室命名

（仿周尧）

性，主要寄生鳞翅目、鞘翅目、膜翅目、双翅目等的幼虫和蛹，是常见的重要天敌昆虫类群，如甘蓝夜蛾拟瘦姬蜂［*Netelia ocellaris*（Thomson）］、夜蛾瘦姬蜂［*Ophion luteus*（Linnaeus）］等（图 4-23：2）。

4. 茧蜂科（Braconidae）　体小至中型，多数体长小于 7mm。触角丝状，多节；翅只有 1 条回脉，肘脉第 1 段常存在，将第 1 肘室和第 2 盘室分开；腹部第 2 和第 3 节背板愈合，有时虽有横凹痕，但无膜质缝，不能自由活动；产卵管长度不等，有与之等长的鞘。大多寄生鳞翅目、双翅目、鞘翅目等昆虫，幼虫老熟后，钻出寄主体外结白色丝茧化蛹。茧蜂科昆虫在害虫控制中有重要价值，如粉蝶绒茧蜂（黄绒茧蜂）［*Apanteles glomeratus*（Linnaeus）］、微红绒茧蜂（*A. rubecula* Marshall）、菜蛾绒茧蜂（*A. platellae* Kurdjumov）等（图 4-23：3）。

5. 蚜茧蜂科（Aphidiidae）　体微小，柔软。触角丝状，多节；前翅端半部翅脉常退化，仅有 1 条回脉（称中间脉），有径室 1～3 个；后翅仅 1 个基室；腹部并胸腹节下方、后足基节之间具柄；1～3 腹节背板不愈合，能自由活动。蚜茧蜂科昆虫皆为蚜虫体内的重要寄生蜂，被寄生的蚜虫腹部膨胀，表皮发僵，称为僵蚜。如桃瘤蚜茧蜂（*Ephedrus persicae* Froggatt）、菜蚜茧蜂（*Diaeretiella rapae* M'lntosh）、甘蓝潜蝇茧蜂［*Opius dimidiatus*

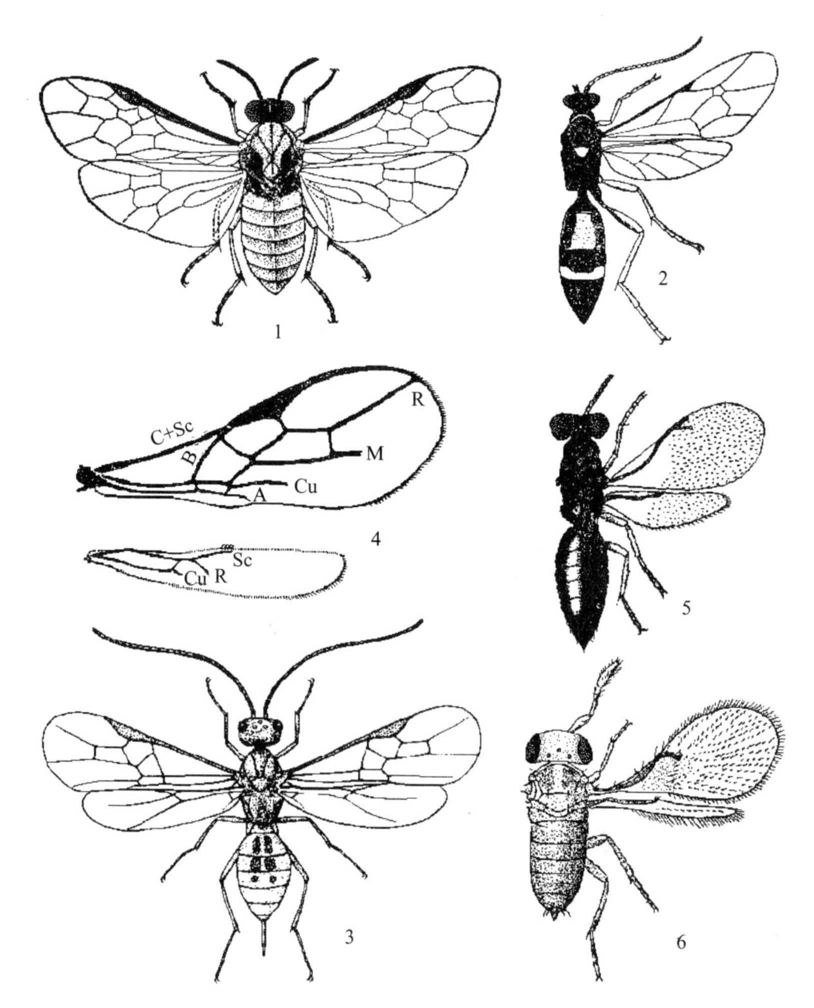

图 4-23 膜翅目重要科代表

1. 叶蜂科成虫 2. 姬蜂科成虫 3. 茧蜂科成虫 4. 蚜茧蜂科前后翅脉序

5. 金小蜂科成虫 6. 赤眼蜂科成虫

(仿周尧等)

(Ashmead)] 等（图 4-23：4）。

6. 小蜂科 (Chalcididae) 体小型，常为黑色或深褐色带黄、白色的斑纹。触角膝状，11～13 节，内棒节 1～3 节，极少数雄性具 1 个环状节；后足腿节极度膨大，其下缘多有一排齿，胫节弯曲，跗节 5 节；翅广宽，翅脉甚退化，仅留 1 条，痣脉短，翅不纵褶；产卵器短，不伸出。所有种类均为寄生性，如广大腿小蜂 [*Brachymeria obscurata* (Walker)] 寄生于鳞翅目多种夜蛾、卷叶蛾、螟蛾、尺蠖、毒蛾、灯蛾、枯叶蛾等害虫。

7. 姬小蜂科 (Eulophidae) 体微小至小型，黄至褐色，或具暗色斑。触角 7～9 节，索节最多 4 节，环状节有时可多达 4 节，有的雄性索节具分支；前翅缘脉长，后缘脉和痣脉一般较短；前足胫节距短而直；跗节均为 4 节。寄生于昆虫纲许多目、科的卵、幼虫或蛹中，少数能捕食蜘蛛的卵。如寄生美洲斑潜蝇的丽潜蝇姬小蜂 (*Neochrysocharis formosa* Westwood)、潜蛾姬小蜂 [*Closterocerus lyoneliae* (Ferriere)] 等。

8. 金小蜂科 (Pteromalidae) 体小至中型，常具绿、蓝、黄等金属光泽。触角膝状，

8～13 节，具 2～3 个环状节；跗节 5 节，前足胫节距大而弯，后足胫节一般仅 1 距；产卵器从完全隐藏至伸出腹末很长。多数寄生于其他昆虫的幼虫和蛹中，少数寄生于卵和成虫。如粉蝶金小蜂（*Pteromalus puparum* Linnaeus）是菜粉蝶重要的寄生性天敌（图 4－23：5）。

9. 蚜小蜂科（Aphelinidae）　体微小至小型，常扁平，多为黄褐色，少数黑色，无金属光泽。触角 5～8 节，索节 2～4 节，雄性有时多 1 节；前翅缘脉长，亚缘脉及痣脉短，无后缘脉，翅面上具一无毛斜带，自痣脉处斜伸向翅后缘；中足胫节端距较长而粗，跗节 4 或 5 节；腹部无柄，产卵器不外露或露出很短。主要寄生蚜虫、蚧和粉虱，对经济植物的多种蚜、蚧和粉虱的种群数量能起很好的控制作用。如蜡蚧斑翅蚜小蜂（*Aneristus ceroplastae* Howard）、苹果绵蚜蚜小蜂（日光蜂）（*Aphelinus mali* Hald.）等。

10. 跳小蜂科（Encyrtidae）　体小型，黄褐色或黑色，有些有金属光泽。触角 8～11 节，索节 4～6 节；前翅亚缘脉长，缘脉及痣脉短；中足胫节端距较长而粗，跗节 5 节；腹部无柄，产卵器外露或露出很短。主要寄生蚧、椿象和蛾类，对经济植物的多种蚧能起很好的控制作用。如棉铃虫多胚跳小蜂（*Litomastix heliothis* Liao）、毁螯跳小蜂（*Echthrogonapus* sp.）等。

11. 瘿蜂科（Cynipidae）　体小至中型，黑、蓝、褐或黄色，有光泽。触角丝状，11～16 节；前胸背板达翅基片；翅脉退化，前翅有 5 个以下的闭室，无翅痣；足转节 1 节，中后足胫节各具 2 距；腹部球形或腹侧扁，第 2 节背板最大，至少为腹部的 1/2；产卵器缩入，生于末端之前。幼虫无足。大部分植食性，多寄生于壳斗科植物，造成虫瘿，如栗瘿蜂（*Dryocosmus kuriphilus* Yasumatsu）；少数为其他害虫的寄生蜂。

12. 赤眼蜂科（Trichogrammatidae）　体微小至小型，黄或橘黄至暗褐色。触角短，膝状，5～9 节，柄节长，常有 1～2 个环状节和 1～2 个环状的索节，棒节 1～5 节；前翅无后缘脉，有缘毛，翅面上的纤毛排列成行；跗节 3 节；腹部无柄，与胸部宽阔相连。全部为卵寄生蜂，是重要的天敌昆虫，在生物防治中利用价值较大。如松毛虫赤眼蜂（*Trichogramma dendrolimi* Matsumura）、澳洲赤眼蜂（*T. australicum* Girault）、拟澳洲赤眼蜂（*T. confusum* Viggiani）、舟蛾赤眼蜂（*T. closterae* Pang et Chen）等（图 4－23：6）。

13. 胡蜂科（Vespidae）　体中至大型，黄色或红色，有黑色或褐色的斑和带。触角略呈膝状；前胸背板向后达翅基片；翅狭长，静止时能纵向折叠，前翅第 1 盘室狭长，远长于亚基室；中足胫节有 2 个端距；爪简单，不分叉。有简单的社会组织，筑巢群居。成虫能捕食多种农林害虫，并为害果实或取食花蜜等；幼虫靠工蜂猎捕多种昆虫及其他小动物或腐肉来喂食。人畜误触其巢时，可引起蜂群追袭蜇刺，常致受伤，甚至引起死亡。如常见的有中长胡蜂［*Dolichoveapula media*（Retzius）］、黄边胡蜂（*Vespa crabro* Linnaeus）等捕食大量鳞翅目幼虫。

14. 泥蜂科（Sphecidae）　体小至大型，色暗，有黄色或红色斑纹。触角一般丝状，雌 12 节，雄 13 节；前胸背板不伸达肩板；足细长，转节 1 节，胫节和跗节具刺或栉；翅狭长，前翅翅脉发达，具 2～3 个亚缘室，后翅具臀叶及数个闭室；腹部具柄或无柄；雌性螫刺一般发达。大多捕食性，于土中筑巢，独栖性。常捕食鳞翅目幼虫、蜘蛛等封贮，供子代幼虫食用。如常见的红足沙泥蜂（*Ammophila atripes* Smith）、多沙泥蜂骚扰亚种（*Ammophila sabulosa infesta* Smith）、日本蓝泥蜂（*Chalybion japonicum* Gribodo）等。

15. 蚁科（Formicidae） 体小型，黑、褐、黄或红色。触角膝状，4～13节，柄节很长，末端2～3节膨大；有翅或无翅；腹部第1或1～2节柄状，有向上直立的结节。为多态型的社会昆虫，多数群落包括蚁后、雄蚁、工蚁等品级。肉食性、植食性或杂食性。肉食性的种类捕食昆虫、蜘蛛及其他动物，如黄猄蚁（*Oecophylla smaragdina* Fabricius）；植食性的种类取食种子、菌类、果实及其他植物性物质，如黄蚂蚁（*Dorylus orientalis* Westwood）；还有些种类喜食蚜虫、介壳虫及木虱等的分泌物，与之形成共栖关系。

16. 蜜蜂总科（Apoidea） 体小至大型，多毛。口器嚼吸式；触角膝状；前胸背板向后不伸达肩板；中胸背板及其小盾片的毛分支或羽状；后足胫节及基跗节通常扁平，成为携粉足；腹部可见节，雌性6节，雄性7节。

（1）蜜蜂科（Apidae） 前翅有3个亚缘室；前足基跗节具净角器；后足为典型的携粉足，其胫节无距。

（2）熊蜂科（Bombidae） 与蜜蜂科相似，但体粗壮，密被黑、白、橙黄、红等色杂毛；头比胸部狭；单眼排成直线；后足胫节有距。蜜蜂科和熊蜂科昆虫均营社会性生活。工蜂建巢并采集花粉、花蜜，是著名的传粉昆虫。

（3）木蜂科（Xylocopidae） 与熊蜂科相似，但体还有金属光泽的蓝毛和黄或白色的软毛；头阔；单眼排成三角形；第6腹节末端有1刺。营单独生活。常钻蛀干木材营巢，储藏蜜和花粉。虽能传播花粉，但也是木结构建筑物的害虫。

（4）切叶蜂科（Megachilidae） 与木蜂科相似，但头与前胸等宽，前翅有2个亚缘室。也钻蛀干木材营巢，并将植物叶片切成椭圆形片放入巢内隔成室，以存储花蜜和花粉的糊状混合物。

九、双翅目（Diptera）

双翅目包括蚊、蠓、虻和蝇。头下口式；复眼发达，单眼3个或无；触角丝状、短角状或具芒状；口器刺吸式、刮吸式或舐吸式；仅具1对发达的膜质前翅，后翅特化为平衡棒。

全变态。绝大多数两性生殖，极少数有孤雌生殖和幼体生殖现象。一般为卵生，部分卵胎生。幼虫无足型或蛆形。蛹为裸蛹、围蛹或被蛹。适应性强，生活习性比较复杂，有些种类取食植物，是农林重要害虫；有些种类吸血，是人和动物的害虫；许多吸血种类和腐食性种类是重要的传病介体。另外，许多腐食性种类在降解有机质中起着重要作用；有些种类作为捕食者或寄生者，在控制害虫种群中作用明显（图4-24）。

双翅目昆虫全世界已知12万种，我国已记载5 000余种。一般分为长角亚目、短角亚目和环裂亚目3个亚目。

与园艺植物相关的主要科：

1. 蕈蚊总科（Mycetophiloidea） 体微小至小型，头小，体细长。触角长丝状，12～17节；胸部背面隆起；足细长，基节延长；前翅Rs脉最多2条，无盘室，完整的A脉仅1条。成虫较活泼。幼虫全头式，食蕈，少数为害作物。如常发生为害的韭菜迟眼蕈蚊（*Bradysia odoriphaga* Yang et Zhang）、平菇厉眼蕈蚊（*Lycoriella pleurati* Yang et Zhang）、中华新蕈蚊（*Neoempheria sinica* Wu et Yang）等。

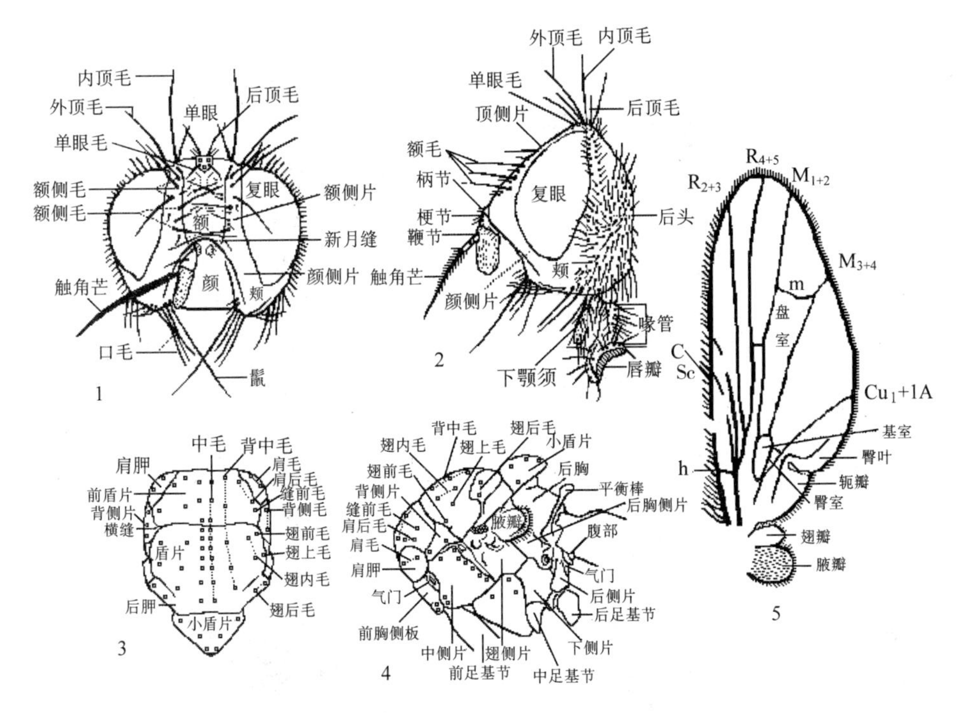

图 4-24　双翅目特征模式图

1. 头部正面　2. 头部侧面　3. 胸部正面　4. 胸部侧面　5. 翅

（仿 Suwa）

蕈蚊总科分科检索表

1. Rs 脉的第 1 支折向 R_1，像 1 条横脉，形成 1 个梯形闭室（R_1）；翅膜上的微毛分布不规则 ……………… 黏蕈蚊科（Sciophilidae）

   Rs 脉不分叉，R_1 室通达翅缘；翅膜上的微毛排列成行 ……………… 2

2. 足的基节很长，超过腿节长度的 1/2；r－m 横脉与 Rs 明显呈角度；Cu 脉基部有长柄；复眼卵圆形或肾形，不相接触；须 4 或 5 节 ……………… 蕈蚊科（Mycetophilidae）

   足的基节不太长，短于腿节长度的 1/2；r－m 横脉似乎为 Rs 的继续；Cu 在翅的基部分出；复眼在触角上方有狭的接触；须 1～3 节 ……………… 眼蕈蚊科（Sciaridae）

2. 瘿蚊科（Cecidomyiidae）　体小型，足细长。触角长，念珠状，雄虫触角上具环状毛；翅脉退化，仅 3～5 条纵脉，Rs 不分支，横脉不明显；足胫节无距。幼虫纺锤形，前胸腹板上常有 Y 形或 T 形胸骨片。成虫一般不取食，幼虫有植食性、腐食性、捕食性或寄生性。有些植食性种类取食花、果、茎或其他部分，能造成虫瘿，如为害柑橘的柑橘花蕾蛆（*Contarinia citri* Barnes）、枣瘿蚊（*Contarinia datifolia* Jiang）等。

3. 食虫虻科（Asilidae）　又称为盗虻科。体中至大型，体表多毛。头宽阔，头顶明显凹陷；胸部粗；翅狭长，翅脉 R_{2+3} 不分支，末端多接近 R_1，甚至终止于 R_1 上；足粗长，爪间突刺状；腹部细长，略呈锥状。成虫、幼虫均为捕食性。常见种类有长足食虫虻（*Dasypogon aponicum* Bigot）、中华盗虻（*Cophinopoda chinensis* Fabricius）等（图 4-25：1～4）。

4. 食蚜蝇科（Syrphidae）　体小至中型，色彩鲜艳，似蜜蜂或胡蜂。翅大，R 脉与 M 脉之间常有 1 条两端游离的伪脉。幼虫蛆形，多数种类捕食蚜虫、蚧、叶蝉、蓟马等，为天

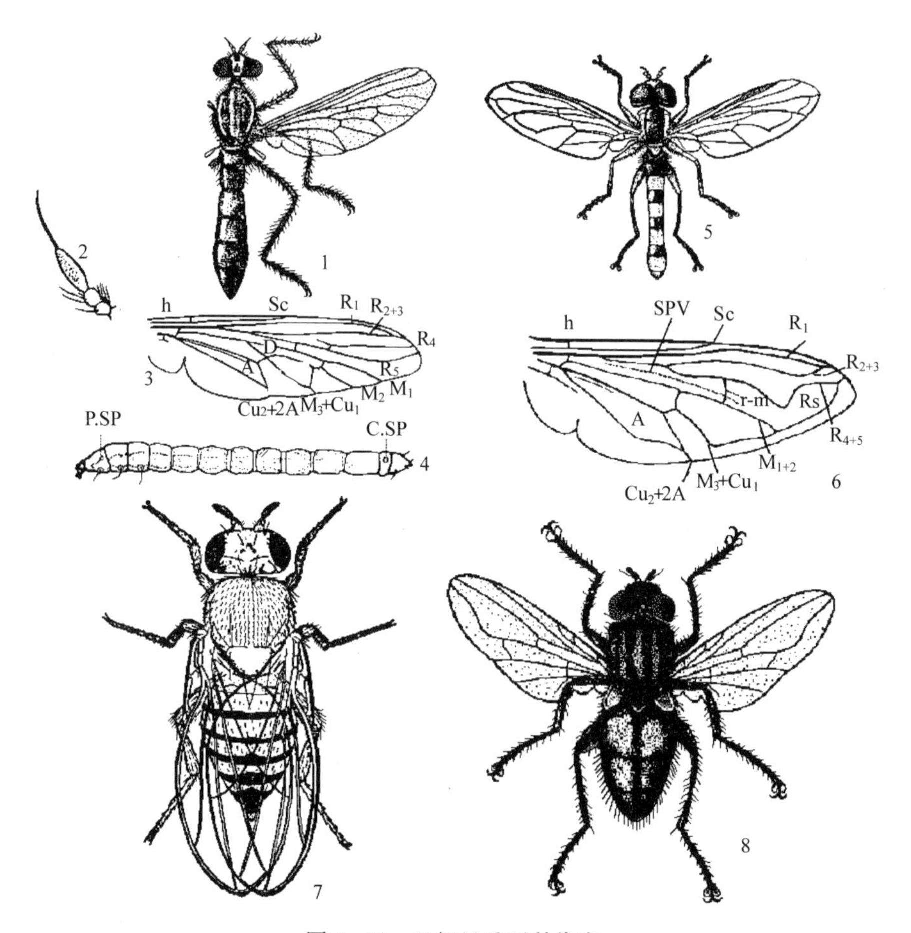

图 4-25 双翅目重要科代表

1～4. 食虫虻科（成虫、触角、翅脉序及幼虫） 5～6. 食蚜蝇科（成虫和翅脉序）

7. 果蝇科 8. 寄蝇科（1、2 仿素木，4 仿钟觉民，5 仿周尧，3、6 仿 Borror，7 仿 Morgan，8 仿高桥）

敌昆虫，少数为腐食性或植食性。成虫常在花上活动，食花粉、花蜜或汁液，如短翅细腹食蚜蝇［*Sphaerophoris scripta*（Linnaeus）］、黑带食蚜蝇（*Epistrophe balteata* De Geer）等（图 4-25：5～6）。

5. 潜蝇科（Agromyzidae） 体小或微小型，多为黑色或黄色。具单眼，有口鬃；无腋片，C 脉在 Sc 端部有一折断，Sc 退化或端部与 R_1 合并，或仅在基部与 R_1 分开，M 脉间有 2 个闭室，臀室小。幼虫蛆形或圆柱形，多数种类潜叶为害，有些蛀茎、嫩枝或根，少数引起虫瘿。很多种类是重要的蔬菜害虫，如美洲斑潜蝇（*Liriomyza sativae* Blanchard）、南美斑潜蝇［*L. huidobrensis*（Blanchard）］、豌豆潜叶蝇［*Chromatomyia horticola*（Goureau）］等。

6. 实蝇科（Tephritidae） 体小至中型，黄或褐色。翅大，有雾状褐色斑或带纹，C 脉在 Sc 脉末端处折断，Sc 在亚端部几乎呈直角折向前缘，然后逐渐消失，臀室末端成锐角状突出；中足跗节有距；爪间突毛状。幼虫蛆形。成虫常见于花、果实或叶间。幼虫植食性，潜食茎、叶、花托、花或蛀食果实、种子，是坚果、柑橘类、蔬菜类和菊科等植物的重要害虫，常见的如柑橘大实蝇［*Bactrocera*（*Tetradacus*）*minax*（Enderlein）］、蜜柑大实蝇［*B.*（*T.*）*tsuneonis*（Miyake）］、瓜小实蝇［*B.*（*Zeugodacus*）*cucurbitae*

(Coquillett)] 等。

7. 果蝇科 (Drosophilidae) 体小型，黄色。触角芒一般为羽状；翅 C 脉分别在 h 和 R_1 脉处折断，Sc 脉很短，退化，臀室小而完整；腹部短。幼虫纺锤形或圆柱形，每节具微小钩状刺 1 环。成虫喜腐败发酵味，常在腐烂植物附近或草地上活动。幼虫滋生于腐败水果或其他腐败植物中。部分种类也为害果树，如淡黄褐果蝇 [*Drosophila suzukii* (Matsumura)] 等（图 4-25：7)。

8. 寄蝇科 (Tachinidae) 体小至中型，多毛，黑、灰或褐色，常带浅色斑纹。触角芒裸或具微毛；胸部后小盾片发达，圆形凸突；中胸翅侧片及下侧片具鬃；翅 M_{1+2} 脉弯向 R_{4+5} 脉，翅脉似家蝇，但常具赘脉；腹部尤其腹末多刚毛。幼虫蛆形。成虫多白天活动，常见于花间，少数夜间活动。幼虫寄生性，是绝大多数农林、果蔬害虫有效的寄生性天敌。如隔离狭颊寄蝇 (*Carcelia exisa* Fallen)、黏虫侧须寄蝇 (*Peletieria varia* Fabricius) 等（图 4-25：8)。

9. 花蝇科 (Anthomyiidae) 体小至中型，黑、灰或黄色。触角芒裸或有毛；中胸背板有一完整的盾沟；下侧片无鬃列，腹侧片鬃 2～4 根；翅 M_{1+2} 脉不向前弯曲，Cu_2 +2A 直达翅的后缘；腹部瘦长，具刚毛。成虫常在花草间活动，食花蜜。幼虫称为根蛆，食腐败动植物和粪便，一些种类为害发芽的种子，食根、茎、叶，造成烂种、死苗。如种蝇 [*Delia platura* (Meigen)]、萝卜蝇 [*D. floralis* (Fallen)]、葱蝇 [*D. antiqua* (Meigen)] 等。

第四节 蛛形纲园艺植物螨类外形及主要目、科简介

一、螨类的分类地位及形态结构

螨类属节肢动物门蛛形纲 (Arachnida) 蜱螨亚纲 (Acari)。体小至微小，一般长 100～600μm，有些种类肉眼几乎不能看见，少数可达 10mm 左右。基本形态结构如图 4-26 所示。

螨类的大部分体节已愈合，不分头、胸、腹 3 个体段。由围头沟 (circmcapitular suture)、分颈缝 (sejugar furrow)、足后缝 (postpedal furrow) 依次将体躯分为颚体 (gnathosoma)、前足体 (propodosoma)、后足体 (metapodosoma) 和末体 (opisthosoma)，前足体和后足体合称为足体 (podosoma)，足体和末体合称为躯体 (idiosoma)，还有人将颚体与前足体合称为前半体，后足体与末体合称为后半体。

(一) 颚体

颚体一般位于体前方，由于脑不在颚体内，故亦称假头。颚体基部是颚基 (gnathobase)，其前端背面和腹面有头盖 (tectum & epistoma)、口下板 (hypostopma) 各 1 块，两侧分别有螯肢 (chelicera) 和须肢 (pedipalp & palp) 各 1 对。颚体主要司取食和感觉之功能。

1. 螯肢 原始的螯肢为钳状，基部为基节，端部背侧方为定趾 (fixed digit)，腹侧方为动趾 (movable digit)。螯肢的形状因食性不同而异，叶螨形成口针鞘 (stylophore) 和 1 对口针 (stylet)，用以刺吸植物组织汁液；绒螨螯肢的定肢退化，动肢变为镰刀状。

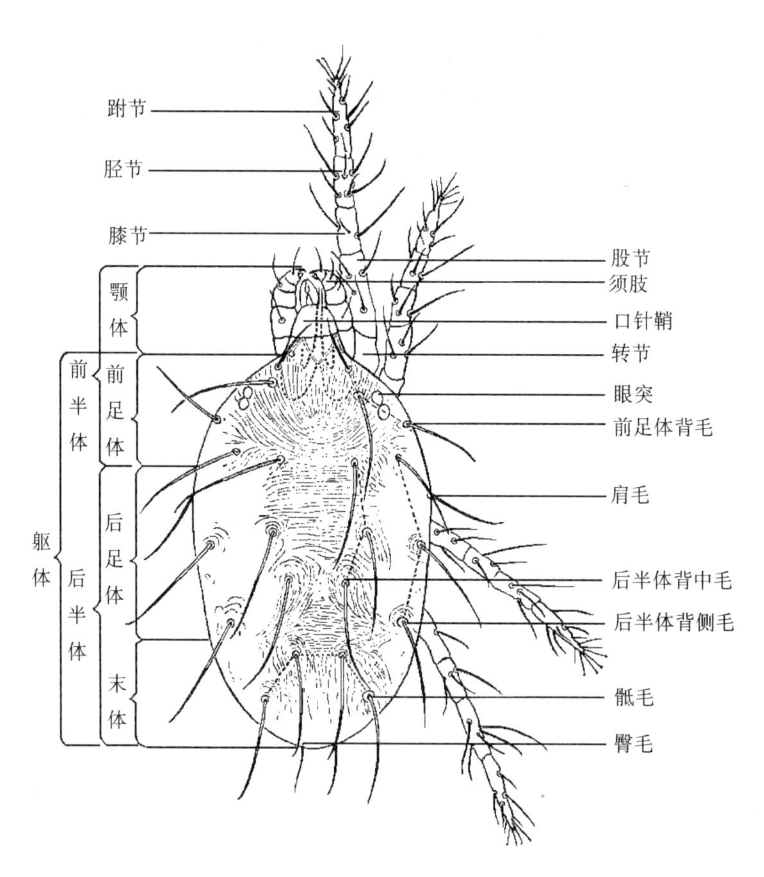

图 4－26 朱砂叶螨［*Tetranychus cinnabarinus*（Boisduval）］体躯分区及其背毛序
（仿王慧芙）

2. 须肢 位于螯肢的侧后方，寄螨总目螨类的须肢由转节、股节、膝节、胫节、跗节和趾节组成，其中革螨目螨类的趾节变成叉状毛，而螨目螨类须肢的趾节则完全消失。真螨总目螨类的须肢一般在 5 节或以下。

（二）躯体

躯体紧接于颚体之后，多数为囊状，少数为蠕虫状。躯体上着生各种刚毛，并有各种骨板或条纹覆盖。躯体腹面有足、气门、外生殖器和肛门等。

1. 足 足位于足体的侧腹面。幼螨足 3 对，若螨和成螨足 4 对，瘿螨科和跗线螨科的部分螨类则只有 2 或 3 对。足由基节、转节、股节、膝节、胫节、跗节和趾节组成。其中，趾节通常变为 1 对爪、1 个爪间突，或特化为吸盘、黏毛，甚至退化。若干种类的基节、股节和跗节有再分节或邻近节合并的现象。

2. 气门 蜱螨与昆虫一样，以气管并通过气门进行呼吸。气门的数量及其位置是分类的依据。节腹螨目的气门有 4 对，位于体背侧，故又称为背气门目；巨螨目有 1 对气门和 1 对与气门相似的孔，故又称为四气门目；革螨目有 1 对气门，位于体中部足Ⅲ至足Ⅳ基节外侧，故又称为中气门目；蜱目 1 对气门，位于足Ⅳ基节稍后方外侧，故又称为后气门目；辐螨目大多有 1 对气门，位于颚体或躯体前端，故又称为前气门目；粉螨目无气门，故又称为无气门目；甲螨目气门隐藏在足基节窝内，故又称为隐气门目。

3. 外生殖器　外生殖器包括生殖孔和阳茎。寄螨总目雌性的生殖孔位于足Ⅳ基节之间或稍前处；雄性无阳茎，而生殖孔则位于足Ⅰ基节之前，靠导精器（sperm transfer）完成交配。在真螨总目中，粉螨目的生殖孔一般位于足Ⅱ至足Ⅳ基节之间。叶螨总科的生殖孔位于末体的肛门前方，周围表皮形成皱襞，有生殖板覆盖。雄性的外生殖器是阳茎，其形状是分类的重要依据。

4. 肛门　肛门一般位于末体近端部，有1对肛板。麦圆叶爪螨的肛门位于体背。

5. 刚毛　刚毛的种类、数量、形状和排列成各种毛序均有分类意义。按照毛的化学和光学性质可分为光毛质（actinopilin）髓毛或辐几丁质（actinochitin）毛和不含光毛质毛或无辐几丁质毛两类。前者为双曲折线，用碘着色，是些感觉毛，如盅毛、荆毛、感棒、芥毛等；后者为单曲折线，用碘不着色，是些触觉毛或称常毛。

6. 单眼　大多数螨类的前足体背侧方有单眼1～2对，而中气门亚目的螨类则无眼。

二、一般生物学特性

螨类营两性生殖，卵生，但也有许多营孤性生殖。后者又分产雄、产雌和产两性孤性生殖3种类型。此外，虱形螨等则营卵胎生，甚至产下的子代已是成螨。

生活史一般包括卵、幼螨、若螨、成螨4个发育阶段，有的在卵之后还有前幼期。其中，若螨期1～3龄不等，有的甚至达十几个龄期。多数种类在适宜条件下1～2周完成1代，而有的则需1或多年完成1代。

螨类的生活习性比较复杂，有植食性、捕食性、寄生性等。植食性螨类多是农业的害螨，其种类很多，如许多种叶螨常造成严重灾害；捕食性螨类如植绥螨、肉食螨、长须螨等是植食性螨类及昆虫的重要天敌；寄生性螨类多寄生在鞘翅目、鳞翅目、膜翅目、半翅目、同翅目、双翅目等昆虫的体外，对抑制这些害虫的发生有一定作用，但寄生于家蚕和蜜蜂的螨类则是害螨；食菌性螨类，特别是有些粉螨是食用菌栽培的大敌。

三、蜱螨的分类

目前，全世界已描述记载的蜱螨有40 000余种。其分类系统很不完善，就目一级的分类，不同学者使用的系统和名字不统一。Johnston（1982）和Evans（1992）将蜱螨亚纲分为3个总目和7个目，它们是节腹螨总目，包括节腹螨目1个目；寄螨总目，包括巨螨目、中气门目和蜱目3个目；真螨总目，包括前气门目、无气门目和甲螨目3个目。

（一）中气门目（Mesostigmata）

中气门目又称革螨目。须肢跗节基部内方的趾节有2、3或4个分叉，跗节末端有几根感觉毛，无端爪；口下板端部有角状颚角1对，口下板毛3对，无倒齿；有胸叉；气门显著，位于基节2～4外侧方，常与向前伸长的气门沟关联。与园艺植物相关的主要科：

植绥螨科（Phytoseiidae）　为小型螨类，卵圆形或椭圆形，乳白色至红褐色。须肢跗节有1根2叉毛。背板1块，背板毛22对以下，背板外侧盾间膜上有缘毛1～2对；有胸叉，气门在足Ⅲ和足Ⅳ基节间外侧；雌螨有独立的胸板、生殖板和腹肛板，有骨化的受精囊；雄螨有胸殖板和腹肛板，螯肢动趾有导精趾；足长，适于奔走，膝节、胫节和跗节有巨毛。全世界现已记载1 600余种，我国已知约200种。

植绥螨科均为捕食性，捕食叶螨等螨类和蓟马等小型昆虫及卵，也取食同翅目昆虫的蜜露、植物花粉和汁液。很多种类是植食性螨的重要天敌，如智利小植绥螨（*Phytoseiulus persimilis* Athinas-Henriot）、西方盲走螨（*Typhlodromus occidentalis* Nesbitt）、拟长毛钝绥螨（*Amblyseius pseudolongispinosus* Xin，Ling et Ke）等（图4-27）。

（二）前气门目（Prostigmata）

前气门目又称辐螨目。须肢多显著，3～5节，跗节无叉毛和端爪；若须肢小而不显著，则体蠕虫状或有覆瓦状盾片；螯肢多样，定趾常退化，动趾针状、刺状或钩状，无螯楼；无胸叉；多数在螯肢基部或躯体肩上有气门1对，少数无气门。与园艺植物相关的主要科：

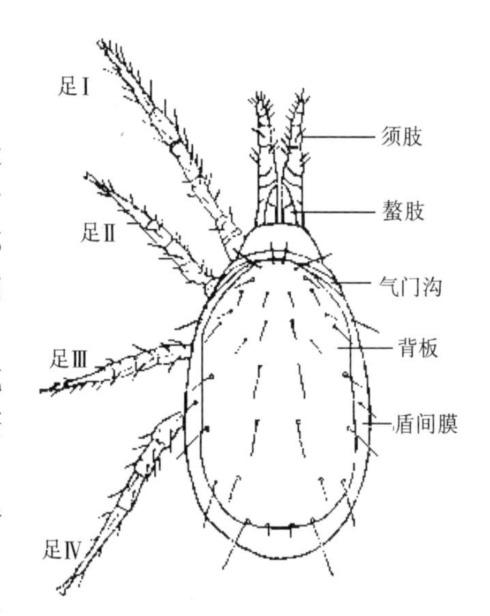

图4-27 植绥螨科代表雌螨特征
（仿李隆术）

1. 叶螨科（Tetranychidae） 体中型，圆形或卵圆形，体柔软，黄、黄绿、橘红、红或红褐色。螯肢基愈合成针鞘，动趾长针状；须肢有拇爪复合体，胫节有端爪，跗节有端感器；背毛11～16对，后半体第1列（C列）毛不多于3对；后半体缘毛简单；气门沟明显，在前足体前缘；雄螨有可外翻的阴茎。全世界现已记载900余种。

植食性，常群聚于叶的反面吸取汁液，有些种类在叶面吐丝结网。两性生殖或孤雌生殖。很多叶螨是重要的园艺植物害虫，常见的有朱砂叶螨［*Tetranychus cinnabarinus*（Boisduval)］、山楂叶螨（*T. viennensis* Zacher）、二斑叶螨（*T. urticae* Koch）、柑橘全爪螨［*Panonychus citri*（McGregor)］等。

2. 细须螨科（Tenuipalpidae） 体小型，扁平，卵形、梨形或前半体扩大而后半体缩小，深红或绿色，体背有龟状纹。螯肢基愈合成针鞘，动趾成口针；须肢简单，1～5节，无拇爪复合体；足粗短，有环状皱纹；跗节Ⅰ和Ⅱ无双毛，近末端有1～2根短棒状或纺锤状感棒；跗节爪上和爪间突两侧有黏毛。全世界现已记载约700种，我国近30种。

细须螨科以植物叶片、叶柄、嫩枝和树枝为食，也有形成螨瘿的种类，主要为害各种果树和观赏植物。常见种类有丽新须螨［*Cenopalpus pulcher*（Canestrin et Fanzago)］、柿细须螨（*Tenuipalpus zhizhilashviliae* Reck）、卵形短须螨（*Brevipalpus obovatus* Donnadieu）、刘氏短须螨（*B. lewisi* McGregor）等（图4-28：1～2）。

3. 跗线螨科（Tarsonemidae） 体微小，圆形、长圆形，白色或黄色。须肢微小。雌雄异型。雌螨有气门、气门沟、假气门器；雄螨无。雌螨足Ⅳ细，3节，末端有2根长鞭状毛；雄螨足Ⅳ着生于末体腹面，粗壮，向内弯曲，末端有一形态各异的爪。全世界现已记载约350种，我国已知20余种。

跗线螨科食性多样，有植食性、菌食性、藻食性、捕食性和动物寄生性。有些植食性种类是重要的农业害虫，如茄科蔬菜上的重要害螨——侧多食跗线螨［*Polyphagotarsonemus latus*（Banks)］（图4-28：3～4）。

4. 瘿螨科（Eriophyidae） 体微小，蠕虫形或纺锤形，具环纹。躯体可分为颚体、足

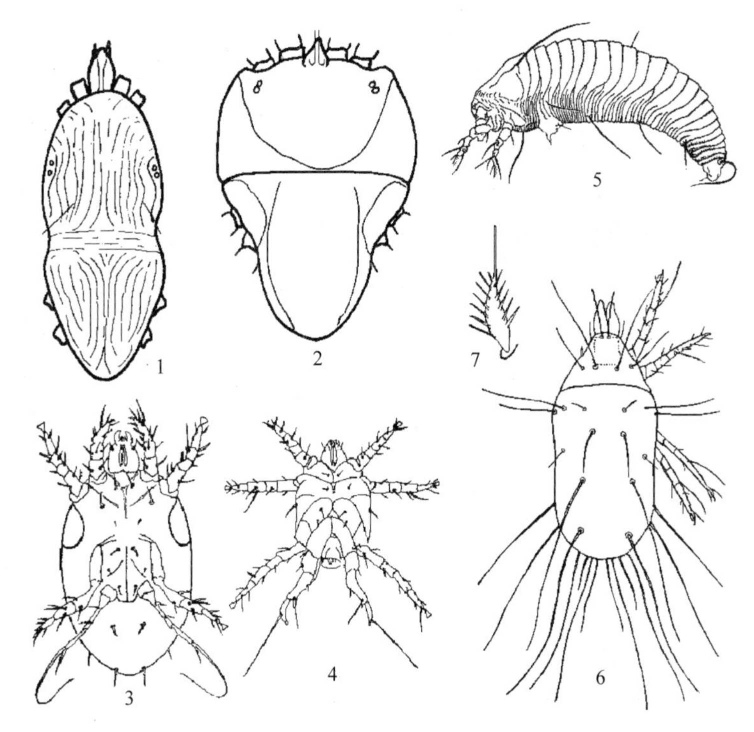

图 4-28　园艺植物螨类重要科代表

1、2. 细须螨科：长叶螨属和细须螨属　3、4. 跗线螨科雌、雄螨

5. 瘿螨科　6、7. 粉螨科雄成螨背面和格氏器

体和后半体 3 部分。颚体由喙、口针和须肢组成；口针 5 支，短型；无单眼和气管；足 2 对，位于体躯前端，无跗爪，爪间突羽状；生殖孔在体腹面前端，横裂，有生殖盖。我国已知 200 余种。

瘿螨是高度适应的植食性螨类，很多种类是果树上的重要害虫，多在叶、芽或果实上吸取汁液，常引起畸形或形成虫瘿。常见的种类有柑橘瘿螨（*Eriophyes sheldoni* Ewinng）、荔枝瘿螨［*E. litchii*（Keifer)］、柑橘锈瘿螨［*Phyllocoptruta oleivora*（Ashmead)］、葡萄瘿螨［*Colomerus vitis*（Paqenstecher)］、梨瘿螨［*Epitrimerus pyri*（Nalepa)］、枣瘿螨（*E. zizyphagus* Keifer）等（图 4-28：5）。

5. 绒螨科（Trombidiidae）　体型较大，红色或橙色，成螨、若螨长圆形，被绒状密毛。须肢发达，拇爪复合体明显；螯肢动趾短而弯曲，不能缩入体内；气门开口于螯肢内侧；前足体背中央有冠脊，具感毛 1 对；足有 1 对爪。幼螨异型，背板 2 块以上，足Ⅰ和足Ⅱ的基节相连，其间有拟气门。

全世界已记载 300 余种，我国记录的不超过 5 种。幼螨寄生于昆虫和蜘蛛等节肢动物体上；成螨、若螨营自由生活，在土壤表层或植物上捕食各种小型节肢动物的成虫、幼虫和卵，在控制害虫的发生方面有一定的作用。如蚜异绒螨［*Allothrombuim aphids*（Geer)］在多种蚜虫体表寄生，在每年的 5、6 月份，黄河流域的蚜异绒螨幼螨寄生蚜虫较多。

（三）无气门目（Astigmata）

无气门目又称粉螨目。须肢小，1～2 节，紧贴于颚体，跗节无端爪和叉毛；螯肢钳状，定趾上有侧轴毛，无螯楼；无胸叉；无气门或气门沟；足常有单爪。与园艺植物密切相关的重要科为：

粉螨科（Acaridae） 体软，椭圆形。躯体背面有横沟，将之分为前足体和后半体，前足体背有背板。雌雄生殖孔在足Ⅳ基节间或其后侧，雌生殖孔为1条长裂缝，有1对生殖褶蔽盖，并在其内面有1对生殖感觉器。雄螨肛门外侧有1对吸盘，跗节Ⅰ背面有2个吸盘。爪发达，跗节Ⅰ、Ⅱ的第1感棒 ω_1 着生在其基部。

植食性、菌食性或腐食性，通常以植物或动物的有机残屑为食，多发生在贮粮和贮藏物品中，是贮藏物的重要害螨。有些粉螨也为害经济植物，如水芋根螨（*Rhizoglyphus callae* Oudemans）为害植物地下的球茎、鳞茎或块根；腐食酪螨［*Tyrophagus putrescentiae* (Schrank)］常大量发生在奶粉、火腿、肉干、鱼干、花生、稻谷、大米、小麦、面粉、麸皮、米糠以及干果、干菜、烟草、动植物标本等贮藏物上（图4-28：6～7）。

复习思考题

1. 昆虫分类学的意义和任务分别是什么？由高到低的分类基本阶元有哪些？
2. 何谓物种、命名法、学名、模式标本、优先律、双名法？
3. 在昆虫分类中可选择哪些特征？
4. 掌握昆虫分类检索表的使用和制作方法。
5. 掌握昆虫和螨类与园艺植物有关的重要目、科的分类特征。
6. 在当地采集昆虫和螨类至少50种，按照要求制成标本，并分别鉴定出所属纲、目、科。

第五章　生态环境对昆虫的影响

研究昆虫及其群体与其周围环境相互关系的科学，称为昆虫生态学（insect ecology）。昆虫与环境的关系，总的表现在物质和能量的交换上。昆虫从环境中吸收营养、水分和 O_2 等生长繁殖，同时将新陈代谢的产物排泄到环境中。昆虫在长期的历史发展中，通过自然选择，获得了对环境条件的适应性，但这种适应性是相对的。环境条件在不断地变化，可以引起昆虫的大量死亡或者大量发生，从而实现昆虫种群（population）数量消长动态；同时，昆虫本身的生命活动不断地改变着生活的环境。因此，昆虫与环境的关系是对立统一的辩证关系。

在生态学中，环境一般是指除该种生物有机体外，周围所有生态因素的总和，包括空间以及其中可以直接或间接影响有机体生活和发展的各种因素。环境因素通常可分为气候因素、土壤因素、食物因素和天敌因素等，前两者又称为非生物因素或非密度制约因素，后两者又称为生物因素或密度制约因素。

第一节　生态系统和农业生态系统

一、生态系统的基本概念

生态系统（ecosystem）或自然生态系统（natural ecosystem）是指在同一自然地域中的生物群落（bioticcommunity 或 biocoenosis）和非生物环境的各因素之间通过物质循环、能量流动和信息联系等过程而构成相互作用的生态单元。其中，生物之间的物质循环、能量流动是通过食物链（food chain）和食物网（food web）而实现的。

在自然界不同地域的森林、草原、荒漠、海洋、湖泊、河流、农田等，其外貌和生物组成各有特点，具有不同能流、物流和信息流过程，组成不同的生态系统。生态系统只是一种概念性的表述，它本身不应该也不可能规定具体的范围和大小，而是取决于人们研究的对象、内容和方式。

生态系统这一名称，是由英国的坦斯利（A. G. Tansley）1935 年最先提出，用来概括生物群落和环境共同组成的自然整体。美国的林德曼（R. L. Lindeman）于 1942 年提出生态系统各营养级之间能量流的定量关系，初步奠定了生态系统的理论基础。1965 年在丹麦哥本哈根举行的国际生态学会议上确认了这一名称。20 世纪 70 年代以来，由于数学、控制论、电子计算机、系统理论和系统分析等理论和方法渗透到生态系统研究之中，加上人类社会存在的人口激增、粮食不足、能源短缺、资源破坏和环境污染等严重问题，生态系统已成为现代生态学研究的中心内容。目前，国内外对害虫的治理也向着生态系统管理的水平发展。

二、生态系统的基本结构

生态系统的结构是指系统中各种成分及其相互关系和联结的形式。从组织水平考虑，生态系统的生物成分可分为个体、种群、群落和生态系统。某些较大的生态系统往往可分成若干亚系统或子系统。从营养功能考虑，生态系统的结构包括4个主要成分：

1. 非生物环境 包括参加物质循环的无机元素和化合物，如C、N、P、K、Ca、CO_2、O_2及其化合物；联系生物和非生物成分的有机物质，如蛋白质、碳水化合物、脂类和腐殖质等；提供能量来源的太阳辐射及其他气象条件和物理条件。

2. 生产者 生产者（producer）即自养生物，是通过光合作用固定光能，利用简单无机物制造复杂营养物质的绿色植物。它为生态系统中动物和其他生物提供能量和物质来源。

3. 大型消费者 大型消费者（consumer）又称噬养生物、异养生物、摄食者，它的能量和营养物质来源于生产者，即自己不能利用无机物质制造有机物质，直接或间接地依赖生产者制造营养物质的生物。这类生物又可分为：①植食类，也称初级消费者，即以植物体为营养的生物，包括农业害虫、害螨、老鼠等；②肉食类，也称次级消费者，即以植食类动物为营养和能量来源的生物，包括害虫的天敌等。肉食类还可以分成若干亚级。同时，有些消费者为杂食类，既食植物，又食动物。

4. 微型消费者 微型消费者（decomposer）又称为分解者，这是一类异养物质，可分解动植物尸体中的复杂有机物质，释放出可供生产者重新利用的简单化合物或无机物。分解者主要包括细菌、真菌、环节动物和腐食性昆虫、甲螨、粉螨等。

三、生态系统的基本功能

生态系统的基本功能是指系统之中和系统之间的物流和能流的运动过程。与生产者、消费者和分解者3种成分相对应，其基本功能可分为生产、消费和分解3个过程。由于消费过程是植食者和肉食者将生产者已经合成的有机物质及贮存于其中的能量，按照一定途径在生产系统中运动，所以生态系统中实际上最基本的两个功能过程是生产和分解。

1. 生产过程 生产过程是指生产者（自养生物）以无机物为原料，制造有机物质并固定能量的过程。自然界最主要的生产过程，是绿色植物经光合作用制造有机物的过程。此外，光合细菌和化学合成细菌也能制造一部分有机物。

2. 分解过程 分解过程是指将复杂的有机物质分解成简单的无机物质的过程，广义地讲，是释放能量于环境中的生物氧化过程。最主要的分解过程为有氧呼吸，其次为少数腐生生物的无氧呼吸及酵母菌的发酵作用。

四、生态系统的类型

按照人类对生态系统影响的大小，可将生态系统分为自然生态系统和人工生态系统两类。前者如热带雨林、荒漠、草原、珊瑚礁等，后者如农业生态系统、城市生态系统等。

按照生态系统所在环境的性质，可将生态系统分为水生态系统，又可分为溪涧生态系统、湖泊生态系统、河流生态系统等；海洋生态系统；陆地生态系统，又可分为森林生态系统、农田生态系统、牧场生态系统等。

五、农业生态系统

农业生态系统是指人类从事农业生产活动所形成的生态系统。就其实质来讲，是人们利用生物措施固定、转化太阳能，获取一系列社会必需的生活与生产资料的人工生态系统。农业生态系统与自然生态系统相比，主要有以下不同特点：

①生产者大多由一种农林作物构成，人为地排除物种之间的竞争而使生产者的产量达到最高，造成群落结构简单。因此，常常导致一些一级消费者（如害虫）数量多，成为优势种害虫，不得不进行防治。由于药剂防治害虫不当，造成农药残留（residue）污染环境，大量杀伤天敌，使害虫减弱控制因素，从而使有些潜在性的次要害虫很容易上升为重要害虫；一些曾被控制了的害虫因控制因素被削弱或产生抗药性（resistance）而引发再猖獗（resurgence），使农业生态平衡不断被打破。

②在以农林植物为中心所形成的生物群落中，生物种类少，营养层次简单，食物链环节少，系统内部自我调节能力差，系统稳定性不高，易受不良环境因素的影响。

③种植的植物有 1 年生的蔬菜和多年生的果树等，生命周期长短不一。由于以特定的市场经济生产为目的，种植的作物种类或品种及其耕作制度与栽培技术不断变更，致使生物群落演替（community succession）常常被人为地阻止或演替时间短而不连续。

④由于植物产品不断地被拿出系统外进行贮存、加工或销售，削弱或中断了系统内能流和物流层面，必须以施肥、灌水等方式进行补充，以维持系统中正常的物流和能流，确保高生产力。

⑤由于农林植物种群主要受人为因素对产量、品质方面的选择、淘汰，其遗传变异幅度窄，对环境及种间竞争等的抵抗力差，同时与自然种群相比，年龄结构单纯，生长发育一致，营养成分含量较高。加之群落结构简单，提高了农业生态系统的单纯性和不稳定性，易引起害虫的猖獗发生与为害。

⑥农业生态系统的结构或内涵因社会需求、经济效益的变化而变化，因此是社会—经济—自然复合生态系统的一个组成部分。

第二节 气候因素对昆虫的影响

气候因素包括温度、湿度、降水、光、气流、气压等。在自然条件下，这些因素是综合地作用于昆虫的，但各因素的作用并不相同，其中对昆虫影响较大的是温度和湿度。

一、温　　度

昆虫是变温动物，其体温基本上取决于环境温度。因此，环境温度对昆虫的生长、发育和繁殖有很大的影响，适宜的环境温度是昆虫生存的必要条件。另外，环境温度通过影响食物、天敌和其他气候因素等间接作用于昆虫。

（一）昆虫对温度的一般反应

昆虫的生长、发育和繁殖等生命活动在一定的温度范围内进行，这个温度范围称为有效温区或适宜温区（optimum range），一般为 8～40℃。该温区又分为最适温区（一般为 22～30℃）、低适温区（一般为 8～22℃）和高适温区（一般为 30～40℃）3 部分。有效温区的下限是昆虫开始生长发育和停止生长发育的临界点或各自的起点温度，称为发育起点温度（threshold of development temperature）或最低有效温度（minimum effective temperature），一般为 8～15℃的某一温度（不同物种及其个体都有所不同）。在发育起点温度以下，有一个停育低温区，称为亚致死低温区（sub－lowest lethal temperature range），在此范围内，昆虫因低温而呈休眠状态，体内代谢很缓慢，可引起生理功能失调，死亡取决于低温强度和持续时间。温度再下降，昆虫因过冷而短时间死亡，称为致死低温区（lowest lethal temperature range），通常致死低温区为－10～－40℃。同样，有效温区的上限称为最高有效温度（maximum effective temperature）或高温临界，其上边也有一段停育高温区，称为亚致死高温区（sub - upper lethal temperature range），一般为 40～45℃或更高些。它的再上边为致死高温区（upper lethal temperature range），一般为 45～60℃，在该范围内可短时间致死（图 5 - 1）。

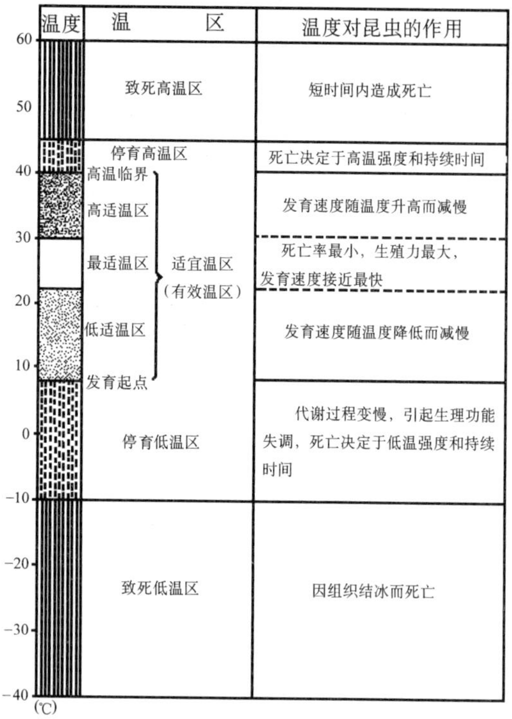

温度（℃）	温　区		温度对昆虫的作用
60～50	致死高温区		短时间内造成死亡
40	停育高温区		死亡决定于高温强度和持续时间
	高温临界	适宜温区（有效温区）	
30	高适温区		发育速度随温度升高而减慢
20	最适温区		死亡率最小，生殖力最大，发育速度接近最快
10	低适温区		发育速度随温度降低而减慢
	发育起点		
0	停育低温区		代谢过程变慢，引起生理功能失调，死亡决定于低温强度和持续时间
－10～－40	致死低温区		因组织结冰而死亡

图 5 - 1　温带地区昆虫对温度的反应与温区的划分
（仿西北农学院农业昆虫学教研组）

昆虫对温度的反应和适应范围因下列情况而不同：①昆虫种类不同，对温度的反应不同；②同种不同个体和不同虫期对温度的反应均不同；③同种同虫期而不同的生理状态对温度的反应也不同，通常越冬时期的抗寒力最强；④昆虫对温度的变化速度和持续时间的反应不一样，通常温度的突然升高或下降，常使昆虫对高、低温度的适应范围变小。

（二）温度对昆虫的影响

1. 温度对昆虫发育的影响　在一定的温度范围内，昆虫的发育速率与温度成正比，即温度越高，发育速率越快，而发育所需的时间越短。根据试验测得，昆虫完成一定发育阶段（虫期或世代）所需天数与同期内的有效温度（发育起点以上的适宜温度）的乘积是一个常数，此常数称为有效积温（effective accumulative temperature）。这一规律称为有效积温法则，可用公式表示：

$$K=N(T-C) \text{ 或 } N=K/(T-C)$$

式中：K——有效积温；

N——发育天数；

T——实际温度；

C——发育起点温度。

有效积温法则在害虫预测预报上可用于推测昆虫在不同地区的世代数和发生期，在益虫饲养中可用于控制发育进度。

应用有效积温法则时应注意以下问题：①影响昆虫生长发育速度的因素不仅是温度，其他因素如湿度、食料等也有一定影响，有时甚至是主导因素；②测报利用的气象资料多来自气象部门，而大气候与田间小气候有一定的差距；③如果气温超过适温区，发育速率与温度不呈直线关系。

2. 温度对昆虫繁殖的影响　昆虫繁殖也有一定的适温范围，一般接近于生长发育的适温范围。在适温范围内，昆虫的性腺成熟随温度升高而加快，产卵量较大。在低温下，成虫多因性腺和卵巢不能发育成熟或不能交配等而繁殖力下降；在不适宜的高温下，成虫寿命短，雄虫精子不易形成或失去活动能力，使不孕率增高，降低繁殖力。卵在胚胎发育和胚后发育过程中遇到不良温度时，孵化率和各虫态的死亡率都在增加，尤其是低龄阶段更为突出，影响种群数量增长。

3. 温度对昆虫其他方面的影响　温度不仅影响昆虫的生长发育和繁殖，也影响昆虫的寿命。一般情况下，昆虫的寿命随温度的升高而缩短，但寿命的长短与生殖力并无密切的关系。温度对昆虫的行为活动影响也很大。在适温范围内，昆虫的活动随温度的升高而加强。此外，温度也影响昆虫的地理分布。

二、湿度和降水

湿度和降水问题，实质上就是水的问题。大气中湿度的高低主要取决于降水，而小气候的湿度还与河流、灌溉、地下水及植被状况等有密切关系，它们对昆虫有着直接和间接的影响。

水是昆虫进行一切生命活动的介质，是昆虫重要的生存条件，没有水就没有昆虫的生命。虫体的含水量一般为体重的46%～92%，有些水生昆虫可高达99%。昆虫种类、虫态不同，含水量也不同，一般幼虫含水量都高，越冬虫态含水量则较低。当外界环境条件的改变使昆虫体内水分失去平衡时，便可引起昆虫生长发育、繁殖和存活等方面发生异常表现。

昆虫体内水分的平衡是通过水分的吸收和排除来调节的。昆虫获得水分的方式主要有：①从食物和饮水中获得水分；②通过卵壳和体壁吸收水分；③某些昆虫在水分缺乏时，可利用新陈代谢过程中产生的代谢水。昆虫失去水分的主要途径是通过呼吸由气门丧失，其次是粪便和体壁的节间膜部分的蒸发。

（一）湿度对昆虫的影响

湿度的主要作用是影响虫体水分的蒸发以及虫体的含水量，其次是影响体温和代谢速率。

1. 湿度对存活率的影响　湿度对昆虫存活的影响较为显著，特别是在卵孵化、幼虫蜕皮、化蛹、羽化时，如果大气湿度过低，往往导致大量死亡。大地老虎卵的存活率在25℃的条件下，相对湿度70%时为100%，相对湿度90%时为97.5%，相对湿度50%时仅为56.54%。

2. 湿度对生殖力的影响　干旱影响昆虫性腺的发育，是造成雄性不育的一个原因，也影响交配和雌虫产卵量。因此，一般情况下，湿度大，产卵量高，卵的存活率也高，特别是鳞翅目昆虫繁殖通常都要求较高的湿度。如黏虫在25℃下，相对湿度90%时产卵比60%时多1倍。

3. 湿度对发育速率的影响 湿度对昆虫发育速率的影响不如温度那样明显。在一定的温度条件下，湿度才会影响昆虫的发育速率。这主要是由于昆虫体内血液有一定的调节代谢水的能力，所以只有在湿度过高或过低且持续一定时间后，其影响才能比较明显地表现出来。而且，一般昆虫在发育期间食物含水量充足，湿度的影响更不易表现出来。

（二）降水对昆虫的影响

降水除了提高空气和土壤湿度而影响昆虫的生长、发育、存活和繁殖外，还由于大雨或暴雨对蚜虫、螨类及其他一些害虫的卵、初孵幼虫有机械冲刷作用，可直接影响昆虫的数量变化，但依降水的时间、次数和降水量而定。冬季降雪有利于昆虫的存活，这是因为雪的覆盖能提高土表和土壤上层温度和湿度。降水还影响土壤温湿度，从而影响作物的生长发育状况和营养成分，间接对昆虫起作用。

天气干旱可导致蚜虫、飞虱、粉虱、蓟马、叶螨等严重发生，其主要原因：①由于干旱少雨，减少了对这些害虫的机械冲刷死亡；②湿度小、温度高，对这些害虫发育和繁殖有利；③大气和土壤中湿度降低，会导致植物体内水分减少，从而细胞内水分相对较少，而蛋白质、糖类、脂肪、维生素等干物质浓度加大，这些害虫吸取这种食物，致使虫体内水解酶增多，蛋白质和可溶性糖类浓度提高，便于吸收利用，有利于它们的发育和繁殖；④天气干旱不利于天敌的繁殖和存活。

三、温湿度对昆虫的综合影响

在自然界中，温度和湿度并存，互相联系，共同作用于昆虫。当温度适宜时，由于湿度不同，昆虫的反应不同；反之，当湿度适宜时，由于温度不同，昆虫的反应也不同。只有当温湿度都适宜时，才有利于昆虫的生长、发育和繁殖。因此，在分析害虫发生消长动态时，不能仅根据温度或相对湿度单项气候指标，而应注意它们的综合作用。

温湿度综合作用的指标，通常用平均温度或有效温度与相对湿度或降水量的比值表示，称为温湿系数或温雨系数（E），其公式为：

$$\text{温湿系数 } E=RH/T \text{ 或 } RH/(T-C)$$

$$\text{温雨系数 } E=P/T \text{ 或 } P/(T-C)$$

此外，气候图（climograph）也是一种分析温湿度对昆虫综合作用的表示方法。

四、光

光对昆虫来说虽然不是一种生存条件，但光对昆虫的趋性、活动行为、生活方式等有直接或间接的影响。光对昆虫的影响主要有3个方面，即光的强度（能量）、光的性质（波长）和光周期（昼夜长短及其季节性变化）。

1. 光的强度 光的强度主要影响昆虫昼夜节律行为、飞翔、交配产卵、取食、栖息等，主要表现为昆虫的日出性与夜出性、趋光性与背光性等。例如，桃蛀螟、玉米螟、小地老虎、小菜蛾、甘蓝夜蛾等许多蛾类成虫均在黄昏或晨曦时活动，而菜粉蝶等蝶类则在白天活动。

2. 光的性质　人类对光波的视觉范围为770～390nm，呈现出红、橙、黄、绿、青、蓝、紫7色，而昆虫对光波的视觉范围为700～153nm，它们与人的视觉相比偏于短光波，即昆虫可以看到部分紫外光，多数夜间具有趋光性的昆虫对365～400nm的光波产生兴奋而飞向灯光，这就是黑光灯诱虫的原理。不同昆虫对光波各有特殊的反应，如有翅蚜虫、粉虱、斑潜蝇等对黄色具有趋性，而菜粉蝶等许多植食性昆虫对紫、蓝、绿色表现出趋性。

3. 光周期　光周期（photoperiodism）是指一年中白天与夜间的长短呈节律性的变化，通常以光照时数来表示。光周期主要对昆虫的生活起着一种信号作用，即生物钟（biological clock）。昆虫的年生活史、滞育、世代交替及蚜虫的季节性多型现象等均与光周期变动的信息作用有密切关系。有些昆虫在不利条件来临之前，便在生理上有所准备进入了滞育。其中，短日照可引起如桃小食心虫、棉铃虫等一些昆虫进入滞育，称为短日照滞育型；而长日照也能引起如大地老虎、家蚕等许多昆虫滞育，称为长日照滞育型。能使滞育性昆虫种群50%个体滞育时的光照时数，称为临界光照周期。再如，豌豆蚜（*Acyrthosiphum pisum*）若虫期在每天光照8h、20℃时，可产生有性繁殖后代；而在光照16h、25～26℃或29～30℃时，即产生无性繁殖后代。棉蚜也有相似的反应。

五、风

风对昆虫的迁飞、扩散起着重要的作用。许多昆虫可以借助风力做近距离飞行扩散或远距离迁飞。如玉米螟、槐尺蛾等一些吐丝下垂的幼虫，借助风力在植株或枝条间扩散；群居型东亚飞蝗在微风时逆风迁飞，而大风时则顺风迁飞；小地老虎、黏虫、褐飞虱、某些蛱蝶和蚜虫等迁飞性害虫与季风有密切的关系，可随气流做远距离迁飞，但大风可使许多昆虫的飞行停止。风除直接影响昆虫的迁飞、扩散外，还影响环境的湿度和温度，从而间接影响昆虫。

第三节　土壤因素对昆虫的影响

土壤是昆虫的一种特殊的生态环境，有些昆虫终生生活在土壤中，如蝼蛄、白蚁、跳虫等；有很多昆虫以一个虫态或几个虫态生活于土壤中，如蝉、蛴螬、金针虫、地老虎等。据估计，有98%以上的昆虫与土壤发生密切的关系。

（一）土壤温度

土温主要来源于太阳辐射热，其次为土中有机质发酵产生的热，但后者很少。因此，土温与气温一样有昼夜和季节性变化，但其变化幅度不像地面那么大，离表土越深变化越小，距地面1m深以下，昼夜几乎没有温差。这就为土栖昆虫提供了一个比较理想的环境，不同种的昆虫可以从不同深度的土层中找到适宜的土温，加之土层的保护，所以许多昆虫在土壤中越冬（或越夏）、产卵和化蛹等，如棉铃虫、甘蓝夜蛾、大豆食心虫、黄守瓜等。

土栖昆虫在土中的活动通常随着适温层的变动而垂直迁移。例如，蝼蛄、蛴螬、金针虫等地下害虫，秋季温度下降，向下层移动，气温越低，在土中潜伏越深，春季天气转暖，向上层移动。这种垂直活动不仅在一年中随季节而变化，而且也在一天中随土温变化而上下移动。如小地老虎等地下害虫在盛夏中午常躲藏在较深的土层中，上午和傍晚上升到表土层进行为害。

（二）土壤湿度

土壤湿度包括土壤水分和土壤空隙内的空气湿度，主要取决于降水和灌溉。土壤空气中的湿度，除表层外一般总是处于饱和状态。因此，许多昆虫的不活动期如卵、蛹常常以土壤作为栖境，这样可以避免大气干燥对其的不利影响。土壤湿度影响土栖昆虫的分布和为害，如小地老虎、细胸金针虫喜欢在含水量较高的低洼地活动和为害，而沟金针虫则适于旱地草原，多种拟地甲适于荒漠草原的干旱沙地。沟金针虫在春季干旱年份，虽然土温已适于活动，但由于表土层缺水，影响了幼虫的上升活动。土壤水分过多不利于地下害虫的活动和为害，如在小地老虎为害盛期可通过灌水减轻受害程度。

地下害虫由于体壁经常与土粒摩擦，蜡质层易受磨损，体壁吸水性加强。利用这一特点，可在夏季进行伏耕暴晒，或使用药剂拌种，可有效地防治地下害虫。

（三）土壤的理化性状

土壤的理化性状包括土壤成分、组成的土粒大小、土壤紧密度、透气性、团粒构造，以及含盐量、有机质含量和土壤酸碱度等性状。各种具有不同理化性状的土壤，不仅影响生长的植物，也决定着地下和地面某些昆虫的种类及数量。

土壤的性质和结构影响许多地下害虫的地理分布。例如，华北蝼蛄主要分布在淮河以北偏盐碱的沙壤土地区，而东方蝼蛄则主要分布在南方偏酸性的较黏重土壤地区。葡萄根瘤蚜能在结构疏松的团粒土壤和石砾土壤中严重为害葡萄根部，而在沙土地里基本不能生存。蔬菜害虫黄守瓜的产卵、化蛹及羽化均与土壤物理性状有关，产卵以壤土最适宜，黏土次之，沙土中不见产卵；在壤土和黏土中化蛹和羽化均达90%左右，而在沙土中则只有60%和75.5%。

土壤的化学性质，如土壤中矿物质含量、CO_2、氨气、氢离子浓度等，均影响昆虫的分布和生长发育。土壤含盐量是东亚飞蝗发生的重要限制因素。调查表明，土壤含盐量在0.5%以下的地区是东亚飞蝗的常发区，含盐量为1.2%～1.5%的地区则无此虫分布。因此，含盐量1.2%成了东亚飞蝗自然分布的界限。土壤的酸碱度也影响一些地下害虫的分布与为害。沟金针虫、蛴螬、葱蝇等喜欢生活在酸性土壤中，而细胸金针虫、麦红吸浆虫幼虫正好相反。

土壤中有机质含量也影响一些地下害虫的分布与为害。如施用大量未腐熟有机肥的地里，易引诱种蝇、金龟子等前来产卵，因而这些地里的种蝇幼虫和蛴螬发生数量多、为害重。

总之，所有与土壤发生关系的昆虫，对土壤的温度、含水量、机械组成、酸碱度、有机质含量等都有一定的要求。而人类可以通过耕作制度、栽培条件等的改善来改变土壤状况，从而创造有利于作物生长而不利于害虫生存的环境条件。

第四节　食物因素对昆虫的影响

昆虫同其他动物一样，必须取食动植物或其产物。因此，食物因素是昆虫必要的生存条件。

一、昆虫的食性及分化

昆虫在长期演化过程中，形成了对食物的不同适应性，即食性。按照昆虫食性的分化情况，可将其分为不同的类型。按照食物的性质和来源，昆虫的食性可分为植食性、肉食性、腐食性和杂食性 4 类。其中，植食性昆虫占昆虫总数的 40%～50%，如黏虫、小地老虎、美洲斑潜蝇、东亚飞蝗、稻飞虱等为农业害虫；肉食性又可分为寄生性和捕食性两类，大多数为害虫的天敌，如草蛉、食蚜蝇、赤眼蜂等，少数为人畜的卫生害虫，如牛皮蝇；腐食性种类在生态系统中起着清除动植物残体的作用，如埋葬虫、粪金龟等；杂食性昆虫既可取食植物又可取食动物，如蜚蠊。

按照取食范围的大小，又可分为单食性、寡食性和多食性 3 类。其中，单食性昆虫只取食 1 种或其近缘种的植物或动物，如豌豆象只取食豌豆，梨大食心虫只为害梨，三化螟只取食水稻和野生稻，大豆食心虫只取食大豆和野生豆。寡食性昆虫只取食 1 科或近缘科的一些食物种类，如萝卜蚜、菜粉蝶、大猿叶虫、黄条跳甲等只喜食十字花科蔬菜，豇豆野螟只为害豆科植物，朝鲜球坚蜡蚧只为害蔷薇科的梅亚科植物。多食性昆虫可取食亲缘关系不同的许多科的种类，如棉铃虫可取食番茄、茄子、豆类、白菜等 250 多种植物。

昆虫由于食性的分化，在形态上和生理上都可产生相应的适应，如口器类型、头式、消化器官等都发生相应的变异。同一种昆虫因性别、虫态、季节、地域等不同，食性往往产生一定的变化。如菜粉蝶幼虫以十字花科蔬菜叶片为食，成虫却以花蜜为食。蚜虫通常有季节性的寄主转移现象，棉蚜在夏季以棉花和瓜类等田间作物为食，在秋末和早春却以木本植物为寄主。

二、食物对昆虫的影响

食性分化是昆虫对食物选择性的一般表现。各种昆虫都有其适宜性的寄主。尽管寡食性和多食性昆虫可取食许多种食物，但各自有最嗜食的食物。昆虫取食适宜食物时，生长发育快、死亡率低、繁殖力高。例如，东亚飞蝗蝗蝻取食禾本科和莎草科植物时，发育期缩短、死亡率较低；饲以油菜，则发育期延长、死亡率增高，只有少数能完成生活史；饲以棉花和豌豆等则不能完成发育而死亡。同样，取食禾本科植物产卵量最高，莎草科次之，大豆、油菜等双子叶植物最差。

取食同种植物的不同器官，影响也不相同。例如，棉铃虫取食棉花的不同器官，其发育历期、死亡率、蛹重、羽化率均有明显差异。取食同种植物的不同发育阶段，对昆虫的生长发育也有明显的影响。如稻纵卷叶螟取食浓绿的阔叶矮秆品种分蘖期时，4 龄幼虫化蛹率很高，而取食水稻其他发育期时，则至 5 龄幼虫才化蛹。

研究食性及食物因素对植食性昆虫的影响，在农业生产上有重要的意义。例如，在引进一种新作物时，可以根据昆虫的食性，预测作物上可能发生的害虫优势种，从而采取相应的预防措施；对于单食性和寡食性害虫，可以考虑采用轮作等方式控制这类害虫的为害。

三、植物抗虫性

植物与植食性昆虫在长期的进化过程中，不断地相互适应。没有一种植食性昆虫能取食所有植物，也没有一种植物被所有植食性昆虫取食。也就是说，每一种植食性昆虫对食料植物都有选择性，而每种植物都有抗虫性。某些植物品种由于生物化学特性、形态特征、组织解剖特性、生长发育特征或物候特征等，使某些害虫不去产卵或取食为害，不能在上面正常生长发育，或能正常生长发育，但不为害农作物的主要部分，或虽为害主要部分，但对产量影响不大，这些植物对昆虫具有良好的适应性，这种使植物免受害虫为害或恢复生长发育能力的特性，称为抗虫性。在田间与其他种植作物或品种相比，受害轻或损失小的植物或品种称为抗虫性植物或抗虫性品种。根据抗虫性的机制，可以分为以下 3 类：

1. 不选择性　不选择性是指某些植物由于形态上、生化上或物候上的特性，使昆虫不趋向其上栖息、产卵或取食的特性。也就是说，植物对害虫的抗选择性包括抗取食选择和抗产卵选择等。如番茄植株的腺毛数量与对棉叶螨的抗性有关，腺毛稠密的品种着卵量比腺毛稀少的品种少 6%～50%；萝卜披叶性品种与簇叶性品种相比不易招引菜螟产卵，受害轻。

2. 抗生性　抗生性是指有些植物或品种含有对昆虫有毒的代谢产物（如生物碱、糖苷、苯醌等）；或缺乏昆虫生长发育所必需的某些营养物质或数量不适宜；或营养比例失调；或存在使某些营养要素不能被昆虫利用的抗代谢物质；或存在着抑制食物消化和营养利用的酶，致使获得的营养物质不能为昆虫所利用；或由于对昆虫取食或生殖产生不利的物理、机械作用等，取食后对昆虫引起暂时性或持久性的不利的生理学影响，如发育不良、寿命缩短、生殖力减弱，甚至死亡的特性。如在玉米幼苗和抗性品种中存在一种称为“丁布”的物质，有毒化学含量较高，因此，玉米螟幼虫在玉米幼苗和抗性品种上发生为害轻；当南瓜中 D-葡萄糖浓度在 1%以上时，对瓜螟有抗性，高抗品种中还含有半乳糖醛酸。

3. 耐害性　耐害性是指植物受害后，具有很强的增殖和补偿能力，而不致在产量上有显著损失。如马铃薯等有很强的补偿能力，在营养生长阶段，即使叶片被大量取食，产量影响也很小；一些分蘖能力强的禾谷类作物品种受到蛀茎害虫为害时，即使被害茎枯死，可分蘖补偿，减少损失。

上述 3 种机制有时在一个品种上全部表现出来，有时只表现其中之一，有时很难截然分开。选育和利用抗虫品种是害虫综合治理的一个重要组成部分，对保障农业可持续发展具有重要意义。

四、抗虫性的选育

选育抗虫品种的方法多种多样，主要包括系统选种、引种、杂交、物理或化学诱发突变、嫁接等。目前，国内外都在开展抗虫基因工程的研究，美国、荷兰、澳大利亚及中国等许多科学家通过 DNA 重组技术已成功地将 Bt 毒素蛋白基因、蛋白酶抑制基因等成功地导入了棉花、玉米、水稻、大豆、烟草、番茄等多种作物，培育了许多转基因抗虫品种，并已商业化生产，表现出了良好的抗虫效果。2001 年我国又成功地育成双价棉品种推广应用。

然而，转基因食品对人类健康的风险性还存在较大争议，故有些国家规定不能将其列入绿色食品，并在销售时出具转基因标识。

第五节 天敌因素对昆虫的影响

在自然界中，昆虫与其他生物之间存在着相互依赖、相互制约的关系，如寄生和捕食就是生物间相互作用的现象。抑制昆虫种群数量增长的生物，称为昆虫天敌。昆虫天敌种类及其数量都很多，主要包括致病微生物、天敌昆虫、其他食虫动物及食虫植物。

一、致病微生物

昆虫致病微生物包括细菌、真菌、病毒、立克次体、原生动物、线虫等，其中前 3 类较重要。

1. 细菌 昆虫病原细菌已知有 90 多种，分属芽孢杆菌和无芽孢杆菌两大类。应用较多的属于前者，如苏云金杆菌（*Bacillus thuringiensis*，Bt，含 100 亿活孢子/ml 以上）和日本金龟子芽孢杆菌（*Bacillus popilliae*）。细菌病害的共同特征是病菌从口腔侵入，感病后昆虫行动迟缓，食欲减退，烦躁不安，口腔和肛门常有排泄物，导致败血症，死后虫体一般发黑，软化腐烂，有臭味。

苏云金杆菌（Bt）对昆虫毒性高，杀虫范围较广，对其他动物和植物无毒害，容易在人工培养基上生长。因此，苏云金杆菌已成为目前世界上应用最多的细菌杀虫剂。目前已分离到苏云金杆菌菌株 4 万多株，50 多个亚种，鉴定了 100 多个伴孢晶体蛋白基因（毒蛋白基因）。目前已成功地将 Bt 毒素基因转移到棉花、玉米等作物中，这些作物的抗虫性得到了显著提高。培育转基因抗虫作物已成为国际植物保护领域研究的热点。然而，对于这些转基因作物的安全性尚有争议。

2. 真菌 昆虫病原真菌又称虫生菌，种类繁多，已知有 900 多种。病原真菌一般从体壁侵入体内，菌丝在体腔内增殖，然后入侵主要器官，分泌毒素使寄主死亡。死虫的身体通常僵硬，体表有白色、绿色、黄色等不同颜色的霉状物（菌丝体）。多数真菌孢子的萌发和致病需要高湿度，所以只有在高湿多雨的条件下才能流行。

常见的病原真菌有白僵菌、绿僵菌、轮枝孢、木霉和蚜霉等，其中应用最广的为白僵菌，其可侵染鳞翅目、鞘翅目、同翅目、膜翅目、直翅目及螨类等 200 多种寄主。白僵菌能在人工培养基上生长，其分生孢子寿命长，可制成干粉长期保存，宜于工厂化生产和田间使用，主要用于防治松毛虫、玉米螟、大豆食心虫等 20 多种害虫。但白僵菌对养蚕业存在很大威胁，应在蚕区禁用。

3. 病毒 目前我国已知寄生昆虫和蜱螨类的病毒有 200 多种，主要包括核型多角体病毒（NPV）、质型多角体病毒（CPV）和颗粒体病毒（GV）。病毒通过口腔感染，昆虫染病后食欲减退，行动迟缓，最后腹足紧抓寄生植物枝梢，体下垂而死，体液无臭味，可与细菌病害相区别。病毒主要感染鳞翅目幼虫，寄主专化性强，一种病毒只能侵染 1 种或少数几个近缘种。在自然界，病毒主要通过带病毒的食物、接触染病昆虫、虫尸及昆虫排泄物传播。利用病毒防治害虫的优点是专一性强、用量少、持效时间长，但缺点是必须进行活体培养，因而在应用上受到限制。

二、天敌昆虫

天敌昆虫一般可分为捕食性和寄生性两大类。

1. 捕食性天敌昆虫 捕食性天敌昆虫种类很多，分属于18目近200科，常见的包括螳螂目、半翅目、脉翅目、蛇蛉目、鞘翅目、双翅目和膜翅目等。最常见的捕食性天敌昆虫有螳螂、捕食蝽、草蛉、步甲、瓢虫、食虫虻、食蚜蝇、胡蜂、土蜂等，这些天敌昆虫在田间捕食大量害虫，对害虫种群数量起着重要的抑制作用。许多捕食性天敌昆虫已被应用于害虫的生物防治中，如黄猄蚁防治柑橘害虫，草蛉防治棉铃虫，澳洲瓢虫防治吹绵蚧等。

2. 寄生性天敌昆虫 寄生性天敌昆虫种类也很多，隶属于5目近90科，主要是双翅目的寄生蝇和膜翅目的寄生蜂，特别是后者在害虫生物防治中应用最多。例如，应用赤眼蜂防治玉米螟、松毛虫、苹果卷叶蛾等，利用丽蚜小蜂防治温室白粉虱等，均取得了很好的防治效果。寄生性天敌昆虫与捕食性天敌昆虫不同，一般比寄主小，1头寄生物在1头或几头寄主上就可完成生长发育，寄主死亡需要较长的时间，幼虫营寄生生活，而成虫则营自由生活。有些寄生性昆虫在寄主1个虫态（虫期）内就可完成发育，而有些需经过寄主的2～3个虫期才能完成发育。前者称为单期寄生，后者称为跨期寄生。绝大多数寄生性昆虫对寄主虫期要求严格，寄生卵的寄生性昆虫不能寄生其他虫期的寄主，反之亦然。因此，在田间释放寄生性天敌昆虫时，害虫发育虫期必须与天敌所需的虫期相吻合。

三、其他食虫动物及食虫植物

1. 蜘蛛 蜘蛛是节肢动物中较大的类群，许多种类都以昆虫为食，且食性很广，其中以狼蛛、球腹蛛、微蛛、跳蛛等类群在生物防治中的作用较大。

2. 益螨 益螨的种类很多，主要有植绥螨、肉食螨、赤螨、大赤螨、长须螨类群等，都是农林害虫、害螨的重要天敌。其中，植绥螨科内有许多种类的应用前景较大，可以人工培养将其释放在保护地中控制害虫和害螨的种群数量，在急需用农药时，对它们的影响很小，仍然由它们继续扫残控害。

3. 两栖类 两栖类中的蟾蜍和蛙多以昆虫为食，如生活于菜园、池塘边的蟾蜍，取食害虫及其他有害动物占食物总量的90%以上。蛙类多以害虫为食，是活的“杀虫机器”。

此外，爬行类中的蜥蜴和壁虎主要以昆虫为食。鸟类对清除害虫作用显著，有些鸟类终生捕食昆虫，如啄木鸟、灰喜鹊、家燕等，甚至麻雀也在哺育期间捕食昆虫，保护与招引鸟类有助于减少害虫对林区和果园的为害。另外，我国有些地方有养鸭、养鸡除虫的习惯。蝙蝠主要捕食空中飞翔的昆虫。世界各地养鱼灭蚊的试验相当普遍，不少鱼类捕食孑孓（蚊子幼虫）。例如，原产于南美的柳条鱼被很多国家引入防治按蚊。在热带雨林尚有某些食虫植物。

第六节　种群与群落

一、种　　群

种群是指在一定的生活环境内，占有一定空间的同种个体的总和，是种在自然界存在的基本单位和生态学研究的基本单位。种群不仅是一个能量流动和物质循环的单位，也是一个自动调节系统，通过自动调节使其在生态系统中维持自身的稳定性。

种群是由同种个体组成的，具有与个体相类比的特征。例如，个体具有出生、死亡、性别、年龄、寿命、休眠或滞育等特性，种群相应地以其统计特征反映出来，即有出生率、死亡率、性比、年龄结构、平均寿命、休眠率或滞育率等。但种群作为一个群体结构单位，还具有个体所不具有的特征，如种群密度及数量动态、空间格局、基因频率等。从系统生态学的观点出发，种群及其环境也可视为一个系统。种群与环境之间不是相互对立的作用与反作用关系，而是一个相互联系的呈网络结构的整体关系，它具有群体的信息传递、行为适应、数量反馈控制的功能。在种群生态学上它是一个抽象的概念，而对某种昆虫而言是指具体种群，如一块菜地的小菜蛾种群、菜粉蝶种群等。同种种群之间在形态上常没有明显的差异，也不存在生殖隔离。但在长期的地理隔离或寄主食物特化的情况下，也会使同种种群之间在生活习性或生理、生态特性上存在某些差异，形成所谓的地理种群（地理宗）和食物种群（食物宗）。系统调查了解其种群数量动态，对于害虫预测预报和防治工作均具有十分重要的意义。

（一）种群的结构

种群中的个体由于性别不同、年龄不同、生理状况不同等原因，所以在某些生物学特性方面也有差异。所谓种群的结构就是指种群内某些生物学特性互不相同的各类个体群在总体内所占的比例的分配状况，其中最主要的是性比和年龄组配，此外，还有因多型现象而产生的各类生物型。

1. 性比 绝大多数种群内包含雌性和雄性两类。性比是指雌性个体数与雄性个体数的比值，也可用雌性占总数的百分比表示。昆虫的性比依种类不同而异，同一种群的性比也会因环境变化而变化。性比不仅对种群出生率有显著影响，而且对死亡率也有影响。因此，性比是影响种群数量变动的重要因素之一。对某些一生中大部分时间营孤雌生殖的种类，如蚜虫、介壳虫、蓟马及部分螨类，在分析种群结构时，可以忽略其性比。

2. 年龄组配 种群的年龄组配是指在昆虫种群中各年龄组（各虫期、各虫态）个体数的相对比率或百分率。不同年龄的个体对环境的适应能力不同，对作物的为害程度不同，繁殖能力不同，甚至空间分布格局也不同。种群的年龄组配是种群的一个重要特征。一个种群内不同年龄群的比例既可决定当时种群的生存生产能力，又可预见未来生产状况。一般来说，具有高比例年轻个体的种群增长能力强，年龄分布均匀的种群稳定，而具有高比例老年个体的种群趋向于衰退。因此，在分析种群数量动态时，必须考虑种群的年龄组配。

（二）种群的生态对策

生态对策是指种群在进化过程中，经自然选择获得的对不同栖境的适应方式，是种群的一种遗传学特性。在自然条件下，生物的环境条件差异较大。就稳定性而言，有的极为短暂，有的相对长久。在这些生境的生物也向着两个不同的方向演化。一个极端是生物个体较大，寿命和世代较长，繁殖能力较弱，常具有保护子代的能力，竞争能力较强，种群有可能达到环境容纳量 K 的水平，但种群数量一旦下降到平衡水平以下时，在短期内不易迅速恢复，这类生物适应于较为持久的生境，称为 K -对策者；另一个极端是生物个体较小，寿命和世代较短，繁殖能力强，死亡率高，具有较强的扩散和迁移能力，种群数量下降后易于在短期内恢复，这类生物适于多变、短暂的生境，称为 r-对策者。在这两个极端类型之间还有许多中间类型，构成 r-K 连续系统。昆虫总体上处于 r 端，许多为典型的 r-对策者，如蚜虫、飞蝗、小地老虎等；昆虫中也有一些种类属于 K-对策者，如金龟甲、天牛、十七年蝉、苹果蠹蛾、舌蝇等。

根据昆虫的生态对策可将害虫划分为 r-类害虫、K-类害虫和中间型害虫。通常 r-类害虫的繁殖能力强，种群恢复能力强，许多种类具有迁飞扩散能力，大发生频率高，常为暴发性害虫，天敌在大发生前的控制作用常比较小。因此，对 r-类害虫的控制策略应采用以农业防治为基础，化学防治与生物防治并重的综合防治。由于此类害虫的繁殖能力强，种群数量易于在短期内迅速恢复，特别是易产生抗药性，因而单纯的化学防治不能起到较长久的良好控制作用，但在大发生的情况下，化学防治可迅速压低其种群数量。应该研究保护利用和释放 r-对策天敌昆虫，充分发挥生物防治的控制效益。

K-类害虫繁殖能力弱，种群数量少，在短期内不易迅速恢复，食性较单一，但这类害虫往往直接为害作物的产品，如果实等，所以仍能造成较大的损失。对这类害虫的最优对策是耕作防治和抗虫品种的利用，也是遗传防治的最适对象。

中间型害虫往往采用生物防治就可获得良好的防治效果，而不合理地利用化学防治很可能导致害虫再猖獗。

二、群　　落

群落又称生物群落，是指在一定地段或一定生境内各种生物种群构成的结构单元。在自然景观中，不论是在原始的还是经人为改造的生境内，都有各种植物、动物和微生物生活在一起，它们之间有着复杂的相互依存、相互制约的关系。群落是用以指明任何大小和自然特性的生物种群的集合。例如，菜田生物群落、苹果园生物群落或菜田昆虫群落、苹果园昆虫群落等。

在一个群落中，共同生活在一起的各种生物，是通过生物之间物质循环和能量转换的联系，形成复杂而有序的关系。因此，群落特征是只有在群落水平上才有的特征，包括群落的多样性和均匀性、群落的优势种、群落的生长形式及其结构、营养结构和群落演替等。

（一）群落的营养结构

营养关系是生物群落各成员之间最重要的联系，是群落赖以生存的基础。分析群落的营养关系，就可以了解其营养结构。营养结构可以用食物链、食物网、生态锥体来表示。

食物链是指生物通过取食而形成的锁链式营养联系。在生态系统中，它表示食物从植物转入植食性动物，又从植食性动物转入肉食性动物，或者再转入更高一级的肉食性动物之间的取食关系。如菜蚜吸食白菜，瓢虫捕食菜蚜，麻雀捕食瓢虫，鹰又捕食麻雀，一环扣一环，形成一条以食物为联系的链。大多数昆虫处于食物链的第 2 环（害虫）或第 3 环（天敌昆虫）上，起着承前启后的作用，因此是食物链非常重要的组成部分。所谓害虫生物防治，正是研究和利用害虫—天敌这样的食物链关系。由于能量沿食物链流动时，每经 1 级都伴随着能量的损失，所以自然界很少有超过 5 个环节的食物链。

虽然简单的食物链能在某些群落中发现，但群落内各种生物之间的营养联系是十分复杂的。如一种害虫可能取食多种植物，或者说一种植物有多种害虫，各种害虫又有多种天敌，这样，在群落中就会形成许多条食物链，这些食物链或以共同的植物，或以共同的害虫、天敌相联系，从而形成一个错综复杂的网状结构，把群落中的各种生物都包括进去。这种由多条食物链交织在一起的网状结构称为食物网。显然在自然界没有脱离食物链、食物网而独立存在的生物，从这个意义上讲，食物链、食物网也是一切群落赖以存在的基础。

生态锥体又称生态金字塔，是一种表示生物群落或食物链中各营养阶层结构和功能的图解。如果将第 1 级生物作为底层，植食性动物和肉食性动物依次向上排列，则呈塔形（或锥形），称为生态锥体或生态金字塔。生态锥体有数量锥体、生物量锥体和能量锥体 3 种基本类型，能量锥体都为正金字塔形，而数量锥体、生物量锥体有时为倒金字塔形。

（二）群落的多样性和稳定性

群落的多样性是群落中物种数和各物种个体数构成群落结构特征的一种表示法。一个群落如果有多个物种，且各物种的数量较均匀，则该群落的多样性高。如果一个群落的物种少，且各物种的数量不均匀，则该群落多样性低。因此，群落多样性是把物种数（丰富度）和均匀度综合考虑的统计量。

群落的稳定性是指群落中一种阻碍种群波动的力量，或使系统恢复平衡状态的能力。稳定性包括 4 种情况，即现状稳定性、时间过程稳定性、抗扰动能力稳定性和扰动后恢复平衡稳定性。

关于群落多样性或复杂性与稳定性的关系，迄今存在着对立的观点。多数人认为多样性高的群落稳定性高，反之亦然。但也有些人认为，从理论上讲复杂系统比简单系统更不稳定。但目前多数实践或试验证明，在单一物种的种植区中，害虫易猖獗发生，在多物种混合种植区中，较少见到害虫暴发现象。因此，可以认为高度多样性是稳定自然系统的特征之一。群落多样性可以作为比较群落稳定性的一个指标，在评价害虫治理措施的生态效益中有着重要的参考价值。

复 习 思 考 题

1. 什么是生态系统和农业生态系统？各有何特点？
2. 简述有效积温法则及其应用和局限性。
3. 温度、湿度分别对昆虫有哪些影响？何谓温湿系数和温雨系数？如何用公式表示？
4. 按照食物性质和范围，将昆虫的食性各分为哪些类型？
5. 从昆虫与植物的关系出发，论述植物抗虫性的概念及其机理。
6. 害虫天敌有哪 3 大类群？分别举出它们中的几个重要类群。
7. 简述种群的生态对策及其在制定害虫防治策略中的意义。
8. 解释下列名词：食物链、食物网、有效温度、光照周期、临界光照周期、昆虫天敌、天敌昆虫、单期寄生、跨期寄生、*r*-类昆虫、*K*-类昆虫、生物种群、生物群落、生态金字塔、群落多样性、群落演替。

第六章　害虫防治原理与方法

自然状态下，害虫（insect pest）为害作物后，作物受害程度取决于害虫种群（pest population）数量、作物的抗虫性（pest-resistance of crop 或 crop resistance to pest）和避害性，而害虫种群数量变动又取决于害虫本身的生物学潜能及在一定的生态条件下综合影响的结果。这里指的生物学潜能主要有种群基数、性比、生殖力和繁殖速率等。由此可见，农业害虫构成为害必须具备 3 个条件：①必须有一定量的虫源，虫源基数越多，发生为害的可能性越大；②必须有适于害虫生长发育、繁殖和种群密度增加的生态环境条件，生态条件适宜时，虫口密度就大；③必须具备寄主植物的易受害生育期、抗虫性等，如果害虫发生期与寄主植物易受害期吻合、抗虫性弱，害虫就能构成较大为害。如果这 3 条因素仅具备其中的 1～2 条，不能造成为害损失。

害虫的防治实质上是对害虫的种群实行综合技术管理的问题，它不但要研究防治害虫的各类有效方法和技术，还要从农业生态系统整体出发，研究各类防治方法的协调应用，避免生态系统遭到严重破坏，同时又要考虑和分析害虫为害造成的经济损失与防治费用的关系，最大限度地避免无效防治，从而提高害虫防治的经济效益。因此农业害虫的防治，不再是单纯的防治技术和方法的应用，而是把它作为害虫治理的管理系统，实施可持续综合治理，即以农业生态系统为管理单位，因地因时因虫制宜，充分发挥自然控制因素对害虫的作用，有计划和灵活地协调各种防治技术和措施，努力使其对农业生态系统内外的因素产生良性循环，避免生态系统受到破坏，把害虫种群数量持续地控制在经济损失允许水平以下，不断取得最佳的经济效益和社会效益。

第一节　害虫防治的生态学基础和经济学原则

一、害虫防治的生态学基础

（一）害虫防治的农业生态系统

农业害虫防治是一种以生态学为依据，强调生态系统内各因素对害虫的影响，并利用某些生态因素恶化害虫环境，以达到控制害虫的目的。所以，农业生态学理论是害虫防治的基础。因为农业生态系统本身有不稳定性，所以，在农田生态系统中，要在了解害虫与其他各因素之间相互关系的基础上，抓住主要矛盾，通过人为活动影响，促使矛盾的转化，控制害虫的发生与为害。农业害虫防治要做到有利于农作物的生长发育而不利于害虫的发生发展，就必须从农田生态系统的整体出发，研究分析和掌握害虫与其他因素间的联系规律，针对不同的农田生态系统中的主要害虫类群，找出可以通过农业活动的影响作用，控制害虫种群数量的发展，以达到符合人类和时代所提出的需要和价值的根本目的。采取合理的作物布局，结合耕作制度的变动和各项农业栽培技术的改进，创造不利于害虫的生活条件以及抗虫品种的应用，已对很多作物上的重要害虫的防治取得了良好效果。引进和保护利用本地自然天敌以及人工释放等生物防治的方法，调整害虫与天敌之间的种群数量关系也是建立在营养链基础上的人为措施而被广泛应用。因此，了解和研究农田生态系统，并建立起最优化和稳定的农田生态系统，有助于指导和发展良好的害虫防治体系。

（二）昆虫种群的自然控制

某一特定时期的昆虫种群数量是其出生率和死亡率相互作用的结果。也就是说，昆虫在一般情况下，增殖潜力总是呈增加的趋势，但又被环境中各种抑制种群数量的因子平衡，其结果表现为此时的种群密度。各种环境因素并不是恒定的，是以规律性的（如温度的季节性变化）和不规律性的（如湿度变化）方式波动，因此导致昆虫种群随之波动。如果环境条件不发生剧烈的变化，昆虫的虫口密度一般不会急剧升降或灭绝，而是以平衡密度为中心来回波动，这一过程称为自然控制。

1. 昆虫种群的自然增长

(1) *在无限环境中的几何增长（指数增长）*　早在马尔萨斯和达尔文时期，人们就已经指出许多生物在无限的资源供应条件下，种群数量能够按照指数方式增长。即在一个生物群体 x 中，种群数量增长的连续时间过程以下列微分方程表达：

$$\frac{\mathrm{d}x}{\mathrm{d}t} = (b-d)x \text{ 或 } \frac{\mathrm{d}x}{\mathrm{d}t} = rx \tag{6-1}$$

式中：x——在任何时刻（t）的种群数量的量度；

b——瞬时的出生率；

d——瞬时的死亡率；

r 或（$b-d$）——种群增长的内禀增长力（innate capacity of increase），它可以是正值，表示种群按指数增长；亦可以是负值，表示种群呈指数衰减。

把以上公式（6-1）积分为：

$$x(t) = x_0 \mathrm{e}^{rt} \tag{6-2}$$

式中：x_0——种群初始时的数量；

e——自然对数，e≈2.718。

式（6-2）为种群在无限的自然资源中做几何增长的指数函数曲线模型。按照该式就可以推测在任何时刻（t）之后的种群数量。当 $r>0$ 时，种群数量呈指数无限增长；当 $r<0$ 时，种群数量呈指数衰减，甚至减为 0。

这种生长曲线模型由于其前提是在一个无限的食料和空间下生活，因此有很大的局限性，常见于生活周期很短、繁殖十分迅速的菌类。但在生活史较短，且繁殖速度又很快的蚜、螨、粉虱等昆虫的短期预测中有较高的应用价值。另外，在种群数量突增或突减的迁飞害虫中也有一定的参考价值。对于内禀增殖速率 r，可以用来比较或预测短期内不同种群的生长特性或发展趋势。

(2) *在有限环境中的逻辑斯蒂增长*　在自然界，实际上种群常生存于资源供应有限的条件下，随着种群内个体数量的增多，对有限资源的种内竞争也逐渐加剧，个体的死亡增多或生活力减弱，繁殖减少，种群的增长速率逐渐减小，当种群增长达到其资源供应状况所能够维持的最大限度的密度，即环境负荷量 K 时，种群将不再继续增殖而稳定在 K 值左右，即：

$$\frac{dx}{dt}=0$$

这就是S形曲线。它表现为种群的增长最初时较慢，而后便迅速增加，但后来却逐渐变慢，最后竞争停止增长。这种S形增长曲线，最初是由Verhulst（1938）、Pearl和Roed（1920）用一微分方程来加以描述的，这就是著名的逻辑斯蒂方程。它假定当种群中增加一个个体时，将瞬时地对种群产生一种压力，使种群的实际增长率r下降一个常数（c），此常量即为拥挤效应。因此，当种群为x时，种群的实际增长率为$r-cx$；而当$x \to K$时，种群实际增长亦趋于0。上述公式（6-1）可以下式表达：

$$\frac{dx}{dt}=x(r-cx) \qquad (6-3)$$

当$x=K$时，$\frac{dx}{dt}=0$，$r-cx=0$。因此，$c=\frac{r}{x}=\frac{r}{K}$。将其代入式（6-3），得：

$$\frac{dx}{dt}=rx\cdot\frac{K-x}{K} \text{或} \frac{dx}{dt}=rx(1-\frac{x}{K}) \qquad (6-4)$$

公式（6-4）为种群增长的逻辑斯蒂曲线。求其积分，可得下式：

$$x(t)=\frac{K}{1+e^{a-rt}} \qquad (6-5)$$

式中，a为一个新的参数，其值取决于初始种群x_0。

如图6-1所示，曲线形式与指数曲线显然不同。图中阴影部分表示昆虫种群呈指数增长与逻辑斯蒂增长之间的差距，Gause（1934）称这个差距为环境阻力（environmental resistance）。在自然条件下，大多数昆虫属于逻辑斯蒂增长型。

2. 限制昆虫种群增长的环境因素 环境因素可划分成两大类，即生物因素和非生物因素。每一类中的主要因素列于表6-1中。除了以上的划分方法之外，环境因子也可以分为密度制约因子和非密度制约因子。如果一种因子在任何种群密度下均具有同样的影响，那么，称这种因子为非密度制约因子，温度就是非密度制约因子。因为不管是对一头昆虫还是对上千头昆虫，温度都具有同样的影响。病原微生物在密度大的昆虫种群中比在稀少的昆虫种群中常具有更大影响，这样的因子称为密度制约因子。大多数生态学家认为密度制约因子在维护生态系统的稳定性方面是非常重要的。因为当一种生物数量增加时，它们所具有的影响也随之增大，促使种群数量回到较低的水平。这些因子起着负反馈的作用。

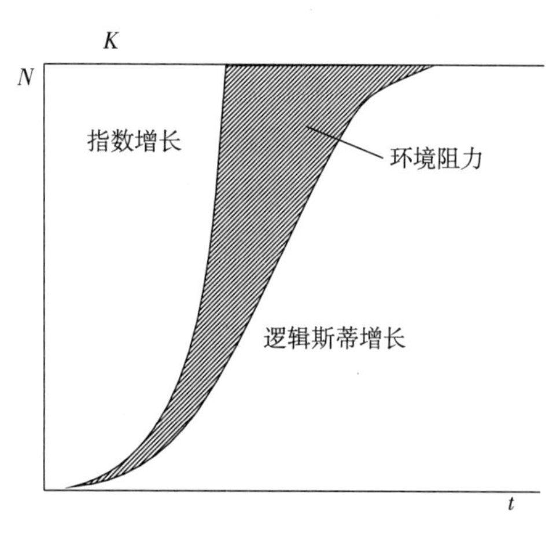

图6-1 指数增长和逻辑斯蒂增长

表 6-1　限制昆虫种群数量增长的环境因素

种　类	因　素	种群密度相关性
非生物因素（无生命的）	气候，特别是温度	非密度制约型
	生活空间	密度制约型
	土壤类型	非密度制约型
生物因素（有生命的）	食物数量	密度制约型
	食物质量	非密度制约型
	捕食性与寄生性天敌	密度制约型
	昆虫疾病	密度制约型

在自然界中，往往几种密度制约因子和非密度制约因子同时起作用，而且随时间变化而改变。因此，要区分出在某一时期内引起昆虫数量变化的确切原因，往往是非常困难的，这也与人们对大多数昆虫在这方面知识的匮乏有关。然而，有关昆虫种群变动与环境因子之间关系的基本规律已经确定，并且对某些害虫种类也开展了深入细致的研究，并取得了一些进展。值得指出的一个重要事实是，一种生物要达到最大的增长率，所有的因子必须都处于最适宜的状态，只要有一种因子是不利的，便足以限制种群的增长。

关于昆虫种群的调节，还需强调的一点是密度制约因子通常是活的生物体，它们对昆虫种群的变化会产生反应，而非生物因素则不能起到相应的作用。因此，对于非密度制约因子作用的杀虫剂，不管它们一开始是如何有效，对害虫群体只能起到暂时的控制作用，即应急作用。

（三）害虫的生态对策

在自然条件下，昆虫所处的生态环境条件有很大差异，有的栖境稳定程度极短暂，而有的相对持久。因此，昆虫及其他生物种群在这些生境中经自然选择，获得对不同环境条件的适应性而向着不同方向进化（图 6-2）。Macarthurh 和 Wilson（1967）用生态对策（bionomic strategy）一词表示不同的进化方向，将昆虫分为 *r*-类害虫（*r*-pest）和 *K*-类害虫（*K*-pest）以及介于二者之间的中间型害虫（intermedite pest）。生态对策又称生存对策或生活史对策。

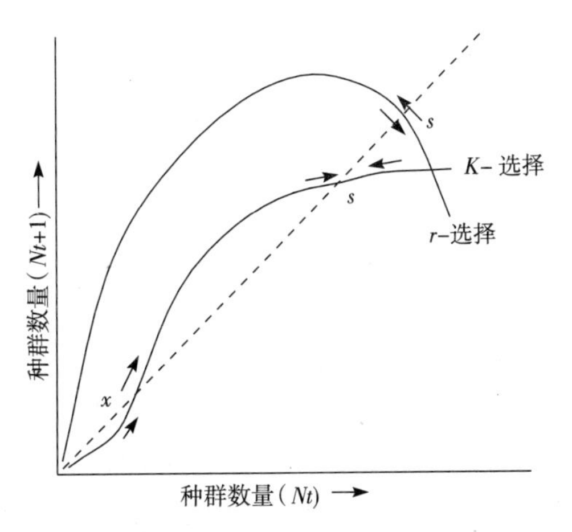

图 6-2　不同生态对策昆虫种群增长曲线

表示 1 个稳定点（*s*）和 1 个不稳定点即灭绝点（*x*）

（仿 Southwood 等）

1. 生态对策类型的一般特征

（1）*r*-类害虫　*r*-类害虫又称 *r*-对策者（*r*-strategist），其种群密度很不稳定，很少达到环境容纳水平，超过生境容纳量时不致造成进化上的不良后果，一个世代不影响下一世代的资源。这类害虫具有较高的内禀增长率，有较强的扩散迁飞能力，是不断地侵占暂时性生境的种类，对短暂的生境具有高度的适应性。它们的对策基本上是机会主义的，“突然暴发或猛烈破产”。迁移性是它们种群形成和暂时生存的重要组成部分，甚至每代都有发生。它们的个体小，食性广，寻找寄主和繁殖能力均很强，寿命及每个世代周期短，但往往没有完善的保护后代机制。因此，其后代死亡率高，但富有种群数量的恢复活力。又由于它们的量很大，占据的生境较多，所以不需要有强的竞争力。如蚜虫、小地老虎、粉虱、叶螨等许多农业害虫基本属于 *r* -对策者（表 6-2）。

表 6-2 *r*-类害虫和 *K*-类害虫的比较

项　目	*r*-类害虫	*K*-类害虫
繁殖力	强	弱
扩散力	强	弱
寻找寄主能力	强	弱
害虫体型	小	大
食性	广	狭
生活史	简而短	复杂而长
对密度过高的反应	适应	不适应
种群竞争力	激烈	松弛
重要害虫举例	小地老虎、粉虱、蚜虫	蝼蛄、星天牛、黑蚱蝉

（2）*K* -类害虫　*K* -类害虫又称 *K* -对策者（*K*-strategist），在长期稳定的生境中，其种群密度比较稳定，经常处于环境容纳量水平。对于占有这类生境的害虫，过度繁殖超过生境容纳量，会恶化生境，使 *K* 值降低，并对其后代有不利的影响。同时，许多其他的物种会侵占这种稳定的生境，因而形成各种形式的种间竞争，包括捕食等现象可能很激烈。它们的进化方向是使种群保持在平衡水平上和增强种间竞争能力。这类害虫一般体型较大，食性较狭，寻找寄主能力较弱，寿命和世代周期较长，繁殖能力弱，内禀增长率较小，但常有较完善的保护后代机制及对每个后代的巨大“投资”。因此，其后代死亡率较低，有强的竞争能力。如十七年蝉、华北蝼蛄、云杉天牛、二疣独角仙等许多农林害虫基本属于 *K* -对策者（表 6-2）。

（3）中间型害虫　由于从 *K* -对策到 *r* -对策是一个完整而连续的整体系统，其间并无明显的分界线。除了理论上的 *K* -对策者和 *r* -对策者外，在自然界中很难找出哪种生物就是典型的 *K* -对策者或 *r* -对策者。这些物种显示混合性状，是中间类型。只能相对地说，恐龙、大象和树木基本属于 *K* -对策者，细菌和病毒属于 *r* -对策者，而昆虫偏向 *r* -对策者。在昆虫纲中，绝大多数害虫居于 *r* -类害虫和 *K* -类害虫之间，它们具有中等的个体、繁殖力和世代历期，中等程度的生态适应性和种群竞争力。其中，有些种类偏向 *r* 端，有些则偏向 *K* 端。况且，各种害虫的生态对策不是一成不变的。在不同条件下，同一物种的生态对策可呈现为 *K* -对策或 *r* -对策，或偏向于 *K* -对策或 *r* -对策一端移动；同理，生态系统发生任何自然或人为的改变，都将改变该物种种群的动态表现。

2. 生态对策在害虫防治上的意义　*r* -类害虫常以惊人的数量暴发的方式出现，具有频繁的或不频繁的间隔期，通常为害作物的根、叶和嫩梢。尽管天敌种类较多，然而天敌的跟随现象非常明显，在这些害虫大量为害之前很少起作用，只是在害虫数量上升的中后期，天敌往往起了显著的控制作用。尽管农药有其内在的缺点，但它是防治 *r* -类害虫的主要应急措施。使用农药防治，收效快，灵活性大，易于对付 *r* -类害虫的大发生。

K-类害虫常常虫口不多，但有时仍造成相当严重的损失。因为它们往往使作物植株死亡，或直接为害要收获的产品部分。天敌少，虫口能从低死亡率回升，但当死亡率相当高时，便趋向于消灭。因此，要根除这类害虫，遗传防治是最适宜的。造成较高损失时，施用农药也是适宜的。然而，最适当的对策是耕作栽培防治和抗虫品种的应用。

中间型害虫既为害根和叶，又为害果实，能被天敌很好地控制或调节，这种调节可能代表一种圆满的防治方式，也就是生物防治最适合于对付中间型害虫。

了解害虫生态对策的类型对决定害虫防治对策是有价值的，农业害虫的有效防治法应与其生态对策相符合，才能符合安全、有效、经济、简易的原则。

二、害虫防治的经济学原则

害虫防治与其他经济行为一样，需要进行投资（成本）和收益的评价。害虫防治的经济性不是一个抽象的概念，而是包含着大量可以计量的内容，可以通过定性和定量的分析、计算，评价害虫防治的经济效果。以此为依据制定出来的防治方案才有科学依据，做到技术上先进、经济上合理。

（一）害虫为害程度分析

害虫对作物的经济为害主要是指为害作物后所造成的产量减少和品质降低。害虫对作物的为害，通常是通过取食活动造成的，只有很少种类可通过其他方式，如产卵、活动或传播植物病害等方式对作物产量造成损失。不同害虫的为害时期、部位、方式不同，造成的为害程度和表现形式也有明显的差异。害虫对作物的为害程度不同，造成的损失也不同。在一定范围内，作物损失和害虫为害程度大体上成正相关，但从害虫为害某种作物的全过程来看，或是从不同作物的受害情况来看，两者之间并不总是呈直线关系，一般表现以下 3 种情况（图 6-3）。

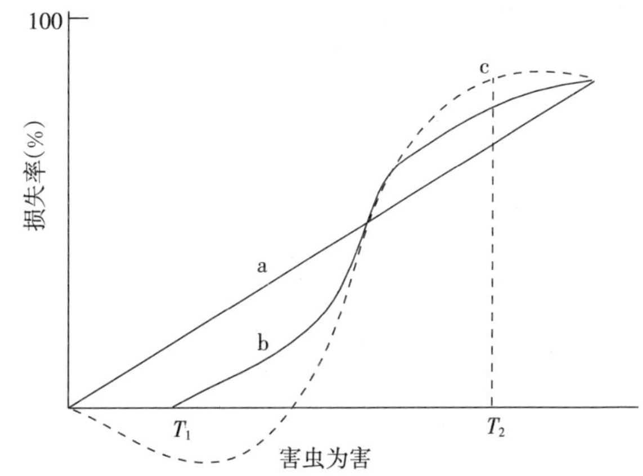

图 6-3　害虫为害与损失率间的 3 种基本关系

第 1 种情况，当害虫直接为害作物的收获部位时，往往呈现图 6-3a 的情况，作物损失与害虫为害程度近似直线关系。第 2 种情况，当害虫为害作物的非收获部位，或为害期和收获期在较长时间内不吻合，往往出现图 6-3b 的情况。如作物的收获部分为果实和种子，其叶部遭受害虫的为害时，作物对低受害水平具有完全的补偿能力，损失与害虫为害大体呈 S 形曲线的关系，而且前后出现两个拐点，在害虫为害达到 T_1 之前并不造成损失，达到 T_1 之后损失才开始发生并随之增大。当害虫为害达到 T_2 以后，损失量不再明显增加而趋于平缓或达到饱和，这种情况颇为常见。第 3 种情况较为特殊，如图 6-3c，较轻的害虫为害不但不导致减产，反而起到了间苗和控制徒长而使作物略有增产的作用，即所谓超补偿作用。如为害果树的花和幼果的害虫，在开花、坐果过多的树上，一定数量的害虫为害能起到疏花疏果的作用，果树的产量反而有所增加。

（二）作物受害损失估计

对作物受害损失做出精确的估计，是制定科学的防治指标的基本依据。作物的受害损失包括产品的数量和质量两个方面。衡量损失大小应以未受害虫为害的正常产量为参照。

1. 测定产量损失的基本方法 通常采用田间实际调查、模拟试验和接虫控制试验等方法。

（1）田间实际调查 最简单的试验方法是利用害虫自然种群的侵害和使用杀虫剂保护对照区不受害，然后根据为害状分级统计，直接推算出作物的受害损失。应用这种方法成功的关键，一是受害分级标准要恰当而正确，二是要及时标记是否受害。在田间虫害发生不普遍的情况下，可分别寻找不同虫害地段或植株，分别测产进行比较。

（2）模拟试验 模拟试验是人为模仿害虫为害，造成不同级别的作物受害程度，再间接推算作物的受害损失。如分析食叶性害虫的为害，多采用摘叶或剪叶进行模拟；测定棉铃虫的为害损失，可采用人工摘蕾铃的方法进行模拟。

（3）人为接虫控制为害的试验 在人为控制的一定空间范围内接入一定的虫量，让其为害一定的阶段，将其为害后的受害程度进行分级，再测定各级受害程度的产量损失。对于繁殖力极强的刺吸式口器害虫，如蚜虫、螨类等，其受害状难以分辨，往往以虫量或为害日为依据，进行受害损失测定。

2. 常用产量损失的计算方法

（1）求被害株率 即受害株占调查总株数的百分率。

$$P=\frac{m}{n}\times 100\% \qquad (6-6)$$

式中：P——受害株百分率；

n——调查总株数；

m——被害株数。

（2）求损失系数 对健株和受害株进行测产，分别求出它们的单株平均产量，然后按下式计算损失系数。

$$Q=\frac{a-e}{a}\times 100\% \qquad (6-7)$$

式中：Q——损失系数；

a——健株单株平均产量；

e——被害株单株平均产量。

（3）求产量损失百分率

$$C=QP \qquad (6-8)$$

式中：C——产量损失百分率；

Q——损失系数；

P——受害株百分率。

（4）求单位面积实际损失量

$$L=aMC \qquad (6-9)$$

式中：L——单位面积实际损失量；

a——健株单株平均产量；

M——单位面积总株数；

C——产量损失百分率。

如果考虑调查田内各植株的受害程度不同，可将受害株分为不同等级，分别调查统计各级的被害百分率和损失系数。然后，采用加权法计算出产量损失百分率。

$$C=Q_1P_1+Q_2P_2+\cdots+Q_iP_i \quad (6-10)$$

式中：$Q_1 \sim Q_i$——各级的损失系数；

$P_1 \sim P_i$——各级的受害百分率；

C——产量损失百分率。

（三）经济损失允许水平与经济阈值的制定

害虫防治是一种经济活动，要讲求经济效益，作为害虫综合防治或综合治理的中心概念，通常使用的经济损失允许水平和经济阈值是建立在经济与利益平衡关系上的。因此，制定合理的经济损失允许水平和经济阈值非常重要。

1. 基本概念　经济损失允许水平（economic injury level，EIL）又称经济损害允许水平、经济为害允许水平、经济受害允许水平或经济允许水平等。Stern 等（1959）认为："经济损害水平是指引起经济损害的害虫最低密度。"随着研究的进展，陆续有人提出不同的修改意见，为了更明确地描述害虫—作物—防治经济 3 者之间的关系，最后将经济损失允许水平定义为：由防治措施增加的产值与防治费用相等时的害虫密度。

经济阈值（economic threshold，ET）或称防治指标（control action threshold）。Stern 等（1959）第一次提出来的概念为："经济阈值又称防治阈值（control threshold），是指害虫的某一密度，在此密度下应采取控制措施，以防止害虫密度达到经济为害水平。"由于经济阈值在害虫综合治理中具有重要地位，越来越为人们所重视，致使众多专家进行了大量研究。例如，Edwards 等（1964）定义为："可以引起与控制措施等价的损失的害虫种群大小。"Beirne（1966）认为这是个关键水平，高于此水平的为害将不能容忍，并将该虫称为害虫，应对其采取控制，以期减少为害。Headley（1972）的定义是："使产品价值增量等于控制代价增量的种群密度。"Flint 等（1981）、丁岩钦（1981）、Stern（1981）、邹运鼎（1984、1986）、盛运发（1984）、陈杰林（1985）等以后的许多专家也从事了有关研究。然而，对该词本身的定义至今也没有得到统一。按照 Stern 等的概念严格区分二者的关系，即经济阈值只是接近经济损害允许水平之下的一个虫口密度，在达到此密度时应采取控制措施，否则，害虫的为害将引起等于这一措施期望代价的期望损失。

2. 经济损失允许水平和防治指标的确定　由于害虫的防治需有人力、物力的投入，即需进行经济投入，所以要考虑防治后所挽回的经济损失有多大。因此，并不是说田间发生害虫就一定需要防治，而是允许一定范围的经济损失，也就是允许与经济损失允许水平相对应的虫口密度存在。经济损失允许水平的确定，涉及生产水平、产品价格、防治费用和防治效果，以及社会所能接受的水平等，其原则为允许相当于防治费用的经济损失。经济损失允许水平（EIL）的计算常用固定的模型：

$$EIL=\frac{C}{Y \cdot P \cdot D \cdot E} \quad (6-11)$$

式中：EIL——经济损失允许水平；

C——防治费用；

Y——产量；

P——产品单价（元/kg）；

D——害虫所造成的损失率；

E——防治效果。

而经济阈值（ET）则常用 Chiang 氏（Chiang，H. C.，1979）的通用模型：

$$ET=\frac{C \cdot F_c}{Y \cdot P \cdot R_y \cdot E \cdot S} \tag{6-12}$$

或较简化的模型：

$$ET=\frac{C \cdot F_c}{Y \cdot P \cdot R_y \cdot E} \tag{6-13}$$

式中：ET——经济阈值；

F_c——临界因子或调剂系数、经济系数；

R_y——害虫为害引起的经济损失，与式（6-11）中 D 相同；

S——害虫的生存率。

3. 防治适期的确定 确定防治适期的原则，应以防治费用最少而防治后的经济效益最高为标准，包括防治效益好、减轻为害损失最显著、对天敌杀伤少、维持对害虫控制作用持久等。以害虫的虫态而言，一般在低龄幼虫（若虫）期为防治适期，在发生量大时更应如此。例如，防治食叶性害虫应在暴食虫龄前；防治钻蛀性害虫应在侵入茎、果之前；防治蚜虫、螨类等 r-对策害虫应在种群突增期前或点片发生阶段。从灭害保益出发，防治适期应尽可能避开天敌的敏感期，以利保护和发挥天敌的持久控制作用。

4. 防治指标的制定 制定防治指标是在调查害虫和天敌虫口消长动态、测定虫口数量与产量和品质损失的关系，以及了解有关防治成本和产品价格等的基础上，确定经济损失允许水平，而后制定不同情况下的这种动态的防治指标。在制定防治指标的过程中，要贯彻以下原则：

①尽可能考虑适应推行各种防治措施，而不要单纯从药剂防治去考虑。

②防治指标虽然是针对主要害虫，但是也要考虑兼治次要害虫和自然天敌的控害效能。

③防治指标必须有阶段性，作物不同生育阶段应有不同的防治指标。随着种植结构、栽培管理技术变革和经济发展，防治指标是动态变化的。

④确定防治指标原则上应小于经济损失允许水平的虫口密度，但对检疫对象和食品害虫则为 0。

⑤确定防治指标必须有受害损失的数据为基础。

⑥防治指标要简明，便于群众掌握使用。

第二节　植物检疫

植物检疫（plant quarantine）又称法规防治（regulatory plant protection），是由国家或地方政府或地区联合体制定检疫法规，并设立专门机构，运用科学的技术和方法，对为害植物及植物产品的危险性有害生物及其他检疫物进行检疫检验和监督处理，以限制和禁止人为传播和扩散蔓延的一整套措施。

一、植物检疫的理论基础及重要性

在自然情况下，由于气候障碍、地理障碍、生物障碍的存在，害虫的分布往往都有一定的区域性，但害虫也存在着向外传播扩大分布的可能性。害虫虽然可通过其自身的飞行、爬行、跳跃等活动向外传播扩散，但对绝大多数害虫来说，这种传播扩散的距离往往是有限的，害虫远距离传播扩散的主要途径则是在人的活动参与下随交通运输工具、包装铺垫材料及植物、植物产品的远距离调运传播。一种害虫在原产地，往往由于天敌、植物抗性和长期形成的农业生态体系的抑制，其发生和为害往往不引起人的重视，但将此害虫传入新地区后，由于缺乏上述控制因素，当条件适宜时，常引起严重为害，且不易肃清。因此，实施植物检疫，切断危险性害虫的传播扩散途径，防止危险性害虫的传入，对保护我国农林业的健康生产，无疑具有重要的现实意义。

二、我国植物检疫体系

1. 出入境植物检疫 出入境植物检疫又称对外植物检疫，简称外检，是国家检疫机构在我国国际通航港口、机场、车站以及陆地边境、国际江河口岸对出入我国的植物及植物产品等进行检疫检验，防止危险性病、虫、杂草等有害生物随植物或植物产品由国外输入国内，或由国内输出国外。对外植物检疫由国家质量监督检验检疫总局及其派出机构负责具体实施。

2. 国内植物检疫 国内植物检疫简称内检，是指在我国境内的产地检疫和植物、植物产品的调运检疫。它是为了防止国内各省、自治区、直辖市之间由于交换、调运种子、苗木及其他农产品等传播危险性病、虫、杂草，由各地植物检疫机构会同有关部门，按照全国植物检疫对象名单和各省、自治区、直辖市补充规定的植物检疫对象名单实施检疫检验，防止局部地区发生的危险性病、虫、杂草在国内传播蔓延。对内植物检疫由各地植物检疫（植保植检）站负责具体实施。

三、植物检疫的范围

我国出入境植物检疫范围主要是：①植物、植物产品和其他检疫物；②装载植物、植物产品和其他检疫物的装载容器、包装物；③来自疫区的运输工具；④进境供拆船用的废旧船舶。

我国国内植物检疫范围主要是：①种子、苗木和其他繁殖材料；②列入全国和省（自治区、直辖市）应施检疫的植物、植物产品名单的植物、植物产品；③可能受疫情污染的包装材料、运输工具、场地、仓库等。

四、植物检疫的主要任务

植物检疫的主要任务有：①做好植物、植物产品及其他检疫物的进出口和国内地区间调运的检疫检验工作，阻止和禁止危险性病、虫、杂草及其他有害生物从国外输入国内，或由国内输出国外，以及在国内地区间的传播与蔓延，保护我国农林业的健康生产。②查清植物检疫对象的主要分布及为害情况，并根据实际情况划定疫区和保护区，同时对疫区采取有效的封锁与消灭措施。③建立无危险性病、虫、杂草的种子、苗木繁育基地，供应无病虫的健康种苗。

五、植物检疫的实施方法

1. 确定植物检疫对象名单 植物检疫对象是国家法律、法规、规章中规定禁止从国外传入国内或在国内传播，必须采取检疫措施的危险性病、虫、杂草及其他有害生物。确定植物检疫对象应遵循以下3个原则：①国内或本地区尚未发生，或虽有发生但分布不广的病、虫、杂草；②在各国或传播地区，对经济上有严重危害性而防除极为困难的病、虫、杂草；③必须是靠人为活动而进行传播的病、虫、杂草，即容易随植物及植物产品、包装填充材料、运输工具等运往各地的，通过检疫可以控制其传播蔓延的。对外植物检疫对象及全国农业植物检疫对象名单由农业部制定并公布；各省（自治区、直辖市）农业厅（局）可制定并公布本省（自治区、直辖市）补充的植物检疫对象名单。表6-3为我国农业植物检疫性有害生物（昆虫）名单。此外，各省（自治区、直辖市）也公布了各自的农业植物检疫性有害生物补充名单。2007年5月29日中华人民共和国农业部公告第862号又公布了《中华人民共和国进境植物检疫性有害生物名录》，有关害虫达146种，蜗牛6种。

表6-3 我国园艺植物检疫性有害生物名录（害虫部分）*

序号	中文名	拉丁名
1	菜豆象	*Acanthoscelides obtectus* (Say)
2	柑橘小实蝇	*Bactrocera dorsalis* (Hendel)
3	柑橘大实蝇	*Bactrocera minax* (Enderlein)
4	蜜柑大实蝇	*Bactrocera tsuneonis* (Miyake)
5	三叶斑潜蝇	*Liriomyza trifolii* (Burgess)
6	椰心叶甲	*Brontispa longissima* Gestro
7	四纹豆象	*Callosobruchus maculates* (Fabricius)
8	苹果蠹蛾	*Cydia pomonella* (Linnaeus)
9	葡萄根瘤蚜	*Daktulosphaira vitifoliae* Fitch
10	苹果绵蚜	*Eriosoma lanigerum* (Hausmann)
11	美国白蛾	*Hyphantria cunea* (Drury)
12	马铃薯甲虫	*Leptinotarsa decemlineata* (Say)
13	稻水象甲	*Lissorhoptrus oryzophilus* Kuschel
14	蔗扁蛾	*Opogona sacchari* Bojer
15	红火蚁	*Solenopsis invicta* Buren
16	芒果果肉象甲	*Sternochetus frigidus* (Fabricius)
17	芒果果实象甲	*Sternochetus olivieri* (Faust)

* 中华人民共和国农业部公告［2006］第617号，部分内容。

2. 检疫检验　检疫检验一般可分为出入境植物检疫、产地植物检疫、调运植物检疫和植物隔离检疫等。产地植物检疫就是在植物、植物产品及其他检疫物的原产地进行的检疫。调运植物检疫是指检疫机关对种子、苗木及应施检疫的植物、植物产品在调运过程中进行的检疫。植物隔离检疫是指将出入境的植物，在出入境之前放在植物检疫机关指定的场所（主要是隔离检疫圃）内，隔离种植观察及实施实验室检验的一种检疫方法。

3. 检疫处理　经检疫不带有检疫对象的植物、植物产品及其他检疫物，即可签证放行。若发现有检疫对象，就应根据情况，采取不同的检疫处理措施。如禁止调运，退回、销毁；禁止播种；责令其在指定地点进行熏蒸、消毒等处理，经复检合格后仍可放行；或控制使用，责令其改变运输路线，指定其使用地点、使用范围、使用时间，或改变用途等。

第三节　农业防治法

农业防治又称栽培防治（agricultural control），是利用一系列耕作栽培管理技术，根据农田环境与害虫间的关系，有目的地改变某些因子，控制害虫的发生和为害，以达到保护农作物和防治害虫的目的。

一、农业防治的优点和局限性

农业防治作为害虫综合治理系统的基本措施，有以下优点：①大部分措施可结合耕作、栽培、管理技术进行，不需增加额外的费用和劳动力；②不易污染环境和杀伤有益天敌，对害虫防治不易产生抗药性，有利于保护环境；③农业防治措施多样，能从多方面抑制害虫，且效果随措施的连年实施而积累，具有相对稳定和持久的特点；④防治规模大，且能与其他防治方法协调应用。

农业防治也有其局限性，表现在：①常作用在害虫大量发生之前，见效往往缓慢，不如化学防治见效快，有些情况下农业防治仅起辅助作用，因此当害虫大量发生严重为害时，不能及时解决问题；②农业防治措施有时与丰产栽培技术有矛盾，在这种情况下，必须以丰产为前提，不能单纯从害虫防治来考虑；③农业防治措施受地域性、季节性限制，防治效果是相对的，或仅能在某种程度上减轻为害，因此易被农民所忽略；④对一个地区长期已形成的耕作栽培制度进行改革来防治害虫，要权衡利弊，因地制宜推广。

二、农业防治对害虫的作用途径

农业防治对害虫的作用途径可归纳为以下几个方面：①改变害虫的发生环境、营养条件、小气候条件和天敌关系，以抑制害虫大量发生，如兴修水利、铲除杂草、耕翻土壤、合理轮作或间作套种等；②创造有利于农作物生长发育的条件，增强其抗害能力，如调整播期、培育壮秧、合理灌溉与施肥等；③培育不受害虫为害或耐害的植物新品种，如选育抗虫品种；④直接消灭害虫，如结合果树修剪去除虫枝虫果、清洁田园等。

三、农业防治法的应用

1. 改进耕作栽培制度

（1）合理作物布局　农作物的合理布局，可影响害虫的发生数量，减少虫源。如在北京地区，甘蓝夜蛾常集中发生在菠菜留种地，大发生年份常向周围菜地成群转移，造成严重损失，因此，菠菜留种地宜安排在距有关菜地较远的地方。再如，在建立新果园时，应避免桃、梨、苹果、杏等树种混栽或近距离栽植，否则，易引起梨小食心虫的严重为害。

（2）合理轮作和间作套种　合理轮作对单食性或寡食性害虫起到恶化营养条件的作用。如在东北实行大豆与禾本科作物的大面积轮作，能明显抑制单食性害虫大豆食心虫的发生；避免十字花科蔬菜周年连作或相近邻作，可减轻菜蛾等十字花科蔬菜害虫为害；莴苣与瓜类间作，可减轻黄守瓜的为害；大蒜与油菜间作，可驱避菜蛾。

2. 耕翻整地　耕翻整地可改变土壤的生态条件，恶化害虫的生活环境和潜伏场所。翻耕可将土壤深层的害虫翻至土表，通过天敌啄食、日光暴晒或冷冻致死；或将地表和土壤表层的害虫深埋使其不能出土而死；或通过机械损伤直接杀死一部分害虫。耕翻整地对地下害虫和在土壤中越冬或越夏的害虫具有较好的防治效果。

3. 合理施肥　牲畜粪、秸秆沤肥、饼肥等有机肥要充分腐熟后深施到土壤中，否则，易引起蛴螬、蝼蛄、种蝇、葱蝇等地下害虫为害加重。碳酸氢铵、氨水等化学肥料应深施土中，既能提高肥效，又能因腐蚀、熏蒸起到一定的杀伤地下害虫的作用。

4. 科学播种

（1）调整播期　通过适当早播或晚播，使作物易受虫害的危险期与害虫发生为害盛期错开，可避免或减轻作物受害。

（2）合理密植　播种密度影响田间温度、湿度、光、风等小气候，从而影响作物和害虫。合理密植使作物单株营养面积适当，通风透光性好，生长发育健壮，也可提高作物对害虫的耐害性。

（3）精选良种　调整播种深度，促进作物壮苗快发，可减轻虫害。如大蒜选用饱满、无霉、无破伤的蒜瓣剥皮种植，出苗快，烂母时间晚，可免招葱蝇成虫产卵且耐虫害。

5. 合理灌溉　合理排灌可控制一些害虫发生为害。如菜田或果园实行喷灌，可冲刷大量蚜虫减轻为害；在蒜烂母期大水勤灌，或葱蝇幼虫为害期及时进行大水漫灌数次，可有效控制蛆害。

6. 加强田间管理

（1）清洁田园　田间的枯枝落叶、落果、遗株等各种农作物残余物中，往往潜伏着大量害虫，在冬季又常是某些害虫的越冬场所，因此，及时将田间枯枝、落叶、落果等清除集中处理，可消灭大量潜伏的多种害虫，降低虫源基数。

（2）铲除杂草　田间及地头附近的杂草是某些害虫的野生寄主和越冬场所，也是某些害虫在作物出苗前和收获后的重要食料来源，因此铲除杂草可有效防治某些害虫。

（3）植株管理　适时间苗定苗、拔除虫苗、及时整枝打杈，对于防治蚜虫、螨类等有显著效果。

7. 抗虫品种的利用　同种植物在害虫为害盛期时，有的品种能避免受害、耐害，或虽受害但具有较强的补偿能力，则称该品种为抗虫品种。同种作物的不同品种对害虫的受害程度不同，就表现出作物的抗虫性。由于利用抗虫品种防治害虫具有与环境协调性好、不污染环境、对人畜安全且不杀伤天敌、与其他防治措施协调性好、防治作用持久、潜在经济效益大等众多优点，所以，利用丰产抗虫品种防治害虫是最经济有效的措施。

第四节　生物防治法

传统的生物防治法（biological control）是指利用天敌来控制害虫的方法。随着科学技术的不断进步，生物防治的内容一直在扩充。从广义来说，生物防治法就是利用生物及其产物控制有害生物的方法。它主要包括寄生性天敌、捕食性天敌、昆虫病原微生物、昆虫不育、昆虫生长调节剂、信息素及植物源杀虫剂等的利用。生物防治法具有不污染环境、对人畜安全、避免或延缓害虫产生抗药性、对害虫种群具有经常性和持久性的控制作用等优点，符合有害生物可持续治理的要求。但在应用上也具有一定的局限性，即通常防治害虫的作用较缓慢，不如化学农药见效迅速；生物制剂的批量生产不如化学农药容易；使用不如化学农药简便；防治害虫受环境因素影响较大，有时防治效果不很稳定。目前，生物防治法已成为害虫的无公害防治及绿色食品生产中防治害虫的重要手段。生物防治主要有以下几个途径。

一、保护利用自然天敌

保护利用昆虫天敌（insect natural enemy）是害虫生物防治的一个重要途径，其目的在于提高天敌对害虫种群的制约作用，将害虫种群控制在经济损失允许水平以下。害虫的自然天敌种类很多，主要包括捕食性天敌和寄生性天敌两大类。其中，捕食性昆虫（predator）主要有蜻蜓、螳螂、猎蝽、姬猎蝽、花蝽、草蛉、粉蛉、褐蛉、瓢虫、步甲、虎甲、食虫虻、食蚜蝇、胡蜂、泥蜂、土蜂等，捕食性其他动物则主要有农田蜘蛛、捕食螨、食虫鸟类、家禽、青蛙、蛇、蟾蜍等；寄生性昆虫（parasitoid）主要包括寄生蜂类、寄生蝇和捻翅虫类等。但在自然界中，由于气候、食料、栖息场所或对农事操作等因素的影响，尤其是食料充足与否，则引起害虫天敌种群数量消长总是依附于害虫的种群数量之后做上下波动，即天敌的跟随现象。由于自然天敌种群盛发期滞后，往往不足以达到控制害虫为害的程度。因此，通过采取各种措施保护和利用天敌，促进自然天敌的繁殖，增加天敌的数量，无疑对控制害虫的发生与为害具有重要意义。保护利用自然天敌有以下几种主要途径。

1. 保护天敌越冬　在寒冷的冬季天敌死亡率很高，为了提高天敌的越冬存活率，可创造有利于天敌的越冬场所，保护其越冬，如束草诱集，引进室内蛰伏，或采集寄生性天敌的寄主保护过冬等。

2. 直接保护天敌　例如，我国长江流域稻区在群众性人工摘除三化螟卵块防治三化螟时，常采用卵寄生蜂保护器，使三化螟卵块中的天敌黑卵蜂能够安全羽化并飞回田间；一些地区还使用蛹寄生昆虫保护笼保护天敌；在果园附近，定期悬挂益鸟人工巢箱，可以招引某些食虫益鸟定居下来；向群众宣传青蛙捕虫的益处，禁止捕捉青蛙等。这些措施都可以提高田间害虫天敌的密度。同时及时补充天敌的食料和寄主，促进天敌的存活和繁殖，具有保护和增殖天敌的作用。

3. 应用农业技术措施保护天敌　农事活动和农业技术措施与天敌的栖境、生存和食料有密切关系。合理的间作套种可招引和繁殖天敌，如实行麦棉间套、油菜与棉花邻作、棉田插种油菜等措施，可招引天敌，对棉蚜、棉铃虫有较好的控制作用。甘蔗田内间种绿肥，既可增加肥料，又可改变田间小气候，使蔗田降温增湿，适宜赤眼蜂的生存，并可提高它对蔗螟卵的寄生率。果园周围种植防护林带，有利于小型天敌昆虫的活动，并对益鸟提供有利的栖息环境。橘园中种草或留草，为天敌提供栖息场所，对螨类和蚧类有控制作用。

4. 合理使用农药 使用农药既要保护作物不受虫害为害造成损失，又要达到尽力保护天敌的目的。合理使用农药，首先要比较科学地确定每种主要害虫的经济损失允许水平，避免无效防治；其次要做到逐田（或类型田）了解虫情，以便只在局部田块施药或进行挑治，避免同期全面施药；再次是对于农药品种、剂型、用量、施用时间和施用次数等都应考虑其对天敌的影响程度，要选用对害虫高效、残效期短、选择性强且对天敌低毒的品种和剂型，控制农药用量、次数和使用范围，采取尽量减少杀伤天敌的施药方法。如蔗田用乐果涂茎防治甘蔗绵蚜，既可保护蔗田内的天敌，又能对绵蚜起到较好的防治作用。杀虫剂采用种子处理、土壤处理、植株涂扎或打吊瓶等隐蔽施药，对地上天敌昆虫的不利影响可以减轻或避免，施用毒饵对寄生性天敌也比较安全。避免在大量释放天敌时期前后施药，选择天敌昆虫抗药性较强的虫期（蛹期或卵期）施用农药，采用高效、低毒、低残留的选择性农药，都有利于保护天敌。

二、天敌人工繁殖与释放

人工繁殖释放天敌是增加自然界害虫天敌数量的有效途径。在田间天敌数量较少而不足以控制害虫种群数量，且害虫可能大发生时，或从国外及外地输引少量天敌时，都需要进行人工繁殖补充数量，然后再进行释放。释放通常有两种方式，即接种释放（inoculative release）和淹没释放（inundative release）。前者仅释放少量人工饲养的天敌，使释放的天敌通过田间繁殖达到较长期控制害虫的目的；而后者则是以造成害虫种群间接或直接死亡为目的，不指望长期控制害虫，是把它作为一种生物杀虫剂来使用，在防治的关键时期释放。如用蓖麻蚕卵、柞蚕卵在室内大量繁殖赤眼蜂，防治玉米螟、棉铃虫、松毛虫、烟青虫、甘蔗螟、稻螟等多种害虫。

某种害虫天敌是否值得通过人工大量繁殖，首先要明确其对害虫有无控制为害的能力，能否适应当地的生态环境。其次要明确这种天敌的生物学特性，它的寄主范围、生活历期、对温湿度条件的要求、繁殖力等。再次要明确人工繁殖的条件，特别要明确适宜寄主的选择或者人工饲料的配制和效能等。一种较理想的寄主应具备以下条件：①这种寄主是天敌所喜寄生或捕食的；②天敌通过寄主能够顺利完成生长发育；③寄主所含营养物质较为丰富；④寄主较易获得，花费较少；⑤寄主繁殖量大，世代数多；⑥易于饲养管理。此外，在人工繁殖天敌时，应注意使繁殖出的天敌能保持较高的生活力，并能适应田间的生活环境，以便发挥天敌的效能。

三、天敌的引进与移殖

有些害虫在当地缺少有效天敌，在这种情况下，可以考虑从国外引进或从国内不同地区移殖害虫有效天敌，并进行人工繁殖和驯化适应，让其在当地扎根立足。这种从国外引进或从国内不同地区移殖害虫天敌的办法，目的在于改变当地昆虫群落的结构，改变某种害虫与天敌种群密度失衡现象，在外来天敌种群的影响下达到新的平衡状态。

从国外引进天敌或国内移殖天敌成功的例子有很多。例如，美国为解决加利福尼亚州柑橘吹绵蚧严重为害问题，于1888年从原产地大洋洲引进澳洲瓢虫129只，引进后第2年就控制了为害。此后，苏联、新西兰、中国等40多个国家相继引进，均获得成功。我国为了控制外来害虫温室白粉虱的为害，于1978年从英国温室作物研究所引进丽蚜小蜂，控制温室白粉虱的作用十分明显。大红瓢虫在我国从浙江移殖至湖北后又移殖至四川，成功地防治了柑橘吹绵蚧。

引进天敌昆虫应当首先做好深入调查研究工作，主要是：①确定要防治害虫的原产地，尽量在原产地寻找有效天敌。②在要防治的害虫对象发生数量少的地区搜集有效天敌。③充分了解引进天敌在原产地或害虫轻发生地的气候、生态等情况。④引进天敌昆虫运输时应妥善包装，尽可能缩短运输时间，如需时较长应存放于4.5～7℃的冷藏器中；最好以休眠期运输；运回后还要进行驯化再释放入田间。引进的天敌昆虫应具备如下条件：繁殖力强，繁殖速度快，生活周期短，性比大，适应能力强，寻找寄主的活动能力强，并同害虫的生活习性比较相近，控害作用大。

第五节　物理机械防治法

物理防治（physical control）措施是指利用光、热、电、声、温湿度组合等物理因子对害虫种群的控制；机械防治措施则是指应用机械或动力机具，包括人工在内的各种直接捕杀害虫个体的方法。这类措施是传统治虫方法的继承和发展，一般较简便且有效，对于大棚园艺植物害虫以及仓储期害虫这类特殊生态系统中的害虫防治具有独特的效果，而在大田园艺植物害虫的防治中常作为一种辅助性措施加以运用。

一、诱集法

1. 灯光诱捕害虫　主要是利用昆虫对光谱的趋、避反应控制害虫。其中利用害虫的趋光性进行害虫发生趋势监测和害虫防治的方法已经沿用了半个世纪，取得了很好的效果。例如，用黑光灯监测害虫的长距离迁飞，监测园艺植物害虫的发生期和发生量等，均已具备了成熟的技术，在生产中发挥着巨大的作用。近年来又发展了对害虫的灯光诱杀装置，如高压杀虫灯、频振式杀虫灯、双波诱虫灯、高压汞灯等。但需要指出的是，从生态学角度考虑，在灯光诱虫时，大量害虫的天敌也被诱集，如果采取对害虫和天敌分别处理的措施（诱而不杀，分筛处理），则更符合可持续发展战略要求，对天敌的保护和害虫的生态控制有利。

2. 诱饵诱杀害虫　利用害虫的趋化性诱杀害虫，例如利用蝼蛄嗜好马粪和香甜物质，小地老虎、桃小食心虫等成虫喜食糖醋酒液，潜叶蝇成虫喜食甜汁的习性，采用适当的方法诱杀。

3. 潜场诱杀害虫　利用害虫对栖息潜藏和越冬场所的选择特点，人工制造害虫喜好的适宜场所，将害虫诱入后集中消灭。例如，梨小食心虫、苹果小食心虫、梨星毛虫、山楂叶螨等喜潜藏在粗树皮裂缝中越冬，因此在越冬前，树干上束草或包扎麻布片，诱集它们进入越冬，集中歼灭。

4. 色诱捕或拒避害虫　利用昆虫对某些色彩的趋性反应，如使用银灰色薄膜避蚜、黄板或黄皿诱蚜等方法防治蚜虫，同时防止病毒病害流行，在无公害蔬菜生产中发挥了重要的作用。

二、阻 隔 法

根据害虫的活动习性，设置适当的障碍物，阻止害虫的扩散或入侵为害，这在当今园艺植物产品商品化的时代具有更高的应用价值。例如，在水果上套袋，既可以阻止食心类害虫对果实的为害，又可避免农药污染果实，还为果品的着色提供了良好条件，具有一举多得之功效。此外，根际培土，可以阻碍在树干周围浅土层中越冬的害虫来年春天的正常羽化出土；在树干上涂黏虫胶或刷白，可以阻止果树害虫下树越冬和上树产卵及为害；在仓储害虫的防治中，可以利用一些包装、运输、储藏的机械、器具阻碍害虫的入侵。

三、温湿度的利用

不同种害虫对温湿度各有适宜的范围，高于或低于这个范围，必然影响害虫的正常生理代谢，进而影响其生长发育、繁殖与为害，甚至其存活率。因此，可以利用自然的高低温或调节控制温湿度进行防治。

利用温湿度防治害虫常应用于仓储害虫上。通常种子、干果、干菜或粮食的温度如能保持在3～10℃范围内，对于一般储藏物害虫或害螨，都有抑制繁殖、为害的作用；在0℃时就有一部分害虫开始死亡。如粉斑螟在0℃时，经1周，各虫态全部死亡；在－1℃时，1d即冻死；在5℃时，低龄幼虫13d全部死亡，高龄幼虫32d死亡。腐嗜酪螨在－1～0℃时，活动螨态可活26d，卵可活85d；在－5℃时，活动螨态可活12d，卵为24d；在－10～－11℃时，活动螨态经过10d即死亡，卵经过21d死亡。锯谷盗在－1.1～1.7℃时，少数成虫及幼虫能生存3周；在－6.7～－3.9℃时，经1周，各虫态均死亡；成虫在47℃时经1h死亡。因此，在北方的冬季可利用自然低温，将仓库门窗打开，采取自然通风结合薄摊、勤翻等措施，以便冻死越冬害虫。

利用夏季太阳直射暴晒，可使储藏产品温度升高达50℃左右，几乎所有的储藏物害虫均可被杀死。也可用烘干机加温杀虫，用高温蒸汽处理储藏产品、工具和包装物杀虫或消毒。对于带有豌豆象的豌豆或有蚕豆象的豆类种子，可用沸水浸烫（豌豆25s，蚕豆30s），及时取出过凉水后摊开晾干，可杀死全部豆象而不影响种子的发芽。对食用绿豆也可借鉴此方法。

害虫对环境的湿度也有一定的要求，尤其是储藏物害虫所需水分完全来自食物。如种子、干果和干菜的含水量低于12%，对害虫的发生不利。利用日晒或烘干机均能达到这一要求。

四、人工机械捕杀

根据害虫的栖息或活动习性，利用人工或器具进行直接捕杀。例如，人工采卵、摘除虫果、扑打群集期的蝗蝻等，对有假死习性的害虫如金龟子等害虫进行敲打振落后捕杀等。

五、其他新技术的应用

应用电磁辐射防治害虫，包括紫外线、红外线、微波、X射线、γ射线等新技术的运用。利用电磁辐射防治害虫常用于农产品的储藏、保鲜及其包装物、工具、设备的消毒，均具有较好的防治效果。利用超声波或次声波防治蚊蝇和老鼠的研究将为人们提供新的技术。

第六节 化学防治法

化学防治法（chemical control）是利用化学药剂的生物活性控制害虫种群数量的方法，也称为药剂防治。用于害虫防治的药剂称为杀虫剂（insecticide）。化学防治在害虫防治中仍然占有重要的地位，是当前国内外仍在广泛应用的害虫防治方法之一。

化学防治最主要的优点：①见效快，防治效果显著，急救性强。它既可在害虫发生之前作为预防性措施，以避免或减少害虫的为害，又可在害虫发生之后作为应急措施，迅速消除害虫的为害。②使用方便，受地区及季节性的限制较小。③可以大面积使用，便于机械化。④杀虫范围广，几乎所有害虫都可利用杀虫剂来防治。⑤杀虫剂可以大规模工业化生产，品种和剂型多。⑥能远距离运输，且可长期保存。

然而，化学防治也存在不少缺点：①长期大量使用化学农药，一些害虫对农药产生抗药性。②应用广谱性杀虫剂防治害虫的同时，杀死大量的害虫天敌，使一些主要害虫再猖獗和次要害虫上升为主要害虫。③大量使用残效期长的高毒化学农药，污染大气、水域、土壤及农作物，对人畜健康造成威胁，甚至中毒死亡。

一、杀虫、杀螨剂的分类

化学农药按其作用的对象来分类，包括杀虫剂、杀螨剂、杀鼠剂、杀线虫剂、杀菌剂、除草剂和植物生长调节剂7大类。在杀虫剂和杀螨剂中，可以根据药剂的来源和化学成分分为无机杀虫剂（含砷、汞、氟、硫等）和有机杀虫剂两类。其中，有机杀虫剂又分为：①天然有机杀虫剂，包括植物源类杀虫剂、抗生素和矿物油类杀虫剂；②人工合成杀虫剂，包括有机磷酸酯类杀虫剂、氨基甲酸酯类杀虫剂、有机氮类杀虫剂、有机氯类杀虫剂、拟除虫菊酯类杀虫剂、特异性杀虫剂等。按照农药的作用方式可分为：

1. 胃毒剂 药剂通过害虫的取食，从口腔进入消化道，在中肠被吸收，引起中毒死亡。

2. 触杀剂 药剂接触虫体，透过体壁或封闭的气门进入体内，使昆虫中毒或窒息死亡。

3. 内吸剂 农药施用到植物上或土壤中，被植物的枝叶或根系所吸收，并在植物体内传导至各个部位，害虫（主要是刺吸式口器害虫）吸吮含毒的植物汁液而引起中毒死亡。

4. 熏蒸剂 药剂由液体汽化或固体升华，以气态通过害虫的呼吸系统进入虫体而中毒死亡。

5. 特异性杀虫剂 包括保幼激素类似物、蜕皮激素类似物、抗蜕皮激素类似物等昆虫生长调节剂，以及拒食剂、驱避剂、不育剂等药剂。

6. 性诱剂 模拟昆虫性信息素合成的化学药剂，可用来诱杀雄虫或采用迷向法减少与雌虫交配授精的机会，从而实现控制害虫种群数量的目的。

二、农药剂型及使用方法

在有机合成的农药中，除少数几种（如敌百虫、杀虫双等）可直接溶解于水以外，大多数农药的原药难溶于水，不能直接对水施用，而且直接施用原药的种类很少，要使少量的有效成分分散到较大的面积上发挥作用，就必须对农药的原药进行加工处理。根据农药原药的理化性质，加入适当的辅助剂、填充剂，提高农药原药的分散度，增加药剂对植物的黏着性，是农药加工的主要目的。按农药加工方式，可分为粉剂、可湿性粉剂、可溶性粉剂、乳油、水剂、悬浮剂、缓释剂、颗粒剂、烟剂和种衣剂等多种类型。现将常用的农药剂型特点及使用方法简介如下：

1. 粉剂 粉剂（dust，D 或 PC）是用农药的原药加入一定量的惰性粉（如黏土、高岭土、滑石粉），经机械磨碎成为粉状的混合物即成。合格的农药粉剂要求其 95%的粉粒通过 200 筛目，粉粒直径在 75μm 以下。例如，在 2%叶蝉散粉剂中，杀虫剂的有效成分叶蝉散仅占 2%，其余的 98%都是无杀虫作用的填充料。填充料的作用在于使农药的原药得到稀释，并负载稀释的农药便于分散。粉剂专供喷粉或撒粉施药。借助喷粉器或飞机，以喷粉方式施用农药的工效一般比喷雾方法高，而且施用时不需要用水，特别适用于大面积干旱地区或缺乏水源的山区。粉剂的缺点在于黏着力差、残效期短，使用时尘土飞扬易污染环境。

2. 可湿性粉剂 可湿性粉剂（wettable powder，WP）是在农药原药中加入一定比例的润湿剂和惰性粉，通过机械碾磨或气流粉碎而制成。其粉粒细度要求通过 320 筛目。农药的可湿性粉剂专供对水后喷雾使用。

3. 乳油 乳油（emulsifiable concentrate，EC）是农药的原粉或原油按所需浓度加入一定量的溶剂、乳化剂、助溶剂和稳定剂等混合均匀，制成透明状的乳油剂型。溶剂常用二甲苯、甲苯、苯、轻质柴油芳烃、石油烷烃等。常用甲醇、乙醇、苯酚、混合甲酚、乙酸乙酯等作为助溶剂，帮助溶剂提高溶解度。常用土耳其红油、双甘油月桂酸钠、蓖麻油聚氧乙基醚等作为乳化剂，使油和水均匀地混合为乳状液。通过溶剂和乳化剂的共同作用，农药的有效成分得以均匀地分散在水中，便于农药的施用和药效的发挥。例如，商品农药 40%乐果乳油就是一种典型的乳油剂型农药，其中有效成分为纯度为 95%的乐果结晶体，占乳油剂总量的 42%；溶剂为苯，占 46%；甲醇为助溶剂，占 2%；乳化剂为环氧乙烷蓖麻油醚（BY-3），占总量的 10%。乳油剂的施用方法主要是对水稀释后喷雾或超低容量喷雾。使用乳油剂防治害虫的效果一般比其他剂型好，尤其是乳油剂的触杀效果好，且残效期也较其他剂型更长。

4. 可溶性粉剂 可溶性粉剂（soluble powder，SP 或 AS）又称为水溶性粉剂，简称水剂。由水溶性农药与水溶性填充料粉碎制成，细度为 90%通过 80 筛目，加水溶解供喷雾用。但水剂农药长期贮存容易水解失效。其施用方法主要是对水稀释后喷雾。

5. 胶悬剂或悬浮剂 胶悬剂（colloidal formulation，CF）或悬浮剂（suspension concentrate，SC）是由农药的原粉、分散剂、抗冻剂、悬浮剂及水溶性表面活性剂混合，在水中磨碎而成，成品为可流动的黏稠状胶体。其药粒平均粒径为 1～3μm，悬浮率高达 90%，可均匀分散于水中。喷射在动植物表面有良好的展着性，杀虫、杀菌效果好。其施用方法主要是对水稀释后喷雾。

6. 粒剂 粉剂（granule，GR）又分为微粒剂、颗粒剂和大粒剂。一般颗粒直径为

105～297μm（48～150筛目）的制剂称为微粒剂；直径为297～1 680μm（10～48筛目）的称为颗粒剂；而直径在1 680μm以上（大于10筛目）的则称为大粒剂。常用矿物质（如氟石、煤矸石砖粒等）或锯末作为颗粒载体，采用吸附和包衣等方法将农药的有效成分贮存于颗粒状填充料之中制成。施用后药效有控制地释放出来，持续地发挥作用。这种农药剂型有利于延长农药的残效期，并能减少农药对人畜的毒性和减少对环境的污染。其施用方法主要是向玉米心叶内撒施、用于拌种或成株期根部施用。

7. 水可分散性粒剂 水可分散性粒剂（water dispersible granule，WDG）是一种遇水能较快地崩解、分散，形成高悬浮分散体系的颗粒剂，它比可湿性粉剂和悬浮剂的有效成分含量高且悬浮效果好。

8. 烟雾剂 烟雾剂（smoke generator或smokes，SM或SA）是农药的有效成分、燃料（多采用木屑粉、淀粉等）、氧化剂（又称助燃剂，如氯酸钾、硝酸钾等）、消燃剂（如陶土、滑石粉等）制成的粉状混合物（细度全部通过80筛目）。袋装或罐装，其上插有一条由硝酸钾外包牛皮纸的引火线。点燃后无火焰，药剂随发出的烟雾扩散到空中，均匀地吸附在植物体上，对植物体上或在空中飞行的害虫进行毒杀。

9. 超低容量制剂 超低容量制剂（ultra low volume agent，ULVA或UL）是专门供超低容量喷雾使用的剂型。一般是含农药有效成分20%～50%的油剂，加入适量的助剂制成，不需稀释而直接喷洒。

10. 种衣剂 种衣剂（seed coating formulation，seed coated with pesticide或seed coating agent）是采用黏结剂或成膜剂将杀虫剂、杀菌剂、生长调节剂等两种或几种农药或与化肥等包覆在种子外的一种制剂，为区别种子包衣与否，在制剂中加入了色素。种衣剂有液体或固体粉末状的；有的是预制成型长久存放，也有的现制现用。要求种衣剂有效成分能逐步释放而被种子和根吸收，且对作物发芽生长无毒害作用，种衣膜具有透水性、透气性，不影响种子生命和呼吸作用。种衣剂既能使良种标准化，又具有植物保护作用等多种功能，具有高效、经济、安全、残效期长和多功能等特点。

11. 油剂 油剂（oil solution或oil soluble concentrate）基本上属于油的有效成分含量较低的微量喷雾剂，以汽车或拖拉机所排出的废气通过专门喷雾装置将该剂喷成油雾，多用于防治果树和林木病虫害。油剂或是油溶性农药溶于有机油类溶剂中的制剂，必要时加入适量的助溶剂、表面活性剂等，以提高制剂的性能。油剂使用时不需要水，油剂可直接喷或稀释较低倍数，主要适用于地面超低容量和飞机超低容量喷雾。油雾滴在靶标物上黏着力强，耐雨水冲刷，表面渗透性强。

12. 微囊剂或微胶囊剂 微囊剂（microcapsule）是将固体或液体的原药包入某些高分子微胶囊中的剂型。微囊的直径为5～250μm，靠改变囊壁厚度和孔隙大小以控制药液（蕊）释放速度，防止挥发、氧化和分解，所以微囊的囊膜材料及厚度不同使微囊呈快速释药及缓慢释药两种方式。

三、主要杀虫、杀螨剂简介

杀虫剂农药的使用已经有200年的历史，农药在给人们带来农业生产发展的同时，也引发一系列负面影响。目前，国内外对一些剧毒、高毒农药的生产和使用已明令禁止。在害虫防治上，对果树、蔬菜、茶、花卉等作物上使用农药更加慎重，尤其注重所用农药对人畜和环境的安全性。目前完全符合绿色食品生产要求的农药尚为数不多，在此仅介绍部分中、低毒农药。

（一）杀虫剂

1. 特异性昆虫生长调节剂类 又称特异性杀虫剂。它不是直接杀死害虫，而是通过引起昆虫生理上的特异反应，从而抑制昆虫的正常生理代谢，引起发育和繁殖受阻，最终导致害虫死亡。药剂选择性特强，仅对某种特定的害虫有效，对人畜安全，对环境的污染较小，对害虫的天敌负面影响也小，是无公害园艺作物生产中害虫防治的首选药剂。

（1）苏脲1号 又名灭幼脲3号，是苯甲酰基脲类低毒杀虫剂。作用机理为抑制和破坏几丁质的合成，使昆虫蜕皮时不能形成新表皮，虫体畸形、脱水而死亡。田间残效期15～20d，对人畜和害虫天敌安全。适于防治果树、茶、蔬菜、花卉、经济作物、草坪等植物的鳞翅目幼虫。灭幼脲类农药施药后3～4d才表现出防治效果，需适当提早用药。剂型为25%悬浮剂。

（2）除虫脲 又名敌灭灵、灭幼脲1号。毒性和杀虫机理同灭幼脲3号，对鳞翅目幼虫有特效，而且对鞘翅目、双翅目多种害虫也有效，但其药效缓慢。剂型为20%悬浮剂、25%和5%可湿性粉剂。

（3）定虫隆 又名抑太保。毒性和杀虫机理同灭幼脲3号，对鳞翅目幼虫有特效，尤其是防治对有机磷、拟除虫菊酯类农药产生抗性的小菜蛾、甜菜夜蛾、棉铃虫等害虫有较好的效果，对粉虱、蓟马及某些螨类也有防效，但对家蚕毒性高，使用时要谨慎。剂型为5%乳油。

（4）氟苯脲 又名农梦特、伏虫隆、特氟脲。毒性和杀虫机理同灭幼脲3号，对鳞翅目幼虫有特效，尤其防治对有机磷、拟除虫菊酯类农药等产生抗性的鳞翅目和鞘翅目害虫有特效，宜在卵期和低龄幼虫期应用，但对叶蝉、飞虱、蚜虫等刺吸式口器害虫无效。剂型为5%乳油。

（5）氟虫脲 又名卡死克，是一种低毒的酰基脲类杀虫、杀螨剂。毒性和杀虫机理同灭幼脲3号，具有触杀和胃毒作用，可有效地防治果树、蔬菜、花卉、茶、棉花等作物的鳞翅目、鞘翅目、双翅目、同翅目、半翅目害虫及各种害螨。剂型为5%乳油。

（6）氟铃脲 又名盖虫散，属苯甲酰基脲类杀虫剂，是几丁质合成抑制剂，具有很高的杀虫和杀卵活性，而且速效，尤其防治棉铃虫，用于蔬菜、果树、棉花等作物防治鞘翅目、双翅目、同翅目和鳞翅目多种害虫。剂型为5%乳油。

（7）杀铃脲 又名杀虫隆、氟幼灵，为苯甲酰基脲类杀虫剂，属昆虫几丁质合成抑制剂，具有高效、低毒、低残留等优点。该杀虫剂与25%灭幼脲相比，杀卵、虫效果更好，持效期长。剂型为20%悬浮剂。防治金纹细蛾的适宜浓度为8 000倍液；防治桃小食心虫，在成虫产卵初期、幼虫蛀果前喷6 000～8 000倍液。

（8）丁醚脲 又名宝路，是一种新型硫脲类、低毒、选择性杀虫、杀螨剂，具有内吸、熏蒸作用，广泛应用于防治果树、蔬菜、茶和棉花的蚜虫、叶蝉、粉虱、小菜蛾、菜粉蝶、夜蛾等害虫，但对鱼和蜜蜂的毒性高，应注意施用地区和时间。剂型为50%宝路可湿性粉剂。

（9）抑食肼 又名虫死净。属中毒昆虫生长调节剂，以胃毒为主，施药后2～3d见效，持效期长，适用于防治蔬菜、果树和粮食作物等的多种害虫。剂型为20%可湿性粉剂。

（10）噻嗪酮　又名扑虱灵、优乐得、稻虱净，是一种具有特异性选择杀虫活性的昆虫生长调节剂，对同翅目飞虱科、叶蝉科、粉虱科中的一些害虫有特效，对蜘蛛、瓢虫等害虫天敌以及双翅目中性昆虫无害。其作用机理也是抑制害虫几丁质的合成，使若虫在蜕皮的过程中死亡。具有药效高、残效期达 30～45d、对人畜安全等优点，适用于防治飞虱、叶蝉、介壳虫、温室白粉虱等害虫。剂型为 25%可湿性粉剂。

（11）吡虫啉　又名蚜虱净、扑虱蚜、比丹、康福多、高巧等，是一种硝基亚甲基化合物，属于新型拟烟碱类、低毒、低残留、超高效、广谱、内吸性杀虫剂，并有较高的触杀和胃毒作用。害虫接触药剂后，中枢神经正常传导受阻，使其麻痹死亡。具速效，且持效期长，对人、畜、植物和天敌安全。适于防治果树、蔬菜、花卉、经济作物等的蚜虫、粉虱、木虱、飞虱、叶蝉、蓟马、甲虫、白蚁及潜叶蛾等害虫。剂型为 10%和 25%吡虫啉可湿性粉剂、20%康福多浓可溶剂、60%高巧种子处理悬浮剂、70%高巧拌种剂、70%艾美乐水分散粒剂。

（12）啶虫脒　又名吡虫清、比虫清、乙虫脒、力杀死、蚜克净、乐百农、赛特生、农家盼等。该药剂也是硝基亚甲基杂环类化合物，其毒理和作用对象与吡虫啉基本相同。剂型有 3%、5%乳油，1.8%、2%高渗乳油，3%、5%、20%可湿性粉剂，3%微乳剂。

（13）虫酰肼　又名米螨。毒性低，属促进鳞翅目幼虫蜕皮的新型仿生杀虫剂，具胃毒作用，幼虫食后 6～8h 停食，3～4d 后死亡。剂型为 24%悬浮剂。

（14）氟虫腈　又名锐劲特。属于中等毒性、苯基吡唑类杀虫剂，杀虫广谱，胃毒为主、兼触杀和一定的内吸作用。其杀虫机制是阻碍昆虫 γ-氨基丁酸控制的氯化物代谢，因此，对蚜虫、叶蝉、飞虱、粉虱、鳞翅目幼虫、蚊蝇、蝗虫类和鞘翅目等重要害虫有很高的杀虫活性。剂型为 5%悬浮剂、0.3%颗粒剂、5%和 25%悬浮种衣剂、0.4%超低量喷雾剂、0.05%蟑螂胶饵剂。

（15）溴虫腈　又名除尽、虫螨腈。属于低毒、芳基取代吡咯化合物杀虫剂，具有胃毒、触杀和一定的内吸作用，而且植物叶面渗透性强。可以控制对氨基甲酸酯类、有机磷酸酯类和拟除虫菊酯类杀虫剂产生抗性的害虫、害螨。剂型为 10%悬浮剂。

（16）虱螨脲　又名美除，是先正达公司最新一代具有多重杀卵作用，高效杀灭害虫幼虫的杀虫剂。阻止幼虫蜕皮过程，药后数小时害虫停止取食，3～5d 达到死虫高峰，持效期长达 10d。该药剂适于防治对拟除虫菊酯和有机磷农药产生抗性的害虫，尤其对甜菜夜蛾、小菜蛾、棉铃虫、蓟马、锈螨、白粉虱药效优异。剂型为 50%乳油。

2. 除虫菊酯类杀虫剂　本类杀虫剂是仿照天然除虫菊素的化学结构，经结构简化并加入卤簇元素形成毒性基团，由人工合成的一类杀虫剂。具有高效低毒、触杀作用强、残效期短等特点。但大多种类具有广谱性，对天敌的杀伤力较大，在使用中应当注意。

（1）氯菊酯　又名二氯苯醚菊酯、除虫精。低毒，具有触杀和胃毒作用，杀虫广谱，适用于防治棉花、蔬菜、果树、茶和花卉上的多种鳞翅目、同翅目、鞘翅目害虫。由于对人畜的安全性好，特别适用于卫生害虫的防治。用于仓储害虫防治时的药效期长达几个月。常用剂型为 10%乳油。

（2）三氟氯氰菊酯　又名功夫菊酯。具有极强的胃毒和触杀作用，活性高，杀虫广谱，杀虫作用快，持效时间长。对叶螨也有较好的防治效果。剂型为 2.5%乳油。

（3）七氟菊酯　属土壤杀虫剂。其急性毒性比标准的有机磷、氨基甲酸酯类土壤杀虫剂的毒性低，尤其在推荐的剂量下使用安全，对鱼和水生无脊椎动物毒性高。对鞘翅目、鳞翅目、双翅目害虫高效。以颗粒剂、土壤喷洒或种子处理方法施药。挥发性好，可通过土壤熏蒸防治地老虎幼虫和金针虫、蛴螬、拟地甲等害虫。剂型为1.5%、3%颗粒剂，10%乳油或胶悬剂。

(4) 氯氰菊酯　又名歼灭。中等毒性，具有触杀和胃毒作用，主要用于防治果树、蔬菜、茶、棉等的多种害虫。剂型为10%乳油、2.5%高渗乳油和4.5%高效氯氰菊酯乳油。

(5) 溴灭菊酯和溴氰菊酯　低毒杀虫、杀螨剂，广泛用于果树、蔬菜、大田作物上的鳞翅目、同翅目和害螨等多种害虫的防治。前者剂型为20%乳油，后者为10%乳油。

(6) 联苯菊酯　又名天王星。中毒杀虫、杀螨剂，可防治果树、蔬菜、茶、粮、棉、油等作物上的鳞翅目、同翅目害虫和害螨。剂型为2.5%、10%乳油。

(7) 氟胺氰菊酯　又名马扑立克。属中毒、广谱、高效杀虫、杀螨剂，适于防治果树、蔬菜、棉花等作物的鳞翅目、同翅目、半翅目、双翅目、缨翅目等多种害虫和害螨。剂型为20%乳油。

(8) 乙氰菊酯　又名赛乐收。属低毒、广谱、高效杀虫剂，对害虫以触杀为主，胃毒为辅，兼有一定的驱避和拒食作用，可用于果树、蔬菜、水稻、其他旱地作物的鳞翅目、同翅目、半翅目等多种害虫和害螨的防治。剂型为10%乳油、2%颗粒剂。

3. 有机磷酸酯、氨基甲酸酯、有机氮、有机氯等杀虫剂

(1) 敌百虫　为高效、低毒、低残留、广谱性有机磷酸酯类杀虫剂。以胃毒作用为主，对鳞翅目害虫有较好的防治效果。常用剂型为90%晶体、80%可溶性水剂。

(2) 敌敌畏　为高效、中毒、低残留、广谱性有机磷酸酯类杀虫剂。具有触杀、胃毒和强烈的熏蒸作用，击倒力强，药效短，适于防治多种农林、卫生害虫。剂型为80%、50%乳油和烟剂。

(3) 乐果　为高效、低毒、低残留、广谱性有机磷酸酯类杀虫剂。有强烈的触杀和内吸胃毒作用，适用于防治多种园艺植物害虫。剂型为40%乳油。

(4) 辛硫磷　为高效、低毒有机磷酸酯类杀虫剂。具有触杀和胃毒作用，适用于防治地下害虫，在施入土中时，药效期可达1个多月。用于喷雾防治害虫时，极容易光解，药效期仅为2～3d。对鳞翅目幼虫效果较好，适用于防治多种园艺植物害虫。剂型为50%乳油。

(5) 马拉硫磷　又名马拉松，为低毒、广谱性有机磷酸酯类杀虫剂。有触杀和一定的熏蒸作用，适于防治蔬菜、茶、粮食等作物和仓库的多种害虫，在飞机超低量喷洒防治东亚飞蝗中也是常用药剂。剂型为45%、50%乳油，70%、95%优质防虫磷乳油。

(6) 毒死蜱　又名乐斯本，与氯氰菊酯混配称为农地乐。中等毒性，广谱性有机磷酸酯类杀虫剂，具有触杀、胃毒和熏蒸作用。对多数作物安全，但烟草敏感。适于防治蔬菜、果树、茶、花卉等作物上的多种害虫、害螨和地下害虫。剂型为40.7%和48%乳油，5%和14%颗粒剂。

(7) 亚胺硫磷　中毒、广谱性有机磷酸酯类杀虫剂。具有触杀、胃毒作用，对果树、蔬菜、大田作物的多种害虫、害螨有效，且残效期较长。剂型为20%、25%乳油。

(8) 杀螟硫磷　又名杀螟松。中毒、广谱性有机磷酸酯类杀虫剂。具有触杀、胃毒作用，可防治果树、蔬菜、茶、大田作物的多种害虫、害螨。剂型为50%乳油、25%超低量油剂。

(9) 丙线磷　又名益舒宝、地瓜茎线灵，属于有机磷酸酯类高毒杀虫、杀线虫剂。具有触杀作用，能有效防治多种蝼蛄、蛴螬、金针虫、地老虎、根蛆等地下害虫和线虫。剂型为

5%、10%、20%颗粒剂和20%、50%、72%乳油。

(10) *杀虫双和杀虫单* 低毒，属于仿沙蚕毒素类广谱性杀虫剂。具有胃毒、触杀、熏蒸和内吸作用，适于防治果树、蔬菜、茶、大田作物的多种害虫。剂型为25%水剂和3%颗粒剂。

(11) *叶蝉散* 又名异丙威、灭扑散。中毒、氨基甲酸酯类杀虫剂。具有触杀作用，药效残效期短，并具有一定的选择性，对叶蝉、飞虱类、潜叶蛾、木虱等的防治效果好。剂型有2%、4%粉剂，20%乳剂。

(12) *抗蚜威* 又名辟蚜雾。中毒，属于氨基甲酸酯类杀虫剂，是一种具有触杀、熏蒸和渗透叶面作用的选择性杀蚜剂，但对于抗药性强的棉蚜、桃蚜效果差。剂型为50%可湿性粉剂。

(13) *硫双灭多威* 又名拉维因。中毒、双氨基甲酸酯类杀虫剂。具有胃毒、触杀作用，能防治鳞翅目害虫的卵、幼虫和成虫。剂型为75%可湿性粉剂和37.5%悬浮剂。

(14) *唑蚜威* 又名灭蚜灵、灭蚜唑。属于中等毒性、氨基甲酸酯类杀虫剂，是一种具有高效触杀和内吸等作用的专性杀蚜剂，对多种蚜虫有很好的防效。剂型为15%、25%乳油。

(15) *氯唑磷* 又名米乐尔，是中等毒性、高效、广谱、内吸性有机磷酸酯类杀虫、杀线虫剂，具有触杀、胃毒和一定的内吸作用。主要用于防治地下害虫和线虫，对刺吸式、咀嚼式害虫和钻蛀性害虫也有较好的防治效果。剂型为3%米乐尔颗粒剂。

(16) *苯氧威* 又名双氧威、苯醚威，属低毒、广谱杀虫剂，是一种非萜烯氨基甲酸酯类化合物，具有胃毒、触杀，并兼有昆虫生长调节作用。对多种昆虫具有强烈的保幼激素活性，可杀卵，抑制幼虫蜕皮，虫体重下降，成虫出现早熟，造成幼虫后期和蛹死亡。对拟除虫菊酯类药剂有较高的增效作用。主要用于防治仓库鞘翅目、鳞翅目、蟑螂、跳蚤、火蚁、白蚁等害虫，也防治树上的蚧和木虱类等害虫。常用剂型有5%苯氧威粉剂、25%双氧威可湿性粉剂、1%双氧威毒饵、24%双氧威乳油。

(17) *丁硫克百威* 又名好年冬、好安威，是克百威（呋喃丹）低毒化衍生物，对大白鼠急性经口 LD_{50} 为209mg/kg，兔急性经皮 LD_{50} 在2 000mg/kg以上。杀虫广谱，有内吸性，能防治蚜、螨、蚧、叶蝉、金针虫、甜菜跳甲、马铃薯甲虫、果树卷叶蛾、梨小食心虫、苹果蠹蛾和瘿蚊等。常用剂型为20%乳油。

(18) *巴丹* 又名杀螟丹、派丹，是沙蚕毒素的一种衍生物，属中等毒性氨基甲酸酯类杀虫剂。杀虫广谱，具有触杀和一定的拒食和杀卵等作用，残效较长。用于防治鳞翅目、鞘翅目、半翅目、同翅目、双翅目等多种害虫。常用剂型有30%和50%可溶性粉剂、90%原粉。

(19) *多噻烷* 属于中毒、仿沙蚕毒素类广谱性杀虫剂。具有胃毒、触杀和内吸传导作用，还具有杀卵及一定的熏蒸作用。残效期7～10d。该药剂是易卫杀的同系物，其理化性质很相似。适于防治果树、蔬菜、茶、大田作物的多种害虫。常用剂型为30%乳油。

(20) *哒嗪硫磷* 又名哒净松、苯哒磷、杀虫净，是低毒、广谱杀虫、杀螨剂。对害虫具有胃毒、触杀作用，无内吸性。对咀嚼式口器、刺吸式口器害虫均有效。适于防治蔬菜、果树、小麦、水稻、棉花等作物的害虫、害螨。剂型为20%乳油、2%粉剂。

4. 天然有机杀虫剂

(1) *矿物油及其乳剂* 防治害虫的矿物油主要是指煤油、柴油和机（润滑）油。矿物油在有机合成农药出现之前就已经广泛用于害虫防治。过去常将它们配成一定浓度的乳剂使用，现在已有定型产品出售，如美国加德士公司生产的“加德士敌死虫”就是这类农药，该产品已于1996年在我国登记为适用于AA级绿色食品生产的绿色环保农药，可用于防治多种园艺植物害虫。

（2）楝素　又名蔬果净，是一种低毒植物源杀虫剂，具有胃毒、触杀和拒食作用，但药效缓慢，主要用于防治蔬菜上的鳞翅目害虫。剂型为0.5%楝素杀虫乳油、0.3%印楝素乳油。

（3）苦参碱　又名苦参素，是一种利用有机溶剂从苦参中提取的低毒、广谱性植物源杀虫剂，具有胃毒、触杀作用，对蚜虫、蚧、螨和菜粉蝶、夜蛾、韭蛆、地下害虫等有明显的防治效果。剂型为0.2%、0.3%和3.6%水剂，1%醇溶液，1.1%粉剂。

（4）茴香素　主要成分是山道年和百部碱，对人畜安全无毒，而对害虫具有胃毒和触杀作用，可用于防治菜青虫、蚜虫、食心虫、害螨、尺蠖等。制剂遇热、光和碱易分解。制剂为0.65%茴香素水剂。

（5）阿维菌素　又名爱福丁、阿巴丁、害极灭、齐螨素、虫螨克、杀虫灵等，是一种生物源农药，即真菌 *Streptomyces avermitilis* MA-4680菌株发酵产生的抗生素类杀虫、杀螨剂，对人畜毒性高，对蔬菜、果树、花卉、大田作物和林木的蚜虫、叶螨、斑潜蝇、小菜蛾等多种害虫、害螨有很好的触杀和胃毒作用。剂型为0.9%、1.8%乳油或水剂。

（6）多杀霉素　又名多杀菌素、菜喜、催杀，是土壤微生物代谢产生的纯天然高活性大环内酯类化合物，杀虫机理独特，作用于昆虫的神经系统，由于其作用机制与其他各类杀虫剂不同，故与其他各类杀虫剂不存在交互抗性。该药以胃毒为主，兼触杀作用，具很强的杀虫活性和较高的安全性，对蚜虫、斑潜蝇、小菜蛾、甜菜夜蛾、棉铃虫、烟草夜蛾、豆蛀野螟、蓟马、叶螨等多种蔬菜害虫、害螨有很好的防治效果；对人畜基本无毒，其安全采收期仅为2h，特别适合无公害蔬菜生产。剂型为2.5%、4.8%悬浮剂。

（7）甲氨基阿维菌素（苯甲酸盐）　又名埃玛菌素、威克达，属大环内酯类化合物，是一种高效广谱的杀虫、杀螨剂，是阿维菌素结构的改造产物，毒性比阿维菌素低，1%威克达乳油大白鼠急性经口 LD_{50} 为6 190mg/kg，对天敌、人畜安全。剂型为1%或2%乳油。

（8）浏阳霉素　又名多活菌素，是一种从链霉菌浏阳变种所产生的农用抗生素杀螨剂，对人畜、天敌、蜜蜂和家蚕毒性低，对鱼类有毒，对螨有很好的触杀作用。剂型为10%乳油。

（9）苏云金杆菌（*Bacillus thuringensis*，Bt）　又名敌宝、包杀敌等。原药为黄色固体，是一种细菌杀虫剂，属于好气性蜡状芽孢杆菌，芽孢内产生杀虫的蛋白晶体。现已报道，有34个血清型、50多个变种，是一种低毒的微生物杀虫剂。该菌是革兰氏阳性土壤芽孢杆菌，在形成的芽孢内产生晶体（即δ-内毒素），进入昆虫中肠的碱性条件下降解为杀虫毒素。

（10）白僵菌　一种真菌杀虫剂，产品为白色或灰色粉状物，杀虫成分为活孢子。对人畜无毒，对家蚕、柞蚕高毒。该菌防治鳞翅目害虫效果好。制剂为50～70亿孢子/g粉剂。一般每667m^{2}用200～250g菌粉，对水喷雾；或与敌百虫混合使用，每克混合粉含孢子1亿个，每667m^{2}用混合粉1～1.5kg喷粉。

（11）昆虫性信息素　人工合成的称为性诱剂。1999年，我国农业部颁布《生产绿色食品的农药使用准则》，指定昆虫信息素是A级、AA级绿色食品生产中唯一允许使用的动物源农药。产品种类有小地老虎、棉铃虫、烟青虫、玉米螟、粟灰螟、条螟、二化螟、三化螟、大螟、黄螟、甜菜夜蛾、斜纹夜蛾、棉红铃虫、桃小食心虫、桃蛀螟、梨小食心虫、李小食心虫、苹小卷蛾、苹大卷蛾、桃潜叶蛾、小菜蛾、金纹细蛾、枣黏虫、茶小卷蛾、槐小卷蛾、淡剑夜蛾、美国白蛾、木蠹蛾、松毛虫、杨干透翅蛾、小实蝇、瓜实蝇、麦蛾、粉斑螟、麦蛾、粉斑螟、烟草螟等。根据诱集对象发生种类和消长情况，选择其中一种害虫的性信息素或性诱剂固定在盆口中央，内加水至诱芯下 1cm，水中加少许洗衣粉或几滴机油，每天夜晚放在田间，位置高出作物，各盆距 20～25m，每天早晨捞虫统计诱集量，并补充水封盖。

（二）杀螨剂及其他农药

（1）*尼索朗*　属于噻唑烷酮类新型低毒杀螨剂，对害螨具有强烈的杀卵、幼螨和若螨作用，不杀死成螨，但接触药剂的雌成螨所产的卵不能孵化。药效期可保持 50d 左右。对叶螨防治效果好，对瘿螨防治效果差。剂型为 5%乳油和 5%可湿性粉剂。

（2）*克螨特*　又名丙炔螨特。低毒、广谱性有机硫类杀螨剂，具有触杀和胃毒作用，对成螨、若螨有效，杀卵效果差。药效期可保持 15d 左右。常用剂型为 73%乳油。

（3）*溴螨酯*　又名螨代治，是一种杀螨广谱、持效期长、毒性低、对天敌和作物比较安全的杀螨剂。具有触杀作用，适用于防治果树、蔬菜、花卉等的多种害螨。剂型为 50%乳油。

（4）*双甲脒*　又名螨克。中毒，对鱼类有毒，对蜜蜂、天敌昆虫低毒。具有触杀、拒食、驱避作用，也有一定的胃毒、熏蒸和内吸作用。对叶螨科各虫态都有效果，适于防治害螨，同时对木虱、粉虱具有良好的防效。剂型为 20%乳油。

（5）*四螨嗪*　又名阿波罗。低毒，不能杀死成螨，但能使其产下的卵不能孵化，是胚胎发育抑制剂，并抑制幼螨、若螨的蜕皮，但无明显的不育作用。一般施药后 10～15d 见效，持效期 50～60d。适于防治叶螨和瘿螨。剂型为 50%和 20%悬浮剂。

（6）*灭蜗灵*　又名蜗克灵、多聚乙醛、密达、蜗牛敌、蜗牛散、梅塔。化学成分为四聚乙醛，对人畜中等毒性。具有强胃毒作用，无内吸性，是一种成品诱饵剂，对蜗牛、福寿螺、蛞蝓有很强的诱集和杀死效果。剂型为 5%、6%、8%灭蜗灵颗粒剂，4%灭蜗灵与 5%氟硅酸钠混合剂。

（7）*杀螺胺*　又名百螺杀、螺灭杀。药物通过阻止水中害螺对 O_2 的摄入而降低呼吸作用，最终使其窒息死亡。该药可在流水或静水中使用，既杀成螺和幼螺，又可杀卵。但遇碱性水会降低防效。对作物、天敌和鹅、鸭安全，对鱼和浮游生物有毒。剂型为 50%、70%乙醇盐可湿性粉剂。

化学防治在综合防治中的地位和今后的发展方向，至今仍是植保学界讨论的热门话题。自 20 世纪 50 年代以来，由于长期、连续地不合理施用化学农药，引发了以“3R”为代表的化学防治综合征，而且这种副作用愈加严重，已成为 21 世纪园艺植物生产进入商品化和注重生产过程生态化必须加以解决的难题。在农药的开发方向上应注重摒弃灭生性、广谱性，大力研制和开发选择性和驱避性、拒食性等特异性农药，充分发挥农药的优点，克服以往的不足，走一条与环境和谐的发展之路，新型农药仍将为园艺植物生产的可持续发展做出其应有的贡献。

为了保证人们的身体健康，从源头上解决农产品尤其是蔬菜、果树、茶叶、中草药材等作物的农药残留超标问题，加快无公害农产品生产，促进农药产品结构调整和优化，增强我国农产品的国际市场竞争力，农业部先后公布了禁止和限制使用的农药名单，并停止受理一批高毒、剧毒农药的登记申请，撤销一批高毒农药的登记等。现将我国禁止和限制使用的农药汇总成表（表 6-4）。

表 6-4 我国禁止和限制使用的农药名单

序号	农药名称	禁止/限制使用要求文件号
1	六六六（HCH）	禁止使用 农业部公告第 199 号（2002.5.24）
2	滴滴涕（DDT）	禁止使用 农业部公告第 199 号（2002.5.24）
3	毒杀芬（camphechlor）	禁止使用 农业部公告第 199 号（2002.5.24）
4	二溴氯丙烷（dibromochloropane）	禁止使用 农业部公告第 199 号（2002.5.24）
5	杀虫脒（lordimefom）	禁止使用 农业部公告第 199 号（2002.5.24）
6	二溴乙烷（EDB）	禁止使用 农业部公告第 199 号（2002.5.24）
7	除草醚（nitrofen）	禁止使用 农业部公告第 199 号（2002.5.24）
8	艾氏剂（aldrin）	禁止使用 农业部公告第 199 号（2002.5.24）
9	狄氏剂（dieldrin）	禁止使用 农业部公告第 199 号（2002.5.24）
10	汞制剂（mercury compounds）	禁止使用 农业部公告第 199 号（2002.5.24）
11	砷（arsenic）	禁止使用 农业部公告第 199 号（2002.5.24）
12	铅（acetate）	禁止使用 农业部公告第 199 号（2002.5.24）
13	敌枯双	禁止使用 农业部公告第 199 号（2002.5.24）
14	氟乙酰胺（fluoroacetamide）	禁止使用 农业部公告第 199 号（2002.5.24）
15	甘氟（gliftor）	禁止使用 农业部公告第 199 号（2002.5.24）
16	毒鼠强（tetramine）	禁止使用 农业部公告第 199 号（2002.5.24）
17	氟乙酸钠（sodium fluoroacetate）	禁止使用 农业部公告第 199 号（2002.5.24）
18	毒鼠硅（silatrane）	禁止使用 农业部公告第 199 号（2002.5.24）
19	甲胺磷（methemidophos）	撤销其混配制剂及临时登记有效期超过 4 年单剂的续展登记停止受理；新增登记（包括混剂）不得在蔬菜、果树、茶叶、中草药材上使用 农业部公告第 274 号（2002.4.30），农业部公告第 194 号（2002.4.22），农业部公告第 199 号（2002.5.24）
20	甲基对硫磷（parathion methyl）	撤销其混配制剂及临时登记有效期超过 4 年单剂的续展登记不得在蔬菜、果树、茶叶、中草药材上使用 农业部公告第 274 号（2002.4.30），农业部公告第 199 号（2002.5.24）
21	对硫磷（parathion）	撤销其混配制剂及临时登记有效期超过 4 年单剂的续展登记不得在蔬菜、果树、茶叶、中草药材上使用 农业部公告第 274 号（2002.4.30），农业部公告第 199 号（2002.5.24）
22	久效磷（moncrotophos）	撤销其混配制剂及临时登记有效期超过 4 年单剂的续展登记不得在蔬菜、果树、茶叶、中草药材上使用 农业部公告第 274 号（2002.4.30），农业部公告第 199 号（2002.5.24）
23	磷胺（phosphamido）	撤销其混配制剂及临时登记有效期超过 4 年单剂的续展登记不得在蔬菜、果树、茶叶、中草药材上使用 农业部公告第 274 号（2002.4.30），农业部公告第 199 号（2002.5.24）
24	甲拌磷（phorate）	停止受理新增登记（包括混剂），2002 年 6 月 1 日撤销在柑橘树上登记，不得在蔬菜、果树、茶叶、中草药材上使用 农业部公告第 194 号（2002.4.30），农业部公告第 199 号（2002.5.24）

（续）

序号	农药名称	禁止/限制使用要求文件号
25	甲基异柳磷（isofenphos methyl）	停止受理新增登记（包括混剂），2002年6月1日撤销在果树上登记，不得在蔬菜、果树、茶叶、中草药材上使用 农业部公告第194号（2002.4.30），农业部公告第199号（2002.5.24）
26	特丁硫磷（terbufos）	停止受理新增登记（包括混剂），2002年6月1日撤销在果树上登记，不得在蔬菜、果树、茶叶、中草药材上使用 农业部公告第194号（2002.4.30），农业部公告第199号（2002.5.24）
27	甲基硫环磷（phosfolan methyl）	停止受理新增登记（包括混剂），不得在蔬菜、果树、茶叶、中草药材上使用 农业部公告第194号（2002.4.30），农业部公告第199号（2002.5.24）
28	治螟磷（sulfotep）	停止受理新增登记（包括混剂），不得在蔬菜、果树、茶叶、中草药材上使用 农业部公告第194号（2002.4.30），农业部公告第199号（2002.5.24）
29	内吸磷（demeton）	停止受理新增登记（包括混剂），不得在蔬菜、果树、茶叶、中草药材上使用 农业部公告第194号（2002.4.30），农业部公告第199号（2002.5.24）
30	克百威（carbofuran）	停止受理新增登记（包括混剂），2002年6月1日撤销在柑橘树上登记，不得在蔬菜、果树、茶叶、中草药材上使用 农业部公告第194号（2002.4.30），农业部公告第199号（2002.5.24）
31	涕灭威（aldicarb）	停止受理新增登记（包括混剂），2002年6月1日撤销在苹果树上登记，不得在蔬菜、果树、茶叶、中草药材上使用 农业部公告第194号（2002.4.30），农业部公告第199号（2002.5.24）
32	灭线磷（ethoprophos）	不得在蔬菜、果树、茶叶、中草药材上使用 农业部公告第199号（2002.5.24）
33	蝇毒磷（coumaphos）	不得在蔬菜、果树、茶叶、中草药材上使用 农业部公告第199号（2002.5.24）
34	地虫硫磷（fonofos）	不得在蔬菜、果树、茶叶、中草药材上使用 农业部公告第199号（2002.5.24）
35	氯唑磷（isazofos）	不得在蔬菜、果树、茶叶、中草药材上使用 农业部公告第199号（2002.5.24）
36	苯线磷（fenamiphos）	不得在蔬菜、果树、茶叶、中草药材上使用 农业部公告第199号（2002.5.24）
37	三氯杀螨醇（dicofol）	不得在茶树上使用 农业部公告第199号（2002.5.24）
38	氰戊菊酯（fenvalerate）	不得在茶树上使用 农业部公告第199号（2002.5.24）
39	氧化乐果（omethoate）	停止受理新增登记（包括混剂），2002年6月1日撤销在甘蓝上登记 农业部公告第194号（2002.4.22）
40	灭多威（methomyl）	停止受理新增登记（包括混剂） 农业部公告第194号（2002.4.22）
41	丁酰肼（dominozide）	撤销在花生上登记 农业部公告第274号（2002.4.30）
42	杀鼠剂	停止批准其分装登记，已批准的分装登记不再续展登记 农业部公告第274号（2002.4.22）
43	高/剧毒农药	停止批准其分装登记 农业部公告第274号（2002.4.22）

第七节　害虫综合治理

一、害虫综合治理的基本观点

（一）害虫综合治理的概念

我国于1975年确定了“预防为主，综合防治”的植保方针。马世骏（1979）对综合防治的定义是：从生物与环境的整体观点出发，本着预防为主的指导思想和安全、有效、经济、简易的原则，因地因时制宜，合理运用农业的、化学的、生物的、物理的方法，以及其他有效的生态学手段，把害虫控制在不足为害的水平，以达到保护人畜健康和增加生产的目的。其中“整体观点”说明综合防治要考虑生物与生物、生物与环境和环境各成分之间的相互关系；“预防为主”体现了我国人民对待自然灾害一贯的指导思想；“安全、有效、经济、简易”既是选择防治措施的准则，又指出综合防治的发展趋势，即防治害虫既要考虑措施的有效作用，又必须注意对人畜和有益生物生活环境的安全，使用措施不是越多越好或各项有效措施都用上，而是有所侧重地根据当时情况灵活机动地把措施用在关键时刻。此外，也只有经济和简便易行的措施方能被广大群众所掌握并运用；“农业的、化学的、生物的、物理的防治方法”都是广义的，例如生物方法内容不只是虫、菌等天敌利用，也包括遗传、绝育等措施；“生态学手段”指的是上述4种类型方法以外的措施，如环境改造，消灭害虫滋生地，以及创造不利于害虫发生而有利于园艺植物和有益生物生存的生态条件等；所谓“合理”就是根据需要采取措施，各措施之间要协调，要相互促进、相互补充。最后两句概括了综合防治的目的：把害虫控制在不足为害的数量水平，以达到保护人畜健康、增加生产和维护环境质量。这个“不足为害”的虫口数量水平是随不同害虫的为害特性、害虫自然存活率及寄主的抗害免疫性能而异的。有的种类从近期或长远的经济观点考虑，允许存在一定的数量；有的种类必须抑制到最低水平，彻底消灭其为害。可见，害虫综合防治的本质是对目标害虫的生态控制，而并非注重对某种害虫个体的直接杀灭。

（二）园艺植物害虫发生的生态学机制

1. 生物多样性背景　在经过20世纪人类科技长足发展之后的当今世界，人们必须以全新的眼光重新审视所从事过的各行各业。从生物圈的角度来看，人类与作物、害虫都是处于同一生物多样性背景之中。在原始森林的生态系统中，植物是植物，昆虫是昆虫，无所谓为害者与受害者；森林中的适生植物种群按其自身的生态演化规律，在群落中占有其应有的生态位，生存、发展和演替。在这样的全自然系统中，以群落中占主导地位的植物为食的植食性昆虫也在发展与演替，由于天敌的自然控制作用，它们也不至于形成暴发与猖獗。处于自然平衡状态的群落生物多样性背景，为群落中的各个别种群既提供生存与发展的条件，又制约着种群发展规模，使得群落中各个别成员均按其自身的生态位态势，有度地发展演化、共存共荣。

自从人类发明了农耕，形成园艺植物文明以来，园艺植物成为人类文明进步的重要生产门类，在人类文明发展史中占有重要的历史地位。当今世界园艺植物的功能，不仅仅是传统意义上的植物生产作用，而更重要的是作为人类生存环境的重要组成部分，担负着重要的环境代谢功能。园艺植物生态系统的庞大作物植被，不仅为人类提供主体生活资源，还为人们净化空气、生活用水和生活废弃物，为人类的持续生存和发展无偿地提供强有力的环境净化服务。

2. 作物生态系统——人为创造的昆虫食料势能场　近代园艺植物生产过程中，讲究高投入、高产出，采用保护地设施、新品种、农药、化肥和机械化操作。其结果是在大自然这个天然工厂中，人为创造了大片的非自然植被——作物生态系统。在作物生态系统中，同种植物连片种植，生长整齐繁茂，与自然生态系统的最大区别就是生物多样性的单一。以人们种植的作物为食料的昆虫，在这样丰盛的食料条件下，如果其种群还不发展，那么，这种昆虫有可能是在进化上行将灭绝的种类，而种群迅速发展，甚至于暴发成灾的害虫种类大量存在，这就是园艺植物害虫。作物生态系统是人为制造的、对于害虫种群暴发具有强大诱导势能的昆虫食料势能场。从生物间最基本的营养联系角度来看，园艺植物生产与园艺植物害虫是一对长期共存的对立统一体。

3. 园艺植物害虫是经济学概念　园艺植物昆虫与园艺植物害虫，两者仅一字之差，但却是完全不同的概念。园艺植物昆虫是一个生物学概念，而园艺植物害虫则是一个经济学概念。

二、害虫综合防治措施的优化组合

（一）综合防治措施筛选的依据

1. 5种防治方法的作用特点

（1）*植物检疫*　植物检疫是在区域生态区划背景前提下，对局部发生、可人为传播、对可能传入区域可造成严重为害的害虫种群实施法规化管理控制措施。其作用特点是阻断特定的危险性害虫种群的扩散路径，在其扩散途径中实施其种群的灭绝性防治。

（2）*农业防治*　农业防治是基于园艺植物区划后形成的特定植物群落斑块特征和园艺植物生态系统的生态背景，在保证生产目标完成的基础上，通过作物布局、品种搭配和耕作技术系统的组合而形成的，对害虫具有整体调控作用的一种防治力量。对于园艺植物害虫的防治具有奠基性功能。

（3）*生物防治*　生物防治是在特定农田生态系统中，通过添加害虫天敌或其衍生物防治害虫。其作用方式主要是生物途径和生态手段。生物防治不仅能有效地控制一些重要的害虫，而且能够保护农田生态系统中的自然天敌，增强自然天敌的自然控害能力，是可持续生产中首选的害虫防治措施。

（4）*物理防治*　物理防治特别适于仓储害虫的防治，对一些检疫性害虫的防治也很有效，对大棚和温室害虫防治也具有应用前景，其作用方式是在特定环境条件下对防治种群的区域实施全种群灭绝防治。

（5）*化学防治*　化学防治以农药的使用方便、杀虫谱广和杀虫效果明显而受到广泛的欢迎。但必须注意到它对农田生态系统和环境，以及人畜生命安全的负面影响。

2. 害虫综合治理的目的　在害虫防治中，人们首先想到的是利用杀虫剂杀死害虫保护植物，但害虫综合治理不一定要直接杀死害虫。在选择害虫综合治理系统时，必须明确目标：保护作物免遭害虫的为害而造成经济损失，而不只是直接杀虫。因此，在组建害虫综合防治体系时，应当牢记保护作物生产免受经济损失这一最终目标，针对害虫种群实施系统控制或是对农田生态整体进行生态调控。

（二）综合防治措施组合的原则

总体上应根据系统论的整体观念，全面把握园艺植物生产系统的生态学特性，运用系统工程原理对园艺植物害虫的防治措施进行优化组合。同时要对综合防治措施的效果进行环境经济学分析，综合评价措施实行后的经济效益、生态效益和社会效益。具体原则如下：①根据当地的区域生态区划背景特点，对可能入侵的危险性害虫采取严格的检疫措施，阻断害虫的侵入途径。②根据特定农区植物群落特征，在宏观上营造农田景观的多样化，尽量避免同种作物的单一化连片种植，增加园艺植物生产系统内部的生物多样性，从宏观上造就抑制重要园艺植物害虫种群暴发的生态背景。③在农田生态系统内部，采用园艺植物防治的主要手段（抗虫品种、有机耕作、矮化栽培等），培植农田生态系统自身对害虫的生态抵抗能力，发挥园艺植物对害虫的生态控制作用。④针对主要害虫种群生态特性，巧妙运用生物防治，科学运用安全无污染的农药，对主要害虫种群数量实施经济有效的控制。

三、害虫综合防治的作用评价

（一）自然控制论方法简介

在宏观评价方面，介绍一种自然控制论的方法。中国科学院院士曾庆存研究员（1996）根据系统理论的最新发展以及当代全球关注的可持续发展问题，提出了一门新的学科——自然控制论（natural cybernetics），并给出了自然控制论核心问题的偏微分方程理论模型。自然控制论研究自然环境的自控行为与人工调控的机理以及人工调控的理论、方法和技术。它用统一的系统观点、理论和方法指导研究与调控自然环境各种过程有关的具体问题，并发展相应的工程技术。害虫生态控制可以纳入自然控制论之中，作为一种相应的工程技术门类。

害虫的生态控制的核心问题是，实现对害虫发生的自然环境的合理或最优利用和最适调控，在理论上是自然控制论的具体工程技术问题。其数学表达的一般提法可以简述如下：

设人们所欲利用或调控的自然环境的一部分变量及与之有相互作用的变量全体为集合 $X(P, t)$，它随空间点 P 及时间 t 而变，设 X 由 m 个分量 X_i（$i=1, 2, \cdots, m$）所组成，即 X 为一个依赖于 P 和 t 的 m 维向量：

$$X(P,t) = [X_1, X_2, \cdots, X_m]^t \tag{6-14}$$

又设与之有关的人类活动或即人文变量为 $Y(P, t)$，它是一个 n 维向量，其分量为 Y_j（$j=1, 2, \cdots, n$），那么：

$$Y(P,t) = [Y_1, Y_2, \cdots, Y_n]^t \tag{6-15}$$

这些变量直接或间接地作用于自然环境变量 $X(P, t)$ 之上，从而改变着或即扰动着 $X(P, t)$ 的演变过程，于是自然环境 X 的演变同时由其自身及人文变量 Y 所决定，这种演变过程的规律性由微分方程（一般常是偏微分方程）所制约，即：

$$\partial X / \partial t = L(X, Y, t) \tag{6-16}$$

还有初始条件：

$$X|_{t=t_0} = X^{(0)}(P) \tag{6-17}$$

以及边界条件：

$$\Lambda(X,Y,t)|_{\partial\Omega}=G \tag{6-18}$$

式中：t_0——研究该自然环境过程的起始时刻；

∂_Ω——所研究的自然环境空间 Ω 的边界；

$X^{(0)}$ 和 G——已知函数（向量）；

L 和 Λ——某些算子。

显然，人类对自然环境的实际调控活动受其自身的能力如经费所限制，因此，Y 受其某些范函或范数 $\|\cdot\|$ 所限，即：

$$\|Y\|\leqslant C \tag{6-19}$$

式中：C——限制常数。

或者人类要求改变后的自然环境距离人们期望的自然环境条件 X_p 相差较小，即 $X-X_p$ 的某种范数 $\|\cdot\|$ 要满足一定的限制条件：

$$\|X-X_p\|_p\leqslant D \tag{6-20}$$

式中：D——限制常数。

害虫的生态控制就是要在满足式（6-19）或式（6-20）或式（6-19）加式（6-20）的限制条件下，寻找一种合理或最优的人类活动 Y，使得其经济效益和生态效益最优，这个效益自然是由改变后的环境变量 X 和人文变量 Y 所决定的，即是其某种范函，记作 G（X，Y），于是要求：

$$G(X,Y)=\text{最优} \tag{6-21}$$

其中，“最优”的意义可以是“最大”（如经济效益、生态效益最大），也可以是“最小”（例如，经费耗费最小，污染程度最小，被控害虫种群趋势指数 I 值最小等）。

通过自然控制论理论模型，可以评价综合防治优化组合的实际效益，并可以作为宏观生产决策时的重要参考。

（二）基于特定害虫种群控制效果的作用评价方法

以种群系统为对象，对综合防治措施的优化组合评价方法已经相当成熟。这就是庞雄飞院士（1988）提出的“种群控制指数”分析方法。

种群控制指数（index of population control，IPC），简称控制指数，是对种群数量发展趋势控制作用的一个指标，以被作用的种群趋势指数（I'）与原有的种群趋势指数（I）的比值表示，即：

$$IPC=I'/I \tag{6-22}$$

其中，$I=N_1/N_0=S_1S_2S_3\cdots S_i\cdots S_kFP_FP_♀$　　(6-23)

式中：I——种群趋势指数；

N_0，N_1——当代及次代的种群数量；

$S_1S_2S_3\cdots S_i\cdots S_k$——各作用因子相对应的存活率；

FP_F——实际产卵量；

$P_♀$——雌性比率。

在应用中又可根据不同的要求分为 3 种类型即排除分析控制指数（$EIPC$）、添加分析控制指数（$AIPC$）、干扰分析控制指数（$IIPC$），其相应生物学意义的计算公式简介如下：

排除分析控制指数（$EIPC$）是基于排除分析法（exclusion analysis method）计算所得

的种群生态学参数。其思路为：在种群控制因子中，如果排除一个因子 i 的作用，则其相对应的存活率 $S_i=1$，其种群趋势指数将由原来的 I 改变为 I'，即：

$$I' = S_1 S_2 S_3 \cdots 1 \cdots S_k FP_F P_{♀}$$

而相应的，

$$EIPC = I'/I = [S_1 S_2 S_3 \cdots 1 \cdots S_k FP_F P_{♀}]/[S_1 S_2 S_3 \cdots S_i \cdots S_k FP_F P_{♀}] = 1/S_i \tag{6-24}$$

可见，当排除一个因子的作用时，其 $EIPC$ 相当于其对应的存活率的倒数；当排除多个因子的作用时，其 $EIPC$ 相当于其对应存活率的倒数的乘积。$EIPC$ 适用于评价自然生态控制因子对种群的自然控制作用的相对大小。

添加分析控制指数（$AIPC$）是基于添加分析法（addition analysis method）计算的种群生态学参数。其思路为：如果在种群控制因子中添加一个因子 a 的作用，即在组成 I 的组分中添加存活率 S_a，其种群趋势指数将由原来的 I 改变为 $I_{(a)}$。而相应的，

$$AIPC = I_{(a)}/I = [S_1 S_2 S_3 \cdots S_a \cdots S_k FP_F P_{♀}]/[S_1 S_2 S_3 \cdots S_i \cdots S_k FP_F P_{♀}] = S_a \tag{6-25}$$

可见添加一个因子的作用时，会使种群的存活率变为原种群的 I 值与相对应的存活率的乘积，即添加因子的控制作用会引起种群（$1-S_a$）的死亡率。且 $AIPC$ 也和 $EIPC$ 一样，可以多个作用因子连乘。

干扰分析控制指数（$IIPC$）是基于干扰分析法（interference analysis method）计算的种群生态学参数。其思路为：如果一个生态因子的作用被干扰，原来该因子相对应的存活率 S_i 将改变为 S_i'，则有：

$$IIPC = S_i'/S_i \tag{6-26}$$

且 $IIPC$ 同样具有可以多个因子连乘的属性。

用上述 3 个控制指数可以定量评价各种防治措施在种群控制中实际作用的大小，为综合防治措施的优化组合提供科学依据。

四、实例：十字花科蔬菜害虫综合防治措施的优化组合

首先，应根据蔬菜生产的目标和地方特点确定害虫综合防治的总体策略。如果是在以生产粮食和蔬菜为主的城郊型农业的粮、菜生产基地进行十字花科蔬菜的生产，则针对十字花科蔬菜的两个主要害虫（小菜蛾和黄曲条跳甲）的发生和为害特点，采用稻—菜轮作的栽培制度，可以有效地降低害虫的种群基数，减轻害虫综合防治的压力，提高商品蔬菜的品质等级。如果是在规模化的正规出口蔬菜生产基地进行十字花科蔬菜的生产，则必须对菜场的水、肥、土、气及其生态环境进行综合的整治，使之符合绿色食品蔬菜生产的环境条件要求。其中，对十字花科蔬菜害虫控制具有重要意义的是：结合菜场的四周（路边、屋旁、沟边、渠埝）环境绿化工程，在菜场种植多样化的绿化植物，为蔬菜害虫的天敌提供蜜源植物和避居场所。

同时，在菜场的生产布局中，运用反季节栽培、设施种植等宏观调控措施，在时间和空间上营造十字花科蔬菜的避害条件；在品种布局和栽培方式上，利用茄科蔬菜（茄子、辣椒、番茄等）、石蒜科蔬菜（大蒜、韭菜、香葱等）对十字花科蔬菜害虫的拒避作用，将十字花科蔬菜与之轮作、间插套种，可以有效减轻害虫的为害。在菜心地插种一定数量的甜玉

米植株，可以诱集玉米螟和棉铃虫等成虫产卵，寄生小菜蛾卵的赤眼蜂（如拟澳洲赤眼蜂、玉米螟赤眼蜂等）可以在玉米螟卵和小菜蛾卵上循环寄生繁殖，形成对这两种害虫的自然控制。总之，在蔬菜生产的菜场农田群落背景上创造一种助益控害的生态基础条件，对害虫的综合防治是十分有利的。

其次，在对害虫实施有效的预测预报的基础上，针对十字花科蔬菜的主要害虫，优化组合对其的无公害防治措施，形成对害虫进行生态控制的措施系统，实施有效的无公害防治。具体实例如图 6－4 所示。

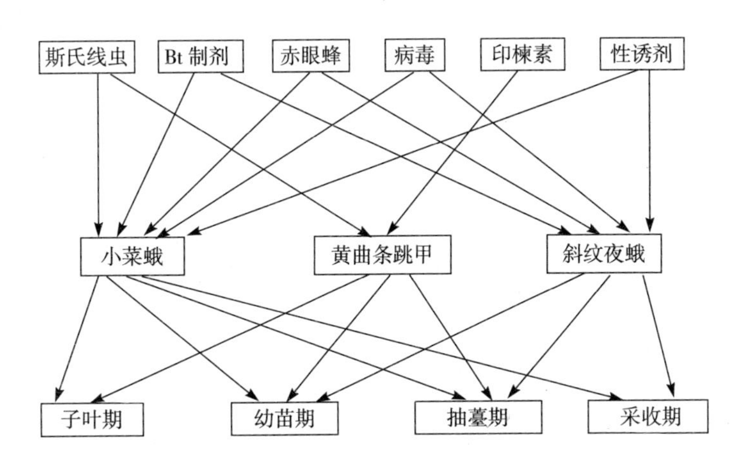

图 6－4 菜心生产过程中害虫的生态控制系统

上述系统是一个全生物防治系统，其防治效果可以使商品蔬菜的等级达到 AA 级绿色食品水平。当不具备全生物防治条件时，斯氏线虫可以用辛硫磷代替，并采用土壤用药的方法，提高其对黄曲条跳甲幼虫的控制效果，保护田间自然天敌；印楝素可由杀虫双、鱼藤氰等低毒农药所代替。但这样的防治结果，商品菜的等级只能达到无公害水平。

从环境经济学角度分析，十字花科蔬菜害虫防治产生的效益是多方面的，它包括直接的经济效益和间接的社会效益、环境效益三方面。单纯使用化学杀虫剂防治害虫所产生的除经济效益外，两项间接效益都是负面性的，而采用综合防治（生态控制）所产生的则均为正效益。即：

化学防治：总效益＝经济效益－社会效益－环境效益

生态控制：总效益＝经济效益＋社会效益＋环境效益

现以表 6－5 所列两种不同害虫防治策略的菜场单造菜心生产的投入、产出分析为例，具体评价十字花科蔬菜害虫综合防治的实际效益。

表 6－5 两类菜场一茬菜心生产的投入、产出经济核算（1998 年 5 月，深圳市龙岗区）

菜场类别	防治害虫费用（元/hm²）	人工费用（元/hm²）	产量（kg/hm²）	菜心单价（kg/元）	产值（元/hm²）	其他支出（元/hm²）	经济效益（元/hm²）
害虫生态控制菜场	1 055.00	200.00	5 250.00	4.32	22 680.00	16 011	5 414.00
常规化学治虫菜场	765.00	400.00	5 822.00	3.60	20 959.20	16 011	3 783.20

根据赵美琦等（1990）提出的有害生物综合治理效益评估方法，经济、社会和环境三大效益的权重值分别为 0.617、0.167 和 0.216。据此计算两类菜场的总效益如下：

害虫生态控制菜场：总效益＝5 414.00＋1 465.38＋1 895.34＝8 774.72（元/hm²）

常规化学治虫菜场：总效益＝3 783.20－1 023.98－1 324.43＝1 434.79（元/hm^2）

由此可见，在蔬菜害虫的防治中，采用综合防治（生态控制）的菜场不仅直接经济收入高于常规化学防治菜场，而且还能提供相当大的社会效益和生态效益，以总的效益进行比较，则生态控制害虫的菜场比常规化学防治害虫的菜场高出5倍多。

复 习 思 考 题

1. 为什么说在农业生产实际中，要允许害虫种群数量对作物造成经济损失允许水平以下的为害？

2. 何谓植物检疫？为什么要进行检疫？它包括哪些内容？如何确定检疫对象？

3. 什么叫农业防治法？农业防治法的主要内容有哪些？其在害虫综合治理中占何种地位？

4. 生物防治法有哪些优点和局限性？利用天敌控制害虫的主要途径有哪些？

5. 分别列举出蚜虫和害螨的主要天敌各10种。其中哪些种类可以成功地进行工厂化生产和应用？

6. 说明化学防治在害虫综合治理中的地位。施用农药不当会产生哪些不良副作用？如何克服？

7. 农药根据其作用对象、来源和化学成分、作用方式各分为哪些类型？

8. 农药有哪些常用剂型？说明其特点和使用方法。

9. 试述各类常用中、低毒药剂的作用方式和杀虫范围。

10. 何谓经济损失允许水平、经济阈值？如何确定？

11. 试谈IPC、IPM、TPM、APM、SPM、EC、SPM防治策略的特点及其区别。

第七章　昆虫田间调查与预测预报

研究农业昆虫，解决农业生产上的害虫防治和益虫利用问题，首先必须掌握昆虫种群在时间和空间上的数量变化。其基本方法是深入实际、调查统计、掌握数据，才能对情况做出正确的分析判断。昆虫的田间调查，就是采用适当方法，弄清田间虫情，用科学数据表达、分析和说明问题，进而对害虫和天敌种群的发展趋势做出准确的预测预报。害虫的预测预报工作，是以已掌握的害虫发生规律为基础，根据当前害虫数量和发育状态，结合气候条件和作物发育等情况进行综合分析，判断害虫未来的动态趋势，保证及时、经济、有效地防治害虫。

昆虫调查是研究农业昆虫发生规律、进行预测预报及害虫防治试验和天敌利用的必要技术手段。由于各种昆虫生活习性的不同，各虫态在田间或作物植株上的分布表现了各自的规律性。因此，调查时必须根据它们的分布特点，选择有代表性的各种类型田块，采用科学的取样方法，选取一定形状和数量的样点，使取样调查的结果能正确反映昆虫在田间发生为害的实际情况，进而根据虫情采取相应的防治策略和措施控制害虫为害。本章主要介绍昆虫调查、预测预报的基本原理和方法，以便更好地开展害虫防治。

第一节　昆虫的田间调查

田间调查的内容可以多种多样，诸如害虫的种类、发生面积、虫口密度、为害程度、害虫发育进度、天敌的寄生率以至防治效果等，但都必须遵循以下 3 个原则：明确调查的目的和内容，了解昆虫历年发生情况，采取正确取样和统计方法。

一、昆虫调查的主要内容

1. 昆虫群落结构调查　查明某地区害虫或益虫的种类及其种群数量对比。分清主要害虫或益虫以及次要害虫或益虫，明确害虫的主要防治对象，益虫中应当保护或可供利用的对象。

2. 昆虫区系调查　查明某种害虫或益虫的地理分布及其在不同地区的数量状况，明确害虫应行防治的地区或田块；明确益虫应加以保护利用的地区或田块，以及需要移殖释放的地区或田块。

3. 昆虫种群数量消长动态系统调查　查明某种害虫或益虫的寄主范围、越冬虫态及其场所、发生世代数、各代各虫态发生时期以及在不同环境条件下的数量变化状况，弄清其一年中的虫口密度基本消长规律，以便及时预测其发生期和发生程度，发出预报，做好防治准备。

4. 害虫防治效果和作物受害损失调查　查明进行害虫防治的效果以及作物受害损失程度及其原因，这也是植保常做的工作，由此可为制订害虫防治方案和为政府决策提供科学参数。

进行调查时可以针对上述某一项或某几项开展工作。通过调查统计分析，对于当地某种作物可能发生害虫或益虫的种类、发生时期、发生数量、为害程度或攻击力有一个明确的概念，对于它们在不同地域内的分布态势有所了解，对不同防治措施的效果可以评价。

二、昆虫田间分布型及取样方法

（一）分布型

每种昆虫和同种昆虫的不同虫态在田间的分布都有一定的分布型。这种空间分布结构是种的生物学特性对环境条件长期适应的结果，也可看做是昆虫种的生活习性与环境因子统一的表现。分布型因昆虫种类和虫态不同，也随地形、土壤、寄主植物种类和栽培方式等而异，最常见的有 3 种分布型，即随机型、核心型、嵌纹型（图 7 - 1）。

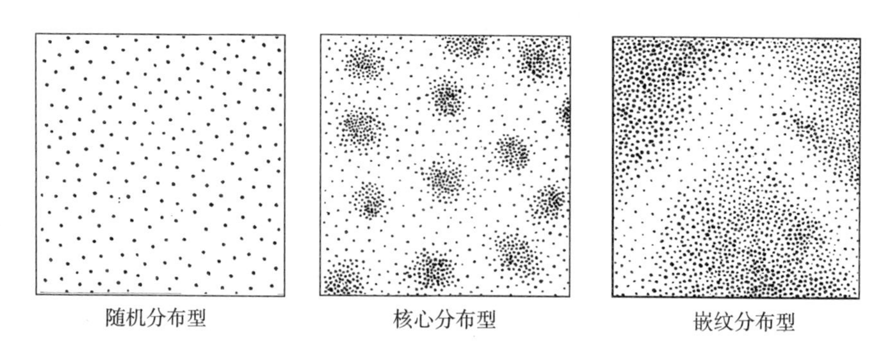

图 7 - 1　昆虫种群田间分布型示意图

活动力强的昆虫在田间往往呈随机分布，即比较均匀地分布，称随机分布型，也称泊松分布。例如菜螟卵在萝卜地的分布，黄条跳甲成虫在白菜地的分布都属随机分布型。

活动力弱的昆虫或虫态在田间往往呈分布不均匀的多数小集团，形成一个个核心，并从核心做放射状蔓延，称核心分布型。例如菜蚜在十字花科蔬菜地里常呈核心分布。

有的昆虫是从田间杂草过渡来的，在田间呈不均匀的疏密互间的分布，称嵌纹分布型，也称负二项式分布。例如温室白粉虱成虫在温室蔬菜上的分布属这一类型。

（二）几种常用调查取样方法

在统计学上将一群性质相同事物的总和称为全群或总体或集团。害虫调查统计中，也将一块庄稼地发生的某种害虫当做一个集团（即种群）。如一个果园中发生的柑橘潜叶蛾，一块甘蓝地上发生的甜菜夜蛾，都可作为一个总体。但在调查一种作物田内某一种害虫的发生数量和为害程度时，不可能把整块田里发生的这种害虫或为害状逐个数清，一般只是根据这种害虫的分布特点，按照一定的取样方法，在调查对象的全群中抽取一定数量的样本，依样本所查得的结果，比较正确地估计这种害虫的田间种群密度、发育进度和为害程度。这些抽取出用以估算总体的个体，则称为样本（sample）。要调查一个果园或一块甘蓝地上某种害虫的数量，只要从中抽取有代表性的一定数量的样点，对所取样点内的这种害虫进行观察统计，就能推断出这个果园或这块甘蓝地上这种害虫的数量。

常用调查取样方法按组织方式的不同，一般可以分为下列几种：

1. 估值抽样 估值抽样方法很多，最常见的有非等距机械抽样（随机抽样）和等距机械抽样。估值抽样方法的目的是估计田间害虫的数量。

（1）非等距机械抽样（随机抽样） 非等距机械抽样又称无限制抽样，是昆虫种群动态调查最常用的一种抽样方法，即在一定空间内，对种群各个机会均等地抽取样本以代表总体的方法。如在 N 个个体中，机会均等地抽取第 1 个样本，然后在 $N-1$ 个个体中机会均等地抽取第 2 个样本，以此类推，最后在 $N-(N-1)$ 个个体中机会均等地抽取第 n 个样本。也称为等概率无放回抽样。

由此看来，随机抽样是非等距的机械抽样。但是，它不是随意抽样，不存在人为因素对取样的干扰，任何个体都有被抽取的可能性。

（2）等距机械抽样 等距机械抽样的方法也有很多种，常见方法如图 7-2 所示。

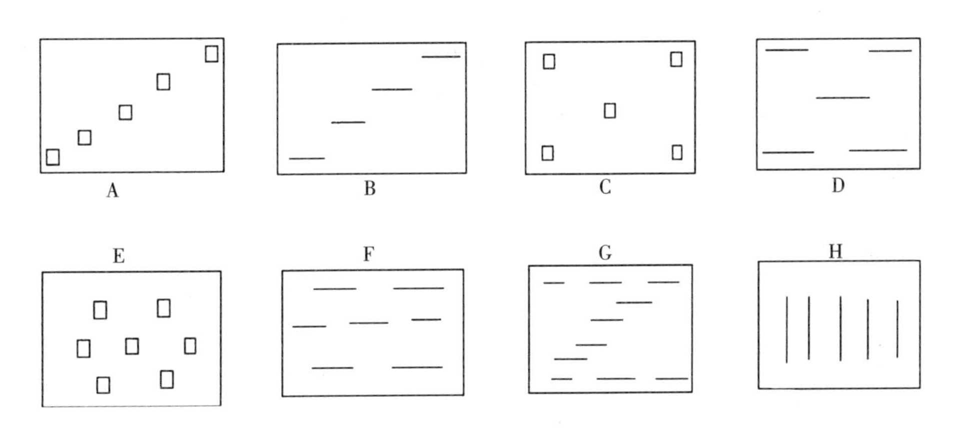

图 7-2 田间调查取样法示意图

A、B. 对角线抽样 C、D. 5 点抽样 E、F. 棋盘式抽样 G. Z 形抽样 H. 平形线抽样

①5 点抽样：适合密集的或成行的植物，害虫分布为随机分布型的情况，可按一定面积、一定长度或一定植株数量选取样点。

②对角线抽样：适合密集的或成行的植物，害虫分布为随机分布型的情况，有单对角线和双对角线两种方式。

③棋盘式抽样：适合密集的或成行的植物，害虫分布为随机分布型或核心分布型的情况。

④Z 形抽样：适合害虫分布为嵌纹分布型的情况。

⑤平行线抽样：适合成行的植物，害虫分布为核心分布型的情况。

抽样时应根据田块面积或仓储重量决定抽样数。一般对数量大者，必须适当增加样本数。

2. 分级取样 分级取样是一种一级级重复多次的随机取样。首先从集团中取得样本，然后再从样本里取得亚样本，以此类推，可以继续下去取样。例如，调查某省柑橘叶部害虫，不可能检查全省全部柑橘叶片，特别是当害虫属非随机分布时，更需采用此法。这时可将全省种植柑橘县编号，作为第 1 级抽样单元，从中随机抽取若干乡，作为第 1 级样本；再在其中随机抽取若干村，作为第 2 级样本；直至抽出所要的柑橘叶片样本为止。

3. 双重取样 双重取样又称间接取样，是调查昆虫种群动态时采用的抽样方法之一。即当两种性状密切相关时，选择一种易观察性状随机抽取样本，代替另一种不易直接观察性状的抽样方法。双重取样法一般应用于调查某种不易观察或耗费甚大才能观察的性状（如不少钻蛀性害虫不易观测调查，人们可在较小的样本里调查与所要掌握的这一性状有密切相关的另一简单性状，借着它们的相互关系，对所要掌握的性状做出估计）。例如，用双重取样法可作为玉米螟幼虫密度的调查方法。

4. 分层抽样 应用于昆虫种群动态调查的抽样方法之一。即将总体中近似的个体归为若干层，对每层分别抽取一组随机样本，以代表总体的抽样方法。例如调查果树某种介壳虫，果树不同部位着生的密度有较大差异，应按部位分为若干层，将每一层看做一个小总体，分别对其进行随机抽样，获得分层样本的数据，再合并成总体样本数据。是否需要分层抽样，可在各层抽样后进行统计检验，分 2 层的用 t 检验，分 3 层以上的用方差分析，若差异显著表示应分层，否则可不分层。此法常用于聚集分布的昆虫种群。

5. 阶层抽样 在机械或分层抽样中均假定总体的最小单位可直接抽取，但实际上有时是不可能的。例如，人们不可能调查一株果树上所有叶片上的害虫。尤其是当害虫分布为非随机分布时，树株间害虫密度差异很大，这就需要多查树株而少查叶片。如何解决树株与叶片间抽样数量的问题，就需要阶层抽样。树是一阶单元，枝是二阶单元，叶是三阶单元，等等。

阶的鉴定：用方差分析鉴定阶与阶间有无显著差异，若阶间差异不显著，则可用高阶单元代表总体，即用少量调查资料代表总体，这样就可大大减少抽样数，又具代表性。

（三）取样单位

每个样点的形状和统计观察的单位即取样单位，取样单位因虫种不同、虫态不同、生活方式不同以及不同类型作物而有不同，一般常用的单位如下：

1. 面积 对于土栖昆虫，密植的作物害虫宜用面积作取样单位，如每平方米内昆虫数。

2. 长度 适用于条播的密植作物，如 1m 行长或双行内的昆虫数量或受害作物株数。

3. 植株或植株某一部分 对于稀植作物的虫数和受害程度，以植株作取样单位。对于虫体小、不活泼、数量多或有群集性的昆虫如蚜、蚧、叶螨、粉虱等，可取植株的某一部分如叶片、枝条或枝条的一定长度为取样单位计虫量。有些植物（如茄子、菜豆）在其苗期以株为单位，而在成株期则以上、中、下各取 1 或几片叶或花蕾或果实为单位计虫量。对于果树或林木昆虫调查，常将其树冠分上、中、下 3 层（视树冠大小而分），再分东、西、南、北、中 5 个方位（桃树无中），每方位随机取样调查 3 或 5 片叶，或 10cm 长的枝条或枝梢，或 3 或 5 个花或果实上发生的昆虫数量。

4. 体积、容积或重量 适用于地下害虫或仓储害虫的调查。如 $1m^2$ 深 30cm 土中的虫量。

5. 时间 以单位时间内采到的或目测到的虫数来表示，适用于调查比较活泼的昆虫。

6. 器械 如对叶蝉、木虱、盲蝽成虫或若虫的调查，可用捕虫网扫捕，统计每百复网虫数；对具趋光性的昆虫，可统计每盏灯单位时间内的诱虫量；对喜在萎蔫杨树枝把内栖息的害虫，要统计单位时间内每 10 把杨树枝诱虫量；对有假死习性的害虫，也可用拍打一定次数所获虫数作单位。

三、调查资料的统计整理

通过对害虫种类、发生面积、为害程度及寄主作物受害程度等各项目的调查，将调查所获得的一系列数据资料和基本情况进行统计整理与分析比较，便可得到比较可靠的资料，找出害虫发生和消长的内在规律性，可以概括地说明当前害虫数量和作物的受害程度。这是进行测报和指导防治的主要依据。

（一）平均数

在统计分析中，常用平均数、加权平均数或中位数等。

1. 平均数　平均数是总体或样本统计中的一种归纳特性。适用于数据呈现为钟状分布（正态分布），偏左或偏右山形分布；不适用于马蹄形分布、斜坡分布和双峰形分布的数据。

$$\text{平均数}\ \bar{x} = \sum x/n$$

2. 加权平均数　如果在调查资料中，变数 x 较多，样点数 n 在 20 个以上，相同的数字有几个或更多，在计算时，可采用乘法代替加法，这种计算平均数的方法称加权平均。其中，数值相同的次数 f 为权数，用于代表用加权计算的平均数称为加权平均数。其公式如下：

$$\bar{x} = (f_1x_1 + f_2x_2 + \cdots + f_nx_n)/\sum f = \sum fx/\sum f$$

（二）变异度

表示变异度的统计数有极差、方差、标准差、变异系数。

1. 平均数标准差　平均数标准差公式为：

$$S_{\bar{x}} = \sqrt{\frac{\sum(x-\bar{x})^2}{n(n-1)}} = \sqrt{\frac{\sum x^2 - n\bar{x}^2}{n(n-1)}} = \frac{S}{\sqrt{n}}$$

或

$$S_{\bar{x}} = \sqrt{\frac{\sum f(x^2-\bar{x}^2)}{n(n-1)}} = \sqrt{\frac{\sum fx^2 - n\bar{x}^2}{n(n-1)}} = \frac{S}{\sqrt{n}}$$

$S_{\bar{x}}$越小，表示数群离中性越小，反之离中性越大。

变数的变异范围在$-S_{\bar{x}} \sim S_{\bar{x}}$。

例如：在苗圃中调查蛴螬的数量，采用 5 点取样法，每样点面积为 $1m^2$，各样点计虫数分别为 8、5、3、4、2 头，平均每平方米虫口密度为：

$$\bar{x} = (8+5+3+4+2)/5 = 4.4\ \text{头}/m^2$$

$$S_{\bar{x}} = \sqrt{\frac{(8-4.4)^2+(5-4.4)^2+(3-4.4)^2+(4-4.4)^2+(2-4.4)^2}{5\times(5-1)}} = 1.03$$

即每平方米虫口密度变异范围为（4.4±1.03）头/m^2，即 3.37～5.43 头/m^2。

2. 变异系数　变异系数（CV）可以反映单组数据的变异程度，也可以用来比较两组资料间的变异程度。CV 越大，则相对变异也越大。

$$CV = (S\sqrt{x})\times 100\%$$

（三）其他数据

1. 田间药效试验　田间药效试验的结果调查和统计是植保工作者经常面临的问题。就杀虫剂的药效而言，常可用害虫的死亡率、虫口减退率来表示杀虫剂对害虫的防治效果。当调查结束时能准确地查到样点内所有死虫和活虫时，可用死亡率表示。计算公式如下：

$$\text{死亡率} = (\text{死亡个体总数}/\text{供试总虫数})\times 100\%$$

或 $$存活率=（防治后的虫口/防治前的虫口）\times 100\%$$

当调查结束时只能准确地查到样点内活虫而不能找到全部死虫时，一般用虫口减退率表示。计算公式如下：

$$虫口减退率=\frac{防治前的活虫数-防治后的活虫数}{防治前的活虫数}\times 100\%$$

死亡率和虫口减退率包含杀虫剂所造成的死亡和自然因素所造成的死亡。如自然死亡率（这里指不施药的对照区的死亡率）很低，则虫口减退率基本上可反映杀虫剂的真实效果；但当自然死亡率较高，大于5%时，则上述死亡率和虫口减退率就不能客观地反映杀虫剂的真实效果，有时害虫田间种群还在不断上升。因此，应予校正，常用校正防效来表示。计算公式如下：

$$校正防效=\frac{对照存活率-处理存活率}{对照存活率}\times 100\%$$

或 $$校正系数=（1-\frac{处理区处理后虫量\times 对照区处理前虫量}{处理区处理前虫量\times 对照区处理后虫量}）\times 100\%$$

$$防治效果=\frac{防治后对照区的虫口-防治后处理区的虫口}{防治后对照区的虫口}\times 100\%$$

或 $$防治效果=\frac{对照区的为害指数-防治区的为害指数}{对照区的为害指数}\times 100\%$$

2. 作物受害情况调查

（1）被害率　被害率表示作物的株、枝、叶、花、果等受害的普遍程度，不考虑每株（枝、叶、花、果等）的受害轻重，计数时同等对待。

$$被害率=\frac{被害株（枝、叶、花、果）数}{调查总株（枝、叶、花、果）数}\times 100\%$$

（2）被害指数　用被害率表示并不能说明受害的实际情况，因此往往用被害指数表示。在调查前先按受害轻重分成不同等级（重要害虫的等级由全国会议讨论确定），然后分级计数，代入下面公式：

$$被害指数=\frac{各级值\times 相应级的株（枝、叶、花、果）数的累计值}{调查总株（枝、叶、花、果）数\times 最高级}\times 100\%$$

例如调查蚜虫发生情况，将蚜害分成5个等级（表7-1），分级计算株数，再计算蚜害指数。

表7-1　蚜虫分级调查

等级	蚜害情况	株数	等级×株数
0	无蚜虫，全部叶片正常	41	
1	有蚜虫，全部叶片无蚜害异常现象	26	1×26=26
2	有蚜虫，受害最重叶片出现皱缩不展	18	2×18=36
3	有蚜虫，受害最重叶片皱缩半卷，超过半圆形	3	3×3=9
4	有蚜虫，受害最重叶片皱缩卷，呈圆形	0	
合计		88	71

$$蚜害指数=71/（88\times 4）\times 100\%=20.2\%$$

3. 损失估计　作物因害虫为害所造成的损失程度直接决定于害虫数量的多少，但不完全一致。为了可靠地估计害虫所造成的损失，需要进行损失估计调查，害虫的为害损失估计包括产量损失和质量损失。它受害虫发生数量、发生时期、为害方式、为害部位等多种因素的综合影响。就产量损失而言，先计算受害百分率和损失系数，进而求得产量损失百分率。

（1）受害百分率的计算

$$P = n/N \times 100\%$$

式中：P——被害或有虫（株或枝等）百分率；

n——被害或有虫（株或枝等）样本数；

N——调查样本总数。

样本不均匀程度用标准差（S）表示：

$$S = \sqrt{\frac{\sum x - \bar{x}}{n-1}}$$

（2）损失估计

①调查计算损失系数：

$$Q = (a - e)/a \times 100\%$$

式中：Q——损失系数；

a——未受害植株单株平均产量；

e——受害植株单株平均产量。

②产量损失百分率：

$$C = Q \times P$$

③实际损失百分率：

$$L = a \times M \times C$$

式中：M——单位面积总植株数。

第二节　昆虫的预测预报

根据害虫的发生发展规律、田间调查资料，结合当地、当时的作物生长发育情况及气象预报资料和有关历史档案，联系起来加以分析，对害虫未来的发生动态趋势做出判断，并向有关部门和人员提供有关害虫未来发生动态的信息报告，以便做好害虫防治的准备工作和指导工作，这项工作就称为害虫预测预报（pest prediction）。

害虫预测预报是一门具有宽厚理论基础的应用科学，其理论基础是昆虫生物学和生态学，它在充分了解某种害虫内因与外因的矛盾统一规律的基础上，揭示害虫发生发展的趋势和动态。根据预测期限的长短，害虫预测预报可分为短期、中期和长期预测。短期预测（short-term prediction）主要根据上一虫态预测下一虫态的发生趋势，一般为20d以内的虫情预测；中期预测（medium-term prediction）主要预测下一世代或1代以上的虫情，期限为20d到1个季度的预测；长期预测（long-term prediction）主要预测某种害虫当年发生情况；预测下一年或更长时间的发生趋势称为超长期预测（very long term prediction）。

害虫预测预报的内容包括害虫的发生期预测、发生量（包括天敌参数）预测、迁飞预测、发生范围预测、为害程度预测等，其中，以前两项预测最重要。通过及时预报，以便确定防治适期、防治田块、规模和具体的防治方案，做到经济、安全、有效地控制害虫的为害。

一、发生期预测

发生期预测是对害虫某一虫态不同数量出现的不同时期进行预测，例如何时化蛹、何时产卵、何时迁飞等各个阶段。准确预测发生期，对于有效防治害虫甚为重要。例如果树食心虫，必须消灭在卵期和幼虫孵化至蛀入果实之前，一旦蛀入果内，防治效果则较差。有些暴食性食叶害虫，必须消灭在3龄之前，如斜纹夜蛾、地老虎等，否则，后期食量大增，为害严重，同时抗药性增强，毒杀比较困难。因此，要及时准确地发布发生期预报。

发生期预报通常以害虫虫态历期在一定的生态环境条件下需经历一定时间的资料为依据。在掌握虫态历期资料的基础上，只要知道前一虫期的出现期，考虑近期环境条件（如温度等），便可推断后一虫期的出现期。

发生期预测的方法很多，包括发育进度预测法、有效积温预测法、物候预测法、害虫趋性诱测法、回归统计预测法等。发育进度预测法又可分为历期法、分龄（分级）推算法和期距法等。

（一）发育进度预测法

这种方法是根据昆虫的前一虫态的发育进度预测下1个或几个虫态的发生期。害虫发育进度预测中，常将某种害虫的某一虫态或某一虫态的发生期，按其种群数量在时间上的分布进度分为始见期、始盛期、高峰期、盛末期和终见期。在数理统计学上通常可以把发育进度百分率达16%、50%、84%左右作为划分始盛期、高峰期、盛末期的数量标准。其理论依据是害虫各虫态或各龄虫在田间的发生数量消长规律表现是由少到多，再由多到少，即开始为个别零星出现，数量缓慢增加，到一定时候则急剧增加而达到高峰，随后相反，数量急剧下降，转而缓慢减少，直至最后绝迹。其整个发生过程可用坐标图来表示，以横坐标表示日期，纵坐标表示数量，可绘成近似的正态曲线。要做好发育进度预测必须查准发育进度，搜集、测定和计算害虫历期及期距资料，找准虫源田，测准基准线，选择合适的历期或期距。

1. 了解虫态历期或期距的方法

（1）*搜集资料* 从文献上搜集有关主要害虫的一些历期与温度关系的资料，做出发育历期与温度的关系曲线，或分析计算出直线回归式备用。在预测时结合当地、当时气温预报值，求出所需要的适合的历期资料。

（2）*饲养法* 从人工控制的不同温度下，或在自然变温条件下饲养一定数量的害虫，观察、记录其各代、各虫态、各龄期和各发育阶段在其生长发育过程中的特征，从而总结出它们的历期与温度间关系的资料。

（3）*田间调查法* 从某一虫态出现前开始田间调查，每隔1～3d进行一次（虫期短的间隔期也短），统计各虫态所占百分比，将系统调查统计的百分比排队，便可看出发育进度的变化规律。根据前一虫态高峰与后一虫态盛发高峰期相距的时间，即可定为盛发高峰期距，其他类推。例如鳞翅目害虫化蛹百分率、羽化百分率可按下式统计：

$$\text{化蛹百分率}=\frac{\text{活蛹数}+\text{蛹壳数}}{\text{活幼虫数}+\text{活蛹数}+\text{蛹壳数}}\times 100\%$$

$$\text{羽化百分率}=\frac{\text{蛹壳数}}{\text{幼虫数}+\text{活蛹数}+\text{蛹壳数}}\times 100\%$$

（4）诱集法 不少害虫对某物质有趋集习性。利用它们的生物学特性，如趋光性、趋化性、觅食和潜伏等习性来获得历期或期距资料。如用黑光灯诱测各种夜蛾、螟蛾、天敌、金龟子等，用杨树枝把诱测棉铃虫成虫、烟青虫成虫，用糖酒醋诱测地老虎成虫，用性诱剂诱虫，用黄皿诱蚜虫等。在害虫发生期前开始经常性诱测，逐日统计所获雌、雄虫量或总虫量，据此可看出当地当年各代成虫始见期、始盛期、高峰期、盛末期和终见期。根据上下两代的始见期、盛发期、终见期分别求出期距。当获得多年的数据资料后，便可分析总结出具有规律性的资料用于期距预测。同时，这些诱测器诱集的虫数也可作为验证预测值是否准确的依据。还可有目的地搜集活蛾，解剖观察卵巢发育级别及交配次数，按自然积温与虫量发生关系求得积温预测式等资料。

2. 历期预测法 在掌握害虫发育进度的基础上，参考当时气温预报，向后加相应的虫态或世代历期，推算以后的发生期。这是一种短期预测，准确性较高。当田间发育进度系统调查查得某一虫期的始盛期、盛期、盛末期到来，分别向后加上当时气温条件下该虫态的历期，即为后一虫态相应的发生期，进一步同样还可再向后推测 1、2 个虫态的发生期。例如，田间查得 5 月 14 日为第 1 代茶尺蠖化蛹盛期，5 月间蛹历期 10～13d，产卵前期 2d，则产卵盛期为 5 月 26～29 日；再向后加上卵期 8～11d，即 6 月 3～9 日应为第 2 代卵的孵化盛期。

产卵盛期＝5 月 14 日＋10～13d（蛹期）＋2d（产卵前期）＝5 月 26～29 日

卵孵化盛期＝5 月 26～29 日＋8～11d（卵期）＝6 月 3～9 日

有的将测得某一虫态盛期，再根据该虫态发育到防治虫态所需时间（d），称为期距预测法。

3. 分龄（分级）推算 对于各虫态历期较长的害虫，可以选择某虫态发生的关键时期（如常年的始盛期、高峰期等），做 2、3 次发育进度检查，仔细进行幼虫分龄、蛹分级，并计算各龄、各级占总虫数的百分率；然后自蛹壳级向前累加，当累积达始盛期、高峰期、盛末期的标准（16％、50％、84％），即可由该龄幼虫或该级蛹到羽化的历期，推算出成虫羽化始盛期、高峰期和盛末期，并可进一步加产卵前期和当季的卵期，推算出产卵和孵化始盛期、高峰期或盛末期。例如，1983 年在皖南宣城大田查得第 1 代茶小卷叶蛾于 5 月 17 日进入 4 龄盛期，按当时 25℃左右各虫态的发育历期推算为：

第 2 代卵盛孵期＝5 月 17 日＋3～4d（4 龄幼虫历期）＋5～7d（5 龄幼虫历期）＋7.5d（蛹历期）＋2～4d（成虫产卵前期）＋6～8d（第 2 代卵历期）＝5 月 17 日＋23.5～30.5d＝6 月 10～17 日

大田幼虫的实际盛孵期在 6 月 12 日，与上述推算的时间基本一致。

4. 期距预测法 期距预测法是从历期预测法基础上发展起来的一种短、中期预测方法。所谓期距就是昆虫两个发育阶段之间相距的时间。期距不限于世代与世代之间、虫期与虫期之间、两个始盛日或两个高峰日之间的期距，还可以是一个世代内，或跨世代、跨虫期的期距。

期距的确定主要是利用当地积累多年的有关害虫发生规律的历史资料，统计分析和总结出当地各种主要害虫的任何两个发育阶段之间时间间隔的经验值；也可以是在不同条件下通过饲养观察获得的两个虫态之间或两个世代之间的时间间隔的观察值。在进行统计分析时，除了计算历年的平均期距和标准差外，还应按害虫的早发生年、中发生年、迟发生年，分别计算平均期距和标准差，以提高预测的准确性。

期距预测法是以害虫发育进度为基准进行的。方法是根据前一虫态的发生期，加上相应的期距，推算出后一虫态的发生期；或根据前一世代的发生期，加上1个世代的期距，预测后一世代同一虫态的发生期。

（二）有效积温预测法

根据有效积温法则预测害虫发生期，在国内各地早已研究应用。在适宜害虫发生的季节里，害虫出现的早迟、发育速度的快慢以及虫口数量的消长等均受到气温、营养等环境因素的综合影响，其中以温度影响害虫的发生期、发生量更为明显。当测得害虫某一虫态、龄期或世代的发育起点温度（C）和有效积温（K）后，就可根据田间虫情、当地常年的平均气温（T）或近期预报，利用积温公式来计算下一虫态、龄期或世代出现所需的天数（N）。计算公式如下：

$$N=K/(T-C)$$

然后将田间调查日期加上所预测的虫态、龄期或世代出现所需的天数，即为它们的发生期。如果未来的气温变化幅度较大，也可根据发育速率公式逐日计算发育速率V_1、V_2，…，直到$V_1+V_2+\cdots+V_n=1$的那一天，即某虫态完成发育的时间。

$$V_i=(T_i-C)/K$$

发育起点温度和有效积温的资料可通过文献资料搜集；也可在不同的恒定温度下饲养害虫，获得各温度下的发育历期，然后应用统计学方法求得；也可以在多级人工变温下分期、分批或在自然变温下饲养害虫，从而获得多组不同平均气温下的发育历期资料，最后求得发育起点温度和有效积温。计算发育起点温度和有效积温的具体方法参考有关昆虫生态学书籍。

（三）物候预测法

物候是指自然界各种生物现象出现的季节规律性，物候预测法就是依据害虫发生期与寄主植物一定生长阶段的联系或其他动植物某一生长期的相关现象对害虫发生期进行预测。物候预测法就是根据自然生物群落的某些物种对于同一地区的综合外界环境条件有相同的季节、时间性反应而进行的，或是生活在同一个生物群落中的各物种在相同气候条件下所表现的相互联系和相互制约的关系。因此，人们可依据寄主的某一生育期的出现来估计害虫可能发生的时期。

这些物候关系实际上有两种情况，一是直接的因果关系，二是间接的关系。利用同害虫有直接的物候关系进行预测。例如，梨实蜂成虫盛发期与梨树开花盛期的物候相联系，是因为该虫只能产卵于梨花花萼的表皮组织内，经长期适应后，二者发生吻合，根据梨树开花情况，可预测梨实蜂成虫的发生期；柑橘花蕾蛆成虫产卵在花蕾内，柑橘现蕾盛期与成虫盛发期一致；梨茎蜂产卵盛期一般在春季梨树新梢大量抽发在10cm左右时，而当枝条超过15cm以上时，一般不在枝条上产卵。这些都是害虫与寄主植物有直接的因果关系的物候联系。利用同害虫有间接的物候关系进行预测。例如，在河南一带对小地老虎就有“桃花一片红，发蛾到高峰；榆钱落，幼虫多”的简易预测方法。间接的物候关系是由于一种害虫的某一虫期与其他动植物一定发育阶段同时受制于相同的自然条件和大气温度、湿度等，从而使生物间某些生育阶段并行发展，或按先后顺序发生。物候关系是靠多年的观察结果，相关性越好，预测结果越可靠。

物候预测具有严格的地域性，不可机械地搬用外地资料，甚至在同一地区，所选用的指示动植物也会受地势、土质、地形、树龄、品种及营养状况等差异的影响。因此，物候预测法虽然简便易行，易被群众掌握，也只能预测一个趋势，或作为确定田间调查期的一个依据。

二、发生量预测

害虫发生数量的预测是决定防治地区、防治田块、面积及防治次数的依据。目前，虽然有不少的关于发生量预测的资料，但总的研究进展仍远远落后于发生期预测。这是由于影响害虫发生量的因素较多所致。例如，营养的量与质的影响、气候直接与间接的作用、天敌的消长和人为因素等，常引起害虫发生量的波动以及繁殖力、个体大小、体重、性比、色泽、死亡率等的各种变化，这种变化的幅度和深度常因害虫的种类不同而不同，对各种环境因素适应能力越强的害虫也越能引起数量的猖獗。害虫数量消长还与其发生的有效虫口基数有关，根据有关资料，发生量的预测法可归纳为有效基数预测法、气候图预测法、经验指数预测法、形态指标预测法等，还可根据生命表分析组建预测模型或统计预报方法进行预测。

（一）有效基数预测法

有效基数预测法是根据上一世代的有效虫口基数、生殖力、存活率预测下一代的发生量。此法对一化性害虫或 1 年发生代数少的害虫的预测效果较好，特别是在耕作制度、气候、天敌寄生率等较稳定的情况下应用效果较好。预测的根据是害虫发生的数量通常与前一代的虫口基数有密切的关系，基数越大，下一代的发生量往往越大，相反则较小。在预测和研究害虫数量变化规律时，对许多害虫可在越冬后、早春时进行有效虫口基数调查，作为预测第 1 代发生量的依据。对许多主要害虫的前一代防治不彻底或未防治时，由于残留的虫量大，基数高，则后一代的发生量往往增大，常用下式计算繁殖数量：

$$P = P_0[e \times f/(m+f) \times (1-d)]$$

式中：P——繁殖数量，即下一代的发生量；

P_0——上一代虫口基数；

e——每头雌虫平均产卵数；

$f/(m+f)$——雌虫百分率，f 为雌虫，m 为雄虫；

d——死亡率（包括卵、幼虫、蛹、成虫未生殖前）；

$1-d$——存活率，可为 $(1-a)\times(1-b)\times(1-c)\times(1-d)$，$a$、$b$、$c$、$d$ 分别代表卵、幼虫、蛹、成虫未生殖前的死亡率。

例如，某地在菜粉蝶第 1 代幼虫开始化蛹时，查得其基数为 10 800 头/hm^2，设其性比为 1∶1，第 1 代幼虫、蛹、成虫及第 2 代卵总死亡率为 80%，又知第 1 代每雌成虫平均产卵量为 120 粒，预报第 2 代幼虫数量。

$$P = P_0[e \times \frac{f}{(m+f)} \times (1-d)] = 10\,800 \times (120 \times 1/2) \times (1-0.8) = 129\,600(\text{头}/hm^2)$$

依据调查基数预测发生量的工作量较大，要真正查清前一代的基数很不容易，对多食性害虫和越冬虫源较广的种类如玉米螟等，以及目前尚未弄清其越冬虫源的或具有远距离迁飞习性的害虫如黏虫等，要查明其可靠的有效虫口基数则更困难。另外，检查时间与方法都应根据物种的生物学、生态学特性而定，事先要弄清其主要虫源，要测定该种的生殖力、死亡率、雌虫率、寄生率及其他有关数据。

（二）气候图预测法

大气中的温湿度联合影响各种害虫的发生。每一种害虫对温湿度都有一定的选择性，处于适合温湿度，特别是最适温湿度条件下，种群数量迅速扩大，猖獗成灾，否则即受到抑制。许多害虫在食物得到满足的情况下，某种群数量变动主要是以气候中的温湿度为主导因素引起的，对这类害虫可以通过绘制气候图（图7-3）来探讨害虫发生量与温湿度的关系，从而进行发生量预测。

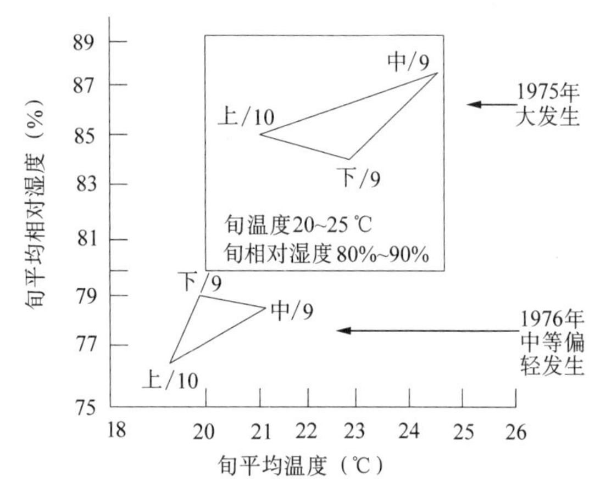

图7-3 稻褐飞虱第3代生物气候图

（仿张孝羲，李照会略作改动）

通常绘制气候图是以各月（旬）总降水量或相对湿度为坐标的一方，月（旬）平均温度为坐标的另一方。将月（旬）的温度与降水量或温度与相对湿度组合绘为坐标点，然后用直线按月（旬）先后顺序将各坐标点连接成多边形不规则的闭合曲线。把各年各代的气候图绘制出后，再把某种害虫各代发生中的最适宜温湿度范围方框在图上绘出，就可以比较、研究温湿度组合与害虫发生量的关系。如果从各年或各季节、各地区的气候图中找不出明显的差异，而发生量又显然不同，则说明温湿度组合不是决定数量消长的主导因素，就应该从营养、天敌等其他因素的影响中去探讨，找出影响害虫种群数量变动的主导因素。

（三）经验指数预测法

在害虫发生量预测中，还常用经验指数法来预测某种害虫将要发生的数量趋势。这些经验指数是在研究分析影响害虫猖獗发生的主导因素时得出来的，反过来应用于害虫预测。目前常用的有温雨系数、温湿系数、气候积分指数、综合猖獗指数、天敌指数等。

1. 温雨系数或温湿系数

$$\text{温雨系数 } E=P/T \text{ 或 } P/(T-C)$$

$$\text{温湿系数 } E=RH/T \text{ 或 } RH/(T-C)$$

式中：P——月或旬总降水量；

T——月或旬平均温度（℃）；

C——该虫发育起点温度；

RH——月或旬平均相对湿度。

2. 气候积分指数 如水分积分指数：

$$Q=(x/\delta_x+y/\delta_y)/2$$

式中：Q——水分积分指数；

x——降水量（mm）；

y——降水日；

δ_x——常年同期降水量标准差；

δ_y——常年同期降水日标准差。

3. 综合猖獗指数 综合猖獗指数是将影响害虫密度的气候因子和害虫种群密度综合起来统计计算出预测指数。如棉小绿盲蝽在关中地区苜蓿蕾期猖獗的预测指数为：

$(P_4/10\ 000+R_6/S_6)>3$ 发生严重年

$1<(P_4/10\ 000+R_6/S_6)<2$ 发生中等年

$(P_4/10\ 000+R_6/S_6)<1$ 发生轻年

式中：P_4——6月中旬苜蓿田中每株的虫口数；

R_6——6月份总降水量（mm）；

S_6——6月份日照时数；

10 000——常数，调查苜蓿田中虫口理论数。

4. 天敌指数 在分析了当地多年的天敌种类数量、寄生率及害虫数量变动资料得出结论并在实验中试测后，也可概括得到某些天敌指数，如华北地区棉蚜消长与天敌指数的关系为：

$$p=x/\sum(y_i\times e_{yi})$$

式中：p——天敌指数；

x——当时每株蚜虫数；

y_i——当时平均每株某种天敌数量；

e_{yi}——某种天敌每日食蚜量。

5. 形态指标预测法 环境条件对昆虫的影响都要通过昆虫本身的内因而起作用，昆虫对外界条件的适应也会从内外部形态特征上表现出来。如虫型、生殖器官、性比的变化以及脂肪的含量与结构等会影响到下一代或下一虫态的数量和繁殖力。形态指标预测法就是将某种害虫的形态变化和生理状况作为预测指标，预测害虫未来发生量的趋势。如蚜虫数量预测，蚜虫有多型现象，一般在食料丰富、气候条件适宜时，无翅蚜多于有翅蚜；如蚜虫处于不利条件下，常表现为生殖力下降，此时蚜群中的若蚜比例及无翅蚜的比例因之下降，不久将出现大量有翅蚜，预示着蚜虫即将扩散迁飞。有人研究菜缢管蚜若蚜与成蚜的比例为8.29～10.03∶1时，过5～6d即出现有翅若蚜，再过1～2d即出现有翅蚜。因而可以依此比例来预测有翅成蚜的迁飞扩散和数量消长。

复习思考题

1. 简述害虫的主要分布型及其适用的调查方法。
2. 根据一种或一类害虫，设计田间调查取样法，并设计出记载表。
3. 按预测时间长短之分，害虫预测预报可分为哪几种？每种主要内容是什么？
4. 发生期预测常有哪些方法？如何进行？
5. 发生量预测常有哪些方法？如何应用有效基数预测法？
6. 什么叫被害率、被害指数、损失率？它们是如何计算的？
7. 在测报上常将害虫发生程度分为哪几级？

下篇

各　论

第八章　地下害虫

地下害虫（underground insect）是指在土中活动，主要为害植物地下的种子、根、块根、茎、块茎、花生果和近地面根颈部分的一类害虫，亦称土壤害虫。它们是一个特殊的生态类群，其特点有：①种类多：20 世纪 90 年代初统计，有 320 余种，隶属 8 目 38 科，包括蝼蛄、蛴螬、金针虫、地老虎、根蛆、根蝽、拟地甲、蟋蟀、白蚁、根蚜、根象甲、根天牛、根叶甲、根螨、小麦沟牙甲、摇蚊、大蚊、弹尾虫和软体有害动物等近 20 类，其中尤以蛴螬、金针虫、蝼蛄、地老虎、根蛆等的为害普遍严重。②分布广：全国各地均有发生，其中，北方重于南方，旱地重于水地，优势种群则因地而异。③寄主种类多、适应性强：各种农作物、果树、蔬菜、林木、观赏植物、牧草等播下的种子和幼苗均可受害。④为害时间长：在作物的整个生长期间几乎都能为害，其中以春、秋季严重。⑤不易防治：地下害虫潜伏于土中为害，不易及时被发现，防治难度较大。

随着生态气候条件的变化、农业生产结构的调整和大量农业新技术的推广应用，地下害虫的发生、为害规律也都会发生相应的变化。因此，地下害虫控害研究的方向应坚持加强基础研究，在摸清各地地下害虫种类、分布和优势种群发生、为害规律的基础上，不断改进和提高测报技术与水平，从“预防为主，综合防治”的观点出发，建立并完善地下害虫的综合防治体系，充分发挥农业技术和其他综合措施的作用，合理利用药剂处理土壤和各种诱杀等防治技术，将地下害虫控制在经济损失允许水平之下。

第一节　蛴　　螬

一、种类、分布与为害

蛴螬是鞘翅目金龟甲总科幼虫的统称。国内记载的种类共千余种，发生普遍、为害严重的种类主要有大黑鳃金龟（*Holotrichia* spp.）、暗黑（齿爪）鳃金龟（*Holotrichia parallela* Motschulsky）、铜绿丽金龟（*Anomala corpulenta* Motschulsky）以及棕色鳃金龟（*Holotrichia titanis* Reitter）、云斑鳃金龟（*Polyphylla laticollis* Lewis）、黑皱鳃金龟（*Trematodes tenebrioides* Pallas）、黑绒金龟（*Maladera orientalis* Motschulsky）、阔胫绒金龟（*Maladera verticalis* Fairmaire）、黄褐丽金龟（*Anomala exoleta* Faldermann）、蒙古丽金龟（*Anomala mongolica* Faldermann）、中华弧丽金龟［*Popillia quadriguttata*（Fabricius）］、苹毛丽金龟（*Proagopertha lucidula* Faldermann）、白星花金龟［*Potosia brevitarsis*（Lewis）］、小青花金龟［*Oxycetonia jucunda*（Faldermann）］等。大黑鳃金龟分为东北大黑鳃金龟（*Holotrichia diomphalia* Bates）、华北大黑鳃金龟［*Holotrichia oblita*（Faldermann）］、华南大黑鳃金龟（*Holotrichia sauteri* Moser）、江南大黑鳃金龟［*Holotrichia gebleri*（Faldermann）］等。其中以东北大黑鳃金龟、华北大黑鳃金龟、暗黑鳃金龟和铜绿丽金龟尤甚。现分别介绍如下：

4 种金龟甲国外分布于蒙古、俄罗斯、朝鲜和日本。国内东北大黑鳃金龟分布于东北三省及河北；华北大黑鳃金龟分布于华北、华东、西北等地；暗黑鳃金龟和铜绿丽金龟除新疆和西藏尚无报道外，各地都有发生。

蛴螬是多食性害虫，常咬食各种植物的根、地下茎，断口整齐平截，幼苗生长衰弱甚至枯死；啃食块根、块茎，形成粗大的虫疤，直接影响产量和品质；播种后的种子被害后不能出苗，造成缺苗断垄，甚至毁种需重播，延误农时。花生果被害，仅剩空壳或呈泥罐状。许多种类的成虫还喜欢取食多种植物叶片，是林果区的重要食叶性害虫。如东北大黑鳃金龟能取食白菜、油菜、马铃薯、菜豆、茄子、韭菜、菠菜、甜菜及多种果树、林木等 32 科 94 种植物的叶片和花蕾。

二、形态特征（图 8－1）

1. 东北大黑鳃金龟

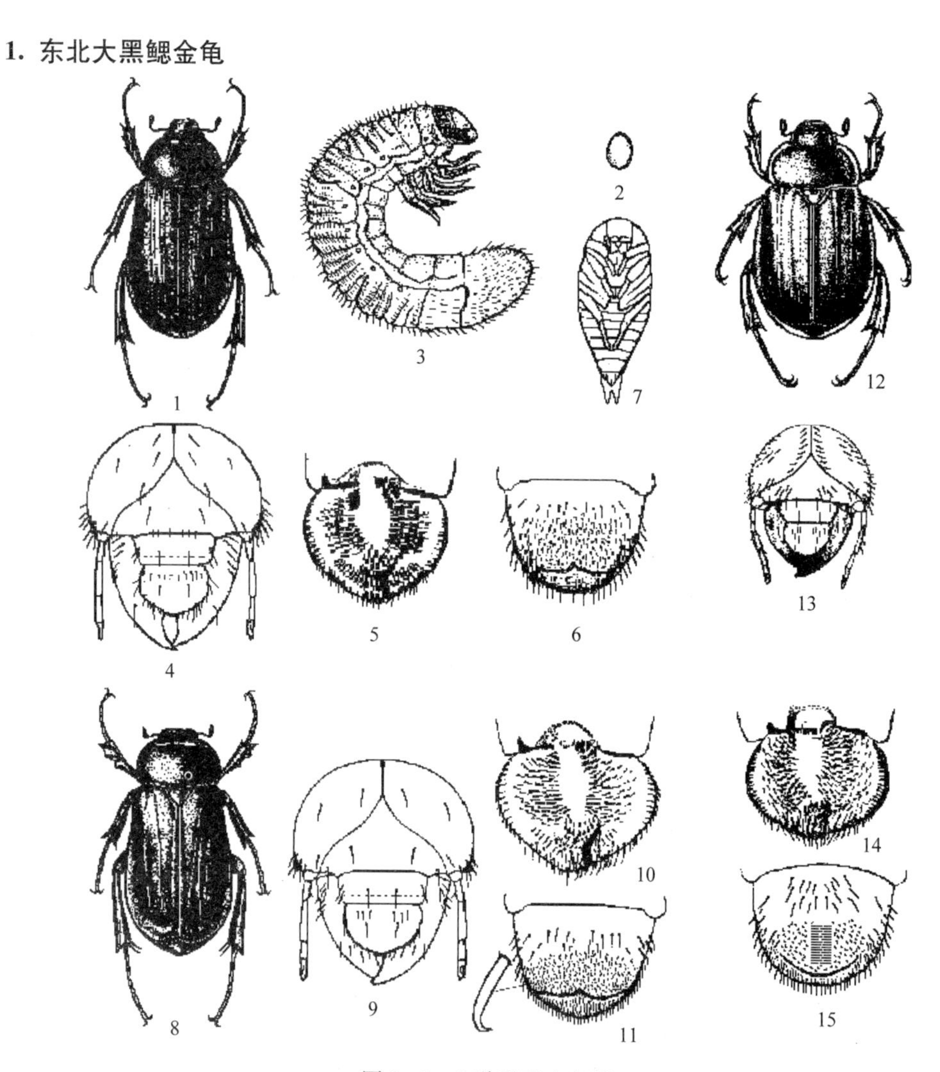

图 8－1　3 种重要金龟甲

大黑鳃金龟：1. 成虫　2. 卵　3. 幼虫侧面观　4. 幼虫头部　5. 幼虫内唇　6. 幼虫臀节腹面观　7. 蛹腹面观

暗黑鳃金龟：8. 成虫　9. 幼虫头部　10. 幼虫内唇　11. 幼虫臀节腹面观及钩状毛

铜绿丽金龟：12. 成虫　13. 幼虫头部　14. 幼虫内唇　15. 幼虫臀节腹面观

（仿刘绍友）

（1）成虫　体长16～22mm，体黑色或黑褐色。前胸背板最宽处位于两侧缘中点以前。鞘翅长椭圆形，有光泽，每侧各有4条明显的纵肋。前足胫节外齿3个，内侧有距1根。中、后足胫节末端有端距2根。臀节外露，背板向腹面包卷，与腹板相会于腹面。

（2）卵　初产时长椭圆形，长2.5mm，白色，略带黄绿色光泽，发育后期圆球形，洁白有光泽。

（3）幼虫　头部黄褐色。头部前顶刚毛每侧各3根，其中冠缝侧有2根纵向排列，额缝上方1根。肛门孔呈三射裂缝状。肛腹板后部覆毛区无刺毛列，只有散乱排列的钩状刚毛。

（4）蛹　体长21～23mm，初化成的蛹为白色，后变黄褐色至红褐色。

2. 华北大黑鳃金龟　华北大黑鳃金龟与东北大黑鳃金龟极为相似，主要区别如表8-1。

表8-1　两种大黑鳃金龟的主要区别

虫态	特征	华北大黑鳃金龟	东北大黑鳃金龟
成虫	臀板	臀板后缘较直，顶端虽钝但为直角	臀板弧形，顶端呈球形
	雄性外生殖器	阳基侧突下部分叉，呈上下两突，两突均呈尖齿状	阳基侧突下部分叉，呈上下两突，上突呈尖齿状，下突短钝，不呈尖齿状
幼虫		肛腹片后部的钩状刚毛群紧挨肛门孔裂缝处，两侧具明显的横向小椭圆形无毛裸区	两侧无此裸区或不明显

3. 暗黑鳃金龟　暗黑鳃金龟是东北大黑鳃金龟的近缘种，其形态特征极为相似。

（1）成虫　体长17～22mm，长卵圆形，暗黑或黑褐色，无光泽。前胸背板最宽处位于两侧缘中点以后（靠基部）。鞘翅伸长，两侧缘几乎平行，每侧的4条纵肋不明显。臀节背板不向腹面包卷，与腹板相会于腹末。

（2）卵　初产时长椭圆形，长2.5mm，发育后期圆球形，长2.7mm，宽2.2mm。

（3）幼虫　头部前顶毛每侧各1根，位于冠缝两侧；内唇端感区刺多为12～14根。

（4）蛹　体长20～25mm，宽10～12mm，腹部背面具发音器2对。

4. 铜绿丽金龟

（1）成虫　体长19～21mm，宽10～11.3mm，长椭圆形。背面铜绿色，其中头、前胸背板和小盾片色较浓，鞘翅较淡，有金属光泽。唇基前缘、前胸背板两侧缘呈浅黄褐色。鞘翅两侧具不明显的4条纵肋，肩部具疣突。臀板三角形，黄褐色，基部有1倒三角形的大黑斑，两侧各有小椭圆形黑斑1个。前足胫节外侧具2齿，较钝，内方有1距。

（2）卵　初产时椭圆形，乳白色，孵化前呈圆形，表面光滑。

（3）幼虫　老熟幼虫体长30～33mm，头部前顶刚毛每侧各6～8根，成一纵列。腹毛区的刺毛列由长针状刺毛组成，每列15～18根，两列刺毛尖端大多彼此相遇或交叉，仅后端稍岔开。刺毛列的前端远未达到钩状刚毛群的前缘。肛门孔横裂。

（4）蛹　长椭圆形，腹部背面有6对发音器。臀节腹面雄蛹有4裂的疣状突起，雌蛹无此突起。

三、发生规律

（一）生活史

金龟甲的生活史因种类和地区不同而异，世代历期最长的可达6年，最短的1年能完成

2代。多数种类1～2年完成1代，以成虫和幼虫在土中越冬。

1. 大黑鳃金龟 我国仅在华南地区1年1代，以成虫在土中越冬；其他地区均为2年1代，成、幼虫均可越冬，但在2年1代区有局部世代现象，部分个体也可1年完成1代。

大黑鳃金龟在2年1代区以幼虫和成虫越冬。以幼虫越冬为主的年份，次年春季春播作物受害重，秋季作物受害轻；以成虫越冬为主的年份则相反。具有隔年严重为害的现象，即所谓大小年。这种现象在辽宁、河北等地非常明显。4月中旬当10cm土温达14℃以上时越冬成虫开始出土，5月上旬土温达17℃以上时成虫盛发。5月中下旬日均温达21.7℃时田间开始见卵，6月上旬至7月上旬日均温达24.3～27.0℃时达产卵盛期，末期在9月下旬。6月上中旬卵也开始孵化，孵化盛期为6月下旬至8月中旬。幼虫除极少一部分当年化蛹、羽化，即1年完成1代外，大部分仍以幼虫越冬（10cm土温在10℃以下时向深土层移动，低于5℃时全部进入越冬状态）。

2. 暗黑鳃金龟 在苏、豫、皖、鲁、冀、陕等地均1年1代，多数以3龄幼虫越冬，少数以成虫越冬。越冬的成虫于翌年5月出土，成为春季为害的有效虫源；以幼虫越冬的，一般次年春季不为害，而于4月下旬至5月初开始化蛹，5月中下旬为化蛹盛期。6月上旬至8月中下旬羽化为成虫，6月中旬为羽化盛期，7月上中旬至8月中旬为成虫交配产卵盛期，并大量产卵，7月初田间始见卵，7月中旬开始孵化，下旬进入孵化盛期。7月中旬至9月中旬幼虫发生为害。8月中下旬大部进入3龄，为害严重。9月中旬前后幼虫开始老熟下移深土层，10月底全部下移土层深处越冬。

3. 铜绿丽金龟 各地均1年1代，以幼虫越冬。黄淮地区，春季3月下旬至4月上旬幼虫开始上移至表土层活动为害，4月下旬至5月下旬是为害盛期。5月中旬至6月中旬陆续老熟下移至5～10cm土层化蛹，5月下旬至6月上旬成虫开始羽化出土，6月中旬至7月下旬为羽化盛期。6～8月成虫产卵，6月下旬幼虫开始孵化，7月为孵化盛期，8月至10月中旬为害作物，10月下旬10cm土温10℃以下时，以3龄幼虫为主、2龄幼虫为辅陆续下移至20～50cm深土层越冬。

（二）习性

1. 成虫

（1）*活动节律* 除丽金龟和花金龟的少数种类夜伏昼出外，绝大多数金龟甲昼伏夜出，以20：00～23：00活动最盛。大黑鳃金龟日落后开始出土，21：00进入取食、交配高峰，22：00后活动减弱，午夜后相继入土潜伏。暗黑鳃金龟还有隔日出土的习性，其原因尚不清楚。

（2）*趋光性* 金龟甲夜出活动的种类大多有趋光性，特别是对黑光灯的趋性更强。但不同种类和雌雄间差异较大，如大黑鳃金龟趋黑光灯的虫量仅为田间出土量的0.2%；铜绿丽金龟上灯雌虫明显多于雄虫，占总上灯虫量的72.3%。

（3）*假死性和趋化性* 金龟甲受震动或被触时便收拢足和触角，坠地假死或在坠落途中又起飞。牲畜粪便、腐烂的有机物都有招引成虫产卵的作用。

（4）*取食选择性* 成虫大多需补充营养，除少数花金龟取食果树的花和农作物的花丝、花穗外，多数金龟都喜食榆、杨、桑、胡桃、葡萄、苹果、梨等林木、果树的叶片。大黑鳃金龟最喜食大豆和榆叶；暗黑鳃金龟喜食加拿大杨、榆、花生、大豆、甘薯、梨、苹果等的叶片；铜绿丽金龟喜食杨、柳、苹果、梨、核桃、桑、葡萄、榆、豆类作物的叶片。

(5) 交配和产卵　金龟甲一生交配多次，交配后 10d 左右产卵，产卵期一般 15～30d，平均 20d，产卵量从几十粒到上百粒，最多可达 300～400 粒。卵多散产，但多是 5～7 粒或 10 多粒相互靠近，在田间呈核心分布。成虫除喜欢在大豆、花生、甘薯等田间产卵外，还多选择湿润、疏松、背风向阳处的土壤产卵。

2. 幼虫　幼虫 3 龄，全部在土中度过，其中初孵幼虫多以土壤腐殖质为食，为害性小，随生长发育，为害渐重，尤以第 3 龄幼虫的历期最长，为害最重。其横向活动范围较小，主要是随土温的季节性变化而上下迁移。

四、常见其他金龟甲（表 8-2）

表 8-2　8 种金龟甲的发生概况

害虫种类	发 生 概 况
棕色鳃金龟（棕齿爪鳃金龟）	2 年 1 代，成、幼虫交替越冬。越冬成虫 4 月下旬至 5 月上旬出土，5 月中旬为产卵盛期。幼虫 6 月上旬孵化，10 月中下旬开始越冬。越冬幼虫于 7 月化蛹、羽化。成虫当年蛰伏越冬，次年春出土活动、交配、产卵。该虫是干旱、瘠薄、无灌溉条件的耕作区的主要地下害虫
大云鳃金龟（云斑鳃金龟）	3～4 年 1 代，幼虫越冬。成虫趋光性弱，上灯者多为雄虫，20：00～22：00 为活动高峰。成虫喜食松、杉、杨、柳等的树叶
黄褐丽金龟	成虫盛发期在 5 月下旬至 6 月中旬（北京），傍晚活动最盛。趋光性强，喜食杏花、叶及杨、榆、大豆等的叶片。在沙壤地带、黄河故道一带发生严重
中华弧丽金龟（四纹丽金龟）	1 年 1 代，幼虫越冬。越冬幼虫于 4 月中旬开始活动，4 月下旬至 5 月下旬是为害盛期。6 月下旬至 7 月中旬成虫盛发，成虫白天活动，喜群集在田埂、路旁的灌木或低矮植物上取食，尤喜取食葡萄叶片，有成群迁移为害的特点
东方绢金龟（黑绒金龟）	1 年 1 代，成虫越冬。越冬成虫于 4 月末至 6 月上旬为活动盛期，有雨后出土习性。成虫昼伏夜出，性活跃，飞翔力强，有趋光性。可为害 149 种植物，喜食榆、杨、柳等树叶，是防护林、果树、苗圃的主要害虫之一，幼虫对作物为害不大
苹毛丽金龟	1 年 1 代，成虫越冬。越冬成虫于春季平均气温达 9～10℃出土，4 月底至 5 月初盛发，集中于开花略迟的果树上食害花芽。成虫白天活动，以 10：00 以后、气温上升时活动最盛，低空飞翔；喜食杏、桃、苹果、榆树等的花、芽；有假死性
白星滑花金龟（白星花金龟）	1 年 1 代，老熟幼虫越冬。成虫发生于 6 月初至 10 月中旬。成虫白天活动，喜食成熟的果实，如桃、梨、李、沙果及玉米的雌穗。幼虫活动时以背着地伸缩而行，多群集于腐殖质丰富的松土或腐熟的堆肥中，不为害植物
小青花金龟	1 年 1 代，多数以幼虫越冬。早春化蛹、羽化，成虫于 4 月末至 6 月上旬出现。成虫白天在花丛中取食花瓣、花蕊。幼虫以腐殖质为食

第二节　金 针 虫

一、种类、分布与为害

金针虫是鞘翅目叩甲科幼虫的统称，世界上已知约 8 000 种，我国记载 600～700 种，是为害园艺及其他作物地下部分的重要害虫类群。经常发生为害园艺植物的种类主要有沟金针虫［*Pleonomus canaliculatus*（Faldermann）］、细胸金针虫（*Agriotes subvittaus* Motschulsky)、褐纹金针虫（*Melanotus caudex* Lewis）和宽背金针虫（*Selatosomus latus* Fabricius）等。其中以沟金针虫和细胸金针虫分布最广，为害最严重。

沟金针虫是亚洲大陆的特有种类，国外仅分布于蒙古，在我国北纬32°～44°、东经106°～123°的地区均有发生，尤其在干旱而瘠薄的农田发生最多。细胸金针虫主要分布于东北、华北、西北、华东、华中等地，在有机质含量较丰富、潮湿或灌溉条件较好的农区发生最多。近20年来，金针虫已上升为我国北方农区的重要地下害虫，特别是黄淮海地区回升迅速最快，为害最重。

金针虫均以幼虫为害各种果树、林木、蔬菜、花卉及多种农作物的地下部分，咬食刚发芽的种子或幼苗的根和嫩茎，常使种子不能出苗或幼苗枯死。幼虫也常钻入地下根茎、大粒种子和块根、块茎内取食为害，并传播病原菌引起腐烂。金针虫为害根和茎后的断面不整齐而呈丝状；钻蛀块根和块茎后呈细而深的孔洞；其成虫可取食地上部分的嫩叶，但为害轻微。

二、形态特征（图8-2）

1. 沟金针虫

（1）成虫　紫褐色，密生细毛，雌雄异型。雄成虫体长14～18mm，宽3.5～4mm，雌成虫体长16～17mm，宽4～5mm；触角11节，锯齿形，前胸背板宽大于长，呈半球形隆起，密被刻点，中央有细微纵沟；鞘翅上纵沟不明显，后翅退化。雄虫触角12节，丝状，长达鞘翅末端，鞘翅上纵沟明显。

（2）卵　球形，长径0.7mm，短径0.6mm，乳白至黄色。

（3）幼虫　末龄幼虫体长20～30mm，体宽而略扁平，金黄色。体节宽大于长，胸腹部背中央有1条细纵沟，尾节背面有略近圆形的凹陷，并密布较粗的刻点；两侧缘隆起，每侧有3个齿状突起，末端分二叉并向上弯曲，叉内侧各有1小齿。

（4）蛹　纺锤形，末端瘦削，有刺状突起。

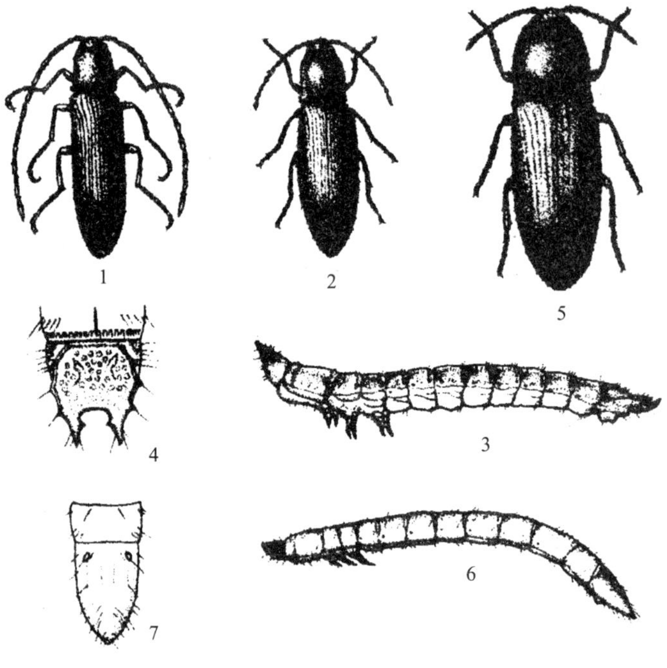

图8-2　两种金针虫

沟金针虫：1. 雄成虫　2. 雌成虫　3. 幼虫　4. 幼虫末节特征

细胸金针虫：5. 成虫　6. 幼虫　7. 幼虫末节特征

（仿魏鸿钧、西北农学院等）

2. 细胸金针虫

（1）成虫　体长8～10mm，宽2.5～3.2mm，暗褐色，被灰色细毛，略具金属光泽。触角第2节球形。前胸背板长大于宽，不呈半球形隆起，可见腹板5节。

（2）卵　圆球形，长径0.53mm，短径0.5mm，乳白色半透明。

（3）幼虫　末龄幼虫体长20～25mm，淡黄色，圆筒形。腹末节无明显骨化，末端呈圆锥形，不分叉，背面近前缘两侧各有1褐色圆斑，其后方有4条褐色纵纹。

（4）蛹　近纺锤形，乳白至黄色，蛹长8～10mm。

三、发生规律

金针虫的生活史很长，一般需要2～5年才能完成1代，世代重叠。以各龄幼虫和成虫在土中越冬，越冬深度因地区而异，一般为15～40cm，最深可达100cm左右。

1. 沟金针虫　一般3年发生1代，少数2年、4～5年或更长。以成虫和各龄幼虫在土中越冬。越冬成虫春季10cm土温10℃左右时开始出土活动，3月中旬至4月上旬10cm土温稳定在10～15℃时达活动高峰。在陕西关中地区，产卵期从3月下旬至6月上旬，卵期平均约42d，5月上中旬为孵化盛期。幼虫为害至6月底下潜越夏，9月中下旬秋播开始时又上升到表土层活动，为害至11月上中旬又下潜土壤深层越冬。第2年3月初，越冬幼虫开始上移活动，3月下旬至5月上旬为害最重，随后越夏。秋季为害至11月中旬下移越冬。幼虫期长达1 150d左右，直至第3年8～9月，幼虫老熟后在15～20cm土中做室化蛹，蛹期12～20d，9月初开始羽化为成虫。成虫当年不出土，第4年春才出土交配、产卵，成虫寿命约223d。

成虫昼伏夜出，夜间取食、交配和产卵。雄虫善飞，不取食，有趋光性。雌虫无后翅，不能飞翔，只能在地面或植株上爬行，黎明前入土。成虫均有假死性，并对未腐熟的有机肥和炕洞土等散发的气味有趋性。卵散产于3～7cm深的土中，单雌平均产卵200余粒，最多可达400多粒。

沟金针虫在一年中春季开始活动、活动盛期、开始越夏、秋季开始活动和开始越冬的10cm土温分别是6.7℃、15.1～16.6℃、19.1～23.3℃、17.8℃和6.0℃。沙壤土中虫口密度最高，壤土次之，黏土和沙土最少。幼虫适宜的土壤含水量为11.1%～16.3%，高于或低于此范围均不利于其发生。因此，在北方旱作区，春季降小雨常加重为害，但田间灌水可使其下移而减轻为害。精耕细作地区发生较轻，间、套、复种以及新开垦的荒地发生较重。

2. 细胸金针虫　细胸金针虫存在遗传上的世代多态现象，即同一种群在相同生态条件下，其后裔表现出不同的世代周期。陕西的室内饲养结果表明，1年1代者占2.78%～3.93%，2年1代者占71.43%～95.83%，3年1代者占4.17%～24.64%。在陕西关中地区和黄河中下游多为2年1代，在甘肃、内蒙古及东北等地大多为3年1代。以成、幼虫越冬。越冬成虫于3月上旬开始出土，4月中下旬盛发并开始产卵，5月上中旬为产卵盛期。卵期13～38d，幼虫期平均451d。老熟幼虫在土中20～30cm深处化蛹，预蛹期4～11d。6月下旬开始化蛹，蛹期8～22d，7月上旬成虫开始羽化，成虫羽化后直接在土中越冬。

在甘肃河西地区，大多需3年1代。主要以幼虫在土壤深层越冬，成虫在隐蔽场所越冬，越冬幼虫于2月下旬开始上移，3月下旬至4月上旬达表土层活动，越冬老熟幼虫于5月上旬进入预蛹期，5月中下旬为预蛹盛期，5月中旬开始化蛹，6月上中旬为化蛹盛期。5月下旬开始羽化，6月下旬达羽化盛期，当年羽化出土的成虫经补充营养后，7月中旬开始产卵，7月下旬为产卵盛期。8月下旬以后羽化的少数成虫不行交配和产卵，多在背风向阳的隐蔽场所越冬。翌年4～5月交配、产卵。卵、幼虫、蛹和成虫历期分别为14、958、15和30～60d，少数越冬成虫寿命可达270d左右。

成虫昼伏夜出，傍晚开始活动、交配、产卵和取食，通常前半夜交配行为较多，午夜后以取食为主。雌雄成虫取食葫芦、番瓜等植物的花瓣和花蕊，也咬食小麦、玉米、马铃薯、白菜等作物及灰条等杂草的嫩叶，被害叶片只留表皮和叶脉。因取食量很少，故对作物无明显为害。交配为重叠式，一夜最多可交配 6 次。卵散产于背风向阳、靠近水渠、杂草多、施有机肥料较多的田间土中 0～7cm 处。产卵期 9～19d，平均 12d，单雌产卵量大多为 30～40 粒。成虫对新鲜而略萎蔫的杂草及作物枯枝落叶等腐烂发酵的气味有趋性。具有较强的叩头反跳能力和假死性，具微弱的趋光性。有随土壤温度、湿度变化而垂直迁移的习性，喜钻入被害种子或幼苗的地下部分取食，有明显的趋湿性。

土壤对细胸金针虫垂直迁移和为害的影响与沟金针虫情况相似，但细胸金针虫比较耐低温，多分布于终年湿润的灌溉区及河谷川区，春季活动较早，秋后为害持续时间长。灌溉条件好的壤土地有利于其发生，尤其是土质较疏松、富含有机质的田块虫口密度大，为害严重。

四、常见其他金针虫（表 8-3）

表 8-3　其他两种常见金针虫的发生概况

害虫种类	发生概况
褐纹金针虫 (*Melanotus caudex* Lewis)	在陕西关中地区 3 年 1 代。越冬成虫 5 月中旬至 6 月上旬活动最盛，6 月上中旬为产卵盛期。幼虫越冬 2 次，至第 3 年 7～8 月老熟化蛹、羽化。成虫羽化当年不出土，经越冬后次年春才出土。成虫昼伏夜出，有叩头弹跳能力，在有机质丰富的水浇地发生较多
宽背金针虫 (*Selatosomus latus* Fabricius)	需 4～5 年 1 代，在黑龙江成虫于 5 月始见，白天活动，能飞翔，有趋糖蜜的习性

第三节　蝼　　蛄

一、种类、分布与为害

蝼蛄属直翅目蝼蛄科，俗称拉拉蝼、土狗子等。我国已记载 6 种，主要有东方蝼蛄（*Gryllotalpa orientalis* Burmeister）和华北蝼蛄（*G. unispina* Saussure）。

东方蝼蛄在 1929—1992 年期间沿用非洲蝼蛄（*G. africana* Beauvois）的名称，但经中国科学院的康乐研究员考证认为，我国一直沿用的非洲蝼蛄应为东方蝼蛄。东方蝼蛄分布于日本、朝鲜半岛、俄罗斯、菲律宾、马来西亚、印度尼西亚、新西兰、澳大利亚；我国分布各地，以南方受害较重。华北蝼蛄又名单刺蝼蛄，在国外分布于俄罗斯的西伯利亚、土耳其、蒙古等；我国主要分布在北纬 32°以北，如河北、河南、山东、山西、陕西、内蒙古、新疆、辽宁和吉林西部的盐碱地与河泛冲积平原受害较重。黄河沿岸和华北平原两种蝼蛄常混合发生，但以华北蝼蛄为主，其他地区均以东方蝼蛄为优势种。

蝼蛄为多食性，成、若虫均能咬食各种蔬菜、果树、林木和农作物的种子和幼苗。在菜园中以苗床菜苗及移栽后的蔬菜苗期受害重。特别喜食刚发芽的种子，造成缺苗断垄；也咬食幼根和嫩茎，扒成乱麻状或丝状，使幼苗生长不良甚至死亡。由于蝼蛄善于在土壤表层爬行，来回乱窜，隧道纵横，常将种子架空，苗土分离，幼苗失水而死，造成缺苗断垄。在温室、温床、苗圃，由于气温高，蝼蛄活动早，加之幼苗集中，受害更重。

二、形态特征（图 8-3）

1. 东方蝼蛄

（1）*成虫*　体长 30～35mm，雌虫稍大于雄虫，黑褐至灰褐色，密被绒毛。前胸背板背面呈卵圆形，中央有 1 凹陷明显的心脏形坑斑，长 4～5mm。前翅鳞片状平叠于体背，末端约达腹部一半，雄虫前翅有音挫，可摩擦发音；后翅可折叠似尾，超过腹端。腹部近圆筒形。前足腿节内侧下缘较直，缺刻不明显，后足胫节背面内上方有刺 3～4 根。

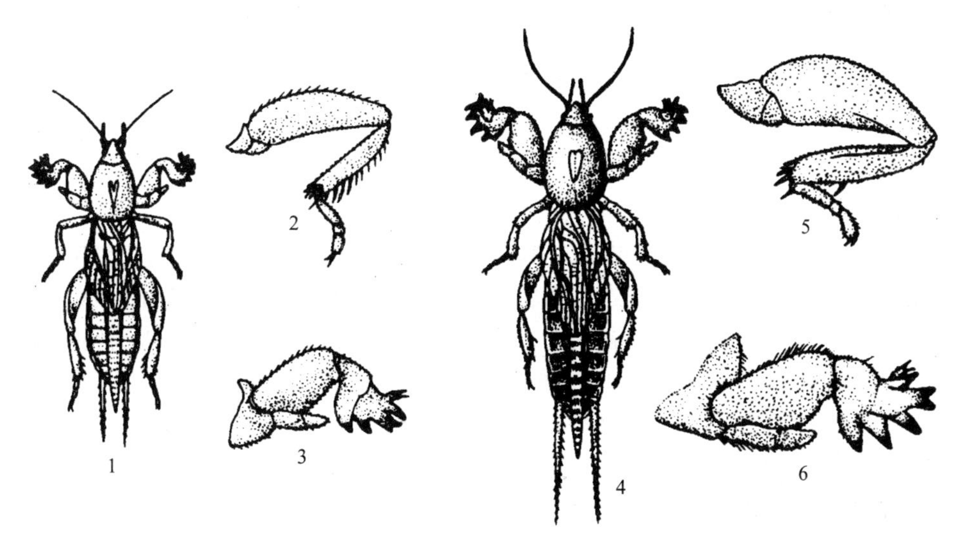

图 8-3　东方蝼蛄和华北蝼蛄
东方蝼蛄：1. 成虫　2. 后足　3. 前足
华北蝼蛄：4. 成虫　5. 后足　6. 前足
（仿浙江农业大学等）

（2）*卵*　椭圆形，初产时长 1.6～2.88mm，宽 1.0～1.56mm，孵化前长 3.0～4.0mm，宽 1.8～2.0mm。卵色初产黄白色，后变黄褐色，孵化前暗紫色。

（3）*若虫*　初孵若虫头胸细，腹部肥大，全身乳白色，腹部漆红色；2～3 龄后体色与成虫基本相似。

2. 华北蝼蛄　华北蝼蛄与东方蝼蛄成虫的形态比较见表 8-4。

表 8-4　华北蝼蛄与东方蝼蛄的区别特征

特　征	华北蝼蛄	东方蝼蛄
体　长	36～56mm	30～35mm
体　色	黄褐色	灰褐色
前　胸	心脏形坑斑凹陷不明显	心脏形坑斑凹陷明显
前足腿节下缘	弯曲	平直
后足胫节内背侧有刺	1～2 根，有时无刺	3～4 根

三、生活史与习性

（一）生活史

华北蝼蛄需3年左右完成1代，以成、若虫在土中越冬，越冬深度与冻土层和地下水位有关。在北京、河南、山西、山东、安徽等地于3月上中旬越冬成虫开始上移至表土层做垂直活动，地面常留下约10cm长的隧道，4月进入为害盛期。5月夜晚以鸣声求偶交配，5月下旬至6月上旬开始产卵，6月下旬至7月中旬达产卵盛期。6月中下旬孵化为若虫，10月下旬至11月上旬多发育为8～9龄若虫入土深处越冬。翌年3月上中旬越冬若虫开始继续活动为害，至秋末冬初以12～13龄若虫越冬。第3年春暖若虫又继续活动为害，至8月上中旬若虫陆续老熟入土深处羽化为成虫，当年不交配，为害一段时间后进入越冬状态。

据河南郑州饲养，华北蝼蛄完成1代共需1 131d，其中卵期11～23d，平均17d；若虫1、2龄各约3d，3龄5～10d，4龄8～14d，5、6龄各10～15d，7龄15～20d，8龄以上（除越冬期）各20～30d，末龄50～70d，全若虫期692～817d，平均736d；成虫寿命278～451d，平均378d。

东方蝼蛄在长江以南和安徽、苏北、陕南、山东、河南等地1年1代，在陕北、山西、辽宁、甘肃等地2年1代，均以成、若虫在30～70cm深土层越冬。在黄淮地区，3月上中旬越冬成虫开始上移至表土层做垂直活动，地面仅形成小堆松土，4月进入为害盛期，且求偶交配。5月中旬开始产卵，6～7月为产卵盛期，6月至8月上旬陆续孵化。若虫共9龄，至秋末冬初部分若虫老熟羽化为成虫，并与发育至4～7龄的若虫入土深处越冬。来年春暖越冬若虫继续上升至表土为害，蜕皮2～4次，至5～7月陆续老熟羽化为成虫，原地不动直至越冬。当年羽化的成虫少数可产卵，大部分经越冬后才产卵。卵期、若虫期分别为15～28（22.4）d、130～335（237）d，成虫寿命114.5～251d，完成1代需360～450d。

两种蝼蛄全年的活动为害情况大致可划分为以下4个时期：

（1）*越冬休眠期*　从11月上旬（立冬）至翌年2月下旬，成、若虫停止活动，1洞1虫，头部朝下，在深层土中冬眠。

（2）*苏醒为害期*　2月上旬（立春）前后气温回升到5℃左右，蝼蛄洞穴深度由45.3cm上升到36.2cm；3月上旬（惊蛰）由深处上移到31.8cm，中午气温超过10℃以上时开始为害幼苗；4月上旬（清明）至5月下旬（小满），20cm土温已上升到14.9～26.5℃时，进入严重为害期。

（3）*越夏繁殖为害期*　6～8月气温高，平均23.5～29℃，蝼蛄进入产卵盛期，严重为害夏播作物。

（4）*秋季暴食为害期*　8月（立秋）以后，新羽化的成虫和当年孵化的若虫（已达3龄以上）同时取食，严重为害秋播作物，直至11月上旬后停止。

（二）习性

1. 活动节律　两种蝼蛄均昼伏夜出，21：00～23：00为活动取食高峰。

2. 产卵习性　蝼蛄类对产卵场所有严格的选择性。华北蝼蛄多在轻盐碱地内缺苗断垄、无植被覆盖、干燥向阳的堤埂畦堰附近或路边、区边和松软的油渍状土壤中产卵。在山坡干旱地区，多集中在水沟两旁、过水道和雨水集聚处。产卵土的pH为7.5左右，土壤湿度（10～15cm）18%左右。产卵前先做卵窝，窝螺旋形向下，内分3室，上部为运动室或称为耍室，距地表8～16cm，一般约11cm；中间为1或2个圆形的卵室，距地表9～25cm，一般约16cm；下面是隐蔽室，距地表13～63cm，一般约24cm，供雌虫产完卵后栖居。单雌产卵量少则数十粒，多则上千粒，一般为300～400粒。

东方蝼蛄喜湿，多集中在沿河两岸、池塘和沟渠附近产卵。适于产卵的pH为6.8～8.1，土壤湿度（10～15cm）22%左右。产卵前先在5～20cm深处做窝，窝中仅有1个长鸭梨形卵室，雌虫在卵室周围30cm左右另做窝隐蔽，单雌产卵1～6次，8～182粒，平均62粒。

3. 群集性 初孵若虫有群集性，怕光、怕风、怕水。华北蝼蛄孵化后群集在洞中，由成虫饲喂，若虫发育至3龄后才分散为害，而东方蝼蛄在孵化3～6d后就分散为害。

4. 趋性

（1）*趋光性* 蝼蛄昼伏夜出，具强烈的趋光性，在频振式杀虫灯、荧光灯或黑光灯下均可诱到大量东方蝼蛄，且雌性多于雄性。华北蝼蛄因身体笨重、飞翔力弱，常落于灯下周围地面，但当气温在16.2℃以上、10cm地温在13.5℃以上、相对湿度43%以上、风力3级以下、闷热将雨的环境条件下，也可诱到大量华北蝼蛄。

（2）*趋化性* 蝼蛄对香、甜等物质散发出的气味趋性强，特别嗜食煮至半熟的谷子、棉子、炒香的麦麸、豆饼糁、米糁等，可制成毒饵进行诱杀。此外，蝼蛄对马粪、有机肥等未腐熟的有机物也有很强的趋性，可用其制成毒粪诱杀。

（3）*趋湿性* 蝼蛄喜欢栖息在沿河两岸、渠道两旁、菜园地及轻盐碱的潮湿地、水浇地。东方蝼蛄比华北蝼蛄更喜湿。蝼蛄的活动受土壤温湿度的影响很大，气温在12.5～19.8℃、20cm土温在15.2～19.9℃是蝼蛄活动适宜温度，也是蝼蛄的为害盛期；若温度过高或过低，便潜入土壤深处。当10～20cm土壤含水量在20%左右时，活动最盛；小于15%时，活动减弱。

第四节 地老虎类

一、种类、分布与为害

地老虎又名土蚕、地蚕、夜盗虫等，属鳞翅目夜蛾科。据记载，我国农区地老虎有170种。其中，以小地老虎［*Agrotis ypsilon*（Rottemberg）］、黄地老虎［*A. segetum*（Denis et Schiffermüller）］的分布广、为害严重，警纹地老虎［*A. exclamationis*（Linnaeus）］、白边地老虎［*Euxoa oberthuri*（Leech）］和大地老虎（*A. tokionis* Butler）等常在局部地区发生较猖獗。

小地老虎分布在北纬62°至南纬52°之间，为世界性大害虫；我国各省（自治区、直辖市）均有分布，但以雨量充沛、气候湿润的长江中下游和东南沿海及北方的低洼内涝或灌区发生为害较严重。黄地老虎分布于欧、亚、非洲；我国除广东、广西、海南未见报道外，各地均有分布，其为害之重、分布之广仅次于小地老虎。大地老虎分布于俄罗斯和日本一带；我国各地均有分布，但主要发生于长江下游沿海地区，多与小地老虎混合发生，其他省（自治区、直辖市）很少造成灾害。

地老虎是多食性害虫，寄主范围十分广泛，可为害茄科、豆科、十字花科、百合科、葫芦科、藜科、芸香科、伞形科、菊科、石竹科、锦葵科、蔷薇科、禾本科等多种蔬菜、观赏植物、大田作物和果树、林木幼苗及杂草，并能在小旋花、小蓟、灰藜、苋菜、荠菜、车前、水蓼、猪毛菜、苍耳等多种双子叶植物上产卵。地老虎幼虫主要从作物的近地面处切断幼苗取食为害，导致整株死亡，造成缺苗断垄，严重时毁种重播，延误农时。

二、形态特征

小地老虎与黄地老虎的形态特征见图 8-4、图 8-5 及表 8-5。

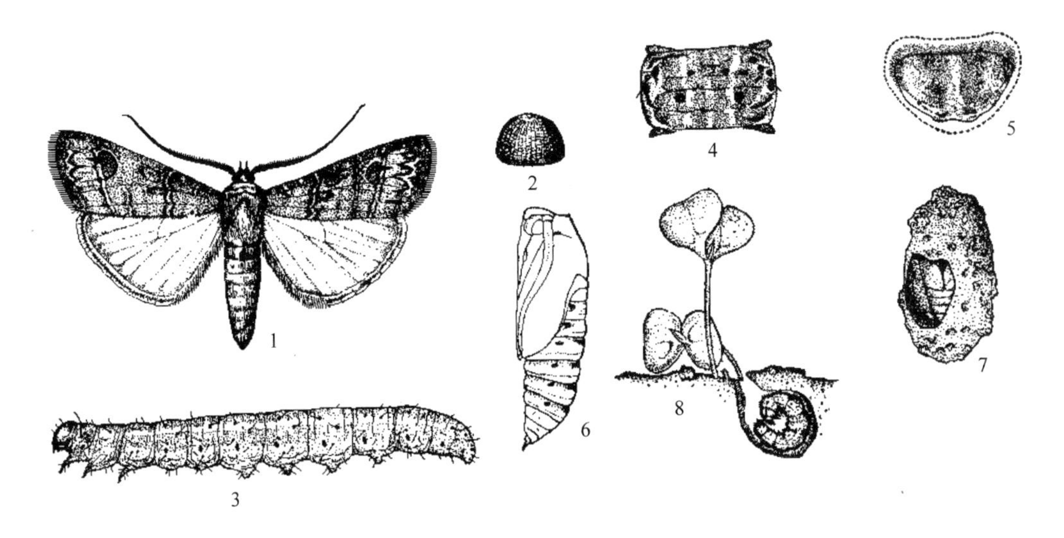

图 8-4　小地老虎

1. 成虫　2. 卵　3. 幼虫　4. 幼虫第 4 腹节背面观　5. 幼虫腹节臀板　6. 蛹　7. 土室　8. 棉花被害状

（仿浙江农业大学）

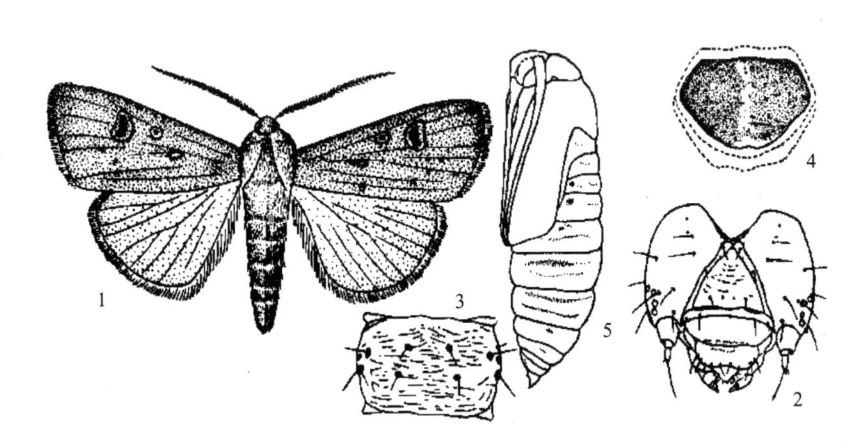

图 8-5　黄地老虎

1. 成虫　2. 幼虫头部正面　3. 幼虫第 4 腹节背板　4. 幼虫臀板背面　5. 蛹

（仿刘绍友）

表 8-5 小地老虎与黄地老虎的形态区别

虫态和特征		小 地 老 虎	黄 地 老 虎
成虫	体 长	16～23mm	14～19mm
	翅 展	42～54mm	32～43mm
	体 色	灰褐色	黄褐色
	雄蛾触角	双栉齿状，齿达触角之半，端半部丝状	双栉齿状，齿达触角之 2/3 处
	前 翅	前翅黑褐色，前缘浓黑，亚基线至亚缘线均为双曲线，肾状纹、环状纹及楔状纹很明显，肾状纹外侧有 1 尖端向外的楔形黑斑，亚缘线上有 2 个尖端向内的黑褐色楔形斑，3 斑相对	前翅黄褐色，散布小黑点，横线不明显，肾状纹、环状纹及楔状纹很明显，各具黑褐色边而内充暗褐色，肾状纹外侧无任何斑、线
卵		馒头形，卵壳表面有纵横相交的隆线	半球形，卵壳表面有纵脊纹 16～20 条
幼虫	体色、体表	黄褐至黑褐色，体表粗糙，密布大小颗粒	黄褐色，表皮多皱纹，但无明显颗粒
	后 唇 基	后唇基呈等边三角形	后唇基的底边略大于斜边
	额 区	额区直达颅顶，呈单峰	额区直达颅顶，呈双峰
	腹部 1～8 节毛片	腹部 1～8 节背面各有前后 2 列共 4 个毛片，后 2 个比前 2 个大 1 倍以上	腹部 1～8 节背面各有前后 2 列共 4 个毛片，前后毛片大小相似
	腹末臀板	黄褐色，有 2 条深褐色纵纹	黄褐色，中央有 1 条黄色纵纹，将臀板划分为 2 块黄褐色斑
蛹		腹部 4～7 节基部有一圈刻点，背面的大而色深	第 4 节背面中央有稀小不明显的刻点，背面和侧面的刻点大小相同

三、发生规律

（一）生活史

1. 小地老虎 在全国范围内年发生 1～7 代，自南向北递减（表 8-6）。在南岭以南发生 6 或 7 代，幼虫冬、春为害小麦、油菜、蔬菜、绿肥等作物，是 4～5 代区早春的虫源地。南岭以北黄河以南 4 或 5 代，是我国的主要受害区，第 1 代幼虫在 4 月至 6 月上旬为害春苗较严重。华北地区 3 或 4 代，第 1 代幼虫在 4 月至 6 月中旬为害春苗较严重。2 或 3 代区大致位于东北和西北海拔 1 600m 以上的地区，在 7～8 月为害蔬菜及旱作作物幼苗较严重，该区是小地老虎在我国主要的越夏场所和秋季向南回迁的虫源地。就全国范围看，除南岭以南地区有两季为害，即冬季为害蔬菜和绿肥，春季为害蔬菜、玉米等，其他地区无论当地发生几代，都是以当年第 1 代幼虫造成为害，其余各代几乎都不成灾。

表 8-6 部分地区小地老虎的年发生代数和发蛾期

地 区	发生代数	发 蛾 期 （旬/月）				
		越冬代	第 1 代	第 2 代	第 3 代	第 4 代
江苏南京	5	上/3～中/5	下/5～中/6	中/7～下/8	下/8～上/9	中/10～下/10
河南郑州	4	上/3～下/4	下/5～上/6	中/7～中/8	上/9～上/10	
陕西汉中	4	上/3～中/4	中/5～中/7	中/7～下/8	下/8～下/10	
山东泰安	4	上/3～下/4	下/5～中/6	中/7～下/8	下/8～下/10	

（续）

地　区	发生代数	发　蛾　期　（旬/月）				
		越冬代	第1代	第2代	第3代	第4代
北京通州	4	下/3～上/5	中/5～中/6	中/7～中/8	下/8～中/9	
甘肃兰州	4	上/3～中/5	上/5～中/6	中/7～中/8	下/8～中/9	
宁夏银川	4	下/3～中/5	上/6～中/7	中/8～中/9	10～11月	
山西大同	3	中/4～中/6	上/7～中/8	中/8～上/9		
内蒙古呼和浩特	3	下/3～中/5	中/6～中/8	中/8～下/10		
黑龙江嫩江	2	上/5～中/6	下/6～下/7			
新疆墨玉	—	8～9月	10～11月			

2. 黄地老虎　在1月份10℃等温线以南无越冬现象，1年发生5代以上。在西藏、新疆北部、辽宁、黑龙江等地1年2代；北京、河北、陕西关中、南疆1年3代，局部4代；江苏、河南、山东、陕南1年4代。均以5～6龄为主、3～4龄为辅的幼虫在土中越冬。在东南地区，年世代数常随气候和发育程度而异，无严格的越冬虫态。越冬场所主要集中在田埂和沟渠堤坡的向阳面。

老熟幼虫越冬后，早春不再取食即化蛹；未老熟幼虫当土壤解冻后陆续上升至表层，继续取食萌发较早的野生寄主后化蛹。

表8-7　部分地区黄地老虎的年发生代数和发蛾期

地区	发生代数	发　蛾　期（旬/月）				
		越冬代	第1代	第2代	第3代	第4代
黑龙江嫩江	2	上/5～中/6	下/7～中/8			
新疆莎车	3	上/4～初/6	下/6～上/8	中/8～上/9		
甘肃兰州	3	中/4～上/6	上/6～下/7	下/8～上/9		
陕西关中	3	上/5～中/6	中/7～中/8	中/8～中/9		
山东济南	4	中/4～上/6	下/6～上/8	上中/8～中下/8	下/9～中/11	
河南郑州	4	中/3～上/5	下/5～下/6	上/7～上/8	下/9～中/11	
江苏南通	4	上/4～下/5	中/7	中/9	下/10～下/11	
北　京	4	下/4～上/6	下/6～上/8	中下/8～下/9	中/10～上/11	

（二）主要习性

1. 成虫

（1）活动节律　地老虎成虫昼伏夜出，白天潜伏于土缝、杂草丛、屋檐下或其他隐蔽处，黄昏后开始取食、交配和产卵。成虫活动受气候条件影响很大，10～16℃时活动最盛，低于3℃或高于20℃时很少活动。大风或有雨的夜晚则不活动。

小地老虎各虫态的过冷却点分别是：卵−9.5℃±2.8℃，1～6龄幼虫分别是−8.8℃±1.6℃、−4.1℃±0.3℃、−3.6℃±1.2℃、−3.0℃±0.2℃、−2.3℃±

1.5℃、−1.2℃±0.6℃，蛹−6.6℃±2.0℃，成虫−4.3℃±1.3℃。小地老虎为迁飞性害虫，在我国的越冬北界为1月份0℃等温线或北纬33°附近。在南岭以南1月份10℃等温线以南地区可终年繁殖；南岭以北1月份0℃等温线以南的地区，以少量幼虫和蛹越冬；1月份0～4℃等温线之间的江淮区，越往北越冬的虫口密度越低，甚至难以发现。

(2) 趋光性 地老虎成虫趋光性很强，对波长350nm的黑光灯趋性更强，可用灯光诱杀。

(3) 趋化性 大多数地老虎成虫需补充营养，对花蜜、糖、蚜虫蜜露和带有酸甜味的发酵物有明显的趋性，可用糖、醋、酒混合液制成人工蜜源进行诱杀。成虫对水杨酸和磷酸有趋性，喜栖息于萎蔫杨树枝把内，故可用萎蔫杨树枝把或喷有磷酸的棉花进行诱集、测报和防治。

(4) 交配 小地老虎羽化后1～2d开始交配，黄地老虎多数在羽化后3～5d交配，一般交配1～2次，少数3～4次，每次交配后均在雌虫的交配囊内留1个精珠。

(5) 产卵 地老虎雌蛾交配后即可产卵。产卵历期4～6d，单雌产卵量800～1 000粒，最高达3 000粒以上。当农田无作物和杂草时，卵产于土块、前茬的根茬、须根和草棒上；农田有作物或杂草时，卵喜产在5cm以下寄主植物叶背面和嫩茎上。卵散产，植物表面粗糙多毛者着卵多。

2. 幼虫

(1) 活动与趋性 幼虫有假死性，受惊后缩成环形。幼虫共6龄。幼虫孵化后先吃卵壳。1～3龄幼虫对光不敏感，多集中在杂草等寄主的叶背或心叶中昼夜取食；4～6龄幼虫表现出明显的负趋光性，白天潜入土中或土块、瓦块下，夜间爬出为害，将幼苗齐地咬断、蚕食，清晨将断苗拖入穴中继续取食。幼虫可钻入菜心和甘蓝球茎中为害；不仅咬断马铃薯幼苗，还可蛀食薯块。

小地老虎和黄地老虎幼虫对泡桐叶或花有一定趋性，取食泡桐叶的小地老虎不能正常生长和发育。在田间放置鲜泡桐叶（每5m^{2}放置1～2片）可进行诱集、捕杀幼虫。

(2) 为害 1龄幼虫仅食叶肉，残留表皮和叶脉，造成所谓的天窗；2～3龄幼虫咬食叶片，形成小孔和缺刻；4龄以后，幼虫不仅蚕食叶片，而且还可咬断幼茎、幼根或叶柄，造成缺苗断垄。据观察，小地老虎6龄幼虫的食量要占一生总食量的76.5%。小地老虎在北部地区的为害盛期在发蛾盛期后20～30d，南部地区在发蛾盛期后15～20d。

(3) 其他习性 动作敏捷，性残暴，耐饥力强。3龄后，在密度较大时幼虫有自相残杀的习性。

(三) 发生与环境的关系

地老虎的发生数量与为害程度受多种生态因素的综合影响，以小地老虎为例分述如下：

1. 温度 高温、低温都不利于小地老虎的生长发育和繁殖（表8-8）。研究证明，温度在30℃±1℃、相对湿度100%时，1～3龄幼虫大量死亡；温度18～26℃、相对湿度70%左右、土壤含水量20%左右时，有利其生长发育及活动；温度在30℃左右时，蛹重减轻、成虫羽化不健全、产卵量下降和初孵幼虫死亡率增加。因此，各地均为1代多发型，第1代成虫羽化后即向北迁飞。

表 8-8 小地老虎的发育始点温度和有效积温

发育阶段	卵期	幼虫期	蛹期	成虫产卵前期	全世代
发育始温（℃）	7.98	10.98±0.38	11.21±0.31	12.40±0.85	11.84±0.34
有效积温（日度）	68.85	257.90	193.93	48.93	504.47

2. 雨水 小地老虎的分布与降水量有关，年降水量小于250mm的地区，种群数量极低；雨量充沛的地区，发生较多。北方地区以江、河、湖、泊沿岸、水库边发生较多。灌水时间与成虫产卵盛期相吻合或接近的田块，着卵量大，幼虫为害严重。黄地老虎耐旱，从分布范围看，年降水量小于300mm的我国干旱地区适于黄地老虎生长发育，是黄地老虎的常发、重灾区。

3. 地貌、植被 蜜源植物丰富时成虫产卵量大，杂草丛生、遮阴条件好的田间着卵量大。

4. 地势和土壤 地势低洼、地下水位高、比较疏松的壤土、黏壤土、沙壤土有利于小地老虎发生。

5. 栽培与耕作 水旱轮作区地老虎发生轻，旱作地区发生重；杂草丛生、管理粗放地发生重。适当调节播期可以减轻地老虎为害。

6. 天敌 地老虎的天敌种类很多，如中华广肩步行虫（*Calosoma maderae chinense* Kirby）、甘蓝夜蛾拟瘦姬蜂［*Netelia ocellaris*（Thomson）］、夜蛾瘦姬蜂［*Ophion luteus*（Linnaeus）］、苏云金杆菌、白僵菌等，对地老虎种群都有一定抑制作用。

四、局部地区常见其他地老虎（表8-9）

表 8-9 3种局部地区常见地老虎的发生概况

种 名	发 生 规 律
警纹地老虎	1年发生2代。老熟幼虫在土中越冬，5月中下旬和7月中下旬分别为越冬代和第1代成虫盛发期。喜低温、少雨、干燥的气候条件，土壤含水量15%～28%最为适宜
白边地老虎	1年发生1代。以发育完全的滞育卵在土表越冬。5月中下旬为幼虫为害盛期，发蛾盛期在7～8月。种群密度与前茬作物种类和杂草的种类与数量有密切的关系，杂草越多为害越重
大地老虎	1年发生1代。以2～4龄幼虫在土中越冬，5月上中旬为幼虫为害盛期，5月下旬气温升至20.5℃时，幼虫陆续老熟，并筑土室滞育越夏，至9月下旬化蛹，10月中下旬成虫羽化产卵，11月至12月上旬越冬

第五节 根 蛆

一、种类、分布与为害

根蛆是为害农作物和蔬菜地下部分的双翅目蚊、蝇类幼虫的统称，又称地蛆。我国发生较严重的有花蝇科（Anthomyiidae）的种蝇［*Delia*（*Hylemya*）*platura*（Meigen）］、萝卜蝇[*D. floralis*（Fallen）]、小萝卜蝇（*D. pilipyga* Villeneauv）、葱蝇[*D. antigua*（Meigen）]（又称蒜蛆）和尖眼蕈蚊科（Sciaridae）的韭菜迟眼蕈蚊（*Bradysia odoriphaga* Yang et Zhang）（又称韭蛆）等。随着生产结构调整和生产条件的变化，近30年来，韭蛆和葱蝇对园艺植物的为害越来越重。

韭菜迟眼蕈蚊分布于东亚地区，在国外报道不多，我国华北、华东、西北等地均有发生，以华北受害最重。主要为害韭菜和大蒜。以幼虫聚集为害韭菜叶鞘、幼芽和鳞茎，引起鳞茎腐烂、叶片枯死，轻者造成缺苗断垄，重者全田毁灭。为害大蒜时幼虫聚集在大蒜根部和根颈部为害，还可钻入鳞茎，被害蒜皮呈黄褐色，蒜根腐烂，蒜头被幼虫钻蛀成孔洞，残缺不全，蒜瓣裸露、炸裂。地上部植株矮化，叶片失绿、变软呈倒伏状，严重受害的整株枯死。

葱蝇在欧洲、北美和朝鲜、日本都有记载，我国分布也较广，以北部和中部较多。葱蝇为寡食性害虫，只为害百合科植物，以大蒜、洋葱和葱受害较重，有时也为害韭菜。主要以幼虫群集于植物的鳞茎中蛀食为害，严重时不仅可将鳞茎蛀空，同时还能导致鳞茎感染病菌腐烂。地上部分叶片枯黄、萎蔫甚至整株死亡，常出现缺苗断垄甚至全田毁种。

二、形态特征

1. 韭菜迟眼蕈蚊（图8-6）

（1）*成虫*　体长2.4～4mm，翅展4.2～5.5mm。体黑褐色。头部小，复眼很大，被微毛，在头顶由眼桥使左右复眼相遇，单眼3个。触角丝状，16节。胸部隆起向前突出，足细长、褐色，胫节末端有2个距。前翅淡烟色，脉褐色；后翅退化为平衡棒。腹部细长，8或9节；雄虫外生殖器较大且突出，末端有1对抱握器；雌虫尾端尖细，末端有分2节的尾须。

（2）*卵*　椭圆形，乳白色，长0.24mm，宽0.17mm，孵化前变白色透明状。

（3）*幼虫*　老熟时体长6～7mm，头漆黑色，体白色，无足。

（4）*蛹*　裸蛹。头铜黄色，有光泽。体初为黄白色，后变为黄褐色，羽化前呈灰黑色。尾端铜黄色，无光泽。

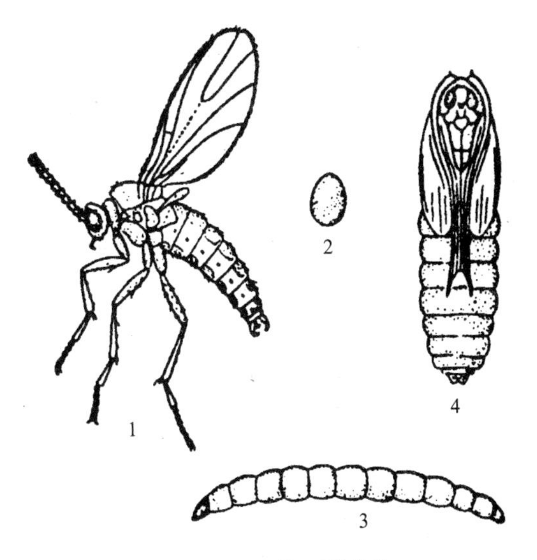

图8-6　韭菜迟眼蕈蚊
1. 成虫　2. 卵　3. 幼虫　4. 蛹
（仿杨集昆等）

2. 种蝇与葱蝇　以种蝇（又名灰地种蝇）为代表，形态特征（图8-7）如下：

（1）*雄成虫*　体长4～6mm。复眼暗褐色，在单眼三角区的前方处几乎相接。头部银灰色，触角黑色，第3节长约为第2节的2倍，触角刺毛较触角全长为长。胸部灰褐色或黄褐色，胸背稍后方有3条纵线，但有的个体不明显，中刺毛显著2列。前翅基背毛极短，不及盾间沟后背中毛的1/2长。足黑色，后足腿节内侧前半部生有长毛，后半部末端生有3～6

根细毛，前外侧、外侧及后外侧的末端生有刚毛。后足胫节后方内侧均生有稠密而末端弯曲的等长细毛，外侧生有 3 根长毛，前外侧及前内侧疏生短毛。翅稍带暗色，翅脉暗褐色。平衡棒黄色。腹部长卵形，上、下扁平，灰黄色，中央有 1 黑色纵线，但有些个体不明显。

（2）雌成虫　体长 4～6mm，体色较雄虫为浅，灰色或灰黄色。复眼间距离约为头宽的 1/3。胸背面有 3 条褐色纵线，中刺毛显著 2 列。前翅基背毛极短小，尚不及盾间沟后背中毛 1/2 长。中足胫节前外侧生有 1 根刚毛。

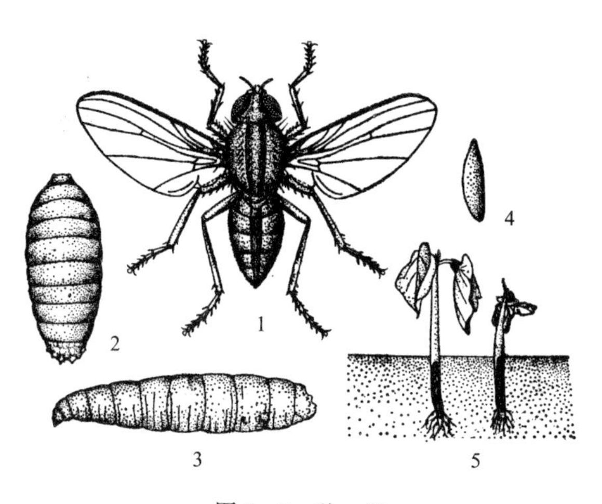

图 8-7　种　蝇

1. 成虫　2. 蛹　3. 幼虫　4. 卵　5. 被害状

（仿华南农业大学）

（3）卵　长椭圆形，长约 1.6mm，透明而带白色。

（4）幼虫　老熟时体长 8～10mm，乳白色，略带淡黄色。头部极小，口钩黑色。气门稍带褐色。腹端如截断状，其上有肉质突起，第 1 对在第 2 对内侧等高部位，一般第 5 对与第 6 对等长。

（5）蛹　体长 4～5mm，圆筒形，宽约 1.8mm，黄褐色，两端稍带黑色，前端稍扁平，后端圆形并有几个突起。

白菜蝇、小萝卜蝇和葱蝇的主要形态特征及与种蝇的区别见成虫、幼虫检索表和图 8-8、图 8-9。

4 种蝇成虫检索表

1. 前翅基背毛发达，几乎与背中毛一样长，雄虫两复眼间额带的最狭部分比中单眼的宽度大 ………… 2
   前翅基背毛极小，不及背中毛的 1/2，雄虫两复眼间额带的最狭部分比中单眼的宽度小 ………… 3
2. 雄虫后足腿节下方全部生有 1 列稀疏的长毛，雌虫腹部灰黄色，没有斑纹 …… 白菜蝇（*Delia floralis*）
   雄虫后足腿节下方只近末端部分有长毛，雌虫腹部灰色，有暗褐色纵条纹 ………………………… 小萝卜蝇（*Delia pilipyga*）
3. 雄虫后足胫节内下方中央占全长 1/3～1/2 有稀疏而等长的长毛，雌虫中足胫节上外方有 2 根刚毛 …………………… 葱蝇（*Delia antiqua*）
   雄虫后足胫节内下方全长有密的钩状毛，雌虫中足胫节上外方只有 1 根刚毛 …… 种蝇（*Delia platura*）

4 种蝇幼虫检索表

1. 腹部末端有 6 对突起，第 5 对或第 6 对末端分为 2 叉 ………………………… 2
   腹部末端有 7 对突起，均不分叉，第 7 对极小，有时靠近腹面，从上面看不见 ………………… 3
2. 第 5 对突起很大，分为很深的 2 叉 ………………………… 白菜蝇（*Delia floralis*）
   第 6 对分为很浅的 2 叉 ………………………… 小萝卜蝇（*Delia pilipyga*）
3. 第 1 对突起在第 2 对的上内侧，第 6 对比第 5 对稍大 ………………… 葱蝇（*Delia antiqua*）
   第 1 对突起与第 2 对在同一高度，第 6 对与第 5 对同样大 ………………… 种蝇（*Delia platura*）

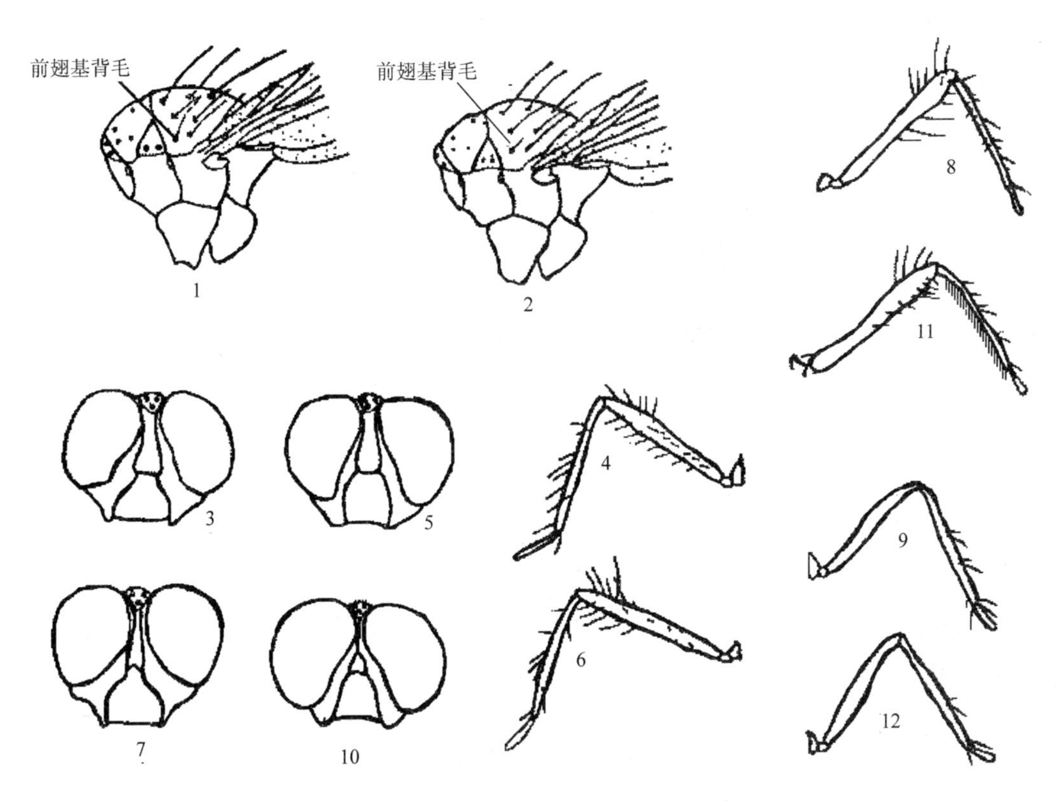

图 8-8　4 种花蝇科根蛆成虫形态区别
1、2. 胸部侧面观翅基背毛的位置和不同长度
萝卜蝇：3. 雄虫头部（正面观）　4. 雄虫右后足（内面观）
小萝卜蝇：5. 雄虫头部（正面观）　6. 雄虫右后足（内面观）
葱蝇：7. 雄虫头部（正面观）　8. 雄虫右后足（内面观）　9. 雌虫左中足
种蝇：10. 雄虫头部（正面观）　11. 雄虫右后足（内面观）　12. 雌虫左中足
（仿管致和）

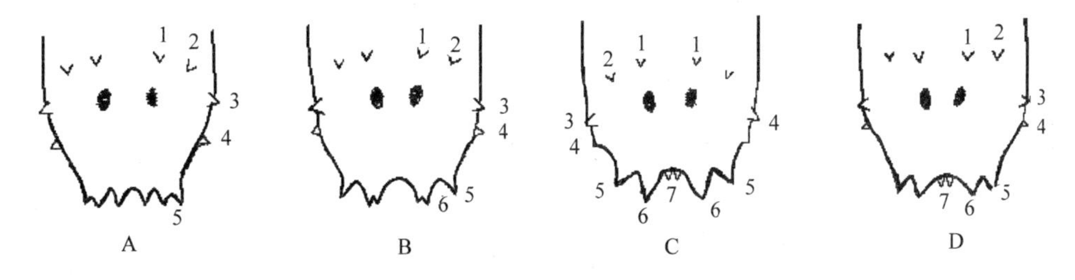

图 8-9　4 种花蝇科根蛆幼虫腹端形态比较
A. 萝卜蝇　B. 小萝卜蝇　C. 葱蝇　D. 种蝇
1～7. 各肉质突起的所在位置和形态
（仿管致和）

三、发生规律

1. 韭蛆　在黄淮流域 1 年发生 6 或 7 代，以幼虫在韭菜假茎基部、鳞茎上及根际附近 3～4cm 深的土中越冬。每年 4～6 月和 9～10 月为害严重。

成虫不取食，羽化后很快分散至地表交配、产卵，产卵趋向隐蔽场所，多产于土缝、植株基部和土块下，单雌产卵量100粒左右。初孵幼虫大多向下、向内移动，以近地面的烂叶、伤口及寄主含水量大的部位先受害。该虫属半腐生性害虫，使寄主叶片腐烂成泥状，并能取食和正常生长发育。幼虫可集中取食寄主某一部位，随伤口的腐烂由浅入深。昼夜均可取食，有群集性和转株为害习性。怕光，终生栖息在寄主的下部为害。在露地韭菜中，幼虫大多分布于离地面2～3cm处，在温室、大棚内以4cm深处分布最多。老熟幼虫多离开寄主到浅土层内做薄茧化蛹。该虫喜阴湿怕干，凡地面作物覆盖度大，又处于郁闭状态的田块虫量大，受害重。施用未经腐熟的有机肥，特别是饼肥，易招致该成虫产卵和幼虫为害，施肥量越大为害越重。

2. 葱蝇 在甘肃1年2代，山东1年3代，以蛹在葱、韭菜、洋葱等寄主植物根际土中越冬。在甘肃，越冬蛹于3月下旬开始羽化，4月中下旬至5月上旬为羽化盛期。在山东栖霞，第1代幼虫发生盛期在5月上中旬，第2代幼虫发生盛期在6月上中旬，第1、2代主要在大蒜和葱上连续为害，6月下旬大蒜收获后，幼虫在5～10cm土层深处化蛹滞育越夏，8月下旬至9月上旬越夏蛹开始羽化，成虫交配后在韭菜、葱苗上产卵。10月上中旬是第3代幼虫发生盛期，10月下旬至11月上旬开始化蛹越冬。成虫白天活动，10：00～14：00活动最盛。晴朗干燥时活跃，而阴雨天活动较少。对葱属植物的特有气味趋性很强。

葱蝇成虫对未腐熟的厩肥、饼肥、烂蒜母或烂葱等的腐臭气味有强烈的趋性，尤其在烂蒜母期间遇干旱，土地龟裂，易招引成虫产卵，有利于幼虫为害。

3. 3种种蝇 3种种蝇的发生规律见表8-10。

表8-10 3种种蝇的发生规律

种 名	发生规律
种 蝇	在黑龙江1年2～3代，陕西1年4代，江西和湖南1年5或6代，以蛹在土中越冬。在华北，4月下旬至5月上旬为越冬成虫交配产卵盛期。第1代幼虫为害期在5月上旬至6月上旬，第2代幼虫在6月下旬至7月中旬，第3代幼虫于9月下旬至10月中旬，主要为害洋葱、韭菜、大白菜、秋萝卜等。10月下旬以后老熟幼虫潜入土中化蛹越冬
萝卜蝇	各地均1年1代，以蛹在受害植株附近3～4cm深的土中越冬。为害盛期在9月中下旬
小萝卜蝇	1年3代，以蛹在土中越冬，越冬蛹5月羽化，9～10月3代幼虫与萝卜蝇混合发生，为害秋菜

第六节 蟋 蟀 类

一、种类、分布与为害

蟋蟀别名油葫芦，北方俗称蛐蛐，属直翅目蟋蟀科。我国的《诗经》、《尔雅》、《方言》等史籍中均提到蟋蟀。我国已知有185种（亚种），其中为害蔬菜、果树和观赏植物的有花生大蟋［*Tarbinskiellus portentosus*（Lichtenstein）＝*Brachytrupes portentosus* Lichtenstein］（又名大蟋蟀）、黄脸油葫芦［*Teleogryllus emma*（Ohmachi et Matsunra）］、大扁头蟋（*Loxoblemmus donitzi* Stein）和斗蟋（*Velarifictorus micado* Saussure）等。

花生大蟋属于我国南方害虫；黄脸油葫芦则在南北方均有分布，尤以华北地区发生更重，是造成为害的主要种类；大扁头蟋和斗蟋分布于山东、河北、河南和江苏等地。

蟋蟀以成、若虫在地下为害蔬菜、果树、林木及观赏植物等的根部，在地面食害小苗，切断嫩茎，也能咬食寄主植物的嫩茎、叶、花蕾和果实。

二、形态特征

1. 花生大蟋（图 8-10）

（1）成虫　体长 30～40mm，暗褐色或棕褐色。头部较前胸宽；复眼间具 Y 形纵沟；触角丝状，约与身体等长。前胸背板前方膨大，前缘后凹呈弧形，背板中央有 1 细纵沟，两侧各有羊角形斑纹。后足腿节粗壮，胫节背方有粗刺 2 列，每列 4 个。腹部尾须长而稍大，雌虫产卵管短于尾须。

（2）卵　近圆筒形稍弯曲，两端钝圆，表面光滑，浅黄色。

（3）若虫　共 7 龄，外形与成虫相似，但体色较浅。2 龄后出现翅芽。

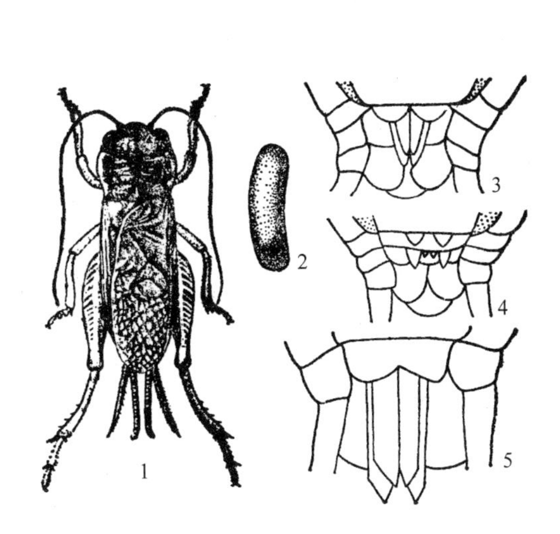

图 8-10　花生大蟋

1. 成虫　2. 卵　3～5. 第 3、5、7 龄若虫腹末（示产卵器）

（仿福建农学院）

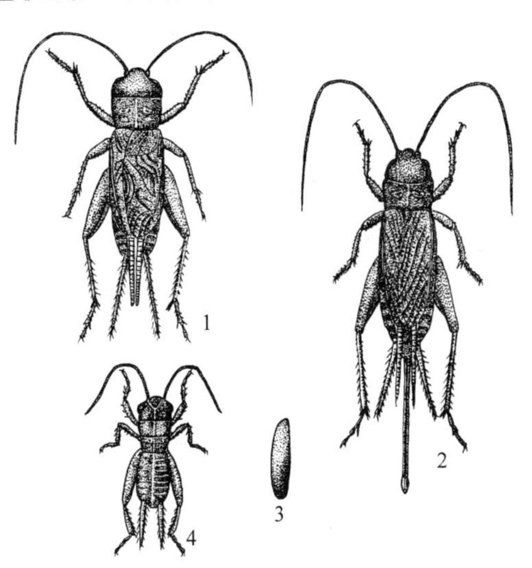

图 8-11　黄脸油葫芦

1. 雄成虫　2. 雌成虫　3. 卵　4. 若虫

（仿浙江农业大学）

2. 黄脸油葫芦（图 8-11）

（1）成虫　体长 22～25mm。体背黑褐色，有光泽。腹面为黄褐色。头顶黑色，复眼周围及颜面土黄色。前胸背板黑褐色，隐约可见 1 对深褐色月牙形纹，中胸腹板后缘中央有小切口。前翅淡褐色，有光泽；后翅端部露出腹末很长，形如尾须。后足胫节有距 6 个、刺 6 对。

（2）卵　长 2.5～4mm，略呈长筒形，两端微尖，乳白色，微黄，表面光滑。

（3）若虫　共 6 龄，成长若虫 21～22mm。体背面深褐色，前胸背板月牙形明显。雌若虫产卵管较长，露出尾端。

三、发生规律

1. 花生大蟋　1 年 1 代，以 3～5 龄若虫在土穴内越冬。越冬若虫于次年 3 月开始大量活动，3～5 月出土为害幼苗。5～6 月陆续出现成虫，7 月为成虫羽化盛期，9 月为产卵盛期，10～11 月若虫出土为害，12 月初开始越冬。

此虫为穴居性害虫，昼伏夜出，喜欢在疏松的土中造穴生活，除交配期和初孵若虫外，多1穴1虫。雌虫产卵于穴底，常30～40粒成堆。单雌产卵量500粒以上。初孵若虫常群栖于母穴，取食母虫预贮的食料，数日后分散营造洞穴独居。天黑后外出咬食近地面植物的幼嫩部分，也可拖回穴内嚼食，平均每5～7d出穴1次，以雨后的晴天出穴最盛。雄虫性好斗，常于黄昏时振翅高鸣觅偶。花生大蟋性喜干燥，多发生于沙壤土或沙土、植被稀疏或裸露、阳光充足的地方，潮湿的壤土或黏土中很少发生。

2. 黄脸油葫芦 1年1代，以卵在土中越冬。在山东、河北、陕西等地，越冬卵于4月底或5月初开始孵化，5月为若虫出土盛期，立秋后进入成虫盛期，9月至10月上中旬为产卵盛期，10月中下旬以后成虫陆续消亡。

成虫昼伏夜出，白天多栖息于植株、土块下，尤喜隐栖于潮湿地面的薄层积草下。对黑光灯、萎蔫的杨树枝叶、泡桐叶等有较强的趋性。成虫有多次交配习性。卵多产在杂草郁闭的地头、田埂等处2～3cm深的土中，常4～5粒成堆，产在地表的卵不能孵化，没有植被覆盖的裸地很少产卵。若虫共6龄，低龄若虫昼夜均能活动，4龄后昼伏夜出。成、若虫均喜群栖。

3. 其他蟋蟀发生概况 大扁头蟋和斗蟋两种蟋蟀的分布和发生概况见表8-11。

表8-11 两种常见蟋蟀的分布和发生概况

种 名	发生规律
大扁头蟋	栖息于砖石、垃圾堆下及菜园、苗圃、旱田或草丛中，在地下活动，喜居阴暗处，食植物茎、叶、根和果实，为害稻、粟、棉、豆类、甘薯、烟草、甘蔗等
斗 蟋	怕光喜暗。栖身于土壤稍湿润的旱作田、地面、墙隙、石块、瓦砾、草丛中。食植物的根和嫩芽，特别是豆类、树苗、蔬菜、甘蔗等覆盖较密的农田作物。雌虫在早秋产卵于土中，每头雌斗蟋可产200～500粒卵。幼虫能越冬

第七节 野蛞蝓与蜗牛类

蛞蝓和蜗牛属软体动物门腹足纲柄眼目的一类动物，具有以下主要特征：①体分头、足和内脏囊3部分；②头部发达而长，有2对可翻转缩入的触角，前触角为嗅觉器官，眼在后触角顶端；③足位于身体腹侧，左右对称，有广阔的蹠面；④通常有外套膜分泌形成的贝壳，也有的缺少；⑤口腔有腭片和发达的齿舌，种间差异较大；⑥无鳃；⑦雌雄同体，卵生。

一、种类、分布与为害

在我国各地普遍发生，为害较严重的有野蛞蝓（*Agriolima agrestis* Linnaeus）、同型巴蜗牛［*Bradybaena similaris*（Ferussac）］、灰巴蜗牛（*Bradybaena ravida* Benson）等。

野蛞蝓属柄眼目蛞蝓科。我国除西藏未见报道外，各省（自治区、直辖市）均有发生。食性很杂，可为害十字花科、茄科、藜科、豆科、葫芦科的蔬菜、棉、麻、烟草、油菜、薯类等农作物、绿肥、中草药、观赏植物及杂草。同型巴蜗牛和灰巴蜗牛均属软体动物门腹足纲柄眼目巴蜗牛科。各地均有发生。其食性似野蛞蝓，均为多食性有害生物。野蛞蝓和蜗牛均以其舌面上的尖锐小齿舐寄主叶片，造成孔洞和缺刻。为害严重时可将寄主叶片全部吃光，并咬断幼茎，爬过叶片时遗留下白色胶质和青绿色绳状粪便，易感染霉菌而造成腐烂，影响幼苗生长，甚至造成死苗。

二、形态特征（图 8－12、图 8－13）

1. 野蛞蝓

（1）成体　体长 20～25mm，爬行时可达 30～36mm，身体柔软而无外壳，暗灰色、灰红色或黄白色。两对触角呈暗灰色，前触角约 1mm，后触角 4mm，眼生在后触角顶端，黑色。口腔内有 1 角质齿舌。体背前端具外套膜，约为体长的 1/3，边缘卷起，内有 1 退化的贝壳。外套膜后方内侧有呼吸孔。生殖孔在右触角后方约 2mm 处。腺体能分泌无色黏液。

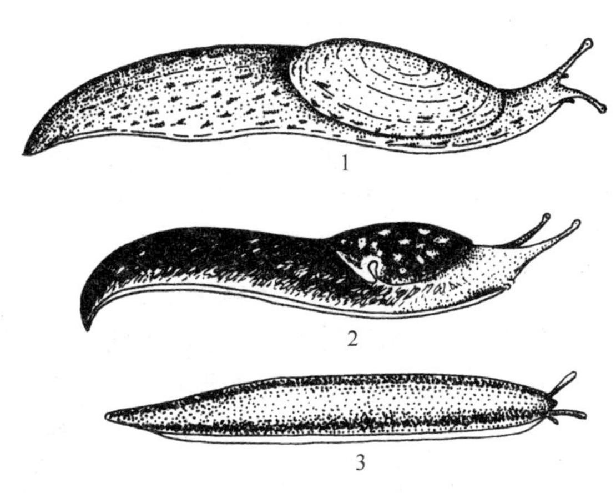

图 8－12　3 种蛞蝓形态比较
1. 野蛞蝓　2. 黄蛞蝓　3. 双线嗜黏液蛞蝓
（仿陈德牛）

（2）卵　椭圆形，韧而富有弹性，直径 2～2.5mm，白色透明，近孵化时色变深。

（3）幼体　初孵幼体长 2～2.5mm，体淡褐色，体形同成体。

2. 灰巴蜗牛　成体贝壳中等大小，壳质稍厚、坚固，圆球形。壳高 19mm，宽 21mm，有 5.5～6 个螺层。壳面黄褐色或琥珀色，有细而稠密的生长线和螺纹。壳顶尖，缝合线深，壳口椭圆形，口缘完整，略外折，锋利，易碎。轴缘在脐孔处外折，略遮盖脐孔。脐孔狭小，呈缝隙状。本种体大小、螺壳颜色等变异较大。

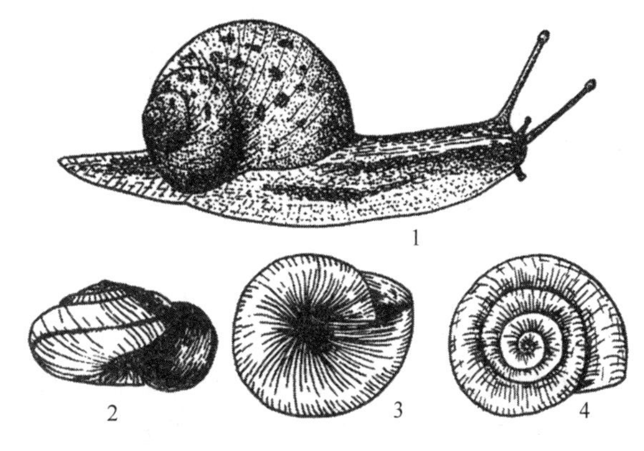

图 8－13　两种巴蜗牛形态比较
1. 灰巴蜗牛　2～4. 同型巴蜗牛贝壳侧面观、腹面观和背面观
（仿陈德牛）

3. 同型巴蜗牛　成体个体形态变异较大。一般贝壳中等大小，螺壳质硬、坚固，扁球形。壳高 12mm，宽 16mm，有 5～6 个螺层，前几个螺层缓慢增长，略膨胀。螺旋部低矮，体螺层增长迅速，膨大。壳顶钝，缝合线深。螺壳面呈黄褐色、红褐色或栗色，有稠密细致的生长线，在体螺层周缘或缝合线上常有 1 条暗褐色带，有的个体无此色带。壳口呈马蹄形，口缘锋利，轴缘上部和下部略外折，遮盖部分脐孔。脐孔小而深，呈洞穴状。

三、发生规律

1. 野蛞蝓　完成 1 代需 250d 左右，以成体或幼体在作物根际湿土下越冬。据江苏农学院观察，成、幼体于5～7月在田间大量活动为害，入夏后随气温升高而减弱，秋季气候凉爽时又开始为害。成体5～7月大量产卵，卵多产在3cm左右深或隐蔽条件好的土块缝隙中，卵期16～17d，从孵化到性成熟约55d，产卵期160d左右，平均产卵量400粒。雌雄同体，异体受精，也可同体受精。怕光，在强光下2～3h即被晒死。18：00以后活动逐渐增强，6：00左右陆续迁入土中或其他隐蔽场所。耐饥力很强。

野蛞蝓喜湿喜阴凉，畏光怕热。阴雨后潮湿的地面或有露水的夜晚，野蛞蝓活动最盛，为害也重。气温11.5～18.5℃、土壤含水量20%～30%时有利其取食、活动和生长发育，温度在25℃以上时停止活动，土壤含水量低于10%～15%或高于40%生长受到抑制甚至引起死亡。

2. 灰巴蜗牛 1年发生1或2代，在上海、浙江1年1代，11月下旬以成体和幼体在潮湿的田埂土缝、残株落叶、宅前屋后的物体下越冬。翌年3月上中旬开始活动，4月下旬至5月上中旬成体开始交配。雌雄同体，异体交配，雌雄均产卵。交配后约10d即产卵，卵成堆产于杂草和作物根颈部潮湿土中、石块下或土缝内。初产卵表面具黏液，干燥后把卵粒黏成块状。卵期8d，初孵幼体多群集取食，长大后分散为害。至11月中下旬又开始越冬。

该蜗牛喜栖息在植株茂密、低洼潮湿处，白天潜伏，傍晚或清晨取食，遇有阴雨天多整天栖息在植株上。温暖多雨天气或灌溉及低洼潮湿地块受害重；当受到侵扰时，或遇有高温干燥条件，蜗牛将头和足缩回壳内，并分泌出黏液封住壳口，不吃不动，或潜伏在潮湿的土缝中或茎叶下，待条件适宜时继续活动为害；当外壳损害致残时，它能分泌出某些物质修复肉体和外壳。一般成体存活2年以上，多次产卵，一般1年繁殖2次。在25～28℃条件下，生长发育和繁殖旺盛。土壤过干，卵不孵化。性喜阴湿环境，如遇雨天，昼夜活动；干旱时，白天潜伏，夜间出来为害。蜗牛的抗逆性强，对冷、热、饥饿、干旱有很强的忍耐性。

3. 同型巴蜗牛 1年发生1代，成体和幼体大多蛰伏在作物秸秆堆下面或冬作物根际的土中等各种缝隙内越冬，而南方温暖地区越冬不明显。在黄河流域，3月初又开始取食。成体多在4～5月产卵。大多产卵于根际疏松湿润的土中、缝隙内、枯叶或石块下。单成体可产卵30～235粒。喜阴湿，雨天昼夜取食，干燥时昼伏夜出，夏季干旱或气候不良时隐蔽不动，秋季又复活动，最后转入越冬。其他生物学特性似灰巴蜗牛。

四、防治方法

1. 栽培与人工防治 地膜覆盖，可减轻传播和为害；秋季翻耕，可使部分成体或幼体暴露于地面冻死或被天敌啄食，卵被晒裂；清洁园田，可减少其食物源和栖息环境；用树叶和杂草诱集，清晨或阴雨天人工捕捉，集中杀灭，以上措施均可显著压低螺口密度。

2. 土农药防治 撒生石灰粉75kg/hm^{2}或茶枯粉（茶子饼粉）45kg/hm^{2}毒杀；或用茶子饼粉1～1.5kg加水100kg，浸泡24h后，取其滤液喷雾；也可夜间或阴天喷70～100倍的氨水毒杀，防治效果均好。

3. 生物防治 保护和利用天敌，如步行虫、蛙、蜥蜴等。

4. 化学防治 每公顷可用8%灭蜗灵GR 22.5～30kg，碾碎后拌细土或饼屑75～100kg，于天气温暖的傍晚均匀撒在田间土表干燥地的受害株附近，2～3d后接触药剂的蜗牛分泌大量黏液而死。或每公顷用4%灭蜗灵与5%氟硅酸钠混合剂15～30kg，或10%多聚乙醛GR 30kg，或10%密达（四聚乙醛）GR 7.5～15kg，或10%蜗牛敌或6%蜗克星GR

30kg，或6%除蜗灵2号7.5～11.0kg，于傍晚时均匀撒入田间；或每公顷选用70%百螺杀WP 450～500g，或80.3%克蜗净WP 3.75～4.50kg对水喷雾，毒杀野蛞蝓和蜗牛均有特效；或48%地蛆灵EC拌成毒饵均匀撒施防治，或喷洒灭蛭灵（10%硫特普和30%敌敌畏混合制成）或硫酸铜800～1 000倍或1%食盐水，对野蛞蝓和蜗牛也有显著的防治效果。

防治适期以蜗牛产卵前为适。对蜗牛重发生田块，隔10～15d田间有小蜗牛时，再进行第2次防治，可有效地控制蜗牛和野蛞蝓的为害。

第八节　拟地甲及其他地下害虫

一、网目拟地甲

网目拟地甲（*Opatrum subartum* Faldermann）又称网目沙潜，属鞘翅目拟步甲科。

（一）为害特点

网目拟地甲可为害多种农作物、蔬菜、苗木和花卉。成虫主要取食萌发的种子和作物幼苗；幼虫则主要为害幼苗的嫩茎、嫩根，也可钻入根茎内蛀食。常致种子不能发芽、出苗，幼苗枯萎死亡，田间缺苗断垄。

（二）形态特征（图8-14）

（1）成虫　体长8～10mm，扁椭圆形，黑色，因体表附有泥土而呈灰色或灰黑色。头黑褐色；触角11节，棒状；复眼位于头下方。前胸背板近圆形，密布刻点。鞘翅盖没腹部，上具3条纵脊及3行稀疏的瘤状突起，与纵脊构成网目状。后翅退化。

（2）卵　椭圆形，长约1.5mm，乳白色有光泽。

（3）幼虫　体长20mm左右，褐色，背面色暗，腹面黄色，头上部稍突起。足3对，前足较中后足粗大，中后足大小相等。腹部末节短小，末端尖，背板前部稍突起呈1横沟，具褐色沟形纹1对，末端中央具褐色隆起，边缘有12根刚毛。

（4）蛹　长8～10mm，初乳白色，后变黄褐色，腹末有2根刺状突起。

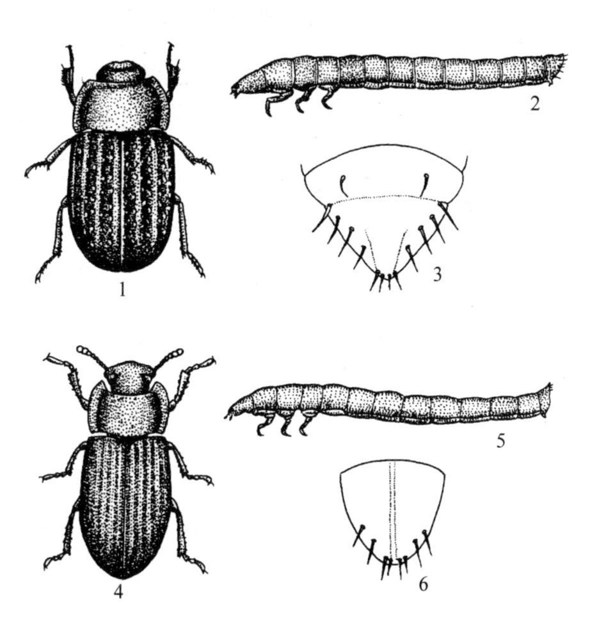

图8-14　两种拟地甲形态比较
网目拟地甲：1. 成虫　2. 幼虫　3. 幼虫腹部末节
蒙古拟地甲：4. 成虫　5. 幼虫　6. 幼虫腹部末节
（仿魏鸿钧、丁文山等）

（三）发生规律

网目拟地甲1年1代，以成虫在2～10cm深的土层、杂草根际和枯枝落叶下越冬。

越冬成虫于2月中下旬耕作层土温达8℃以上时开始活动，3月下旬杂草发芽后大量出土，取食杂草幼芽和嫩根；4～5月为害果树、蔬菜的幼苗，同时交配产卵，卵散产于1～4cm土中。4月下旬至5月中旬为产卵盛期，5～6月也为幼虫为害盛期。6月中下旬幼虫开始老熟，并在土中5～10cm深处做土茧化蛹。成虫羽化后群居于作物和杂草根际越夏，秋季向外转移为害，但当年不交配，为害秋播作物，10～11月陆续潜入土中越冬。

网目拟地甲喜干燥，一般多发生在旱地、田埂及荒地上。成虫不能飞翔，假死性很强，可孤雌生殖。寿命最短83d，最长730～790d，也有人认为可跨4个年度。

二、常见其他地下害虫

两种常见其他地下害虫的发生规律见表8-12。

表8-12 两种常见其他地下害虫的发生规律

害虫种类	发生规律
蒙古拟地甲（*Gonocephalum reticulatum* Motschulsky）（图8-14）	1年1代，以成虫在2～10cm土层和枯枝落叶中越冬。2月即可恢复活动，3月至5月上旬取食、交配和产卵等活动最盛。卵散产于1～2cm土层中，每雌可产34～490粒。卵期18～20d，幼虫期50～56d。幼虫老熟后在土中做室化蛹。成虫羽化后出土活动取食，但不交配，至11月陆续越冬。生活史和习性大致与网目拟地甲相同，但幼虫期较长。成虫能飞翔，有趋光性
大灰象甲［*Sympiezomias velatus*（Chevrolat）］	多食性害虫，除为害各类蔬菜外，还是森林苗圃和农作物苗期的主要害虫之一。2年1代，以成虫在土中越冬，4月出土活动，6月成虫盛发，5月下旬幼虫开始孵化，9月末幼虫越冬。成虫不飞，靠爬行在苗根周围昼夜为害，晴天中午出土活动，为害量大，但不耐高温。有假死性

第九节　地下害虫的预测预报与综合治理技术

一、预测预报

（一）越冬种类和数量调查

查明当地的金龟甲种类、虫量、虫态，为分析来年发生趋势，为制订防治计划提供依据。

1. 调查时间　早春和晚秋两季进行，北方早春调查一般在土壤解冻后至播种前进行，而晚秋调查则在秋收后尚未秋翻前开始调查比较适宜。如果做系统调查，则从每年的春分开始至土壤冻结为止，每5～10d调查1次。

2. 挖土调查　选择有代表性的耕地与非耕地，分别按不同地势、土质、茬口、水浇地、旱地调查，采用Z形或棋盘式取样，共取9个点，每点33cm×33cm，深度30～80cm（视在不同地区和季节的活动或越冬深度而异），每增$1hm^2$增加3～5点。边挖边检查、记载虫种、虫态及其虫量。

3. 诱集与期距法预测防治适期

（1）灯光诱测　根据某些地下害虫的趋光性，选用黑光灯、荧光灯或频振式诱虫灯1盏，每晚日落至日出诱集和记载虫种、性别及其虫量。对照常年相同地点、相同灯型、同期诱虫的历史数据（害虫的发生期与发生程度及其气象资料），做出本年度同期这种害虫的预测预报。

（2）杨树枝把诱测　针对地老虎成虫喜栖息于杨树枝把的习性，于4月上旬开始，将每束直径约23cm的萎蔫杨树枝把插入田间，每束间隔10m，共10束。每天早晨用塑料袋套在枝把上捕捉成虫。对照常年相同地点的杨树枝把诱虫结果，预测其发生期和发生量。

（3）糖醋盆诱测　利用地老虎和根蛆成虫的趋化性，在成虫发生期，每块地设置2个糖醋盆（口径33cm）。诱集根蛆成虫时，盆内先放入少许锯末，然后倒入适量诱剂（诱剂配方是红糖、醋、水比例为1∶1∶2.5，并加入少量敌百虫），盆距地面15～20cm；诱集地老虎成虫时，盆内倒入适量诱剂（诱剂配方是红糖、醋、水、酒的比例为4∶3∶2∶1，并加入少量敌百虫），盆间距50m。盆口都要加盖，每天在成虫活动时间开盖，及时检查诱集虫数和雌雄性比，并注意补充和更换诱剂。当盆内诱集地老虎或蝇的数量突增，或雌雄性比接近1∶1时，是成虫发生盛期，应立即防治。

根据以上方法诱测的某种地下害虫成虫盛期或峰日，可利用历期法或期距法预测其防治适期。

例如预测地老虎的防治适期：地老虎幼虫3龄前昼夜在地面活动，抗药力弱、食量小和致死剂量小；3龄后开始昼伏夜出，体重和食量增加，抗药力强、致死剂量增加。因此，能否准确掌握2龄幼虫的发生期是保证化学防治效果的关键。诱测的成虫盛期或峰日，加在近期气温下的产卵前期，加卵期，再加1龄幼虫期和2龄幼虫期的1/2，即为2龄幼虫盛发期，亦即防治适期。

再如辽宁丹东利用期距法预测东北大黑鳃金龟的防治适期：当该成虫出土后的10～15d，正是成虫练飞后期和产卵前期，是最好的防治成虫的时期。

4. 蝼蛄防治适期预测　如果地面上有较多的新鲜隧道或听见蝼蛄叫声时，证明蝼蛄已在表土层活动，参照历年为害时期资料和天气预报，发布指导当地防治的预报。

5. 为害情况调查　掌握地下害虫的为害情况，是实施田间补救措施的依据。一般在春播或秋播作物出苗后和定苗期各调查1次；冬小麦应在越冬前和返青、拔节期各调查1次。每次调查10～20个点，每点调查10株，统计被害株率。

（二）防治指标

表8-13　山东省主要地下害虫发生程度

发生程度	蝼蛄（头/m²）	金针虫（头/m²）	蛴螬（头/m²）	被害苗率（%）
轻发生	0.2～0.5	3～5	2～2.3	1.0～2.0
中等偏轻发生	0.6～1.0	5.1～10.0	2.4～4.6	2.1～3.0
中发生	1.1～1.5	10.1～15.0	4.7～7.0	3.1～4.0
中等偏重发生	1.6～2.0	15.1～20.0	7.1～9.0	4.1～5.0
大发生	>2.0	>20.0	>9.0	>5.0

注：当达到轻发生程度时，可采取点片防治或重点地块防治；达中等偏轻发生时，应全面防治。

山东省制定的防治指标：以平均每平方米害虫为准，蝼蛄类为0.3～0.5头，中型蛴螬类2头或卵3～5粒，金针虫类3～5头，地老虎类0.5～1头；各类地下害虫混合发生时，每平方米害虫为2～3头。以被害苗率为准，在定苗前为5%～8%，定苗后为3%～4%（表8-13）。

综合各省（自治区、直辖市）报道，提出以下地下害虫参考防治指标：蝼蛄类0.12头/m^2，蛴螬类3头/m^2，金针虫类4.5头/m^2；各类地下害虫混合发生时，以2.25～3.0头/m^2为宜。地老虎在辣椒、番茄等蔬菜田有卵（或幼虫），定苗前1～1.5粒（头）/m^2，定苗后0.1～0.3粒（头）/m^2，或被害苗率达3%～5%。

二、综合治理方法

防治地下害虫应贯彻“预防为主、综合防治”的植保工作方针，做到农业防治、生物防治、物理防治与化学防治相结合，播种期防治与生长期防治相结合，防治幼虫与防治成虫相结合，协调应用各项有效防治措施，将地下害虫控制在经济损失允许水平以下。

（一）农业防治

1. 耕翻土壤，实行精耕细作 实行春、秋播前翻耕土壤，特别是在我国北方深秋深翻多耙，通过机械损伤、天敌捕食、寒冷冻死等，可消灭大量蛴螬、金针虫、根蛆等地下害虫。

2. 合理轮作倒茬 实行禾谷类和块根、块茎类大田作物与棉花、芝麻、油菜、麻类等直根系作物的轮作或间套作，可减轻地下害虫的为害。如实行麦棉轮作可大大减轻麦根土蝽的为害，轮作3年，害虫基本绝迹。在蛴螬严重为害的田间、地埂混种蓖麻，可毒杀多种金龟甲。有条件的地区，实行旱水轮作，是消灭严重为害田地下害虫的有效措施。实行大豆与禾本科作物的轮作，可大大减轻豆根蛇潜蝇的为害。

3. 合理施肥 猪粪厩肥等农家肥必须腐熟后方可施入田间，施后要覆土，不能暴露于土表。碳酸氢铵、氨水、腐植酸铵、氨化过磷酸钙等化学肥料也要深施入土中，既能提高肥效，又能因腐蚀、熏蒸起到一定的杀伤地下害虫的作用。

4. 适时灌水 在葱、蒜烂母子时大水勤灌，在灰地种蝇和葱地种蝇幼虫为害期及时大水漫灌数次，可有效地控制蛆害，但对萝卜蝇无效。

5. 精选种子，适时早播 选用饱满、无霉变、无破伤的蒜瓣作种，剥皮种植，可减轻葱地种蝇的为害。大豆适时早播，施足基肥，适当增加磷、钾肥，促进幼苗生长和根皮木质化，能减轻豆根蛇潜蝇的为害。选用无虫韭根，瓜类、豆类在播种前进行催芽处理，均可减轻地下害虫为害。

（二）生物防治

地下害虫天敌种类较多，主要病原微生物有白僵菌、绿僵菌、乳状菌、苏云金杆菌、病原线虫等，主要寄生性天敌有土蜂、寄生蝇及离颚茧蜂（*Dacnusa* sp.）等，主要捕食性天敌有步甲、蠼螋、蟾蜍、青蛙、蜥蜴、鸟类等。防治蛴螬、金针虫等地下害虫可选用苏云金杆菌（*Bacillus thuringiensis*，Bt）、甲型日本金龟子乳状杆菌（*B. popilliae*）和乙型日本金龟子乳状杆菌（*B. lentimorbus*）、卵孢白僵菌［*Beauveria brongniatii*（Saccardo）Petch］、球孢白僵菌［*B. bassiana*（Bals.）Vuill］、金龟子绿僵菌（*Metarhizium anisopli-*

ae var. *anisopliae*）和黄绿绿僵菌（*Metarhizium flavovirida*）等，防治效果较好，实际防治过程中加入增效剂能提高防效。如法国将卵孢白僵菌施入土中，施用孢子量为 2.0×10^9 个/m^2，1 年后仍有效果。国内利用卵孢白僵菌、金龟子绿僵菌防治花生蛴螬效果达 80%左右。用昆虫病原线虫 *Steinernema carpocapsae* 种的 A_{24} 品系和 *Heterorhobditid bacteriophora* 种的 H_{06} 品系分别以 580 条/cm^2 和 120 条/cm^2 进行土壤处理，防治东北大黑鳃金龟幼虫的效果分别达到 76.18%和 100%。1983 年山东省莱阳市每 667m^2 助迁大黑臀钩土蜂（*Tiphia* sp.）1 000 头左右防治蛴螬，在 13hm^2 示范田内大黑鳃金龟被寄生率达 60%～70%，基本控制了为害。

（三）物理防治

1. 灯光诱杀　根据蝼蛄、金龟甲的趋光性，利用黑光灯诱杀。尤其黑绿单管双光灯，对金龟甲的诱杀效果更好。

2. 人工捕杀　如结合犁地，随犁拾虫；结合夏锄，夏季挖窝毁卵，防治蝼蛄。利用金龟甲成虫的假死性，在其夜晚取食树叶时，振动树干，将伪死坠地的成虫捡拾杀死。

（四）化学防治

目前，化学防治在地下害虫的综合防治措施中占主导地位，防治方法以种子处理、土壤处理、毒饵诱杀为主，辅之以其他方法。

1. 种子处理　种子处理方法简单，用药量低，对环境安全，是保护种子和幼苗免遭地下害虫为害的理想方法。如果种子处理后再实施土壤处理，如颗粒剂毒土盖种等，则对地下害虫的防治效果更好。

近年来，种衣剂的成功研制和开发，为种子处理防治地下害虫提供了新方法。如威绿宝系列蔬菜种衣剂，可按说明使用。35%多福克种衣剂，分别按菜豆、毛豆种子量的 1.0%～1.5%拌种，不仅能有效防治地老虎、蛴螬、金针虫、豆根蛇潜蝇等苗期地下害虫及蚜虫，还可兼治苗期病害。

2. 土壤处理　土壤处理方法有多种：①将农药均匀撒施或喷雾于地面，然后犁入土中；②将农药与粪肥、肥料混合施入；③施用颗粒剂，与种子混合施入；④毒土盖种；⑤条施、沟施或穴施等。为减少污染和避免杀伤天敌，提倡局部施药和施用颗粒剂。

（1）乳剂土壤处理　每公顷用 50%辛硫磷 EC、40%毒死蜱 EC 或 40%甲基异柳磷 EC 3.75～4.5L 加水 100 倍，喷在播种沟中，然后播种、覆土，或顺苗垄浇灌，但施药后要随即浅锄或浅耕。

（2）颗粒剂土壤处理　常用颗粒剂及用量为 3%米乐尔 GR 30～35kg/hm^2；3%毒死蜱 GR、5%辛硫磷 GR、5%丁硫克百威·毒死蜱 GR、3%甲基异柳磷 GR、5%丙硫克百威 GR 或 5%丁硫克百威 GR 35～40kg/hm^2；5%地亚农 GR 37.5～45kg/hm^2。施药方法有同种子、化肥混施；或与 300～450kg 细土、细粪拌成毒土或毒粪，撒施在播种沟（穴）内，覆薄土后再播种，或用毒土盖种。

3. 毒饵诱杀　毒饵是防治蝼蛄、蟋蟀和地老虎幼虫的理想方法之一。每公顷用 90%晶体敌百虫、48%毒死蜱 EC 或 50%乐果 EC 500ml，加适量水稀释后，喷拌在 30～40kg 麦麸或炒香的谷子、玉米糁、豆饼、棉子饼或菜子饼等饵料中制成毒饵，在无风的傍晚顺垄撒施或施于苗穴内，也可在播种时随种子播下。

用马粪诱杀蝼蛄，于蝼蛄发生盛期，在田间堆新鲜马（驴）粪，粪内加少量农药，成小堆堆于田间或苗床旁边，诱杀效果很好。

毒草诱杀地老虎和细胸金针虫成虫，在田间堆放 8～10cm 厚的喜食杂草小堆，每公顷 750～900 堆，在草堆下喷撒 40%毒死蜱 EC 或 5%乐果粉少许，诱杀效果很好。

4. 药液灌根 对出苗或定苗后幼虫发生量大的地块或苗床，可采用药液灌根的方法防治幼虫。常用药剂有 50%辛硫磷 EC、40.7%乐斯本 EC、48%毒死蜱 EC、30%毒死蜱微囊悬浮剂、40%乐果 EC、50%敌敌畏 EC、25%增效喹硫磷 EC、90%晶体敌百虫、25%辉丰快克、50%地蛆灵 EC 或 40%甲基异柳磷 EC 等，用水稀释 1 000 倍液灌根，一般穴播作物，每株灌药液 250ml 左右。

5. 药枝诱杀金龟甲 在大黑鳃金龟、暗黑鳃金龟、铜绿丽金龟等成虫出土盛期，当田间作物未出苗前，用长 20～30cm 新鲜的榆、杨或刺槐枝和叶，浸于 50%氯甲胺磷、40%乙酰甲胺磷或 24%丁硫克百威 EC 50 倍液中 10h，于傍晚前取出插入田间，每公顷插 150～225 把，诱杀效果很好。

6. 喷雾法 在金龟甲成虫发生季节，喷洒 50%氯甲胺磷、40%乙酰甲胺磷、40.7%乐斯本或 24%丁硫克百威乳油 EC 于寄主植物上，防治大黑鳃金龟和暗黑鳃金龟效果很好。利用麦根土蝽在夏季暴雨和灌水后出土的习性，于 12：00 左右，在集中发生地喷洒 50%辛硫磷 EC 防治效果很好。防治根蛆可在成虫发生期喷洒 50%马拉硫磷或 40%乐果 EC、90%晶体敌百虫、40.7%乐斯本 EC、4.5%高效氯氰菊酯 EC、21%灭杀毙 EC、50%地蛆灵或驱蛆灵 EC 等，重点喷在植株根部周围，每 7d 喷 1 次，连喷 2～3 次。防治甜菜象甲和网目拟地甲成虫可用 4.5%高效氯氰菊酯 EC、50%辛硫磷 EC 或 25%喹硫磷 EC 喷雾。

复习思考题

1. 我国常见地下害虫有哪几类？其为害特点各是什么？
2. 当地地下害虫的优势种群是哪些？根据主要地下害虫发生情况制订较具体的综合治理方案。
3. 试述蛴螬或蝼蛄为害的季节性与周期性现象，并分析其原因。
4. 防治蝼蛄、蟋蟀和地老虎幼虫的毒饵如何配制和使用？
5. 华北蝼蛄和东方蝼蛄在形态、产卵习性和发生环境上有何不同？
6. 金龟幼虫有几龄？如何区分大黑鳃金龟、暗黑鳃金龟和铜绿丽金龟成虫、幼虫？
7. 怎样区别小地老虎、黄地老虎和大地老虎幼虫，以及沟金针虫、细胸金针虫和褐纹金针虫幼虫？
8. 韭蛆、蒜蛆分别属于何目何科？请区别葱地种蝇、灰地种蝇、韭蛆。
9. 如何结合栽培措施和化学药剂进行有效的韭蛆和蒜蛆防治？
10. 详细设计地下害虫综合治理方案。

第九章 吮吸式害虫

吮吸式害虫（sucking pest）是指以刺吸式和锉吸式口器取食植物汁液为害的昆虫，其中，以刺吸式口器害虫种类最多，分布最广。在我国园艺植物上发生为害较普遍的吮吸式口器害虫主要有蚜、蚧、蝉、叶蝉、蜡蝉、木虱、粉虱、蝽和蓟马等类群。此外，还包括叶螨、细须螨、瘿螨等害螨。然而，由于这些害螨属于蛛形纲蜱螨亚纲，具有独特的形态和生物学特性，故将其放在第十章中介绍。刺吸式和锉吸式口器害虫的唾液中含有某些碳水化合物水解酶，甚至还有从植物组织中获得的植物生长激素和某种毒素，在为害前和为害过程中不断将唾液注入植物组织内进行体外消化，并吸取植物汁液，造成植物营养匮乏，致使受害部分出现黄化、枯斑点、器官萎蔫、缩叶、卷叶、虫瘿或肿瘤等各种畸形现象，甚至整株枯萎或死亡。有些种类大量分泌蜡质或排泄蜜露，污染叶面和果实，影响呼吸作用和光合作用，招引霉臭菌和蚂蚁滋生，影响植株的生长发育和果实的产量与质量。还有些种类是植物病毒的传播媒介，使病毒病害流行，造成更大的经济损失。

第一节 蚜 虫 类

一、种类、分布与为害

园艺植物上发生为害较普遍的主要有同翅目蚜科的棉蚜（*Aphis gossypii* Glover）、豆蚜（*Aphis craccivora* Koch）、桃蚜［*Myzus persicae*（Sulzer）］、萝卜蚜［*Lipaphis erysimi*（Kaltenbach）］、甘蓝蚜［*Brevicoryne brassicae*（Linnaeus）］、胡萝卜微管蚜［*Semiaphis heraclei*（Takahashi）］、葱蚜［*Neotoxoptera formosana*（Takahashi）］、莴苣指管蚜［*Uroleucon formosanum*（Takahashi）］、绣线菊蚜（*Aphis citricola* van der Goot）、苹果瘤蚜（*Myzus malisuctus* Matsumura）、梨二叉蚜［*Schizaphis piricola*（Matsumura）］、橘蚜［*Toxoptera citricidus*（Kirkaldy）］、橘二叉蚜［*Toxoptera aurantii*（Boyer de Fonscolombe）］、桃瘤头蚜［*Tuberocephalus momonis*（Matsumura）］、桃粉大尾蚜（*Hyaloptera amygdali* Blanchard）、李短尾蚜［*Brachycaudus helichrysi*（Kaltenbach）］、月季长管蚜（*Macrosiphum rosivorum* Zhang）、月季长尾蚜［*Longicaudus trirhodus*（Walker）］、紫藤蚜［*Aulacophoroides hoffmanni*（Takahashi）］、菊小长管蚜［*Macrosiphoniella sanborni*（Gillette）］、夹竹桃蚜（*Aphis nerii* Boyer de Fonscolombe）、莲缢管蚜（*Rhopalosiphum nymphaeae* Linnaeus）、红腹缢管蚜［*Rhopalosiphum rufiabdominalis*（Sasaki）］，根瘤蚜科的葡萄根瘤蚜［*Viteus vitifolii*（Fitch）］、梨黄粉蚜［*Aphanostigma iaksuiense*（Kishida）］，瘿绵蚜科的苹果绵蚜［*Eriosoma lanigerum*（Hausmann）］、菜豆根蚜（*Smynthurodes betae* Westwood），大蚜科的板栗大蚜［*Lachnus tropicalis*（van der Goot）］，斑蚜科的栗斑蚜（*Castanocallis castanocallis* Zhang）、紫薇长斑蚜［*Tinocallis kahawaluokalani*（Kirkaldy）］等。其中，以棉蚜、豆蚜、桃蚜、绣线菊蚜、苹果绵蚜、梨二叉蚜、橘蚜、板

栗大蚜、葡萄根瘤蚜、月季长管蚜的经济意义最大，在此仅介绍这 10 种。

蚜虫的为害特点：其排泄物是蜜露；刺吸为害可传带上百种植物病毒病及其他病原菌。为害方式和为害性同本章概述。

1. 棉蚜 又名瓜蚜。在国外分布范围极广，自南纬 40°到北纬 60°都有其踪迹，为世界性害虫；我国除西藏未见报道外，其余各地均有发生。棉蚜的寄主植物多达 74 科 285 种，我国已记载 113 种，最主要的是葫芦科的瓜类和锦葵科的棉花，以及茄科、豆科、菊科、十字花科、唇形科、鼠李科、芸香科等植物。成虫及若虫都栖息在叶背和嫩茎上吸食植物汁液。瓜苗嫩叶及生长点被害后，叶片卷缩，瓜苗萎蔫，甚至枯死。老叶受害，提前枯落，缩短结瓜期，造成减产。

2. 豆蚜 又名苜蓿蚜、花生蚜或豇豆蚜。世界各地均有分布，我国除西藏未见报道外，其余各地均有发生。主要为害豇豆、菜豆、豌豆、蚕豆、苜蓿、苕子等豆科植物，以及凌霄、紫藤、鸡冠花等观赏植物。成虫和若虫群集嫩茎、嫩叶、花器及豆荚上吸食汁液，使叶片卷缩发黄，植株生长不良，影响开花，嫩荚变黄，严重时造成减产。

3. 桃蚜 又名烟蚜、桃赤蚜。为世界性害虫，我国各地均有分布。主要为害桃、李、杏、梅、樱桃、苹果、梨、山楂、柑橘等果树，甘蓝、花椰菜、白菜、萝卜等十字花科蔬菜，以及兰花、樱花、月季、夹竹桃、蜀葵、海棠、香石竹、仙客来等观赏植物。寄主植物达 300 多种。成虫、若虫群集芽、叶、嫩梢上刺吸汁液，被害叶向背面不规则卷曲皱缩，严重影响枝叶的发育。

4. 绣线菊蚜 又名苹果黄蚜、苹叶蚜虫。国外分布于朝鲜、日本、北美及中美；我国分布于黑龙江、河北、河南、山东、山西、新疆、云南、四川、浙江、台湾等地。主要为害苹果、沙果、海棠、梨、木瓜、桃、李、山楂、绣线菊、柑橘等。以成虫、若虫群集刺吸新梢、嫩芽和叶片的汁液，叶片被害后叶尖向叶背横卷，影响新梢生长及树体发育。

5. 苹果绵蚜 又名赤蚜、血色蚜、绵蚜。苹果绵蚜原产于美国，后来随苗木而传播至欧洲各国以及世界各地。我国仅发生于辽东半岛、山东半岛以及云南、西藏的局部地区。主要为害苹果、槟榔、沙果、海棠、山荆子、花红，原产地还为害梨、李、山楂、花楸、榆、美国榆。成虫及若虫密集在枝干的愈合伤口、剪锯口、新梢、叶腋、短果枝端的叶群中、果梗、萼洼以及地下的根部或露出地表的根际等处刺吸汁液，被害部皮层肿胀渐成虫瘿，后期破裂成伤口，更有利其继续为害及越冬。树木被害后，轻者树势减弱，重者全株枯死。

6. 梨二叉蚜 又名梨蚜、梨卷叶蚜。国外分布于朝鲜、日本、印度，我国分布较广，各梨区均有发生。主要为害梨、狗尾草。成虫及若虫群集芽、叶、嫩梢刺吸汁液。为害梨叶时，群集叶面上吸食，致被害叶由两侧向正面纵卷成筒状，叶面皱缩，产生枯斑，早期脱落，影响产量与花芽分化，削弱树势。

7. 橘蚜 国外分布于日本、印度尼西亚、印度、斯里兰卡、非洲、南美洲、夏威夷等，我国长江以南各橘区均有分布。主要为害橘、柑、柚、枳、茶、花椒、梨、桃、柿、黄杨等。成虫和若虫群集在新梢的嫩叶和嫩茎上吮吸汁液，被害幼叶常卷缩，严重时引起落叶落果、嫩梢萎蔫，并能诱发煤烟病，影响当年产量。秋芽被害后，则影响次年产量。

8. 板栗大蚜 又名热带大蚜、纹翅大蚜、栗枝大蚜、黑大蚜。国外分布于朝鲜、日本、马来西亚，我国分布于北京、吉林、辽宁、山东、江苏、浙江、江西、四川、云南、台湾等地。主要为害板栗、白栎、柞、麻栎、橡树等。以成虫、若虫群集于新梢、嫩枝、叶片背面和栗蓬上刺吸汁液，影响新梢生长和栗果的成熟。

9. 葡萄根瘤蚜　原产北美东部，1892年由法国首先传入我国山东省烟台市。我国分布于山东、陕西、辽宁、台湾省的局部地区。主要为害葡萄，为单食性害虫。成虫、若虫刺吸叶、根的汁液，分叶瘿型和根瘤型。欧洲系统葡萄上只有根瘤型，美洲系统葡萄上两型都有。叶瘿型：被害叶向叶背凸起成囊状，虫在瘿内吸食、繁殖，重者叶畸形萎缩，生长发育不良甚至枯死。根瘤型：粗根被害形成瘿瘤，后瘿瘤变褐腐烂，皮层开裂，须根被害形成菱角形根瘤。

10. 月季长管蚜　我国分布于华北、华中、华东等地区。主要为害月季、蔷薇、十姊妹和白兰等植物。以成虫和若虫刺吸新梢、花序及叶反面的汁液，受害花蕾及幼叶不易伸展，造成枝梢生长缓慢，花型变小，严重时影响植株生长和开花。

二、形态特征

1. 棉蚜（图9-1）

（1）*无翅孤雌蚜*　体卵圆形，体长1.5～1.9mm，宽1mm，夏季大多为黄绿色或黄色，春、秋两季多为深绿色、黑色或棕色。头部灰黑色。触角仅第5节有1个感觉圈。腹管短，圆筒形，具瓦状纹，基部较宽。尾片圆锥形，近中部收缩，两侧各具毛3根。

（2）*有翅孤雌蚜*　体长1.2～1.9mm，体黄色、浅绿色或深绿色。前胸背板及胸部黑色，腹部背面两侧有3～4对黑斑。触角6节，比体短，第3节上有成排的感觉圈5～8个。腹管黑色，圆筒形，基部较宽，上有瓦状纹。尾片同无翅孤雌蚜。

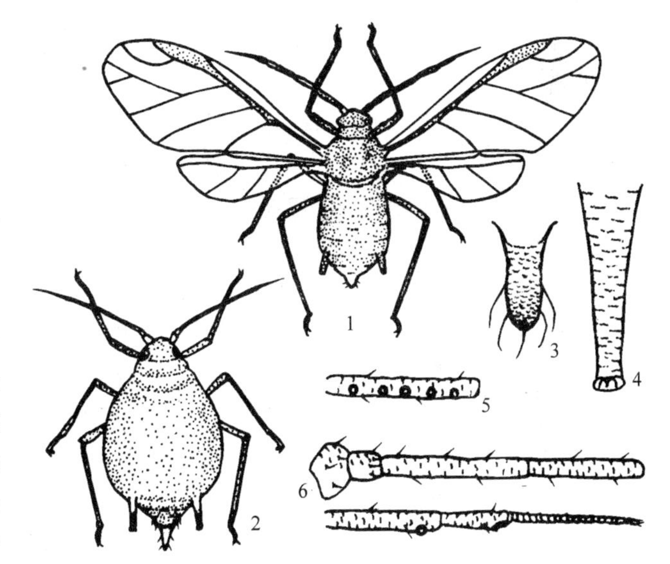

图9-1　棉　蚜

有翅孤雌蚜：1. 成虫　5. 第3节触角

无翅孤雌蚜：2. 成虫　3. 尾片　4. 腹管　6. 触角

（1、2仿华南农业大学，3～6仿张广学）

（3）*卵*　椭圆形，0.5mm×0.4mm，初产时黄绿色，后变为漆黑色有光泽。

（4）*若蚜*　无翅若蚜复眼红色，夏季多为黄白色、黄绿色，秋季多为蓝灰色、蓝绿色。有翅若蚜夏季多为黄褐色或黄绿色，秋季多为蓝灰黄色；虫体均被蜡粉。

2. 豆蚜（图9-2）

（1）*无翅孤雌蚜*　体长2mm，宽1.1mm。头、胸黑色。腹部第1～6节斑融合为1块大黑斑。体表有六边形网纹。触角淡色，第3节无感觉圈。腹管黑色，圆筒状。尾片长圆锥形，有毛6根。

（2）*有翅孤雌蚜*　体长1.5～1.8mm，翅展5～6mm，头、胸黑色。腹部淡色，有黑色大斑。触角第3节有5～7个圆形感觉圈，排成一行。腹管较长，末端黑色。

3. 桃蚜（图 9-3）

（1）无翅孤雌蚜　体长 2.6mm，宽 1.1mm，体色绿、青绿、黄绿、淡粉红至红褐色。头部额瘤显著，内倾，触角 6 节，约为体长的 4/5。腹管长筒形，端部黑色。尾片黑褐色，圆锥形，近端部 1/3 收缩，有曲毛 6～7 根。

（2）有翅孤雌蚜　体长 1.6～2.1mm，翅展 6.6mm，头、胸黑色。腹部淡色。额瘤明显内倾。触角第 3 节有小圆形次生感觉圈 9～11 个，在外缘排列成单行，分布于全长。腹部第 4～6 节背中黑斑融合为 1 块大斑。腹管圆筒形，后半部稍粗。尾片圆锥形，有曲毛 6～7 根。

（3）卵　长椭圆形，长 0.7mm，初产淡绿色，后变黑色。

（4）若蚜　无翅若蚜似无翅胎生雌蚜，淡粉红色，仅体较小。有翅若蚜胸部发达，具翅芽。

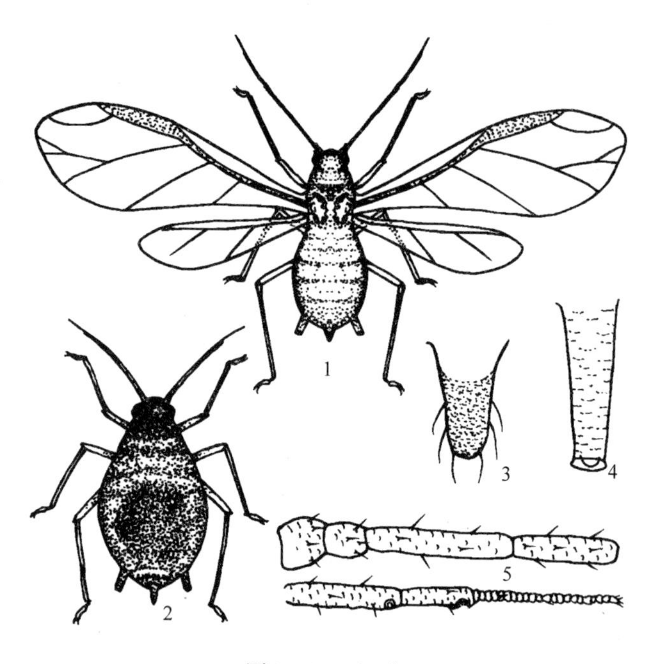

图 9-2　豆　蚜

1. 有翅孤雌成蚜　2～5. 无翅孤雌成蚜及其尾片、腹管、触角

（1、2 仿中国农业科学院，3～5 仿张广学）

4. 绣线菊蚜（图 9-4）

（1）无翅孤雌蚜　体长 1.7mm，宽 0.94mm，体黄色、黄绿色或绿色。腹管与尾片黑色，足与触角淡黄与灰黑相间。体表具网状纹。触角 6 节，无次生感觉圈，短于体躯，基部浅黑色，3～6 节具瓦状纹。腹管圆筒形。尾片长圆锥形，近中部收缩，具微刺组成的瓦状纹和长毛 9～13 根。

（2）有翅孤雌蚜　体长约 1.5mm，翅展 4.5mm 左右，近纺锤形。头、胸黑色，腹部黄色，第 2～4 腹节两侧具大型黑缘斑，腹管后斑大于前斑，第 1～8 腹节具短横带。腹管、尾片黑色。触角 6 节，第 3 节有圆形次生感觉圈 5～10 个，第 4 节有 0～4 个。

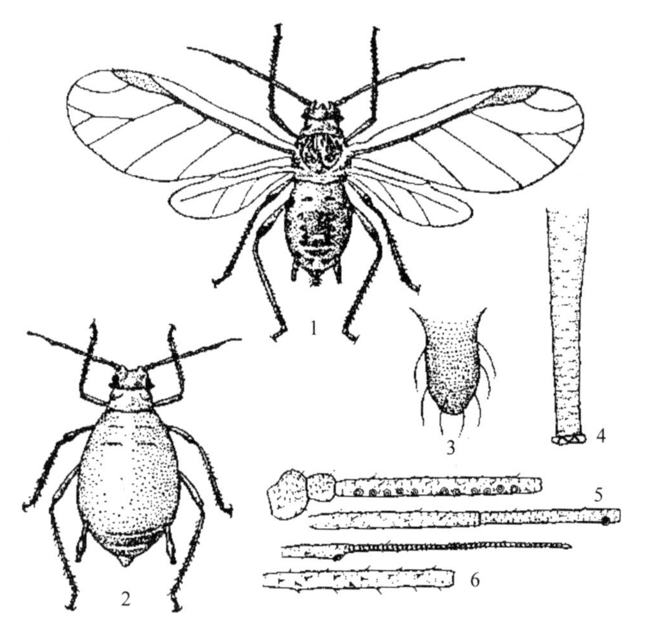

图 9-3　桃　蚜

有翅孤雌蚜：1. 成虫　5. 触角

无翅孤雌蚜：2. 成虫　3. 尾片　4. 腹管　6. 第 3 节触角

（1、2 仿王春华，3～6 仿张广学）

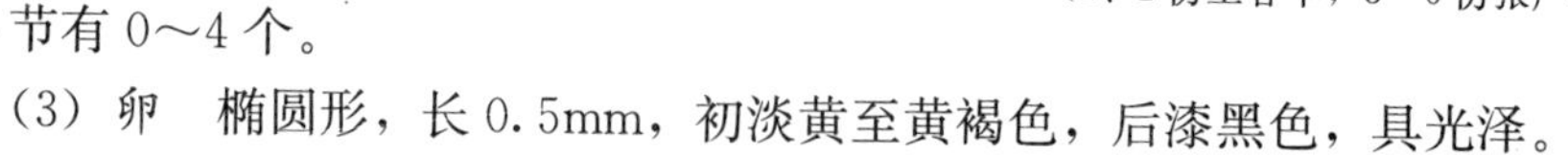

（3）卵　椭圆形，长 0.5mm，初淡黄至黄褐色，后漆黑色，具光泽。

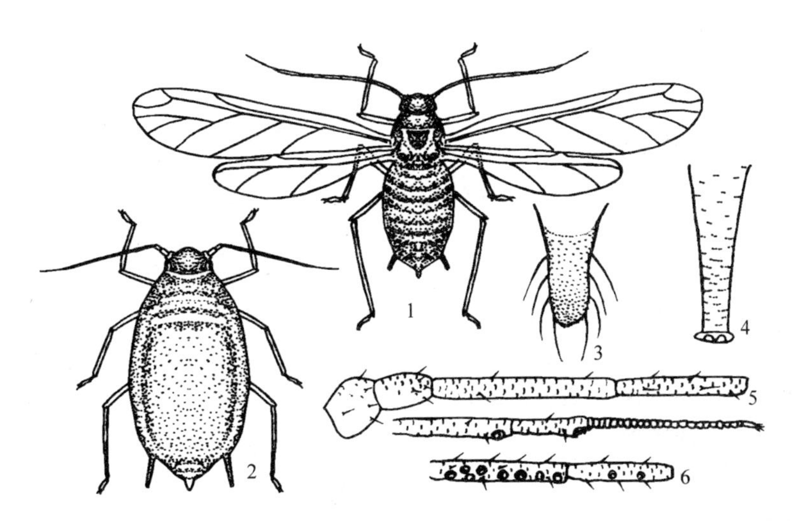

图 9-4　绣线菊蚜

有翅孤雌蚜：1. 成虫　6. 第 3、4 节触角

无翅孤雌蚜：2. 成虫　3. 尾片　4. 腹管　5. 触角

（1、2 仿中国农业科学院，3～6 仿张广学）

（4）*若虫*　鲜黄色，复眼、触角、足、腹管黑色。无翅若蚜体肥大，腹管短。有翅若蚜胸部较发达，具翅芽。

5. 苹果绵蚜（图 9-5）

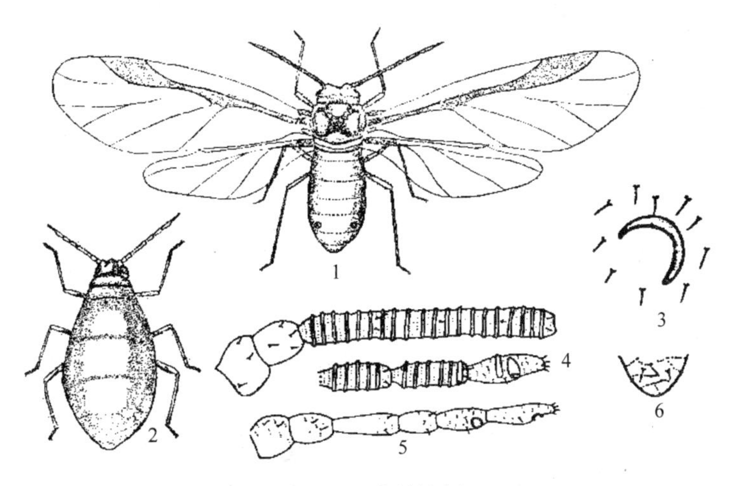

图 9-5　苹果绵蚜

有翅孤雌蚜：1. 成虫　4. 触角

无翅孤雌蚜：2. 成虫（蜡毛全去掉）　3. 腹管　5. 触角　6. 尾片

（1、2 仿中国农业科学院果树研究所等，3～6 仿张广学）

（1）*无翅孤雌蚜*　体长 1.8～2.2mm，卵圆形，腹部显著膨大。暗红至暗红褐色，腹背覆有较多的白绵毛状物。无额瘤。触角 6 节，基部两节粗短，第 3 节特长，第 5 节近端部和第 6 节基部各具 1 感觉圈，第 4、5 节末端与第 6 节黑色；复眼暗红色，有眼瘤；口器末端黑色。腹背有 4 条纵裂的泌蜡孔；腹管退化呈半圆形裂口，位于第 5、6 节的泌蜡孔中间。

（2）*有翅孤雌蚜*　体长 1.7～2mm，翅展 5.5mm 左右，暗褐色，头胸部黑色，腹背覆有较少蜡质白绵毛状物。触角 6 节，第 3 节特长，有 24～28 个感觉圈，第 4 节次长，有3～4个感觉圈，第5节长于第6节，有1～5个感觉圈，第6节有2个感觉圈。复眼暗红色，单眼3个，深红色，有眼瘤。翅透明，翅脉与翅痣棕色，前翅中脉分2支。足黑褐色。腹管退化为环状黑色小孔。

（3）卵　椭圆形，长约0.5mm，初橙黄色渐变褐色，光滑外覆白粉，较大一端精孔突出。

（4）若虫　共4龄。体赤褐色，触角5节。身体被有白色绵状物。老熟时体长1.4～1.8mm，与成虫相似。

6. 梨二叉蚜（图9－6）

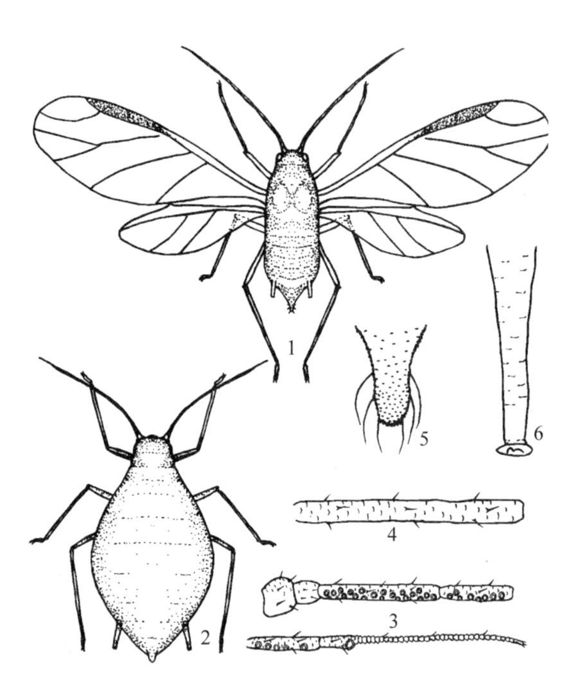

图9－6　梨二叉蚜

有翅孤雌蚜：1. 成虫　3. 触角

无翅孤雌蚜：2. 成虫　4. 第3节触角　5. 尾片　6. 腹管

（1、2仿师光禄，3～6仿张广学）

（1）无翅孤雌蚜　体长2mm，宽1.1mm。绿、暗绿或黄褐色，常疏被白色蜡粉。口器黑色，基半部色略淡，端部伸达中足基部。复眼红褐色。触角丝状6节，端部黑色，第5节末端有1感觉圈。各足腿节、胫节的端部和跗节黑褐色。腹管长圆筒形，末端收缩。尾片短圆锥形，侧毛3对。

（2）有翅孤雌蚜　体长1.5mm左右，翅展约5mm，头、胸黑色，腹部绿色。额瘤微突出。口器黑色，端部伸达后足基部。触角第3节有感觉圈18～27个，第4节有7～11个，第5节有2～6个。前翅中脉分二叉，故称二叉蚜。腹管黑色。

（3）卵　椭圆形，长径0.7mm左右，黑色有光泽。

（4）若虫　无翅若蚜与无翅胎生雌蚜相似，体小，绿色。有翅若蚜胸部较大，后期有翅芽伸出。

7. 橘蚜（图9－7）

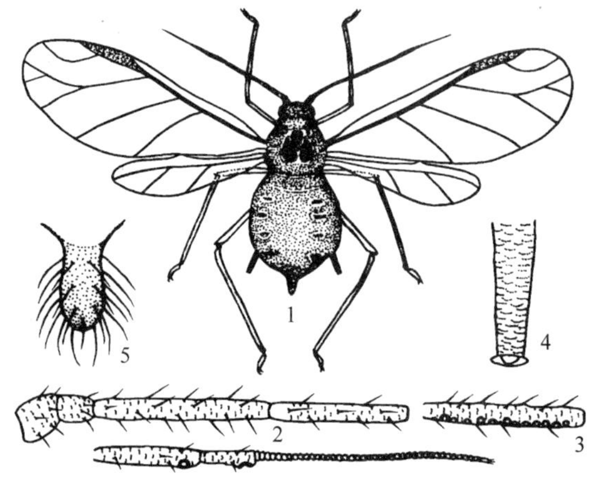

图9－7　橘　蚜

有翅孤雌蚜：1. 成虫　3. 第3节触角

无翅孤雌蚜：2. 触角　4. 腹管　5. 尾片

（1仿北京农业大学等，余仿张广学）

（1）无翅孤雌蚜　体长2mm，宽1.3mm，头、胸黑色，腹部淡色，第7、8腹节各有横带横贯全节，腹管后斑大于前斑。触角第3节无感觉圈。腹管长管状。尾片长圆锥形，有长毛29～32根。

（2）有翅孤雌蚜　体长1.1mm左右，漆黑色有光泽。触角丝状6节灰黑色，第3节有感觉圈11～17个，分散排列。腹管长管状。尾片乳头状，两侧各有毛多根。翅白色透明，翅脉色深，翅痣淡黄褐色，前翅中脉分3叉。足胫节、跗节及爪均黑色。

（3）卵　椭圆形，长0.6mm，漆黑色有光泽。

（4）若虫　无翅若蚜与无翅胎生雌蚜相似，体褐色。有翅若蚜3龄出现翅芽。

8. 板栗大蚜（图9-8）

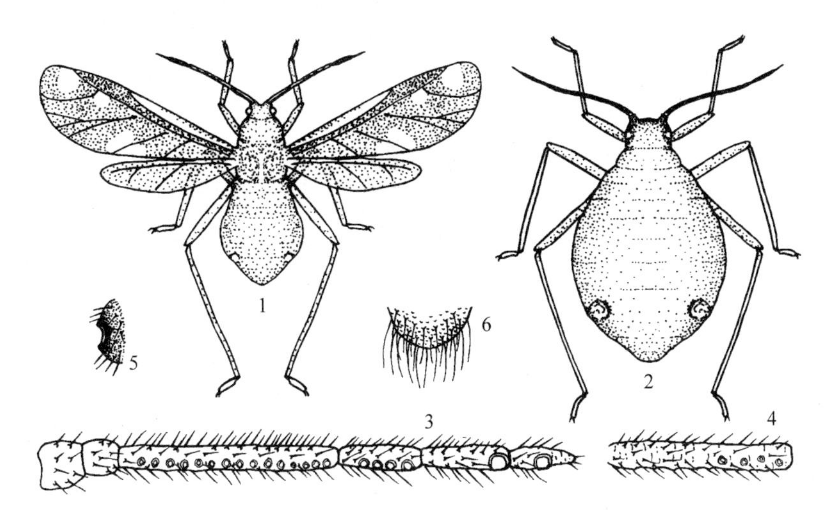

图9-8　板栗大蚜

有翅孤雌蚜：1. 成虫　3. 触角

无翅孤雌蚜：2. 成虫　4. 第3节触角　5. 腹管　6. 尾片

（1、2仿师光禄，余仿张广学）

（1）无翅孤雌蚜　体长约5mm，黑色被细毛，头胸部窄小略扁平，占体长1/3。腹部球形肥大。触角第3节有次生感觉圈6个。足细长。腹管短小凸起。尾片半圆形生细毛。

（2）有翅孤雌蚜　体长约4mm，黑色，被细短毛，腹部色较浅。触角第3节长于第4、5节之和，约有次生感觉圈10个。翅暗色，翅脉黑色，前翅中部斜向后角处具白斑2个，前缘近顶角处具白斑1个。腹管短小凸起。尾片半圆形生细毛。

（3）卵　长椭圆形，长约1.5mm，初暗黑色，后变黑色具光泽。

（4）若虫　无翅若蚜多为黄褐色，与无翅胎生雌蚜相似，但体较小，色淡，后渐变深褐色至黑色，体平直近长椭圆形。有翅若蚜胸部发达，具翅芽。

9. 葡萄根瘤蚜（图9-9）　费多罗夫把葡萄根瘤蚜归纳为3个类型，即无翅处女型（包括叶瘿型和根瘤型）、有翅产性型（有翅型）和有性型。

（1）根瘤型　成虫长1.2～1.5mm，椭圆形，鲜黄或淡黄色，无翅，无腹管。体背有黑瘤，头部4个、胸节各6个、腹节各4个。触角黑褐色3节，第3节端部有1感觉圈。眼由3个小眼组成，红色。卵长椭圆形，淡黄至暗黄色。若虫共4龄。

（2）叶瘿型　成虫长0.9～1mm，近圆形黄色，无翅，体背无黑瘤，体表有细微凹凸皱纹。触角端部有刺毛5根。卵和若虫与根瘤型近似，但色较浅。

（3）有翅产性型　成虫长0.8～0.9mm，长椭圆形，黄至橙黄色，翅平叠于体背，触角第3节有2个感觉圈，顶端有刺毛5根。卵和若虫同根瘤型，3龄出现灰黑色翅芽。

（4）有性型　雌成虫约0.38mm，雄成虫0.32mm。淡黄至黄褐色，无翅，无口器，有

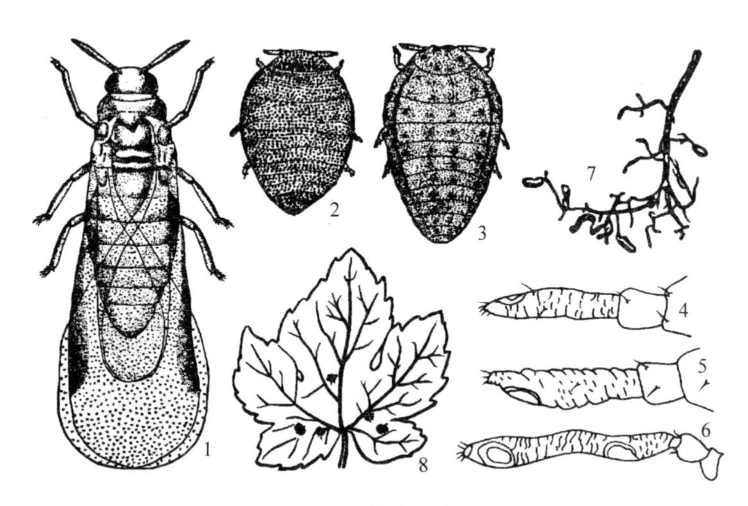

图 9-9 葡萄根瘤蚜
1. 有翅型成虫 2. 叶瘿型成虫 3. 根瘤型成虫
4. 叶瘿型触角 5. 根瘤型触角 6. 有翅型成虫触角
7. 根部被害状（示根瘤） 8. 叶部被害状（示叶瘿）
（仿山西农学院）

黑色背瘤，触角同叶瘿型。雄性外生殖器乳头状，突出腹末。有翅产性蚜产出的大卵孵出雌蚜，小卵孵出雄蚜。

10. 月季长管蚜（图 9-10）

（1）无翅孤雌蚜 体型较大，长卵形，长约 4.2mm，宽 1.4mm。头部浅黄至浅绿色。胸、腹部草绿色，少数橙红色。额瘤隆起外倾，呈浅 W 形。触角 6 节细长，第 3 节有圆形感觉圈 6～12 个，分布于基部 1/4 的外缘。腹管长圆筒形。尾片长圆锥形，表面有小圆突起构成的横纹，有曲毛 7～9 根。

（2）有翅孤雌蚜 体长约 3.5mm，体草绿色，中胸土黄色。各腹节有中、侧、缘斑，第 8 腹节有一大宽横带斑。触角第 3 节有圆形感觉圈 40～45 个。腹管端部 1/5～1/4 有网纹。尾片中部收缩，有长毛 9～11 根。

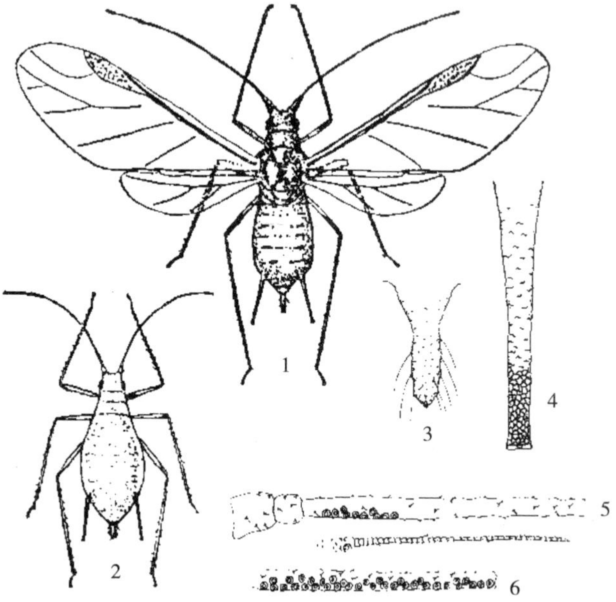

图 9-10 月季长管蚜
有翅孤雌蚜：1. 成虫 3. 尾片 4. 腹管 6. 第 3 节触角
无翅孤雌蚜：2. 成虫 5. 第 1～3、6 节触角
（1、2 仿陈其瑚，余仿张广学）

三、发生规律

1. 棉蚜 华北地区 1 年发生 10 余代，长江流域 1 年 20～30 代。以卵在越冬寄主木槿、

花椒、石榴、木芙蓉、鼠李的枝条和夏枯草的基部过冬，或以成蚜、若蚜在温室内的花木和蔬菜上越冬或继续繁殖。翌年春季气温达6℃以上开始活动，越冬卵孵化为干母，干母在越冬寄主上繁殖2～3代后，于4月底产生有翅蚜迁飞到露地蔬菜和花木等夏寄主上为害。直至秋末冬初又产生有翅蚜迁入保护地，或迁至越冬寄主产生雄蚜与雌蚜交配产卵越冬。春、秋季10d以上完成1代，夏季4～5d完成1代，每雌可产若蚜60余头。繁殖的适温为16～20℃。北方超过25℃，南方超过27℃，相对湿度达75%以上，不利于棉蚜繁殖。一般基肥少、追肥过多、氮素含量高、疯长过嫩的植株蚜虫多，而施肥正常、生长健壮、早发稳长的植株蚜虫增殖较慢。通常，窝风地受害重于通风地。

2. 豆蚜 在河北、山东1年发生20代，浙江、江西约30代。在浙江、江西、湖北、江苏等地，冬季以成、若蚜在紫云英、蚕豆、苕子等豆科植物的心叶里和在避风向阳处生长的荠菜心叶或叶背处越冬；新疆、武昌和九江以卵在苜蓿、紫云英等嫩茎、根茎和根部越冬；山东主要以成、若蚜在荠菜、地丁、野苜蓿、野豌豆心叶及根茎交界处越冬，少量以卵越冬；广东无越冬现象，冬季在紫云英、豌豆上取食。翌年3月，日平均温度达10℃时，在冬寄主上开始繁殖为害，5月中下旬产生大量有翅蚜迁往菜豆、夏豇豆等豆科植物上繁殖为害，10月下旬至11月又产生有翅蚜迁向冬寄主，繁殖数代后在其上越冬。每年以5～6月和10～11月发生较多，在适宜的气候条件下（24～26℃，相对湿度60%～70%），豆蚜繁殖力强，4～6d可完成1代，每头无翅胎生雌蚜可产若蚜100多头。每年春夏干旱年份发生更为严重。

3. 桃蚜 华北地区1年发生10～20代；南方可发生30～40代，世代重叠极为严重。冬季以卵在桃树等核果类果树的枝条、芽腋间、裂缝等处以及菜心里越冬，或以无翅胎生雌蚜在风障菠菜、窖藏白菜或温室内越冬。在加温温室内，终年在蔬菜上胎生繁殖，无越冬现象。越冬卵翌年3～4月孵化为干母，先群集在桃、李的芽上为害，花和叶开放后，又转害花和叶片。一般在4月下旬至5月上旬产生有翅蚜迁飞至十字花科蔬菜、烟草、马铃薯等夏寄主上为害。10月中下旬产生雌、雄蚜交配产卵越冬。春、秋季完成1代需13～14d，夏季仅7～10d。夏季孤雌胎生蚜的发育起点温度为4.3℃，有效积温为137日度，发育最适温度为24℃。温度高于28℃或低于6℃，相对湿度低于40%或高于80%时，对桃蚜繁殖不利。

4. 绣线菊蚜 1年发生10余代，以卵在小枝条的芽旁和皮缝处越冬。翌年春寄主萌动后越冬卵孵化为干母，4月下旬于芽、嫩梢顶端、新生叶的背面为害10d以上即发育成熟，开始进行孤雌生殖直到秋末。前期因气温低，繁殖慢，多产生无翅孤雌胎生蚜，5月下旬出现有翅孤雌胎生蚜，并迁飞扩散，6～7月繁殖最快，为害严重，树梢、叶背、叶柄甚至新梢上常密布蚜群，此时有翅胎生雌蚜大量出现，并向其他植株上转移扩散，8～9月发生数量逐渐减少，10～11月产生有性蚜交配产卵越冬。

5. 苹果绵蚜 在原产地以卵于美国榆上越冬，翌年春天孵化为干母，繁殖2～3代后产生有翅蚜，迁移到苹果树上行孤雌胎生繁殖为害，至秋末冬初再产生有翅蚜，迁回榆树，产生有性蚜，两性交配产卵越冬。欧洲和亚洲等地区因无美国榆，以1～2龄若虫在苹果树上越冬。我国旅大地区1年发生13代，青岛17～18代，均以1、2龄若虫于枝干的各种缝隙中越冬。寄主萌动后开始活动为害，初花期开始繁殖扩散。5～6月数量最多，每一越冬群落每天可产生200～600个子蚜，最高达1 080头，此时完成1代仅需11d左右。7～8月显著下降，9月中旬以后再度上升，秋末以1、2龄若虫越冬，青岛为11月中下旬，旅大为11月上旬。在自然情况下没有发现以卵越冬者。全年产生两次有翅蚜：第1次为5月下旬至6

月下旬，数量少，也较零散，可胎生无翅蚜、胎生雌蚜和雌、雄有性蚜；第2次为8～11月，仅胎生有性蚜，雌雄交配后产1粒卵即死去，未交配者不产卵，寿命较长。

6. 梨二叉蚜 1年发生10多代，以卵在梨树芽腋或小枝裂缝中越冬，翌年梨花萌动时开始孵化群集于露白的芽上为害，花芽现蕾后便钻入花序中为害花蕾和嫩叶，展叶即到叶面上为害，致使叶片向上纵卷成筒状，以梢顶嫩叶受害较重。落花后大量出现卷叶，为害繁殖至落花后半个月左右开始出现有翅蚜。武汉地区4月中旬开始出现有翅蚜，至5月下旬迁移到夏寄主狗尾草上繁殖为害。北方果区5月陆续产生有翅蚜，至6月上旬迁移到夏寄主狗尾草和茅草上繁殖为害，秋季9～10月又产生有翅蚜由夏寄主迁回梨树上繁殖为害。11月上旬产生有性蚜，雌雄交配产卵，卵散产于枝条、果台等各种皱缝处，以芽腋处最多，严重时常数十粒密集一起。以春季为害较重，秋季为害远轻于春季。

7. 橘蚜 南方1年发生10～20代，室内饲养可达24代之多。广东和福建大部分地区全年可行孤雌生殖，无休眠现象。浙江、江西和四川以卵在枝干上越冬，翌年2～3月卵孵化为无翅若蚜，群集在新梢嫩叶、蕾、花及幼果上为害，成熟后胎生繁殖多代，遇叶片老化、虫口过密等不适其生活时即产生有翅胎生雌蚜迁飞至其他植株上继续繁殖为害。晚秋产生有性蚜交配，11月下旬至12月产卵越冬。繁殖适温为24～27℃，以晚春和早秋繁殖最盛，广州以春梢和冬梢上发生较多。夏季高温对橘蚜不利，死亡率高，生殖力低，故夏季发生较少。

8. 板栗大蚜 1年发生多代，以卵在枝干芽腋及裂缝、枝干背阴面越冬，常数百粒单层排在一起。翌年4月上旬开始孵化为无翅雌蚜，群集在枝梢上繁殖为害。4月底至5月上中旬为害最重。5月中下旬产生有翅胎生雌蚜，迁飞扩散至嫩枝、叶、花及栗蓬上为害繁殖，常数百头群集吸食汁液，部分迁向夏寄主上繁殖，9～10月又由夏寄主迁回栗树，10月中旬产生有性雌、雄蚜，交配产卵越冬，11月上旬进入产卵盛期。

9. 葡萄根瘤蚜 主要行孤雌卵生，即雌蚜产出的不是若蚜而是卵，与其他蚜科昆虫不同。只在秋末进行一次两性生殖，产受精卵越冬。年生活史较复杂，概括有两种类型：①完整生活史型：主要发生在美洲系统葡萄上，受精卵在2～3年生枝上越冬→干母→叶瘿型→根瘤型→有翅产性型→有性型（雌×雄）→受精卵越冬。②不完整生活史型：在欧洲系统葡萄上只有根瘤型，我国山东省烟台地区发生的葡萄根瘤蚜属于根瘤型，1年发生8代，4月下旬至10月中旬可繁殖8代，主要以第8代的1龄若虫及少量卵在10mm以下的土层中、2年生以上的粗根根杈、缝隙被害处越冬。翌年4月越冬若虫开始活动，为害粗根，5月上旬开始产第1代卵。全年5月中旬至6月下旬和9月虫口密度最高。6月开始出现有翅产性型若蚜，8～9月最多，羽化后大部分仍在根上，少数爬到枝叶上，但尚未发现产卵。远程传播主要随苗木的调运。疏松有团粒结构的土壤发生重，黏重土或沙土发生轻。

10. 月季长管蚜 1年发生10～20代。以成蚜和若蚜在月季、蔷薇的叶芽和叶背越冬。翌年春初越冬蚜在寄主的新梢、嫩叶、花蕾上吸食和繁殖，经2～3代后开始发生有翅蚜，虫口密度逐渐上升，5月开始进入第一次繁殖高峰期，进入夏季高温季节后虫口密度下降，夏末秋初虫口密度再次上升，进入第二次繁殖高峰期。在平均气温20℃、相对湿度70%～80%时，繁殖最快，为害最严重。

蚜虫的天敌很多，主要有瓢虫、草蛉、食蚜蝇、蚜茧蜂、蜘蛛和蚜霉菌类等，应予以保护。

四、常见其他蚜虫（表 9-1）

表 9-1　20 种常见蚜虫的发生概况

害虫种类	发生概况
萝卜蚜	在十字花科蔬菜叶背或留种株的嫩梢、嫩叶上为害，造成节间变短、弯曲，幼叶向下畸形卷缩，使植株矮小，影响包心或结球，造成减产。偏嗜白菜、萝卜等叶上有毛的蔬菜。在我国北方地区 1 年发生 10 余代，在南方达 30 代左右；在温暖地区或温室中，终年以无翅胎生雌蚜繁殖；长江以北地区，在蔬菜上产卵越冬。翌年春 3～4 月孵化为干母，在越冬寄主上繁殖几代后，产生有翅蚜，向其他蔬菜上转移为害。到晚秋，部分产生有性蚜，交配产卵越冬。萝卜蚜发育快，在 9.3℃时完成 1 代只需 17.5d
甘蓝蚜	喜在叶面光滑、蜡质较多的十字花科蔬菜（如甘蓝、花椰菜等）上刺吸植物汁液，造成叶片卷缩变形，植株生长不良，影响包心。在北京、内蒙古等地 1 年发生 10 余代，以卵在蔬菜上越冬。翌年春 4 月孵化，先在越冬寄主嫩芽上胎生繁殖，而后产生有翅蚜迁飞至已定植的甘蓝、花椰菜苗上继续胎生繁殖为害，以春末夏初及秋季最重。10 月初产性蚜，交配产卵于留种的或贮藏的菜株上越冬。发育起点温度为 4.3℃，有效积温为 112.6 日度。繁殖的适温为 16～17℃，低于 14℃或高于 18℃产子数均趋于减少
胡萝卜微管蚜	为芹菜、胡萝卜、茴香、芫荽等伞形科蔬菜和白芷、当归、防风等伞形科中草药以及中草药金银花的重要害虫。主要为害伞形科植物嫩梢，使幼叶卷缩，降低蔬菜和中草药产量和品质。以卵在忍冬属多种植物枝条上越冬。翌年早春越冬卵孵化，4、5 月严重为害忍冬属植物，5～7 月严重为害伞形科蔬菜和中草药植物。10 月产生有翅性母和雄蚜由伞形科植物向忍冬属植物上迁飞。10～11 月雌雄蚜交配产卵越冬
葱蚜	为害韭菜、葱、洋葱叶面，植株受害后常矮小甚至萎蔫。在北京 7、8 月发生无翅型，9 月发生有翅型，9 月末出现有翅雄蚜。在我国台湾全年孤雌生殖，以 1～2 月发生最多，可造成一定为害
莴苣指管蚜	群集于莴苣、苦菜、泥胡菜、滇苦菜、苦苣菜等蔬菜的嫩梢、花序及叶背面吸食为害，遇振动易落地
菜豆根蚜	在我国为害棉根。多集中在棉花主根附近吸食棉根汁液，受害主根下部及须根变细、枯萎、变黑甚至腐烂。受害棉株叶色变暗，晴天中午叶片下垂，棉苗生长缓慢，棉茎变红，嫩顶枯萎，叶片变薄，枯萎下垂，严重时棉株枯死。一般 6 月发生为害严重。在高燥的沙壤土棉田发生严重
苹果瘤蚜	以成、若虫群集于苹果、沙果、海棠、山定子等果树的芽、叶和果实上刺吸汁液，被害叶片边缘向叶背纵卷皱缩，变黑褐干枯。幼果被害果面出现红凹斑，严重的畸形。1 年发生 10 余代，以卵在 1 年生枝条的芽旁或剪锯口处越冬。翌年寄主发芽时开始孵化，群集在嫩叶上为害，5～6 月最重。10～11 月产生性蚜，交配产卵越冬
梨黄粉蚜	以成、若虫群集在梨树的果实萼洼处为害，被害处初变黄稍凹陷，后渐变黑，表皮硬化龟裂形成大黑疤或至落果。也可刺吸枝干嫩皮汁液。1 年发生 8～10 代，以卵在果台、树皮裂缝、潜皮蛾为害的翘皮下或枝干的残附物内越冬。翌春梨树开花时卵孵化，若虫于翘皮下嫩皮处刺吸汁液。6 月中旬向果上转移，7 月集中于萼洼处为害，8 月中旬果实近成熟期为害尤为严重。8～9 月产生性蚜，交配产卵越冬。成虫活动能力差，喜欢荫蔽环境
橘二叉蚜	以成、若虫在柑橘类、荔枝、香蕉、菠萝、可可、咖啡、胡椒等植物上刺吸嫩梢、嫩叶汁液，被害叶多皱缩卷曲，严重时新梢不能抽出，引起落果。在我国台湾 1 年发生 10 余代，浙江、江西、四川及华南等地均以无翅胎生雌蚜在橘树上越冬。越冬雌蚜 3～4 月开始活动为害，5～6 月为害最重。当虫口较多时，产生有翅蚜，迁飞扩散
桃瘤头蚜	以成、若虫群集在桃、樱桃、梅、李、艾草、禾本科植物等的叶背刺吸汁液，被害叶片从叶缘向叶背纵卷成管状，组织变厚、褪绿，严重时叶片干枯、脱落。北方 1 年发生 10 余代，江西 30 余代。生活周期类型属侨迁式。华北、江苏、江西以卵在桃、樱桃等枝条的芽腋处越冬。南京 3 月上旬开始孵化，3～4 月大发生，4 月底产生有翅蚜，迁至夏寄主艾草上，10 月下旬重返桃等果树上繁殖为害，11 月上中旬产生性蚜，交配产卵越冬

（续）

害虫种类	发生概况
桃粉大尾蚜	以成、若虫群集于桃、李、杏、樱桃及禾本科等植物的新梢和叶背刺吸汁液，被害叶失绿，并向叶背对合纵卷，卷叶内积有白色蜡粉，严重时叶片早落，嫩梢干枯。北方1年发生10余代，江西南昌20多代。生活周期类型属侨迁式。以卵在杏等冬寄主的芽腋、裂缝及短枝杈处越冬，冬寄主萌发时孵化，群集于嫩梢、叶背繁殖为害。5～6月为害最重，大量产生有翅胎生雌蚜，迁飞到夏寄主（禾本科等植物）上为害，10～11月产生有翅蚜，返回冬寄主上为害，产生有性蚜交配产卵越冬
李短尾蚜	属寄主交换型，第1寄主为杏、李、榆叶梅等李属植物，第2寄主为伞形科及菊科植物，均在主茎萌发的蘖枝上为害，寄生于嫩叶背面及嫩枝上，造成幼叶畸形卷缩、幼枝节间缩短、嫩顶弯曲
栗斑蚜（栗花翅蚜）	以成、若蚜群集在板栗树的嫩芽幼叶上为害。1年发生多代。以卵在枝杈上越冬，翌年春暖树芽萌动时孵化，迁至嫩芽幼叶上为害，10月底有性蚜在枝梢上产卵越冬。干旱年份发生较重，常造成早期落叶
月季长尾蚜	属寄主交换型，第1寄主为蔷薇属植物，第2寄主为唐松草和耧斗菜。为害嫩梢、嫩叶背面和花序
紫藤蚜	以成、若蚜群集于紫藤嫩梢、幼叶背面为害，常布满整个枝梢。被害叶卷缩，嫩叶扭曲，严重时可造成枝梢枯死。1年发生7～8代。每年4月开始在紫藤上零星发生，5～6月虫口急增，以5月底至6月中旬为害最重，处于荫蔽环境的紫藤受害最重，7月虫口开始下降，秋凉后虫口再次增多
紫薇长斑蚜	以成、若虫群集在紫薇属植物的叶片背面刺吸汁液，形成黄叶、落叶，受害严重的树木秋季不能开花。北京1年发生10余代，在紫薇以外的其他寄主上越冬，翌年6月迁至紫薇上繁殖为害，8月为害最重，10月后陆续迁移越冬
菊小长管蚜	以成、若蚜群集在菊科植物的嫩梢、嫩叶、花蕾、花朵中刺吸汁液，并将油状蜜露排泄在叶和花上，受潮后变黑，影响植株生长、开花，并污染花卉。在河北1年发生10余代，多以无翅雌蚜在留种的芽上越冬。翌年4月后开始繁殖为害，9月为害最严重，11月开始越冬
夹竹桃蚜	以成、若虫群集在夹竹桃科植物的新梢上为害，新梢受害后，生长受抑制，叶片发黑，花蕾和花发育不全，不能正常开花，严重影响绿化效果和观赏价值。1年发生多代，以成蚜或若蚜在枝梢叶腋间越冬。4月底5月初开始活动为害。5～6月繁殖最快，扩散蔓延为害。夏季高温，虫口密度降低，至9～10月再回升，形成第2次为害高峰。11月后逐渐减少，分散隐匿，开始越冬
莲缢管蚜	主要为害莲、睡莲、香蒲、眼子菜等水生植物，还有梅、桃、樱花、红叶李等木本花卉。1年发生多代，以卵在寄主芽腋间越冬。翌春孵化后先在梅、李、桃等第1寄主上孤雌繁殖为害，大量在枝梢，少量在嫩叶背面为害，可造成新叶枯落。当气温日渐增高后，其有翅侨蚜就飞向第2寄主莲、睡莲等水生植物，在露出水面并贴近水面的幼茎、嫩叶柄和嫩叶上繁殖为害
红腹缢管蚜	以成、若虫群集在梅、李、桃、榆叶梅、桂花等植物的新梢刺吸汁液，致使新梢伸长受阻、有碍叶片展开、开花不良等。1年发生20多代，以卵在桂花、桃、梅等小枝干上越冬。翌年3月中下旬卵孵化，若虫为害嫩梢。繁殖2～3代后进入为害盛期。5、6月产生有翅胎生雌蚜，迁飞到禾本科植物根部为害，9月产生有翅两性蚜，飞回梅等蔷薇科植物上产卵越冬

五、预测预报

1. 预测的主要依据

（1）植物的生育期　在适合于蚜虫取食的植物中，各生育阶段的营养状态是影响蚜虫发生消长的重要因素，能引起蚜虫盛发的生育期，是预报蚜虫的主要时期。

（2）温湿度和降雨　在适温低湿条件下有利于蚜虫发生，大多数蚜虫对温湿度的要求比较接近，当日平均温度在20℃左右，相对湿度在60%～70%时，是蚜虫盛发的重要条件气候因子中，降雨对蚜虫有抑制作用，特别是出现大到暴雨天气，或持续阴雨天气，将导致蚜虫数量下降。

（3）天敌　蚜虫天敌种类很多，主要有瓢虫、草蛉、食蚜蝇、蚜茧蜂、蜘蛛、蚜霉等，各种天敌对蚜虫发生都有一定的抑制作用。在一般情况下，当蚜虫发生较少时，天敌对蚜虫的控制作用较明显；而在蚜虫发生数量大时，天敌对蚜虫的控制能力则决定于天敌的发生数量、捕食量和寄生率等。通常以七星瓢虫成虫的捕食量为标准，根据各种天敌及其不同发育阶段每头的捕食或寄生蚜虫数量，将其折合成天敌单位，当益蚜比约为1∶100时，天敌可以控制蚜虫种群数量，不必用农药防治或应缓期防治。

（4）蚜虫发生程度标准　蚜虫发生程度通常划分为大发生（严重发生）、中等偏重发生、中等发生、中等偏轻发生和轻发生5个等级。发生等级的划分依据蚜虫种类及其数量、植物种类及其生育期、发生面积等指标而定。

2. 调查内容和方法

（1）田间消长调查　选择代表性田园，每3d调查1次，随机5点取样，共调查50～100株（果树、树型较大的园艺植物为5～10株），依作物种类及其不同生长期，苗期可做全株检查；成株期按照上、中、下或树木又分东、西、南、北、中5个方位抽查规定的第几片叶或用事先准备好的定格框板检查若干空格内的蚜虫数，也可使用机动取样器将调查株的蚜虫全部吸入小管中，或使用毛笔把蚜虫全部扫入盛有75%酒精的瓶中带回室内检查。在蚜虫猖獗的年代或地区，可采用分级指数调查法。

黄皿或黄板诱测法：在蚜虫发生期，用直径18cm、有3cm宽边的黄色圆形搪瓷盘或塑料盘，盆内盛入0.1%浓度的中性肥皂水，或用18cm见方的黄板，外包透明薄膜，并涂一层凡士林，置于高出蔬菜20cm的菜地中（在果园可悬挂于树冠内），每园3～5个，间距10m，每隔5d调查1次，用毛笔或小网将落入盆内的蚜虫捞出，识别种类，统计虫数。如田间鉴定有困难，可装入70%酒精小瓶中带回室内镜检。

（2）蚜虫种类及其蚜型调查　掌握有翅蚜迁入盛期、无翅蚜盛发期和有翅蚜迁出初期调查蚜虫种类，调查时随机抽查植株不同部位，分别记载蚜虫种类及其不同蚜型。每次调查抽取的蚜虫总数应在200头以上。

（3）天敌调查　结合田间蚜虫消长调查，分别记载天敌种类和数量，掌握天敌发生情况。

3. 预测方法　蚜虫的发生程度与虫口基数、气候、天敌以及植物生育期有关，预测必须在做好田间系统调查、积累历史资料的基础上，参考天气预报、天敌等因素进行综合分析。如在黄皿诱测中，一旦发现有翅蚜数量陡增，即应采取防治措施。又如大豆蚜虫发生程度的预测，当6月下旬蚜量激增，6月30日有蚜株率达到80%以上，百株蚜量在3 000头以上，预报为大发生年；如果6月30日有蚜株率达50%以上，百株蚜量在600头以上，可预测为中等至中等偏重年份；若6月30日有蚜株率在20%以下，百株蚜量在300头左右，可预报为轻发生年。除上述指标外，旬平均温度在22～24℃，降水少，相对湿度在50%～78%，常是大发生的气候条件。

六、综合治理方法

蚜虫的防治要从全局出发，有利于提高总体的防治效果，提高经济效益，促进生态平衡。在农业技术措施上，选用抗性品种，力求在抗蚜、避蚜、控蚜等方面抑制蚜害；在生物防治上，保护和利用天敌，充分利用自然天敌的控蚜作用；在化学防治上，使用生物农药或高效低毒的对口农药。

1. 加强植物检疫 对检疫对象，如苹果绵蚜、葡萄根瘤蚜，首先加强本地区的疫情调查，明确分布为害区，并划定疫区和保护区。从疫区调运苗木、插条、砧木、接穗等未经熏蒸消毒处理者禁止由疫区外运，防止扩张蔓延。

2. 农业防治 培育抗虫品种。结合田间管理，清除并烧毁田间杂草，以减少越冬虫口基数。在发生数量不大的情况下，早期摘除被害卷叶，剪除虫害枝条，集中处理，防止扩散为害。冬季刮树皮消灭越冬卵，或在越冬卵接近孵化期，在卵粒密集的枝干上涂抹浓度较高的石硫合剂，能较好地控制卵孵化，此法可防治以卵在枝干皮缝或表面越冬的蚜虫，如板栗大蚜、梨黄粉蚜等。

3. 生物防治 保护利用天敌，瓢虫、草蛉、蚜霉菌等天敌大量人工饲养和培养后适时释放和喷施。利用寄生蜂，如青岛在自然条件下，7、8 月间日光蜂对苹果绵蚜的寄生率可高达 80%左右，对苹果绵蚜能起到很好的抑制作用。

4. 物理机械防治 在畦间张设铝箔条或覆盖银灰色塑料薄膜，拒蚜效果显著。

5. 药剂防治 ①冬季至早春寄主发芽前喷 5%柴油乳剂或黏土柴油乳剂，可杀卵。②越冬卵孵化后及为害期，每公顷喷施 10%吡虫啉可湿性粉剂 900g、30%桃小灵乳油 360ml、50%抗蚜威（辟蚜雾）超微可湿性粉剂 450g、30%氧乐氰乳油 450ml、50%灭蚜松（灭蚜灵）乳油 600～900ml、0.9%～1.8%阿维菌素乳油 200～400ml、10%氯氰菊酯乳油 300ml、20%氯马乳油 450ml、40%氧化乐果、40%速扑杀乳油 600ml、2.5%功夫菊酯乳油 180ml、80%敌敌畏乳油或 50%马拉硫磷乳油 600～900ml，以上每种药剂均加水 900kg。或选用 20%氰戊菊酯乳油或 50%氧化乐果乳油 750ml，加水 900kg，再加入消抗液 750ml，搅匀后喷施效果显著。还可选用 50%辛氰乳油 900ml、50%北农 931 杀虫剂 360ml、2.5%功夫乳油 450ml，加水 900kg，再加入消抗液 450ml，防效较好。③药液涂干。在蚜虫初发时用毛刷蘸药在树干上部或主干基部涂 6cm 宽的药环，涂后用塑料膜包扎，可选用 40%乐果或氧化乐果、50%久效磷乳油 20～50 倍液。④施用蚜霉菌 2 250g，加水 900kg，掌握在蚜虫高峰前，选晴天喷施。⑤注干法。用水泥钢钉由上向下呈 45°角打孔，逐株注入长效注干剂。用药量：先量树干 0.8m 高度树围，然后换算成树干直径，每 1cm 直径用药 0.5ml。可用 YBZ—Ⅱ型树干注射机，效率高。或以同样方法注入 40%氧化乐果、50%久效磷等内吸有机磷杀虫剂 20～30 倍液，依植株大小适量注入。⑥机油乳剂（苏州产商品名为蚧螨灵）与福美胂混用，机油乳剂、福美胂、水按 2∶1∶100 的比例制备，此配方不仅能有效地铲除蚜虫、蚧、叶螨的越冬卵及成虫，还可兼治腐烂病、干腐病、轮纹病等。⑦对观赏植物，可于 4 月底，在植物周围均匀地开数条放射状沟，沟深以见须根为宜，在沟中施入 15%涕灭威颗粒剂、3%呋喃丹颗粒剂，用量为每厘米干径 1～2g。盆栽花卉施药量以盆径计算，如口径 17mm 的花盆，施铁灭克 0.5～1g 或呋喃丹 1～2g，施药后覆土浇水，15～20d 后再施 1 次，防治效果较好。⑧植物冬眠时，向植株喷施 3～5 波美度石硫合剂。

在药剂用量上，可根据植物种类、各生育期、蚜虫的抗药性适当增减用量，对果树和植株较大的园林植物可适当增大用药量。高毒农药，如甲胺磷、氧化乐果等禁止在蔬菜、果树上使用，并注意保持蔬菜、果树的采收期与施药日期之间的安全间隔期。

第二节　蚧　　类

一、种类、分布与为害

园艺植物上发生为害较普遍的主要有同翅目珠蚧科（Margarodidae）的草履蚧[*Drosicha corpulenta*（Kuwana）]、吹绵蚧（*Icerya purchasi* Maskell）、棉珠蚧（*Neomargorades gossypii* Yang），蚧科（Coccidae）的日本龟蜡蚧（*Ceroplastes japonicus* Green）、角蜡蚧[*Ceroplastesce ceriferus*（Fabricius）]、槐花球蚧[*Eulecanium kuwanai*（Kanda）]、瘤坚大球蚧[*Eulecanum gigantea*（Shinji）]、朝鲜球坚蜡蚧（*Didesmcoccus koreanus* Borchs.）、苹果球蚧（*Rhodococcus sariuoni* Borchs.）、东方盔蚧（*Parthenolecanium orientalis* Borchs.）、桃球蚧[*Parthenolecanium persicae*（Fabricius）]、日本球坚蜡蚧[*Eulecanium kunoensis*（Kuwana）]、褐软蚧（*Coccus hesperidum* Linnaeus），链蚧科（Asterolecaniidae）的栗链蚧（*Asterolecaniium castaneae* Russell），毡蚧科（Eriococcidae）的柿绒蚧（*Eriococcus kaki* Kuwan）、紫薇绒蚧（*Eriococcus lagerostroemiae* Kuwana），粉蚧科（Pseudococcidae）的堆蜡粉蚧[*Nipaecococcus viridis*（Newstead）]、柑橘根粉蚧（*Rhizoecus kondonis* Kuwana）、康氏粉蚧[*Pseudococcus comstock*（Kuwana）]、葡萄粉蚧（*Pseudococcus maritimus* Ehrhorm）、柿粉蚧（*Phenacoccu pergandei* Cockerell），盾蚧科（Diaspididae）的柳蛎盾蚧（*Lepidosaphes salicina* Borchs）、梨白片盾蚧[*Lopholeucaspis japonica*（Cockerll）]、桑白蚧[*Pseudaulacapis pentagona*（Targioni-Tozzetti）]、梨枝圆盾蚧[*Quadraspidiotus perniciosus*（Comstock）]、矢尖蚧[*Unaspis yanonensis*（Kuwana）]、黑点蚧（*Parlatoria pergandii* Comstock）、红圆蚧[*Pinnaspis aspidistrae*（Signoret）]、椰圆蚧（*Aspidiotus destructor* Signoret）、褐圆蚧[*Chrysomphalus aomidum*（Linnaeus）]、糠片蚧（*Parlatoria pergandii* Comstock）、常春藤圆蚧（*Aspiddiotus nerri* Borchs）、蔷薇白轮盾蚧[*Aulacaspis rosae*（Bouche.）]等。现以为害较重的吹绵蚧、草履蚧、日本龟蜡蚧、朝鲜球坚蜡蚧、东方盔蚧、柿绒蚧、康氏粉蚧、柳蛎盾蚧、梨枝圆盾蚧、桑白蚧作重点介绍。

1. 吹绵蚧　原产澳洲，现在广布于热带和温带较温暖的地区。我国除西北外，各省（自治区、直辖市）均有发生（长江以北只在温室内），在南方各省（自治区、直辖市）为害较烈；国外分布于斯里兰卡、印度、肯尼亚、马来西亚、新西兰、巴基斯坦、乌干达、赞比亚、葡萄牙、墨西哥、巴勒斯坦。寄主植物超过 250 种，在浙江黄岩，为害植物包括芸香科、蔷薇科、豆科、葡萄科、木樨科、天南星科及松杉科等几十种农林及观赏植物。该虫群集在叶背、嫩梢及枝条上为害。树木受害后枝枯叶落，树势衰弱，甚至全株枯死，并排泄蜜露，诱致煤污病。有些国家如前苏联、罗马尼亚曾将它列为检疫对象，我国山东等地也将其列为检疫对象。

2. 草履蚧　又名草履硕蚧、草鞋介壳虫、柿草履蚧、桑虱。我国分布很广，华南、华中、华东、华北、西南、西北皆有发生，国外分布于日本。为害泡桐、杨、悬铃木、柳、楝、刺槐、栗、核桃、枣、柿、梨、苹果、桃、樱桃、柑橘、荔枝、无花果、栎、桑、月季、山楂、杏、李、栗等。若虫和雌成虫刺吸嫩枝芽、枝干和根的汁液进行为害，致使芽不能萌发，或发芽后的幼叶干枯死亡，同时削弱树势，影响产量和品质，重者枯死。常有草履蚧暴发成灾的现象。

3. 日本龟蜡蚧 又名日本蜡蚧，我国分布于河北、河南、山东、山西、陕西、湖南、湖北、江西、江苏、浙江、安徽、四川、贵州、福建、广东、台湾，国外分布于日本、俄罗斯。已知寄主植物有40余科100余种，主要为枣、柿、大叶黄杨、海桐、山茶、茶、悬铃木、柑橘、复叶槭、雪松、柳、石榴、重阳木、红叶李。寄生枝干和叶片，受害树枝条上常常是虫体密布，不见树皮而呈白色，叶片上常密布一层虫体，可引起早期落叶、树势衰弱、果实减产，甚至植株死亡。此外，其分泌物还会引起煤污病的发生。

4. 朝鲜球坚蜡蚧 又名桃球坚蚧、杏球坚蚧。在我国分布于东北、华北、华东、河南、陕西、山西、宁夏、四川、云南、湖北、江西等地。主要为害桃、杏、李、梅、樱桃，偶害苹果、梨、葡萄。雌成虫和若虫吸食枝干和叶的汁液，排泄蜜露诱致煤污病发生，削弱树势，重者枯死。

5. 东方盔蚧 又名糖槭蚧、水木坚蚧、远东盔蚧、刺槐蚧。我国分布于东北、华北、西北、华东、华南，国外分布于朝鲜。已知其双子叶植物寄主有100种以上，包括糖槭、白蜡、白榆、小叶白蜡、圆冠榆、刺槐、金银木、白柳、桑、大叶杨、小叶杨、新疆杨、青桐、榛、黄槐、核桃、文冠果、桃、杏、李、苹果、梨、沙果、山楂、酸梅、枣、紫穗槐、树莓、合欢、玫瑰、葡萄、木槿、大豆、棉花、向日葵。为害叶片和枝条，植株受害长势衰弱，叶黄而小，介壳虫分泌蜜露污染叶片，引起煤污病发生。

6. 柿绒蚧 又名柿毡蚧、柿刺粉蚧、柿棉蚧。我国分布于黑龙江、吉林、辽宁、河北、河南、山东、山西、陕西、四川、贵州、安徽、浙江、广东、广西，国外分布于日本、朝鲜。为害柿树。叶片被害，出现多角形黑斑；叶柄被害，色变黑，畸形生长，遇风易脱落；果实被害，引起严重落果；枝干被害，使树势下降。

7. 康氏粉蚧 又名桑粉蚧、梨粉蚧、李粉蚧。在我国分布于吉林、辽宁、河北、河南、山东、山西、陕西、四川等地。为害苹果、梨、桃、李、枣、梅、山楂、葡萄、杏、核桃、柑橘、无花果、荔枝、石榴、栗、柿、茶等。若虫和雌成虫刺吸芽、叶、果实、枝干及根部的汁液，嫩枝和根部受害常肿胀且易纵裂而枯死，幼果受害多成畸形果。排泄蜜露常引起煤污病发生，影响光合作用，削弱树势，产量与品质均下降。

8. 柳蛎盾蚧 我国分布于东北、华北、内蒙古、西北直至新疆一带，国外分布于俄罗斯远东地区、日本、朝鲜和蒙古。主要的寄生植物有杨、柳、核桃、白蜡、黄檗、忍冬、卫矛、丁香、枣、银柳、胡颓子、桦、椴、稠李、榆、蔷薇、茶藨子、红瑞木和多种果树，是我国北部的一种严重枝干害虫。若虫和雌成虫在枝、干上为害，能引起植株枝、干畸形和枯萎；幼树被害后在3～5年内全株死亡，以致幼林成片枯死。该介壳虫被列为我国林木检疫害虫。

9. 桑白蚧 又名桑盾蚧、桃白蚧。我国分布于浙江、湖南、广东、广西、四川、河北、江苏、福建、山东、河南、辽宁、山西，国外分布于英国、意大利、匈牙利、新西兰、日本、巴拿马、北美。主要为害桃、桑、油桐、樱花、茶、梧桐、丁香、枫、槭、榉、合欢、杏、梅、李、苹果等多种树木。成虫、若虫群集在枝干上刺吸为害，严重时枝干盖满蚧壳，层层叠叠，被害株发育受阻，影响开花结实，致使植株衰弱死亡。在桑树上虫口密度大时，分泌物还易引起桑膏药病的发生。我国和许多国家将其列为检疫对象。

10. 梨枝圆盾蚧　又名梨笠圆盾蚧、梨圆蚧、梨齿秆蚧。据记载原产我国河北地区，以后传入美国，又蔓延到欧洲、非洲、大西洋和亚洲其他国家。19 世纪后期曾在美国、德国造成大片果树枯死。在我国分布几乎遍及全国，20 世纪 80 年代初因疏忽传入新疆，造成对红枣的严重灾害，减产 1/2～4/5。对新传入的地区，多缺少自然天敌，再加上采用不适当的化学防治措施，常迅速蔓延。1952 年 12 月第五届国际植物检疫及植物保护会议把梨枝圆盾蚧列为危险性害虫，目前，我国和许多国家都把梨枝圆盾蚧列为检疫对象。梨枝圆盾蚧为害植物广泛，寄主有梨、苹果、桃、山楂、樱桃、柿、柑橘、葡萄、红枣、杨等百余种植物。若虫和雌成虫固着在寄主枝干、叶柄、叶背和果实上为害，介壳虫密布枝条时致使树势衰弱，发芽晚，甚至整株枯死。在山东潍坊调查，3、4、5 年生杨树受害后，每 667m^2 木材蓄积量分别减少 10.8%、39.7%、58.2%。果实受害后常出现凹陷、龟裂，绕虫体出现红色环纹，使果实品质下降或丧失商品价值。

二、形态特征

1. 吹绵蚧

（1）成虫　雌成虫体长约 10mm，背面有皱褶，扁平椭圆形，似草鞋，赭色，周缘和腹面淡黄色，触角、口器和足均黑色，体被白色蜡粉；触角 8 节。雄成虫体长 5～6mm，翅展约 10mm；体紫红色，头、胸淡黑色，1 对复眼黑色；前翅淡黑色，有许多伪横脉；后翅为平衡棒，末端有 4 个曲钩；触角黑色，丝状，10 节，第 3～9 节各有 2 处收缢形成 3 处膨大，其上各有一圈刚毛；腹部末端有 4 根树根状突起。

（2）卵　长椭圆形，初产时橙黄色，长约 0.65mm，宽 0.29mm，日久渐变橘红色，密集于卵囊内。

（3）若虫　初孵若虫长约 0.66mm，宽 0.32mm。体呈卵圆形，橘红色。触角、足及体上的毛均甚发达，体外被覆淡黄色的蜡粉及蜡丝。触角黑色，6 节。足黑色。2 龄后雌雄异型。2 龄雌若虫深橙红色，体长 1.8～2.1mm，宽 0.9mm，椭圆形，背面隆起，散生黑色小毛，全体薄被黄白色蜡粉及蜡丝；2 龄雄若虫体狭长，体上蜡质物甚少，仅微具薄粉。3 龄雌若虫体长为 3～3.5mm，宽 2～2.2mm，体隆起甚高，体色暗淡，黄白色蜡粉及蜡丝薄而布满身体，触角 9 节，口器及足均黑色。

（4）雄蛹　预蛹圆筒形，褐色，长约 5mm。蛹体长 4mm，触角可见 10 节，翅芽明显。茧长椭圆形，白色，蜡质絮状。

2. 草履蚧（图 9-11）

（1）雌成虫　长椭圆形，形似草鞋，褐色，体长 7.8～10mm，宽 4～5.5mm；体分节明显，腹部背面分 8 节，胸部背面分 3 节。触角多为 8～9 节，第 1 节宽大，第 2～7 节从基部向端部渐小，末节较长，各节均密生细毛。眼小，生于触角外侧。胸足 3 对，粗壮，善于爬行。胸气门 2 对，开口宽阔，口缘硬化成环状。胸气门显著大于腹气门。腹气门 9 对，孔口圆形。口器发达，喙 2 节较长。多孔腺中央 1 大孔，周围 6 孔，中央孔圆形或扁圆形。体刺和体毛位于体背、腹两面。

（2）卵　椭圆形，初产黄白色，后呈黄红色，产于卵囊内，卵囊白色绵状物，含卵近百粒。

（3）若虫　除体形较雌成虫小，色泽较深外，余皆同雌成虫。

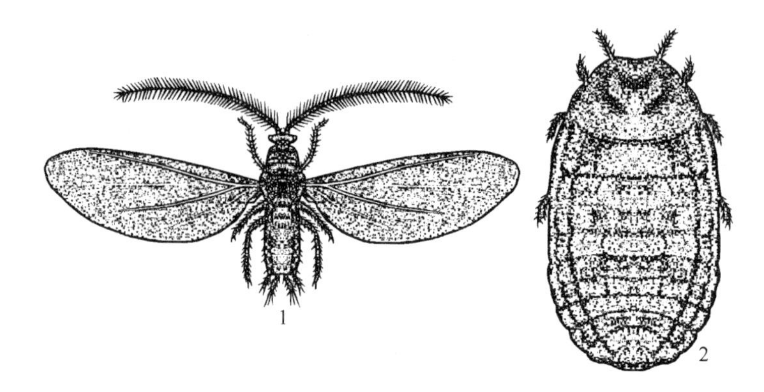

图 9-11　草履蚧
1. 雄成虫　2. 雌成虫
(仿周尧)

(4) 雄蛹　圆筒状，褐色，长约5mm，外被白色绵状物。

3. 日本龟蜡蚧(图 9-12)

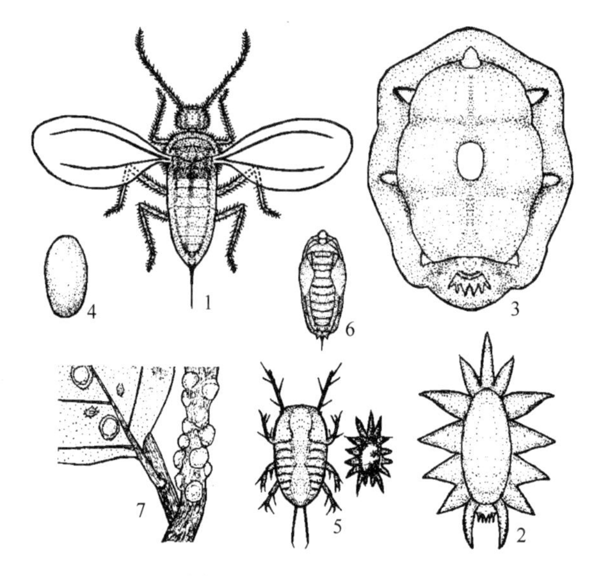

图 9-12　日本龟蜡蚧
1. 雄成虫　2. 雄虫蜡壳　3. 雌成虫　4. 卵
5. 若虫　6. 雄蛹　7. 为害状
(仿赵庆贺等)

(1) 成虫　雌虫体卵圆形，紫红色，背面隆起；触角 5～7 节；足发达；爪冠毛粗而端部膨大；气门刺圆锥形，集成群，前后气门刺群相结合；肛环具 1 列圆孔，肛环毛 6 根；体表被一层很厚的白色蜡质，蜡壳背部隆起，表面具有龟甲状凹纹，周缘蜡层厚而弯曲，内周缘有 8 个小角状突；蜡壳长 3.0～4.5mm，宽 2.5～4.0mm。雄成虫棕褐色，体长 1.0～1.4mm，翅展 1.8～2.2mm；触角丝状，10 节；单眼 3 对，黑色；前翅膜质透明；交配器尖锥状；蜡壳白色，星芒状，中间为 1 长椭圆形而突起的蜡板，周围有 13 个放射状排列的大型蜡角；蜡壳长 1.5～2.0mm，宽 1.2～1.5mm。

（2）卵　椭圆形，长0.3mm，初产时橙黄色，近孵化时紫红色。

（3）若虫　初孵若虫体扁平，椭圆形，长0.5mm；红褐色；单眼红色；腹末有2条长刺毛。孵化15d左右，体背泌出雪白色的葵花状蜡壳，中间是1近长椭圆形背蜡板，边缘有13个星芒状蜡角，与雄成虫蜡壳相近，但较小。2龄雌若虫虫体在蜡壳下出现裸露环，2龄雄若虫蜡壳同雄成虫蜡壳。3龄雌若虫蜡壳龟甲状。

（4）雄蛹　长1.15mm，宽0.52mm，梭形，棕褐色，头和触角颜色较深，翅芽色淡，腹末有明显的交配器。

4. 朝鲜球坚蜡蚧（图9-13）

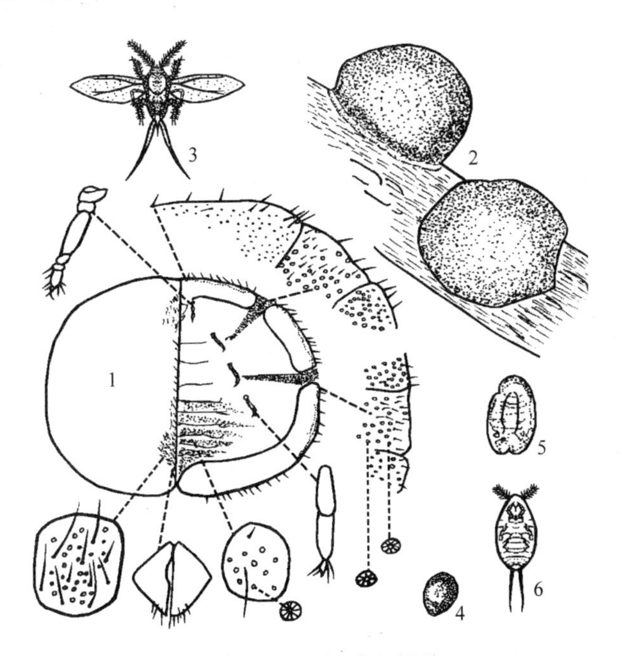

图9-13　朝鲜球坚蜡蚧

1. 雌成虫　2. 雌介壳　3. 雄成虫　4. 卵　5. 雄蛹壳　6. 初孵若虫

（仿赵庆贺等）

（1）成虫　雌体近球形，长4.5mm，宽3.8mm，高3.5mm，前、侧面下部凹入，后面近垂直；初期介壳软，黄褐色，后期硬化，红褐至黑褐色，表面有极薄的蜡粉；背中线两侧各具1纵列不甚规则的小凹点，壳边平削，与枝接触处有白蜡粉。雄体长1.5～2mm，翅展5.5mm，头、胸赤褐色，腹部淡黄褐色；触角丝状10节，生黄白色短毛；前翅发达，白色，半透明，后翅特化为平衡棒；性刺基部两侧各具1条白色长蜡丝。

（2）卵　椭圆形，长0.3mm，宽0.2mm，附有白蜡粉，初白色，渐变粉红色。

（3）若虫　初孵若虫长椭圆形扁平，长0.5mm，淡褐色至粉红色，被白粉；触角丝状6节，眼红色；足发达；体背面可见10节，腹面13节，腹末有2个小突起，各生1根长毛；固着后体侧分泌出弯曲的白蜡丝覆盖于体背，不易见到虫体。越冬后雌雄分化，雌体卵圆形，背面隆起呈半球形，淡黄褐色，有数条紫黑横纹；雄若虫瘦小，椭圆形，背稍隆起。

（4）雄蛹　长1.8mm，赤褐色。茧长椭圆形，灰白半透明，扁平背面略拱，有2条纵沟及数条横脊，末端有1横缝。

5. 东方盔蚧（图 9-14）

（1）成虫　雌虫成熟后体背隆起，体呈椭圆形，头盔状，长3.5～6.5mm，宽3.0～5.5mm；体壁硬化，红褐色；背中央部分有4纵列断续的凹陷，中间2列凹陷较大，背边缘有排列规则的横列皱褶；臀裂明显；肛板较小；体背近边缘处周生15～19个双筒腺，分泌透明细蜡丝，呈放射状。雄虫体长1.2～1.5mm，翅展3.0～3.5mm；体红褐色，头黑色，前翅透明土黄色，外缘色淡；触角丝状；腹末有2根细长的蜡丝。

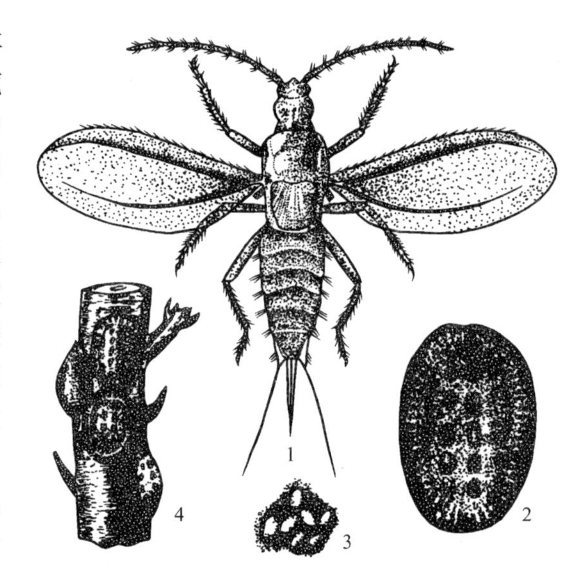

图 9-14　东方盔蚧
1. 雄成虫　2. 雌成虫　3. 卵　4. 为害状

（2）卵　长椭圆形，两端略尖。长0.2～0.5mm，宽0.1～0.15mm。初产时乳白色，近孵化时为黄褐色。

（3）若虫　1龄若虫扁平椭圆形，长0.4～0.6mm，宽0.25～0.3mm，淡黄色；眼黑色，触角丝状6节；腹末有2根白色细长的尾毛。2龄若虫形同1龄，长0.8～1.0mm，宽0.5～0.6mm；体背缘内共有12个突起蜡腺，分泌出放射状排列的长蜡丝；臀裂明显。

（4）雄蛹　体长1.2～1.7mm，暗红色；腹末有明显的“叉”字形交配器。

6. 柿绒蚧（图 9-15）

（1）成虫　雌虫椭圆形，体长1.5mm，宽约1mm，暗紫红色，体节明显，背面具刺毛，腹缘有白色细蜡丝；触角粗短，3～4节；体背面皆有圆锥形的刺，刺短而顶端稍钝；足爪冠毛和跗冠毛各1对，肛环有孔纹和肛环刺毛8根。受精后体表分泌白色毡状物形成包被虫体的卵囊，其长3mm，宽2mm，椭圆形，尾端钳状陷入。雄虫体长1～1.2mm，紫红色；触角9节，单眼2对；前翅暗白色；腹末有1对与体等长的白色蜡丝，性刺短。雄茧白色，椭圆形，长1mm，宽0.5mm，上下扁平，末端有横裂，质地同卵囊。

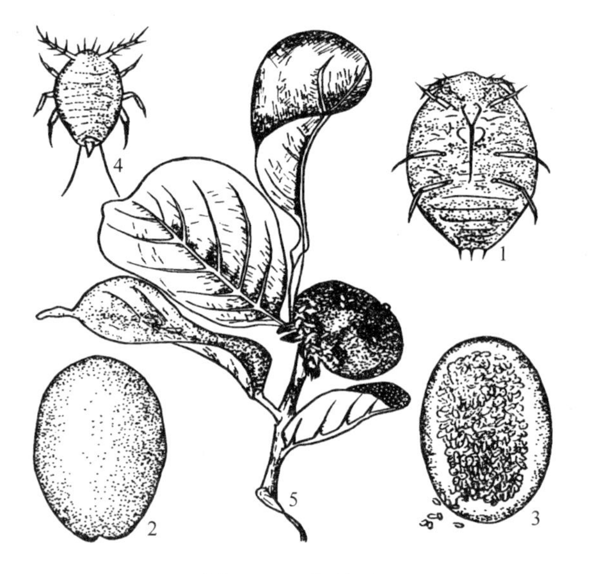

图 9-15　柿绒蚧
1. 雌成虫　2. 雌介壳　3. 雌成虫腹下部卵粒
4. 若虫　5. 被害状
（仿山西农业大学）

（2）卵　卵产于老熟雌体下的卵囊内。卵圆形，长0.3～0.4mm，紫红色，表面覆有白色蜡粉及蜡丝。

（3）若虫　紫红色，卵圆形或椭圆形。体侧有长短不一的刺状物，腹末具1

对长蜡丝。

7. 康氏粉蚧（图 9－16）

（1）成虫　雌体长 5mm，宽 3mm 左右，椭圆形，淡粉红色，被较厚的白色蜡粉；体缘具 17 对白色蜡刺，前端蜡刺短，向后渐长，最末 1 对最长，约为体长的 2/3；触角丝状 7～8 节，末节最长；眼半球形；足细长。雄体长 1.1mm，翅展 2mm 左右，紫褐色，触角和胸背中央色淡；前翅发达透明，后翅退化为平衡棒；尾毛长。

（2）卵　椭圆形，长 0.3～0.4mm，浅橙黄色，被白色蜡粉。

（3）若虫　雌 3 龄，雄 2 龄。1 龄椭圆形，长 0.5mm，淡黄色，体侧布满刺毛；2 龄体长 1mm，被白蜡粉，体缘出现蜡刺；3 龄体长 1.7mm，与雌成虫相似。

（4）雄蛹　长约 1.2mm，淡紫色。茧长椭圆形，长 2～2.5mm，白色棉絮状。

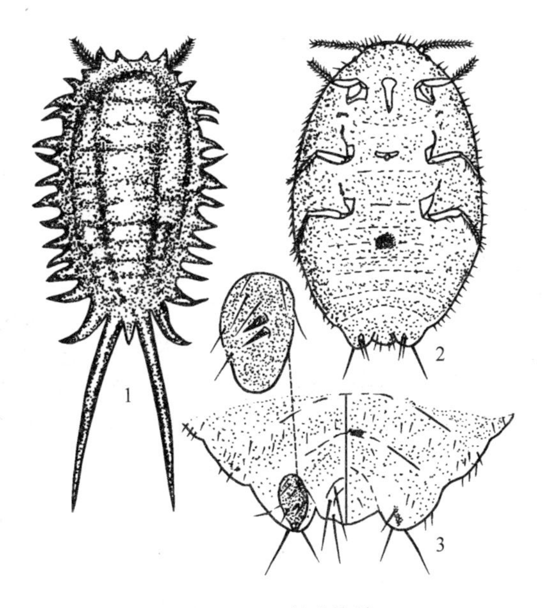

图 9－16　康氏粉蚧

1. 成虫　2. 雌成虫（去蜡腹面观）　3. 雌成虫臀板

（仿赵庆贺等）

8. 柳蛎盾蚧（图 9－17）

（1）成虫　雌虫黄白色，长纺锤形，前狭后宽，长 1.45～1.80mm，宽 0.68～0.88mm，第2～4 腹节两侧呈叶状突出，第 1～4 腹节间每侧各有 1 个尖硬化齿。臀板末端宽圆，有臀叶 2 对：中臀叶大，两边都有凹缺；第 2 对臀叶远小于中臀叶，分裂为两叶，内叶大于外叶，叶端均近圆形。臀板缘腺刺 9 对，中臀叶的 1 对最短，第 6 腹节上的 1 对最长。臀板缘管腺 6 对。触角粗短，先端呈锯齿状，具长毛 2 根。前气门腺 6～17 个，后气门的后方有横向排列的锥状刺2～3 根。背腺丰富，但第 1～4 腹节中区常无背腺。围阴腺 5 群。雄成虫黄白色，体长形，长约 1mm；头小，眼黑色；触角 10 节，念珠状，淡黄色；中胸黄褐色，盾片五角形；翅透明，翅长 0.7mm；腹部狭；交配器长 0.3mm。

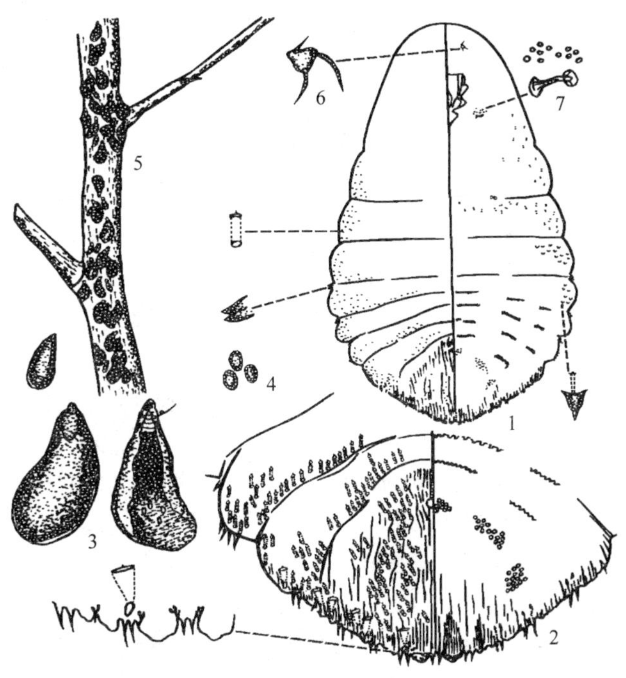

图 9－17　柳蛎盾蚧

1. 雌成虫　2. 雌成虫臀板放大　3. 雄介壳　4. 卵

5. 为害状　6. 雌成虫触角　7. 胸气门及腺体

（仿山西农学院）

（2）卵　椭圆形，黄白色，长 0.25mm。

(3) 若虫　1龄若虫椭圆形，扁平；触角发达，6节，柄节较粗，末节细长有横纹，并生有长毛；侧单眼1对；口器发达；有3对发达的胸足，腿节粗大；有臀板，具臀叶2对，臀叶和成虫的相似，雄性通常狭于雌性。

(4) 雄蛹　黄白色，长近1mm，口器消失，具成虫器官的雏形（如触角、复眼、翅芽、足和交配器）。

9. 梨枝圆盾蚧（图9-18）

(1) 成虫　雌介壳斗笠状，灰白色，中央隆起处从内向外为灰白、黑、灰黄3个同心圆，隆起外的介壳亦有暗色轮纹；直径0.7～1.7mm。雄介壳长圆形，灰白色，一端隆起，一端扁平，长0.75～0.95mm，宽0.35～0.5mm；冬季型雄介壳为圆形。雌虫卵圆形，长0.8～1.4mm；乳黄色至鲜黄色，臀板褐色；臀叶2对，中臀叶发达，左右接近，第2臀叶较小，第3臀叶退化为三角形突起，无围阴腺。雄虫体长0.6～0.8mm，宽0.25mm，翅展1.3mm；触角10节；前翅膜质半透明，有1条简单分叉的翅脉；腹末交配器细长，占体长的1/3左右。

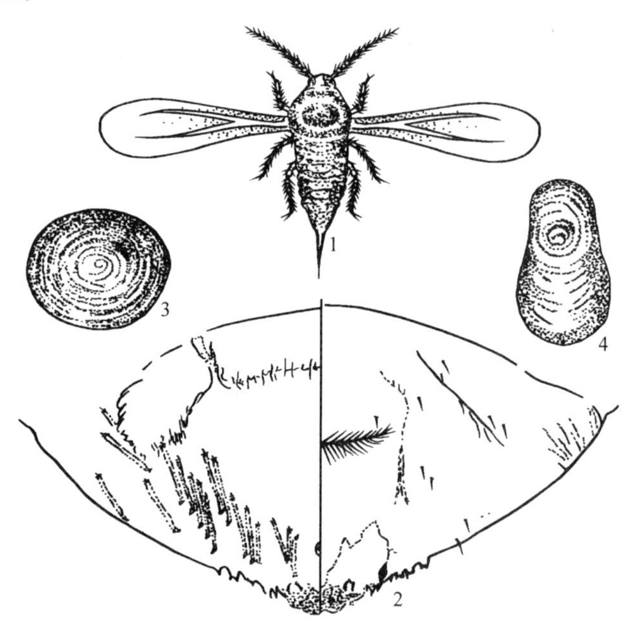

图9-18　梨枝圆盾蚧

1. 雄成虫　2. 雌成虫臀板　3. 雌介壳　4. 雄介壳

（仿北京农业大学等）

(2) 卵　圆形，橘黄色，直径约0.25mm。

(3) 若虫　初孵若虫椭圆形，乳黄色；体长0.25～0.27mm，宽0.18～0.19mm；触角5节；足发达；腹末有1对白色尾毛。固定后分泌灰白色圆形介壳，身体可长大，且渐成圆形，但足与触角仍保留；介壳直径0.25～0.4mm。2龄若虫触角和足退化，雌若虫的体形与雌成虫相似，黑色；介壳直径0.65～0.9mm。雄若虫体形与介壳至2龄呈长圆形或圆形。

(4) 雄蛹　预蛹体近�形，橘黄色；触角、足和翅芽刚形成；眼点紫色。再蜕皮为蛹，触角、足可见分节；体段和翅芽明显；眼点黑色；体长0.6～0.8mm，宽0.25mm。

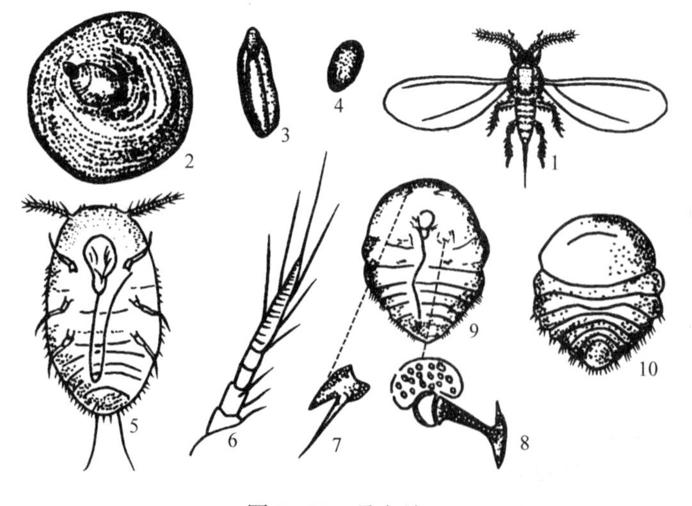

图9-19　桑白蚧

1. 雄成虫　2. 雌介壳　3. 雄介壳　4. 卵　5. 若虫　6. 触角（若虫）　7. 触角（成虫）　8. 胸气门及腺体　9. 雌成虫腹面　10. 雌成虫背面

（仿北京农业大学等）

10. 桑白蚧（图9-19）

（1）成虫　雌成虫介壳圆形或近圆形，略隆起，直径1.8～2.5mm，白色或灰白色，壳点橘黄色，偏心。雄成虫介壳长形，两侧平行，长约1.2mm，白色，丝蜡质，有3条纵脊，壳点黄色，居端。雌虫体长0.93～1.0mm，淡黄色至橘黄色，臀板橘红色；体节明显，两侧略突出；瘤状触角上具有弯毛1根；各腹节侧腹面有很多腺刺；臀板上臀叶常见3对，第2和第3臀叶又各分2叶；背腺粗短，在第2～5腹节背面各有横列的亚缘腺组和亚中腺组，围阴腺5群。雄虫体长0.65～0.7mm，橙黄色；单眼6个，黑色；触角丝状，10节；具膜质前翅1对，后翅为平衡棒；交配器细长。

（2）卵　乳白色至黄褐色，椭圆形，长0.23mm。

（3）若虫　初孵若虫扁平椭圆形；触角6节，可见臀叶。2龄雌若虫橙褐色，触角和足消失。2龄雄若虫淡黄色，体较窄。

（4）雄蛹　预蛹长卵形，具有触角、胸足、翅和交配器芽体，触角芽为体长的1/3。蛹的芽体延长，触角芽为体长的1/2，眼点呈紫黑色。

三、发生规律

1. 吹绵蚧　每年发生代数因地区而异，我国南部1年3～4代，长江流域2～3代，以若虫、成虫或卵越冬。在浙江1年发生2代，第1代卵于3月上旬开始出现（少数最早在上年12月间即开始产卵），5月间最盛。卵期平均为20d左右。若虫发生于5月上旬至6月下旬，若虫期平均为50d左右。成虫发生于6月中旬至10月上旬，7月中旬最盛。产卵期平均为31.4d，每雌产卵450粒左右。雌成虫寿命60d左右。第2代卵在7月上旬至8月中旬产出，8月上旬最盛，卵期10d左右。若虫发生在7月中旬至11月下旬，8、9月最盛，若虫期90d左右。在广东初步观察，1年3～4代，亦以各种虫态越冬，每年4、5月间发生数量最多，8、9月以后即发生较少。

初孵若虫活跃，1、2龄向树冠外层迁移，多寄居于新梢及叶背的叶脉两旁。2龄后，即向大枝及主干爬行。成虫喜集居于主梢阴面及枝杈处，或枝条及叶片上，吸取树液并营囊产卵，不再移动。在木麻黄林内，多发生在林木过密、潮湿、不通风透光的地方。由于其若虫和成虫均分泌蜜露，被害寄主常导致煤污病发生。温暖高湿气候有利于其发生，过于干旱气候及霜冻对其发生不利。2龄雄若虫爬到枝条裂缝或杂草间做茧化蛹。雄虫数目极少，飞翔力弱，仅能飞0.33～0.67m远。交配时常是雌虫去迎合雄虫，而不是雄虫为雌虫所吸引。吹绵蚧可孤雌和两性生殖，因其雌虫是雌雄同体的伪雌，这保证了它的特殊的繁殖。

2. 草履蚧　1年发生1代，大多以卵在卵囊内于土中越冬，越冬卵于翌年2月上旬到3月上旬孵化。孵化后的若虫仍停留在卵囊内。2月中旬后，随气温升高，若虫开始出土上树，2月底达盛期，3月中旬基本结束。若冬季气温偏高时，上年12月即有若虫孵化，1月下旬开始出地。若虫出土后爬上寄主主干，在皮缝内或背风处隐蔽，10:00～14:00在树的向阳面活动，顺树干爬至嫩枝、幼芽等处取食。初龄幼虫行动不活泼，喜在树洞或树杈等处隐蔽群居。若虫于3月底4月初第1次蜕皮。蜕皮前虫体上白色蜡粉特多，体呈暗红色；蜕皮后，虫体增大，活动力强，开始分泌蜡质物。4月中下旬第2次蜕皮，雄若虫不再取食，潜伏于树缝、皮下或土缝、杂草等处，分泌大量蜡丝缠绕化蛹。蛹期10d左右，4月底5月上旬羽化为成虫。雄成虫不取食，白天活动量小，傍晚大量活动，飞或爬至树上寻找雌虫交配，阴天整日活动，寿命3d左右，雄虫有趋光性。4月下旬至5月上旬雌若虫第3次蜕皮后变为雌成虫，并与羽化的雄成虫交配。5月中旬为交配盛期，雄虫交配后死去。雌虫交配后仍取食为害，至6月中下旬开始下树，钻入树干周围石块下或土缝等处，分泌白色绵状卵囊，产卵其中。雌虫产卵时，先分泌白色蜡质物附着在尾端，形成卵囊外围，产卵1层，多为20～30粒，陆续分泌一层蜡质絮状物，再产1层卵，依次重叠，一般5～8层。雌虫产卵量与取食时间长短有关，取食时间长，产卵量大，一般为100～180粒，最多达261粒。产卵期4～6d，产卵结束后雌虫体逐渐干瘪死亡。土壤含水量对雌虫产卵亦有影响，极度干燥的表土层使雌虫很快死亡。卵囊初形成时为白色，后转为淡黄色至土色，卵囊内绵状物亦由疏松到消失，所以夏季土中卵囊明显可见，到冬季则不易找到。越冬后孵化的若虫耐饥、耐干燥能力极强。9月采回越冬卵置于塑料袋中存放于室内，孵化后至4月仍能正常生长，此现象值得注意。

3. 日本龟蜡蚧 1年发生1代，以受精雌虫在寄主1～2年生枝条上越冬，翌年寄主萌芽时虫体恢复吸食并迅速发育。5月下旬或6月初开始产卵，6月中旬为盛期，7月中旬结束。若虫于6月上中旬开始孵化，6月底至7月上旬为盛期，7月中旬结束。7月下旬至8月中旬雌雄开始分化，8月中下旬雄蛹出现，9月上旬雄虫羽化。雌虫在叶片上为害至8月中下旬，多在蜕皮为成虫后迁回到枝条上固定取食。雌成虫与雄成虫交配后为害至11月，进入越冬期。

卵产于母体下。单雌产卵量因寄主和发育不同而差异很大，最少200余粒，最多达3 000多粒。卵期20d左右，卵孵化期1个月左右。若虫有向上爬行的习惯，沿枝条向上爬至叶片正面固定取食，极少数在叶背定居。风力对活动若虫的吹送是该虫广泛传播的主要方式。若虫固定后1～2d，体背分泌出2列白色蜡点，3～4d在胸、腹形成2块背蜡板，以后2块蜡板合并为1块完整的背蜡板，同时体缘分泌出13个三角形蜡芒，经12～15d即形成1个完整的星状蜡芒壳。至若虫3龄初期，雄性蜡壳仅增大加厚，雌性则另分泌软质新蜡，形成龟甲状蜡壳。雄若虫到化蛹都固定在叶片上不动，雌若虫则在两次蜕皮及转变为成虫的蜕皮后有向枝条迁移的能力，其中蜕皮为成虫后是向枝条迁移的高峰，8月下旬至9月上旬（打枣前后）雌虫全部迁至1～2年生枝条上固定，为害一段时间后进入越冬期。在河南省新郑地区枣树上雌虫越冬死亡率为30%～40%。此蚧的雌虫存活力极强，初春3月下旬剪下虫枝，枝上的雌虫至5月下旬仍可产卵正常孵化。产卵量192～348粒。雄成虫羽化后当日即可爬行或飞到枝条上寻雌交配，寿命2～3d。雌雄比常因寄主而异，在枣树上为1∶2～3。南京研究认为此蚧可行孤雌生殖，但其后代均为雄性。

4. 朝鲜球坚蜡蚧 1年1代，以2龄若虫在枝条上越冬，若虫外覆有蜡质。3月中旬开始从蜡堆里脱出，并寻找固定点，而后雌雄分化。雄若虫4月上旬开始分泌蜡茧化蛹，4月中旬开始羽化交配，4月下旬至5月上旬为盛期。交配后雌虫迅速膨大，5月中旬前后为产卵盛期。每雌一般产卵千余粒。卵期7d左右。5月下旬至6月上旬为孵化盛期。初孵若虫分散到枝、叶背为害，落叶前叶上的虫转回枝上，以叶痕和缝隙处较多。此时若虫发育极慢，越冬前蜕皮1次，10月中旬后以2龄若虫于蜡被下越冬。雌雄性比为3∶1。雄成虫寿命2d左右，可与数头雌虫交配。未交配的雌虫产的卵亦能孵化。全年4月下旬至5月上中旬为害最盛。

5. 东方盔蚧 1年发生1～2代，在糖槭、刺槐、葡萄上1年发生2代，其他植物上1年发生1代，在南方和新疆吐鲁番地区1年可发生3代。以2龄若虫在嫩枝条、树干嫩皮上或树皮裂缝内越冬。据在郑州观察，当日平均温度达9.1℃时（3月15日），越冬若虫开始活动，寻找1～2年生枝条固定吸食为害，并排出大量黏液呈油渍状，污染叶面和枝条。4月中旬雌成虫开始产卵，4月下旬为盛期，5月上旬为末期。卵产于母体下，单雌产卵867～1 653粒，平均为1 260粒。卵壳上覆盖少量白色蜡粉，使卵粒黏结成块。随着卵量增多和卵的发育，虫体腹面凹陷处逐渐加深，并向体前皱缩，卵粒则充满母体下的凹窝内。卵经20余天孵化。若虫孵化后2～3d才先后从母壳臀裂处爬出，到叶背面或嫩枝条上吸食。在发育中蜕皮为2龄，于10月间恢复活动力，迁到枝条皮缝等处固定越冬。在糖槭、刺槐和葡萄上1年发生2代者，在叶片寄生的若虫于6月中旬蜕皮为2龄，并迁回到嫩枝条上发育为成虫，7月中旬产卵发生第2代，8月中旬为若虫盛孵期，该代若虫亦爬到叶背为害，至10月间以2龄虫态再迁回枝干皮缝等隐蔽处越冬。

东方盔蚧在东北、华北地区营孤雌生殖，在新疆的石河子地区发现有两性生殖。此虫的个体发育很不整齐，不仅因寄主种类和季节不同，就是同一寄主、相同季节，由于寄生部位不同，个体大小和产卵量也不相同。卵的发育速度与温度成正相关。第1代卵在4、5月份月平均温度为18℃时，经30d左右才能孵化；第2代卵在7月中下旬月平均温度为30.5℃，经20d左右即孵化。若虫孵化后，先在母壳下停留不动，待大部分若虫孵化后始离壳。这时如遇天旱少雨，常因母体介壳紧贴枝干表皮，若虫干死在壳内；反之，如果遇气候湿润，则能顺利爬出介壳；但如遇暴风雨天气，若虫易被风雨吹落地面而死亡。卵的孵化率高低与温湿度关系很大，平均气温19.5～23.4℃，平均相对湿度41%～50%时孵化率最高；平均气温超过25.4℃，平均相对湿度为38%以下时，卵的孵化率能降低89.3%。叶片上的若虫越冬前迁于嫩枝或皮缝内固定越冬，有的来不及迁移，则随叶落地而死亡。

6. 柿绒蚧　1年发生代数因地区气候而异，在山东、河南1年发生4代，在浙江1年发生4～5代，在广西1年发生5～6代，均以若虫在树皮裂缝、芽鳞等处隐蔽越冬。越冬若虫在山东于4月中旬平均气温达14.2℃时开始活动，5月下旬出现成虫，并开始交配产卵。各代雌虫产卵盛期分别在5月末、7月初、8月初及9月初。各代若虫出现盛期分别在6月中旬、7月中旬、8月中旬及9月中旬，以第2、3代若虫为害最严重。10月中旬初龄若虫爬到树皮裂缝等处越冬。在广西于3月柿树发叶时，部分越冬若虫爬到叶上固定为害，在主干和大枝皮缝处的若虫继续在树皮下生活，3月上中旬越冬代成虫出现，其余各代成虫出现期分别为5月中下旬、6月中下旬、7月下旬、9月下旬，11月中旬出现最后1代若虫并开始越冬。

若虫出蛰后，爬到梢基鳞片下方、嫩芽、叶腋、叶柄及叶背等处为害，多寄生于叶背主脉、侧脉和叶缘上。第1代若虫由叶面及近果的枝条爬到果实上固定为害，多寄生在果顶和果蒂，仅少数仍留在叶上为害。以后各代多寄生于果上，少数寄生叶背和枝条上，因此引起不断的落果。由于叶片、果实的脱落及鲜果的采收，在其上的末代若虫不能成为第2年的虫源。另一部分离叶、果较远的个体，则在主干枝条上繁殖。1、2年生枝皮下和枝条、主干上萌芽处的越冬若虫是第2年的虫源。雄虫羽化时，雌虫体表开始产生白色蜡丝，体节明显。雄虫羽化后即行交配，交配后雌虫卵囊逐渐形成，并由纯白色转变为暗白色，这时雌虫开始产卵。卵囊后缘稍微翘张，为产卵盛期的特征；后缘大为翘张，并微露红色，为孵化盛期；卵囊大大翘张，上面有红色小点（虫体），甚至卵囊外翻呈脱落状，有丝状物牵连在卵囊边缘，果实上有红色小点，已是孵化末期，若虫已经固定。识别这些现象，对掌握适期防治有参考价值。

7. 康氏粉蚧　1年发生3代，主要以卵在树体各种缝隙及树干基部附近土石缝处越冬，少数以若虫和受精雌成虫越冬。寄主萌动发芽时越冬若虫开始活动，卵开始孵化分散为害。

第1代若虫盛发期为5月中下旬，5月上旬至7月上旬陆续羽化，交配产卵。第2代若虫6月下旬至7月下旬孵化，盛期为7月上中旬，8月上旬至9月上旬羽化，交配产卵。第3代若虫8月中旬开始孵化，8月下旬至9月上旬进入盛期，9月下旬开始羽化。第3代若虫羽化早者交配后产卵越冬；早产的卵可孵化，以若虫越冬；羽化迟者交配后不产卵即越冬。雌若虫期35～50d，雄若虫期25～40d。雌成虫交配后再经短时间取食，寻找适宜场所分泌卵囊产卵其中。单雌产卵量1代、2代200～450粒，3代70～150粒，越冬卵多产在树体缝隙中。此虫可随时活动转移为害。

8. 柳蛎盾蚧 1年发生1代，以卵在雌虫介壳内越冬。翌年5月中旬越冬卵开始孵化为若虫，6月初为孵化盛期，孵化较整齐，孵化率几乎高达100%。早孵化的少数若虫固定在雌介壳下，后孵化的大量若虫爬出雌介壳沿树干、枝条向上迁移，爬行1～2d后寻找到适当位置固定为害，6月上旬初孵若虫多已固定在枝干上，分泌白色蜡丝将虫体覆盖，并将口针刺入表皮组织内吸取养分。1龄若虫于6月中旬开始蜕皮进入2龄。整个若虫期30～40d。2龄若虫出现性分化。2龄雌若虫于7月上旬经第2次蜕皮变成雌成虫。2龄雄若虫到了发育后期，蜕皮变为预蛹，口器完全消失，消化器官及其附属构造也不再存在，出现一些成虫的器官芽体（如触角、复眼、翅、足和交配器等），此时不食不动，也不形成分泌物，经7～10d进入蛹期，触角芽和足芽延长，交配器和翅芽突出，于7月上旬羽化为雄成虫，羽化率为90%左右。雄虫羽化后在树干上迅速爬行，寻找雌成虫交配，雌雄性比为7.3∶1。雄成虫只能做短距离飞行，交配后一般很快死亡。交配后的雌成虫于8月初开始产卵，产卵前雌虫腺体分泌蜡丝，虫体做摇摆运动，形成背膜和腹膜，成为非常发达的介壳其他部分，产卵和藏卵其中。虫体边产卵边向介壳前端收缩，卵产藏于虫体收缩后腾出之部位。每雌虫产卵77～137粒，一般100粒左右。产卵完毕后雌成虫亦死去，卵期长达300～390d。

9. 梨枝圆盾蚧 由于地区气温和树种的不同，1年发生2～3代。多以2龄若虫在黑色圆形介壳下于10月以后在寄主枝干上越冬，春季树液流动时开始取食，介壳内体色由黄褐色变为鲜嫩的乳黄色，介壳也出现雌雄性差异。在新疆阿克苏地区雄虫于5月上中旬出现，以后在7～9月又出现两批雄虫。第1代若虫涌散从5月末至6月初开始，涌散期可延续近50d，从初龄若虫至雌虫成熟约需50d，因而若虫涌散期在整个生长季节中连续不断，但有3个涌散高峰期，分别在6月中旬、8月中旬和9月中下旬，山东涌散高峰分别为6月上旬、7月下旬和9月下旬。

此蚧营两性生殖和孤雌卵胎生。潍坊调查，越冬代、第1代和第2代的雌雄性比分别为1.9∶1、1.4∶1和1.1∶1，平均单雌产卵量分别为75、82和118粒。1龄若虫孵化后，多在上午爬出母体，选择适宜的固定场所，爬行距离一般不超过2m，3～7h内即固定在细枝上，数量过多时才爬到果实和叶片上，而叶片上的若虫多不能越冬。若虫固定后1～2d分泌蜡质覆盖体背。温湿度对初孵幼虫影响较大，高温干燥或暴雨常造成其大量死亡。梨枝圆盾蚧的空间分布属聚集分布型，成蚧在林中呈片状分布。

10. 桑白蚧 1年发生代数因地理位置不同而异，均以末代受精成虫在枝干上越冬。在陕西、山西、山东、北京等地1年2代，第1代若虫5月上旬至6月上旬出现，第2代若虫7～8月间出现；在江浙一带1年3代，若虫出现期分别为4～5月、6～7月、8～9月；在广东则1年5代，若虫出现期分别在2月、5月、7月、8月和10月下旬。

翌年寄主树液流动时越冬雌虫恢复聚集为害，虫体发育迅速，介壳逐渐鼓起，此时介壳易剥离。雌虫产卵于介壳下，单雌产卵量随季节不同而不同，最多可达150～200粒。若虫孵化后爬出母介壳在寄主上爬行5～10h后固定取食，常集中在皮薄的芽、叶痕等的周围，有的则密集在主干和枝基，这些常发育为雄虫。雌性经过2个龄期，蜕皮为成虫。2龄雄虫则分泌蜡丝形成茧，经预蛹和蛹期再羽化为成虫，常见到主干和枝基有密集成片的雄茧似絮状。雄虫多爬动少飞行，风雨对其存活极为不利，寿命不超过1d，多在交配后死亡。一些资料报道该蚧能行孤雌生殖，但山东农业大学和甘肃省农业科学院果树研究所及日本报道其不能行孤雌生殖。该蚧喜荫蔽多湿的小气候，所以在通风不良、管理不善的果园发生重，高温干旱、通风透光不利其发生。

四、预测预报方法

①调查越冬后若虫数量作为有效虫口基数及其他虫态存活参数，预测下一代种群的消长趋势。

②成虫产卵初期，在林间选几个有代表性的小枝，剔留3～5个雌虫，在小枝两端涂凡士林以防外来虫源爬入。发现样枝上有初孵若虫后，每日统计数量，并观察天敌的作用作为参数进行测报。

③若虫孵化后，取样调查叶片上的若虫数，与上年同期虫口数比较，分析种群演变规律。当种群数量足以造成为害时应及时防治。

五、综合治理方法

1. 植物检疫 严禁疫区苗木向非疫区调运。有蚧苗木或接穗必须药剂处理后方能输入。

2. 人工防治 寄主萌发前，用草把或刷子抹杀主干或枝上的越冬雌虫或茧内雄蛹。对草履蚧夏季或冬耕时挖除树冠下土中的白色卵囊，加以销毁。早春用粗布或草把等抹杀树干周围的初孵若虫。雌成虫下树产卵时，在树干基部挖坑，内放杂草等诱集产卵，后集中处理。

3. 生物防治 应用澳洲瓢虫、大红瓢虫防治吹绵蚧早已获得成功。在浙江黄岩发现有2种草蛉幼虫取食吹绵蚧。柿绒蚧天敌有红点唇瓢虫、黑缘红瓢虫和草蛉，前者对其抑制作用较大，对第1代雌虫捕食率达50%～60%，1头瓢虫1d可捕食2～3个雌蚧。日本龟蜡蚧的天敌已发现20余种，捕食性天敌以红点唇瓢虫、二星瓢虫、蒙古光瓢虫、黑缘红瓢虫为优势种，同型蜗牛亦捕食若虫；寄生性天敌以红蜡蚧扁角跳小蜂、长盾金小蜂、蜡蚧花翅跳小蜂、软蚧蚜小蜂为优势种，蜂寄生率可达50%左右。东方盔蚧的主要天敌有黑缘红瓢虫、红点唇瓢虫、蒙古光瓢虫和3种寄生蜂，蜂寄生在2龄若虫体内，寄生率达32%左右，在新疆还有小黄蚂蚁、瓢虫、草蛉等捕食性天敌。梨圆蚧的天敌有50多种，故在老发生区常被天敌自然控制，多无明显为害。捕食性天敌有多种瓢虫，主要是盔唇瓢虫属的种类。如红点唇瓢虫和肾斑唇瓢虫是梨圆蚧原产地广泛分布的种类；二双斑唇瓢虫是分布在新疆专食盾蚧类的天敌，捕食率可达80%；黑背唇瓢虫是辽宁的优势种；在美国取食梨圆蚧的有双刺唇瓢虫；在俄罗斯有双点唇瓢虫和肾斑唇瓢虫等。寄生性天敌主要有梨圆蚧寡节小蜂，美国、日本曾引进此蜂，从而使梨圆蚧得到控制；蚧蚜小蜂在新疆自然寄生率可达30%以上，在陕西也有这个属的种类寄生梨圆蚧；辽宁省调查则有寄生蜂5种。柳蛎盾蚧的天敌主要有桑盾蚧黄金蚜小蜂（体外寄生）、蒙古光瓢虫、方斑瓢虫等。桑白蚧天敌很多，有瓢虫、内寄生蜂、外寄生蜂、瘿蚊等，优势种为桑蚧寡节小蜂、黑缘红瓢虫等。

只有保护和利用以上天敌，蚧类防治才能为可持续治理奠定基础。

4. 化学防治

①树干刮皮涂药或打孔注药或吊瓶注射药剂，用 50%久效磷水溶剂、40%氧化乐果乳油或 30%好年冬乳油 5～10 倍液。

②树干、树枝喷药：a. 应用 40%乐果乳油、50%马拉硫磷乳油、40%亚胺硫磷乳油、80%磷胺乳油、50%甲胺磷乳油 500～1 000 倍液或 80%敌敌畏 1 000～1 500 倍液喷杀初孵若虫。b. 应用 50%杀虫净油剂超低容量喷杀 1 龄寄生虫。

③根施 3%呋喃丹颗粒剂，每株 150～300g。

④初春对吹绵蚧用 8～10 倍松脂合剂，冬季可用 1～3 波美度、夏季 0.3～0.5 波美度石硫合剂喷杀。

⑤在早春对草履蚧若虫出土上树前于树干基部涂胶环，以阻止其上树，环宽 30 cm，最好将环上老树皮刮平。出蛰盛期，每天早晨应涂胶 1 次，黏虫胶可用废机油、棉花油、柴油或蓖麻油 0.5kg 充分熬煮后加入压碎的松香 0.5kg，待熔化后，停火，即可使用。也可于离地 1m 高的树干上涂抹 30cm 宽黄泥环，再于环上贴上 20cm 宽塑料薄膜环，环上再涂 16.5cm 宽的毒油环（毒油配方：DDVP 0.5 份＋机油 2 份＋黄油 5 份）。

第三节　蝉、蜡蝉和叶蝉类

一、种类、分布与为害

蝉类害虫属同翅目（Homoptera），常见种类有蝉科的蚱蝉（*Cryptotympana atrata* Fabricius），蜡蝉科的斑衣蜡蝉（*Lycorma delicatula* White），蛾蜡蝉科的白蛾蜡蝉（*Lawana imitata* Melichar），叶蝉科的大青叶蝉（*Tettigella viridis* L.）、葡萄斑叶蝉［*Erythroneura apicalis*（Nawa）］、桃一点叶蝉［*Erythroneura sudra*（Distant）］、棉叶蝉［*Empoasca biguttula*（Shiraki）］、桑斑叶蝉［*Erythroneura mori*（Matsumura）］、小绿叶蝉［*Empoasca flavescens*（Fabricius）］、八点广翅叶蝉（*Ricania speculum* Walker）、中华拟菱纹叶蝉等。其中，现以发生为害较重的蚱蝉、白蛾蜡蝉、大青叶蝉、桃一点叶蝉作为代表介绍。

1. 蚱蝉　国外分布于日本、东南亚、大洋洲和美洲；在我国内蒙古及长城以南，西至四川的广大平原及丘陵地区都有分布。寄主植物有各种林木、果树和木本花卉等。若虫在土中刺吸寄主根部的汁液。雌成虫产卵时以锋利的产卵器划破枝梢的皮层，常导致小枝枯萎。

2. 大青叶蝉　在我国各地普遍发生。寄主植物繁多，主要有苹果、梨、桃等果树和梅花、樱花、木芙蓉、杜鹃花、海棠、丁香等花木以及桑、柳、榆等林木，也为害多种农作物和蔬菜。在果树上主要以成虫产卵为害，成虫产卵时用产卵器将寄主表皮割成月牙形的裂口，造成枝条枯萎。

3. 桃一点叶蝉　在我国分布于长江流域各省区及东北、内蒙古、河北、山西、山东等地。寄主以桃、杏为主，李、梅次之，也为害月季、海棠、樱桃、葡萄、苹果、梨等多种花卉和果树。成、若虫刺吸叶片汁液，被害叶出现白斑，严重时全树叶片苍白，提早落叶。

4. 白蛾蜡蝉　国外分布于日本；我国分布于广东、广西、福建、台湾、四川等地。寄主植物有柑橘、荔枝、龙眼、芒果、黄皮、梨、桃、梅、扁桃、木菠萝、木瓜、无花果、人面果、咖啡、茶、桑、银桦、木麻黄、田菁、柽柳等。成虫和幼虫密集在嫩梢和枝条上吸食寄主汁液，使嫩枝生长不良、叶片萎缩扭曲、树势衰弱，严重者枝干干枯；受害果实质量变劣，易脱落。其排泄物可引发煤烟病。

二、形态特征（表 9－2，图 9－20 至图 9－23）

表 9－2　4 种蝉、蜡蝉和叶蝉类害虫的主要形态识别特征

虫态	蚱蝉	大青叶蝉	桃一点叶蝉	白蛾蜡蝉
成虫	体长 40～48mm，翅展 122～130mm，体黑色有光泽。复眼较大，向两侧突出；单眼 3 个。中胸背板具 X 形突纹。翅透明，翅脉隆起。雄成虫后胸后缘有 1 对音盖，与腹部第 1 节前缘发音器组成 1 对鸣器	体长 8～9mm，青绿色。复眼黑褐色，有光泽；头部有单眼 2 个，在触角窝上各有 1 块黑斑，单眼间有 2 个多边形黑斑点。前胸背板前缘黄色，其余为深绿色。前翅蓝绿色，翅脉为青黄色，具狭窄的淡黑色边缘，翅前缘淡白色，末端灰白色，半透明；后翅及腹背面烟黑色；腹部两侧、腹面及足均为橙黄色。雌虫有锯状产卵器	体长 3.1～3.3mm，全体淡黄、黄绿或暗绿色，初羽化时略有光泽，几天后体外覆一层白色蜡质。头顶钝圆，顶端有 1 小黑点（由此得名），其外围有 1 白色晕圈。翅绿色半透明。雄虫腹部背面具黑色宽带，雌虫腹背仅为 1 黑斑。产卵器锯状	体长 16.5～21.3mm，黄白色或碧绿色，翅质脆弱，体上被有白色蜡粉。头部前额稍尖，向前突出；复眼圆形，褐色；触角基部膨大，其余呈刚毛状。前胸背板较小；中胸背板发达，具 3 条隆脊。前翅外缘平直，顶角近直角，臀角尖锐突出，前翅翅脉分支多，径脉和臀脉中断黄色，臀脉基部蜡粉较多，集中成小白点；后翅白色或淡绿色，半透明
卵	长椭圆形，初产时乳白色，渐变淡黄色。每卵孔有卵 6～8 粒，排列成排	长卵形，稍弯曲，一端略尖，长约 1.6mm，乳白色，近孵化时黄白色	长椭圆形，一端略尖。长 0.75～0.82mm，乳白色，半透明	长椭圆形，长约 1.5mm，淡黄白色。卵粒排列成长方形卵块
若虫	老熟若虫体长 33～38mm，土黄褐色。前足为开掘足，翅芽明显，无鸣器和听器	初孵时灰白色，微带黄绿，3 龄后体黄绿色，胸、腹背面及两侧具 4 条褐色纵纹，并出现翅芽。老熟若虫体长 6～7mm，形似成虫，仅翅未发育完全	共 5 龄。末龄若虫体长 2.4～2.7mm，全体淡墨绿色，复眼紫黑色，翅芽绿色	末龄体长 7～8mm，稍扁平。胸部宽大，翅芽发达，末端平截。全体白色，披白色蜡粉。腹部末端呈截断状，被有 1 束白色絮状长蜡丝

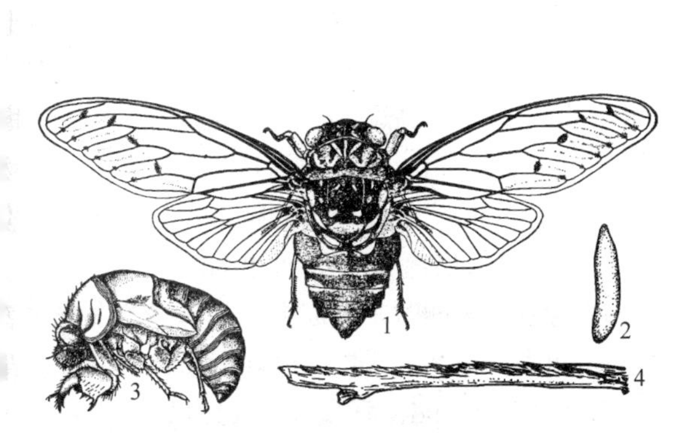

图 9－20　黑蚱蝉

1. 成虫　2. 卵　3. 若虫　4. 为害状

（1、3 仿北京农业大学，余仿河南农业大学）

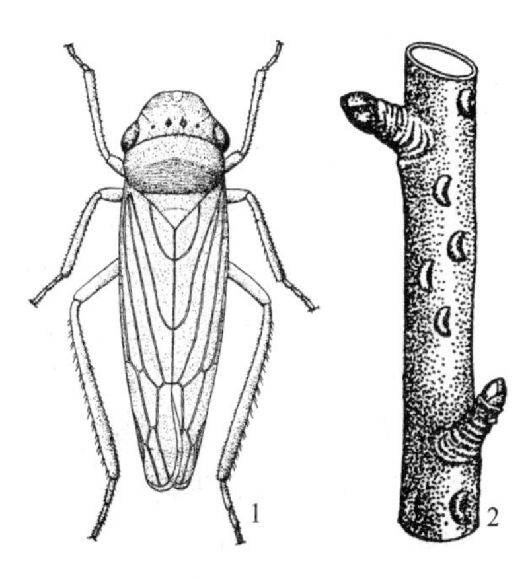

图 9－21　大青叶蝉

1. 成虫　2. 为害状

（1 仿中国农业科学院果树研究所，2 仿韩召军）

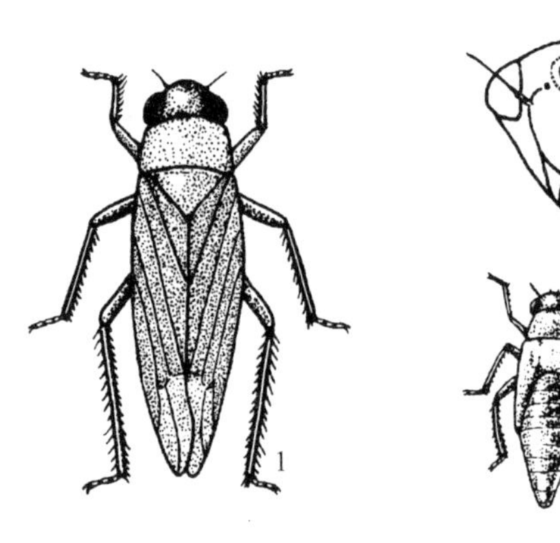

图 9－22　桃一点叶蝉

1. 成虫　2. 成虫头部正面观　3. 若虫

（仿中国农业科学院果树研究所）

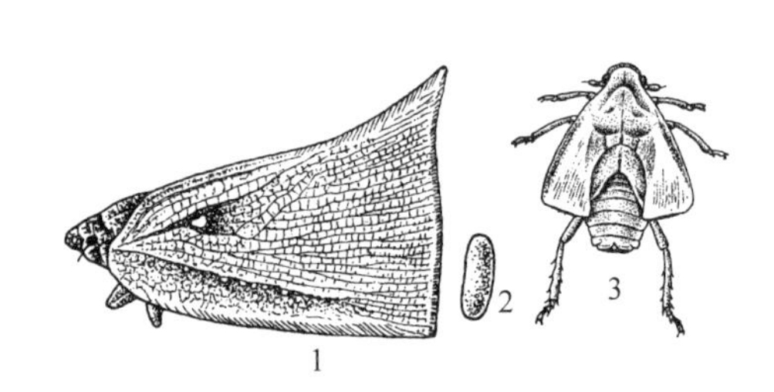

图 9－23　白蛾蜡蝉

1. 成虫　2. 卵　3. 若虫

（仿中国农业科学院果树研究所）

三、发生规律

1. 蚱蝉　完成 1 代需数年至 10 余年，以卵在枝条内或各龄若虫在土中越冬。当旬均温达到 22℃以上时，老熟若虫在羽化前 1d 黄昏到夜间钻出地面，爬至附近树干或植株茎干上蜕皮羽化。在福州 5 月下旬至 6 月初始见成虫，6 月中旬至 7 月上旬为蝉鸣盛期；而在华北 6 月末开始羽化，一般在雨后出土较多，9 月下旬仍有蝉鸣。成虫羽化后刺吸树木汁液补充营养，白天活动，夜间伏在枝干上不宜活动，受惊扰后可趋光飞行。寿命 60～70d。7 月中旬开始产卵，8 月为产卵盛期。卵多产于直径 4～5mm 的当年生枝条上。成虫产卵时先用产卵器纵向刺破枝条，造成爪状裂口，再将卵产在裂口内。卵纵斜排列，比较整齐，少数为弯曲或螺旋状排列。每个产卵伤痕内有卵 6～8 粒，多者百余粒。被产过卵的枝条留下点点刺伤痕迹，且常有木质碎屑露出表面。当年产的卵于次年 6 月（福州为 5 月上中旬）孵化，若虫掉落地面钻入土下 20cm 左右深处刺吸为害树根，并在土中沿树根营造土室。若虫共 5 龄，一生都在土中生活数年至 10 余年，每年春暖后上升到表土层吸食根部汁液，秋凉后转至土壤深层越冬。其天敌主要有螳螂、麻雀、喜鹊、白僵菌、绿僵菌等。

2. 大青叶蝉　在河北省以南地区 1 年发生 3 代，在甘肃、新疆、内蒙古等地 1 年 2 代。各地均以卵在枝条内越冬。3 代区，越冬卵 4 月孵化，孵化后由越冬寄主转移至禾本科作物上为害。夏季卵多产于芦苇、野燕麦、早熟禾、牛筋草、小麦、玉米、高粱等禾本科植物的茎秆和叶鞘上。第 2、3 代成虫和若虫主要为害豆类、玉米、高粱以及秋作蔬菜。10 月中旬成虫迁至果树、杨、柳、刺槐等多种阔叶树的枝干上产卵，10 月下旬为产卵盛期。在 1～2 年生苗木及幼树上，卵块多集中在 0～1m 高的主干上，越近地面，卵块越多；在 3～4 年生幼树上，多集中在 1.2～3.0m 高处的主干及侧枝上，以低层侧枝上的卵块为多。

若虫喜群集于嫩绿的寄主植物上为害。成虫趋光性强。产卵时，雌成虫先用产卵器在寄主表皮上锯成月牙形的裂口，再将卵成排产于裂口内。每卵块有卵 2～15 粒，每雌产卵30～70 粒。第 1、2 代卵期分别为 12d 和 11.2d。若虫 5 龄，第 1 代若虫期 43.9d，第 2、3 代均为 24d 左右。

3. 桃一点叶蝉　桃一点叶蝉在福建、江西 1 年 6 代，在南京地区 1 年 4 代。各地均以成虫在桃园内及其附近的落叶、杂草、树皮裂缝及常绿林内越冬，次年桃树现蕾萌芽时，成虫迁入取食、产卵。全年以 7～9 月在桃树上的虫口密度最大，为害也最严重。从第 2 代起出现世代重叠现象。

成虫在天气晴朗温度升高时行动活泼，清晨、傍晚及风雨时不活动。早春吸食桃花花萼和花瓣汁液，造成半透明的斑点，落花后为害叶片，被害叶出现失绿斑点。秋季干旱季节，常几十头群集于卷叶内为害。卵主要产在叶背主脉内，以近基部主脉处最多，少数产在叶柄内。每雌产卵46～165粒。若虫喜群集于叶背为害，受惊后可快速横行爬动。

4. 白蛾蜡蝉　白蛾蜡蝉在广西南宁、福建南部1年发生2代。以成虫在寄主植物的茂密枝叶丛中越冬，周年可见成虫。在广西南宁，2、3月天气转暖时，越冬成虫就开始活动，第1代卵盛期在3月下旬至4月中旬，若虫盛期在4～5月；第2代卵盛期在7月中旬至8月中旬，若虫盛期在8～9月。在福建南部，第1代若虫、成虫分别发生在3～4月和5～6月，第2代分别在7～8月和9～10月。

卵聚产于嫩枝或叶柄组织内，呈长方形块或长条状，每块有卵99～316粒，产卵处呈现枯褐色的隆起斑点。卵历期一般21d。初孵若虫有群集性，后逐渐扩散，但仍常见三五成群活动，善跳跃。若虫5龄，历期60～87d。第2代若虫至11月上旬几乎全部发育为成虫，但尚未达到性成熟，并不交配产卵，随着气温下降陆续转移到茂密的枝叶间越冬。

夏、秋两季阴雨连绵和降水量较大时，有利于白蛾蜡蝉的发生和为害。狭面姬小蜂（*Dermatopelte* sp.）、黄斑啮小蜂（*Sphenolepis* sp.）、白蛾蜡蝉啮小蜂（*Sphtomosphrum* sp.）、赤眼蜂（*Japania* sp.）和黑卵蜂（*Jelenomus* sp.）可寄生白蛾蜡蝉的卵，1种螯蜂和1种举腹姬蜂可寄生其若虫。

四、常见其他蜡蝉和叶蝉（表9-3）

表9-3　5种常见蜡蝉和叶蝉的发生概况和防治要点

害虫种类	发生概况	防治要点
斑衣蜡蝉	以成、若虫刺吸为害寄主树干或树叶，嗜食臭椿、苦楝，对葡萄为害严重。每年发生1代，以卵越冬。我国从南到北越冬卵于3月底至4月中旬逐渐孵化，若虫5龄，6月中旬羽化为成虫，为害也随之加剧	①葡萄园周围不种臭椿、苦楝 ②摘除卵块 ③若虫期药剂防治
葡萄斑叶蝉	除为害葡萄外，还为害苹果、梨、樱桃、山楂、桑树、槭树及菊花、大丽花、一串红等。在河北1年发生2代，山东、河南、陕西、江苏、浙江1年发生3代，均以成虫在杂草、落叶下或石缝中越冬。卵产于叶背叶脉内或绒毛中，历期约10d。6～10月是为害期。一般大叶型品种和杂草丛生、通风不良的果园受害重	①冬季清园，减少越冬虫源 ②合理修剪、整枝和支架，保持通风透光 ③第1代若虫盛发期药剂防治
桑斑叶蝉	成、若虫刺吸桃、梨、葡萄、桑树、枣、柿等树木叶片。山东1年发生2代，以卵在枝条内越冬。成虫盛发期分别在5月和7月	若虫盛发期药剂防治
小绿叶蝉	主要寄主有蔷薇科和锦葵科植物以及茶、花生、大豆等。1年发生9～17代，以成虫在杂草丛中或树皮裂缝中越冬。全年有2次发生高峰，分别在5月下旬至6月中旬和10月中旬至11月中旬。世代重叠严重。卵产于芽梢组织内。能传播病毒病	①冬季清除果园杂草 ②若虫盛发期喷药
棉叶蝉	主要寄主植物为锦葵科、菊科、葡萄等。1年发生8～14代，越冬虫态不一，在河南、广西以卵在寄主植物组织内越冬，湖北以成虫在杂草及表土里越冬。在秋季为害严重。成虫有趋光性	①及时清除杂草 ②发生期药剂防治
八点广翅叶蝉	寄主植物有枣、柿、栗、油茶、苹果、柑橘等，1年发生1代，以卵在枝条内越冬。9～10月为产卵盛期。产卵造成枝条枯死，成、若虫取食造成树势衰弱	①剪除带卵枯枝 ②用柴油乳剂加常规药剂防治

五、综合治理方法

1. 蚱蝉

①结合修剪整枝，剪除并集中烧毁有卵枝条。

②7～8月成虫发生期，夜晚在园内空地堆积点燃枯枝烂叶，晃动树体，诱杀成虫。

③树盘覆盖麦草、麦糠，阻碍初孵若虫入土。

④6～8月老熟若虫出土羽化期间，组织人力捕捉。近些年来，许多地方为了食用而大量捕捉若虫出售，基本控制了该虫的发生。

2. 其他蝉类害虫的防治

（1）灯光诱杀　利用大青叶蝉成虫的趋光性，在成虫发生期，设置黑光灯进行诱杀。

（2）树干涂白涂剂　大青叶蝉产越冬卵之前，在寄主树干上涂刷防寒白涂剂，对阻止成虫产卵有一定作用。

（3）清洁田园　清除园地及附近杂草，剪除被害枝，集中烧毁。

（4）防治杂草上大青叶蝉的若虫　在果园杂草和林缘杂草上喷洒20%杀灭菊酯3 000倍液消灭初孵若虫。

（5）剪除白蛾蜡蝉为害的虫枝　结合冬、夏修剪，剪除有虫枝叶，从而减少虫源；剪除过密枝条和枯枝，既有利于通风，又能防止害虫产卵。

（6）人工网捕　白蛾蜡蝉成虫盛发期，用网捕杀成虫。

（7）化学防治　防治桃一点叶蝉要掌握3个关键时期：①3月间越冬成虫迁入期；②5月中下旬第1代若虫孵化盛期；③7月中下旬第2代若虫孵化盛期。白蛾蜡蝉防治适期为若虫开始发生时，即寄主植物上有白色絮状物出现时。可选用以下药剂进行喷雾防治：25%扑虱灵150～250μl/L、80%敌敌畏乳油400～533μl/L、20%灭扫利乳油67～100μl/L等。因扑虱灵对同翅目昆虫有特效而对天敌安全，建议在实践中作为首选药剂。还可用吡虫啉、叶蝉散等药剂防治。

第四节　木虱和粉虱类

一、种类、分布与为害

木虱属同翅目木虱科，主要种类有中国梨木虱（*Psylla chinensis* Yang et Li）、柑橘木虱（*Diaphorina citri* Kuwayama）。粉虱属粉虱科，主要种类有温室白粉虱［*Trialeurodes vaporariorum*（Westwood）］、烟粉虱（*Bemisia tabaci* Gennadius）、柑橘绿粉虱（*Dialeurodes citricola* Young）、黑刺粉虱［*Aleurocanthus spiniferus*（Quaintance）］等。其中，介绍为害较普遍且严重的中国梨木虱、温室白粉虱和黑刺粉虱作为代表。

1. 中国梨木虱　分布于我国辽宁、内蒙古、河北、甘肃、陕西、宁夏、山东、河南和浙江等地。寄主专一性很强，仅为害梨，尤以鸭梨、蜜梨、黄花梨和慈梨受害最重。成、若虫刺吸芽、叶及嫩梢汁液，造成新梢萎缩、叶片提前脱落；成虫还可为害成熟的叶片。若虫分泌的蜜露污染下部的叶面和果实，并引发煤污病。

2. 温室白粉虱　原产于北美，现已遍及世界各国。我国分布于东北、华北及新疆、江苏、浙江、四川等地，在北方地区发生为害严重。已知寄主植物达 210 多种，包括蔬菜、观赏植物、药材及果树等，其中以黄瓜、菜豆、茄子、辣椒、番茄、冬瓜、莴苣等受害最重。成、若虫群集在寄主植物的叶背刺吸汁液，受害植株叶片发黄、萎蔫，严重者整株死亡。分泌的蜜露易引发煤污病。还可传播植物病毒病。

3. 黑刺粉虱　又名橘刺粉虱、刺粉虱。分布于我国四川、云南、贵州、湖南、湖北、江苏、江西、浙江、广东、广西、福建、台湾等地。除为害柑橘类外，还为害蔷薇、月季、苹果、梨、葡萄、茶、柿、枇杷、香樟等数十种植物。若虫群集在叶片背面刺吸汁液，被害处形成黄斑，分泌的蜜露诱发煤污病，导致植物枝叶发黑、枯死脱落。

二、形态特征

1. 中国梨木虱（图 9-24）

（1）成虫　冬型体长 2.8～3.2mm，体褐色，中胸背板有 4 条橙红色纵纹，头顶及足色淡，前翅臀区有明显褐斑。夏型体长 2.3～2.6mm，绿色至黄色，绿色型仅中胸背板大部分黄色，盾片上有黄褐色带，腹部黄色，其余部分绿色；黄色型除胸背部斑纹为黄褐色外，其余为黄色。翅上无斑纹，头与胸等宽。

（2）卵　冬型成虫展叶前产的卵暗黄色，展叶后产的卵淡黄至乳白色。夏型成虫产卵乳白色。卵一端尖细，并有丝柄，一端钝圆，具短柄。

（3）若虫　初孵若虫淡黄色，随龄期增大渐变绿色。体椭圆形，复眼红色，翅芽向两侧突出。

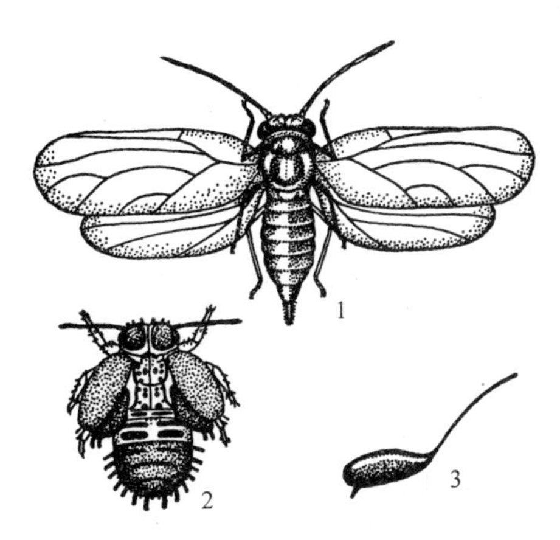

图 9-24　中国梨木虱
1. 成虫　2. 若虫　3. 卵
（仿中国农业科学院果树研究所）

2. 温室白粉虱（图 9-25）

（1）成虫　体长 1.5mm 左右，淡黄色，翅面覆盖有白色蜡粉，外观呈白色。停息时雌成虫两翅平坦合拢，雄成虫的翅内缘则向上翘，翅叠于腹背呈屋脊状。而烟粉虱（*Bemisia tabaci* Gennadius）的翅更靠近身体。

（2）卵　长椭圆形，有细小卵柄。初产时淡黄色，后变黑色。

（3）若虫　长卵圆形，扁平，淡黄绿色，体表有长短不齐的白色蜡丝，2 根尾须较长。

（4）伪蛹　椭圆形，扁平，中央略高，黄褐色，体背有 5～8 对长短不齐的蜡丝，体侧有刺。

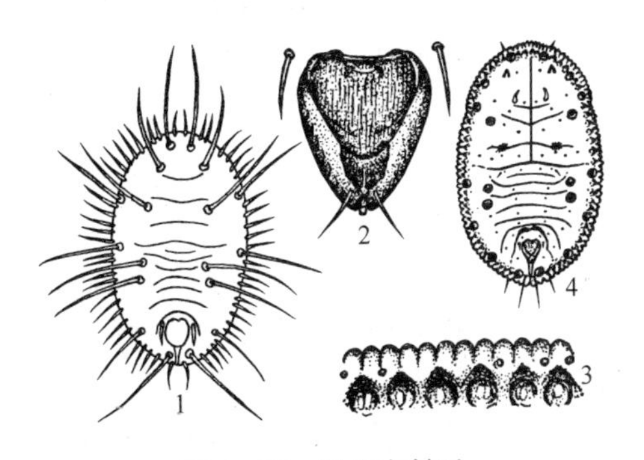

图 9-25　温室白粉虱
1. 若虫　2. 管状孔及第 8 节刺毛位置
3. 外缘锯齿及分泌突起　4. 蛹
（仿宫武）

3. 黑刺粉虱（图 9-26）

（1）成虫　雌成虫体长 1～1.7mm，橙黄色，被有薄的白色蜡粉。前翅褐紫色或黑色，桨状，具 1～2 条纵脉，翅面上有 7 个白色斑纹；后翅小，淡紫褐色，无斑纹。腹部背面末端有 1 管状孔，孔内有 1 孔瓣和舌片。雄成虫体长约 1mm，翅的形状与雌成虫近似，唯白色斑纹较大，腹末有交配器。

（2）卵　长椭圆形，弯曲如香蕉状，直立附于叶上。顶端较尖，基部钝圆，有1小柄。初产时乳白色，后变为淡黄色，孵化前灰黑色。

（3）若虫　共3龄。1龄若虫具触角和足，能爬行，体背有黄色刺毛4根，背侧具刺6对。2、3龄若虫触角和足均退化。2龄若虫体周围分泌有白色蜡质物，体背刚毛10对。3龄若虫深黑色，背黑色刺毛13对。

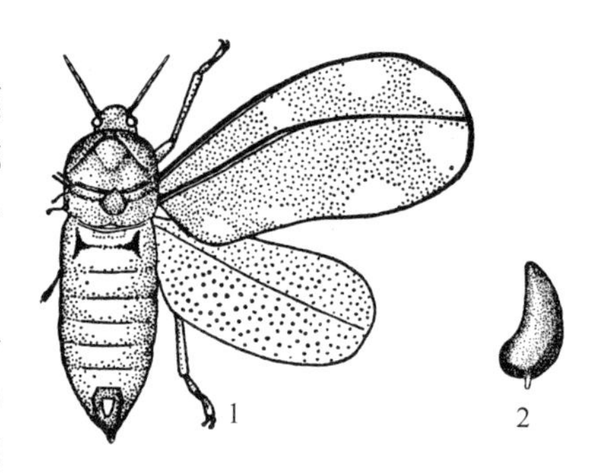

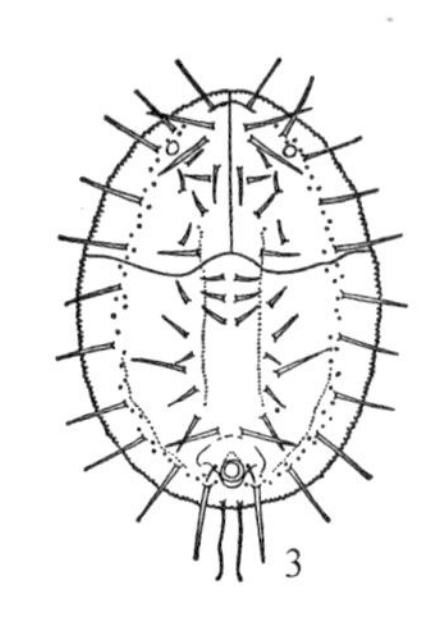

图9-26　黑刺粉虱
1. 成虫　2. 卵　3. 蛹壳
（仿华南农学院）

（4）伪蛹　近椭圆形，漆黑色，有光泽，边缘锯齿状，背面显著隆起，周围有较宽的白色蜡边。胸部有9对刺毛，腹部有10对。两侧边缘雌蛹有刺毛11对，雄蛹10对。

三、发生规律

1. 中国梨木虱　中国梨木虱在我国1年发生3～7代，以冬型成虫在落叶下、树干的翘皮裂缝中越冬。在6～7代区的冀中南和安徽砀山梨区，越冬成虫2月上中旬出蛰，3月上中旬开始产卵，4月上中旬为产卵盛期，卵期约20d。第1代若虫高峰期在4月中下旬，5月下旬开始发生第1代成虫，此后世代重叠。全年以6月上旬至8月上旬发生的第3、4、5代为害最重。越冬型成虫11月中旬至12月中下旬羽化，11月下旬陆续越冬。4～5代区，第1～3代成虫发生期分别在5月上旬至6月上旬、6月上旬至7月中旬、7月上旬至8月下旬，第4代发生于8月上旬至9月，9月下旬出现第5代成虫，且全为越冬型。第4代后期发生的部分直接变为越冬型成虫，未能转变者则不能越冬。

中国梨木虱成虫活泼善跳。每雌产卵300余粒，卵单产或2、3粒在一起。产卵前期4～6d，产卵期越冬代15～20d，其他各代7～10d。第1代卵产于短果枝叶痕及芽缝处，以后各代产在幼嫩部位的绒毛间、叶面主脉的侧沟内和叶缘锯齿间。第1代若虫钻入刚绽开的花丛或已开裂的芽内为害，或在嫩叶及新梢上为害，以后各代则多集中在叶片背面为害。梨树受害严重时7～8月开始落叶。

中国梨木虱的发生为害程度与湿度和天敌有关。干旱季节发生重，降水多的季节发生轻。其天敌有花蝽、草蛉、寄生蜂和捕食性的瓢虫、蓟马、螨类等，卵期被捕食率可达18%，其中花蝽和寄生蜂的抑制作用最大。

2. 温室白粉虱　温室白粉虱在温室条件下1年可发生10余代。在加温温室或保护地栽培时，各虫态均可安全越冬并继续为害和繁殖。在自然条件下，一般以卵或成虫在杂草上越冬，也有以老熟幼虫及蛹越冬的，但成活率很低。翌年春季气温转暖时，从越冬场所向阳畦和露地蔬菜上扩散为害。为害初期种群数量增长缓慢，7～8月增长较快，8～9月达为害高峰，10月下旬后，种群数量逐渐减少，并开始向温室迁移为害或越冬。在我国北方地区，由于温室和露地蔬菜生产紧密衔接相互交替，因此温室白粉虱可周年发生为害。

温室白粉虱成虫喜群集在植株上部嫩叶背面吸食汁液。成虫不善飞翔，但受惊后可短距离扩散，对黄色有强烈趋性，而对银白色有负趋性。成虫可行两性生殖和孤雌生殖，前者的后代均为雌虫，后者均为雄虫。卵排列成环或散产于叶背，卵柄从气孔插入叶片组织中。每雌产卵300～600粒。若虫孵化后在叶背爬行，找到合适的取食场所后便固定在叶背刺吸为害。第1龄若虫蜕皮后，足、触角、尾须均退化。若虫共3龄，3龄若虫蜕皮化蛹，虫体被包在蛹壳下。成虫羽化时蛹壳背面前半部出现T形裂口，成虫即从中钻出。初羽化的成虫迅速取食，不久便分泌白色蜡粉覆盖全身。

由于成虫喜在植株上部嫩叶上活动取食，随着植株生长，温室白粉虱各虫态在植株上的分布呈现明显的层次：上部嫩叶上为新产下的卵和活动成虫，中上部为将孵化的黑色卵块，中下部为初孵若虫，再下为大龄若虫，最下部是蛹和刚羽化的成虫。

成虫活动最适温度为25～30℃，卵的发育起点温度为7.2℃。完成1代18℃时需31.5d，24℃时24.7d，27℃时22.8d。24℃时卵历期7d，幼虫历期8～10d，蛹历期6～8d，成虫历期15～17d。

3. 黑刺粉虱　黑刺粉虱在福建、四川、湖南1年发生4～5代，浙江、江苏等地4代。各地均以2～3龄幼虫在叶背越冬。在重庆越冬幼虫于3月上旬至4月上旬化蛹，3月下旬至4月上旬大量羽化为成虫，随即产卵，从3月中旬至11月下旬田间各虫态均可出现。在4代区，各代成虫发生盛期分别为4月下旬、6月下旬、8月中旬和9月下旬。

黑刺粉虱在田间呈聚集分布，雌虫多于雄虫。成虫喜较阴暗的环境，常在树冠内幼嫩的枝叶上活动，能借风力扩散。卵多产在中下层的叶片背面，散生或密集呈圆弧状，一般数粒至数十粒在一起。每雌产卵数十粒至百余粒。初孵幼虫可活动，但多在卵壳附近取食。2～3龄幼虫营固定生活。幼虫一生蜕皮3次，每次蜕皮均将皮留在体背上，蛹期时体背就被有3层皮。

卵的孵化率一般在80%左右，但在夏季潮湿的环境下，幼虫常被霉菌寄生，能发育至蛹的仅有2%～20%。由于体背有3层皮的保护，因此蛹期是抵抗药剂和不良环境能力最强的时期。刺粉虱黑蜂、黄色跳小蜂、斯氏寡节小蜂是黑刺粉虱的主要天敌，在四川刺粉虱黑蜂的自然寄生率平均可达71.7%。此外，捕食性天敌刀角瓢虫、黑缘红瓢虫和寄生菌芽枝霉对黑刺粉虱也有较好的控制效果。

四、常见其他木虱和粉虱（表9-4）

表9-4　常见其他木虱和粉虱的发生概况和防治要点

害虫种类	发生概况	防治要点
柑橘木虱	主要为害芸香科的酸橙、甜橙、金橘、柚、芸香、黄皮等。成、若虫群集于嫩梢新芽上吸食，被害嫩梢幼芽萎缩干枯，新叶扭曲变形。还能传播柑橘黄龙病。在浙江1年发生6～7代，我国台湾、福建、广东8～14代，世代重叠。以成虫密集在叶背越冬，3～4月开始在新梢嫩尖上产卵。在广西柳州6～8月为害最烈。其虫口数量消长与柑橘梢芽抽生期相一致。福州3个虫口高峰期分别在3月中旬至4月、5月下旬至6月下旬、7月底至8、9月间	①注意树种布局，加强栽培管理。成片果园最好栽同一树种 ②果园周围种植防护林 ③每次嫩梢抽发期发生木虱时，喷药保护新梢
烟粉虱（甘薯粉虱）	主要为害瓜类、番茄、茄子、甘蓝及多种花卉，为害习性同温室白粉虱，但与白粉虱不同的是，烟粉虱可传播30种植物上的70多种病毒病。夏季高温干旱有利于种群增长。在种群分化上，有A、B两种生物型	参见温室白粉虱

（续）

害虫种类	发生概况	防治要点
柑橘绿粉虱	寄主植物有柑橘、丁香、女贞、柿等植物，主要为害柑橘春梢、夏梢叶片，引起叶片脱落，并可导致煤污病。在我国1年发生3～6代，均以若虫、蛹越冬。3代发生区各代成虫发生期为：越冬代成虫4月，第1代成虫6月，第2代成虫8月。卵产于叶背，有1短柄固着。若虫孵化后，固定在叶背取食	参见黑刺粉虱

五、综合治理方法

（一）中国梨木虱

1. 农业防治 越冬期刮刷翘起的老树皮，清除果园内的枯枝落叶和杂草，是压低基数的有效措施。

2. 药剂防治 防治中国梨木虱的关键时期在越冬成虫出蛰但尚未大量产卵前和第1代若虫孵化期。可选用以下药剂：25%阿克泰水分散性粒剂90g/hm²、10%吡虫啉可湿性粉剂300～600g/hm²、5%高效氯氰菊酯乳油400～500ml/hm²、2.5%溴氰菊酯乳油480～600ml/hm²、40%乐果乳油1 000～2 000ml/hm²，以上药剂喷雾施用，第1次喷雾后隔10d左右再喷1次，可基本控制为害。

（二）温室白粉虱和黑刺粉虱

1. 农业防治 防治温室白粉虱应以农业防治为主。主要措施有：①清洁田园，搞好田间卫生。整枝打下的叶片、残枝等一定要带出田外及时处理。作物收获后，及时清除落叶、残株、杂草，以减少虫源。②培育无虫苗。苗房和生产用房彻底消毒，并要求苗房与生产温室分开，育苗前和移栽前清除杂草和残株。通风口用尼龙网密封，以阻止外来虫源进入。③间作。在温室、大棚附近避免种植黄瓜、番茄、菜豆等白粉虱为害严重的蔬菜，提倡种植白粉虱不喜食的十字花科蔬菜、芹菜、蒜等。

在黑刺粉虱发生为害的果园，及时剪除过密枝条和虫口过多的枝叶，保持通风透光良好，可减轻黑刺粉虱的为害。

2. 阻隔法 在保护地棚的门窗和透气口处安装防虫纱网，防止粉虱侵入棚内为害。

3. 诱杀成虫 温室内设置黄板诱杀粉虱成虫。方法为：将长1m、宽0.2m的硬纸板或纤维板涂成黄色，然后再涂一层黏剂（黏剂用10号机油加少许黄油调匀而成），挂在行间与植株等高处。每公顷设置480～510块板。当粘满粉虱时，应及时清除并重涂1次。由于黄色诱杀会粘死许多天敌，目前国际较先进的是悬挂银白色塑膜条驱避粉虱成虫，取得了较好效果。

4. 生物防治 在温室或冬暖大棚内结合选择性农药人工释放丽蚜小蜂（*Encarsia formosa* Gahan）防治温室白粉虱。国内外都已实现了丽蚜小蜂商品化生产。在粉虱成虫出现后，即释放丽蚜小蜂，放蜂量按平均单株粉虱成虫1头以下时，每次每667m² 放蜂1 000～3 000头；粉虱成虫2～3头/株时，每667m² 放蜂5 000头，每10d 1次，共2～3次。如成虫数量较高，可先喷施25%扑虱灵可湿性粉剂2 000倍液，再按上述方法释放寄生蜂。

刺粉虱黑蜂对黑刺粉虱的控制效果显著。据四川资料，该蜂1年繁殖4～5代，产卵于黑刺粉虱1～2龄幼虫体内，至寄主蛹期羽化出蜂，人工引移释放，能有效控制黑刺粉虱为害。

5. 药剂防治　黑刺粉虱的防治适期为卵孵化盛期至2龄幼虫盛发期。温室白粉虱和烟粉虱世代重叠严重，因此需连续几次施药。常用的喷雾药剂有：25%扑虱灵可湿性粉剂750～1 000g/hm^2，0.9%～1.8%阿维菌素乳油450～600ml/hm^2，10%吡虫啉可湿性粉剂或25%阿克泰水分散性粒剂750～1 000g/hm^2，3%啶虫脒乳油750～1 000ml/hm^2，2.5%联苯菊酯乳油、2.5%功夫乳油、4.5%高效氯氰菊酯乳油、20%灭扫利乳油等加水500～750ml或50%稻丰散乳油1 000～1 200ml喷雾，均有较好的防治效果。此外，乐斯本、SK矿物油、苦参碱等也可应用。

在温室内防治白粉虱时，除喷雾外，还可采用熏蒸法和烟雾法。用17%敌敌畏烟雾剂867～1 020g/hm^2，于傍晚收工前对保护地密闭熏烟。或在花盆内放锯末，洒入80%敌敌畏乳油，然后放上几个烧红的煤球，敌敌畏用量3.6kg/hm^2。

第五节　蝽　　类

一、种类、分布与为害

蝽类属半翅目，对园艺植物造成为害的种类主要有三点盲蝽（*Adelphocoris taeniphorus* Reuter）、苜蓿盲蝽［*Adelphocoris lineolatus*（Goeze）］、中黑盲蝽（*Adelphocoris suturalis* Jakovlev）、斑须蝽［*Dolycoris baccarum*（L.）］、菜蝽（*Eurydema* sp.）、黄霜蝽［*Erthesina fullo*（Thunberg）］、绿盲蝽（*Lygus lucorum* Meyer-dur）、牧草盲蝽［*Lygus pratensis*（L.）］、茶翅蝽［*Halyomorpha picus*（Fabricius）］、稻绿蝽［*Nezara viridula*（L.）］、柑橘大绿蝽［*Rhynchororis humeralis*（Thunberg）］、梨冠网蝽（*Stephanitis nashi* Esaki et Takeya）、杜鹃冠网蝽（*Stephanitis propinqua* Horvath）、荔枝蝽（*Tesseratoma papillosa* Drury）等，其中以绿盲蝽、茶翅蝽、梨冠网蝽、荔枝蝽的为害最为严重。

1. 梨冠网蝽　又名梨网蝽，在我国分布较广，东北、华北、安徽、陕西、湖北、湖南、江苏、浙江、福建、广东、广西、四川等地均有发生。除为害梨树外，还为害苹果、海棠、花红、沙果、桃、李、杏等果树。成、若虫均在寄主叶背刺吸为害，被害叶正面呈现苍白斑点，叶背面锈黄色，受害严重时叶片提早脱落。

2. 荔枝蝽　在我国分布于广东、广西、福建、江西、云南、贵州等地，主要为害荔枝、龙眼等无患子科植物。成、若虫刺吸果树的嫩梢、花穗、幼果汁液，导致落花落果。成虫受惊时会喷射出臭液自卫，臭液触及人的眼睛或皮肤可引起辣痛，喷射到花蕊、嫩叶及果壳上会使黏着处变成焦褐色。

3. 茶翅蝽　在我国各地均有分布，但仅在局部地区发生严重。食性杂，可为害多种果树、观赏植物和农作物。成、若虫吸食叶片、嫩梢和果实的汁液，以对果实的为害最大。正在生长的梨果被害后，呈凸凹不平的畸形果，俗称“疙瘩梨”，受害处硬化味苦；近成熟的果实受害后，受害处果肉变空，木栓化。桃果被刺处流胶，果肉下陷成僵斑硬化。幼果受害严重时常脱落。

4. 绿盲蝽　分布于上海、江苏、浙江、安徽、江西、湖北、湖南、四川、陕西、山东、河南、山西、河北以及辽宁等地。寄主植物有翠菊、大丽花、紫薇、木槿、海棠、桃、地肤、月季、山茶花等，对菊花的为害最严重，曾是影响大丽花质量的主要障碍。叶片受害处呈现黑斑和空洞，严重时叶片皱缩成球状，在菊花上谓之“球病”，一串红成为半截绿，月季、扶桑等徒长不现蕾开花；花蕾受害后，渗出黑褐色汁液；叶芽嫩尖被害后，呈现焦黑色，以致生长点停止生长。

二、形态特征

1. 梨冠网蝽（图 9-27）

（1）成虫　体长约 3.5mm，扁平，暗褐色。头小，复眼黑色，触角丝状，4 节。前胸背板有纵隆起，后缘向后延伸盖住小盾片，两侧向外突出呈翼状。前翅略呈长方形，具黑褐色斑纹，静止时两翅叠起，黑褐色斑纹呈 X 状。

（2）卵　长椭圆形，一端弯曲，长径 0.6mm 左右。初产时淡绿色半透明，后渐变淡黄色。

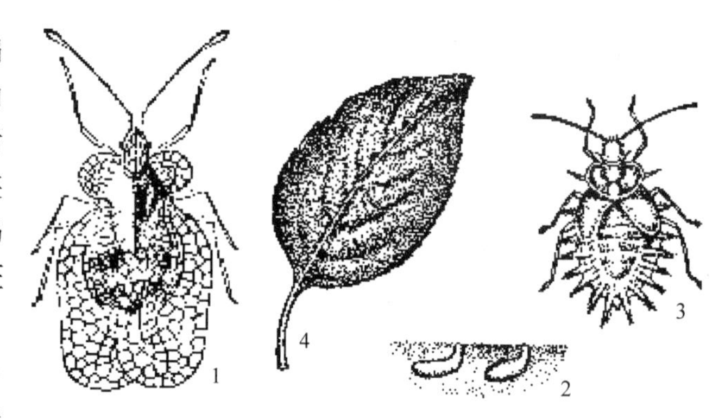

图 9-27　梨冠网蝽

1. 成虫　2. 卵　3. 若虫　4. 被害叶正面

（仿中国农业科学院植物保护研究所）

（3）若虫　共 5 龄。初孵若虫乳白色，后渐变为深褐色。3 龄后翅芽明显，腹部两侧及后缘有 1 环黄褐色刺状突起。成长若虫头、胸、腹部均有刺突。

2. 荔枝蝽（图 9-28）

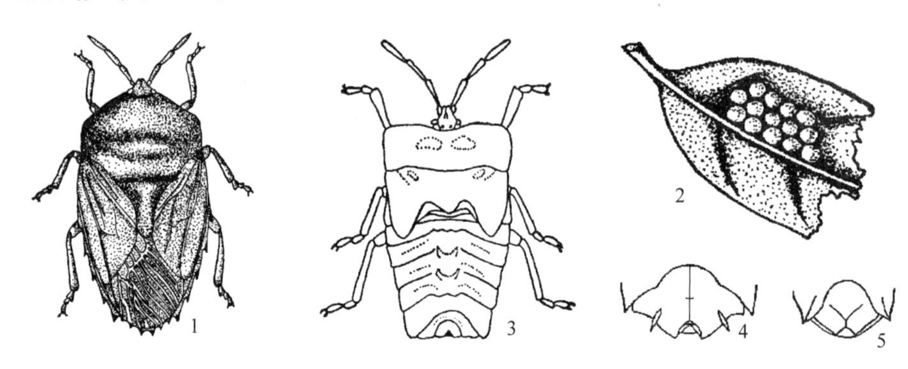

图 9-28　荔枝蝽

1. 成虫　2. 卵块　3. 若虫　4. 雄成虫腹末　5. 雌成虫腹末

（仿中国农业科学院植物保护研究所）

（1）成虫　雌虫体长 24～27mm，宽 15～17mm，黄褐色，近似盾形。雄虫略小。触角 4 节。单眼 1 对，鲜红色，位于复眼之间。中后胸腹板交接处有臭腺孔 1 对。腹面被有白色蜡粉，极易脱落。雌虫生殖节腹面中央分裂，雄虫的完整。

（2）卵　椭圆形，绿色或黄色，长 2.5～2.7mm。在中央腰围处有白色纹环绕。

（3）若虫　1 龄椭圆形，长 5mm，鲜红色变为深蓝色；2 龄长方形，长 8mm，橙红色；3 龄体长 10～12mm；4 龄体长 14～17mm，中胸背板翅芽明显；5 龄体长 19～22mm，长方形，前胸背板发达，翅芽伸达第 3 腹节后缘。

3. 茶翅蝽（图 9-29）

（1）成虫　体长 15mm，宽 8～9mm，扁椭圆形，灰褐色略带紫红色。触角丝状，5 节，褐色。前胸背板前缘有4个黄褐色小点横列，小盾片基部有5个小黄点横列，腹部两侧各节间均有1个黑斑。

（2）卵　常20～30粒并排成列。卵粒短圆筒状，灰白色，近孵化时呈黑褐色。

（3）若虫　共5龄。与成虫相似，无翅。前胸背板两侧有刺突，腹部各节背面中部有黑斑，黑斑中央两侧各有1黄褐色小点，腹部两侧节间处均有1个黑斑。

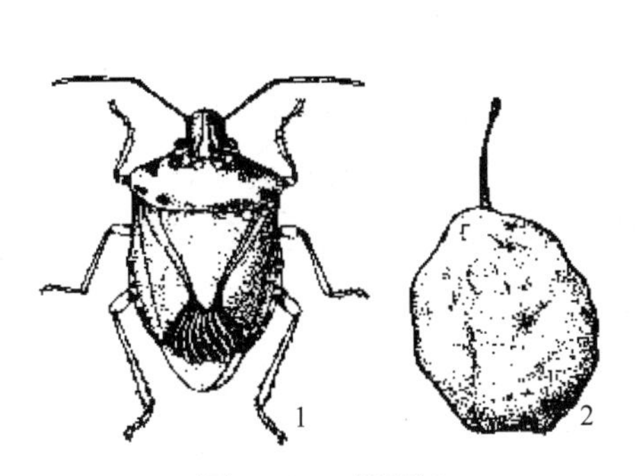

图9-29　茶翅蝽
1. 成虫　2. 梨果被害状
（仿北京农业大学）

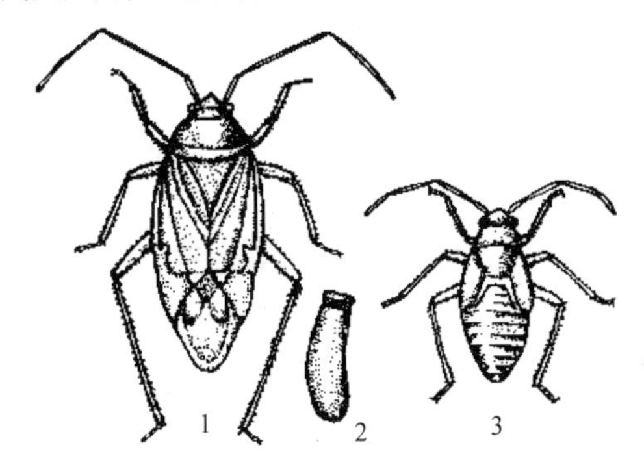

图9-30　绿盲蝽
1. 成虫　2. 卵　3. 若虫
（仿中国农业科学院植物保护研究所）

4. 绿盲蝽（图9-30）

（1）成虫　体长5～5.5mm，宽2.5mm。黄绿至浅绿色，全身被细毛。前胸背板绿色，有微弱小刻点。小盾片、前翅革片，爪片绿色，膜质部分暗灰色。

（2）卵　长茄形，长约1mm，黄绿色。卵盖乳黄色，中央凹陷，两端突起。

（3）若虫　共5龄。末龄若虫鲜绿色，体表密被黑色细毛，翅芽尖端达腹部第5节。

三、发生规律

1. 梨冠网蝽　在长江流域1年发生4～5代，北方果区3～4代。各地均以成虫在枯枝落叶、枝干翘皮裂缝等处越冬。北方果区越冬成虫于4月上中旬陆续出蛰，5月中旬后果园各虫态同时出现，世代重叠，以7～8月为害最重，10月中下旬后成虫开始陆续越冬。

成虫产卵于叶背主脉两侧的叶肉内，每次产1粒卵，常数粒至数十粒相邻。每雌产卵15～60粒，卵期15d左右。初孵若虫有群集性，2龄后逐渐扩散为害。成、若虫喜在叶背主脉附近取食，被害处叶面呈现黄白色斑点，随为害加重斑点逐渐扩大，至全叶苍白，提前脱落。叶背和下边叶面上常落有黑褐色带黏性的分泌物和粪便，易诱发煤污病。

2. 荔枝蝽　荔枝蝽在华南地区1年1代，以成虫在树冠浓密的枝叶丛中或果园附近的屋檐下越冬。翌年3月中下旬成虫出蛰迁移到枝梢或花穗上活动取食、交配产卵。产卵盛期在4～5月，产卵部位以叶背最多。卵块状，每块14粒。若虫4月初开始孵化，5、6月为若虫盛发期，正值荔枝、龙眼的发梢、花穗和幼果阶段，若虫大量取食，常引起花果脱落而影响产量。当年羽化的成虫于6月陆续出现，越冬成虫也在此时陆续死亡，两者共存一段时期。7、8月后，田间多为当年羽化的成虫。成虫寿命203～371d，平均311d。

成、若虫均有趋嫩绿的习性，因而新梢和花果多的寄主受害较重。秋季的成虫为准备越冬而大量取食，积蓄脂肪，因而耐药性强；越冬后的成虫3月下旬卵巢已发育成熟，体内脂肪大量被消耗，耐药性显著下降，是进行化学防治的关键时期。荔枝、龙眼混栽区，或梢期参差不齐的品种混栽，均有利于荔枝蝽发生。抑制其发生的天敌有卵寄生蜂平腹小蜂（*Anastatus* sp.）、卵跳小蜂（*Ooencyrtus corbetti* Ferr.），一种真菌荔枝菌（*Penicillium lilacinum* Thom）及索线虫（*Mermis* sp.），此外，鸟类也是重要的捕食性天敌。

3. 茶翅蝽 茶翅蝽1年发生1代，以成虫在草堆、树洞、屋檐下等处越冬。北方果区一般从5月上旬开始陆续出蛰，飞到果树、林木及作物上为害，6月产卵。卵产于叶背，7月上旬若虫陆续孵化。初孵若虫群集于卵块空壳上停留一段时间后逐渐分散到附近开始刺吸为害。8月中旬羽化为成虫，为害至9月开始越冬。

4. 绿盲蝽 在我国自北向南年发生1年3～5代，均以卵在石榴、木槿、海棠等寄主植物组织内越冬，在江西也有以成虫在杂草间越冬的。在5代发生区，越冬卵3月底至4月初孵化，4月中旬为若虫孵化盛期，5月上中旬羽化为成虫。第2～5代成虫始见期分别在6月上旬、7月中旬、8月中旬和9月中旬。成虫寿命30～57d，产卵持续期30～40d，世代重叠严重。全年以5月上中旬为害最重。

成虫活泼，常更换寄主，追逐开花植物，刺吸花器汁液。卵散产于石榴、苹果等寄主植物的嫩叶、大叶片的主脉、叶柄、果实、嫩茎等组织内。每雌产卵100粒左右，但越冬代产卵量可达250～380粒。

成、若虫不耐高温和干燥，因此，高湿多雨有利于其发生。植株高大茂密、生长旺盛、叶片嫩绿的果园易受绿盲蝽的为害。

四、常见其他蝽类害虫（表9-5）

表9-5 10种蝽类害虫的发生概况和防治要点

害虫种类	发生概况	防治要点
三点盲蝽	越冬寄主有国槐、杨、柳、枣、杏、桃、紫穗槐等，侨居寄主有多种农作物和柽麻、田菁、萝卜等绿肥和蔬菜。在华北、西北1年发生3代，以卵在寄主植物组织内越冬。成虫怕光，喜阴湿环境，但有趋光性。成、若虫喜在幼嫩的顶尖、叶片、幼蕾上取食	同绿盲蝽
苜蓿盲蝽	寄主植物有菊花、向日葵等花木。成、若虫在菊花嫩茎、心叶上为害。在华东、中南地区1年发生4代，以卵在寄主植物组织内越冬。次年4月下旬越冬卵孵化，第2、3、4代若虫出现期分别在6月中旬、7月中下旬、8月下旬。以第2、3代为害最重	①清除园圃杂草 ②药剂防治
中黑盲蝽	寄主植物有菊花、芙蓉、扶桑、木槿、石榴、枸杞、蜀葵及多种农作物。成、若虫喜在嫩叶上取食，受害叶发黑或出现黑斑孔网，生长点停止生长，原有叶片扭曲皱缩成球状。1年发生4～5代，以卵在寄主植物组织中越冬。4～5月越冬卵孵化，各代成虫发生期分别为5月上旬、6月下旬、8月上旬、9月中旬	①清除杂草以及野生的胡萝卜、苜蓿、紫云英等 ②药剂防治
牧草盲蝽	在新疆1年发生4代，西北地区5代，以成虫在各种树皮裂缝、杂草下、土缝中越冬，主要寄主有菠菜、白菜、萝卜、甘蓝、苜蓿等多种植物	①清洁田园，减少虫源 ②药剂防治
菜蝽	菜蝽种类多，分布广，主要为害十字花科蔬菜。成、若虫喜刺吸嫩芽、嫩茎、花蕾和幼荚的汁液。还可携带十字花科细菌性软腐病病菌。以成虫越冬。第1代卵产于地面或枯草上，以后的卵产在菜叶及杂草上，以植株的中下部为多	①早春清洁田园及其周围野生寄主 ②适时浇水，淹杀地面卵块 ③药剂防治成虫

（续）

害虫种类	发 生 概 况	防 治 要 点
斑须蝽（细毛蝽）	成、若虫刺吸多种园艺植物、农作物、林木嫩叶、嫩茎及花果的汁液为害。在黑龙江、吉林1年发生1代，辽宁、内蒙古、宁夏2代，河南、陕西、山东3代，福建、湖南等地3～4代，均以成虫在房屋内等处越冬	①摘除卵块 ②发生盛期药剂防治
黄霜蝽	为害梅花、海棠、山茶、柑橘、葡萄、月季等多种园艺植物及农作物、林木等。成、若虫喜刺吸果实、嫩茎和嫩叶汁液，尤其是果实受害后，受害处硬化，果小，品质下降	①冬季清除田间杂草，减少越冬虫源 ②在发生期摘除卵块和初孵若虫 ③必要时药剂防治
柑橘大绿蝽	主要刺吸为害柑橘果实，也能吸食嫩枝汁液。1年发生1代，以成虫越冬。越冬成虫4月开始活动，7月产卵最多，若虫5月出现，7、8月是为害严重期	①摘除卵块和初孵若虫 ②在1～2龄若虫期药剂防治
稻绿蝽	为害多种果树、蔬菜、花卉、中药草、农作物等。成、若虫吸食嫩叶、花果汁液，造成叶片局部纵缩出现白斑，影响幼果的生长发育。自北向南1年发生1～5代，均以成虫越冬。成虫有趋光性和假死性	①冬、春季节清除田间及其周围杂草，开发利用荒杂地，减少发生基地 ②药剂防治
杜鹃冠网蝽	主要为害杜鹃花、马醉木、羊踯躅等花木。在广州1年发生10代，世代重叠，无明显越冬现象。为害习性同梨网蝽	同梨网蝽

五、综合治理方法

1. 农业防治

①清洁果园。成虫出蛰前，彻底清理果园内及附近的杂草、枯枝落叶，可以减少梨网蝽和茶翅蝽的越冬虫源。

②树干束草。在梨网蝽和茶翅蝽发生严重的年份，9月间在树干上束草，诱集越冬成虫，早春清理果园时一起处理。

③早春清除花园、苗圃内及其周围的杂草，能恶化绿盲蝽发生的环境。

④向日葵诱集茶翅蝽。向日葵花盘对茶翅蝽成虫有很强的诱集作用，因此可在果园周围种植向日葵以诱杀茶翅蝽。

2. 生物防治　早春荔枝蝽产卵初期开始释放平腹小蜂，以后每隔10d放1次，连续3次。放蜂量依虫口密度而定，当每株树有成虫150头左右时，放蜂600头；如密度大于400头/株，应先用化学防治压低成虫密度，再放蜂。

3. 化学防治　化学防治的关键是掌握防治适期。荔枝蝽的防治适期为成虫开始活动但尚未大量产卵时和若虫3龄高峰期，其他几种蝽类害虫应在若虫发生期进行防治。常用喷雾药剂有10%氯氰菊酯或5%高效氯氰菊酯300～450ml/hm^2、20%甲氰菊酯225～300ml/hm^2、20%灭扫利乳油50～67μl/L。

第六节　蓟　马　类

一、种类、分布与为害

蓟马属于缨翅目（Thysanoptera），常见的为害园艺植物的蓟马有蓟马科的花蓟马

[*Frankliniella intonsa* (Trybom)]、葱蓟马 (*Thrips tabaci* Lindeman)、瓜亮蓟马 (*Thrips flavus* Schrank)、褐蓟马 (*Thrips tusca* Moulton)、端带蓟马 (豆蓟马) [*Megalurothrips distalis* (Karny)]、茶黄蓟马 (*Scirtothrips dorsalis* Hood)、温室蓟马 [*Heliothrips haemorrhoidalis* (Bouche)] 和管蓟马科的中华管蓟马 (*Haplothrips chinensis* Priesner) 等。其中以为害最为严重的葱蓟马和瓜亮蓟马作为代表介绍。

1. 葱蓟马 又名烟蓟马，国内外分布极广泛，在我国以北方发生较重。寄主植物有葱、蒜、韭菜、瓜类、马铃薯、甜菜、十字花科蔬菜以及棉花、烟草等 30 余种，但主要为害葱类和棉花。成、若虫以锉吸式口器为害寄主植物的心叶、嫩芽、叶片，致使叶片肥大、皱缩或破碎，受害葱叶呈现许多长形黄白斑纹，严重时葱叶扭曲枯黄。

2. 瓜亮蓟马 分布于华中、华南地区。主要为害节瓜、冬瓜、苦瓜、西瓜，也为害番茄、茄子和豆类蔬菜，尤以瓜类受害严重。成、若虫锉吸寄主植物心叶、嫩芽、幼果汁液，使被害植株心叶不能张开，生长点萎缩而出现丛生现象。幼果受害后毛茸变黑，表皮锈褐色，幼果畸形，生长缓慢，严重时造成落果。

二、形态特征 (表 9-6、图 9-31、图 9-32)

表 9-6 葱蓟马和瓜亮蓟马的形态识别特征

虫态	葱蓟马	瓜亮蓟马
成虫	体长 1.2～1.4mm，淡褐色。触角 7 节，淡褐色；单眼间鬃靠近三角形连线外缘。前翅上脉基鬃 7 条，端鬃 4～6 条，如为 4 条，则均匀排列，如为 5～6 条，则多 2～3 条在一起；下脉鬃 14～17 条，均匀排列	雌虫体长 1.0mm，雄虫略小，体淡黄色。复眼稍突出，褐色。单眼间鬃位于三角形连线外缘。触角 7 节，第 1、2 节橙黄色，第 5～7 节灰黑色。前翅上脉基鬃 7 条，中部至端部 3 条
卵	卵圆形，初期乳白色，后变黄白色，并可见红色眼点	长椭圆形，淡黄色
若虫	4 龄，体形似成虫，淡黄色，无翅。复眼暗红色。触角 6 节，第 4 节具微毛 3 排。胸腹各节有细微褐点，点上生有粗毛	体黄白色。1～2 龄无翅芽，行动活泼；3 龄翅芽伸达第 3、4 腹节，行动缓慢；4 龄触角后折于头背上，翅芽伸达腹部近末端，行动迟缓

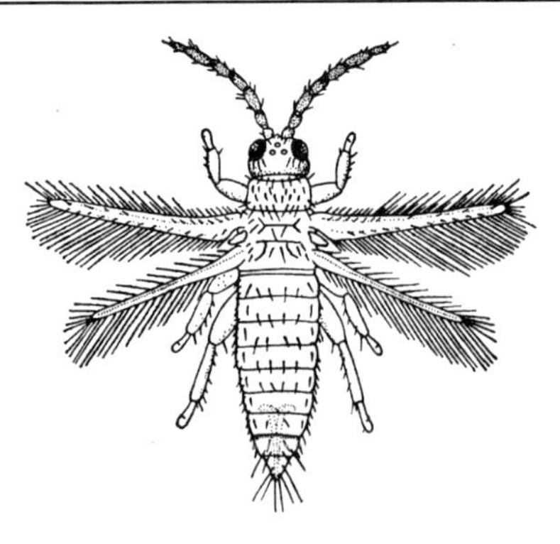

图 9-31 葱蓟马成虫
(仿韩运发)

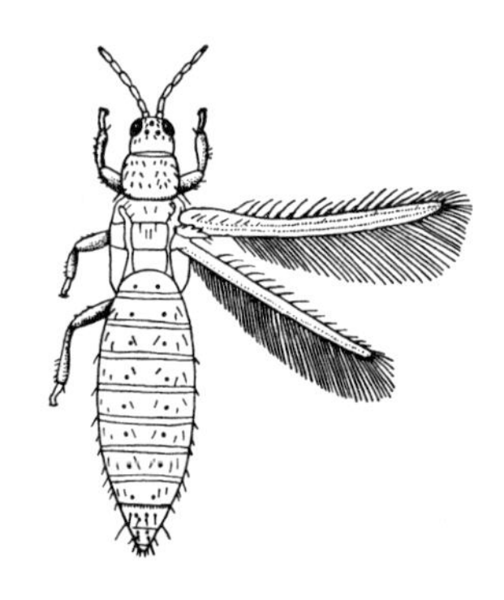

图 9-32 瓜亮蓟马成虫
(仿韩运发)

三、发生规律

1. 葱蓟马 葱蓟马在东北地区 1 年发生 3～4 代，山东、河南 6～10 代，华南地区 20 代以上。东北地区以成虫在夏枯草、苔藓、树皮缝内越冬；在华南地区无越冬现象；其他地区多以成虫、若虫在枯枝落叶下、土块下、土缝中以及未收获的葱、洋葱、大蒜、韭菜的叶鞘内越冬，或以蛹在这些植株附近的土内越冬。次年春越冬成虫先在越冬寄主上活动一段时间后，于3～4月迁移到早春作物和杂草寄主上取食，后迁至花卉、果树上为害，以4～5月数量最多，为害最重。

成虫活泼，善飞，可借风力做远距离迁飞。成虫白天潜伏在叶背，早晚及阴天可在叶面活动。对白色和蓝色有强烈趋性。烟蓟马多为雌虫，雄虫极为罕见。卵产于叶背组织的表皮下或叶脉内，每雌产卵20～100粒。初孵若虫多在叶脉两侧取食，有群集性。2龄若虫老熟后入土蜕皮变为前蛹（3龄若虫），再蜕皮变为伪蛹（4龄若虫），不食不动，最后羽化为成虫，钻出土面。夏季发生1代约需15d。25～28℃下，卵历期5～7d，若虫（1～2龄）6～7d，前蛹期2d，伪蛹期3～5d，成虫寿命8～10d。

葱蓟马是传播番茄斑萎病毒的媒介昆虫，该病毒可感染番茄、豆类、马铃薯等。

干旱有利于葱蓟马的发生。在25℃以下、相对湿度低于60%时发生数量多，为害严重。27℃以上的气温对其发生有抑制作用。

华姬猎蝽（*Nabis sinoferus* Hsiao）、小花蝽（*Orius minutus* L.）和横纹蓟马（*Acolothrips fasciatus*）等为葱蓟马的主要天敌，对葱蓟马的发生有一定的抑制作用。

2. 瓜亮蓟马　瓜亮蓟马在广州1年发生20余代，多以成虫在土块下、土缝中或枯枝落叶间越冬，少数以若虫越冬，也有少量以第4龄若虫在表土越冬。次年春季气温回升至12℃时，越冬成虫开始活动，先在冬茄上取食繁殖，瓜苗出土后则为害瓜苗。气温达27℃以上时繁殖最快。7月下旬至9月发生数量最多，为害节瓜最严重。

成虫能飞善跳，喜在嫩叶上取食和产卵，阳光充足时多隐藏于瓜苗的生长点及幼瓜的毛茸内及花丛、花器内。可进行两性生殖和孤雌生殖，孤雌生殖的后代能连续数代进行孤雌生殖。卵产于叶肉内，每雌产卵30～70粒。若虫共4龄，初孵若虫行动活泼；2龄若虫老熟后自然落到地面，并很快从土壤裂缝钻入土中，入土深度3～5cm；3、4龄若虫在土中不食不动，分别称为前蛹和伪蛹。

瓜亮蓟马的发育最适温度为25～30℃。成虫历期最长50d以上，产卵期12～30d。卵历期3～8d。若虫历期在15～21℃时为7～12d，23℃时为5d，27℃以上时为3～4d。

土壤含水量在8%～18%时，有利于瓜亮蓟马的化蛹和羽化；一般在沙壤土田的发生重于黏土田；田间终年栽植瓜类、茄类，有利于蓟马的转移为害和繁殖。花蝽和草蛉对瓜亮蓟马的发生有较大的抑制作用，尤其是花蝽，每天每头可捕食蓟马10余头。

四、常见其他蓟马（表9-7）

表9-7　6种常见蓟马发生概况和防治要点

害虫种类	发 生 概 况	防 治 要 点
端带蓟马（豆蓟马）	主要为害各种豆类作物及葱、蒜、菊花、紫云英等，以豆类作物花期受害最烈。成、若虫刺吸花器汁液，致使落花、落荚，被害叶片卷曲甚至枯萎。在江西1年发生6～7代，以成虫在萝卜、油菜、葱、蒜、紫云英等作物上越冬。气温20～25℃时繁殖最快，易暴发成灾。成虫喜在新开的花朵上为害，卵产于花萼和花梗组织内，4～5月和9～10月发生为害最重	每朵花有虫2～3头时施药，药剂参照葱蓟马和瓜亮蓟马

（续）

害虫种类	发 生 概 况	防 治 要 点
茶黄蓟马	主要为害山茶、茶、刺梨、芒果、葡萄、草莓、台湾相思、银杏等植物。成、若虫刺吸新梢及芽叶，受害叶片主脉两侧有2至多条纵列红褐色条痕，严重时叶背一片褐纹，叶面失绿，芽梢萎缩，叶片向内纵卷。在江苏邳州市1年发生4代，成虫产卵于叶背侧脉或叶肉内。成虫善跳，畏强光，6～8月发生量最大。在旱季为害严重	①摘除受害叶片 ②药剂防治
花蓟马	主要为害柑橘、扶桑、木芙蓉、草莓、扁豆、白菜、辣蓼、玫瑰、唐菖蒲、菊花、兰花等。成、若虫刺吸为害花、果实和叶片。1年发生10余代，世代重叠。露地以成虫越冬，温室内各虫态均可越冬。5月中下旬至6月上中旬为害最重。卵多产于花瓣、花丝和嫩叶内，产卵处稍膨大。每雌产卵约80粒	①清除杂草 ②大棚、温室等门窗用纱网阻隔成虫迁入 ③化学防治
温室蓟马	为害桃、葡萄、柑橘、芒果、柿、槟榔、香樟、金鸡纳霜、桑等植物。成、若虫在叶背面主脉两侧和果实上取食。受害叶片变白，后出现褐色斑，受害果实失去光泽。若虫行动迟缓，有群集性。多发生于热带和亚热带地区。完成1代需20～30d	参照葱蓟马和瓜亮蓟马的防治方法
褐蓟马	寄主植物有柑橘、芒果、龙眼、凤梨、荔枝、枇杷、山茶、玫瑰等，以山茶和玫瑰受害最重。成、若虫刺吸花器汁液，严重时花提前凋谢，影响观赏价值。以5～6月发生数量最多，为害最重	参照葱蓟马和瓜亮蓟马的防治方法
中华管蓟马	主要为害柑橘、桃、枇杷、芒果、菊花、玫瑰、兰花、大叶紫葳等。成、若虫刺吸幼芽、嫩叶、花和幼果的汁液，受害嫩叶卷曲，花和芽梢凋萎。5～6月为害严重	参照葱蓟马和瓜亮蓟马的防治方法

五、防治方法

1. 农业防治

①冬季清除田间杂草及枯枝落叶，深耕土壤，可减少越冬虫源。

②加强水肥管理，促使植物生长旺盛，可减轻受害。大葱生长季节勤灌水，使畦间土壤板结，不利于若虫入土化蛹。

2. 化学防治 露地采用喷雾法，喷雾时除对植株上部重点喷施外，应对植株周围地面喷药，可杀灭自然落地入土的瓜亮蓟马。常用药剂有50%巴丹可溶性粉剂900～1 200g/hm^2、50%辛硫磷乳油1 500ml/hm^2、75%乙酰甲胺磷可溶性颗粒1.2～1.5kg/hm^2、10%氯氰菊酯乳油300ml/hm^2。温室内发生蓟马时易采用熏蒸法，药剂和使用方法同温室白粉虱。

复习思考题

1. 简述4种蚧类的形态特征差异及为害症状。
2. 如何区别草履蚧、吹绵蚧的形态特征及为害症状？
3. 如何区别东方盔蚧、日本龟蜡蚧、朝鲜球坚蜡蚧雌成虫介壳的形态特征？
4. 如何区别梨枝圆盾蚧、桑白盾蚧、榆蛎盾蚧的主要形态特征？
5. 如何区别康氏粉蚧、柿绒蚧的主要形态特征？
6. 简述防治蚧类的原理和方法。

7. 试述果园刺吸式害虫发生趋于严重的原因与控制对策。

8. 蚜虫对植物的为害有哪几方面?

9. 蚜虫的种类不同，为害植物的部位不同，试述植物被害后的症状差异。

10. 在怎样的气候条件（主要是温湿度）下，对蚜虫的发生有利? 为什么?

11. 根据棉蚜、苹果绵蚜、葡萄根瘤蚜的发生规律，试分别拟订 3 种蚜虫的防治技术措施。

12. 区分叶蝉、木虱、粉虱、网蝽和蓟马的为害症状和习性，试拟订 1 个综合治理方案。

第十章　害　　螨

害螨（pest mite）是节肢动物门（Arthropoda）蛛形纲（Arachnida）蜱螨亚纲（Acari）螨目（Acariformes）中的一类小型有害动物。为害园艺植物的害螨种类较多，主要是叶螨类，其次是细须螨、瘿螨、跗线螨和粉螨类等。害螨主要为害植物的叶、嫩茎、叶鞘、花蕾、花萼、果实、块根、块茎等。许多瘿螨还能传播植物病毒病害。本章将分叶螨和其他害螨类分别介绍为害果树、蔬菜和花卉的农业害螨。

第一节　叶　　螨

一、种类、分布与为害

叶螨（spider mite）俗称红蜘蛛，属螨目叶螨科（Tetranychidae）。它们是为害园艺植物最严重的害螨类群。其中，为害果树的主要有山楂叶螨（*Tetraychus viennensis* Zacher）、二斑叶螨（*T. urticae* Koch）、苹果全爪螨［*Panonychus ulmi*（Koch）］、柑橘全爪螨［*P. citri*（Mc Gregor）］、果台螨［*Bryobia rubrioculus*（Schenten）］、柑橘始叶螨（*Eotetranychus kankitus* Ehara）、李始叶螨［*E. pruni*（Oudemans）］、六点始叶螨［*E. sexmaculatus*（Riley）］等；为害蔬菜的主要有朱砂叶螨［*Tetranychus cinnabarinus*（Boisduval）］、截形叶螨（*T. truncatus* Ehara）和二斑叶螨等；为害花卉的主要有二斑叶螨、朱砂叶螨、山楂叶螨、柑橘全爪螨、神泽氏叶螨（*Tetranychus kanzawai* Kishida）、史氏始叶螨（*Eoteranychus smithi* Pritchard et Baker）、酢浆草岩螨［*Petrobia harti*（Ewing）］及东方真叶螨［*Eutetraychus orientalis*（Klein）］等。现将朱砂叶螨、二斑叶螨、山楂叶螨、苹果全爪螨和柑橘全爪螨作为代表进行介绍。

朱砂叶螨、二斑叶螨、山楂叶螨、苹果全爪螨和柑橘全爪螨均属世界性分布的害螨。朱砂叶螨广泛分布于我国各地区，刺吸为害大田作物、蔬菜、花卉、枣、柑橘及杂草等多种植物，其中以茄子、辣椒、番茄、豆类、瓜类、蔷薇、月季、草莓、柑橘、枣、棉花、锦葵、蜀葵、玉米等受害最重。二斑叶螨是20世纪90年代以来为害落叶果树、花卉等经济植物的重要害螨，由于传播蔓延迅速，目前已在山东、北京、天津、山西、甘肃、陕西、河北及辽宁（南部和西部）等地区猖獗发生。二斑叶螨的寄主植物有50余科200多种，包括各种豆类、瓜类、油菜、苹果、桃、杏、梨、李、柑橘、樱桃、柠檬、月季、茉莉、桂花、一串红、蜀葵等，亦能为害多种大田作物。山楂叶螨和苹果全爪螨主要分布于我国北方果产区，主要为害蔷薇科果树和花卉。其中，山楂叶螨的寄主植物有苹果、梨、海棠、木瓜、桃、杏、山楂、樱桃、核桃、橡树、草莓、茄子、番茄及多种林木等；苹果全爪螨的寄主植物主要有苹果、梨、桃、杏、山楂、沙果、樱桃、扁桃、无花果及杨、槐、枫等林木。这两种叶螨在不同地区或同一地区不同时期优势种群不尽相同。柑橘全爪螨遍布全国各柑橘产地，是柑橘类果树害螨的优势种，其寄主主要是各种橙、柑、橘、柚、柠檬等。

上述几种害螨均以成螨、若螨、幼螨集中在植物叶片背面或叶芽处刺吸汁液，形成大量失绿斑点，大发生时也可为害果实，严重影响植株生长发育，造成产量和品质下降。苹果全爪螨为害后，叶片变为银灰色，组织增厚变脆，但一般不造成提早落叶。山楂叶螨为害初期叶部症状表现为局部褪绿斑点，而后逐步扩大成褪绿斑块，为害严重时，整张叶片发黄、干枯，造成大量落叶、落花、落果。二斑叶螨轻度为害可使叶片出现许多白色斑驳，随着为害的加重，可使叶片变为灰白乃至青铜色。该螨取食的同时，还释放毒素或生长调节物质，引起植物生长失衡，以至有些嫩叶呈现凸凹不平的受害状，大发生时树叶焦枯，严重发生时开始提早落叶，不仅严重影响当年的产量和质量，甚至严重影响次年产量。朱砂叶螨为害蔬菜后，受害叶初为白色小斑点，后褪绿变为黄白色、变红，干枯、脱落，甚至整株枯死；茄果受害，果皮变粗，品质下降。

二、形态特征

1. 二斑叶螨（图 10－1）

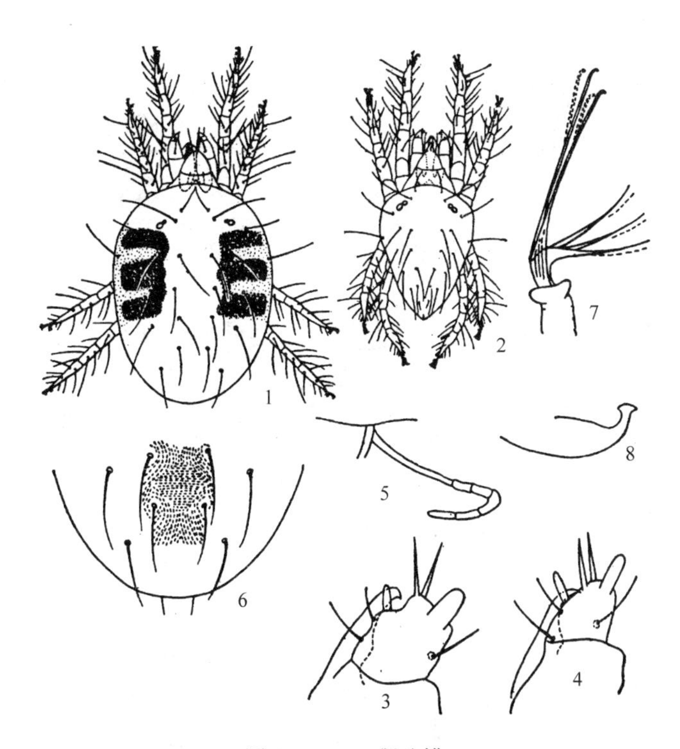

图 10－1 二斑叶螨

1. 雌螨背面观 2. 雄螨背面观 3、4. 雌螨、雄螨须肢跗节 5. 雌螨气门沟
6. 末体背面 7. 雌螨足Ⅰ爪和爪间突 8. 阳茎

（仿马恩沛）

（1）雌成螨 背面观呈卵圆形，体长 428～520μm，宽 300～323μm。夏秋活动时期，体色通常呈绿色或黄绿色，深秋时橙红色个体逐渐增多，为越冬滞育雌螨。体躯两侧各有黑斑 1 个，其外侧 3 裂，内侧接近体躯中部，极少有向末体延伸者。背面表皮的纹路纤细，在第 3 对背中毛和内骶毛之间纵行，形成明显的菱形纹。背毛 12 对，刚毛状；缺臀毛。腹面有腹毛 16 对。气门沟不分支，顶端向后内方弯曲成膝状。须肢跗节的端感器显著，足Ⅰ跗

节前后双毛的后毛微小。各足环节上的刚毛数：转节Ⅰ～Ⅳ各1根，股节Ⅰ～Ⅳ为10、6、4、4，膝节Ⅰ～Ⅳ为5、5、4、4，胫节Ⅰ～Ⅳ为10、7、6、7，跗节Ⅰ～Ⅳ为18、16、10、11。爪间突分裂成几乎相同的3对刺毛，无背刺毛。

（2）雄成螨　背面观略呈菱形，比雌螨小，体长365～416μm，宽192～220μm。体色呈淡黄色或黄绿色。须肢跗节的端感器细长，背感器稍短于端感器。背毛13对，最后的1对是从腹面移向背面的肛后毛。各足环节上的刚毛数：股节Ⅰ～Ⅳ为10、6、4、4，膝节Ⅰ～Ⅳ为5、5、4、4，胫节Ⅰ～Ⅳ为13、7、6、7，跗节Ⅰ～Ⅳ为20、16、10、11。阳茎的端锤十分微小，两侧的突起尖利，长度几乎相等。

（3）卵　圆形，初产乳白色，后变淡黄色，孵化前透过卵壳可见两个红色眼点。

（4）幼螨　体半球形，淡黄色或黄绿色，足3对。

（5）若螨　体椭圆形，足4对，夏型体黄绿色，背面两侧有暗色斑，越冬型体背两侧暗斑逐渐消失，体呈橙黄色或橘红色。

2. 朱砂叶螨（图10-2）

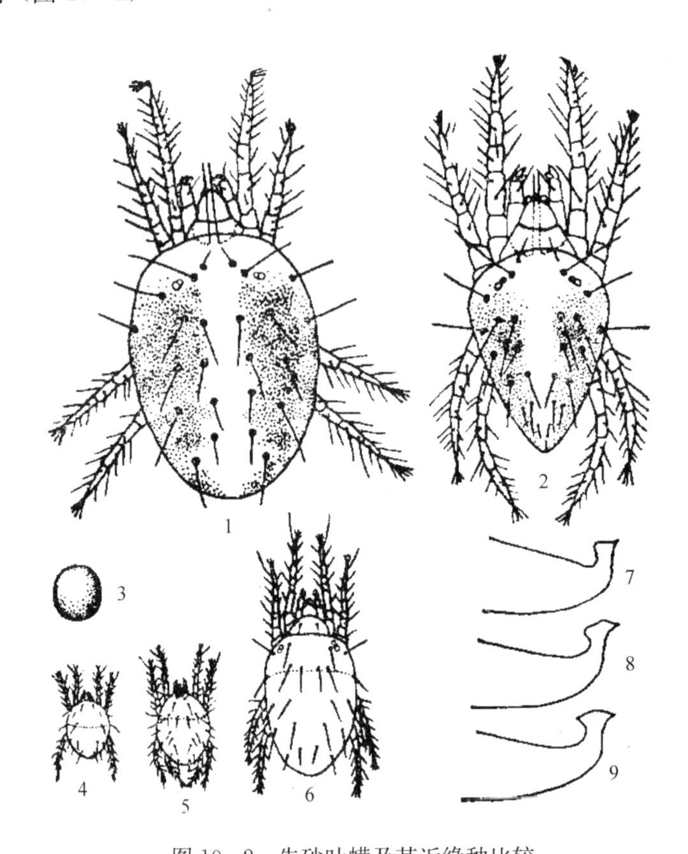

图10-2　朱砂叶螨及其近缘种比较

1. 雌成螨背面观　2. 雄成螨背面观　3. 卵　4. 幼螨　5. 若螨Ⅰ
6. 若螨Ⅱ　7. 截形叶螨阳茎　8. 朱砂叶螨阳茎　9. 二斑叶螨阳茎
（仿匡海源等）

（1）雌成螨　背面观呈卵圆形，体长417～559μm，宽256～333μm。体色红色，仅在眼的前方呈淡黄色。无季节性变化，全年都是红色，不滞育。体躯两侧有黑斑2对，前面1对较大，后面1对位于末体两侧。其他特征与二斑叶螨相似，本种与二斑叶螨的主要区别是体色不同。

（2）雄成螨　背面观呈菱形，比雌螨小，体长375～417μm，宽208～232μm，体色呈红色或淡红色。阳茎的构造与二斑叶螨极为相似，二者的主要区别在于体色不同。

（3）卵　圆形，初产时微红色，渐变为锈红色至深红色。

3. 山楂叶螨（图10-3）

（1）雌成螨　背面观呈卵圆形，体长553～598μm，宽345～390μm。春、秋活动时期的体色呈深红色，越冬雌螨的体色为朱红色。背面表皮的纹路纤细，在第3对背中毛和内骶毛之间横向，因此不呈菱形纹。背毛12对，缺臀毛。肛后毛2对。气门沟顶端的膝状弯曲部分分裂成许多短的分支，并且不规则地相互缠结在一起。须肢跗节的端感器粗壮，呈圆锥形，长约5.5μm，基部宽约7.1μm。背感器长约4.8μm。刺状毛长约9.5μm。足Ⅰ跗节前后两对双毛的近侧毛长度相等。跗节Ⅱ有刚毛15根，胫节Ⅱ有刚毛6根，其余各足的刚毛数与二斑叶螨相同。爪间突分裂成3对几乎相同的刺毛，无背刺毛。

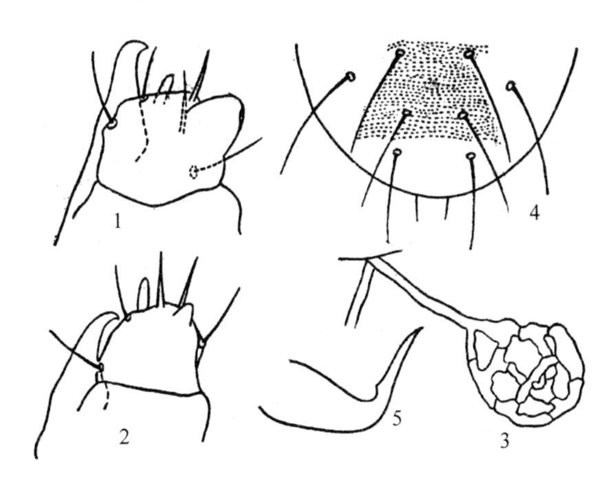

图10-3　山楂叶螨

1、2. 雌螨、雄螨须肢跗节　3. 雄螨气门沟

4. 雌螨末体背面　5. 阳茎

（仿马恩沛）

（2）雄成螨　背面观呈菱形，体长416～451μm，宽202～245μm。体色淡黄、黄、黄绿或黄褐色。背毛12对。肛后毛移向背面。须肢跗节的端感器大大缩小，长度和宽度约为雌螨的1/2。背感器和刺状毛的长度与雌螨的近似相等。足Ⅰ胫节有刚毛13根，跗节有19根；各足其余环节上的刚毛数与雌螨相同。阳茎端锤的远侧突起很长，粗壮，伸向上方，末端尖利；近侧突起很短而尖。

（3）卵　卵圆形，半透明。初孵时为黄红色，孵化前橙红色，往往悬挂在蛛丝上。

4. 苹果全爪螨（图10-4）

（1）雌成螨　背面观阔椭圆形，体长391μm，宽268μm。红褐色。背毛13对，粗刚毛状，有粗茸毛，着生在粗结节上。前足体背毛3对；肩毛1对；后半体背中毛3对，背侧毛3对；内骶毛1对，外骶毛1对；臀毛1对。外骶毛约为内骶毛的2/3，臀毛明显短于外骶毛。生殖盖两侧纹路纵行，中间横向；其前方纹路纵行。气门沟末端膨大成不规则的小球状。须肢跗节的端感器顶部膨大，长4.5μm，宽5μm。背感器小棍状，长3μm。刺状毛长6～7μm。各足环节上的刚毛数与柑橘全爪螨同。爪退化，各生有黏毛1对。爪间突爪状，腹面有刺毛簇。

（2）雄成螨　体呈菱形，长328μm，宽161μm。红褐色。气门沟末端小球状。须肢跗节的端感器微小，长3μm，宽1.5μm。背感器长3μm。刺状毛长5～6μm。各足环节上的刚毛数与柑橘全爪螨同。阳茎无端锤，钩部弯向背面，长度与柄部背缘大约相等。

（3）卵　近圆形，两端略微扁化，夏卵为橘红色，冬卵为深红色，卵壳表面有放射状的细凹陷。卵顶有1根刚毛状小柄，似洋葱状。

5. 柑橘全爪螨（图10-5）

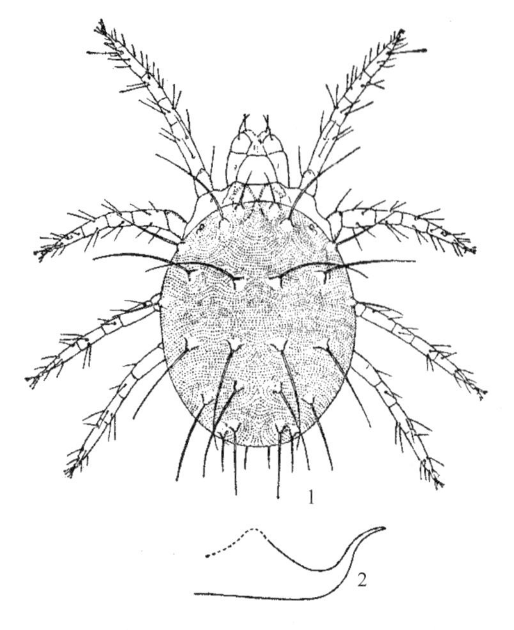

图 10-4 苹果全爪螨
1. 雌螨背面观 2. 阳茎
(仿 Pritchard & Baker)

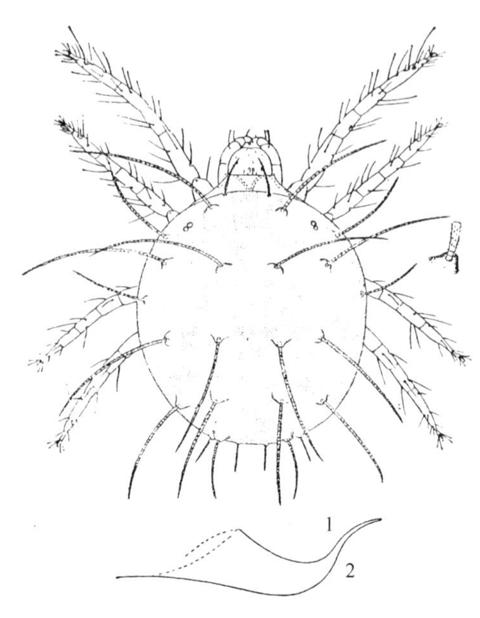

图 10-5 柑橘全爪螨
1. 雌螨背面观 2. 阳茎
(仿马恩沛)

(1) 雌成螨 背面观呈椭圆形，体长 464μm，宽 330μm。红色。背毛 13 对，粗刚毛状，有粗茸毛，着生在粗结节上。前足体背毛 3 对；肩毛 1 对；背中毛 3 对，背侧毛 3 对；内骶毛 1 对，外骶毛 1 对；臀毛 1 对。外骶毛小于内骶毛的 1/2；外骶毛略长于臀毛，也有几乎等长的。生殖盖纹路前半部纵行和斜行，后半部横向，形成三角形纹；其前方纹路纵行。气门沟末端小球状。须肢跗节的端感器顶端稍微膨大，长 5μm，宽 4.5μm。背感器长 3μm。刺状毛长 5～6μm。各足环节上的刚毛数：转节Ⅰ～Ⅳ各 1 根；股节Ⅰ～Ⅳ为 8、6、3、1，膝节Ⅰ～Ⅳ为 5、5、3、3，胫节Ⅰ～Ⅳ为 8、5、5、5，跗节Ⅰ～Ⅳ为 17、14、10、10。跗节Ⅰ有近侧毛 4 根（其中感毛 1 根），两对双毛集中在前端，腹面有刚毛 2 根；跗节Ⅱ有近侧刚毛 4 根（感毛 1 根），双毛腹面只有刚毛 1 根；胫节Ⅰ、跗节Ⅲ和Ⅳ各有感毛 1 根。爪退化，各生黏毛 1 对。爪间突爪状，腹面有刺毛 3 对，其长度显著大于爪状部分。

(2) 雄成螨 体呈菱形，长 402μm，宽 206μm。红色或棕色。背毛 13 对。须肢跗节的端感器微小，长 3μm，宽 1.8μm。背感器长 3.5μm。刺状毛长 6μm。跗节Ⅰ有刚毛 6 根（感毛 3 根），胫节Ⅰ有刚毛 11 根（感毛 4 根），其余各足环节上的刚毛数与雌螨同。阳茎无端锤，钩部与柄部背缘的长度约相等。

(3) 卵 圆球形，略扁平。卵顶中央有 1 刚毛状卵柄，在其上端往往有 10～20 条蛛丝呈放射状向四面伸展，末端黏于叶面。初产卵鲜红色。

三、发生规律

(一) 生活史与习性

1. 朱砂叶螨 在辽宁 1 年约发生 12 代，山东省 15 代左右，长江中下游地区 18～20

代。在北方以受精雌成螨在寄主植物枯枝落叶或土缝中越冬，在南方以雌成螨及其他虫态群集在蚕豆、冬绿肥、杂草、土缝、菜田枯枝落叶下、桑和槐树皮裂缝内越冬，温室、大棚内的蔬菜苗圃也是重要的越冬场所。越冬期间气温上升，仍能活动取食。翌年5日平均气温上升至5～7℃时（2月下旬至3月上旬）便开始活动。先在越冬或早春寄主上繁殖2代，4月中下旬开始转移到茄子、辣椒、瓜类等蔬菜上为害。初为点片发生，后由爬行或吐丝下垂随风雨扩散传播蔓延。6～8月是为害高峰，9月下旬至10月开始越冬。

该螨常群集于叶背基部，沿叶脉为害，并吐丝结网。在菜株上，先为害下部叶片，逐步向上迁移。当虫口密度大时，相互拥挤集结成球，聚于叶端，随着风力传播扩散。

雌螨一生只交配1次，雄螨可多次交配。交配后1～3d雌螨即可产卵。卵散产，多产于叶背面，日产卵量为3～24粒，一生可产100粒左右，孵化率达95%左右。两性生殖后代雌雄性比为4.5∶1。

2. 二斑叶螨 二斑叶螨的年发生代数因地理纬度和寄主不同而异，在北方1年发生7～15代，在渤海湾苹果产区为8～10代。各地均以雌成螨在树干树皮裂缝、粗皮下、剪锯口翘皮内及树干基部周围土缝、残枝落叶、杂草根际群集越冬。

在北方3月中旬至4月中旬，当日平均气温升到10℃左右时，越冬雌螨开始出蛰。出蛰始期、盛期和终期均比山楂叶螨早7～10d。地面越冬螨先在树下杂草及果树根蘖上取食繁殖，树上越冬螨则先下树繁殖，以后再上树为害。当日平均气温升至13℃左右时开始产卵，经过15d左右卵即孵化，4月底至5月初为第1代孵化盛期。该螨早期多集中在树干和内膛萌发的徒长叶片上，后逐渐向全树冠扩散。所以，前期（5月至6月初）树上很少见到二斑叶螨为害的明显症状。从6月中旬开始树上该螨数量逐渐增加，6月底至7月初进入激增期，7月中下旬至8月为全年为害高峰期。这个时期二斑叶螨在高温下发育迅速，每8～10d就可完成1代，树上虫口密度急剧上升，严重时每叶片可达100～200头活动态螨，9月中旬以后种群密度呈下降趋势，并出现越冬滞育型雌成螨，陆续寻找越冬场所越冬。据甘肃天水市果树所调查，4月初（元帅等苹果初花前1周）出蛰结束，此时绝大部分越冬螨已出蛰上树但未产卵，是该螨早春防治的第1个关键时期；5月中旬早期产的第1代卵已经孵化，有的已发育为雌成螨，但未产卵，后期产的卵也大都孵化为幼螨、若螨，这是春季防治的第2个关键时期。

二斑叶螨拉丝结网习性极强，可从叶柄覆盖到叶尖、两叶之间，甚至相邻株间都能拉丝结网，一般集中在叶背、丝网下为害，大发生年份或季节也可在叶面、叶柄、果柄等其他绿色部分为害。

在两性后代中雌雄性比为3∶1，多数雌成螨一生只交配1次，交配后1～2d即可产卵。卵单产，平均每雌产卵约70粒，最高可达200粒，平均每天可产3～14粒。一般产在叶背主脉两侧或丝网下，螨口密度大时也产在叶面、花萼及叶柄、果柄上。

3. 山楂叶螨 在北方果区一般1年发生3～13代，辽宁兴城为6～7代，甘肃河西走廊为4～5代，陕西关中地区为5～6代，甘肃天水、兰州等地为6～7代，山东青岛7～8代，济南为9～10代，河南12～13代。由此向南，年发生代数逐渐增加。在同一地区，因营养条件的优劣，发生代数也有差异。均以已经交配的滞育雌螨越冬，越冬场所主要在树干缝隙、树皮下、枯枝落叶中，以及寄主植物附近的表土下和其他隐蔽场所。在果蒂、果柄洼陷处也有少量雌螨越冬。越冬时常数个群集在一起。

翌年春当日平均气温上升到9～11℃时，树芽开始萌动和膨大，越冬雌螨开始出蛰，出蛰盛期与花序分离及初花期相吻合，整个出蛰期可延续 40d，但以前 20d 为主。

出蛰雌螨取食不久，一般在 4 月上中旬开始陆续产卵，产卵高峰期与苹果、梨的盛花期吻合，落花后 1 周左右卵孵化完毕。卵产于叶背主脉两侧或蛛丝的上、下。在气温 18～20℃的条件下，雌螨寿命约为 40d，平均产卵期为 13.1～22.3d，平均总产卵量为 43.9～83.9 粒。

第 1 代卵的孵化期较为集中，一般在 10d 左右，到落花时已基本产完，虫态较为整齐，第 2 代以后，世代出现重叠，同期内各虫态都有，而且密度逐步上升，如遇高温干燥的气候条件，7、8 月会出现全年高峰。8～10 月产生越冬型雌成螨。所以，越冬雌螨出蜇盛期至产卵前期以及落花后 1 周左右卵基本孵化完毕是早期化学防治的两个关键时期。

幼螨无吐丝习性。雌性第 1 若螨期有吐丝结网的习性，行动较为迟缓。雄若螨行动敏捷。两性生殖的后代，其雌雄性比为 3～5：1。山楂叶螨多数栖息于树冠的中、下部和内膛的叶背上。其传播方式除靠自身爬行外，还可凭借风力、人畜、树苗和果实的搬运传带。

4. 苹果全爪螨 苹果全爪螨在我国北方地区 1 年发生 4～9 代。其中，在辽宁兴城地区为 6～7 代，山东莱阳地区 4～8 代，河北昌黎地区 9 代。以滞育卵在短果枝、果台和 2 年生以上小枝越冬，大发生年份大枝条的背阴面也会有大量越冬卵。

翌年 4 月下旬至 5 月上旬，越冬卵开始孵化，此时正是苹果花序分离至花蕾变色阶段，孵化比较集中，从开始孵化后的 5d 之内即达 95％的孵化率。从物候上看，正值国光等晚熟品种花序分离期，或元帅、富士等中晚熟品种花蕾变色期。因幼、若螨抗药力差，而且树叶小，便于细致、周密喷药，所以此时是有利的用药剂防治的时机，可选择残效期短的杀螨剂防治春季活动的虫态。

苹果始花期出现越冬代成螨（5 月上旬），开花盛期为越冬代成螨出现的高峰期，终花期为其末期，同时也是第 1 代夏卵的盛期。至 5 月底，第 1 代夏卵基本孵化完毕，同时出现第 1 代雌螨，但此时尚未产卵，所以在 5 月底 6 月初为防治苹果全爪螨的第 2 个适宜时机。6、7 两个月是苹果全爪螨全年发生量的高峰期，不仅同 1 代的各螨态并存，而且世代重叠，此时为害也最大，8 月以后开始产越冬卵（即滞育卵），产卵延续到 10 月初霜期为止。

幼、若螨和成螨多数在叶背取食和活动。各静止期多数在叶背基部的主侧脉两旁，不食不动后蜕皮。一般情况很少吐丝，但在食料恶化时，往往吐丝下垂、迁移扩散，寻找新的营养条件。雄螨可进行多次交配。雌螨羽化后即可进行交配，经 3～5d 即产卵。夏卵一般都产于叶背，少数在叶面。夏卵橘红色，越冬卵深红色。雌螨寿命 15～20d，个别可达 40d，每头雌螨的产卵量平均为 45 粒，最多可达 150 粒左右。完成 1 代需 10～14d。

5. 柑橘全爪螨 在年平均气温 15～20℃地区，1 年发生 12～20 代，多以卵和成螨在叶背及枝条裂缝内越冬。在南方无明显越冬现象。

在陕西汉中以春、秋两季发生最重，即 3 月螨口数量开始增长，4、5 月春梢期种群数量达到高峰，并开始从 1～2 年生枝上的老叶向春梢上嫩叶转移为害，1 个月左右便会成灾。6 月螨口密度开始下降，7～8 月高温季节数量很少。秋季 9～10 月随气温的降低，种群数量又开始上升，严重为害秋梢。在广东以夏、秋梢生长阶段为害较重，在重庆（江津、巴南）则在春梢抽发期为害较重。

柑橘全爪螨在叶片的正反两面都可栖息为害，但静止和蜕皮则多在叶背边缘及其主脉两侧。在春梢出现前，主要为害 2 年生梢上的叶片，春梢伸展后，便从老叶迁往嫩叶为害。卵多散产于叶片正反面、果实及嫩枝上，但以叶背主脉两侧最多。单雌产卵量为 31.7～62.9

粒，春季世代产卵量大于秋季世代，夏季产卵量最少。

（二）发生与环境因素的关系

1. 气候对叶螨的影响 山楂叶螨喜高温干旱的气候条件，苹果全爪螨更偏好温暖干燥的环境，而二斑叶螨对环境的适应性较上述2种叶螨更宽。3种叶螨均有较强的抗寒力，如二斑叶螨在最低气温－25℃时，越冬死亡率小于50％；山楂叶螨在恒温－25℃，24h下死亡率34.5％。低温和短日照是诱发3种叶螨进入滞育的主导因子。另外，降水对螨类除有直接冲刷作用外，也制约着螨类的发育历期和繁殖。如二斑叶螨发育的最适温度为21～35℃，相对湿度为35％～55％。在相同条件下，二斑叶螨发育和繁殖的速度比山楂叶螨和苹果全爪螨快，完成1代所需时间及卵期比二者都短。

山楂叶螨完成1代的时间长短取决于当时所处的环境条件。一般而言，温度适宜而干燥，对其发育有利。在27℃、20℃、15℃ 3种恒温条件下，所需的发育时间分别为6.5d、14.2d和29.6d。其发育速率相差数倍。苹果全爪螨在夏季平均气温达21～27℃时，完成1代所需时间为10～14d。柑橘全瓜螨生长发育适宜的温度为20～30℃，旬平均相对湿度65％～87％，27～29℃时完成1代需9～11d。该螨喜光，长日照时成螨产卵多，下一代产卵量亦大。所以，在温度适宜的春夏之交和秋末冬初日照长的季节大发生。

2. 农药的干扰作用 大量研究证明，农药的不合理使用是导致叶螨优势种群变化和猖獗为害的主要原因。大量的广谱性杀虫剂的长期频繁使用，严重杀伤了害螨的天敌，把害螨从自然控制的压力之下解脱。其次有些农药对叶螨还具有刺激发育和生殖的作用，表现为雌螨寿命延长、产卵量和卵孵化率提高。化学农药使害螨产生抗药性和交互抗性。如Edge（1987）报道，在澳大利亚的玫瑰上使用尼索朗20次，二斑叶螨对其抗性指数达1 000倍。

3. 天敌对叶螨的控制作用 在自然条件下，叶螨的天敌种类很丰富，对害螨种群的消长起着决定性的作用。早在1951年Greves在他的专著中就记载了苹果全爪螨的天敌60余种，国内亦有大量报道。其中，瓢虫有7种，如深点食螨瓢虫（*Stethorus punctillum* Weise）、异色瓢虫［*Harmonia axyridis*（Pallas）］等；花蝽4种，如小黑花蝽［*Orius minutus*（L.）］等；草蛉5种，如大草蛉（*Chrysopa septempunctata* Wesmael）等；蓟马3种，如塔六点蓟马（*Scolothrips takahashii* Priesner）等；还有隐翅甲、食蛛瘿蚊等；捕食螨15种，其中含有多种植绥螨；寄生性真菌5种。1983年我国从美国引入对有机磷农药有很强抗性的伪钝绥螨［*Amblyseius fallacies*（Garman）］，1987年在山东青岛地区建立种群，对苹果全爪螨的种群增长有明显的控制作用。柑橘全爪螨的天敌也有近百种。此外，我国园艺植物害螨的重要天敌还有中华通草蛉［*Chrysopera sinica*（Tjeder）］、黑襟毛瓢虫（*Scymnus hoffmanni* Weise）、中华啮粉蛉（*Conwentzia sinica* Yang）、长毛钝绥螨［*Amblyseius longispinosus*（Evans）］、拟长毛钝绥螨（*A. pseudolongispinosus* Xin，Liang et Kedeng）等。

上述这些害螨的天敌具有分布范围广、发生世代多、生殖力高、捕食量大、对害螨控制力强等特点，如果能够对这些天敌加以很好的保护利用，果园害螨的为害必将大大减轻。

4. 寄主植物的抗螨性 叶螨的生长发育及繁殖力与寄主植物的种类、生长发育阶段和寄主营养状况等有直接关系。二斑叶螨、苹果全爪螨、柑橘全爪螨的繁殖力随苹果叶片中氮、磷量的增大而增强。二斑叶螨对苹果品种具选择性，红富士、印度、国光等优质品种受害尤为严重。植株生长茂盛、营养条件好，有利于叶螨的繁殖为害。

四、常见其他叶螨（表10-1）

表10-1 常见其他叶螨发生概况

害螨种类	发生概况
截形叶螨	从南到北我国大部分地区均有分布，北方重于南方。寄主广泛，是为害玉米的重要害螨，亦为害瓜类、豆类等蔬菜以及花卉、果树、林木等。在陕西1年发生9～14代。以雌成螨吐丝结网聚集在向阳的玉米秸秆等枯枝落叶内、杂草根际、树皮和土缝内越冬。7月中旬至8月下旬达到为害高峰，9月上旬随气温下降，数量急剧下降，陆续转移到越冬场所
柑橘始叶螨	该螨在我国大部分柑橘产区均有分布，以日照较少的产区为害较重。寄主除柑橘外，尚有桃、葡萄、豇豆等。以卵和成螨在柑橘树冠内膛、中下部的叶背越冬，在潜叶蛾为害的夏、秋梢的僵叶上特多。年均气温18℃左右的柑橘产区1年发生18代左右。4～5月是为害盛期，6月螨口数量急剧下降，11月下旬又出现短暂为害高峰
果台螨	为我国北方果产区植食性害螨优势种之一。主要寄主有苹果、梨、桃、杏、李、樱桃等蔷薇科植物。在北方果区1年发生3～5代，在江苏地区发生8～10代。以卵在枝条阴面、枝杈间及果台等处越冬。苹果发芽时卵孵化，落花后基本结束，全年为害盛期在6月中旬至7月中旬。成螨活泼，营孤雌生殖，喜光滑、绒毛少的叶表面取食活动，无结网习性
板栗小爪螨	分布于北京、河北、山东、宁夏、江苏、安徽、江西等地。寄主有板栗、橡、锥栗、麻栗以及多种松、杉和柏等。1年发生5～9代，以卵在1～4年生枝背面的叶痕、粗皮、裂缝及枝杈处越冬。翌年越冬卵于4月底至6月上旬孵化，幼螨爬至新梢基部叶正面集聚为害，全年发生盛期在5月中旬至7月上旬。8月上旬为产越冬卵盛期，9月上旬产卵结束。该螨营两性生殖，成螨在叶正面为害，多集中在凹陷处拉丝、产卵

五、预测预报

1. 苹果全爪螨

（1）越冬卵孵化期预测　根据4.4℃以上有效积温达229.3日度即为孵化盛期，最大误差在2d以内。在苹果树萌芽，越冬卵临近孵化之前，截取带有越冬卵的小枝3～5cm长5～10段，分别钉在10cm×20cm的白色木板上，在小枝四周的木板上环涂1cm宽的凡士林带，以防止幼螨逃逸，然后将小板背向阳光挂在苹果树冠中或放置百叶箱中，自幼螨孵化之日起，每日定时统计幼螨孵化数量。在越冬孵化基本结束时，立即喷洒选择性杀螨剂。

（2）生长季活动期螨数量监测　冬卵孵化结束后，在苹果园梅花式选定5株树，定期5～7d系统调查害螨数量，每树在东、西、南、北、中5个方位分别随机取4片叶，5株树计100片叶，统计其上的活动螨数，按照防治的经济阈值进行施药。其防治指标为7月中间以前4～5头/叶活动期螨，7月中旬以后7～8头/叶活动期螨。

2. 山楂叶螨　越冬雌成螨上芽为害期，在苹果树开花前，以梅花式选定5株树，3d调查1次，在树冠内膛和主枝中段各随机取10个生长芽，计100个芽，统计上芽的越冬雌成螨数；在果树落花后，继续定树，定期5～7d调查1次，统计叶螨种群数量，每树在内膛、主枝中段各选10个叶丛枝的中下部叶片1张，5株树计100张叶片。当叶平均活动螨达4～5头/叶时即可喷药防治。进入7月中旬以后，山楂叶螨已扩散到树冠外围，取样部位应移到主枝中段和外围枝上。这时树体的花芽分化基本结束，害螨的种群数量亦进入自然消减阶段，此时的防治指标可放宽到7～8头/叶活动期螨。

六、综合治理方法

1. 农业防治　越冬前树干束草环或树盘覆草，翌年春天出蛰前烧之，可诱集并消灭大量越冬雌螨。刮除树干粗翘皮，铲除园内及园边杂草（夏初重复 1 次），消灭早春寄主。剪除萌蘖及树冠内膛徒长枝，能减少害螨基数。及时灌溉，增加相对湿度，能造成叶螨不利的生态环境。控制氮肥施用量，增施磷肥和钾肥，可以增强树势，恶化害螨发生条件。

2. 生物防治　在果园生态系中，害螨的捕食性天敌种类十分丰富，自然控制作用显著，只是由于化学农药的干扰，破坏了这种自然调节机制。因此，减少和限制农药的用量、调整和改变施药方式、用选择性农药是保护天敌的重要手段。在果树行间可种植大豆、苜蓿等植物，改善生态环境，为天敌提供生活、栖息场所。国外利用捕食螨防治叶螨成功的实例很多，应用前景广阔，但大多数捕食螨对农药敏感，限制了其田间应用和推广。要大力提倡施用阿维菌素、浏阳霉素、日光霉素或地肤植物源杀虫剂等生物农药来防治。

3. 药剂防治　在进行药剂防治时，应充分考虑到保护天敌和减缓抗性产生。施药时要尽量选用选择性强的药剂和避开主要天敌大量发生期，少用或不用有机磷、拟除虫菊酯类广谱性杀虫剂，以保护利用天敌。为减缓抗性产生，要注意杀螨剂品种的合理轮换使用，尽可能减少用药次数及用药量。

（1）果树害螨防治

①果树休眠期防治：发芽前喷布 5%蒽油乳液、3～5 波美度石硫合剂，对越冬雌成螨效果很好；喷布蒽油乳液、0.04%氯杀螨乳液或 0.7%螨卵酯乳液对苹果全爪螨越冬卵都有较好的防治效果。

②果树花前、花后防治：山楂叶螨和二斑叶螨防治的关键时期是：①越冬雌螨出蛰期，已有大部分越冬雌螨上树，但尚未产卵；②当第 1 代卵绝大部分已孵化，少量虽已发育为成螨，但尚未产卵。苹果全爪螨防治的关键时期分别是：越冬卵孵化盛期（花前 1 周左右）和第 1 代卵孵化盛期（落花后 1 周）。柑橘全爪螨春季用药剂防治的关键时期是 3 月中旬左右，即越冬卵盛孵期。

选择对天敌安全，杀成、幼、若螨作用强，低温型或对温度不太敏感的药剂。如 0.9%或 1.8%阿维菌素 EC、73%克螨特 EC、15%扫螨净 EC 350～750ml/hm^2（2 000～5 000 倍液），25%除螨酯（酚螨酯）EC 油、5%尼索朗 EC、50%螨代治 EC、25%三唑锡 WP、5%卡死克 EC 750～1 200ml/hm^2（1 000～1 500 倍液），20%阿波罗 SC 500～750ml/hm^2（1 500～2 000 倍液），20%双甲脒 EC（800～1 000 倍液）。

③果树生长期防治：东北地区的 6 月下旬至 8 月，华北、西北地区的 6 月上旬至 9 月上旬，叶螨发育、繁殖最快，世代重叠，除雨季外发生为害严重。此时，应选择既能杀各螨态又能尽量不杀或少杀天敌的药剂。

除上述药剂外，还可选用 50%螨代治 EC 2 000 倍液、20%复方浏阳霉素 1 000 倍液，也可用 15%扫螨净 EC 3 000 倍液、1.8%阿维菌素 EC 3 000 倍液混加 5%尼索朗或 1 5%螨死净 EC 1 500 倍液喷雾。

（2）蔬菜害螨防治　朱砂叶螨选用的药剂主要有 20%三唑锡 WP 1 500 倍液、1.8%阿维菌素 EC 2 000～3 000 倍液、73%克螨特 EC 1 000 倍液、20%复方浏阳霉素 1 000 倍液等。选用某些有机磷内吸杀虫杀螨剂可以兼治吮吸类害虫。

第二节　其他害螨类

一、种类、分布与为害

除叶螨以外，在园艺植物上常见为害的螨类有真螨目（Acariformes）跗线螨科（Tarsonemidae）的侧多食跗线螨［*Polyphagotarsonemus latus*（Banks）］，瘿螨科（Eriophyidae）的柑橘锈螨［*Phyllocoptruta oleivora*（Ashmead）］、柑橘瘤瘿螨（*Eriphyes sheldoni* Ewing）、荔枝瘿螨（*Aceria litchi* Keifer）、枣顶冠瘿螨［*Tegolophus zizyphagus*（Keifer）］、梨叶肿瘿螨［*Eriphyes pyri*（PagenstECher）］，细须螨科（Tenuipalpidae）的丽新须螨［*Cenopalpus pulcher*（Canestrini et Fanzago）］、葡萄短须螨（*Brevipalpus lewisi* McGregor）、柿细须螨（*Tenuipalpus zhizhilashviliae* Reck），以及粉螨科（Acaridae）的刺足根螨（*Rhizoglyphus echinopus* Fumouze et Robin）等。现以为害普遍较严重的侧多食跗线螨和柑橘锈螨为代表作重点介绍。

1. 侧多食跗线螨　又名茶黄螨、茶半跗线螨、嫩叶螨、阔体螨。该螨是一种世界性害螨，国外分布于30多个国家和地区，国内分布于东北、华北、华中、华东、西南以及台湾等地。食性较杂，不仅取食植物，还能捕食烟粉虱（*Bemisia labuci*）。已知寄主植物有29科68种，主要包括茶、茄科、豆科、棉花、马铃薯、禾本科植物及多种果树和杂草，近年来对蔬菜的为害日趋严重，尤以茄子、番茄、青椒、马铃薯及各种豆类、瓜类蔬菜受害较重。

以成、幼螨集中在植物幼嫩部位吸食汁液，造成植株畸形和生长缓慢。茄子、番茄受害后，上部叶片僵直，叶背面变成黄褐色，油渍状有光泽，叶片边缘向下卷曲，嫩茎上部和果实萼片也变成褐色，表皮木栓化；受害严重的植株不能开花和坐果；果实受害后发生不同程度的龟裂，严重时种子裸露，呈开花馒头状，味苦而涩。青椒受害后，落花、落果，呈“秃尖”状，果面变为黄褐色，失去光泽，果实变硬。豇豆、菜豆、黄瓜受害后，被害叶片边缘向背面卷曲，质地加厚，嫩叶部分扭曲畸形，黄瓜果实表皮木栓化。

2. 柑橘锈螨　又名柑橘锈瘿螨、锈壁虱、橘皱叶刺瘿螨等。世界各柑橘产区均有分布，是柑橘上的严重害虫之一。国内分布于四川、云南、贵州、广西、广东、湖南、湖北、江西、福建、台湾、浙江、江苏、海南等地。寄主植物仅限于柑橘类，其中以橘、橙、柑和柠檬受害最重，近年来在一些地区对沙田柚的为害非常严重。以成、若螨在叶背、嫩枝及果面吸汁为害，使油胞破坏，内含芳香油溢出，经空气氧化，导致叶片背面和果皮变成污黑色；严重时春梢叶片大量黄落，果皮变黑褐色，果小、皮厚、汁少，果肉酸度增加，不仅对当年柑橘产量和品质有很大影响，而且伤根，削弱树势，对下年产量也有影响。

二、形态特征

1. 侧多食跗线螨（图10-6）

（1）雌成螨　体长170～249μm，宽111～164μm。体躯阔卵形，淡黄色至黄绿色。颚体宽阔，须肢圆柱状，前伸。前足体背毛Pi长于Pr。Ⅰ、Ⅱ表皮内突与前胸表皮内突相连接，分颈表皮内突仅在中央部分留有不明显痕迹。假气门器的感器球形，表面光滑。后半体

背毛 c_1、c_2、d、e、f、h 及 ps 长度相近，略粗于腹毛。后胸表皮内突不明显，Ⅲ、Ⅳ表皮内突长度相近，呈“八”字形。爪Ⅰ强壮，喙状。足Ⅰ胫跗节远端感棒较大，杆状，近端有 2 根小感棒。足Ⅱ跗节感棒比足Ⅰ远端感棒略小，杆状。足Ⅱ、Ⅲ爪退化，具发达的爪垫。

(2) 雄成螨 体长 159～190μm，宽 100～122μm。体躯近似菱形，后半体前部最宽。淡黄色或黄绿色。前足体背面近似梯形，背毛 3 对，Pr＞Pi＞Pml。腹面Ⅰ、Ⅱ表皮内突与前胸表皮内突相连接。体背面 CD 节具长度相近的 3 对刚毛，其中毛 c_2 纤细。EF 节除了毛 f 外还有 1 对 e 毛，e 与 f 长度相近。腹面Ⅲ、Ⅳ表皮内突与后胸表皮内突汇集点成 1 条短纵线，后胸板毛 4 对，3c 略长。足Ⅰ无爪，仅具呈五边形的爪垫；跗节感棒基部较宽，胫节有 2 根长度相差 1 倍的棒状感棒。足Ⅱ、Ⅲ的双爪不明显，呈细线状。跗节Ⅱ感棒较粗大，形态与跗节Ⅰ感棒相似。足Ⅳ转节矩形，股节远端腹侧毛着生在向内侧延伸的距样突起之上；胫跗节细长，向内侧弯曲，远端 1/3 处有 1 根特别长的鞭状毛，爪退化为纽扣状。

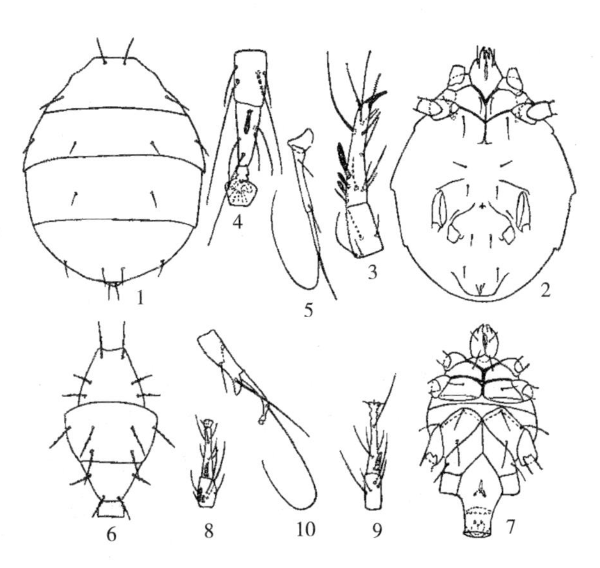

图 10-6 侧多食跗线螨

1～5. 雌螨：1. 背面观 2. 腹面观 3. 足Ⅰ胫跗节和膝节背面 4. 足Ⅱ胫节和跗节背面 5. 足Ⅳ腹面

6～10. 雄螨：6. 背面观 7. 腹面观 8、9. 足Ⅰ、Ⅱ胫节和跗节背面 10. 足Ⅳ腹面

(仿苏悌之、丁廷宗)

(3) 卵 椭圆形，无色透明，孵化前淡绿色。卵表有纵向排列的小疣突，每行 6～8 个。

2. 柑橘锈螨（图 10-7）

(1) 雌成螨 淡黄色或橙黄色，体扁平，呈纺锤形，体长 142～178.5μm。头胸板前面有 1 个中等长度的前叶，前叶前端并有 1 横沟。头胸板上无中线，侧中线从前叶的两侧伸出，向外弯向前叶基部，从此处再向内弯，在 1/3 处与 1 条直的短横线相遇，然后稍向外弯，侧中线的 2/3 处正通过背瘤内侧，末端接近于板后缘的前面。背瘤位于板后缘的很前面，背毛短而向上，长 7μm。前

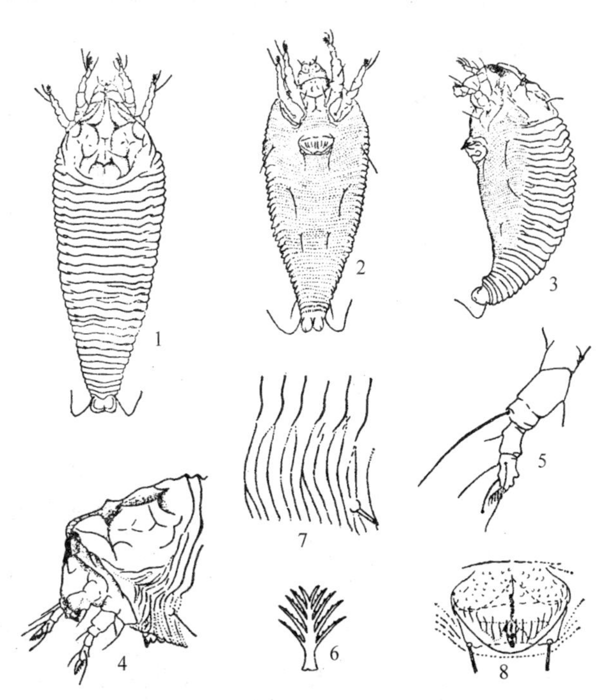

图 10-7 柑橘锈螨（雌螨）

1. 背面观 2. 腹面观 3. 侧面观 4. 体躯前部侧面观 5. 右前足 6. 羽状爪 7. 侧面表皮 8. 外生殖器

(仿匡海源)

足长 32.1μm，爪长 5.2μm；后足长 28.5μm，爪长 4.6μm。腹部有宽阔的纵槽；仅仅在腹片上有微瘤；每个背片遮盖 2 或 3 个腹片。第 1 腹毛长 32μm，第 2 腹毛长 7μm，第 3 腹毛长 21μm，副毛长 3.6μm。生殖盖基部呈颗粒状，有 1 条中纵线，生殖盖的顶端有纵肋 14～16 条。

（2）雄成螨　尚未知。

三、发生规律

1. 侧多食跗线螨　在南方，自然条件下 1 年发生 25～30 代，以雌成螨在菜田的土缝、蔬菜及杂草根际越冬，或在茶园的被害卷叶、芽鳞之间和叶柄处、杂草及介壳虫的介壳下越冬；冬季温暖地区及温室栽培条件下，可终年繁殖。在北方，冬季雌成螨在温室内继续繁殖为害，能否在露地越冬尚不明确。发生期因地而异，一般 3～4 月在保护地蔬菜上繁殖为害，4～5 月数量较少，6 月至 10 月上旬大量发生，保护地立冬后至 12 月中旬数量显著下降。在北京加温温室中，5 月中下旬在春大棚黄瓜生长后期开始发生，6 月上旬春大棚黄瓜、番茄和茄子上发生较重；露地茄子、豇豆以 6 月底至 9 月受害严重，恋秋茄子发生裂果高峰在 8 月中旬至 9 月上旬。

成螨较活泼，特别是雄螨更为活跃，具有携带雌螨、蛹向幼嫩部位转移的习性。雄螨用腹末把雌蛹举起呈 T 形，很快爬行向植株上部转移，待雌蛹蜕皮成为成螨后即进行交配。雌螨一生交配 1 次，交配时呈“一”字形。产卵前期 1～3d，单雌每天产卵 2～4 粒，产卵期 15～60d，一生可产卵 24～246 粒。卵散产于嫩叶、果实的凹洼处和幼芽上，叶片背面较多。除进行两性生殖外，也能营孤雌生殖，但未受精卵孵化率仅 40%左右，且后代均为雄性。

生活史包括卵、幼螨、若螨和成螨 4 个时期。初孵化的幼螨不大活动，常停留在卵壳附近取食，随着生长发育，活动力增强，至静息期停止取食，静止不动，蜕 1 次皮即为成螨。喜欢在嫩叶背面栖息为害，仅少数在叶面或其他嫩茎等处。据观察，在嫩梢芽下第 2 叶的螨量占总螨量的 88.9%，而第 1 叶和第 3 叶分别占 4.2%和 5.5%。随寄主植物的生长，由下向上逐渐转移。

侧多食跗线螨喜温好湿。生长繁殖最适温度为 22～28℃，相对湿度为 80%～90%。高温对该螨生长有抑制作用，致死温度在 40℃以上。全世代发育起点温度为 11.3℃，完成 1 代的有效积温为 62.8 日度。当气温在 20～30℃时，4～5d 繁殖 1 代；18～20℃时，7～10d 繁殖 1 代。不同温度下螨的寿命亦不一样，在 15～30℃范围内，雌成螨的寿命与温度高低呈直线正相关。湿度对成螨的影响不大，相对湿度 40%以上均可正常生殖，但卵、幼螨和若螨在相对湿度为 90%以上时存活率最高。一般在温度适当、连阴雨、日照弱的气候条件下，种群数量增长快，发生为害严重。

侧多食跗线螨的天敌主要有捕食螨、蓟马和小花蝽等，有一定的控制作用。

2. 柑橘锈螨　一生发育经过卵、幼螨、若螨Ⅰ、若螨Ⅱ和成螨阶段。在浙江黄岩 1 年发生 18 代，湖南 18～20 代，福建龙溪 24 代，我国台湾 30 代，世代重叠。在四川、浙江等较北柑橘产区的成螨以柑橘枝梢上的腋芽、卷叶内或潜叶蛾为害的僵叶上或越冬果实（柠檬的秋花果和夏橙）的果梗处萼片下越冬，在福建以各种螨态在绿色枝条上越冬，而在广东无越冬现象。

当日平均温度15℃左右时的晴天中午，越冬成螨开始活动，取食和产卵。在浙江黄岩3月中旬开始产卵繁殖，5月上旬移至新梢，6月下旬开始上果，7～9月为害严重；在湖南5月上旬为害春梢，5月下旬至6月上旬上果为害，7～8月为害严重；福建龙溪4月初为害春梢，5月上旬上果，7月达到高峰，一直延续到9月上旬；广州1年有2个发生高峰，即4～6月和8月下旬至10月，9月黑皮果迅速增加。

该螨营孤雌生殖，卵产于叶背或果面凹陷处。一生产卵5～60粒，平均32.5粒/头。完成1代的历期，在29℃时为7.6d。常栖息于叶背主脉两侧或果的阴面。该螨可借风力、果和苗木的运输传播，也可靠昆虫、鸟类、器械等传播蔓延。

适合该螨发育的温度为15～38℃，最适温度为26～32℃，因此，该螨属高温型的螨类，10℃以下停止活动。高温干旱有利于雌螨的生长繁殖，所以夏、秋两季为害严重。久旱高温后降雨，田间螨口暴发成灾。荫蔽不利于该螨发生，柑橘生长茂盛、覆着率高、水分充足，或天旱时适当灌溉与施肥的果园受害轻。短日照下（日照少于13h/d）成、若螨死亡率高，产卵少。管理粗放、土壤干旱、树体衰弱、枝叶稀少的柑橘园是该螨适宜的环境。已知该螨的天敌有多毛菌（*Hirsutella thompsonii*）、具瘤神蕊螨、蓟马、立氏盲走螨（*Typhlodromus rickeri*）和尼氏钝绥螨等数种。在高温高湿下多毛菌的寄生率很高，导致该螨大量死亡，是其主要的有效天敌。具瘤神蕊螨在用药少的果园中数量很多，控制效果显著，应多加保护。

四、常见其他害螨（表10-2）

表10-2 常见其他害螨发生概况

害螨种类	发生概况
柑橘瘤瘿螨（柑橘瘿螨）	仅在四川、云南、贵州、湖南、广西、湖北、陕西等地部分管理差的柑橘园为害较重。该螨仅为害柑橘类植物，主害柑橘嫩芽、叶片、花蕾、果柄、果蒂的柔嫩组织，形成胡椒状的虫瘿。1年发生10余代，在虫瘿内周年繁殖，各虫态并存，冬季以成螨占绝大多数。到次年3～4月成螨自旧的虫瘿内爬出，迁至新春梢嫩芽上为害，形成胡椒状开放型的新虫瘿。5月中旬至7月中旬繁殖最快，瘿内虫数最多，以后逐渐减少
荔枝瘿螨	分布于我国海南、广东、广西、福建及台湾等地。可为害荔枝和龙眼。1年发生10余代，世代重叠。以成螨或若螨在毛瘿中越冬，翌年3月初越冬螨开始活动，迁移至春梢及花穗上为害。一般在春（3～5月）、秋（10～12月）两季为害较严重，尤以3～5月为害最重。主要在嫩叶背面和花穗上取食，为害后产生毛瘿，初为灰白色，渐变为黄褐色，最后变为深褐色
梨叶肿瘿螨（梨叶疹壁虱）	分布于东北三省、河南、山东、河北、江苏、山西、宁夏、陕西、青海、新疆、四川等地。主要为害梨嫩叶，形成小疱疹。1年发生多代，以成螨在梨芽鳞片下越冬。在辽宁西部，越冬成螨5月中旬开始向上转移，从气孔侵入叶组织内为害，并产卵繁殖。被害叶背面形成许多小疱疹，初为淡绿色，渐变为红褐色，最后呈黑色，5月中下旬疱疹发生最多，严重时，1叶多达十至百余个疱疹，甚至造成早期落叶。6月以后为害减轻，9月越冬
丽新须螨	分布于辽宁及华北部分地区。主要为害梨、苹果等，常使受害叶片变为灰褐色，甚至焦枯状。在辽宁朝阳、山东烟台，主要以成、若螨在老树皮下、芽鳞苞叶内或短果枝的粗糙面越冬。翌年5月上中旬出蛰，5月中旬产卵，6～8月为发生盛期，9月下旬进入越冬场所

（续）

害螨种类	发 生 概 况
葡萄短须螨（刘氏短须螨）	世界性害螨，国内主要发生于山东、河北、河南、辽宁等地的部分葡萄产区。寄主除葡萄外，尚可为害柑橘、紫花地丁、连翘、月季、忍冬、白兰花等。以雌成螨或若螨为害叶片、叶柄、嫩梢、果柄和果穗。在华北地区1年发生6～7代，以红褐色滞育型雌成螨在寄主老蔓翘皮下、叶痕缝隙、松散的芽鳞绒毛内或土中群集越冬。在山东，4月下旬出蛰，6月大量为害叶柄、叶片，7月为害果穗，8月上中旬果穗受害最重，11月全部进入越冬状态
刺足根螨（水芋根螨、鸡冠根螨）	该螨一生包括卵、幼螨、若螨Ⅰ、若螨Ⅱ（或休眠体）、若螨Ⅲ和成螨6个螨态。寄主植物多为百合科、生姜、土豆等地下鳞茎、块茎和根茎，在湖北1年发生20多代，完成1代需10～14d，以卵和成螨在百合科植物花蕊或土壤内越冬，4月上中旬大量发生。雌螨产卵于百合鳞茎上。成、若螨群集取食百合鳞茎，受害后呈筛孔状，使百合鳞茎及根变黑褐色腐烂，地上部分枯死。性喜潮湿，怕干燥。成螨选择较湿润的球茎蒂部产卵，卵散产。在25℃条件下，卵期3d，若虫期8～10d，成螨寿命可达100d以上。螨害发生及受害程度因植物种类和品种而异

五、预测预报方法

选上年该螨发生为害严重的柑橘园或菜园数处，每园对角线5点随机取样，每点调查果树3～5株，蔬菜10～20株。

侧多食跗线螨从茄科蔬菜现蕾开始，每5d调查1次，仔细检查植株嫩尖、嫩叶背面的为害症状，并借助10倍放大镜检查活动螨量。结果后，一并检查果实的被害率。当被害株率达3%～5%时，即可防治。

柑橘锈螨从4月中下旬开始，检查上年秋梢叶背，以后调查当年生春梢叶片和果实，7～10d调查1次，7～8月大发生时每5d调查1次。每次在每株树冠的中、下部和内部调查叶片10～20片，果实8～10个，用10倍放大镜检查叶背主脉两侧各1个视野，每个果实的果脐、果蒂各2个视野内的虫口数，当平均每视野有螨2～3头，活虫多、死虫少，或巡视全园有个别黑皮果和锈斑叶发生时，应立即喷药挑治中心虫株。

六、综合治理方法

1. 农业防治 加强园田的肥水管理，增厚土层，增强植株长势，提高其补偿能力。

2. 生物防治 多毛菌在高温多雨条件下大流行，是控制柑橘锈螨种群数量的重要天敌，因此，在这一时期不宜使用波尔多液等铜素杀菌剂防病。在柑橘锈螨发生初期还可喷施青虫菌6号2 000倍液或7万菌落/g多毛菌菌粉300～400倍液，或引进具瘤神蕊螨等捕食性天敌。在南方茶园，曾用德氏钝绥螨（*Amblyseius deleoni*）防治茶黄螨，人工释放德氏钝绥螨2年后，害螨仅零星发生。

3. 药剂防治 在5～9月达到防治指标时喷药，由下向上喷。可选用以下药剂进行防治：46%晶体石硫合剂或硫黄胶悬剂3.5～5.0L/hm^2；液体石硫合剂0.3波美度，5～7d喷1次，连喷2～3次。20%双甲脒EC或73%克螨特EC 450～750ml/hm^2，95%机油乳剂5.6～7.5L/hm^2；50%托尔克WP 0.75～1.10kg/hm^2；5%唑螨酯SC 450～900ml/hm^{2}等。1.8%阿维菌素EC 200～300ml/hm^{2}或20%复方浏阳霉素EC 600～750ml/hm^2。

复习思考题

1. 如何区别果树上几种常见叶螨？它们的发生规律有哪些异同点？怎样进行综合防治？

2. 调查当地果树害螨的优势种。在防治上如何协调好药剂防治与保护天敌的矛盾？

3. 试述侧多食跗线螨在不同蔬菜作物上的为害症状。如何控制保护地环境条件以减轻其发生和为害？

4. 怎样区别刺足根螨与其近似种？如何防治其为害？

5. 简述柑橘锈螨的发生规律及测报方法。

第十一章　潜叶、潜皮害虫

潜叶害虫（leaf mining insect）、潜皮害虫（bark mining insect）是指以幼虫潜入叶内或皮下取食植物组织和汁液进行潜食为害的昆虫。这类害虫具有体型小、隐蔽为害、早期不易被发现、生活周期短、繁殖能力强、为害较重、不易防治等特点。严重发生时，被害植物叶片表面密布虫道，使叶片早期枯死或脱落，不仅降低观赏植物的审美价值，而且影响光合作用，引起减产。此外，有些种类还是植物病害的传播媒介。这类害虫主要包括双翅目的潜叶蝇类（leaf mining flie）和鳞翅目的潜叶蛾（leaf mining moth）、潜皮蛾类（bark mining moth）等。

第一节　潜叶蝇类

一、种类、分布与为害

潜叶蝇类害虫是指双翅目中的幼虫潜食植物叶片的一类害虫。植物叶片受害后，叶片上会出现灰白色弯曲的线状蛀道或上下表皮分离的泡状斑块。我国为害园艺植物的潜叶蝇类害虫主要有潜蝇科的美洲斑潜蝇（*Liriomyza sativae* Blanchard）、南美斑潜蝇［*L. huidobrensis*（Blanchard）］、豌豆潜叶蝇（*Chromatomyia horticola* Goureau）、葱斑潜蝇［*Liriomyza chinensis*（Kato）］和花蝇科的菠菜潜叶蝇［*Pegomya hyoscyami*（Panzer）］等。本节将重点介绍前3种潜叶蝇。

1. 美洲斑潜蝇　又名蔬菜斑潜蝇，原产巴西，于20世纪40年代陆续暴发于美国佛罗里达、夏威夷等地，70、80年代扩展至大洋洲、欧洲、非洲等70多个国家和地区，并且难以防除。1974年美国南加利福尼亚州仅番茄为害损失达4.88亿美元，1985年仅夏威夷也因此虫为害损失1 170万美元，美洲斑潜蝇给所发生的国家和地区造成重大的经济损失。我国于1993年在海南省三亚市反季节瓜菜作物上首次发现此虫，1994年山东、河北等省陆续大面积发现为害。1995年我国正式把美洲斑潜蝇列为检疫对象。由于地区间蔬菜贸易交往频繁，仅几年时间，美洲斑潜蝇已在全国许多地方蔓延成灾，至1998年，我国有近30个省（自治区、直辖市）有该虫发生为害的报道，故现已从检疫名单中删除。

2. 南美斑潜蝇　又称拉美斑潜蝇。该虫在20世纪70年代主要发生在南、北美地区，80年代传入欧洲和澳大利亚，对花卉和蔬菜造成很大为害。据报道，此虫适生分布范围为北纬56°至南纬53°的广大区域。我国于1993年在云南省的洋桔梗和菊花上首次发现，至1996年，南美斑潜蝇已在云南省的楚雄、红河、文山、大理、昆明等8个市和自治州的1[illegible]个县、市有分布。1998年在北京昌平部分蔬菜上发现有此虫为害。目前，已成为我国花卉和蔬菜上的重要害虫之一。

斑潜蝇寄主范围很广，据国内记载，美洲斑潜蝇可为害19科60余种植物，猖獗为害瓜类、豆类和茄类蔬菜及菊花等花卉植物。但在多种蔬菜混种的地块，斑潜蝇有较强的选择性。美洲斑潜蝇喜食菜豆、南瓜，其次是黄瓜、西葫芦、番茄、茄子等；南美斑潜蝇喜食[illegible]

芹、油菜、小麦等；豌豆潜叶蝇则更喜食黄瓜、西葫芦、芥菜、菜豆、棉花等。

美洲斑潜蝇和南美斑潜蝇都以幼虫和成虫为害叶片。美洲斑潜蝇以幼虫取食叶片正面叶肉，形成先细后宽的蛇形弯曲或蛇形盘绕虫道，其内有交替排列整齐的黑色虫粪，老虫道后期呈棕色的干斑块区，一般1虫1道，1头老熟幼虫1d可潜食3cm左右。南美斑潜蝇的幼虫主要取食背面叶肉，多从主脉基部开始为害，形成弯曲较宽（1.5～2mm）的虫道，虫道沿叶脉伸展，但不受叶脉限制，可若干虫道连成一片形成取食斑，后期变枯黄。两种斑潜蝇成虫为害基本相似，在叶片正面取食和产卵，刺伤叶片细胞，形成针尖大小的近圆形刺伤“孔”，造成为害。“孔”初期呈浅绿色，后变白，肉眼可见。幼虫和成虫的为害可导致幼苗全株死亡，造成缺苗断垄；成株受害，可加速叶片脱落，引起果实日灼，造成减产。幼虫和成虫通过取食还可传播病害，特别是传播某些病毒病，降低花卉的观赏价值和叶菜类的食用价值。

3. 豌豆潜叶蝇　在非洲、美洲、大洋洲、欧洲和亚洲均有分布。我国除西藏无报道外，其他各省（直辖市、自治区）均有分布。豌豆潜叶蝇寄主有21科77属137种植物，以十字花科的油菜、大白菜、雪里蕻等，豆科的豌豆、蚕豆，菊科的茼蒿及伞形科的芹菜受害最重。以幼虫潜入寄主叶片表皮下，曲折穿行，取食绿色组织，造成不规则的灰白色线状隧道。为害严重时，叶片组织几乎全部受害，叶片上布满蛀道，尤以植株基部叶片受害最重，甚至枯萎死亡。幼虫也可潜食嫩荚及花梗。当蔬菜留种株受害过重时，直接影响种子的品质及产量。成虫还可吸食植物汁液，使被吸食处呈小白点。

二、形态特征

1. 美洲斑潜蝇（图11-1）

（1）成虫　体小型，长1.3～2.3mm，淡灰黑色。头部双顶鬃着生处黑色。中胸背板亮

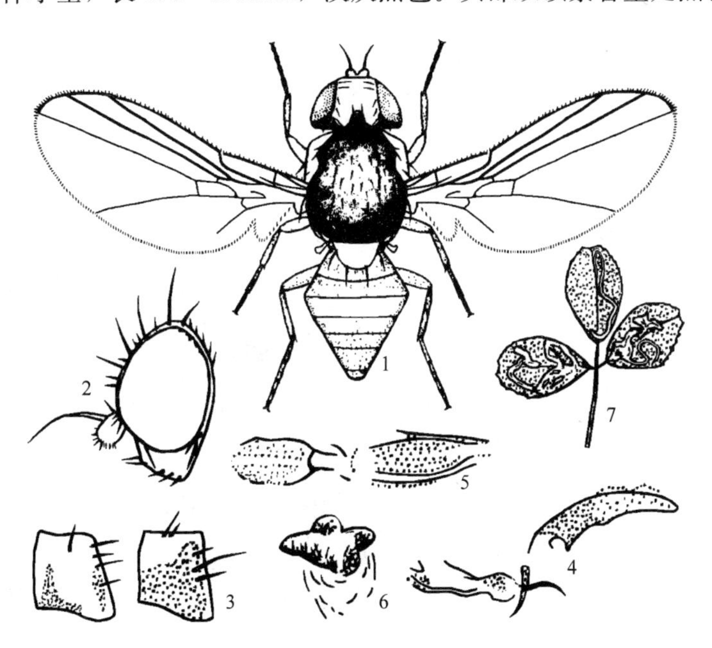

图11-1　美洲斑潜蝇

1. 成虫　2. 头　3. 中侧片　4. 阳茎侧面观　5. 阳茎腹面观　6. 蛹后气门　7. 在苜蓿叶上的潜道

（1仿陈乃中，余仿Spencer）

黑色，小盾片及体腹面、侧板和足基节、腿节均为黄色；前翅 M_{3+4} 末端为次末端的 3 倍左右，具毛。雄虫外生殖器的端阳体具圆锯齿状外缘，扇状叶片不对称，背针突末端具 1 齿。

（2）卵　椭圆形，(0.2～0.3) mm×（0.1～0.15）mm，米色，微半透明，后期淡黄绿色。

（3）幼虫　无头蛆状。初孵幼虫无色，后变为淡橙黄色，常呈金黄色或稍深，后气门突末端 3 分叉，其中两个分叉较长，各具 1 开口。

（4）蛹　椭圆形，乳黄色，逐渐由淡黄色变为黄褐色或深褐色。可见 11 体节，大小为 1.6mm×0.8mm，前后端各具 2 个气门突，后气门突上各有 3 个小钝圆状突起。

2. 南美斑潜蝇（图 11－2）

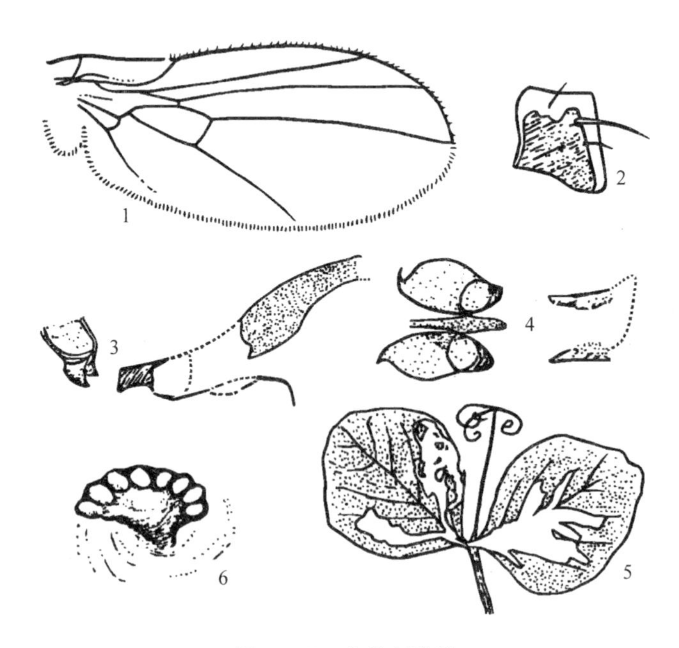

图 11－2　南美斑潜蝇

1. 翅　2. 中侧片　3. 阳茎侧面观　4. 端阳体腹面观　5. 在豌豆叶上的潜道　6. 幼虫后气门

（仿 Spencer）

（1）成虫　头部外顶鬃处黑褐色。前翅 M_{3+4} 末端为次末端 2～2.5 倍长。雄虫外生殖器的端阳体壶形，中部稍膨大，端部向前突出。其余特征同美洲斑潜蝇。

（2）卵　椭圆形，半透明。

（3）幼虫　形态同美洲斑潜蝇，后气门突 6～9 个开口。

（4）蛹　形态同美洲斑潜蝇，前、后端各残留 1 对气门突，后气门突上有 6～9 个突起。

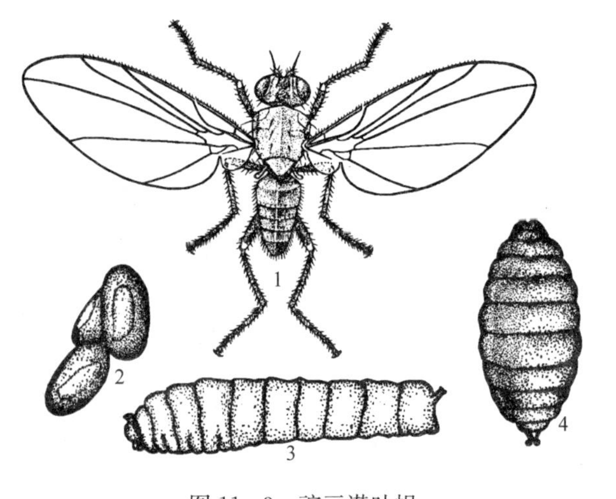

图 11－3　豌豆潜叶蝇

1. 成虫　2. 卵　3. 幼虫　4. 围蛹

（仿沈阳农学院）

3. 豌豆潜叶蝇（图 11－3）

（1）成虫　小型，雌虫体长 2.3～2.7mm，雄虫体长 1.8～2.1mm。暗灰色，中胸黑色，稍带灰色，有 4 对粗大的背鬃，后缘有小盾鬃 4 根，列成半环状。前翅长大，半透明，白色，微有紫色闪光。平衡棒淡黄色。雌虫腹部肥大，产卵器突出于体外，黑色。雄虫较瘦小。

（2）卵　长椭圆形，长 0.3～0.33mm。灰白色，略透明。

（3）幼虫　成长幼虫体长 3.2～3.5mm。长圆形，乳白色到黄色，半透明。前气门有 6～10 个开口，后气门有 6～9 个开口，均排成不整齐的双行。

（4）蛹　体长 2.1～2.6mm，卵圆形，略扁。初期乳白色，后变黄色、黄褐色或灰褐色。10 节。前气门呈 Y 形。一般雄虫蛹较小。

三、发生规律

1. 美洲斑潜蝇　在美国南部，美洲斑潜蝇的生活史可以全年连续，重要的第 1 代高峰期出现在 4 月。在加利福尼亚的冬季，美洲斑潜蝇 24～25d 完成 1 个生活周期，此时作物受害最重。据山西农业大学 1998 年调查研究，美洲斑潜蝇在山西省一年四季都可发生，露地同种类蔬菜上美洲斑潜蝇种群消长有如下规律：6 月 21 日以前虫量很少，之后虫量缓慢上升，7 月 17 日到 8 月 20 日是发生的高峰期，是这一时期蔬菜的优势害虫。田间寄主作物以黄瓜、豇豆、架豆、丝瓜为主，可见明显被害状。10 月 11 日以后随着嗜食寄主作物逐渐减少、气候转凉，露地美洲斑潜蝇虫量逐渐下降，11 月以后几乎诱不到美洲斑潜蝇的成虫，转入保护地越冬和继续为害。在山东省每年发生 14～15 代，其中在露地蔬菜中发生 11 代，在保护地内发生 3～4 代。

美洲斑潜蝇成虫白天活动，多出现于 9：00～12：00。成虫的飞翔力较差，田间仅做近距离的飞行，喜欢在避风向阳的地方活动。成虫出蛹壳羽化需 1.5～2h，羽化的性比多为1∶1。羽化后，当天进行交配、取食活动，雌雄交配行为可达 10～60min，交配一般也多在上午进行。成虫羽化后翌日便可产卵，卵产于叶片表皮下，产卵的数量随温度和寄主的不同而异，根据温度高低，卵在 2～5d 内孵化。幼虫发育时期长短也随温度和寄主植物而异，在平均气温高于 24℃的条件下，一般幼虫发育期 4～7d；30℃以上，未成熟幼虫的死亡率迅速上升。

美洲斑潜蝇成虫具有较强的趋光性、趋嫩性，因此在植株的中、上部分布较多，与下部有显著差异。美洲斑潜蝇成虫对黄色有明显的趋性，对银白色有负趋性。雌成虫具有选择嗜食寄主植物产卵的习性。雌成虫以其产卵管刺破叶面表皮，形成刻点，取食刻点流出的汁液，受害处一般呈白色点状，直径 0.15～0.32mm，不规则形。每个雌虫可造成很多刻点，但内部具卵的却相对较少，大约占刻点的 15%，其比例取决于寄主作物叶片的种类和环境温度。雄虫不能造成刻点，但可利用雌成虫形成的刻点来取食。

幼虫从卵中孵化后，立即开始取食，直到幼虫准备出叶才开始停食。幼虫能昼夜取食，整个幼虫期在同一个潜道内完成，不转换潜道。老熟幼虫出叶前，于取食道末端咬破 1 个半圆形的缺口，然后借虫体的蠕动爬出潜道，掉落于地上或其他叶片上化蛹，其中大部分蛹掉落于地上，约占 91.1%。幼虫爬出叶面后，0.5～1h 即化蛹。绝大多数的幼虫出叶在上午进行，化蛹主要集中在表土层，0～6cm 处，约占 92.19%。

幼虫的取食对寄主植物造成的损失最大。幼虫在植株叶片或叶柄上取食时形成不规则弯曲的线状潜道，并将条形的黑色粪便交替排列在潜道的两侧。潜道长度与宽度随着虫龄的增加而增大，有时幼虫还可在虫道末端来回取食，形成较大的取食块。作物的叶肉组织厚时，其潜道相对较短；作物叶肉组织薄时，潜道相对较长，平均为6.4～10.5cm。

2. 南美斑潜蝇 于4月中旬开始为害露地蔬菜；随着气温升高，为害加重，5月中旬进入为害盛期；6月下旬后，温度达30℃以上，为害减轻；9月中下旬随温度降低，秋菜受害严重；11月迁至大棚内越冬为害。此虫世代重叠严重，各代间无明显界限。

发生与环境条件有密切关系。在发生期内，气温低，成虫活动弱，气温升高，活动增强。干旱少雨年份较多雨年份为害严重。成虫都有趋光性，在冬季，向阳叶片或植株明显比背阴叶片或植株受害严重。

3. 豌豆潜叶蝇 为多发性害虫，1年发生代数随地区而不同，在宁夏1年发生3～4代，河北、东北1年发生5代，而福建福州1年可发生13～15代，广东可发生18代。在北方地区，以蛹在油菜、豌豆及苦荬菜等叶组织中越冬；长江以南、南岭以北则以蛹越冬为主，还有少数幼虫和成虫越冬；在我国华南温暖地区，冬季可继续繁殖，无固定虫态越冬。

此虫有较强的耐寒力，不耐高温，夏季气温35℃以上就不能存活或以蛹越夏。因此，一般以春末夏初为害最重，夏季减轻，南方秋季为害又加重。在北京，春季3月阳畦菜苗即可受害，3月下旬以后至4月上中旬成虫大量发生，产卵于十字花科留种株、油菜和豌豆组织中，4、5月是为害盛期；5月中旬后由于寄主组织枯老和高温，虫口密度下降；在秋季数量又开始上升，为害十字花科秋菜，在南方比较严重。

豌豆潜叶蝇成虫活跃，白天活动，吸食糖蜜和叶片汁液作补充营养，夜间静伏隐蔽处，但在气温达15～20℃的晴天夜晚或微雨之夜仍可爬行飞翔。卵产在嫩叶上，位置多在叶背边缘，产卵时先以产卵器刺破叶背边缘下表皮，然后再产1粒卵于刺伤处，产卵处叶面呈灰白色小斑点。由于雌虫刺破组织不一定都产卵，故叶上产卵斑常比实际产卵数为多。豌豆潜叶蝇喜欢选择高大茂密的植株产卵，因此作物生长茂密的地块受害较重。成虫寿命7～20d，气温高时4～10d。成虫产卵前期1～3d，每雌虫一生可产卵50～100粒以上。卵期在春季为9d左右，夏季为4～5d。幼虫孵化后，即由叶缘向内取食，穿过柔膜组织，到达栅栏组织，取食叶肉，留下上、下表皮，造成灰白色弯曲隧道，并随幼虫长大，隧道盘旋伸展，逐渐加宽。幼虫共3龄，历期5～15d。老熟幼虫在隧道末端化蛹，蛹期8～21d。化蛹时，将隧道末端表皮咬破，以使蛹的前气门与外界相通，且便于成虫羽化，由于这种习性，在蛹期喷药也有一定的效果。

温度对豌豆潜叶蝇发育有明显的影响。豌豆潜叶蝇成虫耐低温，幼虫和蛹发育适温都比较低，一般成虫发生的适宜温度为16～18℃，幼虫20℃左右。当气温在22℃时发育最快，完成1代只需18～21d（卵期5～6d，幼虫期5～6d，蛹期8～9d）；温度在13～15℃时，则需30d（卵期4d，幼虫期11d，蛹期15d）；温度升高至23～28℃，发育期缩短至14.2d（卵期2.2d，幼虫期5.2d，蛹期6.8d）。高温对其不利，超过35℃不能生存，因此夏季气温升高是幼虫、蛹自然死亡率迅速升高的原因之一。此外，寄主老化后食料缺乏和天敌寄生也有影响。据报道，豌豆潜叶蝇成虫寿命随补充营养和温度而有变化，在23～28℃下若不取食，只能活2d；给以蜂蜜或鲜豌豆汁时，平均可以活15d（最多80d）；在13～15℃时，平均可活27d。

四、其他潜叶蝇（表 11-1）

表 11-1　其他两种潜叶蝇的发生概况

种　类	发　生　概　况
菠菜潜叶蝇	我国广泛分布，但甜菜重要受害区多限于较寒冷地区，即多在年平均气温 7～9℃等温线范围。潜叶蝇以幼虫潜入甜菜叶肉内，取食叶肉，留下表皮，食痕处遗有粪屑。轻度发生时，潜入虫较少，潜痕只呈蜿蜒隧道；重发生时，潜入虫数较多，叶片潜痕成片，且逐渐枯黄。北方 1 年可发生 2～4 代，以蛹在土中越冬
葱斑潜蝇	又名葱潜叶蝇、韭菜潜叶蝇，农民又称它为葱“鬼画符”。幼虫在叶组织内蛀食叶肉，留存表皮，形成小小隧道。为害初期是不引人注目的曲线状小白斑，逐步发展成一团乱麻状的白斑。严重时叶受害率达 100%，白斑累累，长势衰弱，白斑绕葱管一圈还会造成上半段叶变黄枯死。华北 1 年发生 4～6 代，以蛹在土中越冬

五、综合治理方法

由于斑潜蝇的大发生，防治有一定的难度，而且斑潜蝇的发生经常是暴发性的，再加之大田环境的复杂性，斑潜蝇的防治必须在预防为主的基础上，配合化学防治合理地使用农药，才能达到所要求的目的。

1. 检疫防治　美洲斑潜蝇和南美斑潜蝇曾是重要的检疫性害虫，现又将三叶斑潜蝇［*Liriomyza trifolii*（Burgess）］确定为检疫性害虫，其远距离传播主要依赖寄主植物繁殖材料的运输传递。因此，为防止这种斑潜蝇的传入和扩散，对来自疫区的蔬菜、花卉等及其繁殖材料调运时必须实施检疫，应该在其前 3 个月中，至少每月进行检查，确认不带美洲斑潜蝇和南美斑潜蝇时再加以运输。切花和带叶蔬菜的调运必须有植物检疫证书。

2. 农业防治　在大棚内，为害初期，定期摘除虫、蛹叶，起控制作用；在作物受害严重时，可结合翻耕锄草灭蛹等措施，降低虫口密度；及时清理田间地头杂草，防止虫害扩散；蔬菜收获时彻底清理田间病株残体，集中处理或烧毁，切断虫源，达到降低虫口基数的目的。

3. 物理防治　可根据美洲斑潜蝇和南美斑潜蝇成虫的趋黄性，在大棚或大田中，采用 30cm×20cm 的黄色塑料板或木板，再涂上机油制成诱蝇板（带），插或挂在棚内和菜田中诱杀成虫，可收到良好的效果。亦可悬挂大批银白色薄膜，驱避美洲斑潜蝇成虫在寄主蔬菜上为害和产卵。

4. 化学防治　近年来，我国许多地方斑潜蝇的防治存在盲目用药的情况，由于蔬菜和瓜果作物经济收益高，许多农民为防治美洲斑潜蝇，大量、多次、高浓度地施用化学农药，除了对天敌造成杀伤外，更重要的是使害虫产生了抗药性。目前，斑潜蝇类对多种药剂产生了抗性，包括对氯化烃类、有机磷类、氨基甲酸酯类及拟除虫菊酯类杀虫剂均产生抗性，一种药剂的有效期只有 3 年左右。因此，科学用药已成为美洲斑潜蝇综合防治的一大问题。

防治时应先选择发生时期有代表性的田块挂诱蝇板（带）、放蛹盘等进行监测，根据成虫消长动态，结合各虫态历期，预测卵孵化盛期、幼虫发生期；根据成虫诱集量和田间虫口密度，预测发生程度；根据各历期推算虫态发生高峰，确定防治适期。当百叶虫道达 100 条时，即可防治。

一般于成虫盛发期、幼虫初孵期、预蛹期开展适期化学防治，每公顷可采用0.9%或1.8%阿维菌素EC 300ml或600ml、48%乐斯本（毒死蜱）EC 1 000ml、50%灭蝇胺WP 400～500g、2.5%功夫EC 450ml等交替喷雾，以延缓害虫对各药剂产生抗性。喷雾时应叶面、叶背上下结合，力求喷洒均匀。

第二节　潜叶、潜皮蛾类

为害园艺植物的潜叶、潜皮蛾类主要有鳞翅目麦蛾科的马铃薯块茎蛾（*Phthorimaea operculella* Zellar），细蛾科的金纹细蛾（*Lithocolletis ringoniella* Matsumura）、梨潜皮蛾（*Acrocercops astaurota* Meyrack），橘潜蛾科的柑橘潜叶蛾（*Phyllocnistis citrella* Stainton），潜叶蛾科的旋纹潜叶蛾（*Leucoptera scitella* Zeller）、桃潜叶蛾（*Lyonetia clerkella* L.）、菊花潜叶蛾（*Lyonefiide* sp.）等。其中以马铃薯块茎蛾、金纹细蛾、梨潜皮蛾、柑橘潜叶蛾为害较重，本节将作代表性重点介绍。

一、马铃薯块茎蛾

（一）分布与为害

马铃薯块茎蛾又名马铃薯麦蛾、烟潜叶蛾，属鳞翅目麦蛾科。我国主要分布于长江流域及以南地区，北方仅河南、山西、陕西、甘肃等地有分布。其中以西南地区的云南、贵州、四川3省为害严重。为国际、国内检疫对象。

此虫主要为害茄科植物，其中以马铃薯、烟草、茄子为主，其次为番茄和辣椒，也能取食曼陀罗、枸杞、龙葵、酸浆、刺蓟、颠茄、洋金花等。该虫以幼虫为害，在为害叶片时，沿叶脉蛀入，潜食叶肉，仅留上、下表皮，呈半透明不规则状的隧道，粪便排于隧道一端。严重时植株顶端的嫩茎和叶芽常被害枯死，幼小植株甚至死亡。此外，在田间薯块生长期间和贮藏期间，幼虫蛀食薯块内部，造成弯曲的隧道，蛀孔外有深褐色粪便排出，被害严重的薯块可被蛀食一空，因而外形皱缩，引起腐烂，失去食用价值。为害烟草幼苗时常自生长点蛀入，使幼苗生长迟缓，甚至整株枯死。烟草被害后，严重影响烟叶产量和质量。

（二）形态特征（图11-4）

（1）成虫　体长5～6mm，翅展13～15mm。体灰褐色，微带灰色光泽。前翅狭长，黄褐色或灰褐色，散布黑褐色斑；翅尖略向下弯，臀角圆钝，前缘及翅尖色较深，翅中部有3～4个黑褐色斑点。雌虫臀域具黑褐色大的显著条斑，停息时两翅上的条斑合并成长斑纹；雄虫臀区为4个不明显的黑褐色斑点，两翅合并时不成长斑纹。翅缘毛灰褐色，长短不等，但排列整齐。后翅烟灰色；翅尖突出，缘毛甚长。

（2）卵　椭圆形，长约0.5mm，宽约0.4mm，表面无明显刻纹。初产时乳白色，微透明，带白色光泽。发育前期乳白色，微带淡绿；中期淡黄色；后期黑褐色，带紫蓝色光泽。

（3）幼虫　初龄幼虫体长1.1～1.2mm，头及前胸背板淡黑褐色，胸部淡黄色，腹部白色。老熟幼虫体长约13.5mm，头部棕褐色，前胸背板和腹部末节臀板以及胸足淡黄褐色，其余部分大体白色或淡黄色，老熟时背面呈粉红色或棕色。

(4) 蛹 长5～7mm，圆锥形。初淡绿色，渐变淡黄色、棕黄色，羽化前黑褐色。蛹体第10节腹面中央凹入，两侧稍突出。背面中央有1角刺。末端向上弯曲，臀棘不显，其背、腹面疏生细刺。茧灰白色，长约10mm，茧外常黏附泥土或黄色排泄物。

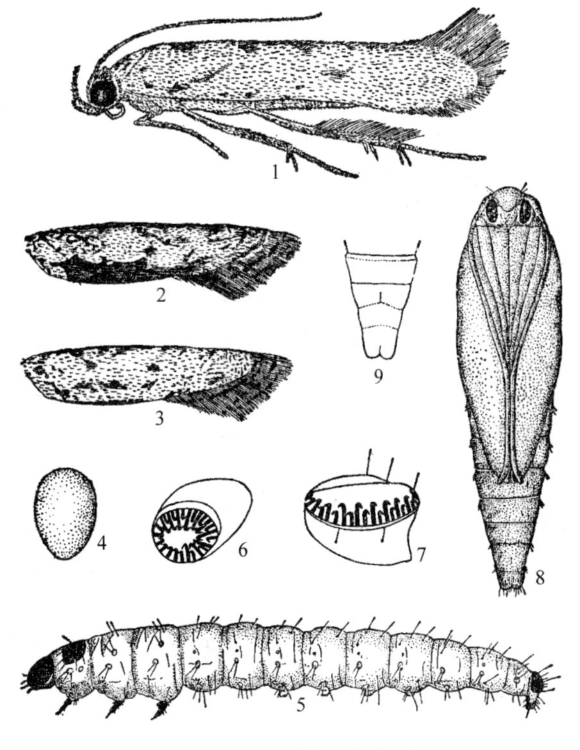

图11-4 马铃薯块茎蛾
1. 成虫 2. 雌成虫前翅 3. 雄成虫前翅 4. 卵 5. 幼虫 6. 幼虫腹足趾钩 7. 幼虫尾足趾钩 8. 雄蛹（腹面观） 9. 雌蛹末端（腹面观）
（仿浙江农业大学）

（三）发生规律

每年发生代数依地区气候、寄主和栽培条件等不同而有差异。在长江流域1年发生6～9代，山西、陕西1年4代和不完整的第5代。

各地越冬虫态不同。在北方，仅有少数蛹能在窖藏的马铃薯块茎中和挂晒烟叶的墙壁缝隙中越冬。在西南各地，各季田间和室内各虫态均可同时存在，但以幼虫在田间残留母薯或烟草、茄子等残株败叶上越冬为主，也有少数在墙壁缝隙中化蛹越冬。

该虫在四川等地由于世代重叠，每年3～12月均可见到成虫。一般田间生长期的马铃薯以5～10月受害较重，贮藏的薯块以7～9月受害较重。

春季田间马铃薯植株上的马铃薯块茎蛾主要来自冬贮薯块、田间残留薯块及残株落叶等。越冬代成虫产卵于露地薯块上，幼虫孵出后即蛀入为害，6月春薯收获，又随薯块进入仓库，部分转移到烟草上继续为害，此时气温高，有利其繁殖，使夏藏春薯和田间烟草严重受害。至10月烟草收获后，又从烟草和夏藏春薯上转到田间秋薯上为害，秋薯收获时又随薯块进入仓库继续为害，少数留在田间残留薯块和残株落叶等处越冬。

成虫昼伏夜出，具趋光性。羽化当日或次日即行交配，交配次日即可产卵。卵多集中产于最初的4、5d内。在薯块上，卵多产于芽眼、裂缝、破皮、泥土等粗糙不平之处，以芽眼基部为多。每一薯块上有卵几粒至数十粒不等。在芽眼处的卵大多排列在基部陷沟以内，有时可重叠2～3层，上面覆有尘土，或丝网覆盖，仅顶端一小部分外露，不易察觉。在植株上，卵多产于茎秆基部的泥土中及叶的正反面沿叶脉等处。在马铃薯块茎上，每头雌蛾可产卵5～142粒，平均66粒。成虫寿命较长，雌蛾寿命比雄蛾平均长2.2d，在温度30.3℃时为4～8d，25℃时为17d，15℃时为41d。

卵的孵化率很高，一般在90%以上。平均温度27.2℃时卵期为2d，12.4℃时长达25d。

在贮藏的薯块上，幼虫孵出后爬行20～30min，由芽眼或破皮处直接蛀入。部分在该处吐丝结网，在网下活动后再行蛀入。初龄幼虫在潜入薯块以后，最初仅在表皮下蛀食，在薯面蛀孔处可见少许黑色粉末状的粪便。随着虫龄的增长，潜道逐渐加深，粪便颗粒也逐渐加粗而呈黄色或黑褐色。被害严重时，薯块外形皱缩或成空壳，薯面堆积黑色粪便。薯块内的幼虫，老熟后爬出薯块至薯堆间、薯块凹陷处或墙壁裂缝等处化蛹。

在马铃薯植株上的幼虫，孵出后先在叶片或茎上活动，经 20～50min 开始潜入叶内取食。幼虫有转移为害的习性，一般从底部叶片逐渐向上移动为害。叶片所蛀潜道呈透明亮泡状，与其他潜叶害虫有所不同。老熟幼虫从潜道中爬出到地面上、土缝间等处结茧化蛹。化蛹深度一般在 1～3cm，也有极少数在原潜道中结茧化蛹。

影响马铃薯块茎蛾个体发育的主要因素是温度，而光照和湿度影响较小。一般冬季寒冷，次年发生量大减；夏季高温，则有利于其发生。在栽培制度上，一年种植两季马铃薯的地区，田间周年均有充足的食料，发生较为严重；而一年种一季马铃薯的地区，虽能形成为害，但因虫源少，受害甚轻。此外，在春、秋两季栽培地区，由于种薯贮放时间的气温不同，受害也不同。夏藏种薯正值高温季节，利于害虫发生，故受害较重；秋收冬藏的薯块，贮藏期短，气温较低，对该虫发生不利，薯块受害则轻。

（四）综合治理方法

1. 严格检疫制度 马铃薯块茎蛾是国内检疫对象，在种薯、菜苗调运时要严格检疫。疫区应注意控制外运，必须调运时，由检疫部门负责用药剂熏蒸处理后方可调运。

2. 农业防治

①贮藏马铃薯的仓库的门窗、风洞要用窗纱钉好，防止田间成虫飞入产卵。

②栽种时要用无虫种薯。在收获后，拣出露土薯块，集中用药处理，以减少贮藏薯块的虫源；选择的无虫马铃薯必须当天入仓，以免幼虫侵入或成虫产卵于薯块。

3. 化学防治

①仓库熏蒸。用溴甲烷 30～35g/m^3，或二硫化碳 7.5g/m^3，放药后密闭仓库 3～6h。

②仓库喷药。用 25%西维因 WP 0.2ml/m^2 或 50%敌敌畏 EC 0.1～0.2ml/m^2 喷洒于薯块上，晾干表皮后平摊。

③田间防治成虫。成虫盛发期可喷 25%西维因 WP、80%敌敌畏、40%乐果 EC 750～1 000ml/hm^2，5%抑太保 EC 400～600ml/hm^2，5%锐劲特 EC 600～900ml/hm^2，或 2.5%溴氰菊酯 EC 400～600 ml/hm^2。

④田间产卵盛期或低龄幼虫为害期可用上述前 4 种药剂向茎秆、叶片喷雾或向薯块浇灌。

二、柑橘潜叶蛾

柑橘潜叶蛾属鳞翅目橘潜蛾科，别名鬼画符、绘图虫、绣花虫。

（一）分布与为害

我国分布于江苏、浙江、江西、福建、台湾、湖南、湖北、广东、广西、四川、云南、贵州等地；国外分布于印度、印度尼西亚、越南、大洋洲和日本各地。寄生植物有柑橘、枳壳等。以幼虫在柑橘嫩茎、嫩叶表皮下钻蛀为害，呈银白色的蜿蜒隧道。受害叶片卷缩或变硬，易于脱落。一年中春梢受害较轻，在夏、秋发生期为害特别严重，尤以苗木、幼树上发生更多，影响生长和结果。被害叶片又常是柑橘红叶螨、卷叶蛾等害虫的越冬场所。由于潜叶蛾为害叶片和枝条造成伤口，溃疡病菌容易侵入。

（二）形态特征（图 11-5）

（1）成虫　体长约 2mm，翅展约 5.3mm。体及前翅均呈银白色。前翅披针形，翅基部有两条褐色纵脉，约为翅长之半；翅中部又具 2 黑纹，形成 Y 形；翅尖缘毛形成 1 黑色圆斑。后翅银白色，针叶形，缘毛极长。

（2）卵　椭圆形，长 0.3～0.6mm，乳白色透明。

（3）幼虫　体黄绿色，初孵时体长 0.5mm，胸部第 1、2 节膨大近方形，尾端尖细，足退化。成熟幼虫体扁平，椭圆形，长约 4mm，头部尖，胸腹部每节背面在背中线两侧有 4 个凹孔，排列整齐，腹部末端尖细，具 1 对细长的尾状物。

（4）蛹　体长 2.8mm，纺锤形，初化蛹时淡黄色，后渐变黄褐色。腹部可见 7 节，第1～6 节两侧各有瘤状突，各生 1 根长刚毛；末节后缘每侧有明显肉质刺 1 个。

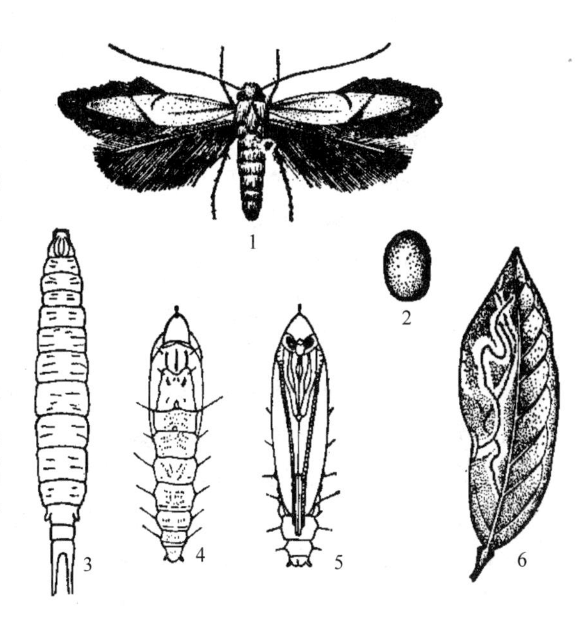

图 11-5　柑橘潜叶蛾
1. 成虫　2. 卵　3. 幼虫　4. 蛹（正面观）
5. 蛹（腹面观）　6. 为害状
（仿浙江农业大学）

（三）发生规律

柑橘潜叶蛾在浙江黄岩 1 年发生 9～10 代，在广东、广西 1 年 15 代左右。田间世代重叠，大多数以蛹越冬，少数幼虫亦能越冬。此虫在夏秋季发生最盛，以 8 月下旬至 9 月下旬虫口密度最大，10 月以后发生数量下降。在冬梢上，有时仍可见少数幼虫为害。

成虫多在清晨羽化，夜间活动，趋光性弱，飞翔敏捷，羽化 0.5h 后即能交配，交配后 2～3d 于傍晚产卵。卵多散产于嫩叶背面中脉附近。产卵与嫩叶大小有关。据广东汕头观察，在蕉柑上选择产卵的叶片长度为 1～3.3cm，橙类的叶片长度为 1～4.5cm，超过以上长度的嫩叶极少被产卵。成虫一生交配 2 次以上，交配时间可长达 1h。每雌产卵 45～81 粒，平均 56 粒。雌虫寿命最长 18d，最短 2d，平均 7～8d。卵期短促，在春季约 1.5d，夏秋季多不足 2d。

幼虫孵化后即由卵底面潜入叶表皮下，用口器掀起表皮，在内取食叶汁，边食边前进。7、8 月高温下，幼虫期 4～7d。幼虫老熟后停止取食，体稍缩小，渐转乳白色而成预蛹，通常于叶缘附近将叶缘卷起包围身体，并吐丝结茧化蛹于其中。预蛹期 1.5～2d，蛹期 5～7d。成虫羽化从茧端飞出。羽化后，蛹衣一半留在外面，一半仍留褶叶处。

柑橘潜叶蛾的发生与营养条件有密切关系。由于柑橘夏梢零星陆续抽发，食料丰富，加上夏秋季高温干旱，适宜其繁殖，因此，夏秋季常猖獗成灾。

（四）综合治理方法

1. 预测预报 做好预测预报工作，掌握在成虫低峰期统一放梢，是防治潜叶蛾的关键。掌握虫情，可以减少喷药次数，避免经常大量使用农药，导致害虫产生抗药性和杀伤害虫天敌，引起害虫再猖獗。低峰期的掌握，可以通过观察新梢顶部5片叶进行。当发现卵或低龄幼虫数量显著减少时，抹净当前梢，然后统一放梢。

2. 农业防治 结合栽培管理措施进行抹芽控梢或夏剪以抑制虫源，是防治潜叶蛾的根本措施。因为潜叶蛾在新梢老熟后就很难在其上生长、发育和繁殖。抹芽控梢、去早留齐、去零留整，或在计划放秋梢前15～20d进行夏剪，可以在一段时期内中断其主要寄主食物，恶化其营养繁殖条件，有效地抑制其发生量。同时，摘下或剪下的嫩梢应集中处理，以直接消灭其中害虫。此法还可兼治其他新梢害虫。统一放梢既有利于集中喷药，又有利于树冠整形。

3. 化学防治 一般在新梢萌发不超过3mm或新叶受害率达5%左右时开始喷药。使用药剂防治潜叶蛾，重点应在成虫期及低龄幼虫期进行；高龄幼虫和蛹抗药性强，死亡率低。成虫昼伏夜出，喷药宜在傍晚进行，可以直接击倒成虫，药效较高。而对初孵幼虫及低龄幼虫，则以晴天午后用药，利用高温促进熏蒸或渗透，药效较高。加强肥水管理，可使受低龄幼虫潜食后的幼叶伤愈较快，受害后影响较轻。

适用的药剂及其浓度：25%西维因WP 900～1 200g/hm^2；2%叶蝉散DP 15～20kg/hm^2，有露水时喷或撒粉于叶背；25%亚胺硫磷EC 1 000～1 500ml/hm^2；80%敌敌畏EC 700～850ml/hm^2；石油乳剂0.15%～0.5%混亚胺硫磷1 000ml/hm^2；胶体硫石油乳剂0.25%混亚酸硫磷1 000ml/hm^2。成虫期可应用拟除虫菊酯类杀虫剂喷雾防治，但为了防止产生抗性，建议只用1次。

西维因及叶蝉散对捕食性天敌杀伤影响较小。亚胺硫磷和敌敌畏EC分别混入0.2%煤油或0.3～0.5%的0号柴油，对防治幼虫有增效作用。但使用时必须将油与乳油原液先充分混合，然后对水使用，否则，油水分离，易产生药害。如果油滴太大，应先在油中混合适量的碱性物质乳化。

三、梨潜皮蛾

（一）分布与为害

梨潜皮蛾又名苹果潜皮蛾、梨潜皮细蛾，俗称串皮虫，属鳞翅目细蛾科。在日本、朝鲜和印度有记载。我国分布于辽宁、河北、河南、陕西、山东、江苏和浙江等地。寄主植物主要有梨、苹果、海棠、李、沙果、山定子、木瓜、榅桲等，以前两者受害最重。

幼虫在枝条表皮下蛀食，被害枝条表皮破裂翘起，使树势减弱，容易引起病害和冻害，同时也为其他果树害虫造成越冬场所。幼虫也能在果皮下为害，影响果实品质。

（二）形态特征（图11-6）

（1）*成虫* 体长4～5mm，翅展11mm。头部白色，复眼红褐色；触角灰白色，基部2节具1黑色环。胸部背面白色，杂有褐色鳞片。前翅狭长，白色，具有7条褐色横带；后翅细长，灰褐色；前、后翅都有长缘毛。腹部背面灰黄色，腹面白色。雌蛾腹末有黄褐色毛丛；雄蛾腹末尖削。

（2）卵　扁平椭圆形，长约0.8mm，水青色，半透明。背面稍隆起，具网状花纹。

（3）幼虫　共8龄。前期幼虫（第1～6龄）体扁，头部黄褐色，近三角形，胸腹部乳白色，胸部显著较腹部为宽，第1腹节收缩呈细腰状，其他各节两侧向外突出呈齿状，胸足、腹足均退化。后期幼虫（第7、8龄）体长7～9mm，近圆筒形，头褐色，胸腹部黄白色，胸足3对，腹足退化。

（4）蛹　长5～6mm，淡黄色至深黄色，触角长度超过身体。茧长约9mm，长肾状，黄褐色，茧质厚。

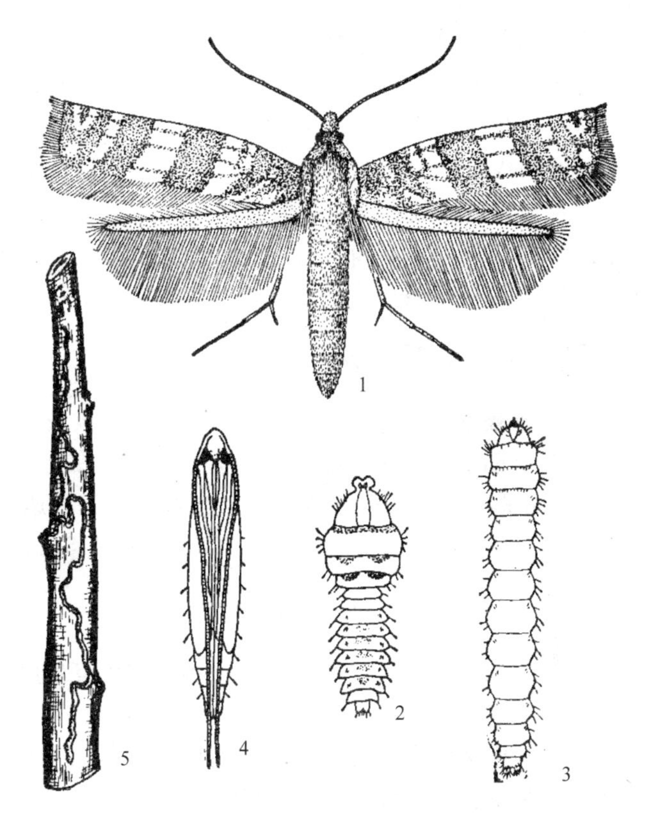

图11-6　梨潜皮蛾

1. 成虫　2. 前期幼虫　3. 后期幼虫　4. 蛹　5. 为害状

（仿浙江农业大学）

（三）发生规律

东北北部1年发生1代，陕西、山东、江苏2代。陕西关中地区以第3、4龄幼虫在被害枝的表皮下越冬。翌年3月下旬至4月上旬越冬幼虫在虫道内开始活动为害，5月中旬至6月初化蛹，6月上旬越冬代成虫开始羽化，6月中下旬为羽化、产卵盛期。6月下旬第1代幼虫孵出，7月下旬化蛹，8月中下旬羽化。第2代幼虫8月下旬孵出，为害2个月后，于11月上旬越冬。卵期5～7d；第1代幼虫期约30d，第2代幼虫期约225d（包括越冬期）；越冬代蛹期18～26d，第1代18～23d；成虫寿命5～7d。

梨潜皮蛾一年中大体有3个为害期，即越冬代幼虫在5月间、第1代幼虫在6、7月间和第2代幼虫在9、10月间。

成虫白天潜伏于树冠下部枝叶上，于黄昏后开始活动，飞翔力弱。趋光性弱，黑光灯仅能诱到少量成虫，对糖、醋也无趋性。产卵前期1～2d，卵散产，每雌平均产卵11粒。喜产卵于表皮光滑、茸毛少、较柔软的枝条上，故1～3年生枝条上着卵最多。一般以直径5.3mm左右的枝条上着卵最多，30mm以上的极少，5mm以下的较少。第1代成虫还可在梨果上产卵，以果皮为淡褐色、蜡质少的品种上产卵多。

幼虫孵出后潜入枝条表皮下。前期幼虫在表皮下取食汁液，形成极细的线状虫道，凡幼虫蜕皮处虫道常弯曲扩大。随着虫龄的增加，虫道逐渐加宽。第5龄后虫道合并连片，最后被害枝表皮片状剥离，甚至爆裂。第7龄后的幼虫能啃食皮层组织，在被害表皮下形成凹陷。老熟幼虫在翘皮下吐丝缀枯死表皮，作茧化蛹。

高温干旱条件下，羽化率、孵化率和幼虫蛀入率均降低。生长茂盛郁闭的梨园受害重；

树冠中下部，特别是树冠内部的枝条受害重。品种间受害程度常与成虫产卵的选择性有关。

此外，梨潜皮蛾的生长发育与寄主种类及生长盛衰有关。一般生长在苹果树上的梨潜皮蛾较生长在梨树上的化蛹、羽化要提早 3～7d；在同种寄主相同品种上，生长在幼树、健旺树上的梨潜皮蛾较生长在衰弱树上的要发育快、个体大。

梨潜皮蛾的天敌有幼虫和蛹的寄生蜂，如梨潜皮蛾姬小蜂（*Pediobius pyrgo* Walker）、1 种旋小蜂（*Eupelmus* sp.）等，在陕西自然寄生率 10%左右，河南达 20%～50%，山东可达 73%，对此虫发生有一定的控制作用，应加强保护利用。

（四）综合治理方法

1. 剪除被害枝 结合修剪，适当剪除被害枝条，并及时处理。

2. 药剂防治 掌握在成虫产卵前喷药。可在化蛹盛期采集 200～300 个蛹置于纱笼内，挂在果园树荫下，逐日记载羽化数，当累计羽化率达 30%～40%及 70%～80%时各喷 1 次药。一般用 80%敌敌畏 EC 600～750ml/hm^2 或 5%高效氯氰菊酯 EC 300～450ml/hm^2，效果良好。

四、金纹细蛾

金纹细蛾又称苹果细蛾，属鳞翅目细蛾科，是我国北方果园的重要害虫，主要为害苹果，其次是梨、李、桃、樱桃、海棠、山楂等。

（一）形态特征（图 11－7）

（1）成虫 体长约 2.5mm，翅展约 8mm，宽 1mm。头、胸、前翅金褐色，头顶有银白色鳞毛，颜面密布银白色宽大鳞片。前翅基部有银白色纵带 3 条：第 1 条沿前缘，端部向下弯曲而尖锐；第 2 条在中室内，端部向上弯曲而尖；第 3 条沿后缘，末端向上弯曲与第 1 条末端相对。前翅端部前缘有 3 个银白色爪状纹，后缘有三角形白斑，臀角处有 1 长条形白斑，与前缘第 2 枚爪状纹相对。后翅褐色，狭长，缘毛长。

（2）卵 圆形，乳白色，直径 0.3mm。

（3）幼虫 初龄幼虫体扁平，头三角形，前胸很宽，胸足退化，腹足呈毛片状。老熟幼虫长 6mm，体扁平，黄白色，头扁平，胸足发达。

（4）蛹 长约 4mm，淡红色，复眼红色，头部左右各有 1 对角状突起。翅、触角及第 3 对足的端部游离，伸达第 8 腹节。腹部末端有 4 条棘刺。

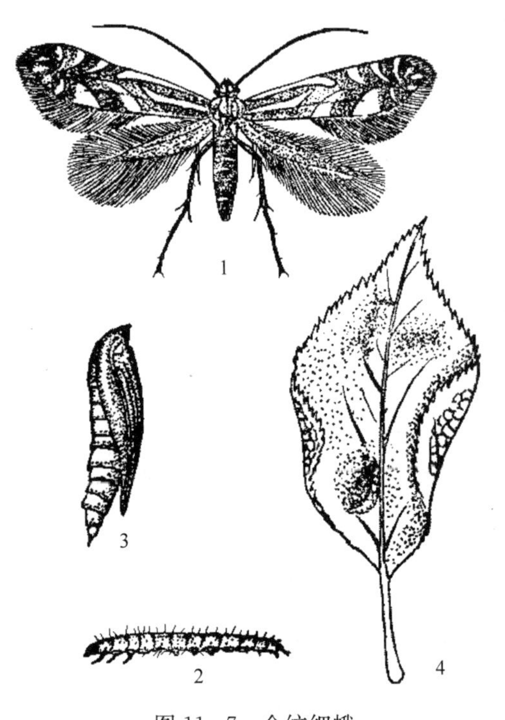

图 11－7 金纹细蛾
1. 成虫 2. 幼虫 3. 蛹 4. 为害状
（仿北京农业大学）

（二）发生规律

在辽宁南部地区1年发生5代。各代成虫发生期分别为：越冬代4月中旬，第1代6月上旬，第2代7月中旬，第3代8月中旬，第4代9月中下旬。成虫产卵于嫩叶背面，一般是单粒散产。初孵幼虫从卵壳侧面直接潜入叶表皮下取食叶肉，使表皮与叶肉剥离。随幼虫发育长大，被害叶面呈现网眼状小斑点，虫斑椭圆形；叶背虫斑变黄褐色，皱缩隆起。老熟幼虫在被害虫斑里化蛹。受害重的叶片，虫斑布满全叶，多达20余个。受害重的叶片易提早脱落，直接影响果实着色、含糖量和花芽形成，因此不仅使当年果树减产、降低果品质量，还影响来年产量。

第1代卵多产于发芽早的苹果树下的萌蘖枝嫩叶上，第2代卵则产于苹果树叶上，一般树冠下部叶片受害较重，尤其树冠郁闭、通风较差的果园受害重。在栽培的主要品种中，国光苹果受害最重，其次为红玉、元帅和富士等。

越冬代一般于11月中旬出现，以蛹在落叶里越冬。

（三）综合治理方法

1. 清洁果园　晚秋及早春彻底清扫果园内落叶，集中烧毁，消灭越冬蛹，可显著减少越冬代成虫发生，减轻以后的为害。由于第1代成虫多集中产卵于树下萌蘖枝上，在第1代幼虫化蛹前，彻底剪除萌蘖，并加以处理，可减少此虫上树为害。

2. 药剂防治　在第1代成虫发生期，于6月上中旬，喷布4.5%高效氯氰菊酯EC 300～450ml/hm^2、5%锐劲特SC或75%拉维因WP 450～600ml/hm^2，90%敌敌畏乳油、50%马拉硫磷EC或50%辛硫磷EC 600～750ml/hm^2，可有效杀灭虫斑里的初孵幼虫。发生量大时，虫态不整齐的情况下，每7～10d喷药1次，连续喷2次，防治效果更好。

五、其他潜叶蛾类（表11-2）

表11-2　4种其他潜叶蛾发生概况和防治要点

种类	发生概况	防治要点
旋纹潜叶蛾（图11-8）	又称苹果潜蛾。以幼虫在叶内做轮纹状食害，粪便排列呈旋纹状。在山东省1年发生4代。幼虫老熟后吐丝下垂，在叶背或枝杈、主干或裂缝处做I形茧化蛹过冬。7月上旬后为害加重，8月达高峰。幼虫期22～30d，成虫寿命3～5d。卵产于叶片上	消灭越冬蛹；叶片上出现虫斑1mm以下时喷药防治；保护利用天敌
桃潜叶蛾（图11-9）	主要以幼虫潜食叶肉组织，在叶中纵横窜食形成弯弯曲曲的虫道，并将粪粒充塞其中，严重时叶片干枯、脱落。1年发生5～7代，以蛹在枝干的翘皮缝、被害叶背及树下杂草丛中结白色薄茧越冬。桃树展叶后成虫羽化，昼伏夜出，产卵于叶表皮内。幼虫孵化后在叶片组织内潜食为害，以幼树受害最重。11月上旬开始越冬	冬季结合清园，扫除落叶烧毁，消灭越冬蛹；成虫发生期，喷药防治
菊花潜叶蛾	幼虫潜入叶表皮下蛀食，常形成数条潜道，导致叶片枯萎，早期脱落。1年发生2～3代，以蛹在茧内越冬。5月中旬成虫羽化，交配、产卵于叶片上。幼虫孵化后潜食为害	及时摘除被害叶集中烧毁；要施用足够的镁肥；喷药防治

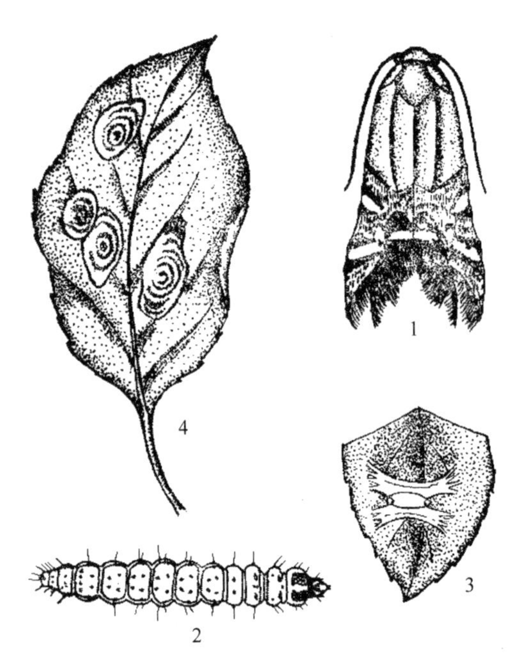

图 11-8　旋纹潜叶蛾
1. 成虫　2. 幼虫　3. 茧　4. 为害状
（仿北京农业大学）

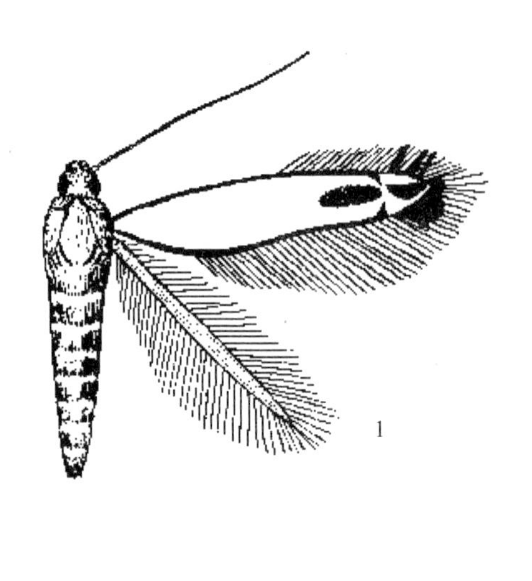

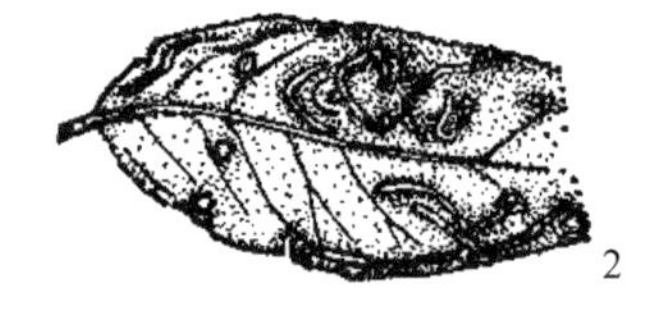

图 11-9　桃潜叶蛾
1. 成虫　2. 为害状
（1 仿徐永新，2 仿北京农业大学）

复习思考题

1. 从形态特征、寄主、为害状上区分蔬菜上的 5 种重要潜叶蝇。

2. 调查或从文献中了解当地主要发生的潜叶、潜皮蛾类和蝇类，掌握其识别特征和发生规律。

3. 对潜叶、潜皮害虫应如何进行综合治理？其防治的关键是什么？

4. 结合美洲斑潜蝇传入我国的教训，今后如何加强检疫防治？

第十二章　卷叶害虫

卷叶害虫（leaf curling insect）是指幼虫或成虫吐丝连缀植物叶片成苞，匿居其中食叶的有害昆虫。其种类较多，在我国园艺植物上发生为害较常见的主要有如下种类。

第一节　卷叶螟类

一、种类、分布与为害

园艺植物上常见的鳞翅目螟蛾科卷叶害虫主要有缀叶丛螟（*Locastra muscosalis* Walker）、瓜绢螟（*Diaphania indica* Saunders）、豆卷叶野螟（*Sylepta ruralis* Scopoli）、豆蚀叶野螟（*Lamprosema indicata* Fabricius）、豆荚野螟（*Maruca testulalis* Geyer）、梨卷叶斑螟（*Militene bifidella* Leech）、黄杨绢野螟［*Diaphania perspectalis*（Walker）］等。其中，发生为害较普遍的缀叶丛螟和瓜绢螟将作代表性介绍，以蛀食豆荚为害为主的豆荚野螟放入第十五章第一节讲述，其他种类则列表简介。

1. 缀叶丛螟　又名核桃缀叶螟。国外分布于日本、印度、锡金等国；我国华北、华中、华东、华南和辽宁，以及西北、西南的大部分省区有分布。寄主植物有核桃、山核桃、漆树、枫杨、化香等。在南方生漆主产区和北方核桃产区发生较严重。幼虫常吐丝缀叶做巢，将叶片吃光，影响树势和产量，甚至导致树体死亡。

2. 瓜绢螟　又名瓜螟、瓜野螟。国外分布于澳大利亚、日本、朝鲜及东南亚各国；国内主要分布于华东、华中、华南和西南各省区。近年来该虫在我国南方一些地区发生为害普遍，有为害加重的趋势，是瓜类作物的重要害虫。主要为害丝瓜、甜瓜、西瓜、南瓜、黄瓜、冬瓜、节瓜和苦瓜等瓜类作物，还可为害茄子、番茄、马铃薯等茄科蔬菜。以幼虫食害瓜类叶肉和瓜肉。低龄幼虫常十几头或数十头群集于叶背啃食，造成许多灰白色斑点。3龄以后吐丝把叶片或嫩梢缀褶起来，匿居卷叶内取食，致使瓜叶片呈纱笼状的穿孔或缺刻，减弱光合作用，严重时绝大多数瓜叶被吃光，仅剩叶脉。幼虫还蛀入瓜内及瓜藤内为害，引起烂瓜和死茎，造成产量和品质的重大损失。

二、形态特征

1. 缀叶丛螟（图12-1）

（1）成虫　体长14～20mm，翅展34～40mm，体黄褐色。触角丝状，复眼绿褐色。前翅色深，稍带红褐色，有明显的黑褐色内横线及曲折的外横线，横线两侧靠近前缘处各有黑褐色小斑点1个，外缘翅脉间各有黑褐色小斑点1个，前缘中部有1个黄褐色斑点。雄蛾前翅沿前缘2/3处有1个腺状突起。后翅灰褐色，越接近外缘颜色越深，近外缘中部有1个月牙形黄白斑。

（2）卵　球形，密集排列成鱼鳞状。

（3）幼虫　老熟时体长 34～45mm。头黑褐色，有光泽。前胸背板黑色，前缘有 6 个黄白色斑点。背中线较宽，杏红色；亚背线、气门上线、气门及臀板黑色；体侧各节具白斑。腹部腹面及腹足黄褐色。全体疏生短毛。

（4）蛹　长 16mm 左右，深褐色至黑色。

（5）茧　深褐色，扁椭圆形，长 23～25mm，宽约 10mm。硬似牛皮纸。

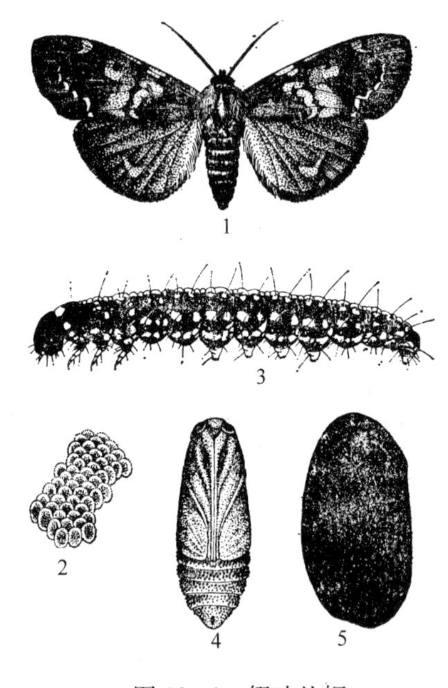

图 12－1　缀叶丛螟

1. 成虫　2. 卵　3. 幼虫　4. 蛹　5. 茧

（仿北京农业大学）

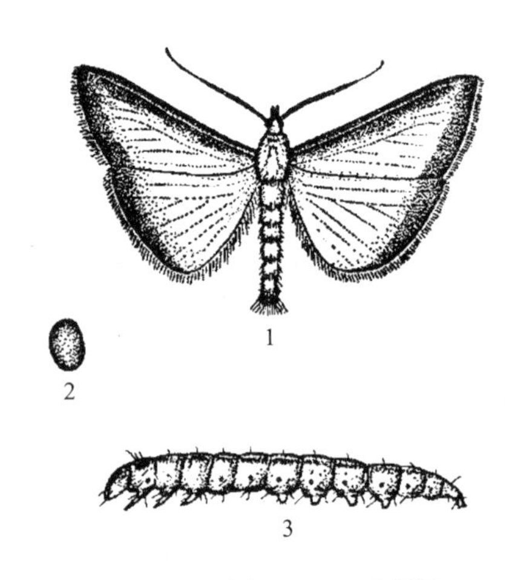

图 12－2　瓜绢螟

1. 成虫　2. 卵　3. 幼虫　4. 蛹

2. 瓜绢螟（图 12－2）

（1）成虫　体长 11mm，翅展 25mm。头胸部黑色。前后翅白色半透明，略带紫光，前翅前缘和外缘、后翅外缘均黑色。腹部大部分白色，尾节黑色，末端具黄褐色毛丛，足白色。

（2）卵　扁平椭圆形，淡黄色，表面有网状纹。

（3）幼虫　成长幼虫体长 26mm。头部、前胸背板淡褐色，胸腹部草绿色。亚背线粗白色；气门黑色。各体节上有瘤状突起，上生短毛。

（4）蛹　长约 14mm，浓褐色。头部光整尖瘦，翅基伸及第 6 腹节。外被薄茧。

三、发生规律

（一）生活史与习性

1. 缀叶丛螟　在我国大部分地区 1 年发生 1 代，个别地区 2 代，均以老熟幼虫结茧越冬，入土深度，在山西北部为 10cm 左右，华北中南部为 5～10cm，而在江南地区则多在表土层或杂草根际、枯枝落叶下结茧越冬。其中，以树干 1m 范围内的越冬虫量最大。在不同地区发生时间有较大差异（表 12－1）。

表 12-1 缀叶丛螟的化蛹、羽化和孵化期（旬/月）

地区名称	化蛹初—（盛）—末期	羽化初—（盛）—末期	孵化初—（盛）—末期
山西	中/6—（上中/7）—上/8	下/6—（中/7）—中下/8	上中/7—（末/7）—上中/8
河北	中/6—（末/6 至中/7）—上/8	下/6—（中/7）—上/8	上/7—（末/7 至初/8）—上中/8
陕西（丹凤）	中/5—（中/6 下）—下/7	中/6—（下/6）—初/8	下/6—（7～8）—9 至上/11
贵州	下/4—（上/5）—中/5 至中/6	下/5—（上/6）—中下/6 至上/7	中/6—（中/7 至中/8）—下/8

成虫多在夜间羽化。羽化后静止片刻即飞翔上树，白天喜栖于树冠外围向阳面，夜间活动，具趋光性。寿命 1～7d，一般 3d。交配后 1d 开始产卵，卵常聚产于树冠顶部或外围向阳面的叶片正面主脉两侧，每块有卵 100～200 粒，呈鱼鳞状排列。单雌产卵量 1 000～1 200粒。幼虫多在 10:00 左右孵化。初孵幼虫群集于卵壳周围，行动活泼，并吐丝结网，在网下啃食叶肉，残留表皮，叶肉被食光后可转叶为害。幼虫稍大后，分别吐丝缠绕小枝叶成大巢，群居食害叶肉，其虫蜕和粪便散落网内。食量随虫龄增大而增加，并逐渐分散到全树，将 2～4 片复叶缠卷在一起呈筒状，白天幼虫静伏于叶筒内很少取食，夜间活动取食或转移，咬断叶柄、嫩枝，大量蚕食叶片，并将碎叶贴附在巢穴上，使复叶越卷越多，最后成团状。低龄幼虫受惊可吐丝下垂，大龄时受惊可迅速向巢内退缩。当幼虫即将老熟时，一般每个叶筒内仅有 1 头幼虫。7～9 月发生为害最重。有时整株树叶被食光后，即可转株继续取食。9 月中旬以后幼虫开始陆续老熟、下树，入土、结茧越冬。蛹期 10～20d，平均 17d 左右。

2. 瓜绢螟 在广州 1 年发生 5～6 代，以老熟幼虫或蛹在寄主枯卷叶中越冬。各代从卵到成虫的发生期分别为：第 1 代 4 月下旬至 5 月上旬，第 2 代 6 月上中旬，第 3 代 7 月中下旬，第 4 代 8 月下旬至 9 月上旬，第 5 代 10 月上中旬，第 6 代 11 月下旬至 12 月上旬。1 年中以 8～9 月盛发，尤以节瓜受害最烈。在安徽安庆 1 年发生 4 代，主要以蛹在大棚内的表土中越冬，第 2 年 5 月底至 6 月初始见成虫。第 1 代幼虫 6 月中下旬出现，主要为害黄瓜；第 2 代幼虫 7 月上中旬出现，主要为害丝瓜、冬瓜、苦瓜、黄瓜；第 3 代幼虫出现在 7 月下旬至 8 月上旬，主要为害丝瓜、冬瓜、苦瓜、南瓜；第 4 代幼虫出现在 8 月下旬至 9 月上旬，主要为害秋黄瓜、南瓜。尤以 2～3 代为害严重，世代重叠。

成虫白天潜伏在叶丛等隐蔽场所，受惊动做短距离飞行，一般只飞 3～5m。夜晚成虫活跃，有趋光性。成虫最喜欢在丝瓜、冬瓜、苦瓜、黄瓜叶上产卵，南瓜、甜瓜叶次之。卵多产于植株中部略偏下的叶片背面，植株上部和下部的叶片着卵量较少。卵散产或数粒产在一起。初孵幼虫先在叶背取食叶肉，被害部分呈白色斑块。3 龄后吐丝将叶片缀合，隐居其中为害，致使叶片穿孔或缺刻。为害严重时可将叶片吃光，仅留叶脉，或蛀入瓜果，造成瓜果空洞和疤痕。也可潜蛀瓜藤，使瓜藤枯萎。幼虫性活泼，受惊动即退行或吐丝下垂，转移为害。幼虫老熟后常在被害的卷叶内做白色薄茧化蛹，或入土在根际表土化蛹，也可在瓜藤架的竹节中化蛹。瓜绢螟各虫态历期见表 12-2。

表 12-2 室内丝瓜喂养的瓜绢螟各虫态历期（2006 年，安庆）

室内均温（℃）	卵期（d）	幼虫期（d）	蛹期（d）	成虫寿命（d）	全生育期（d）
30.3	3～4	9～10	6～8	4～7	22～29
29.4	3～4	9～11	7～8	5～8	24～31

（二）发生与环境因素的关系

瓜绢螟生长发育适宜温度为 25～30℃，相对湿度 85%以上。高温、闷热、阵雨的天气是瓜绢螟生长繁殖的最适宜条件，此时田间虫口密度上升速度加快。中国热带农业科学研究院植保所刘奎研究报道瓜绢螟发育起点温度和有效积温，结果详见表 12-3。

表 12-3 瓜绢螟各虫态及全世代的发育起点温度和有效积温

虫态	发育起点温度（℃）	有效积温（日度）	回归方程
卵	13.23±1.24	46.15±5.81	T=13.23+46.15V
幼虫	12.42±2.61	136.84±34.11	T=12.42±136.84V
蛹	11.45±0.60	120.55±6.33	T=11.45±120.55V
产卵前期	10.71±2.51	23.76±3.96	T=10.71±23.76V
全世代	13.83±0.64	297.14±9.47	T=13.83±297.14V

注：T 为有效温度，V 为发育速率（发育天数的倒数）。

卷叶螟的天敌种类十分丰富。其中捕食性天敌主要有灰喜鹊、画眉、黄鹂、蜘蛛类、草蛉类、小花蝽类、瓢虫类、螳螂类、蚂蚁类、泥蜂类和食虫虻类等，寄生性天敌主要有松毛虫赤眼蜂、拟澳洲赤眼蜂、卷叶虫绒茧蜂等，保护和利用这些自然天敌十分重要。

四、其他 4 种常见卷叶螟（表 12-4）

表 12-4 其他 4 种常见卷叶螟发生概况

害虫种类	发生概况
豆蚀叶野螟	分布于吉林、内蒙古至华南地区。1 年发生 2～5 代，自北向南发生代数增加。以末龄幼虫在豆田枯叶内或土下越冬。成虫昼伏夜出，有趋光性，卵产在豆叶背面。初孵幼虫先在叶背取食，2 龄后吐丝将 2～3 片豆叶向上卷折，在其内啃食上表皮和叶肉为害，后期也可蛀食豆粒。幼虫活泼
豆卷叶野螟	分布于东北、华北、山东等地。以幼虫卷叶为害大豆、豇豆、绿豆、赤豆等。在辽宁 1 年发生 2 代，以 2～3 龄幼虫在枯叶中越冬。6 月下旬至 7 月上旬成虫盛发，7 月中下旬为产卵盛期，7 月下旬至 8 月上旬幼虫为害，8 月中下旬化蛹，8 月下旬进入成虫羽化期。成虫和幼虫的习性与豆蚀叶野螟相似
梨卷叶斑螟	又名梨卷叶螟、疙瘩虫。分布于辽宁、河北、山东、山西、河南、江苏和浙江等地。以幼虫卷叶为害梨。在河南、陕西、山东梨产区 1 年发生 2 代，而辽西梨产区为 1 代。以初龄幼虫做茧，常几十头在一起，整齐排列在同一小枝条上，并盖 1 片叶于其中越冬。梨树开花展叶时恢复活动，几头在一起卷叶成团，在其中各做 1 管状巢囊，并继续用丝缀拉新叶到巢附近取食，致使被害残叶黏于巢上，逐渐使巢形成疙瘩状。严重时，几乎全树叶片被害，挂满了疙瘩状虫巢。幼虫昼伏夜出，聚集附近叶片为害。6 月下旬老熟，化蛹于巢囊中。7 月上旬至 8 月上旬发生成虫，卵成块产在叶片上。幼虫孵化后为害一段时间即做茧越冬
黄杨绢野螟	除东北、内蒙古、宁夏、新疆未见报道外，几乎各地均有分布。以幼虫分散于植株上吐丝缀结 2 片叶成苞为害黄杨、冬青和卫矛的嫩叶和嫩梢。在上海 1 年发生 3 代，以 3～4 龄幼虫在虫苞内越冬，3 月中下旬出蛰为害，5 月上中旬化蛹，5 月下旬至 6 月上旬羽化，第 1～3 代幼虫分别发生在 5 月下旬至 7 月上旬、7 月上旬至 8 月上旬、7 月下旬至 9 月中旬。少数个体 1 年发生 1 或 2 代，分别在 6 月和 8 月滞育进入越冬状态。成虫昼伏夜出，趋光性弱，卵块呈鱼鳞状多产于叶背面。幼虫多为 6 龄，老熟后在苞内结茧化蛹

五、综合治理方法

1. 农业防治

（1）清洁园田　秋收后及时清除田间的枯枝落叶和杂草，集中沤肥。4 月前处理完寄主植物秸秆，从而减少越冬有效基数。结合施肥中耕捣毁其在土中的越冬巢穴，利用冬季低温或天敌的作用增加越冬死亡率。

（2）加强栽培管理　结合果树修剪和田间栽培管理，剪除虫苞，摘除卵块、虫巢和卷叶，集中进行沤肥或喂鸡。还可随时用手捏死或用拍板挤压死虫巢和卷叶内的害虫。

2. 生物防治

（1）保护利用天敌　减少用药次数和用药量，选用选择性强的药剂，减少或避免杀伤天敌。人工将摘除的虫枝、虫巢和卷叶连同害虫集中装入网箱中，待寄生蜂等天敌成虫羽化后再行释放，提高自然控制能力。有条件的地方可在产卵始期至盛末期，每4～5d释放松毛虫赤眼蜂1次，共4次，每次每公顷释放至少45万头，若遇阴雨连绵，应适当增加放蜂量和放蜂次数，以保证防效。

（2）喷洒Bt乳剂　每公顷用Bt制剂［含100亿活孢子/g（ml）］1 500～2 000g（ml），对水750～1 500kg喷雾，若加入80%敌百虫可溶性粉剂400～600g混用，防治效果更好。

3. 化学防治　以越冬代幼虫出蛰期和以后各代幼虫孵化盛期至卷叶前为防治重点。可以选用下列药剂：每公顷用50%杀螟松、50%辛硫磷、40%乐斯本、20%菊马、20%米满或40%辉丰快克乳油1 000～1 200ml，或5%锐劲特胶悬剂600～900ml、25%灭幼脲3号、2.5%溴氰菊酯、2.5%功夫菊酯、21%灭杀毙或20%氰戊菊酯乳油450～600ml，加水1 200～2 000kg喷雾。

4. 利用黑光灯和性诱杀　选择适当时机利用黑光灯诱杀。也可利用人工合成的性诱剂或天然的性信息素（将未交配的雌蛾装入特制的小笼中，让其自然释放性信息素），夜间诱杀同种异性个体。

第二节　卷叶蛾类

一、种类、分布与为害

我国园艺植物上较常见的卷叶蛾类害虫主要有鳞翅目卷蛾科的苹小卷蛾［*Adoxophyes orana*（Fischer von Röslerstamm）］、褐带长卷蛾（*Homona coffearia* Nietner）、黄斑长翅卷蛾［*Acleris fimbriana*（Thunberg）］、苹大卷蛾［*Choristoneura longicellana*（Walsingham）］、拟小黄卷蛾（*Adoxophyes cyrtosema* Meyrick）、苹褐卷蛾（*Pandemis heparana* Denis et Schifferuler）、柑橘黄卷蛾（*Archips eucroca* Diakonoff），小卷蛾科的顶梢卷蛾（*Spilonota lechriaspis* Meyrick）、桃白小卷蛾（白小食心虫）（*Spilonota albicana* Motschulsky）、苹白小卷蛾（*Spilonota ocellana* Fabricrus）、枣镰翅小卷蛾（*Ancylis sativa* Liu）等。其中以苹小卷蛾、顶梢卷蛾、褐带长卷蛾和枣镰翅小卷蛾为害较重，是本节介绍的重点，桃白小卷蛾将在蛀果害虫章节中简介，其他种类在本节后面列表介绍。

1. 苹小卷蛾　又名棉褐带卷蛾、茶小卷蛾等。国外分布于印度、日本和欧洲一些国家；我国除西藏、新疆未见报道外，各地均有分布。主要为害苹果、花红、海棠、山定子，其次是梨、山楂、桃、杏、李、梅、茶、木瓜、樱桃、柑橘、枇杷、龙眼、石榴、柿等植物。以幼虫为害幼芽、花蕾、嫩叶和果皮，是苹果等果树的重要卷叶害虫。

2. 顶梢卷蛾　又名顶芽卷蛾、拟白卷蛾。国外分布于日本和朝鲜；国内分布于东北、华北、华东、华中及西北等果产区。常与苹小卷蛾混合发生，幼虫主要为害苹果、海棠、梨、杜梨、桃、山楂、枇杷、槟榔等果树顶梢的嫩芽和嫩叶，树龄较小的果树和管理粗放的果园受害较严重。

3. 褐带长卷蛾 又名柑橘长卷蛾、茶卷蛾。我国分布于华东、华中、华南、西南（含西藏东部）及华北部分地区。寄主植物有柑橘、荔枝、枇杷、龙眼、茶、山茶、杨桃、苹果、梨、木瓜、山楂、桃、李、杏、梅、樱桃、银杏、石榴、柿、栗等植物。幼虫食害芽、花蕾、嫩叶和果实，是南方柑橘、荔枝和茶叶产区的重要卷叶害虫。

4. 枣镰翅小卷蛾 又名枣黏虫。分布于河北、北京、天津、山东、江苏、安徽、山西、陕西、河南、湖北等地。以幼虫为害枣芽、花、叶、果，造成枣花枯死，枣果脱落，对产量影响极大。是华北地区枣和酸枣的大害虫，常使大片枣林叶片枯黄，如同火烧，轻者减产40%，重者可达80%～90%。

二、形态特征（表12-5）

表12-5 4种卷叶蛾的主要形态特征

种类	成虫	卵	幼虫	蛹
苹小卷蛾（图12-3）	体长6～10mm，翅展13～23mm。体翅黄褐色，前翅近长方形，棕黄色，基斑、中带、端纹褐色。中带向外斜，其中上端狭窄，下端渐宽而分叉，呈h形；端纹扩至臀角成三角形。后翅浅灰褐色	扁平，椭圆形，淡黄色，孵化前深灰色。数十粒呈鱼鳞状排列成卵块	老熟时体长13～17mm，浅绿至翠绿色，头淡黄绿色，头侧后缘处单眼区上方有1褐色斑纹，前胸盾片黄褐色。臀栉齿6～8根	体长9～12mm，黄褐色。第2～7腹节背面各有2横列刺突，前列较粗而稀，后列细小而密。腹端有8根钩状刺
褐带长卷蛾（图12-4）	体长6～10mm，翅展16～28mm。体翅暗褐色，前翅斑纹黑褐色。其中基斑约占翅长的1/5，由前缘向外斜至后缘2/5处；中带自前缘2/5处斜向后缘4/5处，但不分叉；端纹三角形。后翅淡黄色	扁平，长椭圆形，淡黄色。约200粒呈鱼鳞状排列成卵块	老熟时体长20～23mm，头部深褐至黑色，前胸盾片和胸足黑色，胴部黄绿色。前胸气门略小于第8腹节气门，但大于第2～7腹节气门。具有臀栉	体长8～13mm，黄褐色。中胸背面后缘中央呈近平截状向后突出。第2～8腹节背面各有2横列钩状刺突，且排列较直。腹端有8根钩状刺
顶梢卷蛾（图12-5）	体长6～8mm，翅展12～15mm。体黑褐色。前翅近长方形，银灰褐色，斑纹暗褐色，其中前缘有6～8条平行的短纹；翅基部1/3处和中部各有1条向外凸出的弓形横带；后缘近臀角处有1三角斑。两翅并拢合成1菱形斑	扁平，长椭圆形，乳白至黄白色，半透明，卵壳有多角形纹。卵系散产	老熟时体长6～11mm，污白色，头部、前胸盾片、胸足及臀板皆为暗棕色至漆黑色。毛片明显，无臀栉。越冬幼虫淡黄色	体长6～8mm，黄褐色。第2～10腹节各有横列刺突，其中第2～7节为双列，第8～10节为单列。腹端有8根钩状刺
枣镰翅小卷蛾（图12-6）	体长6～7mm，翅展14mm左右。体灰黄褐色。前翅黄褐色，略有光泽，近长方形，顶角成尖状突出，前缘有黑褐色斜纹10多条，翅中部有黑褐色纵纹2条。后翅深灰色。足黄色，跗节具黑褐色环纹	扁平，椭圆形，表面有网状纹。初产时无色透明，2d后变红黄色，最后变橘红色	老熟时体长12mm左右，胸腹部黄绿或绿色。前胸背板赤褐色分为2片，腹末臀板有“山”字形赤褐色斑纹。臀栉3～6根，以4～5根为多	体长6～7mm，初时绿色，逐渐变为赤褐色。腹部各节前后缘各有1列齿状突起，腹端有8根钩状刺。茧白色

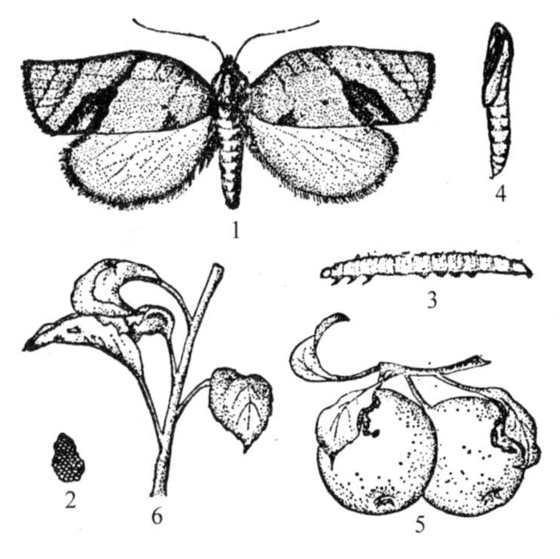

图 12-3　苹小卷蛾
1. 成虫　2. 卵　3. 幼虫
4. 蛹　5. 被害果实　6. 被害叶
（仿北京农业大学）

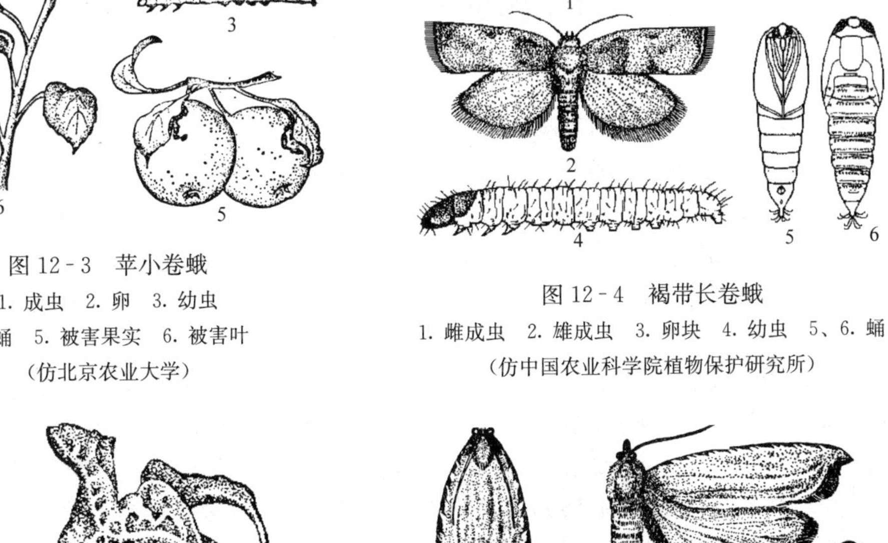

图 12-4　褐带长卷蛾
1. 雌成虫　2. 雄成虫　3. 卵块　4. 幼虫　5、6. 蛹
（仿中国农业科学院植物保护研究所）

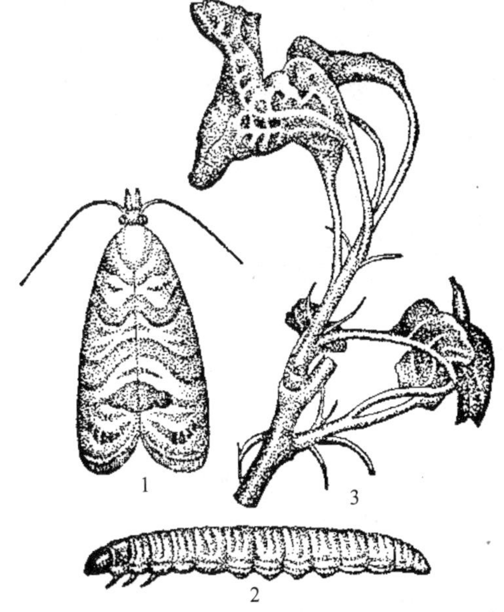

图 12-5　顶梢卷蛾
1. 成虫　2. 幼虫　3. 被害状
（仿中国农业科学院植物保护研究所）

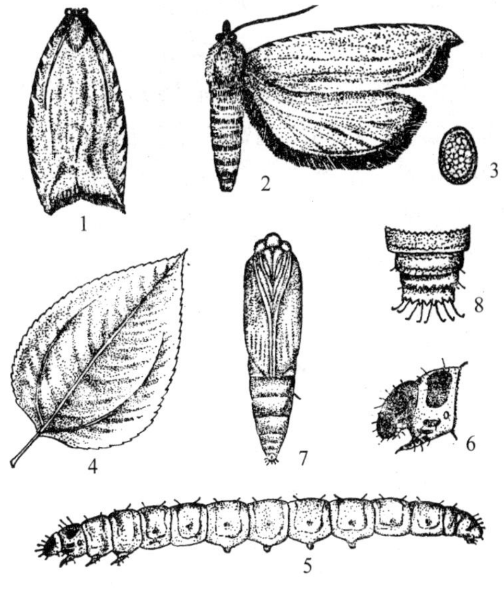

图 12-6　枣镰翅小卷蛾
1、2. 成虫　3. 卵　4. 叶片卵　5. 幼虫
6. 老熟幼虫头部及前胸　7. 蛹　8. 蛹腹部末端
（仿华南农业大学）

三、发生规律

1. 苹小卷蛾　在辽宁、华北地区 1 年发生 3 代，山东 3～4 代，江苏、安徽、湖北及关中和中原地区 4 代，均以 2 龄幼虫在枝干翘皮下、粗皮缝、剪锯口周围裂缝、潜皮蛾为害的爆皮中结白色茧越冬。

翌年苹果花芽开绽时越冬幼虫出蛰，苹果品种金帅花盛开时为出蛰盛期，国光品种初花期为出蛰末期。出蛰幼虫爬向花蕾、幼芽、嫩叶剥食。展叶后，开始吐丝将几片嫩叶缀连成苞食害。出蛰后25d左右化蛹。世代重叠现象严重。在辽宁南部各代成虫发生盛期分别在6月中下旬、7月中下旬和8月下旬至9月上旬。越冬代成虫产卵前期为2～3d，以后各代为1～2d。第1～3代卵期分别平均为10.2d（19.4℃）、6.7d（25℃）、6.8d（25.7℃），幼虫期18.7～26.0d，蛹期6～9d。在山东泰安地区，越冬幼虫于4月中下旬大量出蛰，5月上旬至5月下旬化蛹，5月中旬至6月中旬羽化，6月上旬为羽化盛期；第1、2代幼虫孵化盛期分别在6月中旬、7月下旬至8月上旬；第3代幼虫于9月中旬开始孵化，9月下旬进入越冬盛期。

成虫昼伏夜出，白天多隐蔽在叶背和草丛中，傍晚开始活动。有趋光性和趋化性，对果汁、果醋趋性很强。雄虫对雌虫性外激素粗提取物的趋性极为敏感。目前，人工合成的性信息素的成分分别为顺-9-十四烯-1-醇乙酸酯、顺-11-十四烯-1-醇乙酸酯，两种化合物按7∶3混合时，对雄虫引诱活性最强。成虫一般将卵聚产在叶面上，第2、3代卵也可产在果面上，呈鱼鳞状排成卵块，一生产卵1～3块，每块一般为70～80粒。成虫产卵量受湿度影响较大，在多雨年份发生量大，而干旱年份则发生轻。

初孵幼虫多分散在附近叶的背面或前一代幼虫为害遗留的叶苞内剥食芽、幼叶。稍大时，吐丝缀连梢部几片嫩叶成苞，匿居其中剥食叶肉成纱网或孔洞，并常将叶片缀贴在果实上，藏于其中或钻入果与果之间，啃食果皮及浅层果肉，造成虫疤，影响果品质量。因而，幼虫俗称“舔皮虫”。幼虫有转移为害的习性，当虫苞叶片被食碎或老化，营养缺乏时，幼虫爬出虫苞，转向新梢嫩叶重新做苞为害。幼虫很活泼，触动头或尾即可后退或前进，或爬出卷叶吐丝下垂逃逸。幼虫老熟后在卷叶内或缀叶间化蛹。

该虫的天敌较多，主要有寄生卵的松毛虫赤眼蜂（*Trichogramma dendrolimi*），寄生幼虫的卷蛾肿腿蜂（*Goniozus japonicus*）、广大腿小蜂（*Brachymcria obscurata*）、卷蛾聚瘤姬蜂（*Gregopimpla kuwanae*）、卷蛾黄长距茧蜂（*Macrocenlrus abdominalis*），寄生蛹的舞毒蛾黑瘤姬蜂（*Coccygomimus disparis*）、卷蛾瘤姬蜂（*Itopleclis altenrans*）、卷蛾赛寄蝇（*Pseudoperichaeta insidiosa*）等。其中，在化学药剂应用较少的果园，松毛虫赤眼蜂的自然寄生率可达50%以上。

2. 顶梢卷蛾　在辽宁、华北、山西、山东青岛1年发生2代，陕西关中、河南、安徽、江苏等地3代，均以2、3龄幼虫主要在顶梢卷叶苞内或芽侧结茧越冬，1个顶梢叶苞内有数头幼虫。翌年苹果树发芽，气温达10℃以上时，越冬幼虫开始出蛰，分散转移至附近新芽吐丝将几片嫩叶卷缀成苞，并缠缀从叶背啃下来的绒毛做茧。此时，通常每虫梢内有1头幼虫。取食时，虫体探出茧外食害嫩叶。幼虫喜在顶梢吐丝缀连3～4片嫩叶成苞，潜于其中食害嫩芽、嫩叶，生长点被害后促使分杈，阻碍新梢延长生长，影响树冠扩展。幼虫共5龄，每蜕1次皮转移1次，经24～36d老熟，在卷叶内结茧化蛹。在2代区各代成虫发生期分别为6月上旬至7月上旬、7月中旬至8月中下旬；3代区则为5月中旬至6月底、6月下旬至7月下旬、7月下旬至8月底。卵期第1代6～7d，第2、3代4～5d；蛹期越冬代8～10d，以后各代5～8d；成虫寿命5～7d。

成虫昼伏夜出，喜食糖蜜，略有趋光性。卵散产于顶梢上部嫩叶背面，尤喜产在绒毛多的叶片上。第1代幼虫为害春梢严重，对苗圃和幼树的为害更重；第2、3代严重为害秋梢。幼虫为害至9、10月进入越冬状态。

顶梢卷蛾对苹果不同品种、树龄和同株的不同部位新梢为害程度有显著差异。如国光、元帅品种受害较重，而红玉、倭锦则较轻；洋梨比中国梨受害重。相同品种的果树，以树龄小的受害重于树龄大的，树势强的重于树势弱的，树冠外围及上部的新梢受害重于内膛和中下部的新梢。发生为害程度的差异，其原因在于成虫盛发期是否与新梢生长期一致，二者吻合时果树受害严重，反之则轻。该虫的寄生性天敌有赤眼蜂、舞毒蛾黑瘤姬蜂、中国齿腿姬蜂、螟蛉黄茧蜂等。

3. 褐带长卷蛾　在华北 1 年发生 3 代，长江中下游 4～5 代，华南地区 6～7 代，多以幼虫在卷叶内、枝干皮缝或杂草、落叶中越冬。

翌年第 1 代幼虫在广东 4～5 月、福州 5 月中旬至 6 月上旬、浙江 6 月至 7 月上旬发生，严重为害柑橘和荔枝的幼果，9 月又为害即将成熟的柑橘果实，造成大量落果。第 1 龄幼虫常躲在果与果或果与枝梢相贴处，当无隐蔽条件时，幼虫即吐丝黏附在果表面，啃食果皮或躲在果萼里。第 2、3 龄以后蛀入果内为害。被害果脱落后，幼虫转向附近叶片继续为害，或随果一起落地。一般果园四周树较园中心树受害重，树冠外围果较冠顶果受害重。其余各代主要为害嫩芽、嫩叶，且虫口较少。幼虫卷叶为害、化蛹和成虫的习性与苹小卷叶蛾极相似。5、6 月平均温度 27℃时，在室内饲养卵期约 7d，幼虫期 12～19d，蛹期 5～7d，成虫寿命 4～11d。

成虫多在清晨羽化，白天潜伏在叶下、草丛等隐蔽处，傍晚和夜间活动、交配、产卵，将卵成块产在叶正面近主脉处，有时产在叶背或枝条上。幼虫孵化后向四处分散或吐丝下垂，飘逸至其他枝条为害。幼虫很活泼，可转移结苞为害，老熟后在被害叶苞内或转到邻近老叶结茧化蛹。

4. 枣镰翅小卷蛾　在华北地区 1 年发生 3 代，山东、河南 4 代，浙江 5 代，均以蛹在枝干裂皮缝、树洞、剪锯口内、枝杈和根颈部土中越冬。翌年春季枣树发芽萌动时成虫开始羽化，由于出蛰羽化期较长，故出现世代重叠。在 3 代区，越冬代、第 1、2 代成虫分别在 3 月中旬至 4 月下旬、5 月下旬至 7 月上旬、7 月中旬至 8 月中旬发生。第 1 代卵期约 15d，第 2、3 代约 6d，第1～3 代卵分别在 4 月上旬至 5 月上旬、5 月下旬至 7 月上旬、7 月下旬至 8 月中旬发生。各代幼虫分别发生在 4 月中旬至 6 月中旬、6 月上旬至 8 月上旬、7 月下旬至 9 月中旬。在 4 代区，3 月中下旬成虫羽化、产卵，4 月中旬第 1 代幼虫出现，5 月中旬开始化蛹，5 月下旬至 6 月上旬羽化、产卵。第 2、3 代成虫盛期分别在 7 月中旬、8 月中旬（表 12-6）。幼虫为害期各地一般以 7 月发生为害严重。

表 12-6　枣镰翅小卷蛾各虫态平均发育历期（d，河南省内黄地区）

世代	成虫	卵	幼虫	蛹	各代历期
越冬代（第 4 代）	9.2	5.5	45.0	140	199.7
第 1 代	10.4	26.8	41.5	7.6	86.3
第 2 代	8.5	5.1	16.0	6.5	36.1
第 3 代	5.1	4.3	15.4	6.9	31.7

成虫白天羽化，羽化后的蛹壳半截露在茧外，羽化率一般为 80%～90%。成虫白天潜伏在树冠叶下和枝干隐蔽处，夜晚交配、产卵。趋光性较强。雌、雄均可多次交配。

交配后1～2d即可产卵。卵多散产，偶尔也有4、5粒产在一起。越冬代成虫产卵于光滑小枝上，其余各代产在叶正面，少数在叶背面。第1代单雌产卵量最多，平均为200多粒。

幼虫吐丝连缀枣花、叶片及枣吊，隐于其中为害。幼虫受惊后常跳动几次或迅速倒退，吐丝下垂逃逸。第1代主要啃食未展开的嫩芽，被害芽枯死。枣叶展开后，继而吐丝缠卷叶缘成筒，似饺子状，从里面取食叶肉。第2代幼虫吐丝连缀花蕾和叶片为害。第3、4代除继续吐丝黏叶啃食叶肉外，还常将1、2片叶黏在枣子上，匿于其中啃食果皮和果肉，造成落果。幼虫共5龄，有转移为害的习性，一生可为害2～3个叶苞。老熟后在卷叶内吐丝结白色茧化蛹，而末代幼虫则在越冬场所结茧化蛹越冬，其中在老翘皮下越冬者占70%以上。

该虫种群数量消长与温湿度关系密切，在5～7月阴雨连绵、降水量较大、天气湿热的年份，容易引起大发生。

四、常见其他卷叶蛾发生概况（表12-7）

表12-7　7种常见卷叶蛾发生概况

害虫种类	发生概况
黄斑长翅卷蛾	又名桃黄斑卷叶蛾。分布于辽宁、河北、山东、陕西、山西等地。以幼虫卷叶为害蔷薇科植物，偏嗜桃树，其次是苹果幼树等。在华北地区1年发生3～4代，以冬型成虫在杂草落叶等隐蔽场所越冬。3月下旬越冬成虫开始活动，第1～4代成虫发生期分别在6月上中旬、7月下旬至8月上旬、9月上中旬、10月中下旬。成虫白天活动，第1代卵散产于枝条及芽侧，以后各代卵产在叶正面，背面较少。卵期4～5d，幼虫期24d左右。成虫趋光性强
苹大卷蛾	又名黄色卷蛾、苹果卷叶蛾。分布于东北、华北、华中等地。以幼虫卷叶为害蔷薇科果树及柿、鼠李、柳、栎、国槐、山槐等的芽、花蕾、叶片和果实。在辽宁、河北、山东、陕西关中1年发生2代，各代成虫分别发生在6月、7月下旬至8月下旬。卵期5～8d，蛹期6～9d。越冬虫态及其场所、来春出蛰情况、为害情况、幼虫和成虫的习性与苹小卷蛾相似
苹褐卷蛾	又名褐带卷叶蛾。分布于东北、华北、华中等地。以幼虫卷叶为害蔷薇科植物和鼠李、榛、桑、杨、柳、水曲柳、榆、山毛榉、栎、椴、花楸、大丽花、小叶女贞、七姊妹、万寿菊等。在辽宁1年发生2代，河北、山东和陕南为3代。以低龄幼虫结白茧越冬，其越冬场所、出蛰时间、为害情况和生活习性等均与苹小卷蛾相似。苹褐卷蛾幼虫将叶片纵褶，在其中为害。老熟时吐丝将两片叶缀合在一起，在其中化蛹。蛹期8～10d。辽宁果区，越冬代和第1代成虫发生分别在6月中旬至7月中旬、8月下旬至9月中旬。孵化后的幼虫于10月上中旬陆续进入越冬场所
苹白小卷蛾	为害苹果等蔷薇科果树，分布于东北、华北、华中、华东、华南等地。黑龙江伊春至华北果区1年发生1代，以幼虫在枝梢顶端芽内结茧越冬。在黑龙江伊春，次年4月下旬至5月初开始活动，为害嫩芽和花蕾，常将芽鳞和碎屑黏缀丝上。幼虫稍大后卷缀新梢嫩叶为害，往往将叶苞中的1片叶柄咬断，故在其中常有1片枯叶。5月下旬至6月上旬老熟，在卷叶内化蛹。6月中旬至7月上旬成虫发生，6月下旬为盛期。卵以散产在叶面上为主，7月下旬为卵盛期。卵期一般8d。初孵幼虫先在叶背剥食叶肉，吐丝缀叶，匿于其中为害，以后蛀入花芽或嫩梢顶芽为害。8月中旬即在被害芽内越冬
拟小黄卷蛾	又名柑橘褐带卷蛾。分布于江南各地。以幼虫卷叶为害芸香科、无患子科、酢浆草科、菊科、大戟科、唇形科、茶科、蔷薇科、豆科、鼠李科、木棉科等多种植物，最喜食柑橘幼果、即将成熟果及嫩梢、嫩叶，是柑橘的重要害虫之一。在湖南、江西、浙江1年发生5～6代，福建7代，广东8～9代。主要以幼虫在卷叶内越冬，无真正越冬现象，8℃以上时仍可活动为害。翌春幼虫老熟化蛹、羽化、产卵。成虫昼伏夜出，趋光性弱，喜食糖醋液及发酵物。卵块呈鱼鳞状产于叶背面。幼虫活泼，有吐丝下坠和转移为害的习性。幼果盛期，幼虫多蛀果为害；果稍大后，多卷叶为害

（续）

害虫种类	发生概况
柑橘黄卷蛾	又名柑橘褐卷蛾。分布于福建和华南等地。以幼虫卷叶为害柑橘、荔枝、龙眼等。在广州1年发生6代，以幼虫在卷叶内越冬。翌年4月开始活动、取食，不久即化蛹。成虫有趋光性，昼伏夜出。清晨产卵于叶片上，每雌产卵2块，200～300粒。第1代幼虫主要为害幼果，5月中旬以后多为害嫩叶和嫩梢。1、2龄幼虫常将1、2片叶缀合成苞，3龄以后可将3～5片叶卷起，匿居其中取食，把叶食成筛网状
新褐卷叶蛾	仅发生在新疆。以幼虫卷叶为害各种乔、灌木树种，是杨和果树的重要害虫。1年发生2代，以2龄幼虫在枝干的裂缝、翘皮等处吐丝做茧越冬。其习性与苹褐卷蛾、苹小卷蛾相似

五、预测预报方法

1. 越冬幼虫出蛰期调查 在果园的向阳和背阴处各选择苹小卷蛾或褐带长卷蛾越冬虫口多的早熟和晚熟品种果树2株，在2～3个主侧枝的基部和上部30cm处涂黏虫胶。从树芽绽裂开始，每隔1～2d调查1次，记载出蛰幼虫数量。当幼虫大量出现而尚未卷叶时，定为用药适期。也可在不同部位标定越冬茧100个，每2～3d逐茧调查1次，以新空茧记为出蛰数。当累计出蛰率达40%时，应立即发出防治预报。顶梢卷叶蛾可参考执行。

2. 成虫期调查 从始蛾期开始，利用黑光灯、糖醋液或性诱剂诱集成虫，每天记载诱虫数量。当成虫数量激增时，即是成虫发生盛期，约1周后，便为幼虫孵化盛期，应进行防治。此外，调查掌握成虫发生盛期和产卵期，为释放赤眼蜂提供依据。

六、综合治理方法

1. 农业防治

（1）果树休眠期灭树体越冬幼虫 越冬期间，彻底刮除老翘皮和粗皮，集中烧毁。此后，再按每公顷用90%晶体敌百虫或50%杀螟松乳油1 000～1 200ml，加水500倍液，在枝干上喷雾，或涂刷3～5波美度石硫合剂和刷石灰膏，消灭越冬幼虫。

（2）人工摘除虫苞 结合冬剪和夏季果园管理，及时摘除虫苞或捏杀苞内幼虫。

2. 化学防治 以越冬代幼虫出蛰期和第1代幼虫孵化盛期为防治重点。每公顷用25%灭幼脲3号、20%杀铃脲悬浮剂、2.5%溴氰菊酯、2.5%功夫菊酯或20%氰戊菊酯乳油450～600ml，或50%辛硫磷、40%乐斯本、40%丙溴磷、20%菊马、35%赛丹乳油、20%米满、20%抑食肼悬浮剂1 000～1 500ml，对水1 200～2 000kg喷雾。

3. 生物及物理防治

①每公顷用Bt乳剂（含100亿活孢子/ml）1 500～2 000ml，对水1 200～1 500kg喷雾。

②人工释放天敌，在成虫产卵始期至盛末期，每4～5d释放松毛虫赤眼蜂1次，共4次，每次每公顷释放至少45万头，若遇阴雨连绵，应适当增加放蜂量和放蜂次数，以保证防效。

③诱杀成虫。选择适当时机用黑光灯、糖醋液或性诱剂诱杀成虫。

第三节 其他卷叶害虫

一、种类、分布与为害

我国园艺植物卷叶害虫除螟蛾科、卷蛾科和小卷蛾科的种类外，常见的还有黑星麦蛾（*Telphusa chloroderces* Meyrich）、苹果雕蛾（*Anthophila pariana* Clerck）、苹果巢蛾（*Yponomeuta padella* Linnaeus）、淡褐巢蛾［*Swammerdamia pyrella*（de Villers）］、梨叶斑蛾（*Illiberis pruni* Dyar）、桃叶斑蛾（*Illiberis psychina* Oberthur）、葡萄叶斑蛾（*Illiberis tenuis* Butler）、香蕉弄蝶（*Erionota thrax* Linnaeus）、枣瘿蚊（*Contarinia datifolia* Jiang）、梨卷叶象（*Byctiscus betulae* Linnaeus）等。这些害虫为害严重年份，影响树势生长发育、降低果品产量与品质。

1. 黑星麦蛾 又称黑星卷叶芽蛾，属鳞翅目麦蛾科。我国分布于吉林、辽宁、华北、山东、陕西、甘肃、安徽等地。寄主有苹果、桃、李、杏、樱桃、山定子、海棠、梨、棠梨、杜梨、山楂等果树及其砧木。幼虫在新梢吐丝连缀嫩叶做松散虫苞为害。管理粗放的幼龄果园发生较重，叶片受害，只剩叶脉和表皮，呈现一片枯黄，并可造成第二次发芽或开花。

2. 苹果巢蛾 又称巢虫，属鳞翅目巢蛾科。分布于东亚、地中海、欧洲等地；在我国分布于东北、华北、西北和黄淮流域等地区。主要为害苹果、海棠、山定子、沙果、山楂、木瓜，也可取食梨、桃、杏等果树。以幼龄幼虫潜食嫩叶及花瓣。2 龄以后吐丝连缀若干新叶，潜于巢中取食叶肉，仅留叶脉。老龄幼虫暴食叶片。大发生时，将树叶全部吃光。

3. 梨叶斑蛾 又名梨星毛虫，属鳞翅目斑蛾科。全国各梨产区均有分布。寄主有梨、苹果、海棠、山定子、沙果、花红等。以幼虫为害花芽、花蕾和叶片。花芽被害不能正常开放；叶片被害时，常将叶缘用丝连缀成饺子状，在其内剥食叶肉，幼叶常被吃光，大叶被吃成筛网状，枯黄脱落。

4. 枣瘿蚊 又称枣叶蛆，属双翅目瘿蚊科。分布于全国各枣产区。以幼虫为害大枣、酸枣嫩叶。叶片受害后，叶缘纵向筒状卷曲，紫红色，质地硬而脆，不久变黑枯萎。该虫第 1 代发生时，正值枣树展叶期，严重影响新枝抽出和新枣吊的生长，造成较大产量损失。特别在苗期受害更为严重。

二、形态特征

1. 黑星麦蛾（图 12－7）

（1）成虫 体长 5～6mm，翅展约 16mm，灰褐色。胸部背面和前翅黑褐色，有光泽。前翅近外缘 1/4 处有 1 条淡色横带，从前缘至后缘，翅中央有 3～4 个黑斑，其中 2 个十分明显。后翅灰褐色。

（2）卵 椭圆形，淡黄色，有珍珠光泽。

（3）幼虫 体细长，长 10～15mm。头部褐色，前胸背板黑褐色，胸腹部背面有 7 条黄白色纵线和 6 条淡紫褐色纵纹相间排列。臀板后缘有褐色 U 形骨化纹。

（4）蛹　体长约6mm，纺锤形，红褐色，第7腹节后缘有蜡黄色并列的刺突。

2. 苹果巢蛾（图12-8）

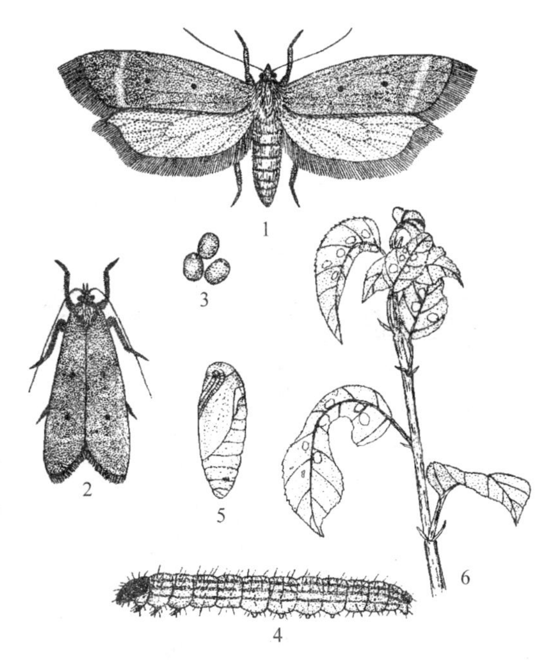

图12-7　黑星麦蛾
1、2. 成虫　3. 卵　4. 幼虫　5. 蛹　6. 苹果嫩枝为害状
（仿赵庆贺等）

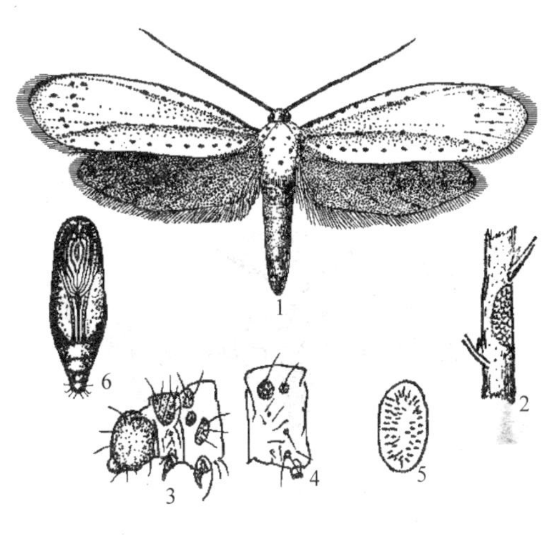

图12-8　苹果巢蛾
1. 成虫　2. 卵块　3. 幼虫头部至中胸
4. 幼虫第4腹节　5. 幼虫腹足趾钩　6. 蛹
（仿中国农业大学）

（1）成虫　体长9～10mm，翅展19～22mm，全体银白色，有丝质闪光。复眼黑色，丝状触角黑白相间。前胸肩板上各有2个黑点，中胸背板中央有5个黑点。前翅约有25个较大的黑点排成不规则的3纵列，其中1列近前缘，另2列近后缘，另外，约有10个较小的黑点散生在前翅近端部。后翅银灰色。

（2）卵　扁椭圆形，长0.6mm左右，表面有纵行沟纹。初产时乳白色，后渐变为淡黄色，近孵化时暗紫色。一般30～40粒呈鱼鳞状排成卵块，其上覆盖红色胶质物，干后形成卵鞘，色似寄主枝条。

（3）幼虫　共5龄，末龄幼虫体长17～20mm，头、胸、足、前胸背板和臀板为黑色，胴部背面两侧有两纵列黑斑，每节2个，每1黑斑附近有3个黑色毛瘤。腹足趾钩为多序环式，臀足趾钩3序缺环。

（4）蛹　体长6～11mm，黄褐色。腹末有臀刺4～5根。茧为丝质，纺锤形，半透明，灰白色。

3. 梨叶斑蛾（图12-9）

（1）成虫　体长9～13mm，翅展19～30mm，全体黑褐色，无光泽。雄虫触角双栉齿状，雌虫触角锯齿状。翅半透明，翅脉清楚可见，翅面的鳞毛和鳞片短而稀，前翅前缘基部、臀区以及后翅中脉以前部分较密。

（2）卵　扁椭圆形，长0.7mm左右，乳白色，以后渐变为黄白色、淡紫色，至孵化时为黑色。常数十粒至200粒呈椭圆形排成卵块。

（3）幼虫　老熟时体长20mm左右，黄白色。头小，黑色，缩于前胸内。胴部纺锤形，前胸背板有褐色斑点和横纹，背线黑褐色，两侧各有 1 列 10 个近圆形黑斑，分布在中胸至第 8 腹节上，各节背面还有横列毛丛 6 簇。

（4）蛹　体长 11～14mm，初蛹时黄白色，近羽化时黑褐色。第 3～9 腹节背面前缘各有 1 列短刺突。外包 2 层污白色丝质茧。

4. 枣瘿蚊（图 12－10）

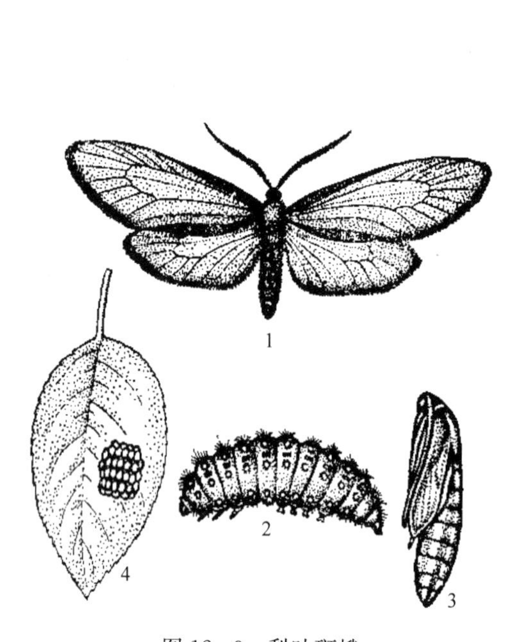

图 12－9　梨叶斑蛾

1. 成虫　2. 幼虫　3. 蛹　4. 卵块

（仿中国农业科学院果树研究所等）

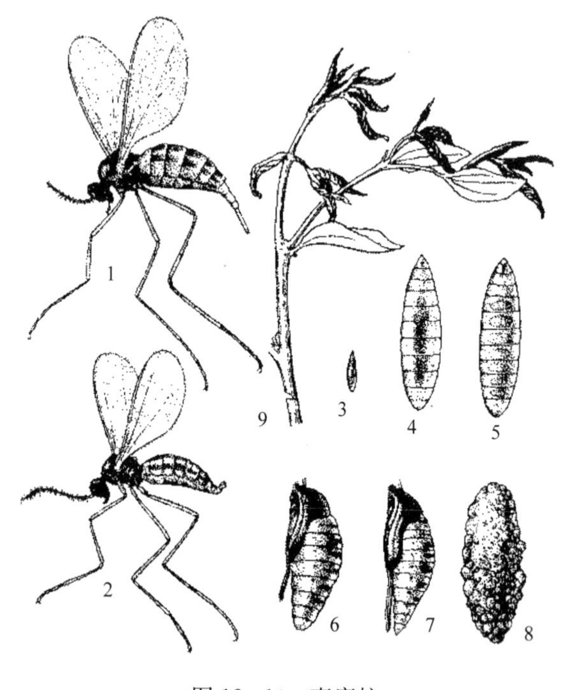

图 12－10　枣瘿蚊

1. 雌成虫　2. 雄成虫　3. 卵　4、5. 幼虫背面观和腹面观

6. 雌蛹　7. 雄蛹　8. 茧　9. 被害状

（仿周德芳）

（1）成虫　雌成虫体长 1.4～2.0mm。复眼大，黑色，呈肾形。触角细长，念珠状，黑色，各节上着生环状刚毛。胸部色深，腹部、胸背有 3 块黑褐色斑，后胸显著突起。腹部第 1～5 节背面有红褐色带，胸部以外腹部和足均长有细毛。

（2）卵　长约 0.3mm，长椭圆形，一端稍狭，有光泽。

（3）幼虫　体长 1.5～2.9mm，乳白色，有明显体节，无足。

（4）蛹　长 1.0～1.4mm，初乳白色，后黄褐色。茧椭圆形，灰白色，胶质外附土粒，系幼虫分泌黏液缀土而成。

三、发生规律

1. 黑星麦蛾　在华北、陕西等地 1 年发生 3 代，山东中、南部地区则为 4 代，均以蛹在为害的残叶苞、杂草内和土块下越冬。4 月上旬越冬代成虫开始羽化，至 5 月初结束。第 1～3 代成虫发生盛期分别在 6 月中旬、7 月下旬、8 月下旬至 9 月上旬；第 1～3 代幼虫分别发生在 4 月中旬至 5 月下旬、6 月上旬至 7 月中旬、7 月中旬至 8 月下旬。9 月及其以后发生第4代幼虫，并陆续化蛹越冬。

在陕西关中地区，4月中下旬越冬代成虫开始羽化，产卵于新梢顶端未展开的嫩叶基部，单粒或几粒成堆。第1代幼虫于4月中旬开始发生。幼龄幼虫潜伏在未伸展的嫩叶上为害。幼虫稍长大即可吐丝将几片叶卷成叶苞，匿于其中取食叶肉，残留下表皮。虫口密度大时，常有10～20头幼虫把小枝的叶片缀在一起，潜居其中将叶为害成网状。幼虫极活泼，受惊后即吐丝下垂逃逸。5月下旬开始在虫苞内化蛹。6月下旬第1代成虫羽化。第2代幼虫于7月上旬出现，8月中旬开始发生第2代成虫。第3代幼虫为害至9月中下旬至10月老熟落地化蛹越冬。

2. 苹果巢蛾 苹果巢蛾是专性滞育害虫，1年发生1代，以初龄幼虫在卵鞘下越夏、越冬。越冬幼虫出鞘的时期因各地气温回升情况而异，一般在苹果花芽开放至花序分离期为幼虫出鞘始期，即陕西、河南、山东在4月上旬前后，新疆伊犁地区、河北中部和北部在4月中旬，内蒙古在4月中下旬，吉林省公主岭在5月初。据新疆八一农学院观察，幼虫共5龄，各龄期4～12d，平均9d，幼虫为害期约43d。于5月下旬至6月上旬陆续化蛹，而在山区高地野果林中，发生期可推迟1个月。预蛹期3d，蛹期约11d。6月中旬为成虫羽化盛期，6月下旬为产卵盛期，至7月上旬产卵结束。卵期约13d，7月初开始孵化，即以该龄幼虫在卵鞘下越夏、越冬。

早期羽化的成虫多为雄虫。白天成虫栖息在枝条和叶背面，夜间飞翔、取食、求偶交配和产卵，特别是5:00～6:00活动最盛。行动敏捷，可做短距离迁飞，取食叶片上的露水，吸食蚜虫的蜜露。雌虫产卵多在17:00～20:00，每雌可产1～3卵块。大部分卵块产在2年生、表皮光滑的枝条上的花芽和叶芽附近；以树冠上部枝条的卵最多，中部次之，下部最少。雌虫产卵量与幼虫取食营养情况有关，幼虫期营养丰富时，成虫期产卵量大，反之则小。

越冬幼虫从卵鞘的一端开1小孔，鱼贯而出，同一块卵全部孵化需3～4d，以第1、2天内孵出最多。如遇气温下降，部分已经爬出的幼虫可再次潜入卵壳内。幼虫出壳后，群集于新梢上吐丝结网，食害芽、花和嫩叶。为害10d左右，被害叶尖干缩枯焦。幼虫潜叶取食完成第1龄发育后，从残叶内爬出，吐丝连缀若干新叶片，潜藏于巢中取食叶肉，仅剩叶脉。而后，又迁移到附近叶片，形成更大网巢继续为害。4～5龄幼虫2～3d即迁巢1次。迁巢时间多在5:00～6:00。大龄幼虫不仅在巢内取食，也到巢外为害果实。发生严重时，幼虫将叶片全部食光后，纷纷吐丝下垂转移，重建网巢为害。幼虫受惊即迅速倒退，并吐丝下垂。老熟后即在巢中叶片上吐丝做茧化蛹。每叶中有茧1至多个不等，多数为3～5个，有的2～3排堆积在一起。当叶片被食光后，亦可在果梗、萼洼、树干及其分杈处结茧化蛹。大发生时，树下落叶和杂草上也有大量幼虫化蛹。

越夏、越冬幼虫的死亡率与卵鞘外形的饱满情况有关。凡幼虫营养丰富，蛹重、大，成虫产的卵块大而饱满者，越冬幼虫死亡率平均为51.8%；而卵块扁平干瘪者，越冬幼虫死亡率高达92.3%。

苹果巢蛾的天敌种类较多，已知有黑须卷蛾寄蝇（*Blondelia nigripes* Fallen）、选择盆地寄蝇（*Bessa selecta fugax* Rondani）、宽盾攸寄蝇（*Eurysthaea scutellars* Robineau Descoidy）、金光小寄蝇（*Bactromyia aurulenta* Meigen）、横带截尾寄蝇（*Nemorlla floralis* Fallen）、舞毒蛾黑瘤姬蜂（*Coccygomimus disparis* Viereck）等。这些天敌对控制苹果巢蛾

的猖獗发生具有重要作用。

3. 梨叶斑蛾 在我国北方大部分地区1年发生1代，河南西部和陕西关中地区则2代。均以2～3龄幼虫潜伏在枝干皮缝内结茧越冬；在树皮光滑的幼龄果园，幼虫多集中在树干根颈部附近的土缝内结茧越冬。越冬幼虫翌春梨树花芽萌动时开始出蛰，花序分离期达出蛰盛期。各地幼虫出蛰盛期分别为：山东3月底至4月初，河北3月下旬至4月中旬，辽宁4月下旬，甘肃4月下旬至5月上旬。幼虫出蛰后爬向树冠，寻找花芽露白的部位蛀食为害。如果花芽已开绽或开放，则从顶部钻入芽内食害。当虫口密度大时，1个花芽内常有10～20头幼虫，花芽被蛀空、变黑、枯死，继而转移为害花蕾和叶芽。当树叶展开时，幼虫即转移至叶片吐丝将叶缘两边缀合在一起，在叶苞内啃食叶肉，残留叶背一层表皮，叶被害后多变黑干枯。一般喜食嫩叶，为害1叶后可转叶为害，1头幼虫一生能为害7～8片叶。老熟幼虫在叶苞内结薄茧化蛹，蛹期约10d。各地成虫发生期分别为：山东、河北6月上中旬，辽宁西部6月下旬至7月中旬，甘肃7月下旬至8月上旬。白天成虫潜伏在叶下，多在傍晚或夜间活动、交配和产卵。成虫飞翔力不强，只在树冠内飞舞。成虫寿命3～10d。卵聚产在叶背，排列成不规则卵块，有时卵粒重叠。卵期7～10d。初孵幼虫先在卵壳附近剥食叶肉，1～2d后分散为害，使叶片呈网状。在华北和东北地区，幼虫于7月上旬至7月下旬逐渐进入越冬场所越夏，直至越冬。而在2代区，越冬代和第1代成虫分别于5月下旬至6月上旬、8月上中旬发生，第1代幼虫在6月上旬至7月中旬发生，第2代幼虫于9月越冬。

幼虫的天敌较多，主要有凤蝶金小蜂［*Pteromalus puparum*（Linnaeus）］、潜蛾姬小蜂（*Pediobius purgo* Walker）、盘背菱室姬蜂（*Mesochorus discitergus* Say）、冠毛长喙寄蝇（*Siphona cristata* Fabricius）、金光小寄蝇（*Bactromyia aurulenta* Meigen）等，自然寄生率一般为10%左右。

4. 枣瘿蚊 该虫发生代数不详，据山东省初步观察，在鲁北枣产区，以老熟幼虫在土下2～5cm深处做茧越冬，翌年4月上旬上升至土表另做茧化蛹，枣树发芽时成虫开始羽化。每年幼虫为害高峰次数和时间有所不同，有5～7次明显高峰期，其时间在4月下旬至5月中旬、5月下旬至6月上中旬、6月中下旬、6月底至7月中旬、7月中下旬、8月上中旬、8月中下旬，一直延续到10月上旬仍发生为害。老熟幼虫从9月陆续入土做茧越冬。全年以5、6月发生为害较重，后期较轻。

成虫飞翔力不强，畏强光，喜阴暗，多在夜间产卵于枝端未展开的嫩叶缝隙处。每雌产卵40～100粒以上。幼虫孵化后吸食叶液，刺激叶肉组织，使叶片两边缘向叶面缩卷呈菱形，幼虫匿于其中继续为害。每片被害叶内有几头至10余头幼虫。被害叶呈棕红色至紫红色，叶肉增厚，变硬发脆，最后变黑枯死早落。在6月对枣树新梢发育初期的影响最大，常使全树嫩梢叶片被害成菱形。一般树冠较矮、枝叶茂密的幼树和丛生酸枣树受害最严重。

该虫多发生在平原及山谷盆地的枣树上。保水力和渗透性适中的土壤有利于该虫发生，而较黏重的土壤和保水力不良的沙土地均不利于其发生。山地梯田边栽种的枣树或野生酸枣，由于树下土壤不常翻动，该虫发生较普遍。一般干旱年份和水涝年份发生为害较轻，而风调雨顺年份发生较重。

四、常见其他卷叶害虫（表12-8）

表12-8　6种常见卷叶害虫发生概况

害虫种类	发生概况
淡褐巢蛾	又名小巢蛾，属鳞翅目巢蛾科。在山西、陕西关中地区1年3代，以幼龄幼虫在粗皮缝、刀锯口、叶痕、果台等处结茧越冬。翌春3月中旬苹果花芽萌动时开始出蛰，出蛰期达40～50d。幼虫先在芽上吐丝结网，并从顶端蛀入芽内为害。幼虫活泼，有转芽习性，1头可为害数个芽。稍长大后，多在叶片端部结网，使叶片向正面纵卷，潜于其中食害上表皮和叶肉，残留下表皮和网状叶脉。4月下旬幼虫老熟，在被害叶片上或皮缝中结白色茧化蛹，5月上中旬为盛期。蛹期15d左右。越冬代至第2代成虫发生盛期分别在5月下旬、7月中下旬、9月上中旬。成虫昼伏夜出，趋光性强，卵多散产在叶正面叶脉凹陷处。卵期12～15d。第3代幼虫孵化不久即陆续进入越冬场所结茧越冬
苹果雕蛾	又名拟苹果卷叶蛾，属鳞翅目雕蛾科。分布于甘肃、山西、陕西等省。幼虫卷叶为害苹果、沙果、海棠、山定子、桃等果树。多将叶片纵向卷成饺子状，匿于其中食害上表皮和叶肉，也可将2～3片嫩叶缀合成叶苞为害，将叶片食成孔洞、缺刻和网状。在甘肃天水地区1年发生4代，以蛹越冬；而在山西晋中地区则为3代，以成虫在草丛、落叶、皮缝等处越冬。次年苹果萌芽前后活动。第1代卵期15d左右，夏季5～11d；幼虫期25d左右；蛹期7～10d；成虫寿命一般为5～6d。8月下旬以后陆续进入越冬场所越冬。成虫昼伏夜出，卵散产于叶正面或反面。幼虫活泼，受惊即迅速脱离卷叶，吐丝下垂转移
桃叶斑蛾	又名杏星毛虫，属鳞翅目斑蛾科。广泛分布于华北、华东、西北各地。以幼虫卷叶为害桃、李、杏、梅、樱桃等果树。在各地每年均发生1代，以幼龄幼虫在粗皮缝内结茧越冬。翌年杏花芽萌动前后，幼虫出蛰爬向枝梢蛀芽为害，花期为害花和嫩叶。白天潜伏在树干背阴的皮缝或土缝内，18:00～21:00上树为害，故称“夜猴子”。5月中下旬幼虫老熟，在各种隐蔽处化蛹。蛹期15～20d，卵期12～14d。成虫和幼虫习性与梨叶斑蛾相似
葡萄叶斑蛾	又名葡萄星毛虫，属鳞翅目斑蛾科。在山东1年发生2代，以2、3龄幼虫在老蔓翘皮下结茧越冬，少数在树干基部土块下越冬。来年4月上旬葡萄萌芽时，幼虫陆续出蛰为害。5月中下旬结茧化蛹，蛹期10d左右。5月底至6月初越冬代成虫羽化，6月上中旬为蛾盛期。雌蛾多次交配，多次产卵，卵成块产于茧周围的叶上。每块有卵50～200粒，多者264粒。卵期3～7d，6月中旬孵化。幼虫共5龄，4、5龄食量大，6月下旬至7月上旬达为害盛期。7月中下旬第1代成虫羽化、交配、产卵。8月上旬幼虫孵化后食害叶片，至9月下旬越冬
梨卷叶象	又名榛绿卷象、白杨卷叶象，属鞘翅目象甲科。分布于东北、江西等地。为害苹果、梨、小叶杨、山杨、桦树等。在辽宁1年发生1代，以成虫在枯枝落叶或表土层中越冬。4月下旬至5月上旬开始活动。成虫不善飞翔，有伪死性。当树叶展开后开始产卵。产卵前先把叶柄或嫩枝咬伤，使叶萎蔫，雌虫开始卷叶，并在最初要卷的叶中产卵3～4粒，将叶层层卷起，每片卷叶的接头处都用黏液粘连，卷成雪茄烟状的筒，每卷1叶约需3h。卵期6～7d，幼虫即在卷叶中为害，叶逐渐干枯脱落。7月中下旬幼虫老熟，从卷叶中钻出，入土5cm左右做土室化蛹。8月上中旬成虫羽化出土上树，啃食叶肉补充营养，食痕呈条纹状。当气温较低时又潜入枯枝落叶或表土中越冬

五、综合治理方法

1. 越冬期防治　秋后至早春害虫越冬期间，清除枯枝落叶和杂草；彻底刮除果树老翘皮和粗皮，集中处理。也可用2.5%溴氰菊酯乳油1 500倍液或50%杀螟松乳油500倍液，在枝干或地面上喷雾；或在枝干上涂刷3～5波美度石硫合剂或刷石灰膏，消灭越冬幼虫。

2. 人工摘除虫苞　结合冬剪和夏季园田管理，及时摘除卵块、虫苞或捏杀苞内幼虫或成虫。

3. 药剂喷雾 当成虫产卵盛期，或幼虫孵化盛期至卷叶前，每公顷用25%灭幼脲3号、20%杀铃脲悬浮剂、2.5%溴氰菊酯、2.5%功夫菊酯、10%高效氯氰菊酯乳油500～750ml，或5%氟虫脲、40%乐斯本乳油、20%菊马、48%毒死蜱乳油、20%米满悬浮剂1 000～1 500ml，加水1 200～2 000kg喷雾。

复习思考题

1. 区别下列各组中害虫成虫和幼虫的形态特征：①苹小卷蛾、顶梢卷蛾；②黄斑长翅卷蛾、苹大卷蛾；③褐带长卷蛾、拟小黄卷蛾；④黑星麦蛾、苹果巢蛾；⑤梨叶斑蛾、桃叶斑蛾；⑥豆荚野螟、豆卷叶野螟。
2. 如何结合果园管理防治卷叶害虫？
3. 怎样利用趋光性和对性诱剂的趋性预测或防治卷叶害虫成虫？
4. 如何应用赤眼蜂防治卷叶害虫？
5. 试述防治卷叶害虫常用的农药种类及其浓度。

第十三章　食叶害虫

食叶害虫（leaf-feeding insect）一般指取食为害叶片的害虫，被害叶片形成缺刻、孔洞，严重时可将叶片吃光，仅残留叶柄、枝干或叶主脉，同时有些种类还有钻蛀为害的特点。这类害虫在我国园艺植物上种类多，发生数量大，为害严重。最主要的有鳞翅目害虫，此外，还有鞘翅目的金龟甲、天牛、吉丁虫、象甲、叶甲、植食性瓢虫类，直翅目的蝗虫、螽斯类，膜翅目的叶蜂类等害虫。其中，金龟甲已在第八章地下害虫中介绍。

第一节　蝶　　类

一、种类、分布与为害

我国园艺植物上的蝶类害虫有鳞翅目粉蝶科（Pieridae）的菜粉蝶［*Pieris rapae*（Linnaeus）］、大菜粉蝶（*Pieris brassicae* Linnaeus）、东方粉蝶（*Pieris canidia* Sparrman）、黑脉粉蝶（*Pieris melete* Menetries）、云斑粉蝶（*Pontia daplidice* Linnaeus）、山楂粉蝶（*Aporia crataegi* Linnaeus），凤蝶科（Papilionidae）的柑橘凤蝶（*Papilio xuthus* Linnaeus）、玉带凤蝶（*Papilio polytes* Linnaeus）、黄凤蝶（*Papilio demoleus* Linnaeus），蛱蝶科（Nymphalidae）的桂花蛱蝶（*Kironga ranga* Moore），弄蝶科（Hesperiidae）的香蕉弄蝶（*Erionota torus* Evans），灰蝶科（Lycaenidae）的荔枝小灰蝶（*Deudorix epijarbas* Moore）等，本节重点介绍菜粉蝶、柑橘凤蝶、香蕉弄蝶。

1. 菜粉蝶　别名菜白蝶，幼虫称为菜青虫。遍及世界各地；在我国，据《中国蝶类志》（周尧，1994）记载，菜粉蝶有4个亚种，分别是东方亚种（*P. rapae orientalis* Oberthur）、台湾亚种（*P. rapae crucivora* Boisduval）、新疆亚种（*P. rapae eumorpha* Fruhstorfer）、云南亚种（*P. rapae yunnana* Mell），东方亚种分布普遍，后3个亚种分别分布于我国台湾、新疆和云南。已知菜粉蝶的寄主植物有9科35种，如十字花科、菊科、白花菜科、金莲花科、木樨科、紫草科、百合科等，但主要为害十字花科植物的叶片，特别嗜好叶片较厚的甘蓝、花椰菜等。初龄幼虫在叶背啃食叶肉，残留表皮；3龄以后吃叶成孔洞和缺刻，严重时只残留叶柄和叶脉，同时排出大量虫粪，污染叶面和菜心，幼苗期受害可引起整株死亡。幼虫为害造成的伤口又可引起软腐病的侵染和流行，严重降低蔬菜的产量和品质。

2. 柑橘凤蝶　属鳞翅目凤蝶科。国外分布于日本、朝鲜、印度、马来西亚、菲律宾、大洋洲，我国各柑橘产区均有分布。主要寄主为柑橘类，尚可为害花椒和黄檗。以幼虫取食叶片，是柑橘苗木和幼树的重要害虫，苗木和幼树的新梢、叶片常被吃光，严重影响橘树的生长，尤以山地和近山地柑橘园发生较多。

3. 香蕉弄蝶　又称香蕉卷叶虫、蕉苞虫，属鳞翅目弄蝶科。我国分布于福建、台湾、广东、广西、云南、湖南、江西等地。主要寄主为香蕉、粉蕉、紫蕉、芭蕉、美人蕉、马尼拉麻蕉等蕉属植物。以幼虫为害，幼虫卷结叶片成叶苞，食害蕉叶。为害严重时，蕉叶残缺不全，叶苞累累，生长受阻，严重影响产量，是香蕉的重要害虫之一。

二、形态特征

1. 菜粉蝶（图 13-1）

（1）成虫　头胸部黑蓝色，着生黄白色细毛。复眼淡绿色。前翅顶角黑色，近中央外侧雌虫有 2 个黑斑，上下排列；雄性黑斑不明显，下方 1 个黑斑多消失。后翅前缘也有 1 个黑斑，与前翅黑斑成直线排列。翅基均呈黑灰色，尤以雌虫的前翅明显，翅的其余部分均为白色。各翅背面淡黄色。腹部背面稍带黑色，腹面白色，雄性腹部后端稍下弯，一般雌性个体比雄性大。

（2）卵　瓶形，初产时淡黄色，后变为橙黄色，表面有 10 余条长短不等的纵条纹，各纵条纹间有许多横隆纹，表面形成很多长方形小格。

（3）幼虫　全体深绿色，体背面有许多小黑点，且密生白色短毛，沿气门线有黄色斑点 1 列。每体节有 5 条横皱纹。

（4）蛹　纺锤形，两端尖细，中部膨大而有棱角状突起。蛹色因化蛹部位不同而有差异：在叶上化蛹的多为绿色或黄绿色，在其他处化蛹的多为褐色、浅褐色等。

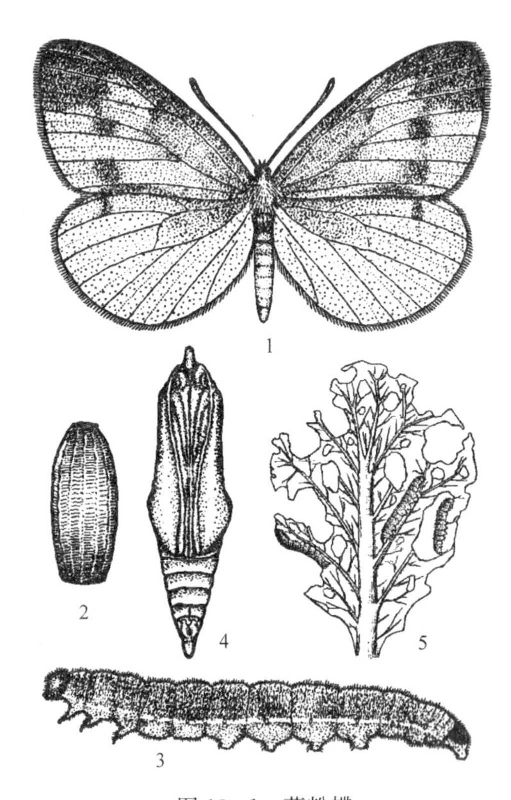

图 13-1　菜粉蝶
1. 成虫　2. 卵　3. 幼虫　4. 蛹　5. 为害状
（1～4 仿浙江农业大学，5 仿西北农学院）

2. 柑橘凤蝶（图 13-2）

（1）成虫　体背有黑色背线，两侧黄白色。前翅黑色，外缘有黄色波形线纹，亚外缘有 8 个黄色新月形斑，翅中央从前缘至后缘有 8 个由小渐大的 1 列黄色斑纹，翅基部近前缘处有 6 条放射状黄色点线纹，中室上方有 2 个黄色新月斑。后翅黑色，外缘有波形黄线纹，亚外缘有 6 个新月形黄斑，基部有 8 个黄斑，臀角处有 1 橙黄色圆斑，斑内有 1 个小黑点。

（2）卵　初产时淡黄白色，渐变黄色，孵化前呈紫黑色。

（3）幼虫　1 龄幼虫黑色，多刺毛。2～4 龄幼虫黑褐色，有白色斜带纹，虫体似鸟粪，体上肉刺突起较多。成长幼虫黄

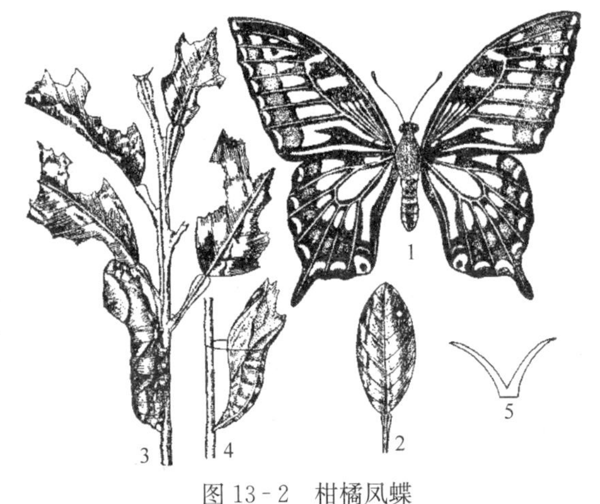

图 13-2　柑橘凤蝶
1. 成虫　2. 叶片上的卵　3. 幼虫与为害状
4. 蛹　5. 幼虫前胸翻缩腺
（仿中国农业科学院植物保护研究所）

绿色，后胸背面两侧有蛇眼斑，后胸和第1腹节间有蓝黑色带状斑，腹部第4、5节两侧各有1条蓝黑色斜纹分别延伸至第5、6节背面相交，臭腺角橙黄色。

（4）蛹　鲜绿色，有褐色点，体较瘦小，中胸背突起较长而尖锐，头顶角状突起中间凹入较深。

3. 香蕉弄蝶（图13-3）

（1）成虫　全体黑褐色或茶褐色，头、胸部密被灰褐色鳞毛。触角黑褐色，近膨大部呈白色。复眼半球形，赤褐色。前翅黑褐色，翅中央有黄色方形大斑纹2个，近外缘有1个小方形黄色斑纹；后翅黑褐色；前、后翅缘毛均呈白色。

（2）卵　馒头形，顶部平坦，卵壳表面有放射状白色线纹。初产时黄色，后变为深红色，顶部灰黑色。

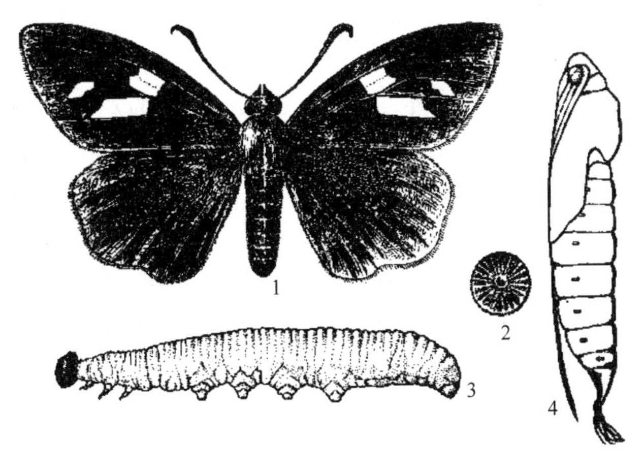

图13-3　香蕉弄蝶
1. 成虫　2. 卵　3. 幼虫　4. 蛹
（仿福建农学院）

（3）幼虫　体被白色蜡粉，头黑色，略呈三角形。胴部1、2节细小如颈，第3～5节逐渐增大，第6节以后大小均匀，各节具横皱5～6条，并密生细毛。

（4）蛹　圆筒形，淡黄白色，被有白色蜡粉。口吻伸达或超出腹末，末端与体分离。腹部臀棘末端有许多刺钩。

三、发生规律

1. 菜粉蝶　在黑龙江1年发生3～4代，北京4～5代，山东5代，江苏7代，浙江、四川、湖北8代，湖南8～9代。各地均以蛹在秋季为害地附近的屋墙、篱笆、风障、树皮缝内、砖石、土块、杂草及残枝落叶间越冬。菜粉蝶幼虫生长发育最适温度为20～25℃，相对湿度为76%左右。若气温超过32℃，相对湿度在68%以下，即大量死亡，因此气候条件对其生长发育有明显的影响。

由于各地发生世代不同，其为害盛期也因地而异，在辽宁以7月和9月为盛发期，而在我国黄淮流域及其以南一些省区，一般春末夏初（4～6月）和秋末冬初（9～11月）有两次盛发期，这两个时期正是十字花科蔬菜大量栽培的季节，由于气候条件适宜、食料丰富，故大量发生，为害最烈。而7～8月高温干旱，又是十字花科蔬菜的淡季，食料缺乏，发生数量极少，为了避开恶劣的环境，一般都迁往林溪阴凉的场所，或水沟边的一些十字花科杂草上生存。

成虫白天飞翔，采食花蜜，夜间或风雨天多栖息在树叶下、草丛间。成虫羽化后数小时便可交配，也有的经3～4d后才开始交配，交配后不久便开始产卵，卵单粒散产，边飞边产，尤以甘蓝、花椰菜上着卵最多。每雌产卵量一般在100～200粒，最多的可达500余粒。产卵期2～6d，卵的发育起点温度为8.4℃，有效积温为56.4日度，卵历期2～14d，成虫寿命2～5周。幼虫共5龄，初孵幼虫先吃掉卵壳，再取食叶肉，仅留下一层表皮；2龄幼虫食叶成孔洞、缺刻；3龄前食量不大，4龄起食量大增，叶被害后仅留下大叶脉，有的甚至全叶被食光，并可钻入甘蓝心球内取食。气温高时幼虫多在叶背面取食，清晨、夜间或秋凉后幼虫多在叶正面取食。幼虫受惊时，1～2龄幼虫有吐丝下垂的习性，老龄幼虫则有蜷缩虫体坠落地面的习性。低龄幼虫行动迟缓，但老龄幼虫能爬行很远，觅找化蛹场所。幼虫历期在20℃时为15.5d，在22℃时为14.5d，幼虫的发育起点温度为6℃，有效积温为217日度。老熟幼虫除越冬代在菜园附近避风向阳的墙壁、篱笆、树皮裂缝等处化蛹外，其他各代一般都在菜叶面上化蛹，化蛹时吐丝将尾足缠结在菜叶或附着物上，然后再吐1条丝环绕腹部第1节而化蛹。除越冬蛹历期长达数月外，一般为5～16d。蛹的发育起点温度为7℃，有效积温为150.1日度。

菜粉蝶的天敌种类很多，如蛹的寄生天敌有粉蝶金小蜂和广大腿小蜂，在长沙地区粉蝶金小蜂4～5月寄生率可达30%～40%。幼虫的寄生天敌有黄绒茧蜂，捕食性天敌有胡蜂等。卵的寄生天敌有赤眼蜂，捕食性天敌有青翅蚁型隐翅虫。此外，还有菜青虫颗粒体病毒、青虫菌、白僵菌等易大流行。保护和利用以上天敌，对菜粉蝶的发生有明显的抑制作用。由此可见，该虫春、秋发生严重，而夏季发生轻，其主要原因是天气炎热、多雨，寄主植物少，天敌多，该虫死亡率高。

2. 柑橘凤蝶 在四川、湖南、浙江1年发生3代，江西4～5代，福建、台湾5～6代，广东6代。各地均以蛹附着在橘树叶背、枝干上及其他比较隐蔽的场所越冬。在湖南第1代成虫5～6月出现，为春型；第2代成虫7～8月出现，第3代成虫9～10月出现，均为夏型。在广州第1代成虫3～4月出现，第2代4月下旬至5月，第3代5月下旬至6月，第4代6月下旬至7月，第5代8～9月，第6代10～11月。越冬蛹历期95～108d。柑橘凤蝶常与玉带凤蝶混合发生为害。成虫飞翔力强，吸食花蜜，交配后当天或隔日产卵，卵散产于枝梢嫩叶尖端，以9:00～12:00产卵最多，每雌产卵48粒以上。傍晚至清晨多栖息于灌木丛中。幼虫共5龄，初孵幼虫先取食卵壳，然后取食嫩叶，幼虫随着龄期的增大而食料增加，1头5龄幼虫一昼夜可取食大叶4～6片，老叶食后仅残留叶主脉。每年4～10月幼虫发生最多，为害春、夏、秋梢。幼虫受惊后可伸出臭腺角放出芳香气。老熟幼虫吐丝固定其尾部，再做1条丝环绕腹部第2～3节之间，将身体系在树枝或叶背化蛹。其天敌有凤蝶赤眼蜂和黄猎蝽等。

3. 香蕉弄蝶 在福建的福州、沙县、永安等地1年发生4代，以老熟幼虫在叶苞中越冬。越冬代成虫于3月中下旬出现，第1、2、3代成虫出现期分别为6月中下旬、8月上中旬、9月中旬至10月上旬。各代产卵期分别为4月中旬至5月上旬、6月下旬至7月上旬、8月、9月中旬至10月中旬。各代幼虫盛发期为5月至6月中旬，7月，8月中旬至9月上旬，10、11月（越冬）至3月中旬（表13-1）。在广西南宁1年发生5代，第1代幼虫于3～4月发生，末代幼虫发生于10～11月，12月下旬幼虫进入越冬期，但仍有部分幼虫继续取食。

表13-1 香蕉弄蝶各代各虫态发育历期

（福建沙县）

代别	卵期（d）	幼虫期（d）	蛹期（d）	成虫期（d）	全代（d）
1	8.5～9.0	34.5～39.5	10～11	6～11	56～61
2	5.5～6.0	18.0～24.0	10～12	5～8	40～44
3	5.5～6.0	19.0～25.0	11～12	5～11	41～46
4	8.0～9.0	162.0～169.0	31～33	9～15	205～214

成虫多在早、晚活动，一般在5:00～7:00活动为多，部分在16:00～18:00，主要取食香蕉、芭蕉的花蜜，也可吸食南瓜、丝瓜、美人蕉、金露果等的花蜜。成虫羽化后当日或次

日便可交配，交配后 2～3d 产卵，产卵于香蕉、芭蕉、肥蕉和阿加蕉上，卵多散产，但也有 7～12 粒产在一起的，卵多产于叶背面，极少数产在叶柄或假茎上。初孵幼虫先取食卵壳，然后爬至叶缘咬一缺口，随即吐丝卷成筒状的叶苞藏于其中。幼虫共 5 龄，1～2 龄幼虫仅食叶成小缺刻，3 龄后虫体增大并开始转苞为害，以后食量剧增进入暴食期，为害十分严重，被害蕉叶虫苞累累，甚至整株只剩下几根叶中脉。幼虫可分泌白色蜡质物保护自己，老龄幼虫体肥胖，必须吐丝结一丝垫方可行进或固着。老熟幼虫吐丝封闭苞口，并在苞内结丝囊化蛹。常见天敌有赤眼蜂和小蜂类。

四、常见其他蝶类害虫（表 13-2）

表 13-2 4 种常见蝶类害虫发生概况

害虫种类	发生概况
玉带凤蝶	以幼虫为害柑橘苗木和幼树，食害嫩叶，严重时叶片被吃光，主要寄主植物为柑橘，还能为害花椒和黄檗。在湖南 1 年发生 4～5 代，以蛹附着在叶背、枝条及附近其他附着物上越冬，次年 5 月上旬羽化为成虫。各代幼虫发生期：第 1 代 5 月中下旬，第 2 代 6 月中旬至 7 月上旬，第 3 代 7 月下旬至 8 月上旬，第 4 代为 8 月中下旬。发生期间世代重叠。卵散产于枝梢嫩叶尖端，幼虫受惊后即伸出臭腺角，放出芳香味。老熟幼虫在叶背、枝上吐丝将身体固定在树枝上化蛹
山楂粉蝶	以幼虫为害山楂、苹果、梨、桃、杏等果树的花、叶芽和花蕾，尤以发芽至花期为害严重。幼龄幼虫群集吐丝结巢，夜伏昼出，老龄幼虫分散为害，幼虫有假死性。1 年发生 1 代，当春季果树发芽时越冬幼虫开始出蛰并为害，5 月上中旬幼虫老熟化蛹，5 月下旬开始羽化，6 月上旬为产卵盛期，卵期 15～19d，7 月中下旬 2～3 龄的幼虫开始将被害叶吐丝缀连成囊状，以后便群集其中越夏、越冬
桂花蛱蝶	以幼虫为害桂花、女贞等的叶片，初孵幼虫取食叶片尖端成缺刻状，随即在叶片主脉尖端用丝缠绕粪粒连成 1 根小棒，取食后伏在小棒上，随着幼虫的长大，小棒也不断延长。在福州 1 年发生 5 代，以幼虫在寄主叶片上越冬
荔枝小灰蝶	以幼虫蛀害荔枝、龙眼前期和中期的果实，是主要蛀果害虫之一，1 头幼虫能蛀害 2～3 个果实，但果实长大至果肉掩满果核时则不再蛀害。在福州 1 年发生 3 代，第 1 代于 5 月下旬至 6 月上旬为害荔枝果实，第 2、3 代转害龙眼果实，盛发于 6～7 月，以幼虫在树干洞穴或裂缝内越冬

五、预测预报方法

用期距法对菜粉蝶的发生期进行预测：一般选择当地有代表性的十字花科蔬菜地，按早、中、晚播种或定植的类型田各选 1 块，每块面积 500m^2 以上，各类型田按 Z 形取样法，选取 10 个样点，每样点调查 3～5 株，从初见卵起开始调查，每 5d 调查 1 次，逐株记载卵、1～2 龄幼虫、3～4 龄幼虫、5 龄幼虫、蛹的数量，尤其要注意每次调查的新增卵量。一般在卵高峰期后 7d 左右或甘蓝包心前为药剂防治的最佳时机。根据当地具体情况，可参考表 13-3 中的防治指标决定是否进行防治。

表 13-3 菜粉蝶的防治指标

甘蓝生育期	卵量（粒/百株）	3 龄以上幼虫量（头/百株）
发育期（2 叶）	10	5～10
幼苗期（6～8 叶）	30～50	15～20
莲座期（10～24 叶）	100～150	50～100
成熟期（24 叶以上）	200 以上	200 以上

六、综合治理方法

1. 清洁田园 十字花科蔬菜收获后应及时彻底清除田间残株败叶及杂草，以消灭其残存的卵、幼虫和蛹，减少菜粉蝶的虫源。

2. 人工捕杀 人工捕捉幼虫、蛹，用捕虫网捕杀成虫。

3. 生物防治 采集蝶类的越冬蛹、幼虫置于细口瓶（如普通酒瓶）中，第二年春季这些虫体内的天敌可羽化飞出到田间继续寄生，而蝶类羽化后则无法飞出。也可用3.2%Bt可湿性粉剂（或乳剂）1.5～2kg/hm^2，适量加入杀虫剂或0.2%洗衣粉，会提高其防治效果。喷药水量750～1 500kg，应根据不同作物及其生育期而决定。

4. 药剂防治 药剂防治应掌握在幼虫3龄前喷药防治，可以选用下列药剂：20%抑食肼可湿性粉剂1 000～1 200ml/hm^2、5%抑太保乳油475～750ml/hm^2、5%锐劲特悬浮剂300ml/hm^2、2.5%溴氰菊酯乳油400～600ml/hm^2、2.5%菜喜悬浮剂500～750ml/hm^2、10%氯氰菊酯乳油400～600ml/hm^2、50%辛硫磷乳油800～1 200ml/hm^2，加水800～1 000kg喷雾。

第二节 菜蛾与螟蛾类

一、种类、分布与为害

在园艺植物上取食叶片的菜蛾和螟蛾类主要有小菜蛾（*Plutella xylostella* Linnaeus）、菜螟［*Oebia undalis*（Fabricius）］、瓜绢螟［*Diaphania indica*（Saunders）］、草地螟（*Loxostege sticticalis* Linnaeus）、甜菜白带螟（*Hymenia recurualis* Fabricius），本节重点介绍小菜蛾、菜螟、草地螟。

1. 小菜蛾 俗称方块蛾、两头尖等，属鳞翅目菜蛾科。各洲均有发生，在东南亚一些国家发生为害尤为严重。我国分布极普遍，尤以南方一些省区发生为害严重，常造成毁灭性灾害。主要为害十字花科蔬菜，尤以甘蓝、花椰菜、球茎甘蓝、白菜、萝卜、芥菜、油菜受害最烈，也可为害紫罗兰、桂竹香等观赏植物。以幼虫为害叶片，初龄幼虫仅取食叶肉，留下表皮；3～4龄幼虫食叶成孔洞和缺刻，严重时菜叶被害后成网状。幼苗期常集中在心叶为害，在留种株上可为害嫩茎、幼荚和子粒，影响结实。

2. 菜螟 俗称萝卜螟，属鳞翅目螟蛾科。我国外普遍发生，我国分布于河北、河南、山东、陕西、江苏、浙江、安徽、福建、湖南、湖北、四川、广东、广西、云南、台湾等地。主要为害萝卜、白菜、甘蓝、花椰菜、芜菁等，尤以秋播萝卜受害最重。以幼虫为害，受害幼苗因生长点被取食而停止生长，造成缺苗，甚至毁种。除直接为害外，尚可传播软腐病。

3. 草地螟 又名黄绿条螟，属鳞翅目螟蛾科。我国主要分布于华北、东北、西北各省（自治区、直辖市）。其食性很杂，主要寄主有草地、甜菜、油菜、苜蓿、向日葵、豆类、马铃薯、麻类、梨、苹果等。近年来，尤以草地和新垦地区的寄主植物发生为害严重。初孵幼虫取食幼嫩叶片，仅残留表皮，3龄后食量大增，将叶片吃成缺刻、孔洞，仅残留叶脉，为害草坪时常出现褐色的斑块。

二、形态特征

1. 小菜蛾（图 13-4）

（1）成虫 体长 6～7mm，翅展 12～16mm，黑褐色。触角丝状，静止时伸向身体的前方。前翅披针形，缘毛长，前缘灰褐色，后缘为 3 度曲折的黄白色波状带，两翅合拢时形成 3 个连串的方块斑。后翅狭长，银灰色，具有长缘毛。

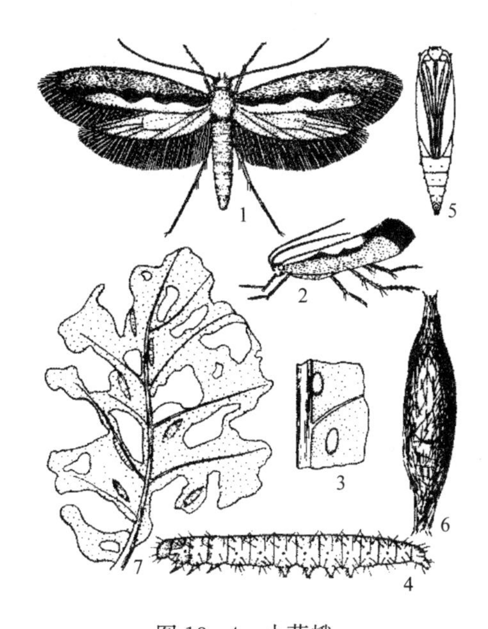

图 13-4 小菜蛾

1. 成虫展翅状 2. 成虫静止状 3. 产在叶上的卵 4. 幼虫 5. 蛹 6. 茧 7. 被害叶

（仿刘绍友）

（2）卵 椭圆形，0.3mm×0.5mm，初产时乳白色，后变为淡黄绿色，具光泽。

（3）幼虫 成长时体长 10～12mm，纺锤形，淡绿色，前胸背板上有淡褐色的刻点，排列成 2 个 U 形纹。臀足往后伸，超出腹末。腹足趾钩单序缺环形。

（4）蛹 长 5～8mm，初化蛹时淡绿色，渐变淡黄绿色，最后变灰褐色。茧灰白色，茧的两端开放，肛门附近有钩刺 3 对，腹末有小钩 4 对。

2. 菜螟（图 13-5）

（1）成虫 体长约 7mm，翅展 16～20mm，灰褐色。前翅外缘线、外横线、内横线呈波状灰白色；在内、外横线间有灰黑色肾状纹 1 个，周围环以灰白色。后翅灰白色，近外缘稍带褐色。

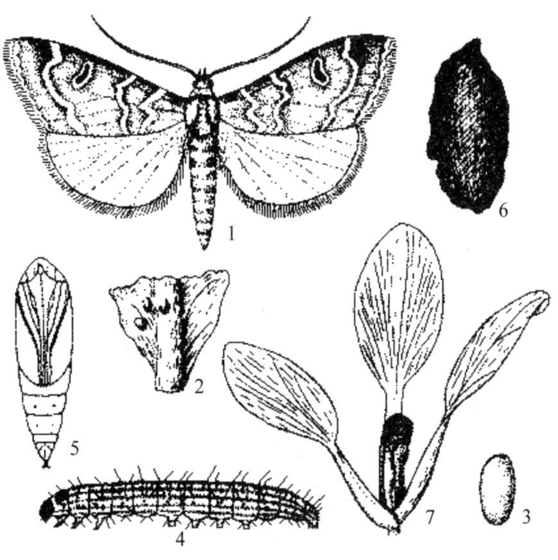

图 13-5 菜 螟

1. 成虫 2. 在叶上的卵 3. 放大卵 4. 幼虫 5. 蛹 6. 茧 7. 被害苗

（仿刘绍友）

（2）卵 椭圆形扁平，长约 0.3mm，表面有不规则网状纹，初产时淡黄色，后渐渐出现红色斑点，近孵化时出现很多橙黄色斑点。

（3）幼虫 成长时体长 12～14mm，头部黑色，胸腹部浅绿色，前胸背板淡黄褐色。腹部背面有 5 条明显的纵线，即背线、亚背线、气门上线。中、后胸各有 6 对毛瘤，横排成 1 行，腹部各节各有毛瘤 2 排，前排 8 个，后排 2 个。

（4）蛹 长约 7mm，黄褐色，腹部背面隐约可见 5 条褐色纵纹，腹末着生 2 对刺。蛹体外有丝茧，茧长椭圆形，外附泥土。

3. 草地螟（图 13-6）

（1）成虫 体长 8.7～12.4mm，翅

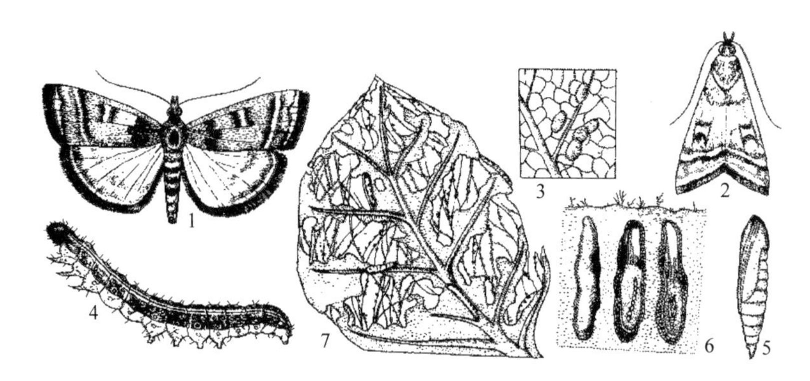

图 13-6 草地螟
1. 成虫展翅状 2. 成虫静止状 3. 产在叶上的卵 4. 幼虫
5. 蛹 6. 在土中做茧化蛹 7. 被害叶
(仿刘绍友)

展 20.1～27.0mm，灰褐色。前翅灰褐色至暗褐色，翅中央稍近前缘有 1 近似长方形的淡黄色或淡褐色斑，翅外缘为黄白色，并有 1 串淡黄色的小斑点连成条纹。后翅沿外缘有 2 条平行的黑色波状纹。

(2) 卵 椭圆形，长 0.7～1.0mm，宽 0.4～0.7mm，乳白色，有光泽，底部平，顶部稍隆起，在植物表面单产或 3～5 粒排列成覆瓦状。

(3) 幼虫 成长时体长 14～25mm。头部黑色，有明显的白斑；胴部黑色或灰黑至黄绿色；前胸盾片黑色，有 3 条黄色纵纹，背部有 2 条黄色的断线，体上疏生较显著的毛瘤，毛瘤上刚毛基部黑色，外围有 2 个同心的黄白色环。幼虫共 5 龄，各龄体色有变化。

(4) 蛹 长 8～10mm，黄至黄褐色。外包口袋形的茧，在土表下直立，上端开口处用丝质物封盖。

三、发生规律

1. 小菜蛾 在东北地区 1 年发生 3～4 代，新疆 4～5 代，华北、山东、宁夏 5～7 代，长江流域 9～14 代，华南地区 17～22 代。近年来，此虫在长江以南地区发生日趋严重，尤以华南地区的蔬菜产区受害最烈，终年可见各种虫态，发生期间世代重叠现象严重，1 年中以 3～6 月和 8～11 月发生数量多，为害最严重。无滞育现象。在华北、东北地区每年以4～6 月为害最盛，在新疆以 7～8 月发生数量最多，在我国西、北部地区以蛹越冬。不同温度对小菜蛾生长发育的影响见表 13-4。

成虫昼伏夜出，白天多隐藏在植株隐蔽处，受惊时在株间做短距离低飞，黄昏时开始活动，有趋光性，19:00～23:00 为扑灯的高峰。成虫飞翔能力弱，但能随气流做远距离的迁飞，国外报道其成虫在 4～5d 之内可迁飞 3 000km。成虫羽化后当天便可交配，交配后1～2d 开始产卵。卵多产于寄主叶片背面近叶脉的凹陷处，多散产，也有多粒聚集在一起。单雌产卵量一般 200 多粒，最多者可达 500 多粒。成虫喜选择含有异硫氰酸酯类化合物的植物上产卵。产卵期 10d 左右，产卵高峰期在前 3d。成虫历期一般为 11～28d。卵历期 3～11d，昼夜均可孵化。初孵幼虫在 0.5d 内可潜入植株上、下表皮之间，潜食叶肉。1 龄末期幼虫多从潜道内退出；2 龄幼虫为害下表皮和叶肉，残留上表皮，形成许多透明的斑点；

3～4 龄幼虫食叶成孔洞、缺刻，严重时整个叶片被食尽，仅残存叶脉。在十字花科蔬菜的幼苗期幼虫多群集在心叶内为害。幼虫有背光性，故多在叶反面为害。幼虫受惊后即吐丝下垂，在平面上受惊后则迅速扭曲倒退。幼虫老熟后吐丝结茧多在叶反面化蛹，也有的在叶柄上化蛹。

表 13-4 不同温度对小菜蛾生长发育的影响

（扬州，1984）

温度（℃）	世代历期（d）	卵孵化率（%）	幼虫化蛹率（%）	蛹羽化率（%）	成虫寿命（d）	产卵量（粒/雌）
16	51	58.06	48.61	42.85	13	124
20	34	68.23	58.90	40.91	11	170
25	28.5	88.94	94.26	94.42	11	235
29	20	81.25	49.23	37.50	6	80
32	15.5	57.50	17.39	25.00	4	40

小菜蛾对环境的适应性很强，但多雨季节，尤其是大暴雨可冲刷其卵和小幼虫，长期阴雨对其生长发育及繁殖均不利，因此多雨的年份一般发生量少。十字花科蔬菜周年连作、相互间作、套种及收获后不注意彻底清洁田园均有利于小菜蛾的发生。小菜蛾的主要天敌有小菜蛾绒茧蜂（*Apanteles plutellae*）和小菜蛾啮小蜂（*Tetrastichus sokolowskii*），此外还有捕食性的蜘蛛、瓢虫、草蛉、步甲、蛙类等。在某些地区常自然流行颗粒体病毒，对小菜蛾幼虫的感染量极大。

2. 菜螟 在北京、山东 1 年 3～4 代，河南 6 代，上海、四川 6～7 代，湖北 7 代，广西 9 代。无论发生几代的地区，为害严重时期都在 8～10 月。主要以老熟幼虫吐丝结囊在土内越冬，少数以蛹越冬。越冬幼虫于第 2 年春在 6～10cm 深的土中做茧化蛹，也有的在土表面化蛹。成虫昼伏夜出，飞翔力弱，成虫历期 5～11d。每雌产卵平均约 200 粒，卵多产于嫩叶上，卵历期 2～5d。初孵幼虫先潜入表皮下，啃食叶肉；2 龄后穿出叶面；3 龄后多蛀入菜心为害，吐丝将心叶缠结食害心叶的基部，被害心叶枯死；4～5 龄幼虫向上蛀入叶柄，向下蛀食茎髓或根部，引起全株枯死或腐烂。幼虫可转株为害，1 头幼虫可为害 4～5 株。除直接为害外，尚可传播软腐病。在我国南方地区尤以秋播萝卜受害最烈，地势较高、土壤干燥、灌溉条件不好的田块发生为害更为严重。

3. 草地螟 在我国北方地区 1 年发生 2～4 代，青海、河北、山西、吉林、内蒙古大多发生 2 代，陕西武功县 3～4 代。以老熟幼虫在土内吐丝做茧越冬。越冬幼虫于次年温度稳定在 14～15℃时才开始化蛹和羽化，18℃以上时成虫开始产卵。在青海东部越冬幼虫于 5～6 月化蛹羽化，第 1 代成虫多发生于 5 月中旬至 6 月上旬，幼虫发生于 6 月中旬至 7 月上旬；第 2 代成虫发生于 7 月中旬以后，幼虫发生于 8 月上旬至 9 月上旬。成虫昼伏夜出，受惊后做短暂低飞。夜间交配产卵，产卵的选择性很强，喜产于灰菜、刺蓟等植物近地面处的茎叶上，或其他寄主植物光滑的叶面上，尤以离地面 2～8cm 的茎叶处较多。成虫趋光性强，具群集性，可在黄昏后大量远距离迁飞。成虫产卵量 67～324 粒，成虫历期约 20d。卵期 4～6d。幼虫活泼，稍受触动便向前或向后跃动，大量发生时能大批成群迁移为害。幼虫共 5 龄，3 龄后食量大增，末龄幼虫停止取食后筑土室吐丝做茧化蛹。幼虫发育适温为 25～30℃。幼虫历期 28～35d，蛹历期 13～14d。

四、常见其他螟蛾发生概况（表 13-5）

表 13-5 两种常见螟蛾发生概况

害虫种类	发 生 概 况
甜菜白带螟	以幼虫吐丝卷叶取食叶肉，仅残留叶脉，可转叶为害，主要为害甜菜、苋菜，尚可为害茶、甘蔗。1年发生2代，成虫6月下旬至10月下旬均可发生，产卵于叶脉附近，每雌产卵80～100粒，成虫昼伏夜出，老熟幼虫入土吐丝结茧化蛹
瓜绢螟	瓜绢螟主要为害瓜类作物，在江西1年发生5代，广东5～6代，以老熟幼虫或蛹在寄主枯卷叶中越冬。成虫昼伏夜出，交配后便可产卵，卵产于叶背面，散产或数粒产在一起。初孵幼虫先取食叶肉，3龄后吐丝缀合叶片，藏于其中取食，尚可蛀食幼果、瓜藤及花。幼虫受惊后吐丝下垂，转至他处为害。老熟幼虫在被害叶内做白色薄茧化蛹，也可在根际表土化蛹

五、综合治理方法

1. 清洁田园 小菜蛾对食料条件要求较低，在残株败叶上也可生长发育，因此对小菜蛾的防治必须十分重视田园清洁卫生，蔬菜收割完毕后，应及时清除田间及其周围的残株败叶、杂草，集中处理，并翻耕土地，消灭虫源，有条件的地方应实行轮作制，以恶化其食料条件。菜螟长年发生为害严重的地区应实行冬耕灭虫，并适当调整播种期，使菜螟的盛发期与菜苗的3～5片真叶期错开，并勤灌水，增加田间湿度，不利于菜螟的生长发育。

2. 诱杀成虫 用人工合成的小菜蛾性诱剂，固定于水盆中央上方距水面1cm处，水内加入适量洗衣粉或少许机油制成性诱器，性诱器高于作物15cm左右，每月更换1次性诱剂，每公顷用90～100个性诱器，大面积连片使用，可诱杀大量雄蛾。对草地螟可用拉网法捕捉成虫，一般网口宽3m、高1m、深4～5m，网的左右两边穿上竹竿，将网贴地迎风拉网，成虫可入网内，一般在成虫羽化后5～7d拉第1次网，以后每5d拉1次网，可消灭大量成虫。

3. 生物防治 在温度20℃以上时可使用3.2% Bt可湿性粉剂（或Bt乳剂）或青虫菌6号1.5～2kg/hm^2，加水700～800kg喷雾，对小菜蛾的防治效果较好，必要时可与化学农药同时混合使用。同时应加强田间调查，注意保护自然天敌，充分发挥田间自然天敌的作用。

4. 药剂防治 喷药防治适期应掌握在幼虫孵化盛期至2龄前。由于小菜蛾和菜螟均有集中在心叶为害的习性，喷药时尤其要注意心叶部。可选用25%灭幼脲3号悬浮剂、5%抑太保乳油、5%卡死克乳油、5%农梦特乳油400～600ml/hm^2，5%锐劲特乳油600～900ml/hm^2，50%宝路可湿性粉剂600～800g/hm^2，2.5%菜喜悬浮剂500～750ml/hm^2，25%喹硫磷乳油800～1 000ml/hm^2，加水750～1 000kg喷雾。目前，小菜蛾已对多种类型的农药产生了抗性，故在防治时应特别注意轮换、交替、混合用药，切忌某种农药长年连续使用。同时提倡化学农药与细菌、真菌、病毒杀虫剂混合使用，以提高其杀虫效果。对草地螟的防治可用0.18%阿维·苏云金杆菌可湿性粉剂、90%晶体敌百虫1 200g/hm^2，50%辛硫磷乳油1 200～1 500ml/hm^2，加水1 000～1 200kg喷雾，效果较好。

第三节　夜 蛾 类

一、种类、分布与为害

为害园艺作物的夜蛾类主要有甜菜夜蛾（*Spodoptera exigugua* Hübner）、斜纹夜蛾［*Prodenia litura*（Fabricius）］、甘蓝夜蛾（*Barathra brassicae* Linnaeus）、银纹夜蛾（*Plusia agnata* Standinger）、棉小造桥虫［*Anomis flava*（Fabricius）］、玫瑰巾夜蛾（*Parallelia arctotaenia* Guenee）、石榴巾夜蛾［*Ophiusa stuposa*（Fabricius）］、梨纹丽夜蛾（*Acronycta rumicis* Linnaeus）、紫剑纹夜蛾（*Acronicta rumicis* Linnaeus）、果剑纹夜蛾（*Acronicta strigosa* Schiffermuller）、苹梢鹰夜蛾（*Hypocala subsatura* Guenee）等，其中尤以甜菜夜蛾、斜纹夜蛾、甘蓝夜蛾发生普遍，为害严重，本节将其作重点介绍。

1. 甜菜夜蛾　为世界性害虫，我国主要分布于东北、华北、西北和长江流域各省（自治区、直辖市），近年来在我国很多地方频繁暴发，形成毁灭性灾害。其食性很广，可取食为害 35 科 108 属 138 种植物，在蔬菜产区尤以十字花科蔬菜受害最烈，尚可为害茄科、豆科、伞形科、百合科、葫芦科等多种园艺作物。初龄幼虫啃食叶肉，残留表皮，3 龄后分散为害，将叶片食成缺刻、孔洞，仅残存叶脉。

2. 斜纹夜蛾　又名莲纹夜蛾。其分布十分广泛，全国各地均有发生，尤以长江流域和黄河流域发生为害严重，常间歇性发生。其食性极杂，初步统计有寄主植物 197 种，可为害很多园艺植物，几乎所有的蔬菜都可为害，以十字花科蔬菜尤其是菜豆类受害最烈，水生蔬菜以莲藕、茭白、水芋受害较重。初龄幼虫群集在叶背面啃食，被害叶呈纱窗状。成长幼虫食量大增，常将全叶食光，尚可蛀害果实，进入暴食期，一夜之间可以形成毁灭性灾害。

3. 甘蓝夜蛾　又名甘蓝夜盗蛾。在全国分布极普遍，有的年份发生较重，有的年份发生较轻，一般在我国北方地区较南方地区发生严重。其寄主植物达 30 科 120 多种植物，主要为害十字花科、瓜类、豆类及茄科蔬菜，尚可为害大丽花、紫荆、鸢尾等。严重时可以造成毁灭性灾害，然后又成群转移为害。

二、形态特征

1. 甜菜夜蛾（图 13-7）

（1）成虫　体长 8～10mm，翅展 19～25mm，灰褐色。前翅外缘线由 1 列黑色三角形小斑组成，翅面有黑、白两色双线 2 条，并有黄褐色肾状纹和环状纹。后翅银白色。

（2）卵　半球形，白色，直径 0.2～0.3mm。卵粒重叠成块，卵块表面覆盖有白色鳞毛。

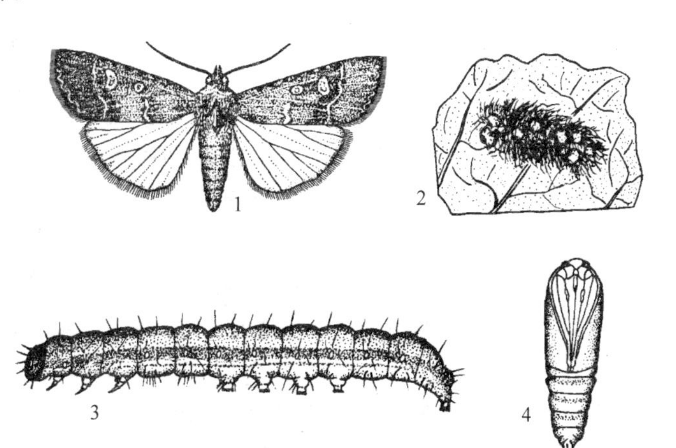

图 13-7　甜菜夜蛾
1. 成虫　2. 卵块　3. 幼虫　4. 蛹
（仿沈阳农学院）

（3）幼虫　老熟幼虫体长约

22mm，体色变化较大，有绿色、暗绿色、黄褐色、黑褐色等。体侧有1条黄白色纵带，末端直达腹末，各体节气门后上方有1明显的白点，以绿色型幼虫最明显。

(4) 蛹　长约10mm，黄褐色。腹部第3～7节背面、第5～7节腹面有粗刻点，2根臀棘呈叉状，并有短刚毛2根。

2. 甘蓝夜蛾（图13-8）

(1) 成虫　体长18～20mm，翅展45～50mm，灰褐色。前翅亚外缘线白色，外横线、内横线和亚基线为黑色波纹状，中央有肾状纹和环状纹各1个，沿外缘有黑点7个，前缘近端部有3个白点。后翅灰白色。

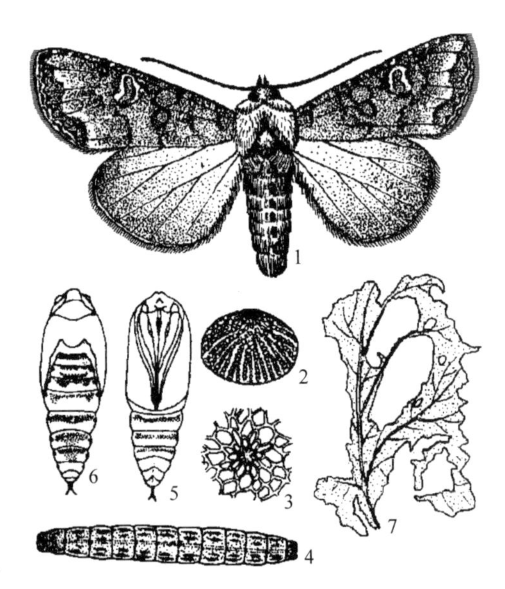

图13-8　甘蓝夜蛾
1. 成虫　2. 卵　3. 卵孔花纹　4. 幼虫
5. 蛹（腹面观）　6. 蛹（背面观）　7. 被害状
（仿浙江农业大学）

(2) 卵　半球形，底径0.6～0.7mm，黄白色，卵粒表面有3序放射状纵棱，卵成块但卵粒不重叠。

(3) 幼虫　幼虫体色随龄期不同而异。初孵化时，体色稍黑，全体有粗毛，全体绿色。1～2龄幼虫仅有3对腹足，3龄后具腹足5对。3龄幼虫体呈绿黑色，具明显的黑色气门线。4龄体色灰黑色，各体节线纹明显。老熟幼虫体长约40mm，一般头部和前胸背板黄褐色，其余各节背面黄绿色至黑褐色，腹面黄褐色；背线及亚背线为白色点状细线，沿亚背线内侧有黑色条纹，似倒“八”字形；臀板黄褐色椭圆形；腹足趾钩单行单序中带。

(4) 蛹　长约20mm，腹部第4、5节后缘和第6、7节前缘有深褐色横带。第5～7节前缘有小刻点，有臀棘2根，末端球状。

3. 斜纹夜蛾（图13-9）

(1) 成虫　体长14～20mm，翅展35～40mm，暗褐色。胸部背面有白色丛毛。前翅灰褐色，表面多斑纹，雌虫从前缘中部到后缘有3条白色斜纹，雄虫则为白色斜宽带状。后翅灰白色。

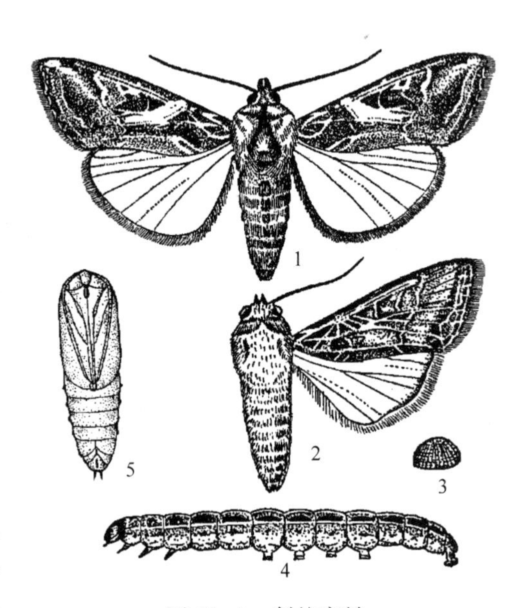

图13-9　斜纹夜蛾
1. 雄成虫　2. 雌成虫　3. 卵　4. 幼虫　5. 蛹
（仿华南农学院）

(2) 卵　直径0.4～0.5mm，扁平球形，表面有网状纹。卵块不规则重叠成2～3层，卵块上覆盖灰黄色绒毛。

(3) 幼虫　老熟幼虫体长35～47mm，头部褐色，胸腹部颜色多变，有黑色、黄色、暗绿色等，老熟幼虫背线及亚背线黄色。从中胸至第9腹节在亚背线上缘各有1对三角形黑斑，尤以第1、7、8腹节的最大。

（4）蛹　长15～20mm，腹部第4节背面前缘及第5～7节背、腹面前缘密布圆形刻点，尾部末端有1对短刺。

三、发生规律

1. 甜菜夜蛾　在我国华北地区1年发生4～5代，在长江流域地区1年发生5～6代。在北方地区以蛹在土表下越冬，在南方可以幼虫或蛹在土表下越冬，在亚热带和热带地区无越冬现象。此虫属间隙性发生害虫，有的年份大发生，有的年份发生数量少。在湖南、江苏1年中以7～9月发生为害严重；在深圳地区2～11月均可大发生，尤以5～8月受害最烈，为害严重年份常造成毁灭性灾害。

甜菜夜蛾属喜高温干旱的害虫。据报道，在40℃恒温下卵能正常孵化；在46.1℃下经30s，其孵化率稍有降低；幼虫和成虫在43.3℃下经4h，对其发育和寿命均无影响。但幼虫和成虫的抗寒力较弱，幼虫在2℃下经数日便大量死亡，成虫在0℃下经数小时便可死亡。越冬蛹发育起点温度为10℃，大量羽化为成虫的有效积温为220日度。不同温度下甜菜夜蛾各虫态的发育历期见表13-6。成虫白天不活动，多隐蔽在作物枝叶下、杂草丛中及土块缝隙中，日落后开始活动，交配产卵多在半夜和黎明。成虫飞翔力很强，飞翔时有一定的群集性。成虫有趋光性和趋化性，喜在开花植物上群集取食。成虫羽化后3～5d为产卵盛期，卵多产在叶背面，每雌产卵100～600粒，最多的达1 868粒。初孵幼虫先在卵块附近叶背面群集取食，2龄后开始分散，3龄后进入暴食期，其取食量占整个幼虫期取食量的90%以上。大龄幼虫白天多潜入土中或栖息于地面，取食多在夜间进行，但阴雨天气白天也可取食为害。幼虫共5龄，少数6龄。老熟后入土吐丝筑室化蛹，一般入土化蛹深度为0.2～2cm，最深的可达8.8cm，土壤板结时可在表土下化蛹。

表13-6　不同温度下甜菜夜蛾各虫态的发育历期（d）

温度（℃）	卵期	幼虫期	蛹期
20	4.26	18.91	12.28
22	4.07	16.67	10.96
24	3.46	13.78	9.23
26	3.12	12.71	8.57
28	2.96	11.82	8.26
30	2.45	10.61	7.43
32	2.30	10.83	7.41

2. 甘蓝夜蛾　在我国东北地区和新疆1年发生2～3代，北京、内蒙古、宁夏2代，四川3～4代。各地均以蛹在土中越冬，入土深度以7～10cm处最多。越冬蛹有明显的滞育现象，一般于第2年春季气温达15～16℃时出土羽化。

成虫昼伏夜出，对黑光灯及糖醋液有较强趋性。成虫羽化后于次日交配，经2～3d开始产卵，卵成块状，卵粒不重叠，每块有卵50～140粒，每雌产卵5～6块。产卵量与补充营养和气温关系密切，产卵的最适温度为23.5～26.5℃，在适温下卵历期4～5d。初孵幼虫群集在叶背面取食，3龄后分散为害，4龄后多潜于心叶、叶背或寄主根部附近表土中，夜间外出为害，4～6龄为暴食期，常造成毁灭性的灾害，一旦食料缺乏可成群迁移为害。幼虫历期一般20～30d，幼虫老熟后入土化蛹，蛹历期一般10d，越冬、越夏蛹历期可达数月。当平均温度在18～25℃，相对湿度在70%～80%时对其生长发育最为有利；温度低于15℃或超过30℃，相对湿度低于65%或高于85%时对其生长发育不利。

3. 斜纹夜蛾 在华北地区1年发生4～5代，长江流域5～6代，福建6～9代，云南8～9代。在广东、云南等地终年都可繁殖，冬季可见到各虫态，无越冬休眠现象。各地发生代数虽然不同，但每年都以7～10月为害最重，长江流域一般在7～8月大发生，黄河流域8～9月为害最重，大发生年份常造成毁灭性灾害。

成虫昼伏夜出，有趋光性、趋化性和补充营养的习性，其补充营养对繁殖力影响明显。成虫一生可交配多次，羽化后3～5d为产卵盛期，卵多产在植株生长茂密、高大、浓绿的边际作物上，尤以植株中部叶背面处着卵最多。每雌可产卵8～17块，1 000～2 000粒。卵历期在日平均22.4℃下为5～12d，25.5℃下为3～4d，28.3℃下为2～3d。初孵幼虫群集在卵块附近取食，2龄后分散为害，4龄后进入暴食期，5～6龄占幼虫期总食量的80%左右，老龄幼虫多在傍晚后出来为害，白天多躲在阴暗处或土缝里。幼虫共6龄，幼虫历期在21.2℃下为24～41d，25℃下为14～20d，26.8℃下为16～18d，29.5℃下为13～17d，30℃下为11～13d。幼虫老熟后入土1～3cm处做土室化蛹，土壤板结时多在枯叶或表土下化蛹，在水生蔬菜上为害的幼虫老熟后能游到岸边土中化蛹。在28～30℃时蛹期8～11d。斜纹夜蛾是一种迁飞性害虫，常间歇性发生为害严重。其性喜高温，生长发育适温为29～30℃。发生为害严重的地区一般是温暖潮湿的地带，全国发生为害严重的时间都在7～10月，这正是我国一年中气温较高的季节。但其抗寒力弱，在0℃左右低温条件下，通常大量死亡。其天敌种类较多，主要有绒茧蜂、广大腿小蜂、步行虫、瓢虫、鸟类及病毒等。

四、常见其他夜蛾类害虫（表13-7）

表13-7 常见其他夜蛾类害虫发生概况

害虫种类	发 生 概 况
银纹夜蛾	主要为害十字花科蔬菜，也可为害豆类、菊花、一串红、美人蕉等植物。各地均以蛹越冬，一般7～9月为幼虫为害期。有的年份发生量少，有的年份暴发。成虫趋光性强，昼伏夜出，卵多散产于叶背面，初孵幼虫多在叶背面取食叶肉，老熟幼虫多在叶背吐丝结茧化蛹
棉小造桥虫	在黄河流域1年发生4代，长江流域1年发生5～6代，以蛹在木槿、冬葵等处越冬。一般4月下旬开始羽化。成虫有趋光性，羽化、交配、产卵多在夜间进行，卵多产于叶片背面。幼虫多在上午孵化。幼虫共6龄，1～3龄幼虫食量很小，仅取食叶肉，残留表皮，4龄后开始进入暴食阶段，幼虫老熟后常折叶或粘连叶苞化蛹
玫瑰巾夜蛾	以幼虫为害叶片，也可取食花及花蕾，主要寄主有月季、玫瑰，一年中5月中旬至10月都可进行为害。成虫昼伏夜出，交配、产卵多在夜间。初孵幼虫食量较小，以后食量渐增，幼虫老熟后在土中化蛹越冬
石榴巾夜蛾	以幼虫为害石榴的枝梢及嫩梢皮，幼虫外形似尺蠖。在陕西1年发生2～3代，以蛹越冬。成虫昼伏夜出，具趋光性，卵多产于新梢叶腋间
梨纹丽夜蛾	以幼虫为害梨、苹果、桃、李、杏、山楂、樱桃等，尤以梨产区分布普遍。在江苏1年发生4代左右，我国北方地区1年发生2代，均以幼虫在枯枝落叶下或土中结茧化蛹越冬。成虫具趋光性和趋化性。卵产于叶背面，卵成块状

五、预测预报方法

各地根据甜菜夜蛾、斜纹夜蛾历年来的发生为害情况，主要为害的蔬菜地，每块地调查30～100株，每隔5d调查1次，记录卵、各龄幼虫数量。同时可用黑光灯诱测成虫的消长动态，结合天气预报及各虫态发育历期、卵的孵化高峰期，以确定防治适期。

六、综合治理方法

1. 清洁田园　及时清除残株败叶、铲除杂草、深耕土壤，可以消灭虫源，降低虫口基数。大发生年份前茬作物收获后，大量的幼虫都散落在土块下，因此不能翻耕后马上移栽蔬菜，应设法断绝食料来源，翻耕晒土，或用其他方法消灭土中残存的幼虫，这一点尤为重要。

2. 人工捕杀　卵块易于识别，及时摘除卵块和初孵幼虫的被害叶，效果很好。

3. 诱杀成虫　利用成虫的趋光性和趋化性诱杀成虫。

4. 生物防治　在夜蛾卵始盛期至盛期，分别释放松毛虫赤眼蜂、螟黄赤眼蜂或拟澳洲赤眼蜂，每次30万～45万头/hm^2。也可在卵盛期至2龄幼虫期用3.2%Bt可湿性粉剂1 500～2 500g/hm^2，加水1 200～2 000kg喷洒。用化学药剂时，必须科学用药，保护利用天敌。

5. 药剂防治　加强田间调查，掌握在1～3龄幼虫盛发期喷药，尤其要注意植株的叶背面及下部叶片。可以选用5%抑太保乳油450～900ml/hm^2、5%锐劲特胶悬剂300～450ml/hm^2、50%宝路可湿性粉剂225～375g/hm^2、24%米螨胶悬剂400～600ml/hm^2、10%除尽胶悬剂375ml/hm^2、2.5%菜喜悬浮剂750～1 500ml/hm^2、10%高效氯氰菊酯450～600ml/hm^2、50%辛硫磷乳油或80%敌敌畏乳油1 200～1 500ml/hm^2，加水800～1 000kg喷雾。

第四节　刺蛾与蓑蛾类

一、刺 蛾 类

（一）种类、分布与为害

刺蛾类（cochlids）幼虫俗称洋辣子、八角虫等。幼虫蛞蝓形，体上生有枝刺和毒毛，触到人体皮肤引起红肿和剧痛。幼虫老熟化蛹时结一石灰质鸟卵形的茧。属于鳞翅目刺蛾科。刺蛾类害虫食性均很杂，可为害多种果树和林木。以幼虫取食树叶呈缺刻或孔洞，严重时将叶片吃光，仅剩枝条，一般多发生在管理粗放的果园。常见的种类有黄刺蛾（*Cnidocampa flavescens* Walker）、扁刺蛾［*Thosea sinensis*（Walker）］、褐边绿刺蛾［*Latoia consocia*（Walker）］、中国绿刺蛾［*Latoia sinica*（Moore）］、双齿绿刺蛾［*Latoia hilarata*（Staudinger）］等。本节重点介绍黄刺蛾和褐边绿刺蛾。

1. 黄刺蛾　分布很广，我国大部分省（自治区、直辖市）均有分布，一般管理粗放的果园及树种较多的果园发生较重。食性很杂，可为害苹果、梨、杏、桃、李、樱桃、梅、枣、柿、核桃、栗、山楂、柑橘、枇杷、石榴、梧桐、桑、柳、榆、柞、茶、枫、楝等多种果树、林木和观赏植物。幼龄幼虫只食叶肉，残留叶脉，将叶片吃成网状；幼虫长大后，将叶片吃成缺刻，仅留叶柄及主脉。

2. 褐边绿刺蛾 分布很广，几乎各地都有发生，但不及黄刺蛾发生数量多。寄主和为害情况与黄刺蛾相似。

（二）形态特征（表 13-8）

表 13-8 两种刺蛾的主要识别特征

虫态	黄刺蛾（图 13-10）	褐边绿刺蛾（图 13-11）
成虫	体长 13～16mm。体黄至黄褐色。前翅内半部为黄色，外半部为褐色，有两条棕褐色斜线，在翅尖上汇合于一点呈倒 V 形，内面的 1 条伸到中室下角，为黄色与褐色的分界线；在前翅的黄色区有 2 个深褐色斑点。后翅淡黄褐色，边缘色较深	体长约 16mm。触角褐色，头顶、胸背绿色，胸背中央有 1 棕色纵线，腹部灰黄色。前翅绿色，基部有暗褐色大斑，外缘为灰黄色宽带，带上散有暗褐色小点和细横线，其内侧有暗褐色波状细线。后翅灰黄色。前、后翅缘毛浅棕色
幼虫	身体肥大呈长方形，黄绿色，背面有 1 紫褐色哑铃形大斑，边缘发蓝。有枝刺，以胸部 6 个及腹部末端 2 个较大	体蛞蝓形，黄绿至绿色，无枝刺，有刺毛丛。第 1 腹节背面的 1 对丛刺中各有 3～6 根红色刺毛；背线绿色。两侧有深蓝色点线
卵	椭圆形扁平，初产时黄白色，后变黑褐色。常数十粒排在一起，卵块不规则	扁椭圆形，黄白色。卵产于叶背，数十粒集聚成块
茧	茧石灰质坚硬，上有灰白色和褐色纵纹，似鸟卵，多在寄主树枝上结茧	椭圆形，暗褐色，状似羊粪，多在寄主树干周围浅土层中结茧

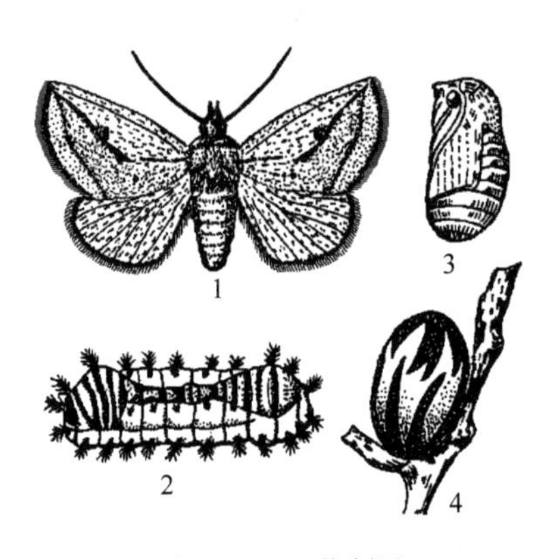

图 13-10 黄刺蛾

1. 成虫 2. 幼虫 3. 蛹 4. 茧

（仿黄可训）

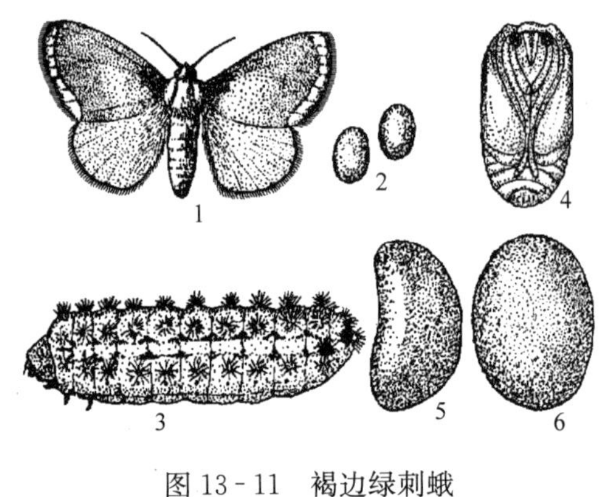

图 13-11 褐边绿刺蛾

1. 成虫 2. 卵 3. 幼虫

4. 蛹 5. 茧侧面观 6. 茧背面观

（仿赵庆贺等）

（三）发生规律

1. 黄刺蛾 在华北 1 年发生 1～2 代，在江苏、上海、浙江等地为 2 代，均以老熟幼虫在枝干上结茧越冬。在发生 1 代地区，成虫于 6 月中旬出现，幼虫于 7 月中旬至 8 月下旬发生为害。发生 2 代的地区，越冬幼虫 5 月中下旬开始化蛹，6 月上中旬成虫羽化；第 1 代幼虫为害盛期是 6 月下旬至 7 月中旬，成虫发生于 8 月上中旬；第 2 代幼虫为害盛期是 8 月下旬至 9 月中旬，9 月下旬幼虫陆续在枝干上结茧越冬。

成虫昼伏夜出，有趋光性。卵产于叶背，数十粒连成一片，也有散产者。每雌产卵量为 50～70 粒。卵期 5～6d。成虫寿命 4～7d。

初孵幼虫先食卵壳，再群集叶背啃食下表皮和叶肉，形成透明小斑。幼虫长大以后逐渐分散，食量增大，常将叶片吃光，仅留叶柄。幼虫共 7 龄，历期 24～33d。第 1 代幼虫结的茧小而薄，第 2 代结的冬茧大而厚。

黄刺蛾的天敌茧期主要有上海青蜂（*Chrysis shanghaiensis* Smith）和刺蛾广肩小蜂（*Eurytoma monemae* Ruschka）。上海青蜂的寄生率很高，对黄刺蛾有一定的控制作用。

2. 褐边绿刺蛾 在北方地区 1 年发生 1 代，在河南以及长江下游地区发生 2 代，江西 3 代，均以老熟幼虫多在树干基部浅土层内或枝干上结茧越冬。1 代区 5 月中旬开始化蛹，6 月上旬至 7 月中旬为成虫发生期，新幼虫从 6 月下旬孵化，8 月下旬至 9 月逐渐进入老熟，8 月幼虫为害比较严重，8 月下旬至 9 月下旬老熟幼虫陆续下树寻找适当场所结茧越冬。2 代区越冬幼虫于 4 月下旬至 5 月上旬化蛹，越冬代成虫 5 月中旬始见；第 1 代幼虫 6～7 月发生，第 1 代成虫 8 月中下旬出现；第 2 代幼虫于 8 月下旬至 9 月发生，10 月上旬入土结茧越冬。

成虫昼伏夜出，具有较强的趋光性。卵产于叶背面，数十粒集聚成块。每雌蛾能产卵 150 粒左右。初孵化的幼虫有群栖性，3 龄以后逐渐分散为害。

（四）综合治理方法

1. 人工防治

（1）清洁果园，消灭越冬茧 利用幼虫结茧越冬的习性，于冬、春季节结合整枝修剪，剪除虫茧，清除落叶下、树干、主侧枝的树皮上以及干基周围表土上等处的越冬茧。有些刺蛾结茧在树体周围的土下越冬，可结合松土翻地、施肥等措施，挖除地下虫茧，消灭其中的幼虫。

（2）捕杀初龄幼虫 刺蛾初孵幼虫有群集性，故被害叶片易于发现，在小面积范围内可以组织人力摘除虫叶，注意切勿使虫体接触皮肤。

2. 生物防治 卵孵化盛期，用苏云金杆菌（Bt）或大蓑蛾核型多角体病毒等微生物农药防治刺蛾幼虫，Bt 乳剂（含孢子 100 亿个/ml 以上）500～800 倍液喷雾效果很好。另外，注意保护利用天敌。

3. 灯光诱杀成虫 多数刺蛾有较强的趋光性，可设置黑光灯诱杀成虫。

4. 化学防治 掌握防治适期及时喷药，化学防治适期一般在 3 龄幼虫以前。每公顷用 90%晶体敌百虫、80%敌敌畏乳油、50%杀螟松乳油、50%辛硫磷乳油、40%乐斯本乳油 1 000～1 500ml，2.5%溴氰菊酯、2.5%功夫菊酯或 20%氰戊菊酯乳油 450～600ml，加水 1 200～2 000kg 喷雾。

二、蓑 蛾 类

（一）种类、分布与为害

蓑蛾类（bagworm moth）又称袋蛾，俗名避债虫，属鳞翅目蓑蛾科。蓑蛾类成虫性二型。雌蛾无翅，触角、口器、足均退化，几乎一生都生活在护囊中；雄蛾具 2 对翅，飞行迅速。幼虫能吐丝营造护囊，丝上大多黏附叶片、小枝或其他碎片，幼虫能负囊而行，探出头部蚕食叶片，蛹化于囊袋中，在局部地区对果木为害严重。常见的蓑蛾类有大窠蓑蛾（*Clania variegata* Snellen）、小窠蓑蛾（*Clania minuscula* Butler）等，本节重点介绍大窠蓑蛾。

大窠蓑蛾又名大蓑蛾、大袋蛾、避债蛾。国外分布于印度、菲律宾、印度尼西亚、斯里兰卡、日本、俄罗斯的远东地区、马来西亚；我国分布广泛，几乎遍布全国各地，以长江沿岸及以南各省（自治区、直辖市）为害较重，但近几年在山东、河北、河南等地的局部地区暴发成灾。据调查，寄主有90科612种植物，其中有33种植物受害严重。幼虫主要为害苹果、梨、柑橘、桃、葡萄、核桃、龙眼、桑、茶、松柏、榆、泡桐、冬青、柳、杨、樱花等，此外，还可为害大豆、玉米等农作物。大窠蓑蛾是为害园艺植物的主要多食性食叶害虫之一。

（二）形态特征（图13-12）

（1）成虫　雌雄异型。雄成虫有翅，体长15～17mm，翅展35～44mm，体黑褐色。触角羽状。胸部背面有5条深纵纹。前、后翅均褐色，前翅有4～5个透明斑。雌成虫无翅、无足，形状似蛆，体长25mm左右，头部黄褐色，胸、腹部黄白色多茸毛，腹部第7节有褐色丛毛环，体壁薄，在体外能看到腹内卵粒。尾部有1肉质突起。

（2）卵　椭圆形，淡黄色或乳白色，卵多产在护囊的蛹壳内。

（3）幼虫　共5龄。老熟时体长25～40mm。3龄起，雌雄二型明显。雌幼虫头部赤褐色，头顶有环状斑，前、中胸背板有4条纵向暗褐色带，后胸背板有5条黑褐色带，亚背线、气门上线附近具大型赤褐色斑。末龄雄幼虫体长18～28mm，黄褐色，头部暗色，前、中胸背板中央有1条纵向白带。

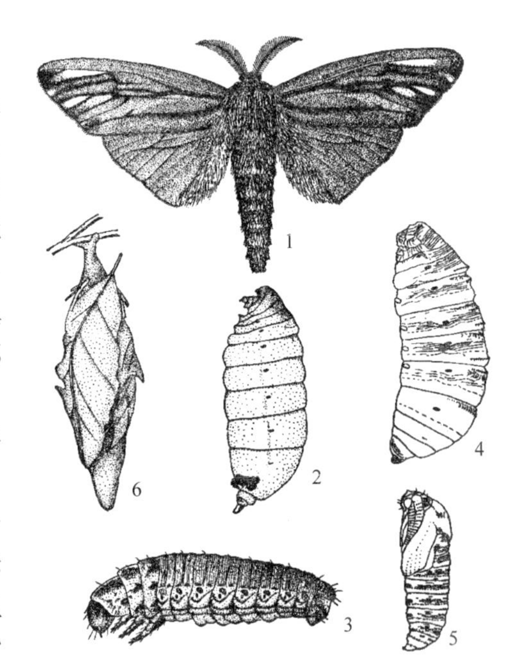

图13-12　大窠蓑蛾
1. 雄成虫　2. 雌成虫　3. 幼虫
4. 雌蛹　5. 雄蛹　6. 蓑囊
（仿浙江农业大学）

（4）蛹　雌蛹似围蛹，纺锤形，体长25～30mm，赤褐色，尾端有3根小刺。雄蛹为被蛹，长椭圆形，体长18～24mm，初化蛹为乳白色，后变为暗褐色；腹末有1对角质化突起，顶端尖，向下弯曲成钩状。护囊呈纺锤形，长52～60mm，护囊外常缀附有较大的碎叶片和小枝残梗，排列不整齐。

（三）发生规律

在河北、山东、河南、山西、江苏、浙江、湖北等地1年发生1代，极少发生2代，但第2代幼虫多不能越冬；在广州则发生2代。均以老熟幼虫在护囊里挂在枝梢上越冬，翌春幼虫不再取食，气温适宜时便开始化蛹。5月上旬成虫开始羽化，5月中下旬卵开始孵化，7～9月是幼虫为害的高峰期。10月中旬后，老熟幼虫陆续迁向枝梢端部，吐丝固定蓑囊于小枝上，封闭囊口，开始越冬。

成虫羽化多在傍晚前后。雄蛾在黄昏时比较活跃，有趋光性。雌蛾羽化后留在护囊内，雄蛾飞至护囊上将腹部伸入护囊与雌虫交配。雌成虫产卵于囊内，每雌产卵最多5 800余粒，平均3 400粒。卵期11～21d。

初孵幼虫在护囊内滞留3～4d后蜂拥而出，吐丝下垂，借风力扩散蔓延。降至适宜的寄主上后，并不立即取食，而先啃取叶表成碎片，并吐丝粘连，约 0.5h 左右便造成一个与虫体大小相当的囊袋，虫体匿居其中。此后，随着幼虫的取食、蜕皮、长大，囊袋逐渐加长增宽。幼虫取食迁移时均负囊活动。幼虫具明显的趋光性，多聚集于树枝梢顶和树冠顶部为害。取食时将头胸伸出袋外，胸足把持树叶，腹部将袋竖起，取食叶片。1、2 龄咬食叶肉，残留表皮。3 龄后食量增大，食叶成孔洞或仅留叶脉。4 龄后幼虫分散转移到树冠外围的叶背为害。幼虫有较强的忌避性和耐饥性。越冬幼虫的抗寒力很强，越冬死亡率较低。

大蓑蛾属间歇性发生的害虫，一般在 7、8 月气温偏高又持续干旱的年份为害猖獗。雨水多则影响幼虫孵化，并易引起病害流行，而大量罹病死亡，不易成灾。6～8 月降水量在 300mm 以下时，易暴发成灾。

（四）综合治理方法

1. 人工摘除蓑囊 秋、冬季树木落叶后，护囊容易寻找，结合整枝、修剪，摘除虫囊，消灭越冬幼虫，这对植株较矮的林木、绿化苗圃、果园和茶园更有意义。

2. 诱杀成虫 利用大窠蓑蛾雄性成虫的趋光性，用黑光灯诱杀。此外，也可用大窠蓑蛾性外激素诱杀成虫，效果也很显著。

3. 生物防治 幼虫和蛹期有多种寄生性和捕食性天敌，如鸟类、姬蜂、寄生蝇及致病微生物等，应注意保护利用。微生物农药防治大窠蓑蛾效果非常明显，Bt 制剂（含孢子 100 亿个/g 以上）1 500～2 000g/hm^2，加水 1 500～2 000kg 喷雾防治。

4. 化学防治 在幼虫初龄阶段，每公顷用 90%晶体敌百虫、80%敌敌畏乳油、50%杀螟松乳油、50%辛硫磷乳油、40%乐斯本乳油、50%巴丹可湿性粉剂、20%抑食肼悬浮剂 1 000～1 500ml，25%灭幼脲悬浮剂、5%抑太保乳油 1 000～2 000ml、2.5%溴氰菊酯、2.5%功夫菊酯或 20%氰戊菊酯乳油 450～600ml，加水 1 200～2 000kg 喷雾。喷雾时注意要喷到树冠的顶部，并喷湿护囊。

三、常见其他刺蛾及小窠蓑蛾（表 13 - 9）

表 13 - 9 常见其他刺蛾及小窠蓑蛾的发生概况

种类	发生概况
中国绿刺蛾	又名中华青刺蛾。北方 1 年发生 1 代，江西 2 代，以前蛹在枝干上的茧内越冬。1 代区 5 月间陆续化蛹，成虫 6～7 月发生，幼虫 7～8 月发生。2 代区 4 月下旬至 5 月中旬化蛹，第 1 代幼虫发生期为 6～7 月，第 2 代幼虫发生期为 8 月。成虫昼伏夜出，有趋光性。卵多成块产于叶背。低龄幼虫有群集性，稍大分散活动为害，幼虫老熟后在枝干等处结茧越冬
扁刺蛾	又名黑点刺蛾。在北方 1 年发生 1 代，长江下游地区 1 年 2 代，均以老熟幼虫在树下 3～6cm 土层内结茧越冬。成虫多在黄昏羽化出土，昼伏夜出。卵多散产于叶面上。幼虫发生期在 7～8 月，幼虫老熟后多在夜间下树入土结茧
双齿绿刺蛾	又名棕边绿刺蛾。食性较杂，可以为害多种林木、果树，但以梨、枣受害较重。在山西、陕西 1 年发生 2 代，以前蛹在枝干上茧内越冬。越冬代成虫发生期在 5 月中旬至 6 月下旬。成虫昼伏夜出，有趋光性。卵块产，数十粒呈鱼鳞状排列，多产于叶背主脉附近。第 1 代幼虫发生期 6 月上旬至 8 月上旬，第 2 代幼虫发生期 8 月中旬至 10 月下旬，10 月上旬陆续老熟，爬到枝干上结茧越冬，以树干基部和粗大枝杈处较多，常数头至数十头群集在一起。幼虫共 8 龄，低龄幼虫有群集性，3 龄后渐分散活动

（续）

种　类	发　生　概　况
小窠蓑蛾	又名茶蓑蛾。食性杂，可为害茶、苹果、梨、桃、柑橘、柿、葡萄、悬铃木、紫薇、木槿、石榴、杨、柳等多种植物。南方地区受害重。在江苏、贵州1年1代，湖南、江西2代，广西、福建3代，以3～4龄幼虫在枝条蓑囊内越冬。在1代区，7月中旬至9月上旬发生幼虫；在2代区，各代幼虫分别发生于6月上旬至8月中旬、8月下旬至10月上旬；在3代区，各代幼虫分别于4月上旬至6月上旬、7月上旬至8月下旬、9月中旬至11月中旬发生。幼虫共6龄，成虫习性与大蓑蛾相似

第五节　尺　蠖　类

一、种类、分布与为害

尺蠖（looper）属鳞翅目尺蛾科（Geometridae）。由于幼虫腹部只有1对腹足和1对臀足，爬行时一曲一伸，所以称为尺蠖，俗称步曲。常见的为害园艺植物的尺蠖类害虫主要有梨尺蠖（*Apocheima cinerarius pyri* Yang）、枣尺蠖（*Chihuo zao* Yang）、木橑尺蠖［*Culcula panterinaria*（Bremer et Grey)］、柿星尺蠖［*Percnia giraffata*（Guenée)］、大叶黄杨尺蠖（丝棉木金星尺蠖）［*Calospilos suspecta*（Warren)］、金银花尺蠖（*Heterolocha jinyinhuaphaga* Chu）等。其中，木橑尺蠖寄主多、分布广、为害较重；枣尺蠖是我国枣产区主要害虫之一，有时在局部地区暴发成灾。本节重点介绍木橑尺蠖和枣尺蠖。

1. 木橑尺蠖　又名木橑步曲、核桃尺蠖、小大头虫。国外主要分布在日本和朝鲜，国内的华北、西北、西南、华中等地均有分布。在太行山麓的河北、河南、山西的某些地方，有的年份曾大发生。木橑尺蠖是一种多食性害虫，寄主植物达150余种，主要为害木橑和核桃。以幼虫食害叶片，发生严重的年份蔓延很快，常在几天之内将树叶吃光。

2. 枣尺蠖　又称枣步曲，普遍发生在我国主要枣产区。食性比较单纯，主要为害枣树，野生的酸枣上也有发生。大发生的年份，枣树吃光之后也可以转移到其他果树如苹果、梨及其他树木上为害。近年来，天津郊区发现此虫为害苹果树十分严重。当枣树芽萌发时，初孵的幼虫开始为害嫩芽，群众称为“顶门吃”。严重年份将枣芽吃光，造成大幅度减产。枣树展叶开花，幼虫龄期长大，食量也大增，能将全树叶片及花蕾吃光，不但当年没有产量，而且影响来年结果。

二、形态特征

1. 木橑尺蠖（图13-13）

（1）成虫　成虫体长18～22mm，翅展72mm左右。腹背及翅近乳白色，腹部末端棕黄色。胸部背面中央有1条浅灰色斑纹。前、后翅散布不规则的浅灰色斑点，在前翅基部有1近圆形的黄棕色斑纹，前、后翅的中央各有1个明显的浅灰色斑点，并在外缘线处有1条断续的波状棕黄色斑。雌虫触角丝状，雄虫触角短羽状。

（2）卵　扁圆形，直径0.9mm，绿色。卵块上覆有一层棕色绒毛，孵化前变为黑色。

（3）幼虫　共6龄。老熟幼虫体长约70mm，体色变化较大，常与寄主植物同色。体上散生灰白色小斑点。前胸背板两侧各有1个突起。气门两侧各有1个白色斑点。腹足趾钩40根排成双序。

（4）蛹　长约 30mm，黑色。蛹体前端背面两侧具有齿状突起，似耳状物。臀棘突起，肛门和臀棘两侧各有 3 个峰状突起。

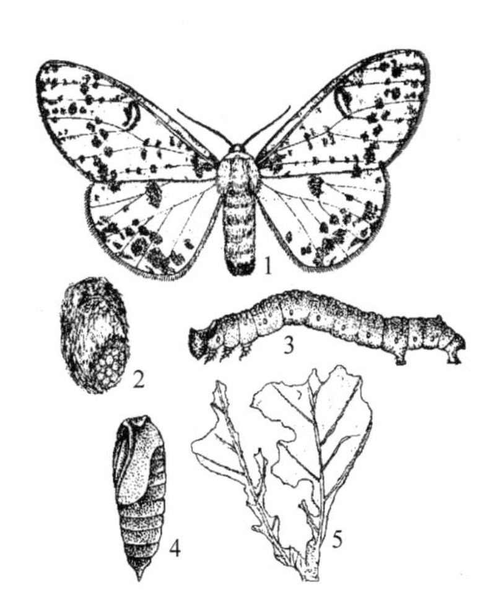

图 13 - 13　木橑尺蠖

1. 成虫　2. 卵块　3. 幼虫　4. 蛹　5. 被害状

（仿北京农业大学）

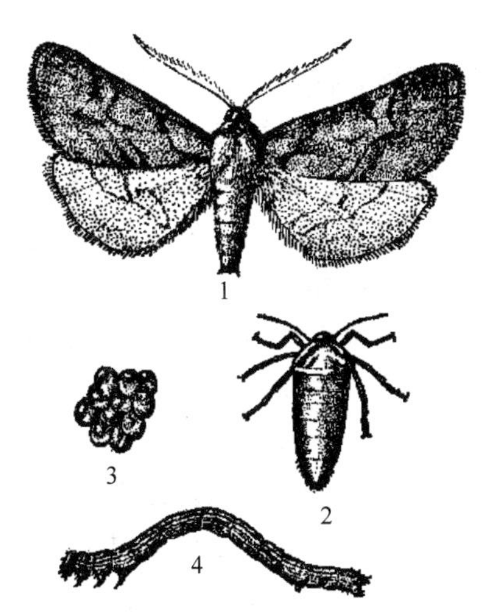

图 13 - 14　枣尺蠖

1. 雄成虫　2. 雌成虫　3. 卵　4. 幼虫

（仿曹子刚）

2. 枣尺蠖（图 13 - 14）

（1）成虫　雌雄异型。雄虫有翅，体长约 13mm，翅展约 35mm。体翅灰褐色，深浅有差异。头具长毛，触角羽状。前翅内、外横线黑色，中横线不太明显，外横线在外处折成角状；后翅灰色，中部有 1 黑色波状短纹，内侧有 1 黑点。雌虫无翅，体长 12～17mm，灰褐色，触角丝状，腹部背面密被刺毛和毛鳞。

（2）卵　椭圆形，有光泽。数十粒至百余粒产成一块。初产时淡绿色，渐渐变为淡褐色，孵化前为暗黑色。

（3）幼虫　共 5 龄。老熟幼虫体长约 40mm，青灰色或紫褐色，有 25 条淡紫色条纹。幼龄虫体上的纵条纹较少，随龄期而增加。

（4）蛹　体长约 15mm，枣红色，从蛹的触角纹痕可以区别雌雄。

三、发生规律

1. 木橑尺蠖　在华北地区 1 年发生 1 代，以蛹在树干周围的土中、梯田壁缝或碎石堆内越冬，越冬场所比较分散。成虫羽化期很长，5～8 月都有成虫出现，7 月中下旬为成虫盛发期。7 月上旬至 8 月下旬卵孵化，孵化盛期为 7 月下旬至 8 月上旬，7 月上旬至 10 月下旬发生幼虫，7 月下旬至 8 月为幼虫为害盛期。幼虫历期 45d 左右，8 月中旬至 10 月下旬老熟幼虫坠地入土化蛹越冬，往往几十头或几百头蛹集聚在一起。

成虫昼伏夜出，有较强的趋光性。卵多产在树皮缝隙内或石块上，几十粒成一块，上覆黄棕色绒毛。每雌可产卵 1 000～1 500 粒，最多可达 3 000 粒。卵期 9～11d。

幼虫刚孵化时较活泼，爬行迅速，并可吐丝借风力蔓延转移为害；2 龄后行动迟缓，分散为害常将整个叶片吃光再转移；5～6 龄时食量猛增，树叶被吃光后，即转害大田作物。幼虫停留时以腹足和臀足抓紧枝条，全身竖起，似一短枝。

越冬蛹的死亡率与土壤湿度关系密切，以土壤含水量10%最为适宜，在土壤含水量低于5%或高于30%时，蛹将大量死亡。所以，木橑尺蠖在冬季少雪、春季干旱的年份发生轻；5月的适量降水有利于蛹羽化。不同生态环境下越冬蛹的死亡率也不相同，阳坡死亡率高于阴坡，浅山区死亡率高于深山区，植被稀疏的荒山死亡率高于灌木丛生的荒山。蛹羽化的早晚与越冬场所的土温关系很大，山区地形复杂，阳坡、阴坡土温相差甚大，是造成成虫发生期较长的重要原因。

2. 枣尺蠖 1年发生1代。据报道，有少数个体2年发生1代，即越冬的蛹在土中多休眠1年。以蛹分散在树冠下深10～20cm处土中越冬，靠近树干基部比较集中。

此虫发生期不集中，为害时间长，难以集中歼灭。3月中旬成虫开始羽化，盛期在3月下旬至4月中旬，末期为5月上旬，全部羽化期长达60d左右。

成虫羽化数量受当日天气影响很大，气温高的晴天则羽化出土多，气温低的阴天或降水时则出土很少。雄蛾多在下午羽化，出土后爬到树干、主枝阴面静伏。雌蛾羽化时先在土表潜伏，傍晚大量出土爬上树。雄蛾趋光性强，夜间雄蛾飞翔寻找雌蛾交配，次日开始产卵，2～3d内是产卵高峰。卵产在枝杈粗皮裂缝内，几十粒至数百粒排列成片状或不规则块状。每雌蛾平均产卵量在1 200粒左右。卵期10～25d。枣芽萌发时（约4月中旬）开始孵化，盛期在4月下旬至5月上旬，末期在5月下旬，全部孵化期达50d左右。

幼虫共5龄，为害期在4～6月，以5月间最主要，因嫩芽被害影响最大。幼虫性喜散居，爬行迅速，并能吐丝，1～2龄幼虫爬过的地方即留下虫丝，故嫩芽受丝缠绕难以生长。幼虫的食量随龄期增长而增加，食量越大，为害越烈。幼虫有假死性，遇惊扰即吐丝下垂。幼龄的幼虫常借风力垂丝传播蔓延。老熟幼虫于5月下旬开始入土，6月中下旬结束，入土6～7d后化蛹。

四、常见其他尺蠖类害虫的发生概况（表13-10）

表13-10 其他尺蠖类害虫的发生概况

种类	发生概况
梨尺蠖（梨步曲、弓腰虫）	梨尺蠖分布于北方梨区，主要为害梨、杜梨、杏、柳和小叶杨。幼虫在梨树萌芽时开始为害幼芽、花蕾、嫩叶和幼果，严重时可将梨树叶吃光。1年1代，以蛹在树下土中越冬。越冬蛹翌年2月下旬开始羽化。雌蛾无翅，爬行甚慢。雄蛾虽有翅，但飞行能力很弱。成虫羽化后，大部分沿树干爬行上树，寻找对象交配。卵大部分产在向阳的粗皮缝内或树杈处，每雌可产卵700粒左右。幼虫不喜群居，爬行迅速，白天静止，夜间活动取食。幼虫5月上旬开始老熟，下树入土化蛹，越夏、越冬
柿星尺蠖（大头虫、蛇头虫）	柿星尺蠖主要分布于河北、山西、河南等地，主要为害柿树、黑枣及苹果、梨等。以幼虫蚕食叶片，严重时，几天内能将树叶吃光。此虫1年发生2代，以蛹在土中越冬。第1代幼虫出现于6月中旬，第2代幼虫出现于8月上旬。成虫昼伏夜出，有趋光性。卵成块产于叶片背面。幼虫有假死性，并可再转移。幼虫老熟时吐丝下垂，入土化蛹越冬。化蛹场所以堰根及树根阴暗处较多
大叶黄杨尺蠖（丝棉木金星尺蠖）	分布于华东、华北、西北、中南等地，主要为害大叶黄杨、丝棉木、欧洲卫矛、榆、柳等树木，近几年此虫为害日趋严重。北京1年发生3代，上海1年4代，同一地区发生代数也有不同，以蛹在寄主周围土中越冬。第1代或第2代有部分蛹在土壤内越夏。有世代重叠现象。全年以5～7月为害最猖獗，4～11月均可见幼虫。成虫昼伏夜出，飞行力弱，卵成块产于嫩绿植株上部的叶背。幼虫有假死性，受惊吐丝下垂，多在傍晚及夜间取食
金银花尺蠖	分布于山东、浙江等地，幼虫主要为害药用植物金银花叶片、花蕾，造成当年和次年金银花严重减产。在浙江1年发生4代，以幼虫和蛹在近表土枯叶下越冬。幼虫为害期为4月中旬到9月下旬。冬季温暖、发生期雨水多、湿度大有利于其发生

五、木橑尺蠖预测预报

1. 越冬蛹密度及分布调查 解冻后，根据当地核桃、木橑等的多少，分别选有代表性的地段（如山沟、平地、坡地、耕地、荒地，阳坡、阴坡，上年受害最重、一般、轻微等），每一地段抽查5～10棵树。在每株树冠下1/3的面积挖10cm深以上的土层内的越冬蛹，用筛子筛土查蛹，分别记载，算出不同地段平均每株蛹数。将蛹保存下来作为观察成虫羽化用。

2. 成虫发生期调查

（1）埋蛹观察 将上项调查所得的蛹，埋在与原地自然条件相同的10cm左右深的土中，上罩铁纱笼。蛹数不少于200个。如偏多，可分放于不同的环境下观察（如较干和较湿的土中、不同土温、背阴或向阳等）。自6月1日起，每隔2d检查1次新出的蛾数（近羽化盛期，应每天观察）。记载后放饲养笼中（加入枝叶）观察产卵情况。

（2）灯光诱集 在成虫发生始期（6月上旬），用黑光灯诱集成虫，诱集情况至少每隔1d统计1次，直至成虫高峰期。

3. 幼虫防治适期调查 在成虫羽化盛期以后20～25d内，分别在不同地段调查核桃、木橑2～3株。在树冠外部取侧枝4～6个，内部取1～2个，每天调查复叶（即当年生1个枝上的叶）上的幼虫数，算出每百叶幼虫数。

4. 预报指标和防治指标

①用埋蛹法或灯光诱集法观察。发现成虫达到高峰时，即为羽化盛期，发布虫情紧急预报。再过25～28d，即为喷药防治幼虫的适期。

②在调查幼虫发生情况的时候，分别统计大、中、小（3龄以前）幼虫，当小幼虫占多数的时候，则发出喷药情报。

枣尺蠖的测报方法可参照木橑尺蠖。

六、综合治理方法

1. 人工防治 在越冬蛹密度大，而且比较集中的地区，于晚秋或早春，组织人力刨蛹，进行人工挖蛹，降低越冬蛹基数。

2. 阻隔防治 对枣尺蠖可在2月底、3月上旬阻杀，即在树干基部绑1条10cm宽的塑料薄膜，将薄膜下缘用土压实，并绑1圈草绳，诱集雌蛾在草绳缝隙产卵，至卵接近孵化时，将草绳解下烧毁；全部幼虫孵化期需更换和收回草绳3次。

3. 物理机械防治 木橑尺蠖成虫趋光性强，利用黑光灯诱杀成虫效果最好。在山区，灯应安装在低洼地的高处。利用枣尺蠖雌虫无翅、木橑尺蠖成虫不太活泼的特点，尤其在清晨，可以组织人力捕杀成虫。

4. 生物防治 用3.2%Bt制剂（含活芽孢100亿个/g以上）1 200～1 500g/hm^2，加水1 500kg喷雾。

5. 药剂防治 应掌握大部分幼虫在3龄之前及时喷药，幼龄幼虫食量小，抗药力差，防治效果好。每公顷用50%杀螟松乳油、90%晶体敌百虫、40%乙酰甲胺磷乳油、50%辛硫磷乳油、40%乐斯本乳油、50%巴丹可湿性粉剂、35%赛丹乳油、20%抑食肼悬浮剂

1 000～1 500ml，25%灭幼脲 3 号、5%抑太保乳油、2.5%溴氰菊酯、2.5%功夫菊酯或 20%氰戊菊酯乳油 450～600ml，加水 1 200～2 000kg 喷雾。

第六节 食叶毛虫类

一、种类、分布与为害

食叶毛虫（caterpillar）是指体上长有长毛的一些鳞翅目幼虫，多为裸露为害的种类，一般虫体较大，食量也大。北方地区常见的为害园艺植物的毛虫有舟蛾科的舟形毛虫（苹掌舟蛾）[*Phalera flavescens* (Bremer et Grey)]，毒蛾科的金毛虫（黄尾毒蛾）[*Porthesia similes* (Fueszly)]、舞毒蛾 [*Lymantria dispar* (Linnaeus)] 等，枯叶蛾科的天幕毛虫（*Malacosoma neustria testacea* Motschulsky）、苹果枯叶蛾（*Odomestis pruni* Linnaeus）等，灯蛾科的美国白蛾 [*Hyphantria cunea* (Drury)]、红腹白灯蛾（人纹污灯蛾）[*Spilarctia subcarnea* (Walker)]、红缘灯蛾（红袖白灯蛾）[*Amsacta lactinea* (Cramer)] 等，粉蝶科的山楂粉蝶（*Aporia crataegi* Linnaeus）等。其中以舟形毛虫和山楂粉蝶发生较普遍，为害较重。美国白蛾是检疫性害虫，近几年在北方扩散蔓延很快，为害性很大。有些管理粗放的果园有时天幕毛虫、舞毒蛾和金毛虫也可造成灾害。近几年红缘灯蛾等在河北、山东、河南等地的农田和菜田为害严重。

二、形态特征

1. 舟形毛虫（图 13-15）

（1）成虫　成虫体长 21～25mm，翅展约 55mm，体、翅黄白色。前翅有 4 条黄褐色波状横纹，近翅基有银灰色与紫褐色各半的圆斑，近外缘有同色斑纹 6 个排成 1 横列。

（2）卵　卵球形，长约 1mm。初产黄白色，近孵化时灰褐色。数十粒至百余粒密集成排产在叶背。

（3）幼虫　老熟幼虫体长约 50mm，身体紫褐色，两侧各有桃红色纵线 3 条。各节密生长毛。尾足退化，静止时头尾翘起呈舟形。

（4）蛹　体长 20～23mm，紫褐色。中胸背板后缘有 9 个缺刻，腹部末端有 6 根短刺。

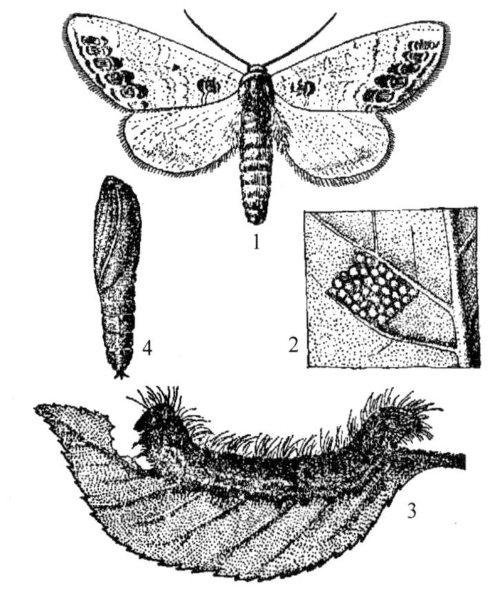

图 13-15　舟形毛虫
1. 成虫　2. 卵　3. 幼虫及为害状　4. 蛹
（仿北京农业大学）

2. 舞毒蛾（图 13-16）

（1）成虫　雌雄异型。雄蛾体长约 20mm，翅展 40～55mm，体翅茶褐色；触角羽状；前翅外缘色深呈带状，有 4、5 条波纹，中室中央有 1 黑褐色圆斑，中室外端有 1 黑褐色“<”纹；后翅色较浅，外缘色深也呈带状。雌蛾体长 25mm 左右，翅展 55～75mm。体翅污白色，触角双栉齿状，前翅斑纹同雄虫。

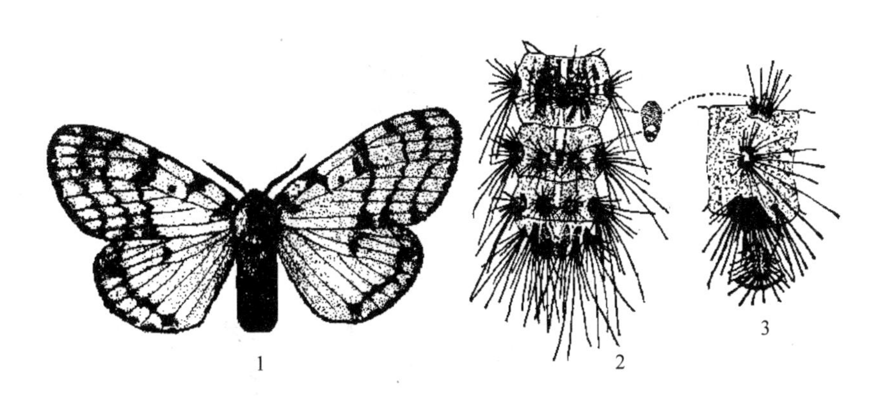

图 13-16　舞毒蛾

1. 雌成虫　2. 幼虫腹部第 7～10 节背面　3. 幼虫腹部第 7 节侧面

（1 仿周尧，余仿 Peterson）

（2）卵　卵球形，卵块形状不规则，每块 400～500 粒，其上覆盖黄褐色绒毛。

（3）幼虫　老熟幼虫体长 50～70mm。头黄褐色，正面有暗褐色“八”字纹。身体暗褐色，背线黄褐色，背线两侧有半球形毛瘤 11 对，第 1～5 对为蓝色，6～11 对为橙红色。毛瘤上均生有棕黑色短毛。体两侧又有 2 个小毛瘤，瘤上生黄褐色长毛，伸向两侧。

（4）蛹　体长 21～26mm，纺锤形，红褐色至黑褐色。体表在原幼虫体节的毛瘤处生有黄色短毛，头、胸背面这种短毛特别多。

3. 天幕毛虫（图 13-17）

（1）成虫　雌虫体长约 20mm，黄褐色；触角锯齿状；前翅中间有深褐色宽横带，其两侧有淡黄色细线；后翅基部赭褐色。雄虫体长约 16mm，黄白色；触角双栉齿状；前翅中部有 2 条深褐色细横线，中部色淡；后翅有 1 条赭褐色横线。

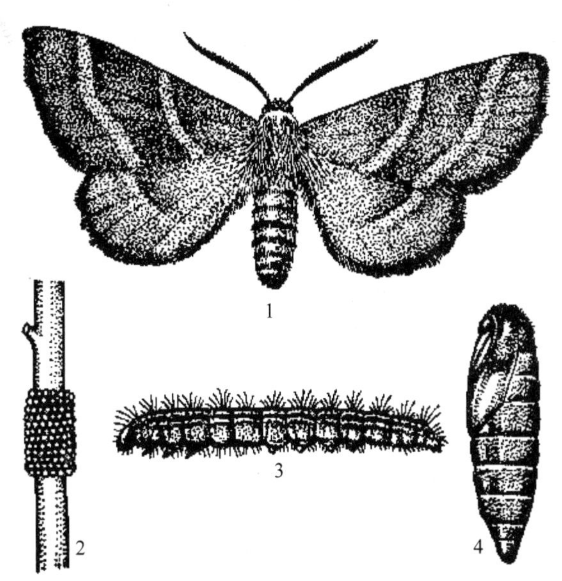

图 13-17　天幕毛虫

1. 雌成虫　2. 卵块　3. 幼虫　4. 蛹

（仿中国农业科学院果树研究所等）

（2）卵　卵圆筒形，灰白色，约 200 粒卵围绕枝条密集成 1 环状似顶针，故俗成顶针虫。

（3）幼虫　幼虫体长 50～55mm。头部蓝黑色，散布黑斑。背线黄白色，两侧各生有 2 条橙黄色条纹，各节背面均有黑色瘤数个，上生许多黄白色长毛。气门上线及气门下线黄白色。腹足趾钩双序缺环。

（4）蛹　蛹体长 17～22mm，黄褐色，有金黄色毛。茧黄白色。

4. 美国白蛾（图 13-18）

（1）成虫　纯白色，中型，体长 9～12mm。头白色，复眼黑褐色，下唇须小，端部黑褐色，口器短而纤细，胸部背面密布白毛，多数个体腹部白色，无斑点，少数个体腹部黄色，上有黑点。雄蛾触角黑色，双栉齿状，翅展 23～34mm，前翅上散生多个黑褐色斑点。

雌蛾触角褐色，栉齿状，翅展33～44mm，前翅为纯白色，后翅常为纯白色或在近边缘处有小黑点。

（2）卵　卵圆球形，直径0.5mm，初产浅黄绿色，后变为灰绿色，有较强的光泽，卵面布有规则的凹陷刻纹。卵块上盖有白色鳞毛，每块约500粒。

（3）幼虫　分为黑头型和红头型。我国目前发现的多为黑头型。老熟幼虫头宽2.5mm，体长28～35mm。黑头型头黑色具光泽，从侧线到背方具1条灰褐色的宽纵带。背线、气门上线、气门下线为浅黄色，背部毛瘤黑色，体色毛瘤多为橙黄色，毛瘤上生白色长丛毛，混杂有少量的黑毛。气门白色，椭圆形，具黑边。胸足黑色，臀足发达。红头型头柿红色，体由淡色至深色，底色乳黄色，具暗斑，几条纵线呈乳白色，在每节前缘或后缘中断。吐丝结网幕，幼虫群居网幕内啃食叶片。

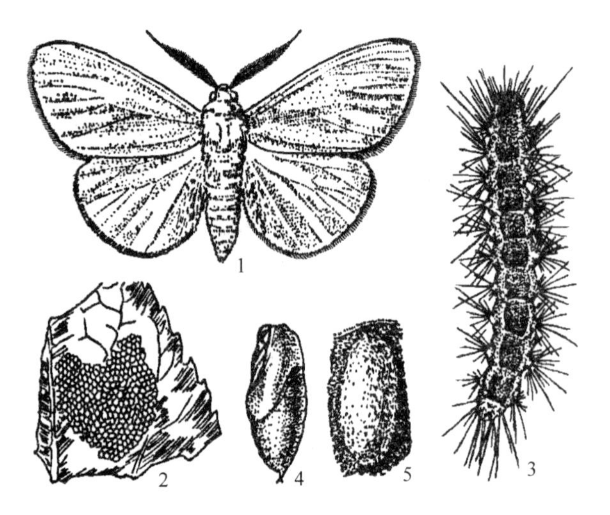

图13-18　美国白蛾
1. 成虫　2. 卵　3. 幼虫　4. 蛹　5. 茧
（仿陆自强）

（4）蛹　长8～15mm，暗红色，钩状臀刺8～17根，每根钩刺的末端呈喇叭口状，中间凹陷。

5. 红腹白灯蛾（图13-19）

（1）成虫　雌蛾体长22～26mm，雄蛾体长20～22mm。头胸部黄白色。下唇须红色，顶端黑色。触角及复眼黑色。胸部背面覆盖黄白色鳞片，腹部背面红色，中央及两侧各有1条黑色纵线，腹面白色。前翅黄白色，后缘中央斜向顶角有1列黑点，两翅合拢时黑斑呈"人"字形。后翅粉红色。雄蛾翅正面黑斑较雌蛾明显。

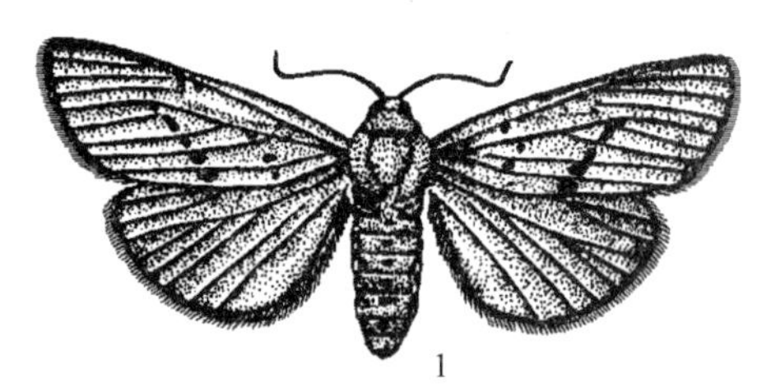

图13-19　红腹白灯蛾
1. 成虫　2. 幼虫
（仿万胜印）

（2）卵　圆球形，直径0.6mm左右。初产时乳白色或淡绿色，孵化前呈灰白色。

（3）幼虫　老熟幼虫体长40～50mm，头部黑色，胸腹部黄褐色，各体节上有毛瘤，其上有棕褐色毛，腹足黑色。

（4）蛹　体长约18mm，棕褐色，腹末臀棘上有短刺12根。

6. 红缘灯蛾（图13-20）

（1）成虫　雌蛾体长24～31mm，雄蛾体长20～27mm。体、翅白色。前翅前缘及颈板端缘红色，腹部背面橘黄色并有间隔的黑带。前翅中室上角有1黑点，后翅中室端有新月形黑斑，翅的外缘有3～4个黑斑。

图13-20　红缘灯蛾成虫
（仿中国农业科学院植物保护研究所）

（2）卵　卵半球形，卵壳表面自顶部向周缘有放射状纵纹。初产黄白色，后渐变为灰黄色至暗灰色。

（3）幼虫　低龄幼虫体灰黄色，老熟幼虫体渐变为棕褐色或黑色，体长 50～60mm，体上有毛瘤，其上丛生黄棕色或黑色长毛，胸足黑色，腹足红色。

（4）蛹　体长约 24mm，黑褐色，表面粗糙，密布小刻点，腹部 10 节，腹部末端有臀棘 8～10 根。

三、主要食叶毛虫类发生概况（表 13－11）

表 13－11　食叶毛虫类发生概况*

种　类	发　生　概　况
舟形毛虫（苹掌舟蛾、苹果天社蛾）	为害苹果、梨、海棠、桃、李、杏、山楂、核桃或板栗等。以幼虫食害叶片，受害叶片残缺不全，严重时将叶片吃光，造成二次开花。1 年 1 代，以蛹在根部土中越冬。6 月中下旬开始出现成虫，7 月中下旬为盛期，卵成块产于叶背，排列整齐，卵期 6～13d。幼虫孵化后先群集在叶背，头向叶缘排列成行，从叶缘向内取食叶片，稍受惊动即吐丝下垂。3 龄后分散为害，白天头尾上翘，状似小舟，静止于枝叶上，早晚取食。幼虫 5 龄，幼虫期 1 个月左右，9 月老熟幼虫入土化蛹越冬。成虫有趋光性和假死性
山楂粉蝶（苹果粉蝶、山楂绢粉蝶）	为害苹果、梨、海棠、山楂、桃、李、杏、花红等。以幼虫食害芽、叶和花蕾，严重时将叶片吃光。此虫 1 年发生 1 代，以 2、3 龄幼虫群集在树枝上吐丝缀巢并在其中越冬。寄主春季发芽时开始出蛰，群集为害芽、嫩叶和花器，夜伏昼动。幼虫稍大即离开巢网分散活动，4、5 龄幼虫不活泼，有假死性，遇惊动即落地。5 月中旬为化蛹盛期，在枝条上化蛹，蛹体倒挂在枝条上，蛹期 14～20d。成虫白天活动，卵成块产于叶片上，卵期 10～17d。幼虫常在叶面上群集啃食叶肉，并吐丝缀叶成巢，于 8 月间在巢内结茧群集越冬
美国白蛾（秋幕毛虫）	美国白蛾是重要的检疫性害虫，寄主范围非常广泛，能为害多种林木和果树。以幼虫结网幕取食叶片，严重时可将树叶吃光。此虫在河北、辽宁 1 年发生 2 代，以蛹在枯枝落叶、表土层、墙缝等处越冬。华北地区越冬代成虫发生盛期在 6 月上中旬，卵盛期在 6 月中下旬，幼虫为害盛期 6 月中旬至 7 月下旬和 8 月中旬至 9 月下旬。成虫昼伏夜出，有趋光性。卵多产于叶背，数百粒成块，上覆尾毛。幼虫孵化后，吐丝拉网形成网幕，1～4 龄群居网内为害，随幼虫生长发育，网幕不断扩大，最大网目可达 3m 以上，幼虫在网幕内取食叶片，1 生可食叶片 10～15 片，1 个网幕内常有几十头甚至上百头幼虫，为害极大
红缘灯蛾（红袖白灯蛾）	主要为害玉米、棉花、大豆等。幼虫咬食玉米雌穗花丝，咬毁棉花的叶片、花冠及棉铃。苗期受害造成缺苗断垄。河北 1 年发生 1 代，以蛹越冬，翌年 5～6 月羽化。成虫昼伏夜出，有趋光性。卵成块产于叶背，可达数百粒。初孵幼虫群集为害，3 龄后分散为害。幼虫行动敏捷，老熟后入浅土或在落叶等覆盖物内结茧化蛹
舞毒蛾（柿毛虫）	为害苹果、梨、柿、核桃等多种果树、林木。以幼虫蚕食叶片，造成树势衰弱。此虫多发生在山区，1 年 1 代，以卵在树皮上及梯田堰缝、石缝中越冬。在华北翌年 4 月下旬柿树发芽时开始孵化，1 龄幼虫日夜生活在树上，群集叶背，夜间取食，受惊动则吐丝下垂。从 2 龄开始白天隐居树皮裂缝中或树下石堆内，傍晚时成群结队上树取食，天亮又爬回树下隐藏。老熟幼虫在树下隐蔽场所化蛹。幼虫 5 月间为害最重，6 月上旬开始化蛹。雄成虫白天飞时常做旋转飞舞；雌蛾体肥大笨重，不爱飞舞，多在 33cm 左右高处的梯田堰缝、石缝中交配产卵，卵块产，其上覆盖黄褐色绒毛
天幕毛虫（梅毛虫、带枯叶蛾）	此虫食性很杂，可为害梨、苹果、杏、杨、柳等多种果树和林木。幼虫食害嫩芽、叶片，并吐丝结网张幕，幼虫群居在天幕上为害，山区果园发生较重。1 年 1 代，以完成胚胎发育的幼虫在卵壳中越冬。梨树开花时幼虫从卵壳中钻出，在小枝交叉处吐丝结网张幕，白天潜居天幕上，夜间出来取食，附近的叶片食尽后，再移至他处另张网幕，近老熟时分散活动。老熟幼虫多在叶背或附近杂草上结茧化蛹。成虫发生期在 6 月中旬左右。成虫昼伏夜出，有趋光性。卵多产在被害树 1 年生小枝条梢端，卵块产，排成顶针状的卵环

（续）

种　类	发　生　概　况
金毛虫（黄尾毒蛾）	为害苹果、梨、柿、杏、枣树等多种果树，并严重为害桑树。幼虫食害叶片成缺刻或孔洞，甚至吃光，仅留叶脉。1年发生2代，以3龄幼虫在枝干缝隙、落叶中结茧越冬。4月越冬幼虫破茧上树为害嫩芽和叶片，5月中旬开始结茧化蛹。成虫昼伏夜出，有趋光性，卵成块产于叶背或枝干上。初孵幼虫聚集叶背啃食叶肉，3龄后分散为害。7月下旬至8月上旬出现第1代成虫，2代幼虫为害至10月达3龄越冬

* 所用综合防治方法可参考本章前5节。

第七节　天蛾与瘤蛾类

一、种类、分布与为害

园艺植物上发生为害的主要有鳞翅目天蛾科的旋花天蛾［*Herse convolvuli*（Linnaeus)］、豆天蛾（*Clanis bilineata* Walker)、桃六点天蛾［*Marumba gaschkewitschi*（Bremer et Grey)］、葡萄车天蛾（*Ampelophaga rubiginosa* Bremer et Grey)、霜天蛾（*Psilogramma menephron* Cremer)、芋单线天蛾［*Theretra pinastrina*（Martyn)］、芋双线天蛾（*T. oldenlandiae* Fabricius）和瘤蛾科的核桃瘤蛾（*Nola distributa* Walker）等。现以分布较广、为害较重的旋花天蛾和核桃瘤蛾作代表性重点介绍。

1. 旋花天蛾　又称甘薯天蛾。属世界性害虫。我国分布普遍，凡有甘薯栽培的地区都有发生。主要为害甘薯、牵牛花等旋花科植物，也能为害芋艿、扁豆、赤豆、葡萄等。幼虫取食叶和嫩茎，食量很大，严重发生时能将叶片全部吃光，仅留光秃的枝蔓。该虫属偶发性害虫，但近些年来，在华北、华东等地为害日趋加重，时有大面积成灾的报道。

2. 核桃瘤蛾　又称核桃毛虫。分布于华北、华中、西北和西南等地，其中以黄河流域的核桃产区为害最重。核桃瘤蛾属单食性害虫，目前仅发现其以幼虫取食核桃叶片。低龄幼虫啃食叶肉，留下网状叶脉；高龄幼虫蚕食叶片，残存叶脉。严重发生时能将全部叶片吃光，诱发二次枝，导致来年枝条枯死。该虫属偶发性害虫。

二、形态特征

1. 旋花天蛾（图13-21）

（1）成虫　体长43～52mm，体、翅暗灰色，肩板有黑色“八”字形纵纹。中胸有钟状灰白色斑，腹部背面中央有1条暗灰色宽纵带，各节两侧依次有白、红、黑横带3条，故整个腹部似熟的虾壳。前翅内、中、外横线各为双条黑褐色波状带，顶角有黑色斜纹。后翅有4条黑褐色波状带。

（2）卵　圆球形，表面光滑，直径约2mm。初产时淡绿色，渐变为淡黄色，孵化前黄白色。

（3）幼虫　共5龄。老熟幼虫体长83～100mm，头圆形，两侧各具2条黑斜纹。胴部光滑无颗粒，体节有横皱，每节形成6～8个小环。第1～8腹节侧面有深色或淡色斜纹，第8腹节背面有1末端下垂的弧形尾角。

(4) 蛹 体长约56mm，红褐色。喙长而弯曲呈象鼻状。后胸背面有粗糙刻纹1对，腹部前8节各节背面近前缘也有刻纹。臀棘三角形，表面有颗粒突起。

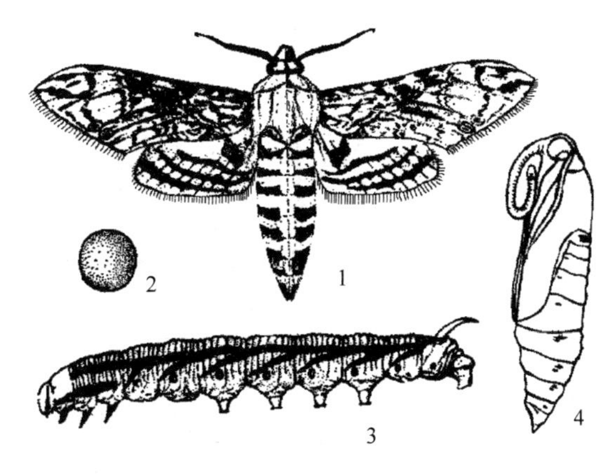

图 13-21 旋花天蛾
1. 成虫 2. 卵 3. 幼虫 4. 蛹
(仿华南农学院)

2. 核桃瘤蛾（图 13-22）

(1) 成虫 体长6～11mm，体、翅灰褐色。前翅前缘基部有1个和中部有2个隆起的鳞簇组成的黑斑，翅基部向外依次有黑色波纹状的内、中、外横线，后缘中部有1褐色斑；后翅灰色，散布暗褐色斑。

(2) 卵 扁圆形，直径0.2～0.3mm，中央顶部略显凹陷，四周有细刻纹。初产时乳白色，后变浅黄至褐色。

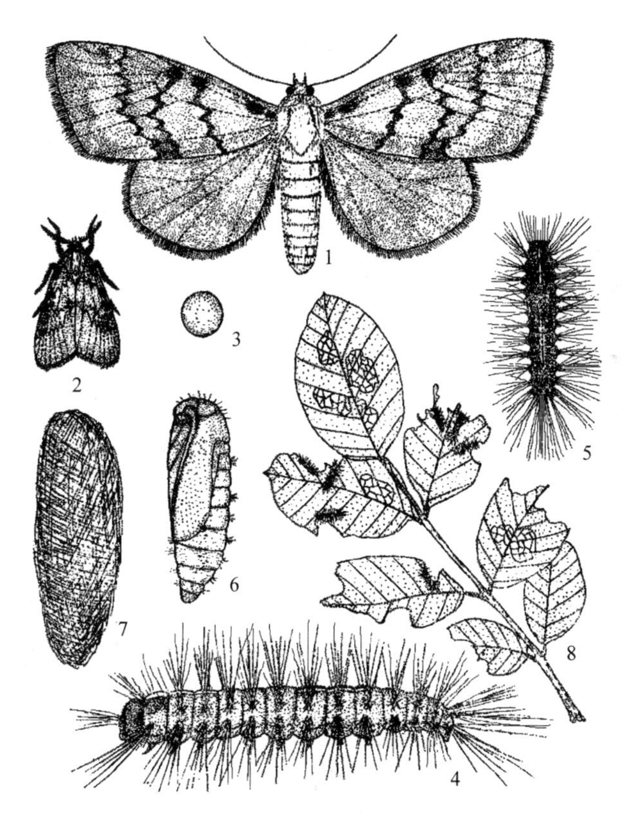

图 13-22 核桃瘤蛾
1. 雌成虫 2. 雄成虫 3. 卵
4、5. 幼虫侧面和背面 6. 蛹 7. 茧 8. 被害状
(仿赵庆贺等)

(3) 幼虫 老熟幼虫体长10～15mm，粗短而扁。体背棕黑色，腹面淡黄褐色。头部暗褐色，正面有不明显的“∧”形沟。胴部各节有毛簇，其中，背毛瘤最大、刚毛短，腹毛瘤最小，侧毛瘤刚毛最长。第3～7腹节有2条白色纵线。腹足3对，臀足1对，趾钩为单序中带。

(4) 蛹　体长8～10mm，椭圆形，黄褐色。腹部末端半球形，光滑无臀棘。越冬茧长椭圆形，丝质细密，黄褐色。

三、发生规律

1. 旋花天蛾　在辽宁、河北1年2代，山东、河南2～3代，安徽、江苏3～4代，湖南、江西、浙江、四川4代，福建4～5代。各地均以蛹在地下10cm左右深处越冬。各地各代成虫发生期见表13-12。

表13-12　旋花天蛾各地各代成虫发生期（旬/月）

地　点	越冬代	第1代	第2代	第3代	第4代
山东泰安	中/5～下/6	上/7～下/7	上/8～上/9		
安徽五河	上/5～中/6	下/6～下/7	上/8～上/9	下/9～下/10	
湖南长沙	上/5～下/6	上/7～下/7	上/8～上/9	上/9～上/10	
四川成都	下/4～中/6	中/6～下/7	下/7～下/8	下/8～下/10	
福建平潭	下/4	下/6	中下/7	下/8～上/9	上中/10

第1代幼虫为害春薯，第2、3代为害春、夏薯，第4、5代为害夏薯，田间世代重叠。全年以8～9月为害最重。

成虫昼伏夜出，白天隐藏于树冠、作物、草丛等隐蔽处，黄昏后外出觅食、交配、产卵，以19:00～22:00活动最盛。成虫趋光性强，以下半夜扑灯最多。成虫喜食瓜类、棉花、芝麻、木槿等植物的花蜜来补充营养。成虫产卵有选择性，以叶色浓绿、生长茂盛的薯田落卵多，单作薯田较间作薯田卵量大。卵多散产于甘薯叶背边缘处。单雌产卵量1 000～1 500粒，卵期4～6d。成虫飞翔力强，当环境条件不利时，有向适生区迁飞的习性，即干旱时成虫飞向低洼潮湿地段或降水地区，连续降水湿度过大时则飞向高地，因此常形成区域性为害。

幼虫共5龄。初孵幼虫先取食卵壳，再剥食叶肉形成窗斑或孔洞。2～3龄后蚕食叶缘成缺刻。1～4龄食量小，食叶3～4片；5龄为暴食期，可食叶29～38片，占总食量的88%～92%。幼虫密度高时，可将薯叶、嫩尖全部食光，仅存梗蔓。食料缺乏时，幼虫常成群迁至邻近薯田为害。老熟幼虫喜欢四处爬行寻找松软的土壤，或是就地入土化蛹，或是爬至田埂、路边甚至相邻作物田入土化蛹。幼虫期16～23d。

旋花天蛾的发生与气象条件密切相关，其中夏季雨量是影响其发生轻重的重要因素。雨量少、温度高，有利于大发生。湿度主要影响成虫的羽化和幼虫的成活，相对湿度75%左右既有利于成虫羽化，又利于幼虫成活。夏季正常高温，不仅对其生长发育无不良影响，且能加快各虫态的发育进度。但温度超过37℃时，卵不能孵化，蛹亦不能存活。幼虫不耐低温，若秋季骤然降温或霜期提前，能抑制最后1代的发生，减少越冬基数。

2. 核桃瘤蛾　在华北1年2代，以蛹在石堰、土壤、树皮等裂缝及树干周围石块、杂草、落叶间越冬。其中，以向阳坡、干燥处的石堰缝、土缝中越冬数量多，存活率也高。

越冬代成虫发生盛期在6月上中旬，第1代成虫发生盛期在7月下旬至8月上旬。成虫昼伏夜出，白天潜藏于林间冠内，傍晚后飞出交配、产卵。对黑光灯趋性最强。日活动盛期18:00～22:00，成虫羽化大多为18:00～22:00，而交配时刻多为4:00～6:00。卵多单粒散产于叶背主侧脉交叉处，单雌产卵量越冬代 70 粒左右，第 1 代 264 粒左右。

第 1 代卵发生盛期在 6 月中旬，第 2 代卵发生盛期在 8 月上旬。第 1 代卵期为 6～7d，第 2 代卵期为 5～6d。

第 1 代幼虫发生盛期在 6 月中下旬，第 2 代幼虫发生盛期在 8 月中旬。幼虫共 7 龄，初孵幼虫至 3 龄前活动性差、食量小，在叶背剥食叶肉，留下网状叶脉。3～5 龄幼虫活动性增强，能转移为害，蚕食叶片成缺刻，仅留下主侧脉。5～7 龄幼虫进入暴食期，可将整枝甚至全树叶片吃光。幼虫以夜间取食最烈。一般树冠外围叶片受害重于内膛叶片，树冠上部叶片重于下部叶片。老熟幼虫顺着树干多集中于 1：00～6：00 下树，寻找石缝、土缝、石块下等缝隙处化蛹。幼虫期 18～27d。

第 1 代老熟幼虫下树期为 7 月中旬至 8 月上旬。仅在第 1 代幼虫为害严重的树上有少数老熟幼虫在树上枯卷叶中结茧化蛹的现象。第 1 代蛹期 6～14d。第 2 代老熟幼虫下树期为 8 月下旬至 9 月下旬，第 2 代老熟幼虫全部下树化蛹越冬。第 2 代蛹（越冬蛹）期达 270d 左右。

四、常见其他天蛾类害虫（表 13－13）

表 13－13　6 种常见天蛾类害虫发生概况

种　类	发　生　概　况
豆天蛾	又名刺槐天蛾。几乎遍布全国，黄淮流域为害较重。以幼虫为害大豆、刺槐、绿豆和豇豆等豆科植物的叶片。北方 1 年 1 代，南方 2 代，均以老熟幼虫在土中越冬。成虫昼伏夜出，飞翔速度快，趋光性较强，喜食花蜜。卵多散产于嫩叶背面。幼虫共 5 龄，3 龄前昼伏夜食固定为害，4～5 龄昼夜暴食且转移为害，老熟幼虫入土化蛹。1 年中以 8 月为害最重
桃六点天蛾	又名桃天蛾。几乎遍布全国。以幼虫蚕食桃、枣、杏、苹果、梨、葡萄、枇杷等叶片，残留粗脉和叶柄。辽宁 1 年 1 代，黄淮流域 2 代，江西 3 代，均以蛹在土中越冬。成虫昼伏夜出，雌蛾粗笨不善飞翔，有趋光性。卵多散产于枝干阴暗处或皮缝中，偶有产于叶片者。老熟幼虫多于树冠下疏松的土内营室化蛹，以 4～7cm 深处较多
葡萄车天蛾	又名葡萄天蛾。几乎遍布全国。以幼虫蚕食葡萄、黄荆、乌蔹莓等叶片。1 年 1～2 代，以蛹在表土层内越冬。成虫昼伏夜出，有趋光性。卵多散产于叶背或嫩梢。幼虫昼伏夜食，行动迟缓，食光 1 枝叶片后，有转移邻枝为害的习性。老熟幼虫入土化蛹。1 年中以 7～8 月虫口密度最大
霜天蛾	又名泡桐灰天蛾。几乎遍布全国。以幼虫蚕食泡桐、悬铃木、樱花、桂花、女贞、紫荆、桃树等叶片。1 年 1～3 代，以蛹在土中越冬。成虫昼伏夜出，趋光性强。卵多散产于叶片背面。幼虫有转移邻枝为害的习性，老熟幼虫落地潜入土中化蛹。1 年中以 6～7 月为害最重
芋单线天蛾	又名芋黑纹天蛾。分布华南地区。以幼虫为害芋及甘薯等旋花科植物的叶片。1 年 6～7 代，以蛹在地下或杂草丛越冬。成虫昼伏夜出，飞翔迅速，有趋光性，喜食葫芦科花蜜。卵单粒散产于叶片背面。老熟幼虫吐丝黏叶或入土营室化蛹。1 年中以 6～8 月发生数量最多，为害最重
芋双线天蛾	几乎遍布全国。以幼虫为害芋、甘薯、凤仙花、芍药、葡萄等叶片。1 年 2～3 代，以蛹在土中越冬。成虫有趋光性。卵单粒散产于寄主嫩叶上。幼虫以 6～9 月发生数量最多，为害较重。老熟幼虫入土结粗茧化蛹

五、综合治理方法

1. 农业防治　晚秋或早春翻耕薯田和树盘，破坏越冬场所，减少来年虫源。

2. 诱杀成虫 成虫发生期利用其趋光性、趋化性，用黑光灯、糖醋液诱杀，以降低田间落卵量。

3. 扑杀幼虫 幼虫为害期，结合田间管理，随时扑杀幼虫。

4. 化学防治 各代幼虫发生期，掌握在低龄幼虫阶段，每公顷用25%灭幼脲3号悬浮剂，或52.25%农地乐乳油，或48%乐斯本乳油，或50%辛硫磷乳油，或20%甲氰菊酯乳油1 000～2 000ml；24%美满悬浮剂，或2.5%保得乳油，或20%功夫乳油750～1 500ml；20%杀铃脲悬浮剂或15%安打悬浮剂300～750ml，对水1 500～3 000kg喷雾防治。核桃瘤蛾老熟幼虫下树化蛹期，每公顷用50%辛硫磷乳油7 500ml，对水1 500kg喷洒树干和树盘。

5. 生物防治 幼虫孵化期高温多雨，每公顷可用Bt乳剂（含孢子100亿个/ml以上）4 500～9 000ml，对水1 000～2 000kg喷雾来防治低龄幼虫。

第八节 甲虫及叶蜂类

一、种类、分布与为害

园艺植物上发生为害的主要有鞘翅目叶甲科的黄曲条跳甲［*Phyllotreta striolata*（Fabricius)］、黄直条跳甲（*P. rectilineata* Chen)、黄宽条跳甲（*P. humilis* Weise)、黄窄条跳甲（*P. vittula* Redtenbacher)、黄守瓜（*Aulacophora femoralis chinensis* Weise)、大猿叶虫（*Colaphellus bowringi* Baly)，瓢甲科的马铃薯瓢虫［*Henosepilachna vigintioctomaculata*（Motschulsky)］、茄二十八星瓢虫［*H. vigintioctopunctata*（Fabricius)］或（*H. sparsa orientalis* Dieke)，芫菁科的豆芫菁（*Epicauta gorhami* Marseul)、中华芫菁（*E. chinensis* Laporte)，象甲科的绿鳞象甲（*Hypomeces squamosus* Herbst)，膜翅目叶蜂科的月季叶蜂（*Arge pagana* Panzer）和黄翅菜叶蜂［*Athalia rosae japanensis*（Rhower)］。其中以为害较重的黄曲条跳甲、黄守瓜、马铃薯瓢虫、茄二十八星瓢虫和月季叶蜂作为本节的重点介绍。

1. 黄曲条跳甲 属世界性害虫，我国各地均有分布。属寡食性害虫，主要为害油菜、萝卜、白菜、甘蓝、芥菜、花椰菜等十字花科蔬菜，也可为害茄科、豆科及葫芦科植物。成虫取食叶片，形成许多稠密的椭圆形小孔洞。以蔬菜幼苗期受害最重，常造成缺苗断垄，甚至毁种。也能为害采种株的花蕾和嫩荚。幼虫蛀食菜根表皮形成许多不规则弯曲状虫道，并能传播软腐病。

2. 黄守瓜 我国各地均有分布。主要为害黄瓜、南瓜、西瓜、甜瓜、冬瓜等葫芦科蔬菜，也为害十字花科、茄科和豆科植物。成虫主要咬食瓜叶，常形成圆形或半圆形缺刻；能咬断幼苗和嫩茎，造成死苗；也能为害瓜花和幼瓜。幼虫主要咬食瓜根或蛀入根中，造成死苗或植株枯死；也能蛀入贴地瓜内为害，导致瓜果腐烂。

3. 马铃薯瓢虫 我国各地几乎都有分布，而以黄河以北种群数量较多。主要为害马铃薯、茄子、番茄、辣椒等茄科蔬菜，也能为害豆科、葫芦科、十字花科植物，北方以马铃薯、茄子受害最重。成虫、幼虫舐食叶肉，留下许多不规则、半透明、箩底状凹斑或者透明窗斑。成虫还啃食瓜果表皮，先形成凹纹，而后渐变硬或畸形开裂，带有苦味，影响产量和品质。

4. 茄二十八星瓢虫　我国各地均有分布，而以长江以南发生量大、为害严重。主要为害茄子、马铃薯、番茄、辣椒、龙葵等茄科及黄瓜、丝瓜等葫芦科蔬菜，南方以茄子受害最重。为害状况同马铃薯瓢虫。

5. 月季叶蜂　又名蔷薇三节叶蜂、田舍三节叶蜂、蔷薇叶蜂。我国主要分布于华北、华东、华中、华南等地。主要为害月季、蔷薇、玫瑰、黄刺玫、十姊妹等花卉。幼虫喜群集为害，蚕食叶片成缺刻，发生严重时能将整枝叶片吃光，仅剩主脉。成虫产卵为害嫩梢，造成嫩梢枯萎，影响花卉的生长与观赏。

二、形态特征

1. 黄曲条跳甲（图 13－23）

（1）成虫　体长 1.8～2.4mm，椭圆形，黑色有光泽。前胸背板和鞘翅有排成纵行的刻点，鞘翅中央有 1 中间狭、两端大的黄色纵条，其外侧中部凹曲颇深，内侧中部较直，仅前、后两端向内弯曲。后足腿节膨大，善跳跃。

（2）卵　椭圆形，长约 0.3mm，深黄色，半透明。

（3）幼虫　老熟幼虫体长 4mm 左右，长圆筒形。头、前胸背板及臀板淡褐色，胸、腹部乳白色。各体节疏生不显著的肉瘤和细毛，腹末腹面有 1 个乳头状突起。

（4）蛹　长 2.0mm，长椭圆形，乳白色。头部隐于前胸下面。腹末端有 1 对叉状突起，叉端褐色。

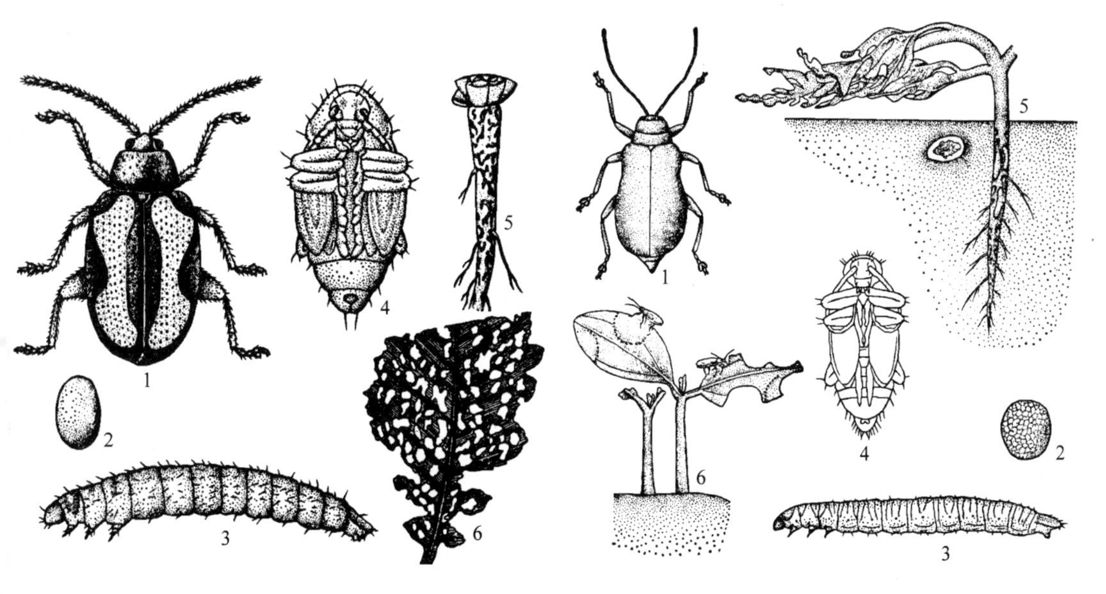

图 13－23　黄曲条跳甲

1. 成虫　2. 卵　3. 幼虫　4. 蛹
5. 幼虫为害状　6. 成虫为害状
（仿华南农学院）

图 13－24　黄守瓜

1. 成虫　2. 卵　3. 幼虫　4. 蛹
5. 幼虫为害状　6. 成虫为害状
（仿华南农学院）

2. 黄守瓜（图 13－24）

（1）成虫　体长约 9mm，长椭圆形，后方稍阔，橙黄色。前胸背板长方形，中央有 1 波浪形深横凹。雌虫腹部末节腹面有 V 形凹陷。雄虫腹部末节腹面有匙形构造。

（2）卵　卵圆形，长约1.0mm，黄色。卵壳表面有六角形蜂窝状网纹。

（3）幼虫　老熟幼虫体长12mm左右，长圆筒形。头黄褐色，胸、腹部黄白色。各体节有不显著的肉瘤。臀板长椭圆形，上有圆圈状褐色斑纹和4条纵凹纹。

（4）蛹　纺锤形，长9mm，黄白色。各腹节背面疏生褐色刚毛，腹末端有巨刺2个。

3. 茄二十八星瓢虫（图13-25）

（1）成虫　体长约6mm，半球形，黄褐色。体密被金黄色细毛。前胸背板多具6个黑斑，中间的4个常左右相连成1横斑。两鞘翅各有黑斑14个，基斑后面的4个黑斑在1条线上，两鞘翅合缝处黑斑左右不相接。

（2）卵　弹头形，长约1.2mm，初产时黄白色，后变褐色。卵块中卵粒排列较紧密。

（3）幼虫　末龄幼虫体长约7mm，纺锤形，初龄幼虫淡黄色，后变白色。体背各节有整齐横列的白色枝刺，枝刺基部具黑褐色环纹。

（4）蛹　长5.5mm，扁平椭圆形，黄白色。体背有黑色斑纹，但色较浅。末端为幼虫蜕皮所包被。

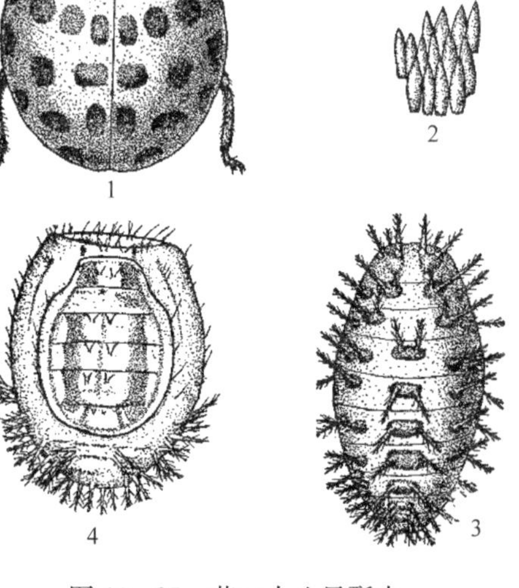

图13-25　茄二十八星瓢虫
1. 成虫　2. 卵　3. 幼虫　4. 蛹
（仿沈阳农学院）

4. 马铃薯瓢虫

（1）成虫　体长7～8mm，半球形，赤褐色，密被黄褐色细毛。前胸背板中央有1较大的剑形黑斑，两侧各有1或2个黑色小斑。两鞘翅各有黑斑14个，基斑后面的4个黑斑不在1条线上，两鞘翅合缝处有1～2对黑斑左右相接。

（2）卵　弹头形，长约1.3mm，有纵纹。初产时鲜黄色，后变黄褐色。卵块中卵粒排列较松散。

（3）幼虫　末龄幼虫体长约9mm，淡黄褐色，纺锤形，背部隆起。体背各节有整齐横列的黑色枝刺，其中前胸及腹部第8、9节各具枝刺4根，每枝刺有小刺6～10根。

（4）蛹　长6.5mm，扁平椭圆形，淡黄色。体背有黑色斑纹。蛹末端为末龄幼虫的蜕皮所包被。

5. 月季叶蜂（图13-26）

（1）成虫　体长6～8mm，翅展13～18mm。头、胸、足、翅均黑色，具金属蓝光泽。中胸背面有X形凹陷。腹部橙黄色，背面中央有

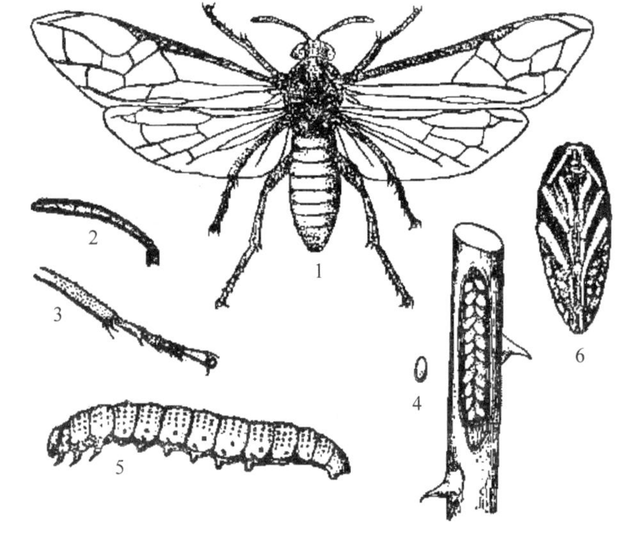

图13-26　月季叶蜂
1. 雌成虫　2. 触角放大　3. 跗节放大
4. 卵及其在寄主组织内排列　5. 幼虫　6. 蛹
（仿杨可四）

由胸腹交界处向后延伸的舌状黑斑。

（2）卵　椭圆形，长约 1mm，初产时淡橙黄色，孵化前为绿色。

（3）幼虫　老熟幼虫体长约 22mm，头部橘红色，胸、腹部橙黄色。胸部第 2 节至腹部第 8 节背面各有 3 横列黑色毛瘤，腹部第 2～8 节气门下方各有 1 块较大的黑色毛瘤。

（4）蛹　长 9mm，淡黄绿色。茧椭圆形，黄白色。

三、发生规律

1. 黄曲条跳甲　在东北、华北 1 年 3～5 代，华中 5～7 代，均以成虫在枯枝落叶下、杂草、土缝中过冬，翌年春季气温回升到 10℃以上时，越冬成虫恢复活动。在华南 1 年 7～8 代，终年繁殖为害，无越冬现象。

成虫活泼善跳，高温时还能飞翔。有趋光性，日活动最盛的时间是中午前后，最适温度 26℃左右，而早晚、阴雨天以及炎热夏日的中午前后常躲藏于植株心叶或基部叶背栖息。成虫 12℃开始取食，15℃食量渐增，20℃食量激增，32～34℃食量最大，34℃以上食量锐减，入土蛰伏。成虫产卵在晴天午后，卵多散产于菜根周围湿润的土缝或细根上，单雌产卵量 200 粒左右。成虫寿命可长达 1 年，产卵期可持续 1～1.5 个月，各代产卵量差异很大，因此世代重叠严重。

幼虫共 3 龄。卵的发育始点 11℃，有效积温 55 日度，最适温度 26℃。孵化要求相对湿度 100%，否则许多卵不能孵化。孵化后的幼虫爬至根部，剥食根的表皮。幼虫在土中的深度与作物根系的深度有关，如萝卜田以 4～5cm 处最多，白菜田以 3～4cm 处最多。幼虫的发育始点 12℃，有效积温 135 日度，最适温度 24～28℃。老熟幼虫多在 3～7cm 深的土中化蛹。蛹的发育始点 9.5℃，有效积温 86 日度。

黄曲条跳甲喜温暖、好高湿、趋嫩性，这是造成春、秋两季为害较重，南方受害重于北方，秋菜受害重于春菜的根本原因。

2. 黄守瓜　在华北 1 年 1 代；华中 1 代为主，部分 2 代；华南 2～3 代。各地均以成虫在避风向阳处的枯枝落叶、杂草丛中群集休眠越冬，无滞育现象。翌年春季地温回升至 6℃时恢复活动，10℃时全部出蛰。在 1 代区，越冬成虫于 5～8 月产卵，6～8 月为幼虫为害期，8 月成虫羽化，10 月后陆续进入越冬。在 2 代区，第 1 代成虫 7 月上中旬羽化，7 月中下旬发生第 2 代卵和幼虫，10 月第 2 代成虫羽化并陆续越冬。

成虫喜欢晴天活动，夜晚静伏，日活动高峰是 10:00～15:00，飞翔力强，有假死性。越冬前成虫和越冬后成虫都是先为害十字花科蔬菜来补充营养，或是去越冬，或是待到瓜苗现出 2～4 片真叶时再集中转向为害瓜叶。成虫产卵期长，单雌产卵量 150～2 000 粒，卵散产或成堆产于瓜根附近约 3cm 深的潮湿表土中或凹坑内。产卵与环境的关系是：20℃开始产卵，24℃产卵最盛；湿度越大，产卵越多；壤土中产卵最多，沙土中产卵最少。卵期 10～14d。

幼虫共 3 龄。卵孵化要求相对湿度达 100%，否则不能全部孵化。初孵幼虫为害细根，3 龄后为害主根或贴地瓜。幼虫期 19～38d。幼虫老熟后在根际附近 10cm 深处营室化蛹。

黄守瓜喜高温、好高湿、耐热性强、抗寒性差，这是南方发生程度重于北方的根本原因。

3. 马铃薯瓢虫 在东北、华北1年2代，少数1代。以成虫群集于背风向阳的山坡石缝、树洞、土穴等各种缝隙深处越冬。翌年气温回升到6～20℃时正值马铃薯出苗期，越冬成虫出蛰。先取食龙葵等茄科植物，再迁移到马铃薯或茄子上繁殖为害。6月上中旬为越冬成虫产卵盛期，6月下旬至7月上旬、8月中旬分别是第1代、第2代幼虫为害严重时期，9月上中旬第2代成虫羽化并开始迁移，10月进入越冬。东北地区越冬成虫出蛰较晚，而进入越冬稍早。

成虫白天活动，早晚潜伏，日活动高峰是10:00～16:00，飞翔力强，有假死性。成虫寿命越冬代达300d，产卵期40d。单雌产卵量越冬代400粒左右，第1代240粒左右。卵多产于马铃薯基部叶片背面，常20～30粒竖立成块。卵期5～6d。

幼虫共4龄。初孵幼虫多群集于叶背取食，2龄后则分散为害，仍在叶背取食，只有少数老龄幼虫可爬到叶面取食。幼虫和成虫均有残食同类卵的习性。幼虫期第1代23d，第2代约15d。老熟幼虫多在受害株基部叶背化蛹，蛹期5～7d。

马铃薯瓢虫只有取食了马铃薯才能安全越冬，只有取食了马铃薯才能在适宜的温度下产卵，成虫16℃以下不能产卵，30℃以上即使产卵也不能孵化，已孵化者也难发育到成虫，死亡率颇高。幼虫若不取食马铃薯则发育不正常。因此，马铃薯瓢虫属于北方暖地种害虫。在春种夏收栽培区发生为害的程度轻，在春种秋收或春、秋两种栽培区发生为害的程度重。

4. 茄二十八星瓢虫 在江苏1年4代，华中4～5代，福建5～6代。以成虫在杂草丛中、树皮裂缝、墙壁间隙、疏松土内分散越冬。翌春出蛰后先取食龙葵、酸浆等茄科植物，再迁移到茄子、马铃薯等茄科蔬菜田繁殖为害。

成虫昼夜取食，以晴天白昼食量最大，偏食马铃薯、茄叶，其次是甜椒和番茄。单雌产卵量400粒左右。卵多产于植株上部叶片的背面，常15～40粒竖立叶表。成虫具有假死性和残食同类卵的习性。

幼虫共4龄。初孵幼虫群集在卵块附近取食，2～3龄后渐分散为害，老熟幼虫在植株中下部及叶背化蛹。江西各代幼虫孵化期：第1代5月上旬，第2代6月上旬，第3代7月上旬，第4代8月中旬，第5代9月中旬。世代重叠严重。

茄二十八星瓢虫生长最适温度25～30℃，相对湿度80%～85%。当气温低于22℃时，成虫很少交配和产卵；当气温降至18℃以下时，成虫进入越冬状态。南方地区6～9月的气象条件和食物因素是造成该阶段茄果类受害严重的主要原因。

5. 月季叶蜂 在北京1年2代，南京5代，福建7代，均以老熟幼虫在土中结茧越冬。在南京各代成虫发生期分别是：越冬代4月上旬，第1代5月下旬至6月中旬，第2代7月上中旬，第3代8月中旬至9月上旬，第4代9月下旬至10月上旬。世代重叠。10月中下旬老熟幼虫入土越冬。

成虫产卵时用镰刀状产卵器锯开嫩梢表皮，深达木质部，产卵其中。产卵痕经3～5d纵裂，卵粒外露。单梢有卵10～30粒，单雌产卵量47粒左右。卵期7d左右。幼虫共6龄，孵化后向梢端爬行，群集取食嫩叶。随着虫龄增大，由梢端向下逐渐分散为害。3龄以后一般1～5头取食同一叶片。5龄后进入暴食期。幼虫老熟后沿枝干向下爬行，入土5cm深处结茧化蛹或越冬。

四、其他甲虫和叶蜂类害虫（表 13-14）

表 13-14　5 种常见甲虫和叶蜂类害虫发生概况

害虫种类	发 生 概 况
大猿叶虫	以成虫和幼虫为害白菜、萝卜、油菜、芥菜、芜菁等十字花科蔬菜，国内分布普遍。北方 1 年 2 代，华南 5～6 代。以成虫在 5cm 深土内越冬，春、秋两季为害严重。卵成堆产于根际或植株心叶内。初孵幼虫啃食叶肉，大龄幼虫和成虫食叶片成孔洞或缺刻。成虫和幼虫均有假死性
豆芫菁	以成虫群集为害大豆、花生、马铃薯、茄子、番茄、棉花、甜菜等作物，国内分布普遍。北方 1 年 1 代，南方 1 年 2 代，以 5 龄幼虫（伪蛹）在土中越冬。成虫喜食嫩叶和花瓣成缺刻或残存网状叶脉。成虫掘 4～5cm 深斜形土穴产卵其中，幼虫孵化后爬出土穴，寻找蝗卵，以蝗卵为食发育至 4 龄。成虫有假死性
中华芫菁	以成虫群集为害豆类、马铃薯、甜菜、向日葵、玉米等植物，主要分布于北方区，1 年发生 1 代，以 5 龄幼虫（伪蛹）在土中越冬。成虫为害叶片成网状缺刻，发生严重时能将叶片或种荚吃光。成虫活泼，产卵于土穴内。幼虫共 6 龄，1～4 龄猎食蝗卵
绿鳞象甲	以成虫群集为害柑橘、茶、桃、李、桑和枫杨等果树、林木。长江流域以南较为多见，1 年发生 1 代，以老熟幼虫或个别成虫在地下越冬。成虫以 6 月中旬至 8 月中旬数量最多，产卵于浅层土内。幼虫以根和腐殖质为食，苗木和幼树受害较重
黄翅菜叶蜂	以幼虫为害白菜、油菜、萝卜、甘蓝、芜菁、芥菜等十字花科蔬菜，国内分布普遍。北方 1 年 5 代，以老熟幼虫在土中结茧越冬。成虫产卵于叶背叶缘组织内，呈小隆起，常排成 1 列。幼虫早晚取食叶片和留种株嫩荚，叶片呈缺刻或网状。老熟后入土营室化蛹。全年以春、秋两季为害较多，而秋季为害白菜、油菜最重

五、综合治理方法

1. 农业防治　①清洁田园，深耕晒土，破坏越冬场所，减少越冬虫源。②提倡十字花科、茄科和瓜类蔬菜与其他作物实行轮作，可减轻跳甲、瓢甲和黄守瓜的为害。③调节瓜苗移栽期，避开瓜苗敏感期与黄守瓜成虫接触，可减轻黄守瓜对瓜苗的为害程度。

2. 人工捕杀　成虫发生期在早晚利用其假死性，用盆承接拍打植株使其坠落，结合整枝、打杈、摘叶去除卵块，可压低虫口密度，减轻为害。

3. 化学防治　用 2.5%溴氰菊酯乳油或 20%甲氰菊酯乳油 400～600ml；2.5%保得乳油或 2.5%功夫乳油 300～450ml；52.25%农地乐乳油或 48%乐斯本乳油 600ml，对水600～1 200kg/hm^2 喷雾。或用 50%辛硫磷乳油、48%乐斯本乳油 1 000～2 000ml，对水 1 000～2 000kg/hm^2 灌根防治。

4. 生态控制　提倡大棚、网室栽培技术，全面推行地膜覆盖栽培，生产无公害蔬菜。

第九节　蝗 虫 类

一、种类、分布与为害

蝗虫类属直翅目蝗总科，国内已记载 1 000 余种，均为典型的植食性、食叶性害虫，其中东亚飞蝗［*Locusta migratoria manilensis*（Meyen）］曾是我国历史上第一大害虫。为害园艺植物的有蝗科的短额负蝗（*Atractomorpha sinensis* Bolivar）、长额负蝗（*A. lata* Motschulsky）、长翅素木蝗［*Shirakiacris shirakii*（I. Bolivar）］、中华蚱蜢［*Acrida chinensis*（Westwood）］、笨蝗（*Haplotropis brunneriana* Saussure）和菱蝗科的日本菱蝗［*Tetrix japonicus*（Bolivar）］等，其中以短额负蝗为害较重，为本节介绍的重点。

短额负蝗又名尖头蚱蜢，国内分布普遍。以成虫和若虫咬食蔬菜、果树、林木及粮食作物的叶片，形成孔洞和缺刻，严重时可吃光叶片，仅剩枝秆。以华北地区为害较重。

二、形态特征（图 13-27）

（1）成虫　体长 21～30mm，绿色至枯黄色。头呈圆锥形，头顶呈水平状向前突出，颜面颇向后倾斜与头顶形成锐角。前翅绿色；后翅基部红色，端部绿色。

（2）卵　卵粒乳白色，弧形。卵块外有黄褐色封固物，卵囊长筒形。

（3）若虫（蝗蝻）　淡绿色，布有白色斑点，前、中足有紫红色斑点，呈鲜明的红绿色彩。

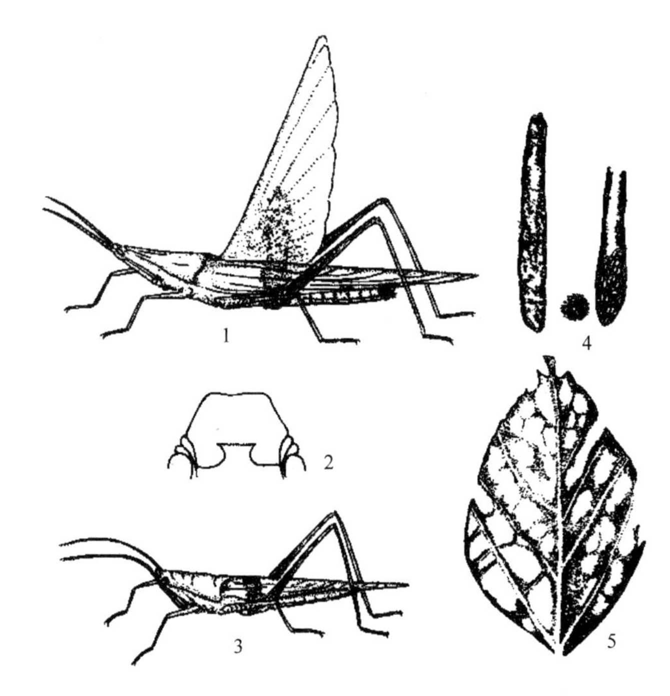

图 13-27　短额负蝗

1. 雌成虫　2. 雌成虫中胸腹板　3. 雄成虫　4. 卵囊及其剖面　5. 叶片被害状

（仿徐树云）

三、发生规律

在长江流域 1 年 2 代，华北地区 1 年 1 代，以卵在土中越冬。在山西大同越冬卵在 6 月上旬开始孵化，6 月下旬为孵化盛期。成虫在 8 月中旬开始羽化，8 月下旬为羽化盛期，9 月上中旬为产卵盛期。在微山湖区越冬卵 5 月下旬至 6 月上旬为孵化盛期，越冬代成虫 7 月中下旬为产卵盛期，第1代卵8月上中旬为孵化盛期，第1代成虫于9月底至10月产下越冬卵。

短额负蝗好发于平原洼地、滨湖库区的沟渠两侧，喜欢取食双子叶植物，易对周围附近的豆类、棉花、蔬菜、果树等造成为害。成虫交配期雌虫背负雄虫爬行数天不散，故而得名"负蝗"。

四、常见其他蝗虫类（表13-15）

表13-15　5种常见蝗虫的发生概况

害虫种类	发生概况
长额负蝗	以成虫和若虫取食水稻、甘蔗、柑橘及蔬菜等。我国各地均有分布。1年发生1代，以卵在土内越冬。好发于平原洼地、滨湖库区的沟渠畦埂，种群密度一般不及短额负蝗，多属零星发生
长翅素木蝗	以成虫和若虫为害豆科、禾本科作物及多种牧草。我国东部地区都有分布。1年发生1代，以卵在土内越冬。越冬卵5～6月孵化。成虫善跳跃，寿命延至10月。好发于滨海湖区、植被较密的高草地带。局部地区常对豆类、麦苗、蔬菜造成严重为害
中华蚱蜢	以成虫和若虫为害柑橘、猕猴桃、梨、玉米、粟及多种禾本科牧草。我国分布普遍。1年发生1代，以卵在土内越冬。越冬卵5～6月孵化。成虫不善跳跃，8月中旬羽化，9月间产卵。多发于山坡、荒地、河堤两岸的草丛。属零星发生
笨蝗	以成虫和若虫为害甘薯、豆类、花生、苹果、蔬菜、林木等双子叶植物。我国主要分布在北方。1年发生1代，以卵在土内越冬。越冬卵4～5月孵化，成虫6～7月羽化，7～8月产卵。多发于山区丘陵、地势高燥、植被覆盖率达30%～70%的坡地带，种群密度较高
日本菱蝗	以成虫和若虫为害烟草、蔬菜、果树等植物。1年发生1代，以卵在土内越冬。我国分布普遍，属零星发生

五、综合治理方法

1. 生态防治　兴修水利，疏通河渠，完善配套排灌系统，解决因旱涝形成的蝗灾问题。

2. 农业防治　田园实行精耕细作，沟渠坝埂化学除草，消除蝗虫滋生场所。

3. 化学防治　蝗蝻发生期用48%乐斯本乳油、50%辛硫磷乳油1 000～1 500ml或5%锐劲特悬浮剂450～750ml，对水1 000～1 500kg/hm^{2}喷雾，封杀蝗蝻于沟渠坝埂。经济作物田块用52.25%农地乐乳油600ml对水1 000kg/hm^{2}防治。

复习思考题

1. 区别下列各组内害虫：①甜菜夜蛾、甘蓝夜蛾和斜纹夜蛾成虫和幼虫；②菜粉蝶和云斑粉蝶成虫；③黄刺蛾、褐边绿刺蛾、扁刺蛾成虫和幼虫；④小菜蛾、菜螟成虫和幼虫；⑤枣尺蠖、枣黏虫成虫和幼虫；⑥舞毒蛾、天幕毛虫、舟形毛虫、美国白蛾成虫和幼虫；⑦黄曲条跳甲、黄直条跳甲、黄宽条跳甲、黄窄条跳甲；⑧马铃薯瓢虫、茄二十八星瓢虫。

2. 果树上常见的刺蛾有哪几种？怎样识别？

3. 大袋蛾发生严重的主要原因是什么？如何防治？

4. 舟形毛虫发生为害的特点是什么？如何防治？

5. 舞毒蛾发生为害有何特点？怎样防治既简便又有效？

6. 为什么防治天幕毛虫和舟形毛虫应提倡加强田园管理为主，喷药“挑治”为辅？

7. 简述枣尺蠖的习性，并依此制定防治措施。

8. 怎样实行对美国白蛾的严格植物检疫？

9. 黄曲条跳甲、大猿叶虫、黄守瓜的成虫和幼虫分别为害植物的哪些部分？怎样综合治理？

第十四章　蛀茎（枝干）害虫

蛀茎（枝干）害虫（stem boring insect）是指幼虫钻蛀木本植物主干或枝干、草本植物茎秆，匿居其中的昆虫。在我国各地园艺植物上发生为害较普遍的主要是鞘翅目的天牛、吉丁虫、象虫科和鳞翅目的透翅蛾、木蠹蛾等科中的有关种类，此外，还有膜翅目的茎蜂类。

第一节　天 牛 类

一、种类、分布与为害

园艺植物上为害较普遍的天牛主要有星天牛［*Anoplophora chinensis*（Foerster)］、光肩星天牛［*Anoplophora glabripennis*（Motschulsky)］、黑星天牛［*Anoplophora leechi*（Gahan)］、桑天牛（桑粒肩天牛）［*Apriona germari*（Hope)］、桃红颈天牛［*Aromia bungii*（Faldermann)］、云斑天牛（云斑白条天牛）［*Batocera horsfieldi*（Hope)］、梨眼天牛［*Bacchisa fortunei*（Thomson）＝*Chreonoma fortunei* Thomson］、葡萄脊虎天牛（葡萄枝天牛、葡萄虎天牛）（*Xylotrechus pyrrhoderus* Bates)、顶斑瘤筒天牛［*Linda fraternal*（Chevrolat)］、日本筒天牛［*Oberea japonice*（Thunberg)］、菊小筒天牛（*Phytoecia rufuventris* Gautier)、瓜藤天牛（*Apomecyna saltator* Fabricius＝*Apomecyna neglecta* Pascoe)、松褐天牛（*Monochamus alternatus* Hope）等。现以为害较重的星天牛、桑天牛和桃红颈天牛作为代表介绍。

1. 星天牛　国外分布于日本、朝鲜、缅甸。我国分布甚广，除南方各地外，北方的辽宁、陕西、甘肃、山东、河北、山西等地也有分布。可为害 19 科 29 属 40 多种植物，主要有杨、柳、苹果、梨、桃、杏、枇杷、樱桃、柑橘、荔枝、桑、无花果、核桃、红椿、榆、苦楝、刺槐、梧桐、乌桕、相思树、悬铃木及其他林木和果树。幼虫主要钻蛀成年树的主干基部和主根，造成许多孔洞，并向外排出黄白色木屑状虫粪，堆积在树干周围地面，影响树体养分和水分的输导。果树和林木受害轻者，养分输送受阻；重者，主干被全部蛀空，整株枯萎，易被风吹断，甚至吹倒而致全株死亡，缩短结果年限，造成巨大损失。成虫食害嫩枝皮层，或产卵时咬破树皮，造成拉毛伤口。

2. 桑天牛　国外分布于日本、朝鲜、越南、缅甸和印度。我国各省（自治区、直辖市）均有发生。多种果树、林木的重要害虫，对桑、无花果、山核桃、白杨等为害最烈，其次为害柳、刺槐、构树、枫杨、苹果、海棠、沙果、枇杷、樱桃、柑橘等。成虫食害桑叶和产卵时咬破寄主树皮造成产卵伤口。幼虫自上而下蛀食枝干，隔 15～20cm 有排泄孔堆满虫粪，轻的树势衰败，遇风易折，重则全株枯死。成虫啮食 1 年生枝枝皮，造成不规则的伤痕，若皮层被吃成环状，枝条上部即枯死。被害株平均条长减少 19.8%。

3. 桃红颈天牛　国外分布于朝鲜。我国分布于内蒙古、甘肃、山西、陕西、河北、山东、安徽、江苏、浙江、福建、广东、广西、湖北、江西、四川等地。可为害桃、杏、李、郁李、梅、樱桃，其次为害苹果、梨、柿、柳等果树和林木。以幼虫在枝干皮层下和木质部钻蛀隧道为害，造成树干中空，皮层脱离，隧道内充满虫粪。枝干被蛀害后树势衰退，常引起死亡。

4. 葡萄脊虎天牛 分布于华北、东北、华中和华东北部各葡萄产区。寄主为葡萄。以幼虫在枝或树干皮下的木质部内纵行蛀食，粪便皆堵塞于虫道内，不排出隧道外，致使枝蔓断落、枯死。开花前后死蔓最盛，严重时，50%以上的枝蔓被害。

二、形态特征

1. 星天牛（图 14 - 1）

（1）成虫　体长 19～41mm，黑色，有光泽。鞘翅上具小型白色毛斑，基部具大小不一的颗粒。触角第 3～11 节每节基部均有淡蓝色毛环；雄虫触角超出体外 4～5 节，雌虫触角超出体外 1～2 节。前胸背板两侧各具粗短刺突 1 个。

（2）卵　长椭圆形，长 5～6mm，乳白色。

（3）幼虫　成长幼虫体长 45～60mm，扁圆筒形，淡黄白色。前胸盾后部有“凸”字形纹，色较深，其前方有黄褐色飞鸟形纹。中胸腹面、后胸及腹部第 1～7 节，各节的背、腹面中央均有步泡突（移动器）。

（4）蛹　体长 30mm 左右，初为乳白色，羽化前呈黑褐色。触角细长，卷曲。体形与成虫相似。

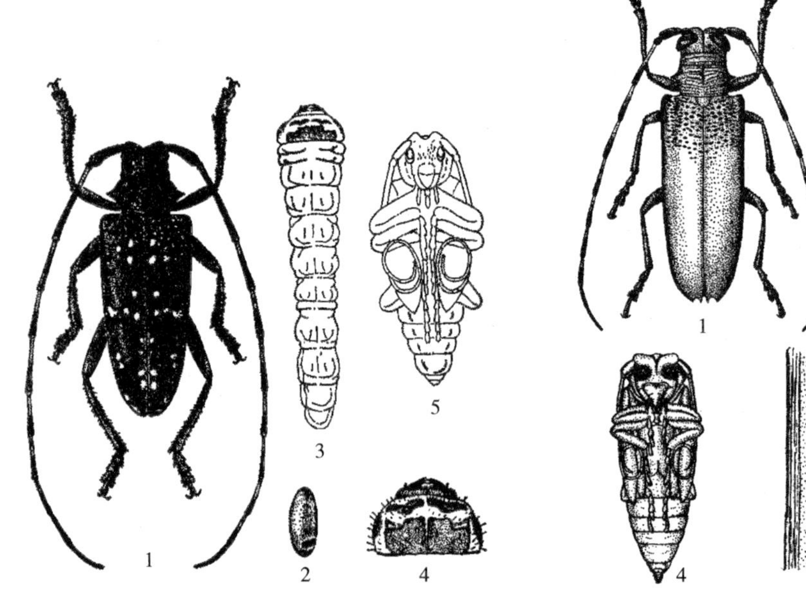

图 14 - 1　星天牛

1. 成虫　2. 卵　3. 幼虫　4. 幼虫头及前胸背面　5. 蛹
（仿华南农学院）

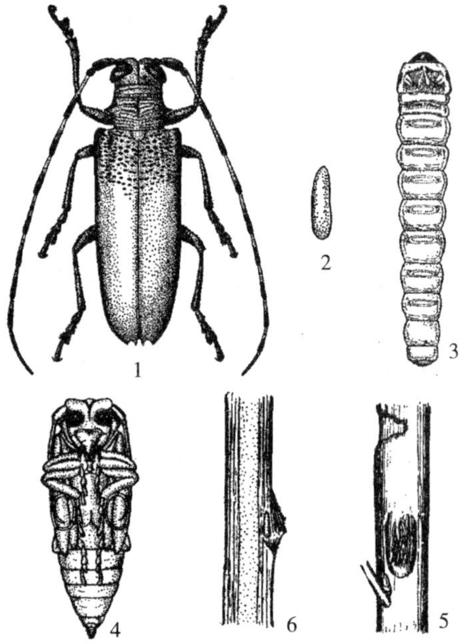

图 14 - 2　桑天牛

1. 成虫　2. 卵　3. 幼虫　4. 蛹　5. 产卵穴　6. 产卵枝
（仿浙江农业大学）

2. 桑天牛（图 14 - 2）

（1）成虫　雌虫体长 36～51mm，雄虫体长 36mm，体和鞘翅黑褐色，背面被浓密的绿褐色绒毛，腹面为黄褐色。触角 11 节，雌虫触角比体略长，而雄虫触角显著长于体。前胸两侧中部各具 1 刺状突起，背面多横皱，鞘翅基部密布黑色光亮的瘤状突起。

（2）卵　长 5～7mm，长椭圆形略扁，弯曲，乳白色。

（3）幼虫　成长幼虫长 50～70mm，乳白色。前胸特大，其背板前缘密生黄褐色刚毛和深棕色小颗粒，并有凹陷的“小”字形纹。自后胸至第 7 腹节的背面各有 1 个扁圆形步泡突。

（4）蛹　体长 30～50mm，黄白色，后渐变为淡黄褐色。腹部第 1～6 节背面各有 1 对刚毛区，密生褐色刚毛。腹端轮生刚毛。

3. 桃红颈天牛（图 14－3）

（1）成虫　体长 28～37mm，黑色有光泽。前胸背板分为光亮棕红色的红颈型和黑色发亮的黑颈型。触角基部两侧各有 1 叶状突起，前胸背板两侧有 1 大而尖的刺突，背面有 4 个光滑瘤状突起。

（2）卵　长椭圆形，长 1.6～1.8mm，宽 0.7mm，初产为绿色，后变淡黄色。

（3）幼虫　老熟时体长 38～55mm，乳白色，被黄棕色细毛。前胸背板宽大，前半部具 2 个“凹”字形黄褐色斑，两斑中央偏后部有 1 个半圆形褐色小斑。腹部第 1～7 节腹面和背面各具 1 对步泡突。

（4）蛹　体长约 35mm，初为淡黄色，渐变黄褐色，前胸两侧和前缘中央各有 1 个突起，前胸背面有 2 排刺毛。

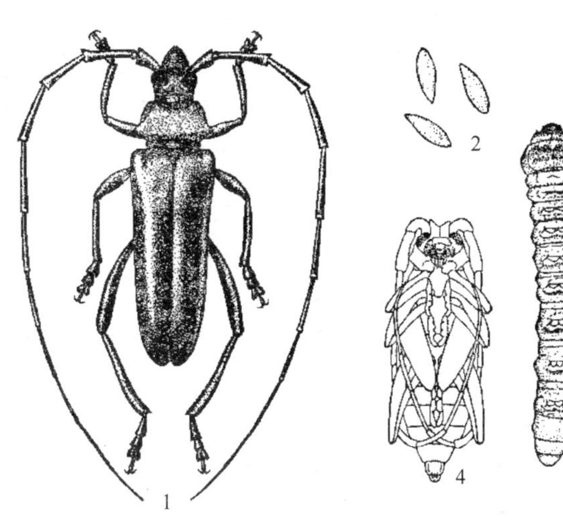

图 14－3　桃红颈天牛
1. 成虫　2. 卵　3. 幼虫　4. 蛹
（仿浙江农业大学）

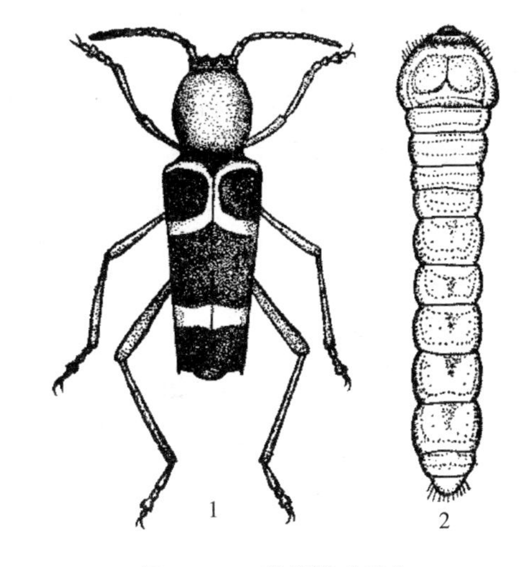

图 14－4　葡萄脊虎天牛
1. 成虫　2. 幼虫
（仿北京农业大学）

4. 葡萄脊虎天牛（图 14－4）

（1）成虫　体长 15～28mm，宽约 4.5mm。体大部分为黑色。前胸背板和腹板、中胸腹板及小盾片暗赤色，触角和足黑褐色。鞘翅上有 x 形黄色斑纹，近末端有 1 条黄色横纹。

（2）卵　椭圆形，一端稍尖，乳白色。

（3）幼虫　老熟时体长 17mm，其上着生稀疏的细毛。头小，黄白色。胸部浅黄色。前胸背板宽大，黄褐色，后缘有“山”字形细沟纹。中胸至第 8 腹节背和腹面各有 1 肉状突起，全体粗生细毛。

（4）蛹　体长 15mm 左右，淡黄白色。前胸背板宽大，前端密生短毛，中央有 1 对椭圆形斑。

三、发生规律

（一）生活史与习性

1. 星天牛 1年发生1代，少数地区2年1代或2～3年1代。11～12月以幼虫在树干近基部木质部隧道内越冬，翌年4月中下旬化蛹。蛹期短者18～20d，长的约30d。5月上旬至6月下旬成虫陆续羽化（最迟7月下旬）、交配产卵，6月上旬幼虫开始孵出。幼虫期甚长，约10个月。7月下旬后成虫停止产卵。雌成虫寿命40～50d，雄虫较短。成虫羽化后在蛹室停留5～8d后爬出。雌虫产卵位置一般离地3.5～5cm最多，先以口器在干上咬破树皮成裂口，然后于树皮下产卵1粒，产卵处外表隆起呈倒T形的裂口。每雌一生可产卵20.8粒。卵期1～2周。幼虫孵出后在主干基部树皮里向下蛀食，初呈狭长沟状而少迂回弯曲，抵地平线以下始向干基周围扩展迂回蛀食。幼虫在皮下蛀食1～2个月后，方蛀入木质部内，蛀入木质部的位置多在地面下3～6cm处。树干基部周围地面上常见有成堆的虫粪。排出的虫粪，若纯为屑状，则幼虫尚未成熟；为条状并杂有屑，则将近成熟；无虫粪排出时，幼虫已成熟，或虽未成熟，却已进入静止状态，准备越冬。幼虫化蛹前紧塞蛀道下端，在上端宽大蛹室顶端向外开1个羽化孔，直达表皮为止，再静止不动，头部向上，直立蛹室中化蛹。

2. 桑天牛 在华北地区2～3年发生1代；江苏、浙江、江西、四川均2年1代；广东1年1代为主（占87.1%），少数2年1代；我国台湾1年则可发生1代。各地均以1或2年生幼虫在被害枝干蛀道内越冬。此虫一生先后经两次越冬，共跨3年。8月上旬前产的卵，孵化后当年开始蛀食，11月上旬越冬，第2年3月中旬即开始活动蛀食；8月底以后产的卵，孵化后当年不蛀食，以初孵幼虫在产卵穴内越冬，第2年活动迟，至4月底才开始蛀食。第2年均于11月上旬越冬，至第3年3月中旬再蛀食一段时间，5月中旬末化蛹。成虫羽化始见期在6月中旬，始盛期在6月下旬的前半旬，盛期在7月上旬前半旬，盛末期在7月中旬，终见期在9月中旬。卵期24d；幼虫期623～650d，其中活动期259～376d，越冬期258～347d；蛹期23d。1代全期共670～697d。雌成虫寿命64.67d，雄成虫72.67d。羽化后经6d左右钻出羽化孔。产卵前期5～12d，在此期间成虫不断咬食1年生树枝皮。成虫咬食枝皮有趋高习性。交配时间一般在20:00以后，产卵时间大多在夜间。产卵前，选择约10cm粗的小枝，在基部或中部将表皮咬成U形伤口，然后再将卵产于其中，每处产1～5粒。每雌产卵最多136粒，最少94粒，平均120粒。卵多产在径粗10mm左右的1年生枝条距基部6～10cm处。幼虫孵出后，先向上蛀食10mm左右，即调头沿枝干木质部的一边向下蛀食，逐渐深入心材。每隔一定距离向外咬1圆形排泄孔，排出木屑状粪便，排泄孔径随幼虫增长而扩大，孔间距离也逐渐增长。排泄孔位置一般均在同一方向，遇有分枝或木质较坚硬处则可避向另一边。幼虫取食期间多在下部排泄孔附近，越冬期内，因虫道底部常有积水，故行上移，并可超过由下至上的第3孔上方。幼虫越冬时，在头部的上方常塞有木屑。幼虫老熟后，即沿虫道上移1～3个排泄孔，向外咬1羽化孔的雏形，达树皮边缘，外观不易发现，但仔细观察常见树皮臃肿或断裂，有较粗木丝露出树皮，或皮层处湿润，有黄褐色汁液外流。在蛀道内化蛹。

3. 桃红颈天牛 在华北地区2～3年1代，在四川盆地1年1代。以低龄幼虫（第1年）和老熟幼虫（第2年）在树干蛀道内越冬。5月初至6月下旬老熟幼虫开始化蛹，蛹期20～

25d。成虫于5～8月出现。成虫羽化后，先在蛹室内停留3～5d后钻出蛹室活动。成虫喜食露水和烂桃汁。雌成虫遇惊扰即行飞逃；雄成虫则多走避或自树上坠下，落入草中。成虫出洞2～3d后开始交配、产卵。卵多产在主干、主枝的树皮缝隙中，以近地面35cm范围内较多，卵散产。成虫寿命一般15～30d。卵期7～9d。幼虫孵化后，向下蛀入韧皮部，先在韧皮层下蛀食成弯曲状条槽，当生长至体长6～10mm时，就在此皮层中越冬。次年春天幼虫继续向下由皮层逐渐食至木质部表层，到7～8月幼虫长到体长30mm后，蛀入木质部深处向上蛀食，蛀道弯曲不规则，幼虫即在其中越冬。第3年春继续蛀害，5～6月老熟幼虫用分泌物黏结木屑在木质部蛀道内做蛹室化蛹。幼虫期历时约600d。幼虫一生钻蛀隧道总长50～60cm。在树干的蛀孔外及地面上堆积大量的红褐色虫粪及碎屑。受害严重的树干全被蛀空，树势衰弱易遭风折，严重枯死。

4. 葡萄脊虎天牛 1年发生1代，以幼虫在枝蔓虫道内越冬。翌春4月下旬葡萄萌动时开始活动，5、6月达为害盛期，7～8月成虫陆续出现，卵散产于芽的鳞苞或叶柄空隙间，卵期5d左右。初孵幼虫自枝梢皮下蛀入，为害至秋后越冬。

（二）发生与环境因素的关系

1. 星天牛 一般晴天上午及傍晚活动、交配、产卵，午后高温时多停息于枝梢上，夜晚停止活动。飞翔力较强，一次可飞行20～50m。常在砧木或外露根上交配，经10～15d后在树干近根处产卵。8年生以上或主干直径7cm以上的树方被其产卵。

2. 桑天牛 一般管理良好、植株生长旺盛、1年生枝粗大，符合桑天牛产卵的要求，产卵密度大；管理不善、树势衰老、枝条短小，产卵稀少。据嘉兴南堰调查，生长健壮的植株，桑天牛产卵率达12.97%；树势衰老的植株，产卵率仅1.25%，相差10倍。同一桑园里，不同直径的枝条产卵枝率亦不同，一级枝（直径20mm以上）产卵枝率达32.78%，二级枝（直径10～20mm）10.98%，三级枝（直径10mm以下）仅0.56%。一般在树皮粗糙、木质松软的品种上产卵最多。天牛卵姬小蜂（*Aprostocetus furutai* Miwa et Sonan）是抑制桑天牛繁殖的有效天敌，1年发生3代，以幼虫在桑天牛卵内越冬，翌年5月下旬化蛹，各代成蜂分别于6月下旬、7月下旬和8月下旬羽化，以第3代幼虫越冬。每1寄主卵内能发育蜂最多75头，最少14头，平均24头。一般桑天牛卵发育到第5天后，即不适于寄生蜂产卵寄生。在杭州华家池调查，卵被寄生率可达24%。据浙江嘉兴调查，桑天牛卵平均孵化率为28.97%，未孵卵率为12.72%，被寄生卵率为21.79%，尚有36.52%为空卵穴。

3. 桃红颈天牛 一般管理不善、树势衰老、树皮粗糙的树体上产卵多，受害重。

四、常见其他天牛发生概况（表14-1）

表14-1 8种常见天牛发生概况

害虫种类	发生概况
光肩星天牛	该天牛分布广泛，但在北方较严重。主要为害柳、杨、苹果、梨、李、樱桃、樱花、榆、糖槭。一般2～3年发生1代，长江流域多1年发生1代。以幼虫在树木基部或主根部蛀食为害，外面有木屑状排泄物。树干易被风折或全树叶片发黄枯死

（续）

害虫种类	发 生 概 况
黑星天牛	1年发生1代，以幼虫在树木基部或主根部蛀食为害，外面有木屑状排泄物。树干易被风折或全树叶片发黄枯死。幼虫在树干内过冬。4月中下旬化蛹，5月上旬至6月上旬成虫羽化，卵多产在5年生以上或主干直径6cm以上近地面处的树干内
云斑天牛	在我国陕西、河南、浙江、江西、湖南、福建、台湾、广东、四川、云南等地均有分布，为害柳、杨、桑、油桐、苹果等树木。2～3年发生1代，以幼虫越冬。雌虫多在老树树干基部的粗糙皮缝内产卵。幼虫钻蛀处，树皮胀起，纵向开裂，其下充满虫粪和木屑
松褐天牛	分布于河北以南各省（自治区、直辖市），为害马尾松、黑松、雪松、柳杉。幼虫在衰弱的松树皮下和木质部蛀食，致松树枯死。成虫可携带松材线虫，传播松材线虫病，致使松树大片死亡。1年1代，幼虫越冬，成虫4～7月交配产卵
梨眼天牛	在我国分布广泛，为害梨、梅、苹果、杏、桃、李、海棠、石楠、野山楂。在青岛、西安2年发生1代，以幼虫越冬。蛹期一般20d左右，5月中旬成虫羽化最多。成虫多栖于树叶的下面，有时也爬至较小的枝上，食叶或嫩枝树皮。雌虫多产卵于树冠周围的枝条上。初孵幼虫就地取食树枝的韧皮部，2龄后幼虫开始向木质部蛀食，朝枝梢的尖端方向取食，蛀孔扁圆形，蛀道口外堆满烟丝状木屑纤维粪便
顶斑瘤筒天牛	在国内分布较广，可为害苹果、梨、桃、梅、李、杏、樱桃等多种果树。主要以幼虫在细枝内蛀食为害，造成枝梢枯死。成虫体橙黄色，密生黄绒毛，鞘翅、触角、复眼、口器和足均为黑色。1年1代，以老熟幼虫在被害枝条内越冬。5～6月出现成虫，卵产于当年生新梢的皮层内，幼虫孵化后蛀食当年生新梢和2年生小枝，7～8月被害枝叶枯黄
瓜藤天牛	国内分布较广，主要为害瓜类作物。幼虫蛀食藤茎，造成瓜藤枯萎和断藤落瓜。江西1～3代。以老熟幼虫在枯残藤内越冬。成虫产卵于瓜藤裂缝中。幼虫孵化后从节部蛀入瓜藤的髓部为害，从5月下旬至9月都可发现幼虫为害
菊小筒天牛	全国各地菊花栽培地区均有分布。主要为害菊花、除虫菊、金鸡菊、蛇目菊、欧洲莲、蒿等植物。以幼虫蛀食茎秆髓部，造成主茎上部枯萎或整株枯死。成虫体黑色，前胸背面中央有1橙红色卵圆形斑。1年1代，以成虫潜伏在寄主根部越冬。翌年4～5月成虫产卵于嫩梢内。幼虫孵化后向下蛀食，9月蛀入根部化蛹，10月成虫羽化，在蛹室内越冬

五、综合治理方法

1. 农业防治　主要采用加强栽培管理、捕杀成虫、刮除虫卵和初期幼虫、钩杀蛀道内的幼虫和蛹等一套完整的技术措施。其中，栽培管理促使植株生长旺盛，保持树体光滑，以减少天牛成虫产卵的机会。枝干孔洞用黏土堵塞，及早砍伐处理虫口密度大、已失去生产价值的衰老树，以减少虫源，剪下的虫枝和伐倒的虫害木应在4月前处理完毕。合理栽培，冬季修剪虫枝、枯枝，消灭越冬幼虫；用黏土堵塞虫洞，树干涂白以避免天牛产卵，也有很好的防治效果。

2. 物理机械防治

（1）捕杀成虫　尽量消灭成虫于产卵之前。在天牛成虫盛发期，发动群众开展捕杀。星天牛可在晴天中午经常检查树干基近根处，进行捕杀；也可在天黑后，特别是在闷热的夜晚，利用火把、电筒照明进行诱捕，或在白天搜杀潜伏在树上的成虫。

（2）刮除虫卵和初期幼虫　在6～8月经常检查树干及大枝，根据星天牛产卵痕的特点，发现星天牛的卵可用刀刮除，或用小锤轻敲主干上的产卵裂口，将卵击破。当初孵幼虫为害处树皮有黄色胶质物流出，用小刀挑开皮层，用钢丝钩刺皮层里的幼虫。在刮刺卵和幼虫的伤口处，可涂浓厚的石硫合剂。

（3）钩杀幼虫　幼虫蛀入木质部后可用钢丝钩杀。钩杀前先将蛀孔口的虫粪清除，在受害部位凿开 1 个较大的孔洞，然后右手执钢丝接近树干，左手握钢丝圈（钢丝粗细随蛀孔大小而定），右手随左手转动，把钢丝慢慢推进虫孔。由于钢丝弹性打击树干内部发出声响，如转动时有异样的感觉或无声响时，即已钩住幼虫，然后慢慢转动向外拖出。

3. 生物防治　天牛类害虫在自然界有不少天敌。我国已知有桑天牛澳洲跳小蜂［*Austroencyrtus ceresii*（Liao et Tachikawa）］、云斑天牛卵跳小蜂（*Oophagus batocerae* Liao）和短跗皂莫跳小蜂（*Zaommoencyrtus brachytarsus* Xu）、天牛卵姬小蜂（*Aprostocetus fukutai* Miwa et Sonan）寄生天牛卵，管氏肿腿蜂（*Scleroderma guani* Xiao et Wu）寄生天牛幼虫。蠼螋能捕食天牛幼虫。蚂蚁类能侵入天牛虫道搬食天牛幼虫或蛹。其中，管氏肿腿蜂能从虫害蛀洞钻入木质部寄生天牛幼虫和蛹，据山东省大面积放蜂防治青杨天牛，寄生率达 41.9%～82.3%；广东放蜂防治粗鞘双条杉天牛，寄生率为 25.9%～66.2%；福建三明曾从上海引进管氏肿腿蜂防治行道树木麻黄天牛，也获成功。

4. 化学防治

（1）施药塞洞　幼虫已蛀入木质部则可用小棉球浸 80%敌敌畏乳油或 40%乐果乳油等杀虫剂 1ml 对水 10ml 塞入虫孔，或用磷化铝毒签塞入虫孔，再用黏泥封口。如遇虫龄较大的天牛时，要注意封闭所有排泄孔及相通的老虫孔。隔 5～7d 查 1 次，如有新鲜粪便排出再治 1 次。用兽医用注射器打针法向虫孔注入 40%乐果或氯胺磷乳油 1ml，再用湿泥封塞虫孔，效果很好，杀虫率可达 100%，此法对柑橘树无损伤。幼虫蛀入木质部较深时，可用棉花蘸农药或用毒签送入洞内毒杀，或向洞内塞入 56%磷化铝片剂 0.1g，或用 40%乐果或 80%敌敌畏乳油 1ml 对水 10ml 注孔。施药前要掏光虫粪，施药后用石灰或黄泥封闭全部虫孔。

（2）喷药　成虫发生期用 2.5%溴氰菊酯乳油 50ml 对水 100kg、50%杀螟松乳油 60～70ml 对水 100kg、80%敌敌畏乳油 60～70ml 对水 100kg 喷药于主干基部表面致湿润，5～7d 再治 1 次。

第二节　其他蛀茎秆（枝干）害虫类群

园艺植物上发生为害较普遍的其他类群有鞘翅目吉丁虫科的金缘吉丁虫（*Lampra limbata* Gebler）、苹小吉丁虫（*Agrilus mali* Matsumura），象甲科的杨干象（*Cryptorrhynchus lapathi* Linne）、香蕉假茎象（*Odoiporus longicollis* Oliver）；鳞翅目辉蛾科的蔗扁蛾［*Opogona sacchari*（Bojer）］，华蛾科的梨瘿华蛾（*Sinitinea pyrigolla* Yang），木蠹蛾科的芳香木蠹蛾（*Cossus cossus* Linnaeus），豹蠹蛾科的豹纹蠹蛾（*Zeuzera leuconota* Walker），透翅蛾科的苹果透翅蛾［*Synanthedon hector*（Butler）＝*Conopisa hector* Butler］、葡萄透翅蛾（*Paranthrene regalis* Butler）、板栗透翅蛾（*Aegeriamog doceps* Hampson）；膜翅目茎蜂科的梨茎蜂（*Janus piri* Okamoto et Muramatsu），瘿蜂科的栗瘿蜂（*Dryocosmus kuriphilus* Yasumatsu）等。现以金缘吉丁虫、蔗扁蛾、芳香木蠹蛾、葡萄透翅蛾、梨茎蜂为例加以介绍。

一、分布与为害

1. 金缘吉丁虫 又名梨绿吉丁虫、梨吉丁虫，俗称串皮虫。国外分布于日本。我国各梨产区均有分布，长江流域各地常有为害成灾的报道。寄主植物除梨外，还有苹果、山楂、花红、沙果和杏等果树。主要以幼虫为害梨树枝干，在皮层内窜食，使养分运输受阻，引起生长衰弱、抽枝短、叶黄小而薄，严重时环食皮层，形成环状剥皮，致整枝或全树枯死。一般衰老或生长衰弱的梨园受害重，如不加强栽培管理，增强树势，结合及时药治，则蔓延迅速，易造成全园梨树毁灭。

2. 蔗扁蛾 国外分布于非洲、欧洲、南美洲、美国的佛罗里达州等。我国见报道的有广东、广西、海南、福建、浙江、山东、北京。其寄主有23科71种，主要为害巴西木、发财树、苏铁、合欢、木槿、竹子等绿化苗木。从国外资料来看，蔗扁蛾为害甘蔗、香蕉、玉米、马铃薯等属偶然现象。幼虫钻入寄主植物枝干内部取食韧皮部，仅留下外皮和木质部，其间充满虫粪和碎木屑，外皮上可见粪屑。幼虫钻入木质部，或深达柱桩髓部，并把髓部吃空。轻度为害不易察觉，但重者严重阻碍植物的正常生长发育或使全部枯死，使植株失去价值。在巴西木上，蔗扁蛾多在柱桩中上部取食，受害严重的巴西木一般不能正常发芽，即便发芽，也会由于养分供应不上而逐渐枯死或发育不良，失去观赏价值。在发财树上，蔗扁蛾多在树干基部为害，其为害状与巴西木类似，受害严重的树干基部内部全部吃空腐化，轻轻扳动即能折断。其他观赏植物如旅人蕉，多在心部受害，造成烂心而影响植株生长。

3. 芳香木蠹蛾 分布于东北、华北、西北、华东各地。主要为害核桃、板栗、苹果、梨及多种林木，陕西商洛核桃产区受害最重。幼虫蛀食主干基部皮层和木质部，造成环剥，使树势衰弱，严重时整株死亡。

4. 葡萄透翅蛾 国外分布于日本、朝鲜；我国各地几乎都有分布。寄主为葡萄，以幼虫蛀食枝蔓。新梢被害，新梢先端枯死；老蔓被害，被害部膨大成瘤，上部叶片发黄，果实生长不良甚至脱落。被幼虫蛀食的茎蔓很容易折断，蛀孔处常堆有大量褐色颗粒虫粪。

5. 梨茎蜂 国外分布于日本、朝鲜；我国各梨产区都有分布。寄主植物除梨外，还有棠梨和沙果。梨茎蜂是梨树春梢的重要害虫。成虫产卵时，用锯状产卵器将春梢折断，受害严重的梨园断梢累累。大树受害延迟新梢抽发，也影响树势及产量；幼树被害则影响树冠扩大和整形。幼虫在断梢的半截嫩枝髓内蛀食，粪便填塞空隙中，嫩茎日久成黑褐色半截枝，脆而易断，并渐向老枝内蛀食成略弯曲的长椭圆形穴。

二、形态特征

1. 金缘吉丁虫（图14-5）

（1）成虫　体长15～20mm，全体翡翠绿色，带金黄色光泽。头小，头顶中央具1条蓝黑色隆起纹；复眼土棕色，肾形；触角黑色，锯齿形。前胸背板两侧缘红色，背面有5条蓝黑色条纹，中央1条最明显。鞘翅前缘红色，翅面上有刻点，并有蓝黑色斑块形成断续的粗细条纹；鞘翅末端有4～6个齿突，两侧的齿突较尖锐。

（2）卵　卵圆形，初产时黄白色，以后色稍加深。

（3）幼虫　成长时体长约36mm，扁平。头部黑褐色，缩入前胸，仅见深褐色口器。胸腹部乳白色或乳黄色。前胸背板宽大扁圆形，淡褐色，中央有1个明显凹入的倒V形纹，前胸腹面有1中沟。腹部末端圆钝光滑。

（4）蛹　体长约18mm，初为白色，后逐渐变为深褐色，近羽化时为蓝黑色。

2. 蔗扁蛾（图14-6）

（1）成虫　体黄褐色，长8～10mm。前翅深棕色，中室端部和后缘各有1个黑色斑点。前翅后缘有毛束，停息时毛束翘起如鸡尾状。雌虫前翅基部有1条黑色细线，可达翅中部。后翅黄褐色，后缘有长毛。腹部腹面有两排灰色点列。停息时，触角前伸；爬行时速度快，并可做短距离跳跃。

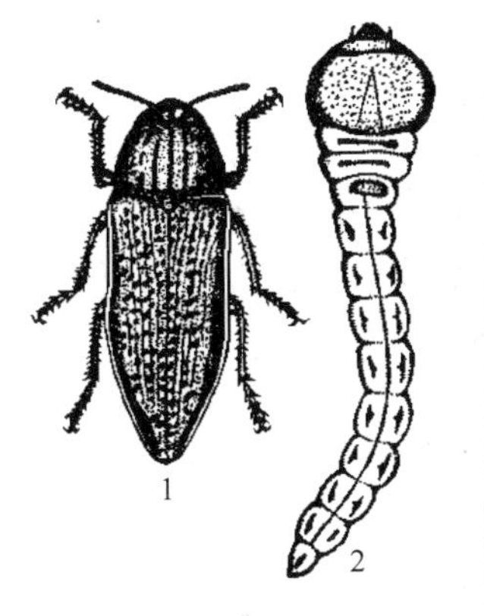

图14-5　金缘吉丁虫
1. 成虫　2. 幼虫　3. 被害状
（仿北京农业大学）

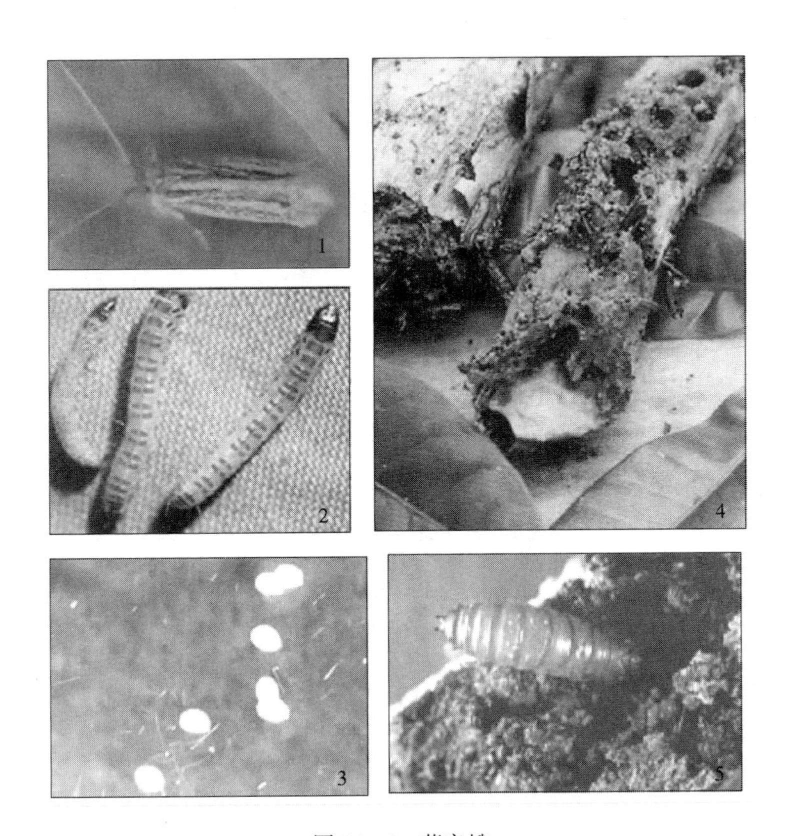

图14-6　蔗扁蛾
1. 成虫　2. 幼虫　3. 卵　4. 为害状　5. 蛹

（2）卵　横断面圆的短卵形，长约0.5mm，淡黄色。单粒散产或数十粒甚至百粒以上成堆成片产。

（3）幼虫　老熟幼虫长30mm，宽3mm，头红棕色，胴部乳白色，透明。每个体节背面有4个黑色毛片，矩形排列，前2后2排成两排，各节侧面亦有4个黑色小毛片。

（4）蛹　长约10mm，亮褐色，背面暗红褐色，首尾两端多呈黑色。头顶具三角形粗壮而坚硬的“钻头”，蛹尾端有1对向上钩弯的粗大臀棘是固定在茧上以便转动腹部而钻孔用的。茧长14～20mm，宽约4mm，由白色丝织成，外表黏以木丝碎片和粪粒等杂物。

3. 芳香木蠹蛾（图14-7）

（1）成虫　体长35mm左右，翅展56～90mm。灰褐色，腹背暗褐色。雄蛾触角栉齿状，雌蛾触角锯齿状。复眼黑褐色。前翅暗褐灰色，前缘灰黄色，密布黑褐色波状横纹，由后缘角至前缘有1条粗大明显的波纹。后翅褐灰色，布有黑褐色波状纹。

（2）卵　卵圆形，长1.5mm，宽1.0mm。初产近白色，孵化前暗褐色，卵表面有纵行隆脊，脊间具横行刻纹。

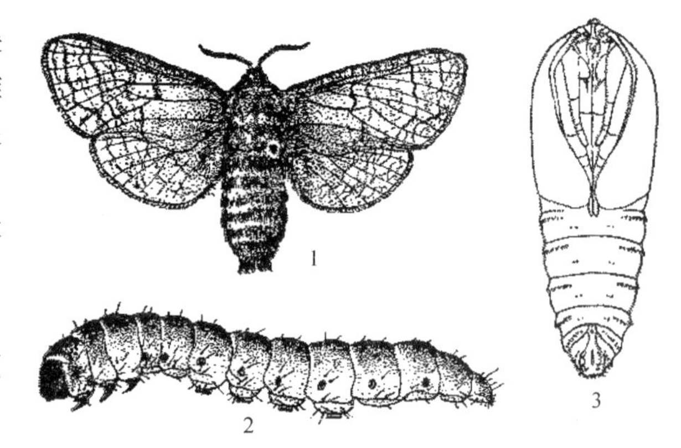

图14-7　芳香木蠹蛾

1. 成虫　2. 幼虫　3. 蛹

（仿北京农业大学）

（3）幼虫　老熟时体长56～80mm，扁圆筒形。头部紫黑色，有不规则的细纹。胸部背面红色或紫茄色，具有光泽，腹面黄色或淡红色。前胸背板生有大型紫褐色斑纹1对。中胸背板半骨化。胸足3对，黄褐色。腹足趾钩单序环状，臀足趾钩单序横带。臀板骨化，黄褐色。

（4）蛹　体长30～40mm，暗褐色，第2～6腹节背面均具2行刺列，前列刺较粗，后列刺细。

4. 葡萄透翅蛾（图14-8）

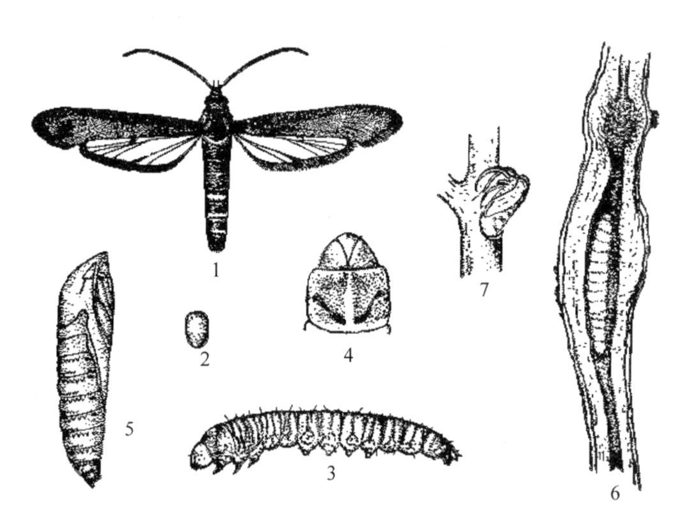

图14-8　葡萄透翅蛾

1. 成虫　2. 卵　3. 幼虫　4. 幼虫头和前胸背面

5. 蛹　6. 被害状　7. 成虫羽化状

（仿北京农业大学）

（1）成虫　体长18～20mm，翅展25～36mm。全体黑褐色。头的前部及颈部黄色。触角紫黑色。后胸两侧黄色。前翅红褐色，前缘及翅脉黑色。后翅半透明。腹部有3条黄色横带，以第4节的1条最宽，第6节的最窄。雄蛾腹部末端左、右有长毛丛1束。

（2）卵　长约1.1mm，椭圆形，略扁平，紫褐色。

（3）幼虫　老熟时体长 25～38mm，略呈圆筒形。头部红褐色，胸腹部黄白色，老熟时带紫红色。前胸背板有倒“八”字形纹，前方色淡。

（4）蛹　体长 18mm 左右，红褐色，圆筒形。腹部第 2～6 节背面有刺 2 行，第 7～8 节背面有刺 1 行，末节腹面有刺 1 列。

5. 梨茎蜂（图 14-9）

（1）成虫　体长 9～10mm，翅展 15～18mm。头部黑色，唇基、上颚、下颚须、下唇须均黄色。胸部除前胸后缘两侧、翅基部、中胸侧板黄色外，其余部分均黑色。除后足腿节末端及胫节前端褐色外，其余各足均黄色。第 1 腹节背面黄色，其他各节黑色。雌虫腹部可见 9 节，第 7～9 节腹面中央有 1 纵沟，内有 1 锯齿状产卵器。

（2）卵　长 0.9～1mm，长椭圆形稍弯曲，乳白色，透明。

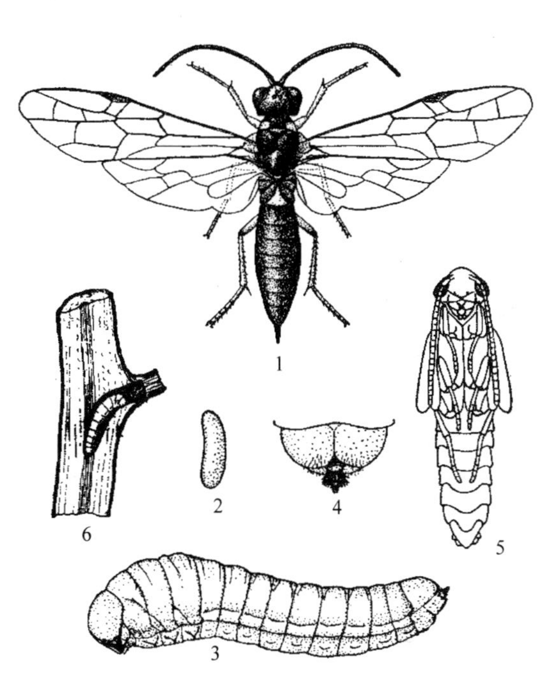

图 14-9　梨茎蜂

1. 成虫　2. 卵　3. 幼虫　4. 幼虫腹部末端背面观

5. 蛹　6. 幼虫在被害枝内休眠

（仿浙江农业大学）

（3）幼虫　成长幼虫体长 10～11mm，头部淡褐色，胸腹部黄白色。头、胸部向下垂，尾端上翘。胸足短小，腹足退化。各体节侧板突出，形成扁平侧缘。

（4）蛹　体长约 10mm，初化蛹时为浅黄白色，渐变黑色。茧棕黑色，膜状。

三、发生规律

（一）生活史与习性

1. 金缘吉丁虫　在北方梨区通常 2 年发生 1 代，长江流域一般 1 年发生 1 代，以老龄幼虫在枝干木质部内越冬，少数以各龄幼虫在皮层下越冬。2 年发生 1 代者，第 1 年以幼龄幼虫在皮层下越冬，第 2 年 3 月开始继续为害，7 月蛀入木质部，至第 3 年春季才化蛹和羽化。在杭州越冬幼虫于翌年 3 月开始活动，4 月上旬老熟开始化蛹，4 月中下旬为化蛹盛期；4 月下旬至 6 月下旬成虫羽化，5 月中下旬为羽化盛期；5 月中旬至 6 月中下旬产卵，5 月下旬至 6 月中旬产卵最盛；6 月中旬至 7 月上旬孵化，6 月下旬为孵化盛期；6～9 月为幼虫为害期；9 月下旬后幼虫陆续蛀入木质部越冬，11 月以后全部越冬。由于越冬幼虫虫龄不一，成虫羽化和产卵时期均不整齐。幼虫共 7 龄。孵出后直接钻入树皮下为害，第 1、2 龄一般多在蛀入孔附近皮层下蛀食，被害枝表皮变黑褐色，较湿润，粪便排在虫道内，树干外面看不到虫粪。第 3～5 龄大部分深入形成层和木质部间纵横蛀食，形成不规则的虫道，虫粪堆积在虫道内，使皮层与木质部分离，被害部稍膨大并裂开。老树干上为害症状常不明显。第 4 龄以后即能向木质部蛀食，入木迟又是接近末龄的幼虫，木质部内的虫道常较短；反之则长。木质部内的幼虫老熟后，又向树体外侧蛀食，至靠近皮层时，蛀 1 个长椭圆形蛹室，在其中化蛹。据江西南昌观察，卵期 9～13d，平均 10.5d。幼虫取食期 2.5～3 个月，休眠期 6～7 个月。蛹期依化蛹时间不同而异，2 月中旬化蛹的蛹期 55～60d，3 月中旬的 47～49d，4 月上旬的 36～40d，4 月中旬的 19～28d，5 月下旬的 10～12d。成虫寿命 45～50d。

2. 蔗扁蛾 全年可发生 4 代，1 个世代需要 60～121d，平均 90.5d。卵期 7d。幼虫蜕皮 6 次，7 龄，历期长达 37～75d。蛹期最长 24d，最短 11d，以 11～17d 为主，蛹在羽化前头胸部露出体外，约 1d 后成虫羽化。雌、雄成虫寿命有所差异，其中雌性寿命略短，平均 8.5d，雄性寿命略长，平均 9.4d。羽化后的成虫喜暗，常隐藏于树皮裂缝或叶片背面。需取食蜂蜜补充营养。交配多在 2:00～3:00，有的在 8:00～10:00 进行。成虫在羽化 4～7d 后产卵，少数在羽化后 1～2d 内就产卵，每雌产卵 145～386 粒。

3. 芳香木蠹蛾 2～3 年发生 1 代，以幼虫在被害树干的虫道内或在土壤中越冬。成虫 6～7 月羽化。卵成堆产于树皮裂缝处。初孵幼虫常群集蛀入皮下为害。成虫昼伏夜出，趋光性强。

4. 葡萄透翅蛾 1 年发生 1 代，以老熟幼虫在葡萄枝蔓内越冬。翌年 4 月底 5 月初，当气温上升到 15℃左右时，越冬幼虫开始化蛹。幼虫化蛹前，先咬 1 圆形羽化孔，以丝封闭，然后做茧化蛹。蛹期 26～39d，5～6 月成虫羽化。成虫有趋光性。一般化蛹初期与葡萄发芽期相吻合，成虫羽化初期与开花期相吻合。成虫羽化后即可交配，第 2 天开始产卵，卵散产于叶腋、叶柄、叶脉及新梢的腋芽等处。产卵量平均每头雌虫 45 粒，卵期 8～9d。成虫寿命 3～16d。幼虫 5 龄。初孵幼虫先取食嫩叶，然后多从叶柄基部和节间处蛀入嫩梢。叶柄被害后叶片萎蔫枯死，被害节间处呈紫色，这是识别该虫为害的重要标志。幼虫蛀入后，先向嫩梢先端方向蛀食，嫩梢端部很快枯死，然后再转而向下蛀食。幼虫有转移为害习性。一般在 7 月上旬之前，幼虫在当年生的枝蔓内为害；7 月中旬至 9 月下旬，幼虫多在 2 年生以上的老蔓中为害；10 月以后幼虫进入老熟阶段，继续向植株老蔓和主干集中，在其中短距离地往返蛀食髓部及木质部内层，使孔道加宽，并刺激为害处膨大成瘤，形成越冬室，之后幼虫便进入越冬阶段。

5. 梨茎蜂 1 年发生 1 代。以预蛹在被害枝内越冬。翌年 3 月底至 4 月初成虫开始由被害枝内飞出，4 月上旬产卵，5 月上旬开始孵化，6 月中旬结束。6 月下旬全部幼虫已蛀入老枝，8 月上旬全部进入休眠，10 月中旬开始变为预蛹，翌年 1 月上旬开始化蛹，2 月下旬结束。重庆、武昌、南昌等地 12 月下旬已开始化蛹。

成虫出枝期与早春气温和梨树抽梢期有密切关系。4 月上旬天气晴朗，日最高气温骤升至 26.4℃以上时，中午前后是成虫出枝的高峰。成虫出枝后即飞向已抽梢的梨树产卵为害。凡抽梢的梨树品种，梢长在 15cm 以下的，成虫都能为害，以出枝高峰期及其后 1d 为害最严重，产卵为害期为 8d 左右。

据江西南昌观察，卵期 28～56d，幼虫取食期 50～60d，连同越冬期共达 8 个多月之久。蛹期 42～65d。雌成虫寿命 6～14d，雄成虫寿命 3～9d。

成虫羽化后，在枝内停留 3～6d 才飞出。出枝时，先在幼虫为害的半截枝近基部咬 1 圆形羽化孔，一般多在天气晴朗的中午前后从羽化孔飞出。成虫白天活跃，飞翔于梨树枝梢间，早晚及夜间停息在梨叶反面，阴天活动较差。梨树尚未抽梢时，成虫大都栖息在附近作物和果树上。成虫取食花蜜和露水，对糖蜜和糖、酒、醋液无趋性，也无趋光性。出枝当天即可交配产卵，产卵时刻以中午前后为盛。产卵前往返于新梢嫩茎上，选择适宜处所，以产卵器将嫩茎锯断，而留存一边的皮层，使断梢倒挂，然后再将产卵器插入断口下方1.5～6mm处的韧皮部和木质部之间产卵1粒。不久产卵处的茎表即出现1黑色小条状的产卵痕。产卵后又将断口下部的叶柄切断，隔1、2d上部断梢凋萎下垂、变黑，被风吹落，成为光秃断枝。也有将嫩梢切断而不产卵的。不同品种的被害梢有卵率达64.2%～79.3%。以枝条顶梢最易受害，受害率可达94%，以下各梢受害程度递减。雌成虫孕卵数最多54粒，最少11粒，平均30.58粒。

幼虫老熟后在穴内调头向上，做1个褐色膜状薄茧，不食不动，开始休眠。每被害梢仅有幼虫1头。休眠幼虫隔几个月后方变为预蛹，然后在原处化蛹。

（二）发生与环境因素的关系

1. 金缘吉丁虫　成虫在枝干内羽化后，向外咬1扁圆形羽化孔，一般经5d左右，于晴天中午出孔。出孔后大都栖息于树冠叶片正面，或在枝干上部飞翔活动，取食叶片，咬成锯齿状缺口，但食量不大。晴天温度在26℃以上才开始取食和飞翔，特别在中午高温强光下活动更盛，稍受惊动则迅速飞逃。温度20℃左右，一般不食不动。夜间静伏于枝叶间，阴天、雨天、雨后不久或露水未干前均不活动。清晨、傍晚气温较低时，如突然猛震树干有假死下坠的习性。产卵前期约15d，喜在衰老树的大枝或主干向阳部位的裂缝、翘皮、切口、分枝凹陷处产卵，多在晴天中午至下午产卵。卵散产，1次产1粒，但在适于产卵的翘皮狭缝中，有时1处最多可有卵5～8粒。此虫的为害与果树种类、品种和树势关系密切，一般梨比苹果受害重。树皮粗糙、皮层及木质部较松脆、伤口裂缝多的品种有利于成虫产卵，受害常重；树皮光滑、组织紧密、伤口裂缝少的品种受害则轻。凡土壤瘠薄、管理不佳或遭受其他病虫为害的梨树，生长势弱，枝叶不茂，主枝外露，也有利于成虫产卵，受害也重。

2. 蔗扁蛾　该虫主要通过巴西木、发财树等观赏植物的远距离调运而人为传播，香蕉、椰子等果实传带的可能性很小。由于蔗扁蛾具有钻蛀性和广谱性为害的特点，为害植物多，并能在热带、亚热带地区广泛为害，对观赏植物、经济植物威胁性很大。

3. 梨茎蜂　梨树品种间受害程度有差异，凡抽梢期与成虫出枝高峰期相吻合的品种受害都重。浙江一般果园以严州雪梨受害最严重，其次为黄蜜、今村秋、来康等。1974年在杭州植物园调查3个品种，以杭青受害最重，菊水次之，铁头最轻。因杭青新梢量多，抽梢整齐，适于其为害的新梢多；菊水新梢少，铁头抽梢迟，适于蜂产卵的梢亦少。梨茎蜂幼虫的天敌，在杭州发现有白僵菌和寄生蜂，其中以一种啮小蜂（*Tetrastichus* sp.）较多，寄生率11%以上。此蜂以老熟幼虫在梨茎蜂为害枝的蛀道内越冬，翌年4月初化蛹，4月中下旬羽化出枝，出枝期比梨茎蜂迟，1个被害枝内有蜂10头左右。

四、综合治理方法

1. 金缘吉丁虫

（1）栽培管理　注意肥水管理，及时防治其他病虫害，使树势生长健壮，以提高抗虫性，可减少受害。

（2）清除死树、死枝　冬季彻底清除枯死树枝，肃清越冬幼虫，是全年防治的关键。清除的枯树死枝要在4月前处理完毕。烧毁虫木，或投入水中2个月，或在室内密闭2个月。

（3）树干涂药　在幼虫为害初期，用50%敌敌畏乳油5～10倍液涂树干，防治效果很好。成虫尚未羽化出孔时，在梨树的枝干上涂药，效果甚佳。浙江梨区一般可在4月中旬左右，当30%蛹的复眼变蓝黑色时，在主干离地面2m范围内及露天的枝干上，以药拌和黄泥涂刷，可杀死大量出孔成虫。

（4）防治成虫　可在成虫羽化出孔后喷药。于成虫发生盛期喷90%晶体敌百虫或50%敌敌畏乳油1 000倍液，均有较好的效果。山地果园喷药困难，可于成虫发生期，利用成虫假死性，在太阳出前打树震落成虫，集中消灭。

2. 蔗扁蛾

（1）检疫控制　各森防检疫部门要采取切实可行的措施，加强调运检疫，做好花卉流通领域的虫源控制，在进入流通前消灭虫害。由于蔗扁蛾主要在少数观叶植物品种巴西木、发财树上发现为害，要尽力防止向其他植物扩散，严禁带虫植株往外调运。

（2）生物防治　昆虫病原线虫 *Steinernema carpocapsae* A_{24}能有效地防治新侵入害虫蔗扁蛾的幼虫，在大棚条件下，采用喷雾法能达到理想的防治效果，喷雾的最佳浓度约为每毫升3 000条线虫。

（3）化学防治　选用3%呋喃丹颗粒剂每盆20g埋根处理，有较好的防治效果，基本不污染环境，是家庭、宾馆、大棚、花园中理想的防治药物，但仅限花木上埋根处理使用。检疫处理中用溴甲烷48g/m^3 对无根巴西木、发财树等茎段集中进行熏蒸处理，能有效防治害虫传播扩散。

3. 葡萄透翅蛾、芳香木蠹蛾

（1）农业防治　结合冬剪剪除有虫枝蔓。生长季节及时剪除被害新梢。对于较粗的蔓，可用铁丝从蛀孔插入虫道钩杀幼虫和蛹。也可用80%敌敌畏乳油20～30倍液注射虫孔。

（2）化学防治　开花后3～4d，用2.5%溴氰菊酯、10%高效氯氰菊酯、20%氰戊菊酯乳油2 500倍液，或50%杀螟松、80%敌敌畏乳油1 000倍液喷杀初孵幼虫。

4. 梨茎蜂

（1）剪除虫枝　冬季结合修剪，剪除有虫枝条，剪下的枝条在3月中旬前处理掉，并结合保护寄生蜂。于4月中旬，成虫产卵结束后，及时剪除被害梢，只要在断口下方1cm处剪除，就能将所产的卵清除。此法对苗木和幼树效果很好，基本上可以控制翌年发生。

（2）捕捉成虫　利用成虫的群栖性和停息在树冠下部新梢叶背的习性，在早春梨树新梢抽发时，于早晚或阴天捕捉成虫。

（3）药剂防治　掌握成虫发生高峰期，用2.5%溴氰菊酯乳油、4.5%高效氯氰菊酯乳油750ml或50%杀螟松乳油900～1 200ml，对水1 500kg/hm^2 喷药。以中午前后喷最好，要求2d内突击喷毕。

五、常见其他蛀茎（枝干）害虫（表14-2）

表14-2　常见的其他蛀茎（枝干）害虫

害虫种类	发生概况	防治要点
苹小吉丁虫	在我国北方为害苹果、沙果、海棠等。3年2代或2年1代，以幼虫在被害的枝干中越冬。越冬幼虫于翌年4月中旬开始化蛹，5月底开始羽化为成虫。枝条及主干均可受害	①苗木检疫；②蛀道塞药熏杀幼虫；③5月上旬喷药防治成虫

（续）

害虫种类	发 生 概 况	防治要点
豹纹蠹蛾	在华东及西北地区为害杨、栎、桦、榆、梨、核桃。1年1代，以老熟幼虫在被害的枝干中越冬。越冬幼虫于翌年3月中旬开始化蛹，4月底开始羽化为成虫，5月上中旬产卵，5月中旬卵孵化为幼虫，以7、8月为害最严重	①剪除被害枝，消灭越冬幼虫；②人工刺杀幼虫；③5月上旬喷药防治成虫产卵，蛀道塞药熏杀幼虫
杨干象	在我国北方为害杨树，是幼苗及人工林的严重枝干害虫。以幼虫在韧皮部与木质部之间环绕枝干蛀道及成虫将喙伸入寄主或嫩枝的形成层组织中为害。由于切断了树木的输导组织，轻者造成枝梢干枯、枝干折断，重者可使整株杨树死亡。另外，由于木材中形成虫孔，会降低使用价值	①苗木检疫；②清除严重被害木；③人工捕杀成虫和刺杀幼虫；④喷药防治成虫，产卵处涂药杀卵，蛀道塞药熏杀幼虫
苹果透翅蛾	在我国北方及华东为害蔷薇科果树，1年1代，以幼虫在被害树干中越冬。老熟幼虫于翌年5月中旬开始化蛹，6月底开始羽化为成虫	①冬季刮烂树皮清园；②喷药防治成虫；③蛀道塞药熏杀幼虫
板栗透翅蛾	以幼虫窜食枝干皮层，主干下部受害较重。1年发生1代，以2～3龄以上幼虫在树皮裂缝内越冬。3月中下旬出蛰，8月上中旬为做茧化蛹盛期，8月中旬成虫羽化。卵散产在主干的粗皮缝、翘皮下。雌成虫一般产卵300～400粒	①80%敌敌畏乳油对10倍柴油，3月涂树干；②树干涂白
香蕉假茎象	以幼虫蛀食蕉株假茎，地下球茎和地上部均可受害。1年发生4～5代，以幼虫为主在蛀道内越冬。5～6月虫口密度最大，假茎中部虫口最多	①蕉苗检疫；②冬季清园；③人工捕杀成虫和幼虫；④在叶柄与假茎连接处喷药防治幼虫
梨瘿华蛾	普遍分布，但仅局部地区为害严重。以幼虫蛀入梨树枝条，被害枝条形成小瘤。1年1代，以蛹在被害瘤内越冬。梨芽萌动时，成虫开始羽化。花芽开绽前为羽化盛期	①剪除被害枝，消灭越冬蛹；②花芽开绽前成虫羽化盛期用药防治
栗瘿蜂	普遍分布，幼虫在栗树新芽内为害，形成虫瘿，严重时树势衰弱，有时引起枝条或全株枯死。每年发生1代，以初龄幼虫在寄主芽内越冬。5月下旬化蛹，6月上旬成虫羽化	①冬季剪除被害枝，消灭越冬幼虫；②6月成虫羽化盛期用药防治

复习思考题

1. 如何区别星天牛、桑天牛和桃红颈天牛成虫和幼虫？它们的为害状有什么特点？
2. 怎样防治天牛为害？
3. 如何防治蔗扁蛾的为害和蔓延？
4. 梨茎蜂的发生有何特点，如何防治？
5. 如何防治金缘吉丁虫，关键措施是什么？

第十五章　蛀果害虫

蛀果害虫指蛀入果实取食果肉或种子造成为害的昆虫。其种类很多，主要包括鳞翅目蛀果蛾科、小卷蛾科、举肢蛾科、夜蛾科、螟蛾科，鞘翅目象甲科及膜翅目广肩小蜂科和叶蜂科的蛀果种类。此外，还有吮吸果实汁液的一些吸果蛾类和啃食果肉的花金龟、胡蜂等。蛀果害虫为害作物的果实，直接造成经济损失，是一类为害性最大的害虫。本章主要介绍其中的蛾类和甲虫。

第一节　蔬菜蛀果蛾类

一、种类、分布与为害

蔬菜蛀果蛾有鳞翅目螟蛾科的豆荚野螟（*Maruca testulalis* Geyer）、豆荚螟［*Etiella zinckenella*（Treitschke）］、向日葵螟（*Homoeosoma nebulella* Hübner）、茄黄斑螟（*Leucinodes orbonalis* Guenée），夜蛾科的棉铃虫［*Helicoverpa armigera*（Hübner）］、烟青虫（*Helicoverpa assulta* Guenée）、苜蓿夜蛾（*Heliothis dipsacea* Linnaeus）等。下面重点介绍为害严重的豆荚野螟、棉铃虫和烟青虫。

1. 豆荚野螟　又名豆野螟、豇豆荚螟、豇豆钻心虫、大豆螟蛾、大豆卷叶螟等。分布于我国吉林、内蒙古至海南、云南各地，为害豇豆、刀豆、扁豆和菜豆等豆类蔬菜，是豇豆上的重要害虫。该虫以幼虫蛀食蕾、花、荚，影响豆类蔬菜的产量和质量。此外，也能蛀食大豆的茎，并卷叶为害。

2. 棉铃虫　分布于北纬50°至南纬50°的亚洲、大洋洲、非洲及欧洲各地。我国各地也普遍发生，以华北、新疆、云南等地发生量大、为害严重，近年来长江流域发生也重。棉铃虫是一种多食性害虫，寄主植物达30多科200余种，如棉花、玉米、小麦、高粱、豌豆、蚕豆、苜蓿、油菜、芝麻、胡麻、青麻、花生、番茄、辣椒、向日葵等，近年发现它对苹果等果实也造成为害。它以幼虫蛀食作物的蕾、花、铃和果实，还食害嫩尖和嫩叶。

3. 烟青虫　又名烟草夜蛾，广泛分布于亚洲各国及澳大利亚。我国遍及各地，但以黄淮地区受害较重。主要为害烟草、辣椒，其次是番茄、棉花、玉米、高粱、麻类、豌豆、龙葵等。为害辣椒时，幼虫以蛀食蕾、花、果为主，也可咬食嫩茎、叶、芽，造成落花、落果和折茎。

二、形态特征

1. 豆荚野螟（图15-1）

（1）*成虫*　体长10～13mm，翅展20～26mm。体黄褐色。前翅茶褐色，中室端部有1白色半透明长方形斑，中室中间近前缘处有1肾形白斑，其后方有1圆形小斑点。后翅大部

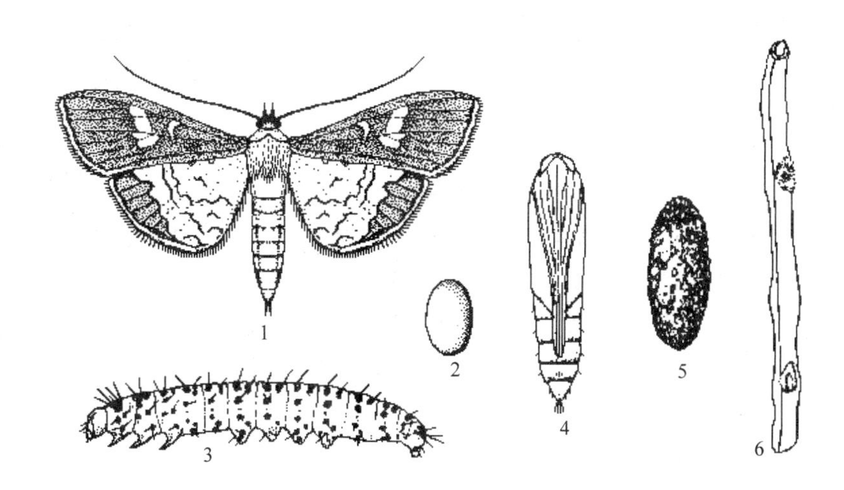

图 15-1　豆蛀野螟

1. 成虫　2. 卵　3. 幼虫　4. 蛹　5. 土茧　6. 豇豆荚被害状

（仿刘绍友）

分透明，仅近外缘 1/3 处茶褐色。

（2）卵　扁平椭圆形，0.8mm×0.5mm，初产时乳白色，后变为褐绿色，表面有六角形的网状纹。

（3）幼虫　共 5 龄。老熟时体长 14～19mm，1～4 龄淡黄绿色，5 龄桃红色。前胸盾片黑褐色，中后胸背板上每节前排有毛瘤 4 个，各生 2 根刚毛，后排有斑 2 个，无刚毛；腹部各节背面有同样的毛片 6 个，各有 1 根刚毛。腹足趾钩双序缺环。

（4）蛹　体长 11～13mm，初蛹黄绿色，后期灰褐色。臀赤褐色，上生钩刺 8 枚。蛹外吐茧，茧分为 2 层。

2. 棉铃虫（图 15-2）

（1）成虫　体长 15～20mm，翅展 31～40mm。雌蛾赤褐色，雄蛾灰绿色。前翅翅尖突伸，外缘较直，斑纹模糊不清，中横线由肾形斑下斜伸至翅后缘，末端达环形斑正下方；外横线也很斜，末端达肾形斑正下方；亚缘线锯齿较均匀，与外缘近于平行。后翅灰白色，沿外缘有深褐色宽带。

（2）卵　半球形，高 0.51～0.66mm，直径 0.44～0.48mm，顶部稍隆起。中部通常有 26～29 条直达卵底部的纵隆纹。2 隆纹间夹有 1～2 条短隆起纹，且多为 2 叉或 3 叉。卵初产时乳白色，后变黄白色，将孵化时有紫色斑。

（3）幼虫　初孵幼虫青灰色，末龄幼虫体长 40～50mm。前胸侧毛组的 L_1 毛和

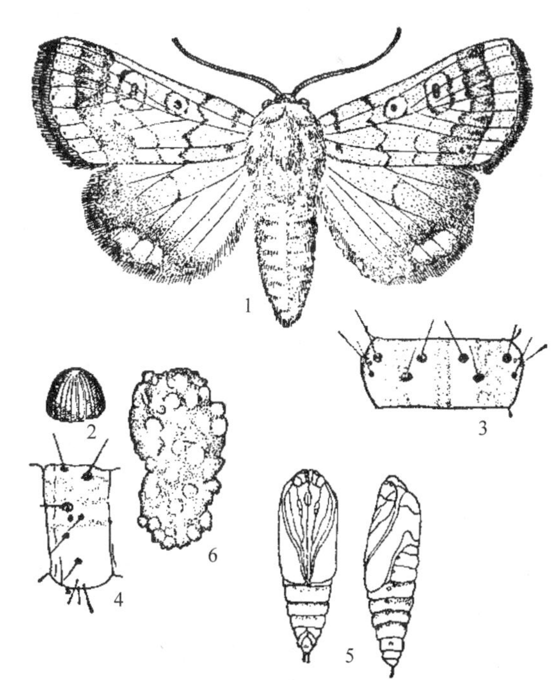

图 15-2　棉铃虫

1. 成虫　2. 卵　3. 幼虫第 2 腹节背面　4. 幼虫第 2 腹节侧面

5. 蛹腹面和侧面　6. 土茧

（仿华南农学院）

L_2 毛的连线通过气门，或至少与气门下缘相切。幼虫体色变异很大，可分为 5 种类型。

（4）蛹　纺锤形，赤褐色，体长 17～20mm。腹部 5～7 节背面和腹面前缘有 7～8 排较稀疏的半圆形刻点，腹末有 1 对基部分开的刺。

3. 烟青虫（图 15-3）

（1）成虫　体长 14～18mm，翅展 27～35mm，黄褐色至灰褐色。前翅黄褐色，顶角圆，外缘近弧形。内横线、中横线、外横线和亚外缘线暗褐色。亚外缘线锯齿状，由此线至外缘线为褐色宽带。环状纹色淡，内有 1 褐点。肾形纹中有 1 新月形褐色斑纹。后翅黄褐色。

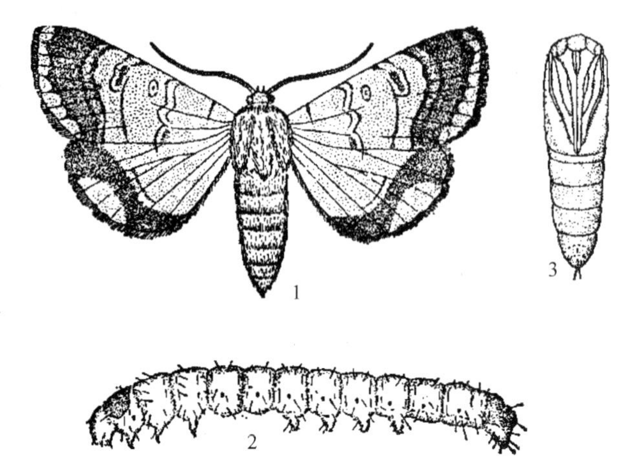

图 15-3　烟青虫
1. 成虫　2. 幼虫　3. 蛹
（仿浙江农业大学）

（2）卵　半球形，高 0.4～0.5mm。初产时乳白色，渐变米黄色、灰褐色，孵化前为暗红色至黑色。

（3）幼虫　老熟幼虫 31～44mm，前胸侧毛组的 L_1 毛和 L_2 毛的连线远离气门。头部黄褐色，体色随气候和食料而变化。1、2 龄幼虫多为铁锈色。幼虫体表密生圆锥形小刺，体背和气门上线多散生有小白点。

（4）蛹　体长 15～18mm，纺锤形，红褐色至深褐色。第 5～7 腹节前缘密生刻点，腹末臀棘 1 对。

三、发生规律

1. 豆荚野螟　在国内 1 年发生 4～9 代，其中，华北、西北地区 3～4 代，江淮地区 4～5 代，武汉 5～6 代，杭州 7 代，以蛹在土壤中越冬，Taylor（1978）和柯礼道（1985）等认为，豆荚野螟不能在北方地区越冬，而虫源来自南方。华南地区 1 年发生 7～9 代，无明显越冬现象。在黄淮流域，6 月上旬越冬代成虫开始出现，第 1～3 代成虫盛期分别为 7 月中下旬、8 月上中旬和 9 月上中旬。9 月下旬至 10 月上旬发生第 4 代成虫。10 月中旬开始化蛹越冬。白天豆荚野螟成虫多隐蔽在植株叶片背面，夜间活动。趋光性较强。成虫产卵前必须取食花蜜补充营养。卵多散产于花蕾和嫩荚上，花蕾上卵量占总卵量的 80%以上。初孵幼虫先取食卵壳，而后蛀入花内为害。1 朵花中最多可有 7 头幼虫，而幼虫也借助落花做短距离转移为害，1 头幼虫一生可钻花蕾 20～25 个。幼虫 3 龄后，大部分钻蛀嫩荚，取食种子。豆荚野螟喜欢高温潮湿，6～8 月降水量多时往往引起大发生。光滑少毛的品种着卵量大，同时豆类的开花结荚期与成虫的产卵期相吻合时发生量也大。此外，蔓性无限花序的豆类和品种，由于开花嫩荚期长，受害严重；而直立矮生有限花序的豆类和品种，开花期短而集中，受害就轻。小茧蜂及赤眼蜂分别对豆荚野螟的蛹和卵有一定的控制作用。

2. 棉铃虫　在辽宁和河北北部、内蒙古、新疆每年发生 3 代，黄河流域 4 代，长江以南 5～6 代，云南 7 代。以蛹在寄主根际附近土下 5～10cm 土室内滞育越冬。华北地区 4 月下旬越冬蛹开始羽化，5月上中旬为羽化盛期。成虫昼伏夜出，白天隐藏在植株间的叶背面，黄昏开始活动，飞翔于开花植物间吸食花蜜，交配产卵。对光和糖醋液有趋性。卵多散产于番茄植株顶部至第4复叶的嫩梢、嫩叶、茎基上。每雌产卵500～1 000粒。卵期3～5d。幼虫期6龄，15～20d，其中1～3龄6～7d。初孵幼虫先食卵壳，第2天开始取食嫩叶及花蕾，4龄开始蛀食果实，且在每天早晨露水干后停留在外面不动，至9:00后再行蛀食为害。幼虫老熟后入土化蛹，蛹期14～20d。第1代为害较轻。第2代于6月下旬至7月中旬严重为害。第3代于7月底至8月下旬主要为害夏播茄子和保护地番茄等。第4代于8月底至10月上中旬为害，9月下旬幼虫陆续老熟化蛹越冬。

3. 烟青虫 在东北每年发生2代，华北3～4代，比棉铃虫发生期稍晚。生活习性基本同于棉铃虫，但主要为害辣椒（棉铃虫不在辣椒上产卵），在番茄上可产卵但幼虫极少存活。烟青虫于甜椒生长前期多在上部叶片正面或叶背处产卵，后期多在果面、萼片或花瓣上产卵，一般每处只产1卵。幼虫3龄后开始蛀果。在食料少和发生量大时，1果内可有2～3头幼虫。幼虫偶见转果为害。老熟后幼虫从果内钻出入土化蛹，并以蛹在土室内越冬。

四、常见蔬菜其他蛀果害虫（表15-1）

表15-1 常见蔬菜其他蛀果害虫

害虫种类	发生概况
豆荚螟	以幼虫在豆荚内蛀食豆粒。在辽宁和陕西的南部每年发生2代，山东每年发生3代，河南、湖北等省每年发生4～5代。各地主要以老熟幼虫在寄主植物附近土表下5～6cm深处结茧越冬。在4～5代区，4月上中旬为越冬幼虫化蛹盛期，4月下旬至5月中旬成虫陆续羽化出土，并产卵于豌豆、绿豆、苕子等豆科植物上，第1代幼虫为害这些植物的荚果，第2代幼虫为害春播大豆等，第3代幼虫为害晚播春大豆、早播夏大豆及夏播豆科绿肥，第4代幼虫为害夏播大豆和早播秋大豆，第5代为害晚播夏大豆及秋大豆。老熟幼虫在10～11月入土越冬。成虫喜欢在豆荚有毛的大豆品种上产卵。每雌平均产卵80粒。干旱年份发生重；地势高的豆地发生重；在大豆品种中；结荚期长的比结荚期短的受害重，荚毛多的比荚毛少的受害重
茄黄斑螟	幼虫为害茄子的花、嫩茎及果实。以幼虫越冬。在湖北1年发生5代。5月出现幼虫为害，7～9月是为害盛期，对秋茄为害严重。成虫晚间活动，卵多散产于植株中上部，以嫩叶背面为多。初孵幼虫即钻入叶脉、叶柄或嫩茎、花蕾。秋季老龄幼虫为害茄果
向日葵螟	以幼虫蛀食向日葵种子，也咬食花盘和萼片。1年发生1～2代。以幼虫在地下丝织的茧中越冬。成虫于黄昏飞向向日葵和其他菊科植物的花，取食花蜜补充营养。卵散产于花上。卵期3～4d。3龄幼虫咬食种仁
苜蓿夜蛾	以幼虫食叶为害，寄主有大豆、豌豆、小豆以及甜菜、棉花、亚麻、苜蓿等，第2代幼虫还为害大豆等作物的豆荚。在东北1年发生2代，以蛹在地下越冬。6月出现越冬代成虫。产卵于寄主叶背，8月出现第2代（即越冬代）幼虫，将豆荚咬成圆孔，食害荚内乳熟的豆粒

五、棉铃虫的预测预报

1. 虫期虫量调查

（1）越冬基数调查 冬前幼虫绝大部分为5龄以上时，选择肥力上、中、下3种类型的棉花、玉米、茄田各调查3～5块。每块田随机5点取样，共调查100～200株，记载虫量。同时取回各种作物上5龄以上幼虫100～200头，在室内饲养，观察蛹的滞育率，计算实际越冬虫量：

$$实际越冬虫量(头) = \sum[某类作物平均每公顷虫量(头)\times某类作物总面积(hm^2)]\times滞育率$$

（2）*田间成虫调查* 可于4月上旬开始在视野开阔的地方设置20W黑光灯或450W荧光高压汞灯诱蛾。也可用10支2年生杨树枝条（长60cm左右）阴凉萎蔫后捆成束，10束插于田间，其高度超过作物10～30cm，每束间隔20m，每天日出前后检查成虫。也可用性诱芯诱蛾，应采用全国统一诱芯、统一规范安放，15d换1次诱芯，且每天补足盆中的水，使水面距诱芯1cm。

（3）*第1代幼虫量调查* 于5月中下旬晴天傍晚调查各种类型田3块。条播、小株密植作物每块地取样10点，每点$5m^2$；对单株、稀植作物每块地调查100～200株。计算幼虫总量：

$$幼虫总量(头) = \sum[某类作物平均每公顷幼虫量(头)\times某类作物总面积(hm^2)]\times(1-寄生率)$$

2. 第2代预测

（1）*发生期预测* 根据越冬代黑光灯诱蛾的高峰期，向后推移50d即为第2代卵盛期，再根据气温变化做校正。

（2）*发生量预测* 4月11日至5月20日每盏黑光灯诱蛾量x、同期日均温y与第2代百株卵量Z的偏相关回归预测式：

$$Z_{xy}=0.68x+24.53y-340.12$$

六、综合治理方法

1. 农业防治

①合理轮作，推行秋翻秋耕或冬翻冬灌，消灭害虫的幼虫和蛹。

②适当调整播种期，使寄主结荚期与豆荚野螟成虫产卵盛期错开，以减轻豆荚野螟的为害。

③及时收割大豆，及早运出本田；及时清除田间落花落荚及枯叶。茄果类蔬菜要整枝打杈时将打下的枝叶、嫩梢集中到田外沤肥，以减少卵和幼虫数量。

2. 生物防治

①在成虫产卵期释放赤眼蜂30万～45万头/hm^2。

②在卵盛期至3龄幼虫期前，每公顷用Bt乳剂（含活孢子100亿个/ml）、青虫菌粉（含活孢子48亿个/g以上）3～4kg或棉铃虫核多角体病毒750～1 500ml，对水1 200～1 500kg喷雾，5～7d再喷1次，防治效果较理想。老熟幼虫入土前，地面施用白僵菌粉22.5kg/hm^2。

3. 物理机械防治 设置黑光灯诱杀成虫，或用杨树枝把及性诱芯诱捕蛾子。

4. 化学防治

（1）*防治适期与防治指标* 在各代成虫始盛期至低龄幼虫期喷药。防治指标为，棉铃虫或烟青虫卵量每100株20～30粒，施药后活幼虫每100株超过5头时应补治；据李照会、林荣华（1999）试验，当豆荚野螟幼虫每100朵花10头或每100个豆荚5头时，即可用药防治。

(2) 药剂喷雾　喷药时应注意花、荚、果等主要部位。每公顷用50%辛硫磷乳油、50%杀螟松乳油1 000～1 500ml，2.5%溴氰菊酯或20%速灭杀丁乳油450～600ml，5%氟虫腈悬浮剂或50%宝路可湿性粉剂600ml，均加水1 200～2 000kg喷雾。为减少杀伤天敌，发挥其对害虫的自然控制作用，可选用25%灭幼脲3号悬浮剂或5%氟虫脲乳油1 500～3 000ml加水1 500kg喷洒防治棉铃虫和烟青虫。

第二节　果树蛀果蛾类

一、种类、分布与为害

为害果树的食心虫主要有鳞翅目蛀果蛾科的桃小食心虫（*Carposina sasakii* Matsumura），小卷叶蛾科的梨小食心虫（*Grapholitha molesta* Busck）、苹小食心虫（*Grapholitha inopinata* Heinrich）、白小食心虫（*Spilonota albicana* Motschulsky）、苹果蠹蛾［*Laspeyresia pomonella*（L.）］、栗实蛾［*Laspeyresia splendana*（Hübner）］，螟蛾科的桃蛀野螟（*Dichocrocis punctiferalis* Guenée）、梨大食心虫（*Nephopteryx pirivorella* Matsumura），麦蛾科的桃条麦蛾（*Anarsia linetella* Zaller），举肢蛾科的柿蒂虫（*Kakivoria flavofasciata* Nagano）、核桃举肢蛾（*Atrijuglans hetaohei* Yang），以及夜蛾科的几种吸果夜蛾等。其中，以为害较重的桃小食心虫、梨小食心虫、桃蛀野螟和柿蒂虫作为代表重点介绍。

1. 桃小食心虫　又名桃蛀果蛾，广泛分布于我国北方果区，其寄主植物有10多种，分属于蔷薇科和鼠李科，前者包括苹果、花红、海棠、梨、山楂、榅桲、桃、杏、李等，后者包括枣、酸枣。其中，以苹果、枣、山楂、杏受害最重。苹果受害，果面有针尖大小蛀入孔，孔外溢出泪珠状汁液，干涸呈白色絮状物。幼虫在果内窜食，虫道纵横弯曲，并留有大量虫粪，呈“豆沙馅”害状。

2. 梨小食心虫　分布于我国南北各果区。以幼虫蛀食梨、桃、苹果、山楂果实，蛀入果内直达果心，取食种子和果肉。早期为害的果实外有虫粪，蛀孔周围变黑、腐烂、凹陷，俗称“黑膏药”；后期的入果孔小，周围青绿色。此外，还蛀食桃、李的嫩梢，嫩梢被害后萎蔫、枯干、流胶，影响生长。

3. 桃蛀野螟　在我国分布普遍，以河北至长江流域以南的桃产区发生最为严重。属多食性害虫，其幼虫蛀食桃、梨、李、杏、板栗、苹果、石榴、无花果、枣、柿、樱桃等的果实、种子，也为害向日葵、蓖麻、高粱、玉米等的种子，甚至为害松、杉、桧等林木。果实被害，虫孔外常有粗粒虫粪，果实易于腐烂脱落。

4. 柿蒂虫　广泛分布于我国北方各地，主要为害柿树。幼虫蛀食柿果，多从柿蒂处蛀入，蛀孔有虫粪和丝状混合物。被害果早期变黄、变软而脱落，俗称“烘柿”、“担柿”。

二、形态特征

1. 桃小食心虫（图15-4）

(1) 成虫　体灰白色或浅灰褐色。雌虫体长7～8mm，翅展16～18mm；雄虫体长5～6mm，翅展13～15mm。前翅近前缘中部有1蓝黑色近乎三角形的大斑，基部及中央部分具

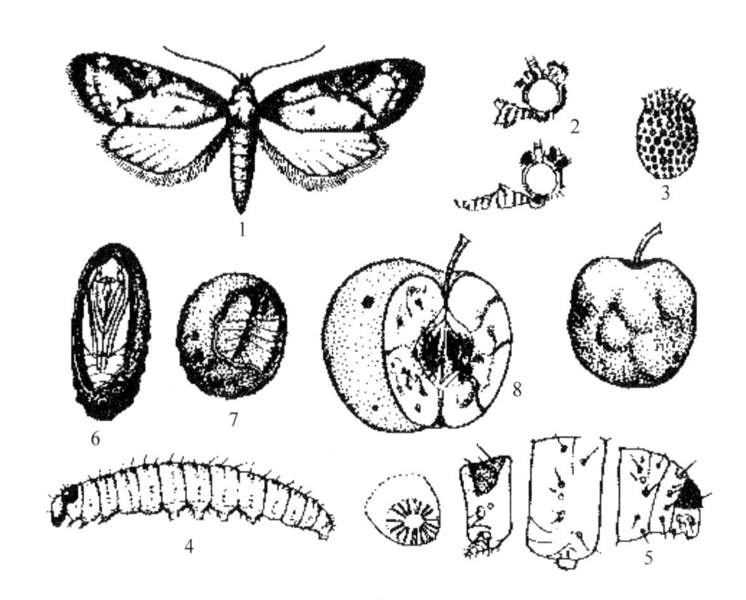

图 15-4 桃小食心虫

1. 成虫 2. 雄（下）雌（上）蛾的下唇须 3. 卵 4. 幼虫

5. 幼虫腹足趾钩、前胸，腹部第 4、8～10 节侧面 6. 夏茧剖面 7. 冬茧剖面 8. 虫果

有 7 簇黄褐色或蓝褐色的斜立鳞片。后翅灰色，缘毛长。雄性触角腹面两侧具有纤毛；雌性触角无纤毛。雄性下唇须短，向上翘；雌性下唇须长而直，略呈三角形。

（2）卵 深红色或淡红色，竖椭圆形，顶部 1/4 处环生 2～3 圈 Y 形刺毛。

（3）幼虫 末龄幼虫体长 13～16mm，桃红色，幼龄幼虫体色淡黄白或白色。前胸气门前毛 2 根。腹足趾钩单序环。无臀栉。

（4）蛹 体长 6.5～8.6mm。淡黄白色至黄褐色，体壁光滑。翅、足及触角端部不紧贴蛹体而游离。茧有两种：越冬茧扁圆形，质地紧密；夏茧又称蛹化茧，椭圆形，质地疏松。

2. 梨小食心虫（图 15-5）

（1）成虫 体长 5～7mm，翅展 10～15mm，灰褐色。前翅前缘有 8～10 组白色短斜纹，近外缘有 10 个黑褐色小点，中室外缘附近有 1 白点。后翅灰褐色。

（2）卵 扁圆形，0.4mm×0.5mm，中央略隆起，半透明，淡黄白色。

（3）幼虫 老熟幼虫体长 8～12mm，头黄褐色，体背桃红色。前胸气门前毛 3 根，臀栉 4～7 齿。

（4）蛹 体长 4～7mm，黄褐色，腹部第 3～7 节背面各有短刺 2 列。茧白色丝质，扁平椭圆形，长 10mm 左右。

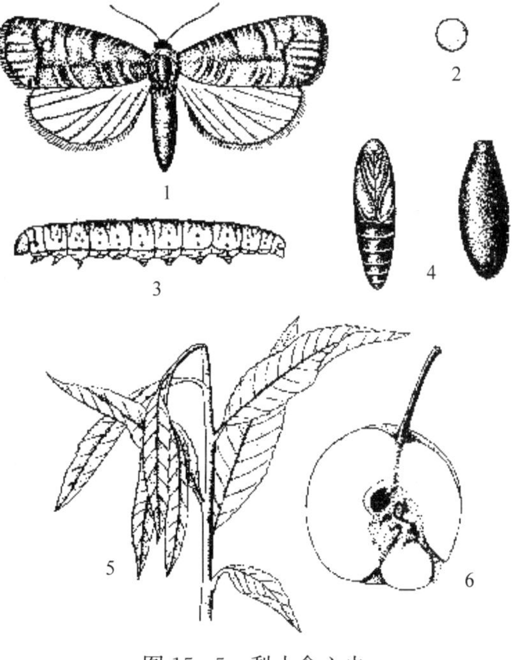

图 15-5 梨小食心虫

1. 成虫 2. 卵 3. 幼虫 4. 蛹和茧

5. 被害桃梢 6. 被害梨果

3. 桃蛀野螟（图 15－6）

（1）成虫　体长 9～14mm，翅展 26mm，全体橙黄色，胸部、腹部及翅上都有黑色斑点。前翅散生 25 或 26 个黑斑，后翅有 14 或 15 个黑斑。腹部第 1 节和第 3～6 节背面各有 3 个黑点。

（2）卵　椭圆形，长 0.6～0.7mm。初产乳白色，孵化前红褐色。

（3）幼虫　老熟幼虫体长 22～26mm。头褐色，胸背暗红色。中、后胸及第 1～8 腹节各有褐色毛片 8 个，排成两列，前列 6 个，后列 2 个。

（4）蛹　体长约 13mm，淡褐色。第 1～7 腹节背面各有 2 列突起线，其上着生刺 1 列。

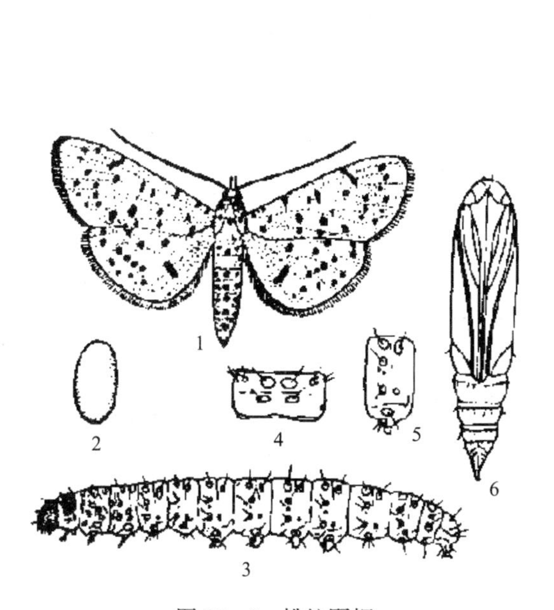

图 15－6　桃蛀野螟

1. 成虫　2. 卵　3. 幼虫

4、5. 幼虫第 4 腹节背面观、侧面观　6. 蛹

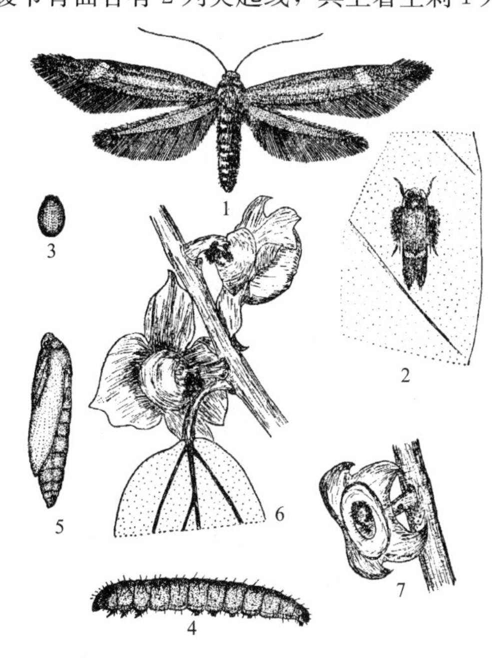

图 15－7　柿蒂虫

1. 成虫　2. 成虫静止状　3. 卵

4. 幼虫　5. 蛹　6、7. 被害状

（仿华南农学院）

4. 柿蒂虫（图 15－7）

（1）成虫　雌成虫体长约 7mm，雄成虫约 5.5mm。头部黄褐色，有金属光泽；胸腹部和前后翅均呈紫褐色。翅细长，前翅近顶端处有 1 金黄色带纹，后足胫节上着生长毛，静止时后足举起。

（2）卵　椭圆形，长 0.5mm，乳白色，后变为淡粉红色。

（3）幼虫　老熟时体长 10mm 左右，头部黄褐色，前胸背板和臀板暗褐色，中、后胸背面有 X 形皱纹，各腹节背面有 1 条横皱。

（4）蛹　长 7mm，褐色。茧长椭圆形，污白色，外附木屑与虫粪。

三、发生规律

1. 桃小食心虫　在苹果产区 1 年发生 1～2 代。以老熟幼虫在土中做扁圆形茧越冬。越冬茧一般多集中于树冠下距树干 1m 范围内的土中，且以树干基部背阴面数量较多。如果园中土块和石块多、杂草丛生或间作其他作物，脱果幼虫即就地入土，结茧越冬。越冬深度一般在13cm以内，3cm左右深的土中占一半以上。在北方大部分地区，越冬幼虫于5月上中旬开始出土，5月下旬至6月上旬为出土盛期。出土幼虫在地面爬向土块下等黑暗隐蔽场所结夏茧化蛹。蛹期11～20d，平均14d，一般于5月下旬后陆续出现越冬代成虫。第1代幼虫于7月初至9月上旬陆续老熟脱果落地。第2代幼虫在果内为害至8月中下旬开始脱果，一直延续到10月陆续入土越冬。当中、晚熟品种果实采收时，仍有一部分幼虫尚未脱果，而被带到堆果场或库中才脱果。桃小食心虫成虫昼伏夜出，白天不活动，栖息于果园内落叶、杂草的根际或茂密的叶片丛中，日落后开始活动，以0:00～3:00活动性最强。雌虫将卵散产于果实上，其中苹果萼洼着卵90%。单雌平均产卵100余粒，第1代成虫可产卵200粒左右。卵在田间自然孵化率达85%～90%。初孵幼虫在果面上爬行数十分钟，寻觅适当部位开始啃咬果皮，但并不吞食，蛀入果内后在其中窜食。幼虫在果内为害14～35d，平均约24d。脱果早的在地表结夏茧化蛹，蛹期约8d，羽化的成虫继续产卵，发生第2代；脱果晚的直接钻入地下结冬茧越冬。

2. 梨小食心虫 辽南、华北1年发生3～4代，我国中部4～5代，南方各地可发生6～7代。以老熟幼虫在果树翘皮裂缝、树干基部土石缝中结白色薄茧越冬。在有桃、李的果园，第1、2代幼虫为害嫩梢，以后各代为害各种果实。在4～5代区各代成虫发生时间为：越冬代4月上旬至5月中旬，第1代5月下旬至6月中旬，第2代6月下旬至7月中旬，第3代7月下旬至8月中旬，第4代8月下旬至9月中旬。

3. 桃蛀野螟 在华北地区1年发生3代，以幼虫在为害处越冬。成虫昼伏夜出，傍晚开始活动，对糖醋液和黑光灯有较强趋性。越冬代成虫多产卵于桃、李、杏果实上，而梨果不大受害。第2、3代卵除产于桃、石榴、板栗上以外，还产卵于梨果上。卵期一般6～8d，幼虫期15～20d，蛹期7～9d，完成1个世代需1个多月。幼虫为害至9月下旬陆续老熟，转移至越冬场所越冬。

4. 柿蒂虫 在我国北方1年发生2代，以老熟幼虫在柿树枝干的老皮下和树根附近土缝中以及残留在树上的被害干果中结茧越冬。越冬幼虫4月中下旬化蛹，5月上旬成虫开始出现。初羽化的成虫飞翔力差，白天停留在柿叶背面，晚上活动、交配、产卵。卵多产于果柄与果蒂之间，卵期5～7d，每头雌虫可产卵10～40粒。第1代幼虫5月中下旬开始害果，先吐丝将果柄柿蒂连同身体缠住，被害柿果不易脱落，而后将果柄吃成环状，从果柄钻入果心，粪便排于果外。1个幼虫能连续为害5～6个幼果，被害果成黑果。第2代幼虫害果期为8月上旬到9月末，幼虫在柿蒂下为害果肉，被害果提前变红、变软，脱落。在多雨高温年份，幼虫转果较多，为害严重。在陕西，柿蒂虫姬蜂（*Lissonota* sp.）对柿蒂虫有一定的控制作用。

四、常见果树其他食心虫（表15-2）

表15-2 常见8种果树食心虫

害虫种类	发生概况
苹小食心虫	寄主有苹果、梨、沙果、海棠、榅桲、山定子等。幼虫蛀食果实，在果皮下浅处造成为害，形成直径约1cm的黑色干疤，其上有数个排粪孔，可发现虫粪。在苹果树上每年发生2代，在梨树上大部分1年发生1代，少数发生2代，均以老熟幼虫在树体翘皮、吊树支竿及绳索、果筐、果箱等缝隙内结茧越冬，但以树体上越冬的数量居多。翌年5月中下旬化蛹，6月上中旬出现越冬代成虫和第1代卵。第1代成虫和第2代卵在7月中下旬出现。第2代幼虫8月中下旬开始脱果，盛期9月中旬。苹小食心虫在梨园6月下旬开始化蛹，为短日照滞育型害虫

（续）

害虫种类	发 生 概 况
白小食心虫	分布于东北、华北、华东、河南、陕西和四川等地，主要为害山楂、苹果、梨、桃、樱桃和海棠等。幼虫蛀食果实，多从萼洼蛀入，并将虫粪堆积在蛀孔外。幼虫也为害幼芽和嫩叶，并吐丝将叶片缀连成卷，在其中食叶。幼虫为害苹果，从萼洼蛀入，萼洼处堆满虫粪。1年发生2代，以幼龄幼虫在树皮缝内和地面落叶、杂草等处越冬。次年4月下旬开始出蛰，5月中下旬出现成虫。第1代卵主要产于叶背。7月中旬至8月下旬出现第1代成虫。第2代卵主要产于果面上
梨大食心虫	全国梨区普遍发生。幼虫为害花芽和果实。花丛被害时全部凋萎；幼果被害时蛀孔外有虫粪堆积，最后变黑干枯，不易从树上脱落。仅为害梨。在东北梨区1年1代，山东、山西、陕西及河北南部2代，河南郑州、开封2～3代。以幼龄幼虫在梨树花芽内结灰白色茧越冬。翌年花芽膨大时幼虫开始活动转害花芽。在2代区幼虫于4月中旬开始转害幼果，5月中旬果内幼虫陆续化蛹，6月出现成虫，8月出现第1代成虫
苹果蠹蛾	分布于新疆，主要为害苹果、沙果，也为害香梨、桃、杏等。幼虫蛀果，不仅降低果品质量，而且造成大量落果。1头幼虫常可为害几个果实。我国仅在新疆发生，南疆1年发生3代，北疆1年发生2代和1个不完整的第3代。以老熟幼虫在树皮下做茧越冬。第1代为害期在5月下旬至7月下旬，第2代在7月中旬至9月上旬
吸果夜蛾类*	包括嘴壶夜蛾、鸟嘴壶夜蛾、枯叶夜蛾、壶夜蛾等十多种夜蛾。以成虫刺吸柑橘、枇杷、桃、李、杏、葡萄、苹果、梨等果实汁液。吸果夜蛾的幼虫主要取食山区的野生灌木、杂草和林木等，喜食防己科植物。成虫为害果实的时间随着果实的成熟期而转移，先为害早熟果实，后为害中熟或晚熟果实。在东北及西北地区，吸果蛾从5、6月开始为害樱桃，随着杏、桃、梨、苹果等果实的成熟期而转迁为害，一直到9、10月为止。成虫从日落后2h左右开始出现，22:00左右达为害高峰，直至次日4:00左右飞离果园。在同一类果品中，皮薄、肉细、有芳香气味的品种受害重
核桃举肢蛾	以幼虫蛀食核桃青皮和核仁，纵横窜食，被害果瘦小，果皮变黑腐烂。1年发生1～2代，以老熟幼虫在树冠下1～2cm的土壤中、石块下及树干基部皮缝内结茧过冬。翌年6月上旬至7月下旬化蛹。蛹期10多天。成虫发生盛期在6月下旬至7月上旬。成虫爬行速度快，并能跳跃。卵多产于两果相接的缝隙处，其次在果实萼洼、梗洼或叶柄上。每果可着卵3～4粒。单雌可产卵35～40粒。孵化后幼虫蛀入青皮为害。老熟幼虫7月中旬开始脱果，于松软的土内1～2cm处结茧过冬。脱果早的幼虫可化蛹羽化，发生第2代。核桃举肢蛾的发生与春季的降水量密切相关。5、6月多雨潮湿的年份发生重，干旱的年份发生轻。另外，深山区为害重，川道、浅山区受害轻；阴坡比阳坡受害重；沟里比沟外受害重；荒坡地比耕种地受害重
桃条麦蛾	以幼虫蛀食桃树的嫩梢及桃果，还为害油桃、毛桃、杏、扁桃、李、梅等。该虫在南疆1年4代，以幼龄幼虫在桃树或杏树枝梢的冬芽中越冬。3月中旬冬芽膨大时出蛰，转芽为害。前期蛀食新梢，后期为害幼果。第2代幼虫为害期在6月下旬到7月下旬。第3代为害期在8月，除蛀果外还加害秋梢。第4代于9月下旬蛀芽越冬。成虫有较强的趋糖醋液习性。卵多散产于果面
栗实蛾	分布于东北、华北、西北和华东等地。幼虫咬食栗蓬，蛀入果实，被害果外常见虫粪堆积。幼虫还咬伤果梗，使栗蓬未熟而落。在秦岭山区1年发生1代，以老熟幼虫做黑红色椭圆形茧在栗树下的杂草、落叶下越冬。次年8月初开始化蛹，8月中旬到9月上旬为羽化期。9月上中旬幼虫大量蛀食栗蓬，采收后幼虫蛀入果实。9月下旬至11月初老熟幼虫脱出

* 吸果夜蛾类指以虹吸式口器刺入果皮内吮吸果实汁液的一类夜蛾类害虫，也放在此表内介绍。

五、预测预报方法

1. 桃小食心虫

（1）*越冬幼虫出土期观察*　在园中选择上年为害严重的果树5～10株，将树冠下地面清除干净，每株树下放10多个瓦片，检查其下的出土幼虫数量。或以树干为中心，在半径1m内分层埋茧并笼罩，观察记载。也可以5月中旬温湿度系数（R/T）来推算幼虫出土期

(Y)：

$$Y=13.51-4.64R/T$$

式中：R——旬降水量；

T——旬平均温度。

以5月20日为Y的0值。

（2）成虫发生期观察 继续以上埋茧笼罩的成虫羽化观察，得出成虫发生高峰期。或在树冠外围挂桃小食心虫性诱捕器，以观察成虫出现始期和高峰期。

2. 桃蛀野螟

（1）成虫发生期预测 在玉米、向日葵收获后，收集越冬幼虫300头，连同秸秆等放入玻璃器皿中，第2年5月上旬起，每3d检查1次，记载化蛹数和成虫羽化数，预测越冬代成虫发生期。第1代成虫预测可在6月上旬左右收集被害果中老熟幼虫，按以上方法处理。也可在田间设置黑光灯、糖醋液或性诱捕器诱测成虫的发生期和发生量。

（2）田间产卵量调查 在第1、2代成虫发生期，选早、中、晚熟易受害品种各5～10株，每株查果实20～30个，每3d调查1次。当卵量比上次明显增加时，即可喷药防治。

六、综合治理方法

1. 加强检疫 对苹果蠹蛾、桃条麦蛾等疫情必须严格封锁，并组织消灭。目前，桃条麦蛾仅发生于引进水蜜桃接穗的新建桃园。

2. 农业防治

①翻耕土地，地面药剂处理。果园结合开沟施肥秋冬深翻树盘，能有效地杀伤在土壤内越冬的害虫。于害虫出土前每公顷用25%辛硫磷微胶囊或25%对硫磷微胶囊7.5kg，配成毒土或药液撒喷在树冠下。

②园内种植向日葵、杂交高粱，诱集桃蛀野螟成虫产卵，集中喷药杀灭。

③束草诱杀。8月上旬开始，在主干上刮10cm宽带，用草缠1圈，或捆麻袋片，诱集梨小食心虫等幼虫入内越冬，冬季取下烧毁。

3. 生物防治 地面土壤内施入新线虫（*Neoaplectana feltiae* Agriotos）60万～80万条/m^2，或卵孢白僵菌粉（含活孢子100亿个/g）8g/m^2加入对硫磷微胶囊0.3ml/m^2封杀出土幼虫，可控制脱果下树到地下越冬或化蛹的蛀果蛾幼虫。释放赤眼蜂，保护甲腹茧蜂、齿腿姬蜂等寄生蜂也是平常注意使用的方法。

4. 物理机械防治

①果树生长季节园内设置黑光灯、糖酒醋液或性诱捕器诱杀成虫。

②大力推行果实套袋技术，可防止成虫产卵、幼虫入侵，能有效地防治蛀果害虫。

③及时摘除虫果，剪除梨小食心虫的虫梢，减少害虫基数，减轻后代的为害。结合冬剪剪除虫芽；梨树开花期振动树枝，掰除不落鳞片花丛中梨大食心虫幼虫；也可利用糖醋液或黄樟油诱杀成虫。

④早春刮除树干的老翘皮，可消灭其中的越冬虫体。

5. 化学防治 药剂防治蛀果害虫的关键是喷药时间。一般在发蛾高峰期和卵孵化期，若达到防治指标即喷药防治。每公顷可用药剂95%巴丹水剂或20%灭扫利500ml、30%桃小灵或25%果虫敌或48%乐斯本乳油750ml、25%灭幼脲3号悬浮剂或青虫菌1 500ml等，加水 1 500～2 000kg 树冠喷雾。

第三节　蛀果象甲类

一、种类、分布与为害

蛀果象甲类属鞘翅目象虫科，包括梨虎（*Rhynchites foveipennis* Fairmaire）、杏虎（*Rhynchites faldermanni* Schönh.）、桃虎（*Rhynchites confragrossicollis* Voss）、樱桃虎（*Rhynchites auratus* Scop）、栗实象甲（*Curculio davidi* Fairmaire）、栗雪片象甲（*Niphades castanea* Chao）、核桃果象甲（*Alcidodes juglans* Chao）、芒果果肉象［*Acryptorrhynchus frigidus*（Fabricius）］、芒果果实象［*A. otivieri*（Faust）］等，下面对为害严重的梨虎、栗实象甲和芒果果肉象作重点介绍。

1. 梨虎　又称梨实象甲等，分布于各果区。以成虫取食嫩叶，啃食果皮、果肉，致使果面坑坑洼洼，呈“麻脸梨”。产卵前成虫咬伤果柄造成落果。幼虫在果内蛀食，被害果皱缩干枯。

2. 栗实象甲　又称栗象鼻虫、板栗象甲、栗象等。分布于全国各栗产区，尤以陕西秦岭山区栗实受害严重。幼虫为害种仁，其中有细锯末状虫粪。幼虫老熟后脱出时在种皮上留有圆形脱果孔，被害栗实易霉烂变质，不堪食用。

3. 芒果果肉象　又称果肉象甲，分布于孟加拉国、印度、印度尼西亚、马来西亚、巴基斯坦、泰国、菲律宾、缅甸、巴布亚新几内亚以及我国的云南省。幼虫蛀食芒果果肉部分，形成不规则的纵横蛀道，其内充满虫粪，致使果实不堪食用。

二、形态特征

1. 梨虎（图 15-8）

（1）成虫　体长 12～14mm，暗紫铜色，有金绿色闪光。头管较长。前胸略呈球形，密布刻点和短毛，背面中部有 3 条凹纹呈“小”字形。翅鞘上刻点粗大，成 9 纵行。

（2）卵　椭圆形，长 1.5mm 左右，表面光滑。初产时白色，渐变乳黄色。

（3）幼虫　老熟幼虫体长 12mm 左右，乳白色，12 节，体表多皱纹。头小，大部分缩入前胸内。

（4）蛹　体长 9mm 左右，初乳白色，渐变黄褐至暗褐色。

2. 栗实象甲（图 15-9）

（1）成虫　体长（不计头管）5～9mm，头管长 7～11mm，细长。翅鞘后缘近基部 1/3 处及近端部 1/3 处各有 1 白色斑纹。

（2）卵　长约 1.5mm，倒梨形，白色透明，有光泽。

（3）幼虫　老熟幼虫长 8～12mm，头黄褐色，胸部乳白色，多横皱纹。

（4）蛹　长 7～11mm，乳白色，头管伸向腹部下方。

3. 芒果果肉象（图 15-10）　成虫体长 5.5～6.5mm，全体深紫色。头管短而粗壮，赤褐色，微弯曲，常隐藏于前胸腹板之下。触角膝状，黄褐色。鞘翅近基部有 1 黄褐色横带。小盾片圆形，灰白色。

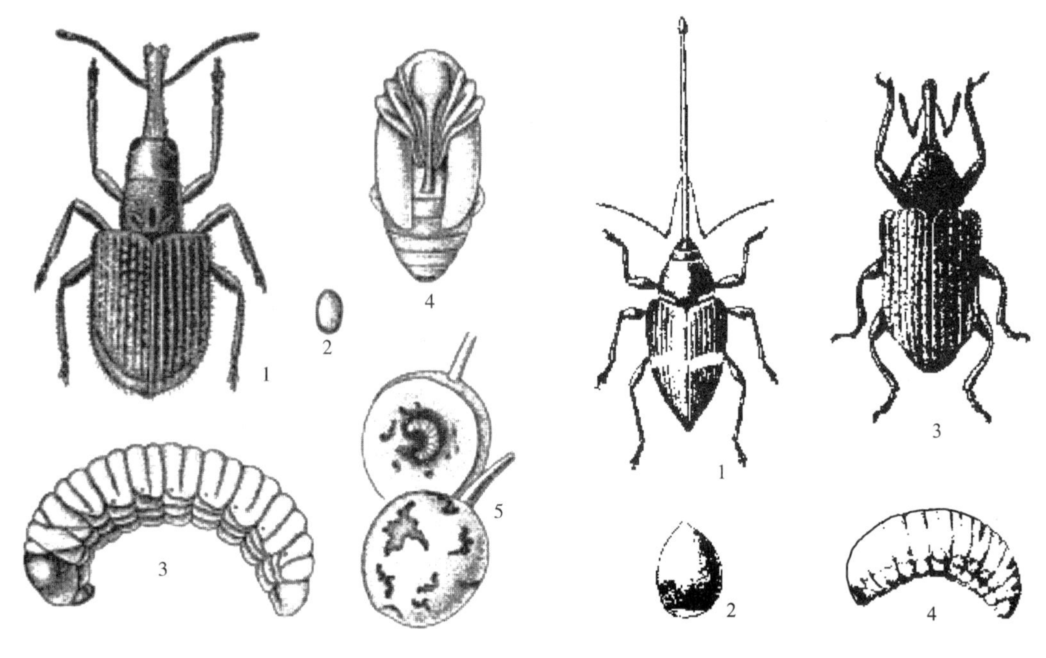

图 15-8 梨 虎

1. 成虫 2. 卵 3. 幼虫 4. 蛹 5. 被害果

图 15-9 两种栗实象虫

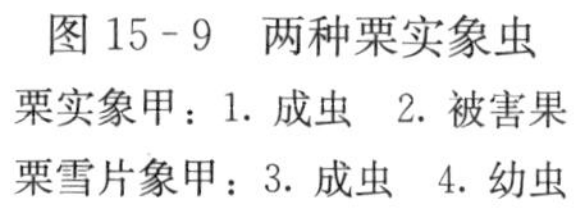

栗实象甲：1. 成虫 2. 被害果

栗雪片象甲：3. 成虫 4. 幼虫

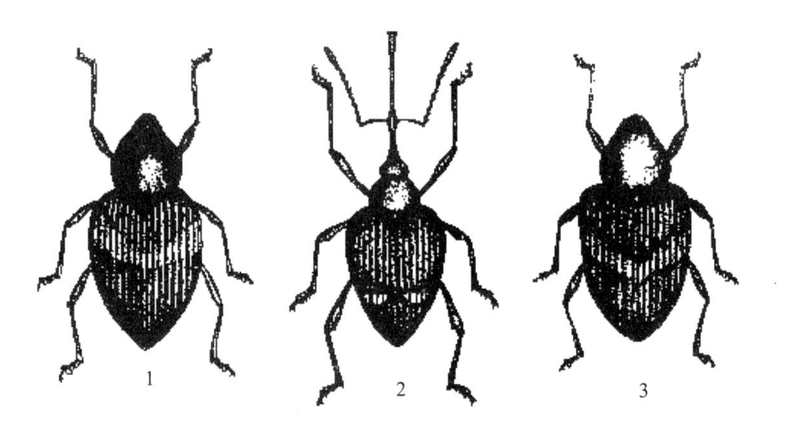

图 15-10 3 种芒果象甲

1. 果肉象 2. 果核象 3. 果实象

三、发生规律

1. 梨虎 绝大多数 1 年发生 1 代，少数 2 年 1 代，以成虫和幼虫潜伏于土下 6cm 左右的土室内越冬。以幼虫越冬者来年化蛹、羽化为成虫，仍在土中潜伏至越冬，第 3 年出土繁殖为害；而以成虫越冬者，次年梨树开花至幼果期成虫出土。成虫出土与降雨有密切关系，降透雨后有大量成虫集中出土，如遇干旱则出土期明显推迟。出土后成虫飞至树上活动。

成虫主要在白天活动，尤以晴朗无风、气温较高或中午前后最为活跃。成虫有假死性。取食为害 1～2 周后开始交配、产卵。产卵前成虫先咬伤果柄基部，再在果实上咬 1 小洞，于其中产卵1～2粒，并分泌黏液封口，产卵处呈黑褐色斑点，卵果遇风大部分脱落。成虫寿命较长，产卵期长达2个月左右，每天产卵1～2粒，一生可产150粒。因而后边的各虫态发生期很不整齐。卵期6～7d。孵化后幼虫在果内蛀食，经20d左右幼虫老熟脱果入土，在3～7cm深处做椭圆形土室，于8月中下旬开始化蛹。蛹期1～2个月，9月中下旬陆续羽化为成虫越冬。

在云南、贵州、四川3省尚为害苹果。在贵州，成虫于3月底开始出土，4月中旬为盛期，5月上旬为末期。当气温16℃以下时成虫不太活动，22～25℃时活跃。5月下旬开始产卵，6月下旬为盛期，8月上旬结束。土壤含水量20%时幼虫正常化蛹，在12%时不化蛹，7%时可干枯死亡。

梨虎多发生于管理粗放、不经常翻耕的山地果园。梨品种间受害程度也有差异，香水梨受害最重，鸭梨、白梨稍轻。

2. 栗实象甲　1～2年发生1代。以老熟幼虫在约20cm深的土中越冬。翌年或第3年6月开始化蛹。成虫发生在7月中旬至8月上旬。先取食幼小栗蓬和嫩枝作为补充营养，10余d后交配产卵。每1栗实上着卵1～3粒。卵期8～15d。幼虫在种内蛀食20多d后脱果入土。有的幼虫直到采收时尚未老熟，在堆蓬和脱蓬后才陆续脱出，入土越冬。栗实象甲的发生为害与板栗品种、林地条件以及人为活动有密切关系。一般栗蓬上的苞刺长、硬且密，栗苞壳厚、质地坚硬的品种受害轻；早熟品种受害较轻；山地栗园、同时混生或附近存在其他栗类（如茅栗、栓皮栎和麻栎）的栗园受害重。

3. 芒果果肉象　1年发生1代。冬季低温时期成虫隐藏于枝叶茂密处，或在树皮缝隙和孔洞中。翌年早春开始活动，产卵于幼果表面。孵化后幼虫即钻入果肉内为害，老熟后在果肉内化蛹。6月下旬至7月中旬成虫陆续从被害果内羽化而出。白天成虫在芒果树上活动，取食嫩叶、嫩梢作补充营养。

四、常见其他蛀果象甲（表15-3）

表15-3　6种常见蛀果象甲

害虫种类	发生概况
杏虎	主要为害桃、杏、樱桃、李等。成虫产卵时蛀断果柄，蛀害果实成孔，并产卵其中。1年发生1代，多数以成虫在地下土室中越冬。第2年花芽萌动后出土上树为害花朵。4月上旬开始产卵。卵期10d左右。幼虫在果内发育老熟后脱出，钻入2～6cm深的土层内做土室蛰伏。9、10月化蛹。蛹期40多d。羽化后成虫进入越冬状态
桃虎	主要为害桃。成虫蛀食幼果，使果面流胶，并引起腐烂、脱落。1年发生1代。主要以成虫在土中越冬。桃树发芽时开始上树为害，以4月初幼果期为害最为严重。4月下旬为产卵盛期。6月下旬幼虫开始脱果入土，早期多在10cm处化蛹，到后期入土渐深，可达20cm
樱桃虎	分布于新疆。成虫取食和产卵为害杏、灌木酸樱桃、毛樱桃、西洋李等。幼虫在种核内取食种仁。2年1代。以成虫越冬者樱桃芽膨大时开始出土，先取食嫩芽、花，后取食幼果成孔洞，并在果实上咬洞产卵为害。卵期15d。幼虫不食果肉而直接蛀入果核，被害果多脱落。6月下旬幼虫脱果，在地下5～20cm深处做土室越冬
栗雪片象甲（图15-9）	分布于陕西的镇安、柞水，河南的新县。成虫取食栗苞、幼芽和嫩叶，幼虫蛀食栗苞和栗实。1年1代，以老熟幼虫在早期脱落的栗蓬或土中越冬。4月中旬为化蛹盛期，5月上旬为羽化盛期。7月上旬出现幼虫，先沿果柄蛀入栗蓬，栗实灌浆后蛀入果仁

（续）

害虫种类	发生概况
核桃果象甲	分布于陕西、甘肃、河南、湖北、四川等核桃产区。以幼虫为害果实，果形不变，但果内充满棕色排泄物。7、8月大量落果。仅为害未成熟的核桃果实。1年1代，以成虫在向阳处杂草或表土内越冬。来年5月成虫开始活动，取食核桃嫩梢及幼果皮。半月后交配产卵。1果1卵，6月孵出幼虫，7月是为害盛期，8月羽化成虫
芒果果实象（图15-10）	分布于越南、柬埔寨和我国云南省。以幼虫为害芒果的种仁和果肉，使受害果丧失食用价值和发芽能力。该虫1年发生1代。幼虫开始食害果肉，在果实发育中期侵入果核，蛀食子叶。幼虫老熟后在核内化蛹。羽化后外出活动

五、防治方法

1. 土壤管理 耕翻园土，破坏害虫的越冬场所。春季大水深灌，窒息越冬害虫。

2. 人工防治 成虫活动期清晨摇树振落成虫。幼虫害果期及时捡拾落果，消灭其中幼虫。

3. 药剂防治 春季成虫出土初期，每公顷用50%辛硫磷乳油或40%甲基异柳磷乳油1 500ml，加水300～500kg喷洒树盘。成虫树上活动盛期每公顷用80%敌敌畏乳油或90%晶体敌百虫1 000ml，加水1 200～1 500kg树上喷雾，隔10～15d再喷1次。幼虫脱果入土期地面施用新线虫60万～80万条/m^2寄生害虫幼虫。

4. 果实灭虫 最好选用水泥场或坚硬场地作堆栗蓬场地，并在场地周围撒设药带，避免栗实象甲幼虫逃逸。并于栗实采收后立即进行熏蒸（20℃时，每立方米用二硫化碳30ml，处理20h），将害虫消灭在幼龄或卵期。

5. 严格检疫 对芒果象甲要注意检疫，严防害虫传播和蔓延。

复习思考题

1. 如何区别棉铃虫和烟青虫？它们对蔬菜的为害有哪些特点？
2. 怎样对豆荚野螟实施综合防治？
3. 果实套袋有何益处？如何套袋？
4. 谈谈防治桃小食心虫的策略。
5. 如何利用多寄主的特点防治桃蛀螟？
6. 如何防治为害板栗果实的几种害虫？
7. 比较柿蒂虫和核桃举肢蛾生活习性和防治特点的异同。
8. 怎样对食心虫进行无公害化防治？

第十六章　食用菌害虫

为害食用菌的害虫种类繁多，其中，食用菌栽培期以双翅目和螨类的种类发生最普遍，虫口数量大，常造成较大的经济损失，甚至酿成毁灭性灾害。在食用菌干品贮藏期则以鞘翅目和鳞翅目中的一些种类为害最严重，这部分将在下章中一并介绍。

第一节　眼蕈蚊类

一、种类、分布与为害

眼蕈蚊也称为尖眼蕈蚊，属眼蕈蚊科（Sciaridae）。为害食用菌的眼蕈蚊主要有眼蕈蚊属（*Sciara*）、齿眼蕈蚊属（*Phorodonta*）、厉眼蕈蚊属（*Lycoriella*）、迟眼蕈蚊属（*Bradysia*）、模眼蕈蚊属（*Plastosciara*）等。眼蕈蚊在栽培和野生的食用菌、药用菌中是最常见的一类害虫，我国的种类非常丰富，在北京、河北、河南、辽宁、内蒙古、上海、山东、云南、贵州、四川、江西、福建、湖北、新疆、西藏等省（自治区、直辖市）已发现100多种，如平菇厉眼蕈蚊（*Lycoriella pleurati* Yang et Zhang）、冀菇厉眼蕈蚊（*L. jipleuroti* Yang et Zhang）、双刺厉眼蕈蚊（*L. bispinalis* Yang et Zhang）、云菇厉眼蕈蚊（*L. yunpleuroti* Yang et Zhang）、闽菇迟眼蕈蚊（*Bradysia minpleuroti* Yang et Zhang）、韭菜迟眼蕈蚊（*B. odoriphaga* Yang et Zhang）、集毛迟眼蕈蚊（*B. conedensa* Yang et Zhang）、木耳狭腹眼蕈蚊（*Plastosciana auriculae* Yang et Zhang）等。下面以平菇厉眼蕈蚊和闽菇迟眼蕈蚊作为代表进行介绍。

1. 平菇厉眼蕈蚊　分布广，是国内的优势种。以幼虫取食为害平菇、蘑菇、香菇、木耳、金针菇、猴头、柳松菇等多种食用菌。对于菌种，影响菌丝正常生长，严重者菌丝全部死亡。菌种瓶中1瓶一般有数十头，最多的达388头幼虫，菌丝被吃光后，甚至连棉子皮也吃成碎渣。为害平菇严重时将菌柄蛀成空洞，菌盖的菌褶被吃光，而且排有虫粪，使菇的商品价值和食用价值下降。

2. 闽菇迟眼蕈蚊　又叫尖眼菌蚊、菇蚊、菌蛆、蘑菇蝇等，是一种发生频繁、寄主广泛、食性杂的食用菌重要害虫，并喜在畜粪、垃圾、腐殖质和潮湿的菜园及花盆上繁殖。以幼虫为害蘑菇、平菇、凤尾菇、香菇、金针菇、黑木耳、银耳等多种食用菌的菌丝体和子实体。幼虫多在培养料表面取食，可把菌丝咬断吃光，使料面发黑，成松散米糠状。为害子实体时，先从接近料面的菌柄基部开始蛀入，逐步向上钻蛀。受害的子实体每朵少的有幼虫3～4头，多的达300～400头，可将整个菌柄内部蛀空，菌柄外面留下许多针眼大小的虫孔，继而侵害菌褶、菌盖。有时成虫产卵在菌盖上，幼虫则向下蛀食，使被害的子实体不能继续生长发育。

二、形态特征

1. 平菇厉眼蕈蚊（图 16-1）

（1）成虫　雄虫体长 3.3mm 左右，暗褐色。头部小。复眼很大，有毛；眼桥有小眼面 4 排，个别也有 3 排的。触角 16 节，长约 1.7mm，第 4 鞭节长为宽的 2.5 倍，鞭节颈明显，颈的长是宽的一半。下颚须 3 节，基节有毛 5～7 根，感觉窝边缘很不规则；中节稍短，有毛 6～10 根；端节长几乎为中节的 1.5 倍，有毛 5～8 根。翅淡烟色，长 2～2.8mm，宽 0.9～1.1mm，脉黄褐色，C、R、R_1、Rs 上均有大毛，C 在 Rs 至 M_{1+2}间占 2/3；平衡棒有 1 斜列不整齐的刚毛。足黄褐色，跗节较深，前足基节长 0.4～0.55mm，腿节长 0.6～0.75mm，胫节长 0.65～0.85mm，跗节长 0.4～0.55mm，胫梳为弧形。腹部 9 节，末端尾器基节中央有瘤状突起，疏生刚毛，端节呈弧形内弯，顶端锐尖细长。

雌虫体长 3.8（3.3～4）mm。与雄虫相似，但触角较短，长 1.3～1.5mm。腹部中段粗大，向尾端渐细。腹端 1 对尾须，端节近似圆形。

（2）卵　椭圆形，长 0.23～0.27mm，初产时乳白色，逐渐透明，孵化前头部变黑，从卵壳外可见。

（3）幼虫　头黑色，胸及腹部为乳白色，共 12 节。初孵化幼虫体长约 0.6mm，老熟幼虫为4.6～5.5mm。

（4）蛹　初化的蛹乳白色，逐渐变淡黄色，羽化前变褐色至黑色。雄蛹长 2.3～2.5mm，雌蛹长 2.9～3.1mm。

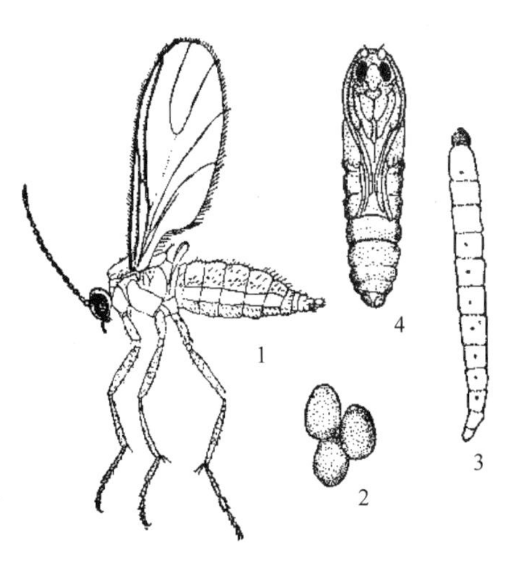

图 16-1　平菇厉眼蕈蚊

1. 成虫（雌）　2. 卵　3. 幼虫　4. 蛹

（仿张学敏等）

2. 闽菇迟眼蕈蚊（图 16-2）

（1）成虫　雄虫体长 2.7～3.2mm，暗褐色。头部色较深。复眼有眼毛，眼桥小，眼面 3 排。触角褐色，长 1.2～1.3mm，第 4 鞭节长是宽的 1.6 倍，端部的颈短粗。下颚须基节较粗，有感觉窝，有毛 7 根；中节较短，毛 7 根；端节细长，毛 8 根。胸部黑褐色。翅淡烟色，长 1.8～2.2mm，宽0.8～0.9mm，前缘脉 C 伸达脉 Rs 至 M_{1+2}间的 2/3，C 脉上有双排大毛，径脉 R、R_1、Rs 上均具有 1 排大毛，M 柄微弱；平衡棒淡黄色，有斜列小毛。足的

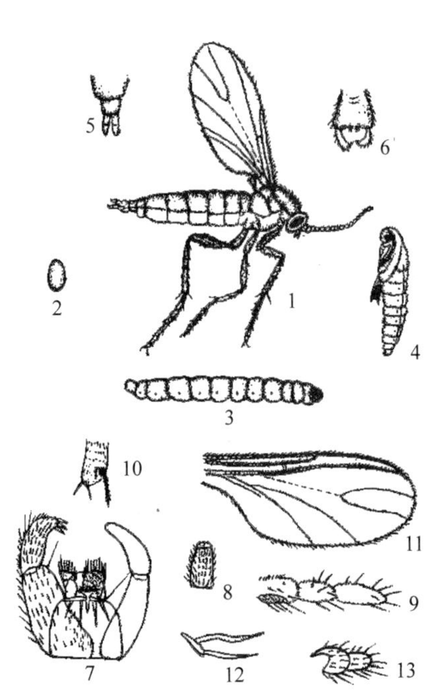

图 16-2　闽菇迟眼蕈蚊

1. 成虫　2. 卵　3. 幼虫　4. 蛹

5. 雄虫腹部末端生殖器　6. 雄虫抱握器

7. 雄尾器　8. 触角第 4 鞭节　9. 下颚须

10. 前足胫梳　11. 前翅　12. 雌阴道叉

13. 尾须

（仿郑其春等）

基节和腿节污黄色，转节黄褐色，胫节和跗节暗褐色，前足基节长 0.4mm，腿节与胫节各长 0.6mm，跗节长 0.7mm，胫节的胫梳 1 排，梳 6 根，爪有齿 2 个。腹部暗褐色，尾器基节宽大，基毛小而密，中毛分开不连接，端节小，末端较细，内弯，有 3 根粗刺。

雌虫较大，体长 3.4～3.6mm。触角较雄虫短，长 1mm。翅长 2.8mm，宽 1mm。腹部粗大，端部细长。阴道叉褐色，细长略弯，叉柄斜突。尾须粗短，端部圆。

（2）卵　长圆形，初期为乳白色。

（3）幼虫　初孵化体长 0.6mm 左右，老熟后长 8.5mm。

（4）蛹　在薄茧内化蛹，长 3～3.5mm，初期乳白色，2d 后复眼为浅褐色，3d 后呈黑色。

三、发生规律

1. 平菇厉眼蕈蚊　在适宜的菇房可全年发生，温度在 13.5～21.5℃（平均 17.6℃）完成 1 代需 21～32d。地道菇房温湿度年变化幅度小，在 13～20℃，1 年可发生 10 代。成虫羽化多在傍晚至翌日上午，羽化率为 53.6%。雌雄性比在 4 月上旬为 1.8∶1，4 月下旬为 1∶1，特别是防空洞菇房采到的成虫中雌多雄少，有时很难采到雄虫。成虫羽化后，往往先爬行于料块上，翅未展平就有交配能力，交配时雄虫腹末向前弯成钩形紧追雌虫，靠近后用抱握器夹住雌虫腹部末端交配。一般为雌虫拖着雄虫跑或静止不动，交配时间 1～50min。产卵量一般 50～100 粒，最多 250 粒，堆产或散产于培养料上。成虫寿命一般 3～5d，个别可活 10d。成虫活跃，喜欢腐殖质，常在菇房培养料上爬行、交配、产卵。成虫有趋光性，喜欢在菇房电灯周围飞翔或停在墙壁上，在有玻璃窗的菇房常常停在窗上爬行或交配。

温度为 13.5～21.5℃时，卵期一般为 4～7d；温度为 20～26℃时，卵期 3～5d，孵化率 94.8%。卵孵化不整齐，1 个卵块 1～3d 孵化完，个别延至 4d。

初孵化的幼虫很小，体长为 0.6mm，一般 4～5 龄，老熟幼虫体长 6mm。温度 13.5～21.5℃，幼虫期 9～17d，一般 11～14d。幼虫喜在腐殖质丰富的潮湿环境生活，覆土的栽培菌块上更多，浇水后幼虫在上面爬行。袋栽的菌块幼虫多在袋的内壁爬行，幼虫喜食菇类菌丝体、子实体原基，在为害菇蕾、子实体时常潜入其内蛀孔洞，一般先从基部为害，也常在菌褶内为害，严重时，菌柄被吃成海绵状，菌盖只剩上面 1 层表皮，进而枯萎腐烂。

蛹期 2～7d，一般 3～6d。在菇床上化蛹时大部分不做茧，个别做成小土茧，室内饲养时常做成薄茧。

2. 闽菇迟眼蕈蚊　成虫有趋光性，飞翔能力强。成虫羽化 4～5h 后交配，交配时间最少 40s，长可达 17min。雌虫交配后，翌日产卵于土缝或培养料中，每处产卵可达 40～219 粒，雌虫一生产卵量为 300 多粒。成虫寿命 3～4d，长者为 7～9d。在飞行转移时可携带病原菌及螨类。

初产的卵为乳白色，渐渐变褐色后孵化。温度在 14～17℃，相对湿度 70%～85%时卵期为 5～6d。

温度在 14～17℃，相对湿度 70%～85%时幼虫期 16～18d，为 5 龄。幼虫有群居的习性，爬行时吐丝，爬行至土缝或料表面吐丝做茧。

老熟幼虫化蛹于薄茧内，预蛹期 1～2d。初期乳白色；2d 后复眼为浅褐色；3d 后复眼为黑色，触角翅芽呈浅褐色；4d 后蛹体变黑，在薄茧内不断摇动，离开薄茧到土表羽化。蛹期 5～6d。在福州地区闽菇迟眼蕈蚊一般 9 月下旬到翌年 3 月初多聚集在野外潮湿的菜园地和花盆上，一般完成1代需30～35d。

四、综合治理方法

1. 注意环境卫生，杜绝虫源 眼蕈蚊食性复杂，喜腐殖质，常集居在不洁之处，如菇根、弱菇、烂菇及垃圾处，菇房菌丝的香味常常将虫诱集来。新菇房开始种菇，虫很少，不引起注意，但收过两茬菇后，虫逐渐增加，常常造成灾害，所以阻止虫源入内是防治眼蕈蚊的重要环节。①在种菇前要清洁菇房内外环境卫生，用药剂熏蒸杀虫；②在菇房门口、窗和通气口安装60目纱网，阻止成虫入内；③在地道菇房的进出口要保持几十米黑暗，注意随时关灯，防止成虫趋光而入；④在菇房开始发现有虫时，应及时捕捉消灭，决不可大意。

2. 加强栽培管理，促菇控虫 掌握害虫习性，结合栽培管理控制害虫大发生。具体做法：①在收菇后，要认真清洁料面，除掉菇根及烂菇并集中深埋；②在收完3～4茬菇后，及时清除料块，并远离菇房高温堆肥发酵或喷药，避免眼蕈蚊继续在废料中繁殖；③要严禁新老培养块同放一个菇房，很多菇农见到旧块仍能长少许菇，舍不得丢弃，便在旧菇房内再继续栽培新菇，结果为眼蕈蚊提供了良好的繁殖条件，这样常常造成毁灭性的损失；④要注意菇房的适当浇水，在栽培管理时浇水过多，会造成菌丝和菇蕾腐烂，往往是大量繁殖眼蕈蚊的有利条件。根据具体情况有计划地促进菇的生长健壮，控制害虫大量发生与传播。

3. 及时消灭害虫 眼蕈蚊生活周期短，繁殖力强，必须治早、治彻底，如果稍不注意便会造成毁灭性损失。治虫首先要考虑蘑菇是食用还是药用的，不能滥用农药。具体做法：

①利用成虫有趋光性的特性，可用黑光灯或节能灯，在菇房灯光下放盆水，内加0.1％DDVP进行灯光诱杀。也可用黏虫板诱杀，用40％聚丙烯黏胶涂于木板上，挂在灯光强的附近地方效果较好，黏杀有效期达2个月左右。

②防治食用菌或药用菌害虫尽量少用农药，但在迫不得已的情况下，可使用低毒、低残留的农药。如害虫密度大、菇房密闭条件好、距居民区较远的菇房，可用磷化铝2～3片/m^2熏蒸。因磷化铝吸收空气中水分后逐渐分解出磷化氢（PH_3）气体，它的穿透力强，杀伤力大，防治效果快，但对人畜剧毒，操作时要戴防毒面具，严格遵守粮食部门熏蒸粮食的操作规程，避免发生问题。用2.5％溴氰菊酯EC 1 500～2 000倍液能收到一定效果，其他如敌百虫、敌敌畏、二嗪农均可选用。

第二节　蕈蚊类

一、种类、分布与为害

蕈（菌）蚊属双翅目蕈（菌）蚊科（Mycetophilidae）。本节仅介绍在我国分布较广泛而常发生为害的中华新蕈蚊（*Neoempheria sinica* Wu et Yang）、草菇折翅菌蚊（*Allactoneuta valvaceae* Yang et Wang）和小菌蚊（*Sciophila* sp.）。

1. 中华新蕈蚊 又名大菌蚊，是常见的大型菌蚊。幼虫蛀食平菇，并有群居习性，原基及菇蕾受害后，先萎缩后逐渐枯死，造成生产上很大的损失。

2. 草菇折翅菌蚊 俗名灰蕈蚊，停息时翅能纵折，故名折翅菌蚊。幼虫是为害草菇的重要害虫，因它喜高温、高湿，这样的季节正好是栽培草菇的盛季。幼虫在栽培的料堆上吃菌丝、子实体和培养料，严重影响草菇的产量和质量。

3. 小菌蚊 该虫是以群居为主，拉网为害食用菌的新害虫。幼虫活跃，常在平菇的菇蕾及菇丛中为害，除了蛀食子实体外，还吐丝拉网将整个菇蕾及幼虫罩住，被丝网罩住的菇除被蛀食外很快停止生长而萎缩，逐渐变黄后干枯，严重影响产量和质量。没有长出子实体的菌块，幼虫也为害菌丝，常常是数条幼虫活动于培养料的表面拉丝网并在网内为害菌丝。

二、形态特征

1. 中华新蕈蚊（图 16-3）

（1）成虫 黄褐色，体长 5～6mm。头淡黄色及黄色。触角褐色，中间到头后部有 1 条深褐色纵带直穿单眼中间。单眼 2 个；复眼较大，约占头侧面的 1/2，靠近复眼的后缘有 1 前宽后窄的褐斑。触角长 1.4mm，基部 2 节黄色均具毛，第 2 节毛比第 1 节毛长 1 倍多，鞭节褐色 14 节。下颚须 3 节，褐色，第 3 节短于第 1、2 两节之和。胸部发达，有毛，背板多毛并有 4 条深褐色纵带，中间 2 条长，呈 V 形。前翅发达，有褐斑，翅长 5mm，宽 1.4mm；后翅退化为平衡棒。足细长，基节和腿节均淡黄色，胫节和跗节黑褐色，胫节末端有 1 对距。腹部 9 节，1～5 节背板后端均有横带，中部连有纵带。

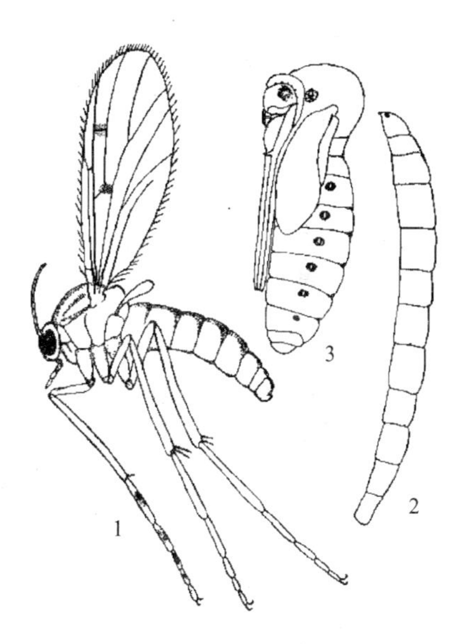

图 16-3 中华新蕈蚊
1. 成虫 2. 幼虫 3. 蛹
（仿张学敏等）

（2）卵 褐色，椭圆形，但顶端尖。卵背面凹凸不平，腹面光滑。

（3）幼虫 初孵幼虫体长 1～1.3mm，老熟幼虫 10～16mm。幼虫头黄色，胸及腹部淡黄色，共 12 节，从第 1 节至末节均有 1 条深色波状线连接。

（4）蛹 蛹长 5mm，宽 2mm。初化时乳白色，逐渐变成淡褐色，以后变为深褐色。

2. 草菇折翅菌蚊（图 16-4）

（1）成虫 雄虫体长 5～5.5mm，雌虫 6～6.5mm，体黑灰色，有灰毛，头顶黑色有光泽。复眼大，深褐色，几乎占据了整个头部。触角长 2mm，共 16 节，1～6 节为黄色，向端节逐渐变深褐色，柄节长为梗节的 2 倍。额长方形，头部缘有 32 根长刚毛。口器黄色。下颚须 4 节，乳白色，有褐色毛，基节小，其余 3 节的长度比为 2∶3∶4。胸部中胸背板黑色闪光，侧板有金属光泽。前翅发达，烟色，长 4mm，宽 2mm，翅脉深褐色，翅的顶角和外缘有轮廓不明显的褐斑；平衡棒为乳白色。足细

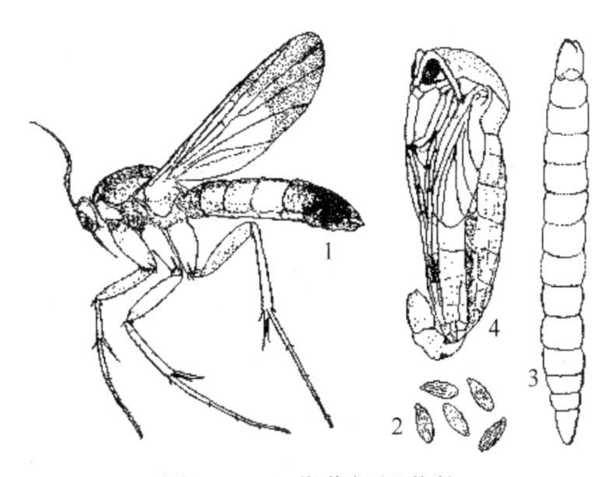

图 16-4 草菇折翅菌蚊
1. 成虫 2. 卵 3. 幼虫 4. 蛹
（仿张学敏等）

长，基节的基部黑色，其余部分为黄色，在其端部有一些长短不齐的黑毛；前足和中足腿节为黄色，后足腿节为黑色；胫节有较长的黑刺，端距前足1根，中、后足2根，乳白色；跗节有爪。腹部雄虫第4背板沿其基部有1黄色较宽横缢，第3、4腹节之腹板为黄色，其余各节被黑色鳞片；雌虫腹部粗大，第4节横缢较雄虫的窄，仅第4节腹板为黄色。

（2）卵　梭形，乳白色至黑色，有条纹，长0.5mm，宽0.16mm。

（3）幼虫　乳白色，老熟幼虫长15～16mm，共12节。透过体壁可见内部消化道，头黑色三角形，胸部第1节背面有1对“八”字形褐色斑点（在4龄以上才出现）。

（4）蛹　灰褐色，长5～6mm，复眼灰褐色，腹部末端附有化蛹时幼虫蜕下的头壳及皮。

3. 小菌蚊（图16-5）

（1）成虫　体长雄虫4.5～5.4mm，雌虫5～6mm。体淡褐色。头深褐色，紧贴在隆凸的胸下。口器黄色，下颚须4节。触角丝状，共16节，基节、柄节粗壮，其余各节逐渐变细，1～3节为黄褐色，从第4节起逐渐变褐色。复眼黑色，肾形，顶端逐渐变窄；单眼3个，排成“一”字形，眼周围有黑圈。胸部有褐色毛，背板向上隆凸呈半球形。前翅发达，长3.8mm，宽1.6mm；平衡棒乳白色。足基节长而扁，转节上有黑斑；胫节有3行排列不规则的褐色刺，胫端有距。腹部7节。雄虫外生殖器有1对显著的铗状抱握器。雌虫腹部末端简单，产卵器尖细。

（2）卵　乳白色，椭圆形，长1mm左右。

（3）幼虫　灰白色，长筒形，老熟长10～13mm。头骨化为黄色，头的后缘有1条黑边。体分12节，前3节有时有黑色花纹，各节腹面有2排小刺，腹部较密。

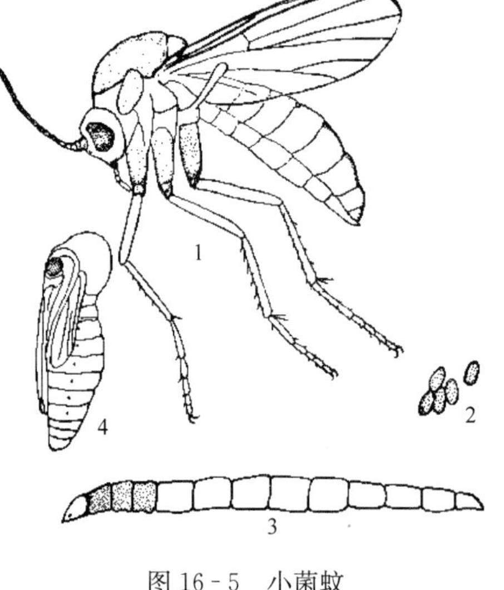

图16-5　小菌蚊
1. 成虫　2. 卵　3. 幼虫　4. 蛹
（仿张学敏等）

（4）蛹　乳白色，长6mm左右。头紧紧贴在隆凸的胸部，复眼褐色。腹部9节，气门边缘有显著的黑斑。

三、发生规律

1. 中华新蕈蚊　在北京地区6月初至7月中旬为发生盛期。室温22.5～30.5℃，平均28.4℃，在室内饲养完成1世代需12～21d，平均13.2d。成虫寿命3～6d，平均4.5d，寿命在4d的90%。交配时间最长的可达12h，短的10min就分开。交配1次的占61%左右。雌虫产卵最多者为400粒，最少者10粒，一般50～350粒。观察交配成虫共61头，产卵的延续期1～5d，产卵1d的占24.5%，连续产卵2～3d的占65.5%，连续产卵4～5d的仅占9.8%。卵多产于养虫缸的滤纸片上，也有少数产于缸壁上，未见孤雌生殖。成虫性静，停下后很长时间不动。有趋光性，菇房的墙壁、玻璃上及灯光下容易采取。

温度在28℃左右，卵期2～4d，平均2.5d，卵期2d的占总孵化率的92.8%。幼虫孵化前由卵尖端向后延伸开1条长口，幼虫从内钻出。

初孵化的幼虫到处爬行，头不停地摇动。观察单个饲养的幼虫144头，幼虫期5～7d，平均5.4d，共3～5龄，4龄的占90.3%。幼虫有群居为害习性。在自然生长条件下，调查发现1丛平菇周围就有几十条幼虫。幼虫可将原基、子实体及菌柄蛀成孔洞，有时也将菌褶吃成缺刻，被害子实体很快腐烂。此虫在阴湿山洞和地沟栽培蘑菇时容易发生，受害也重。幼虫一般都在料面表面为害，不深钻料内。

2. 草菇折翅蕈蚊　在北京地区8～10月成虫发生较多，在菇房9月为盛期，特别在露天栽培的草菇上发生量最大。成虫羽化92%在上午。1983年10月饲养223头，室温18～21℃，平均温度19.8℃，相对湿度64%，羽化率为90.5%。成虫活跃，具有趋光性，常在窗前、花草上飞行。自然交配能力很强，常在空中交配后落在花上或叶上，也有边飞边交配的。交配时间长而频繁，从早到晚均可见到。但人工饲养交配能力低，配对81头，只见20对交配，交配率24.3%。每对雌雄成虫交配次数在1～5次，交配时间4～75min不等。没交配的雌虫羽化后2～4d可行孤雌产卵，但未见孵化幼虫。在室温16.5～23.5℃，平均19.7℃，相对湿度61.8%的情况下，成虫产卵最少8粒，最多224粒，平均89.7粒，每头雌虫最多产卵6次，散产或堆产，卵的孵化率44.78%。在自然条件下，成虫喜在暗处腐殖质上或培养料的缝隙产卵。成虫寿命雌虫3～10d，雄虫2～8d。

卵多产于腐烂杂草或培养料上，刚产的卵乳白色，2～3h后变为淡灰色，以后逐渐变为黑褐色，在解剖镜下可见条纹。卵经3～9d孵化，孵化的幼虫从腹面末端裂开的洞口爬出。

初孵幼虫体长1.3～1.5mm。幼虫一般4龄，幼虫历期10～18d。幼虫怕光，喜欢潮湿及腐烂的环境，有群居现象，爬行时不断摇头，爬过处留有无色透明黏液，爬行很快，老熟幼虫有时有吃蛹的现象。

3. 小菌蚊　成虫有趋光性，羽化后当天即可交配，交配时间多在16:00到翌日黎明。成虫活动能力强，也表现在交配次数和交配时间两方面。1对雌雄虫交配1～7次，个别的交配时间可长达284min。交配当日可产卵，堆产或散产，产卵最多的270余粒，一般20～150粒。雌雄性比1.2∶1。温度在17.5～22.5℃下成虫寿命为3～14d，一般为6～11d。在17～32.8℃下完成1代需28d左右。

在17～24℃下，卵期3～5d。卵的孵化不整齐，1堆卵通常2～4d孵化完，个别的卵块5d才孵化完。

在23～32.8℃下，从幼虫孵化到化蛹一般经历11～14d。幼虫以4龄为主，个别也有3龄或5龄的。幼虫有群居吐丝拉网将菇蕾包住的习性，使菇蕾萎缩干枯死亡。为害菌盖时可将菌褶吃成缺刻，为害菌柄则咬成小洞。也可取食栽培块的培养料，数头幼虫群居于培养料上吃菌丝，并拉成极薄的丝网。

在17～22.8℃下，蛹期为2～8d，一般3～4d。老熟幼虫先在栽培块的表面或边角做1个白色枣核形丝茧，幼虫在茧内化蛹。在被害的菌块或菌袋内常见两种不同的蛹，一种为正常蛹，另一种为被寄生蛹。被寄生蛹质硬、发亮、色暗，胸不隆起，头胸部不明显，但腹节间明显。

四、综合治理方法

1. 加强管理　保持菇房内外环境卫生，栽培场地应远离垃圾及腐烂物质堆积场所。收完菇后，对旧料及早清除。菇房种第2批菇之前应彻底消毒，架子缝隙和地表的砖缝都可隐藏大批虫源，必须彻底清除。消毒常用80%敌敌畏或菊酯类杀虫剂喷雾。

2. 菇房装纱门、纱窗 为了防止成虫飞入菇房在栽培料或原基处繁殖，应在菇房的门、窗和通气孔装窗纱，控制其大发生。

3. 人工捕捉 蕈蚊有群居习性，因成虫和幼虫比较大，所以采菇后清理料面时应注意捕捉幼虫，袋装的培养料发生虫后，从袋外将虫掐死即可。成虫有趋光性，常常飞到菇房窗上或灯光附近停息或交配，可用蝇拍扑打。

4. 保护天敌 小菌蚊蛹期被一种姬蜂寄生，寄生率为50%以上，这种姬蜂为小菌蚊的天敌，应注意保护利用。

5. 药剂防治 喷洒90%敌百虫晶体1 000倍液，对幼虫的致死率为100%，而对蛹则为90%；敌百虫500倍液对幼虫和蛹的致死率均达100%。5%氟铃脲EC或75%灭蝇胺WP 2 000～3 000倍液，对幼虫的防治效果达96%以上。喷完后用塑料布将菇袋（块）盖好，3d后再掀开。

第三节 害螨类

一、种类、分布与为害

为害食用菌的害螨较多，常发生为害较严重的有兰氏布伦螨［*Brennandania lamb*i (Krozal)］和木耳卢西螨（*Luciaphorus auriculariae* Gao，Zou et Jian），它们分别属于蛛形纲蜱螨亚纲螨目辐螨亚目微离螨科的布伦螨属和蒲螨总科矮蒲螨科的卢西螨属。现以此作为代表介绍。

1. 兰氏布伦螨 蘑菇生产上的主要害螨。侵袭菌种，使菌丝断裂老化衰退，不能作种。蘑菇床被感染，由于菌丝被食害后，不能形成子食体，且造成蘑菇培养料变质，招致杂菌蔓生，严重影响蘑菇产量，有的甚至只菇无收。该螨在上海、江苏、浙江、四川等地均有发生，每年有10%左右的蘑菇遭受其害。兰氏布伦螨也是澳大利亚蘑菇业的主要害螨，产量损失高达30%左右。

2. 木耳卢西螨 在福建漳州市龙海、九湖一带严重为害毛木耳，1988—1991年全市约10%栽培袋受害，产量损失达10%～15%，严重达50%以上甚至片菇无收。它不但取食毛木耳，还可食害黑木耳、金针菇，给制种和栽培带来很大威胁。

二、形态特征

1. 兰氏布伦螨（图16-6：1） 该螨营卵生，整个生活史有卵、幼螨、成螨3个时期，无若螨期。

（1）雌成螨 有未孕雌螨和怀孕雌螨两种螨态。未孕雌螨躯体长184～234μm，宽93～113μm。体黄白色，椭圆形。前足体背毛2对，其中，pi较长，具明显细刺；pr极微小。气门水滴状，假气门器梨状，具1较长的细柄。后半体背毛7对，被针状，较光滑。第3背板后缘有明显不规则覆瓦状刻纹或网纹。足Ⅰ有4个可动节，胫跗节愈合，顶端无爪；足Ⅱ、Ⅲ、Ⅳ均有5个可动节，跗节末端有2爪和1爪间突。怀孕雌螨即未孕雌螨性器官发育成熟后开始怀卵的雌螨，后半体极度膨大呈球状。

（2）雄成螨　躯体长170～173μm，宽98～101μm。体黄白色，菱形。前足体背毛3对，其中，pr、pml和pi长分别为11～13μm、25～27μm、19～20μm。气门和假气门器缺如。足Ⅰ跗节具1有柄爪；足Ⅳ粗壮，跗节端部无爪。

（3）卵　近圆球形，直径101μm。堆产在母体膨大腹部下。初产时呈乳白色，接近孵化时呈淡黄色。

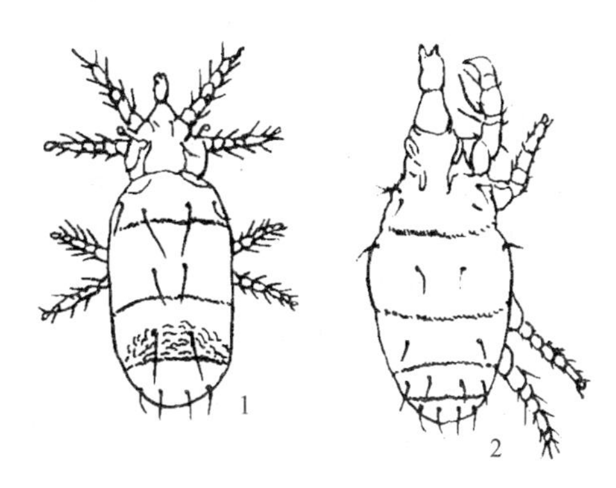

图16-6　两种食用菌害螨
1. 兰氏布伦螨背面观　2. 木耳卢西螨背面观
（仿邹苹、高建荣）

（4）幼螨　包括活动期和静止期两个阶段。活动期幼螨躯体长143μm，宽约74μm；体柔软，珠白色；足3对。静止期幼螨躯体长209～220μm，宽154～165μm；体背隆起呈半球形，蜕皮前体壁光亮，并略带淡黄色。静止期幼螨蜕皮后就进入雌雄成螨期。

2. 木耳卢西螨（图16-6：2）　该螨营卵胎生，整个生活史只有卵和成螨两个时期，无幼螨和若螨期。

（1）雌成螨　有未孕雌螨和怀孕雌螨两种螨态。未孕雌螨躯体长145～149μm，宽72～80μm。体黄白色，椭圆形。颚体常缩在颚基窝内，须肢发达。前足体背毛3对，后半体背毛7对，均具有明显的细刺。腹面刚毛纤细，光滑。尾毛3对。足Ⅰ有4个可动节，胫跗节粗大，顶端有1爪发达，股节刚毛c钩状；足Ⅱ～Ⅳ均有5个可动节。怀孕雌螨腹部极度膨大，膨大腹体直径最大可达2 793μm。

（2）雄成螨　躯体长150μm，宽95μm。前足体背板半圆形，生有4对刚毛。后半体背毛6对，其中3对着生在后半体背板，2对在生殖板上，1对在生殖囊上。

三、发生规律

1. 兰氏布伦螨　成螨虽能在香菇、平菇等食用菌菌丝中生存20d左右，但不能膨腹繁殖后代。在蘑菇菌丝中幼螨孵出后就开始取食，其活动为害期螨态为活动期幼螨，取食数天后，活动期幼螨分泌黏液，将身体黏附在菌丝较多的培养料上，停止取食，进入静止期，这种静止期螨态为静止期幼螨。静止期幼螨一经蜕皮就进入成螨期。成螨取食最盛，为害最烈。

成螨和幼螨在蘑菇覆土调水后有栖息表土的习性。成螨取食7d左右，钻入料层，开始膨腹怀卵，活动随之减弱，最后停息在蘑菇菌丝较多的料层缝隙中产卵，卵堆产在母体的膨大腹部末端。产卵完毕，透过体壁可见其体液呈黄色脓状，以后就地死亡。产卵以15～16℃最为适宜，每头至少产卵22粒，最多达110粒，平均70余粒。在15～25℃恒温下，产卵前期10～14d，产卵期5～13d，卵期4～13d。

活动期幼螨在15℃、20℃、25℃恒温下，历期分别为2.4d、1.9d、0.7d；静止期幼螨历期6～12d，雄性历期较雌性稍短，故常可观察到先羽化的雄螨守候在尚未羽化雌性幼螨旁，等待其羽化准备交配。

经测定，怀孕雌螨、卵和静止期幼螨的过冷却温度均在-11℃左右，耐低温能力较强，但在－10℃条件下持续24h均不能存活。

由于菌种带螨是引起兰氏布伦螨大暴发的主要原因，一般9月初开始播种蘑菇，兰氏布伦螨随菌种播入菇床，在20多天的发菌阶段中，该螨在蘑菇培养料中生长、发育，并大量繁殖，因螨体小，不易被发现。发菌完毕，先后覆盖粗土和细土，并喷水湿润土块，在此温湿度条件下，该螨繁殖很快，数量不断增加，由于大量取食，严重地破坏了菌丝生长，使菌丝断裂、衰退和老化，不能形成子实体。发生初期，该螨在菇床呈核心分布，随后在微风的吹送下飘落扩散，不几天便可殃及整个菇房，覆土表面铺满密密的螨群，使秋菇轻者减产，重者失收。冬天以各种螨态在菇床培养料中越冬，但以卵和静止期幼螨为主。翌年3～5月，害螨又开始活动，为害春菇，该时期正处在制作蘑菇原种和栽培种阶段，如有疏忽常使蘑菇菌种遭受侵袭污染，待秋天播种时又随菌种播入菇床。

兰氏布伦螨发生在菇床，初次来源是播种了有螨的蘑菇菌种，侵染菌种的主要途径是制种发菌室不清洁。据观察未孕雌螨在平菇、香菇、银耳等菌丝中可存活15～30d之久，由于蘑菇菌种培养时间需要50～60d，菌种培养室（场）如曾栽有其他食用菌而没有彻底清洁，菌种可能被残剩害螨侵染。未及时清除的废料也是重要螨源。凡发生兰氏布伦螨菇床，其培养料中存在着兰氏布伦螨的各种螨态，如不及时处理，这是侵染蘑菇菌种的螨源。另外，蘑菇栽培期间，工作人员任意走动或出入，会促使害螨波及扩散，小型昆虫活动飞翔或其他螨类爬行能带螨传播，引起再侵染，殃及整个菇房。

2. 木耳卢西螨 营卵胎生，卵在母体中直接发育为成螨后破卵壳而出，待母体内卵大多至孵化完毕，它们破母体体壁爬出体外。雌雄成螨交配在母体膨大腹体内外均可进行。雄成螨有多次交配习性。未经交配的雌成螨营产雄孤雌生殖。雌成螨是唯一的为害阶段，孵化后从母体中一钻出就爬行寻找菌丝或子实体取食，24～48h后，大多雌螨已固定在1处取食，后半体逐渐膨大形成膨腹体，最后产下子代。该螨接种于毛木耳试管母种中，母种菌丝衰退，并出现褐斑，流出褐色污水；在栽培袋中取食菌丝，重者整袋菌丝被咬断、吃尽，不能出耳，轻者虽能出耳，但朵形小，产量低，并在耳基有许多大小不等的球状膨腹体。该螨在15～35℃条件下都能生长繁殖，25～30℃最为适宜。在适温下卵期为4～8d，雌成螨1代历期为7～15d。25℃下平均每头雌成螨产128头子代成螨。在干燥失水或食物老化的情况下，膨腹体体壁会变硬成壳，壳中又形成1层膜，以防水分散失，度过不良环境。雄螨颚体退化成管状，不取食。

四、综合治理方法

1. 制作健康无螨菌种 根据在－10℃持续24h，各种螨态不能存活的原理，可利用低温冷冻菌种，消灭其中害螨；还可用杀螨杀虫药粉撒于菌种瓶塞上，防止害螨侵入。

2. 严格消毒菇房 经测定，静止期幼螨耐高温力虽在各种螨态中最强，但在50℃下持续1h，死亡率达100%，以及各螨态怕干燥的习性，提倡进行后发酵栽培蘑菇，利用加热发酵高温，消灭菇房中残剩的各种螨态；如气候干燥，在播种前10～15d清扫菇房，并开通门窗，使室内害螨因干燥而致死。

3. 注意环境卫生 制种房和栽培室要清洁卫生，其周围不乱掷脏物和废物。

4. 及时处理无用菌种和春菇废料 制种前1周，清除蘑菇废料和无用菌种（倒入粪坑或沤制堆肥或埋入土中），杜绝兰氏布伦螨侵染初次来源。

5. 化学防治 播种期培养料拌杀螨灵 3 号，用量为 20g/m²。15%杀螨灵 EC 100μl/L、40%速敌菊酯 EC 100μl/L、73%克螨特 EC 182μl/L、45%马拉松 EC 100μl/L 菇床喷药。也可用敌敌畏、速灭威木耳床面喷雾或拌于料中，开袋前 1～2d 于袋面撒药杀螨。

复习思考题

1. 调查当地食用菌发生哪些害虫、害螨为害？其主要种类的发生特点是什么？

2. 了解食用菌栽培技术过程，根据栽培各个阶段，设计卫生防治控制害虫和害螨种群数量的措施。

3. 根据食品安全性，如何用药防治食用菌菇床害虫和害螨？

4. 分别比较平菇厉眼蕈蚊和闽菇迟眼蕈蚊；中华新蕈蚊、草菇折翅菌蚊和小菌蚊成虫；兰氏布伦螨和木耳卢西螨成螨的形态差别，并制作 1 个两项式检索表。

第十七章　仓储害虫

仓储害虫又称储藏物害虫（stored product pest），是指为害贮藏物的害虫和害螨。该类害虫发生特点是种类多、分布广、寄主范围大、繁殖力强、为害严重。初步调查统计，为害储藏与销售期园艺植物种子、干果、干菜及其加工品的仓储害虫达 80 多种，主要包括昆虫纲的鳞翅目、鞘翅目、蜚蠊目、啮虫目、双翅目、膜翅目，蛛形纲蜱螨亚纲的粉螨目及辐螨目的蒲螨总科等有关种类。现将较重要的仓储有害蛾类、甲虫、啮虫和螨类及其综合治理分 4 节进行介绍。

第一节　仓储有害蛾类

一、种类、分布与为害

园艺植物的仓储有害蛾类主要有鳞翅目谷蛾科的欧洲谷蛾［*Nemapogon granella*（Linnaeus）］，螟蛾科的印度谷螟［*Plodia interpunctella*（Hübner）］、干果斑螟［*Cadra cautella*（Walker）］、地中海螟［*Anagastria küehniella*（Zeller）］、可可粉螟［*Ephestia elutella*（Hübner）］、粉缟螟（*Pyralis farinalis* Linnaeus）、一点谷螟（*Aphomia gularis* Zeller）和米黑虫（*Aglossa dimidiata* Haworth）等。现以欧洲谷蛾、印度谷螟、干果斑螟、可可粉螟作为代表重点介绍。

1. 欧洲谷蛾　又名谷蛾。世界各地均有分布；我国分布于华东、华南、华中及西南等地区。为害干菌类、杏仁、干果、小麦、大麦、大米、燕麦、黑麦、玉米、花生、苜蓿子、中药材、饼干、皮革等，是香菇、干菰等储藏期的重要害虫。欧洲谷蛾发生量大，为害严重，在仓库中储藏的香菇发生该虫后，常将菌盖吃成空壳或粉末，造成严重或毁灭性的损失。

2. 印度谷螟　我国各地均有分布。幼虫食害各种粮食及加工品、豆类、油料、干果、奶粉、烟叶、药材、中成药等。其中，以禾谷类粮食、豆类、油菜子及谷粉受害最重。幼虫喜食粮粒胚部，影响种子发芽率；常吐丝连缀被害物及排泄物，使被连缀粮粒呈块状，并排出大量粪便造成污染，使储粮严重变质；幼虫还可吐丝结网封闭粮面，故有“封顶虫”之称；幼虫蛀食干果、干菜成孔洞、缺刻，易感染各种霉菌。

3. 干果斑螟　又名粉斑螟。我国各地均有分布。为害情况与印度谷螟相同，两者常同时发生。主要为害禾谷类粮食、干果、豆类、油料及中药材等。

4. 可可粉螟　又名烟草粉斑螟、烟草粉螟、可可螟等。属世界性害虫；我国分布于云南、贵州、四川、陕西、甘肃、青海、宁夏、湖南、湖北、上海、江苏、河南、北京、辽宁等地。以幼虫主要为害可可、烟草、面粉、小麦，其次是干果、坚果、花生、腐竹、干植物产品等，特别喜食其柔软部分。幼虫吐丝缀合食物碎屑连同褐色粪粒成筒状，潜伏其中为害。被害食物易发霉变质。

二、形态特征

1. 欧洲谷蛾（图 17－1）

（1）成虫　体长 5～8mm。头顶有显著灰黄色毛丛，复眼黑色，触角发达。翅展 12～16mm，前翅梭形，端部尖，前后缘平行，灰白色，有不规则紫黑色斑纹。后翅与前翅等宽，灰黑色，前缘较直，后缘近弧形，顶端尖。前后翅均有灰黑色缘毛。体及足灰黄色。

（2）卵　长 0.3mm，扁椭圆形。初产卵白色，后逐渐呈淡黄白色，表面光滑有光泽。

（3）幼虫　老熟幼虫体长 7～8mm，宽 1.2～1.6mm，头部暗褐色、灰黄色或赤褐色。

（4）蛹　长 6.5mm，宽 1.8mm，腹面黄褐色，背面色泽较深，喙极短。

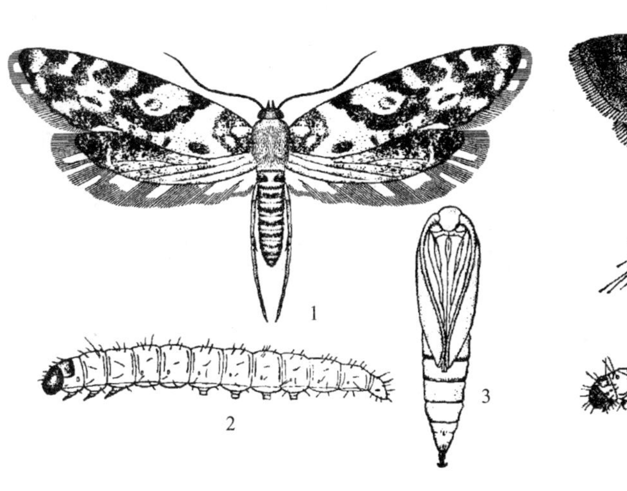

图 17－1　欧洲谷蛾

1. 成虫　2. 幼虫　3. 蛹

（仿邓望喜）

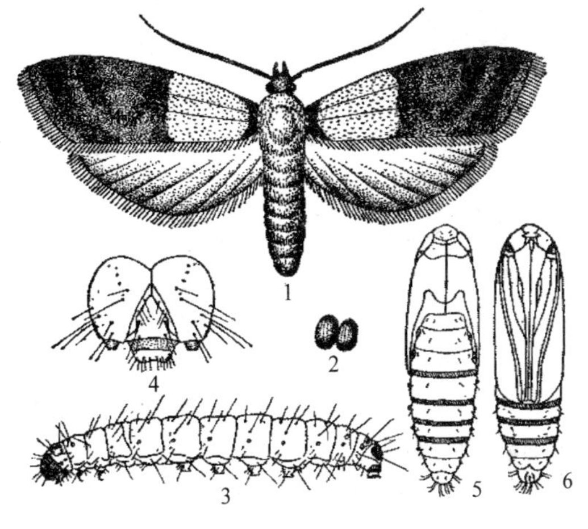

图 17－2　印度谷螟

1. 成虫　2. 卵　3. 幼虫　4. 幼虫头部

5、6. 蛹背面观和腹面观

（仿吴维钧、管致和）

2. 印度谷螟（图 17－2）

（1）成虫　体长 6.5～9mm，翅展 13～18mm，体被褐色鳞片。前翅狭长，基部约 2/5 为淡黄色，其余部分为赤褐色并散生不规则的黑褐色及银黑色斑纹。后翅灰白色。

（2）卵　长约 0.3mm，乳白色，椭圆形，一端尖，表面有许多小颗粒。

（3）幼虫　体长 10～13mm。头部赤褐色，胴部黄白色或淡黄绿色。上颚有齿 3 个，中间 1 个最大。中胸至第 8 腹节刚毛基部无毛片。腹足趾钩双序全环。雄虫第 5 腹节可从背面透视到 1 对淡紫色的性腺（睾丸）。

（4）蛹　体长 5.7～7.2mm。腹部略弯向背面，腹面橙黄色，背面淡褐色。腹末有尾钩 8 对，以末端近背面 2 对最接近和最长。

3. 干果斑螟（图 17－3）

（1）成虫　体长 6～7mm，翅展 14～16mm。头、胸部灰黑色，腹部灰白色。复眼黑色。下唇须发达，弯向前上方，可伸达复眼顶端。前翅狭长，灰黑色，近基部 1/3 处有 1 条较直而宽的灰色横纹，其外侧紧连 1 条与之平行的黑色横纹，在翅端 1/6 处有 1 条不明显的淡色小波浪斜纹。后翅灰白色。

（2）卵　直径约 0.5mm，球形，乳白色，表面粗糙，有许多微小凹点。

(3) 幼虫　体长 12～14mm。头部赤褐色，胴部乳白色至灰白色。上颚有齿 3 个，上颚腹面观，第 3 齿的外缘形成上颚外腹缘的一部分。胸部刚毛着生在毛片上，腹部背面刚毛除 ε 毛外均着生在毛片上，毛片黑褐色。腹足趾钩双序全环。

(4) 蛹　长约 7.5mm，较粗短，淡黄褐色。复眼、触角和足的末端均为黑褐色。腹部末端背面着生尾钩 6 个，横排成弧形，中央 4 个比较靠近，在腹面两侧还各具尾钩 1 个。

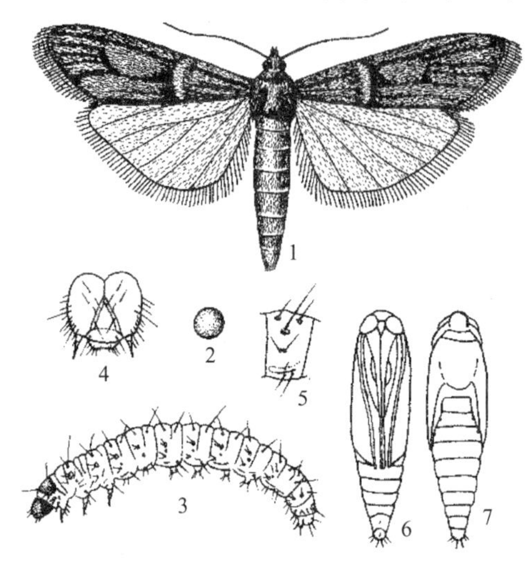

图 17-3　干果斑螟
1. 成虫　2. 卵　3. 幼虫　4. 幼虫头部正面
5. 幼虫第 8 腹节侧面观　6. 蛹腹面观　7. 蛹背面观
(仿浙江农业大学，其中 1 有所改动)

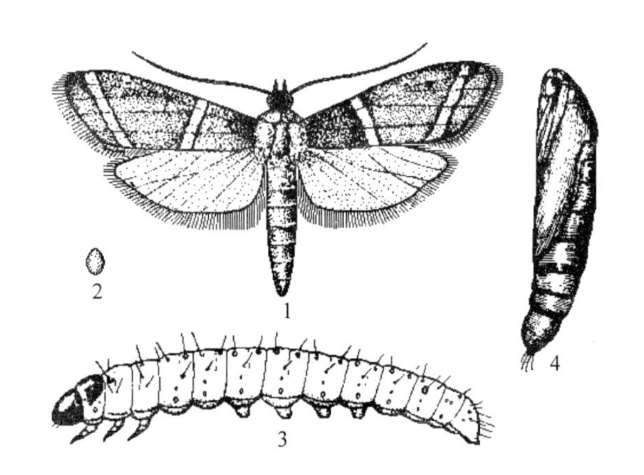

图 17-4　可可粉螟
1. 成虫　2. 卵　3. 幼虫　4. 蛹侧面观
(仿邓望喜)

4. 可可粉螟（图 17-4）

(1) 成虫　系中小蛾类，灰黑色，体长6～8mm，连同翅长 9～11mm。有喙和发达的下唇须，下唇须弯向头顶或伸向前方。前翅展开时，基色灰黑色，上有 2 条色淡的波状纹，一条位于近翅基 1/3 处，外斜至后缘；另一条位于近翅端 1/6 处，波纹状，内斜至后缘，这条波纹较宽。在中室近外端部有的有 1 个小黑斑。后翅灰白色。前后翅缘毛较短。

(2) 卵　椭圆形，长约 0.5mm，宽约 0.3mm。表面粗糙，乳白色，稍有光泽。

(3) 幼虫　成熟幼虫长 12～14mm。头部红褐色，前胸盾、臀板和毛片暗黑褐色，体淡黄色，背面桃红色。小颚上的 3 个端齿，内侧者较大而最钝；外侧者紧依中齿，尖锐。前胸气门直径明显小于 4 毛（κ）与 5 毛（η）（4、5 毛为前胸气门正前方的两根刚毛）的距离。第 8 腹节气门小于 3 毛（η）基部骨化环包围的膜质部分的 1/2～2/3；3a 毛（ε）基部无毛片，位于气门前侧上方；4 毛（κ）和 5 毛（η）位于同一毛片上，该毛片倾斜，位于气门正下方。

(4) 蛹　纺锤形，长 7～8.5mm，宽 1.75～2mm。中足及触角端部和腹面其他部分为淡黄色至黄褐色，很少呈黑褐色。腹末背面当中的 4 个臀钩彼此间隔较均匀，很少第 2～3 根臀钩的距离大于第 1～2 根和第 3～4 根的距离。

三、发生规律

1. 欧洲谷蛾　在武汉 1 年发生 3 代，以幼虫在仓库阴暗角落干香菇上，以及屋柱、木板、旧包装物中做茧越冬。越冬死亡率为6.7%，翌春武汉的3月底至4月上旬气温升至12℃以上时，幼虫破茧而出，继续取食为害。4月中旬（山东泰安为4月10～15日）17℃时开始化蛹，蛹期9～11d，4月下旬（山东泰安为5月5日前后）羽化为成虫。越冬代成虫羽化后1d交配，过1d即开始产卵；第1、2代成虫羽化后4～6h交配，第2天产卵。卵多产在香菇的菌褶、菌柄表面或包装品、仓壁缝隙中。1只雌虫可产卵20～120粒，一般产80～90粒。产卵期越冬代成虫为6～8d，第1代5～6d，第2代8～10d。

卵孵化率第1代为89.6%，第2代为85.1%，第3代为82.38%。初孵幼虫一般从菌盖边缘或菌褶开始为害，逐渐蛀入菌内，吃完后再转移到其他菇上。且边食边吐丝，将香菇粉末和粪便黏在一起。幼虫取食量大，排粪也多，粪便呈细颗粒状，白色。第1代幼虫发生期为5月上中旬至6月上中旬，历期29～31d；第2代为6月下旬至8月上旬，历期39～41d；第3代为8月下旬至10月上旬，历期47～50d。蛹期9～11d。

欧洲谷蛾繁殖、发育的适温为15～30℃。如果温度在10℃以下或30℃以上，则不能活动。50℃以上的高温30min可将其全部杀灭。

2. 印度谷螟　在我国大部分地区1年发生4～6代，以幼虫在仓壁及包装物等缝隙中布网结茧越冬。在山东一般于5月化蛹、羽化为成虫。产卵期1～18d，以羽化后第3天产卵量最大，多在夜间产卵，卵散产或集产于粮粒表面或包装物缝隙中，也可产在粮堆表面幼虫吐丝所结的网上。单雌产卵量39～275粒。卵期2～17d。初孵幼虫先蛀食粮粒柔软的胚部，再剥食外皮，粮粒内部很少食害。对花生仁及玉米则喜蛀入胚部潜伏其中食害；为害干辣椒则潜在内部食害，仅留一层透明的外皮；在粮堆中先在表面及上部为害，以后逐渐延至内部及下半部。幼虫在取食时常吐丝连缀食物成小团或块状，藏于其中取食为害，并排泄粪便使粮食发霉变质，亦可吐丝结网封闭粮面。幼虫期夏季为22～25d，秋季为34～35d。老熟幼虫多离开粮食在仓壁、梁柱及包装物等缝隙处结茧化蛹，少数在连缀的粮粒内化蛹，蛹期4～33d。

发育适温为24～30℃。在27～30℃时完成1代约需36d，21℃时需42～56d。幼虫在48.8℃时，经6h死亡。各虫期在－3.9～－1.1℃时，经90d死亡；在－12.2～－9.4℃时，5d死亡。

3. 干果斑螟　在北方多数地区每年发生3～4代，而南昌6代左右。越冬虫态、场所以及生活习性均同印度谷螟。在南昌各代成虫期分别在3月下旬至5月中旬、6月中旬至7月上旬、7月中旬至8月上旬、8月中旬至9月上旬、9月中旬至10月上旬、10月中旬至11月中旬。在20℃时完成1代约需64d，25℃时需41～45d。

对低温的抵抗力比印度谷螟弱。在10℃时，成虫停止产卵，幼虫活动减弱；在5℃时，低龄幼虫13d全部死亡，高龄幼虫致死时间约为32d；在0℃条件下经1周各虫态即全部死亡。

4. 可可粉螟　1年发生2～3代。1年发生2代时，5月上旬和8月出现成虫，以第2代幼虫越冬。成虫有趋光性，喜在夜间活动，雌虫交配后1～2d内产卵。卵单产，偶有4～5粒成块，产于烟叶中肋附近皱褶内或粮粒裂缝、凹陷处。雌虫平均产卵48～112粒。温度25℃，相对湿度70%，幼虫5～6龄，偶有4龄或7龄。幼虫只有5龄时平均历期36.4d，各龄平均天数第1龄7.5d，2龄5.2d，3龄7.3d，4龄6.9d，5龄9.5d；幼虫6龄时平均历期42d，各龄平均天数第1龄7.4d，2龄4.9d，3龄7.1d，4龄4.1d，5龄10.2d，6龄8.3d。温度25℃，相对湿度35.5%，幼虫发育极缓慢，中龄时死亡。幼虫成熟后，吐丝在屋柱、板壁及包装物的缝隙等暗处做茧化蛹。21～25℃时，前蛹期4～5d，平均蛹期21.3～13.8d。

卵和幼虫开始发育的最低温度为14.5℃，适宜温度为17～21℃。以小麦为饲料，相对湿度70%时，43%～92%的幼虫进入滞育，不滞育的幼虫历期平均61.2～64d，滞育的幼虫历期249.4～272.2d。粮温平均16.9℃，相对湿度约70%时，卵期和不滞育的幼虫历期60～70d，蛹期30～40d。低温－2℃，相对湿度55%，经51d可杀死越冬幼虫。卵及幼虫在－3～－4℃时经7d死亡，－10～－11℃经18h死亡。

四、常见其他蛾类发生概况（表17-1）

表17-1 常见其他蛾类发生概况

蛾类名称	发 生 概 况
地中海螟	几乎分布于全国各地，幼虫为害干果、菜子、面粉、高粱、玉米、大米、豆类、油料作物等。常与印度谷螟同时发生。1年发生2～4代，若温度适宜，可繁殖5～6代。以幼虫在仓内各种缝隙做茧越冬。幼虫吐丝缀食物子粒成团，匿居其中为害。在25～30℃时，卵期4d，幼虫期24～41d，蛹期7～10d，完成1代需35～55d。成虫产卵100～1 000粒。在－12.2～－9.4℃时各虫态经4d均死亡
粉缟螟	在国内除西藏外，其他各省（自治区、直辖市）均有发生。幼虫为害干果、干菜、油料、香料、茶叶、粉类、破伤的禾谷类粮粒、中药材及腐败食物等。1年发生1～2代。以幼虫在仓内上方的各种缝隙中做茧越冬，翌春5月化蛹。成虫产卵于粮粒上及梁柱或包装物缝隙中，每雌可产卵40～582粒。在24～27℃时，卵期5～7d，幼虫期25～60d，蛹期7～11d，完成1代需41～75d。喜中温高湿，清洁干燥粮食受害较轻
一点谷螟	在国内除青海、新疆、宁夏、西藏外，其他各省（自治区、直辖市）均有发生。幼虫为害干果、茶叶、中药材、干动植物、大米、小麦、玉米、面粉、豆类及腐败植物等。1年发生1代，少数2代，以老熟幼虫在仓内各墙壁、木板缝隙和角落做茧越冬。在2代地区，来年3、4月和8月分别出现两代成虫。1代地区4月下旬至6月出现成虫。成虫、幼虫习性与粉缟螟相似
米黑虫	分布于世界和国内各地。幼虫为害茶叶、辣椒粉、干菜、烟草、中药材、油料、谷物、干果、蚕茧及干动植物等。1年发生1～2代，以幼虫在仓内各种缝隙中和包装物上越冬。在成都两代成虫分别发生于5月上旬至6月中旬、8月中旬至9月上旬，其他习性与粉缟螟相似。利用苦丁茶饲喂幼虫，可以生产名贵的虫茶

第二节 仓储有害甲虫

一、种类、分布与为害

为害园艺植物储藏期产品的有害甲虫主要有鞘翅目窃蠹科的药材甲（*Stegobium paniceum* Linnaeus）、烟草甲［*Lasioderma serricorne*（Fabricius）］，露尾甲科的脊胸露尾甲（*Carpophilus dimidiatus* Fabricius）、黄斑露尾甲（*Carpophilus hemipterus* Linnaeus），拟步甲科的赤拟谷盗（*Tribolium ferrugineum* Fabricius）、小菌虫（*Alphitobius laevigatus* Fabricius），长角象科的咖啡豆象［*Araecerus fasciculatus*（de Geer）］，豆象科的豌豆象（*Bruchus pisorum* Linnaeus）、绿豆象［*Callosobruchus chinensis*（Linnaeus）］、四纹豆象［*Callosobruchus maculatus*（Fabricius）］，长蠹科的谷蠹（*Phizopertha dominica* Fabricius），锯谷盗科的锯谷盗［*Oryzaephilus surinamensis*（Linnaeus）］、米扁虫（*Cathartus ad-*

vena Waltl），扁甲科的长角扁谷盗［*Cryptolestes pusillus*（Schöenherr）］、土耳其扁谷盗［*Cryptolestes turcicus*（Grouville）］、锈赤扁谷盗［*Cryptolestes ferrugineus*（Steppens）］，谷盗科的大谷盗［*Tenebroides mauritanicus*（Linne）］，蛛甲科的拟裸蛛甲（*Gibbium aeguinoctiale* Boieldieu）、日本蛛甲（*Ptinus japonicus* Reitter），大蕈甲科的凹黄蕈甲（*Dacne japanica* Cortch）、二纹大蕈甲（*Dacne picta* Crotch），小蕈甲科的毛蕈甲（*Typhea stercorea* Linnaeus）等。现将药材甲、脊胸露尾甲、谷蠹、赤拟谷盗、锯谷盗、长角扁谷盗、咖啡豆象、豌豆象、大谷盗、凹黄蕈甲、拟裸蛛甲作为代表加以重点介绍，其他种类仅列表简介。

1. 药材甲　在我国除内蒙古、青海、贵州、西藏外，其他各省（自治区、直辖市）均有发生。食性很杂，幼虫为害中药材、干果、干菜、茶叶、烟草、谷物、面粉、麸皮、薯干、干肉、干鱼、皮毛、面包、酒曲、图书、档案、动植物标本等，甚至也能穿透铂箔、铅板。

2. 脊胸露尾甲　在我国除宁夏、西藏外，其他各省（自治区、直辖市）均有发生。在室外取食腐烂果实和植物及植物流出的汁液，在仓内为害干果、粮食、面粉、油料、腐败果实、干菇、中药材及酒曲等。

3. 谷蠹　在我国各地均有发生，但以淮河以南发生最多，是南方储粮的重要害虫。食性复杂，可取食干果、稻谷、大米、小麦、玉米、高粱、豆类、豆饼、薯干、粉类、中药材以及图书、皮革、竹、木材及其制品等。以稻谷和小麦受害最重，大发生时常将粮粒蛀成空壳，并引起储粮发热，有利于后期性害虫及螨类发生。

4. 赤拟谷盗　在我国各地均有分布。食性复杂，为害各种粮食及加工品、油料、干果、中药材、烟叶、酒曲、肉类及加工品、皮毛、土产品等。其中以粉类受害最重，是面粉的重要害虫。成虫身体上有臭腺分泌臭液，大发生时，被害物产生腥霉臭味，被害面粉常结块变色发霉。

5. 锯谷盗　在我国各地均有分布。为害损伤、破碎的粮食、油料及其制成品，还可为害糖果、干果、药材、烟草、酒曲甚至干肉等。最喜食粮食碎屑、粉末，对完整粮粒仅略食外皮，是重要的后期性害虫之一。

6. 长角扁谷盗　在我国除内蒙古、黑龙江、辽宁、陕西、新疆、宁夏、西藏外，其余各省（自治区、直辖市）均有发生，淮河以南地区较普遍严重。成虫、幼虫均能为害各种破伤粮、油子粒及其粉类、糠麸、饼类、酒曲、酒糟、醋糟、干果、香料、精饲料、某些植物性中草药及面粉类等，是典型的后期性害虫。其中，以粉类、油子类受害最重，是各类粮仓、药材仓库、食品仓库、酒厂、酱醋厂、食品加工厂的常见害虫。

7. 咖啡豆象　在世界性广泛分布；我国除东北三省、内蒙古、新疆、西藏、河北、山西、宁夏外，均有分布。主要为害酒曲、干果、咖啡豆、玉米、薯干、药材等多种植物性食物。常发生于酒厂、糖厂、药材仓库、土特产仓库、粮油库、食品库等地。

8. 豌豆象　属于世界性分布；我国除西藏、黑龙江外，均有分布。我国寄主仅为豌豆、野豌豆，是豌豆的毁灭性害虫，曾列为内检对象，但因已分布较广，故将其撤销。国外记载的寄主还有扁豆、蚕豆。以幼虫蛀入豌豆粒内为害，豌豆粒受害后表面多皱纹，淡红色，被食成空壳，变色变质，有苦味，影响发芽率。成虫仅取食少量豆粒，主要在田间取食花粉和花瓣。由于蛀食，易引起病原菌侵入，造成豆粒霉烂。

9. 大谷盗　俗称米蛀虫、乌壳虫、谷老虎。广布于全世界，几遍全中国。为害干果、禾谷类原粮、豆类、油料、中药材、烟草等。幼虫喜食麦类、稻谷的胚部，严重影响发芽率。试验报道，1头幼虫可破坏1万粒种子的发芽力。由于幼虫喜欢蛀入木板潜伏、化蛹，严重破坏木板仓。成虫和幼虫还可咬食、穿凿筛绢、麻袋、木箱等物品。此外，成虫还可以捕食其他仓虫。

10. 凹黄蕈甲 别名细大蕈甲。我国分布于湖北、云南、上海、贵州、广西等地。以幼虫蛀食香菇子实体干品。蛀入菇体后，能将菌肉蛀光，只留下皮壳，或将其全部蛀成粉末。

11. 拟裸蛛甲 世界性广泛分布，我国几乎遍布全国。成虫和幼虫为害各种植物种子、谷类的破碎粒、面粉、干果、药材、烟叶、干鱼、干肉、酒曲、蚕丝、皮革及其制品等。

二、形态特征

1. 药材甲（图17-5）

（1）成虫 体长2～3mm，红褐色至深栗色，密被细毛，稍有光泽。头部小，隐藏于前胸下方。触角11节，末3节扁平膨大，第9、10节呈三角形，末节呈卵圆形。前胸背板略呈三角形，其基部宽于端部，基部中间有1条明显的纵隆脊。鞘翅上有明显的纵点行9条。

（2）幼虫 老熟时体长3.5～4.0mm，蛴螬状略弯曲。头淡褐色，胴部乳白色，体被直立的黄褐色茸毛。腹部除第10节外，其余各节均有微刺。足4节，具爪。气门圆形。

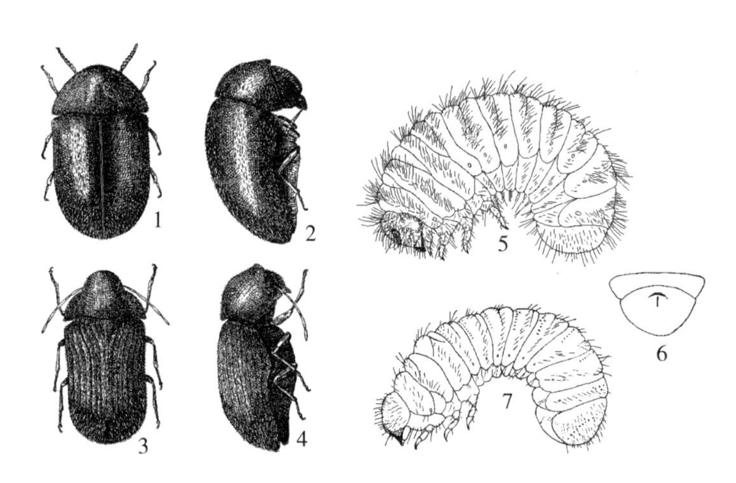

图17-5 烟草甲和药材甲

烟草甲：1、2. 成虫背面观和侧面观 5. 幼虫 6. 幼虫腹末端示肛前骨片

药材甲：3、4. 成虫背面观和侧面观 7. 幼虫

（仿赵养昌）

2. 脊胸露尾甲（图17-6）

（1）成虫 体长2.0～3.5mm，倒卵形，体稍扁，栗褐色或黑色，背面密布黄褐色至黑色细毛及小刻点。触角11节，第3节明显比第2节长，端部3节扁平膨大呈球状，黑褐色，其余各节呈褐色或黄褐色。鞘翅自肩部斜伸至内缘端部有1条宽黄色纹，两鞘翅宽大于长，基部与前胸背板基部等宽。前胸背板宽大于长，小盾片侧缘有明显缘线。腹末2节背板外露于鞘翅末端（由此而得露尾甲之名）。雄虫腹部6节腹板，第5节腹板后缘中部凹入较深，第6节腹板椭圆形，背板在背面部分可见；雌虫腹部仅5节腹板。

（2）卵 长0.5～1.0mm，宽0.2～0.3mm，呈长肾形。初产时乳白色，有光泽，表面

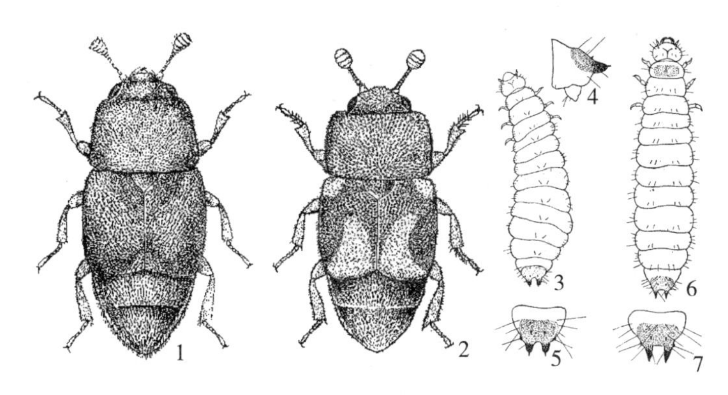

图 17-6　脊胸露尾甲和黄斑露尾甲

脊胸露尾甲：1. 成虫　3. 幼虫　4、5. 幼虫腹末端侧面观和背面观

黄斑露尾甲：2. 成虫　6. 幼虫　7. 幼虫腹末端背面观

（1、2 仿赵养昌，余仿陈耀溪）

光滑或略粗糙，卵壳薄而透明，随胚胎发育的完成渐变为淡黄白色。

（3）幼虫　初孵幼虫 0.3～0.5mm，乳白色、透明。老熟幼虫体长 5.0～6.0mm，宽 1.0～1.1mm，淡黄白色，腹部肥大，表皮有光泽且具多个微小尖突。触角 3 节，短于头长，基部后方各有相连的色斑 2 个，色斑后方有单眼 2 个。上颚臼叶内缘有多个简单的弱骨化齿，下颚叶端部的刚毛尖长。第 9 腹节的臀突 2 个，近末端突然收缩，且臀突间狭而呈圆形。气门环双室状，各有骨化气门片，中胸气门位于前、中胸之间侧面的膜质部上，第 1～8 腹节气门位于背侧部，第 1 对气门位于腹节前部的 1/3 处，其余气门位于腹节中部。

（4）蛹　裸蛹，长 2.0～3.5mm，宽 1.0～1.3mm，乳白色，有光泽。胸、腹部多粗刺，粗刺上有微毛，头部隆起，有多量微毛，无粗刺。触角端部有 1 粗刺及少量小尖突。前胸背板略隆起，有粗刺 4 对，基部中央 1 对全缺，后角附近 1 对全缺或退缩呈刚毛状。鞘翅宽短，伸达第 2 腹节中部，后翅伸达第 3 腹节后缘。前足伸达后胸腹板中部，其端部相距约为跗节长的 4/5；中足伸越后胸腹板后缘，其端部距离与前足相近；后足伸达或超过第 3 腹节后缘，其端部相接。各足腿节端部均有 1 粗刺。第1～6 腹节两侧中部均有 1 粗刺，第2～6 腹节的粗刺在背面可见。雌蛹在第 6 腹节后方有 1 对乳头状突起，呈米黄色，而雄蛹则没有突起。

3. 谷蠹（图 17-7）

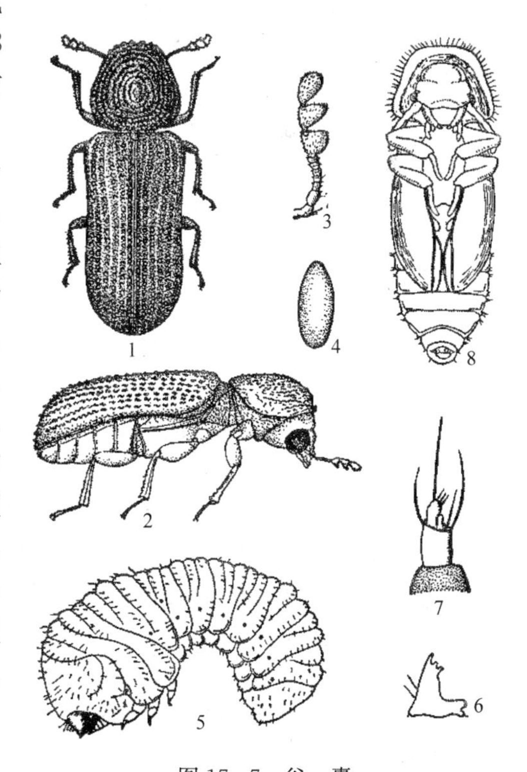

图 17-7　谷　蠹

1. 成虫背面　2. 成虫侧面　3. 成虫触角　4. 卵　5. 幼虫　6. 幼虫上颚　7. 幼虫触角　8. 蛹

（仿华南农学院）

（1）成虫　体长 2～3mm，长圆筒形，暗至深赤褐色，略有光泽。头被前胸背板覆盖。复眼圆形，黑色。触角 10 节，末端 3 节向内侧

扁平膨大呈三角形，棕黄色。前胸背板隆起，前后角钝圆，前半部具小钝齿数列呈同心圆形排列，后半部密生小颗粒状突起，近后缘基部中央两则无凹陷。鞘翅末端向后下方斜削，每鞘翅具纵刻点行 9 条。

（2）卵　长 0.4～0.6mm，长椭圆形，乳白色。一端较大，一端略尖而微弯且带褐色。

（3）幼虫　体长 3～4mm，略弯曲，初孵幼虫乳白色，老熟后为浅棕色。头小，部分缩入前胸内。上颚具 3 个端齿。触角 2 节。胴部共 12 节，第 1～3 节肥大，中部较细，后部稍粗并弯向腹面。胸足 3 对，细小。

（4）蛹　体长 2.5～3mm，头下弯。复眼、口器、触角及翅略带褐色，其余为乳白色。前胸背板圆形。鞘翅伸达第 4 腹节，后翅伸达第 5 腹节。自第 5 腹节以后各节略弯向腹面。腹末节狭小，其腹面着生分节的乳突 1 对，雌蛹 3 节，伸出体外；雄蛹 2 节，短小，端部向内弯。

4. 赤拟谷盗（图 17－8）

（1）成虫　体长 3～3.7mm，扁平长椭圆形，赤褐色，有光泽。头扁宽，复眼内侧无明显的脊。复眼较大，长椭圆形，腹面观两复眼的距离约与复眼横径相等。触角 11 节，末端 3 节膨大呈锤状。前胸背板横长方形，前缘角略向下弯，并密生小刻点。鞘翅上各具刻点行 10 条，行间纵列小刻点。雄虫前足腿节腹面基部 1/4 处有 1 卵形浅窝，并着生直立黄色毛丛。

（2）卵　长约 0.6mm，宽约 0.4mm，长椭圆形，乳白色，表面粗糙，无光泽。

（3）幼虫　体长 7～8mm，细长圆筒形，略扁。体壁略骨化，有光泽。头部黄褐色，单眼 2 对，触角 3 节，末节着生数根黑褐色细毛。胸、腹部共 12 节，各节的前半部为淡黄褐色，后半部及节间为淡黄色，腹末背面具黄褐色向上翘臀叉 1 对，腹面着生 1 对肉质指状突起。

（4）蛹　体长约 4mm，淡黄色。前胸背板密生小突起，近前缘尤多，上生褐色细毛。前翅芽伸达腹部第 4 节。各腹节后缘呈淡黑褐色，第 5 节以后略向腹面弯曲，第 1～7 腹节两侧各有 1 疣状侧突，末端有 1 对黑褐色肉刺。

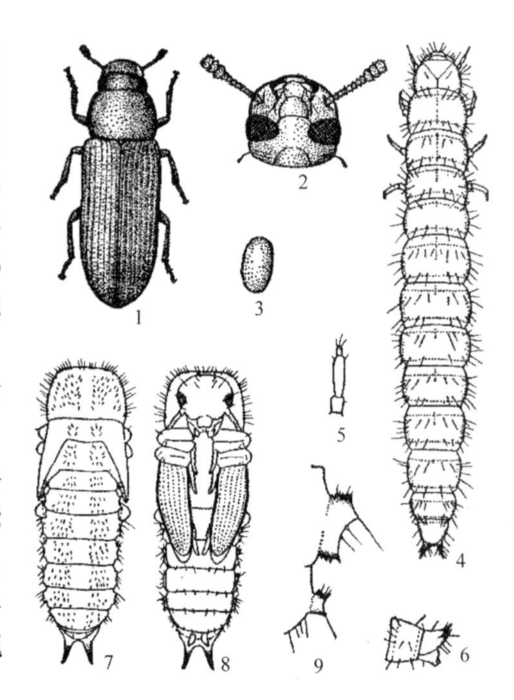

图 17－8　赤拟谷盗

1. 成虫　2. 成虫头部腹面观　3. 卵　4. 幼虫　5. 幼虫触角　6. 幼虫腹末侧面观　7、8. 蛹背面观和腹面观　9. 蛹的第 6、7 腹节侧突背面观（仿浙江农业大学）

5. 锯谷盗（图 17－9）

（1）成虫　体长为 2.5～3.5mm，扁长形，暗赤褐色，生有较稀的白色茸毛。复眼黑色，圆小而突出。前胸背板近长方形，两侧缘各着生锯齿状突 6 个，背面有纵隆脊 3 条，两侧隆脊与中纵隆脊间的纵沟呈弧形，弧弓向外。每鞘翅上有纵行细脊纹 4 条和刻点纹 10 条，并散生黄褐色细毛。雄虫后足腿节近端部内侧有 1 小刺，雌虫无。

（2）卵　长 0.7～0.9mm，宽约 0.25mm，长椭圆形，乳白色，表面光滑。

（3）幼虫　体长 3～4mm，扁平而细长。头部淡褐色。胴部乳白色，疏生细毛。胸部各节背面各有2个近方形暗褐色斑。腹部各节背面中央各有1个椭圆形或半圆形黄褐色大斑。在第2～7腹节背面深色斑的后缘各具刚毛4根。

(4) 蛹 体长2.5～3.0mm，乳白色，无毛。前胸背板两侧及腹部两侧分别各有条状突6个。腹末有褐色臀突1对。

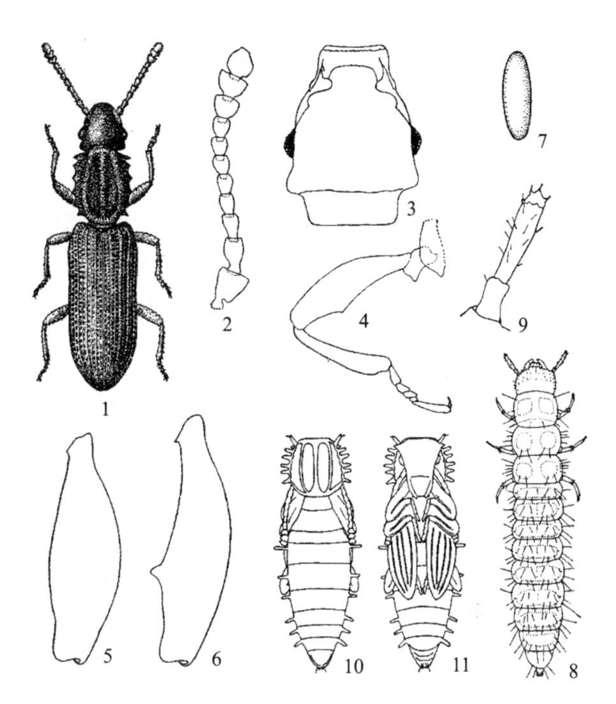

图17-9 锯谷盗

1. 成虫 2. 成虫触角 3. 头部背面观 4. 雄成虫后足 5、6. 雄、雌成虫后足腿节 7. 卵 8. 幼虫 9. 幼虫触角 10、11. 蛹背面观和腹面观

（仿浙江农业大学）

6. 长角扁谷盗（图17-10）

(1) 成虫 体长1.38～1.91mm，身体扁平，黄褐色，密布茸毛。头部近于三角形，唇基前端截断形或略凹；眼颇扁；触角细长，11节。前胸背板较短，后缘稍缩窄；近外缘有1细的纵隆线与头部近外缘的纵隆线相连，头部隆线几乎伸至唇基后缘。前胸前角颇圆，后角钝，刻点较小。小盾板扁而宽，端部略突出。鞘翅长为两鞘翅合宽的1.5倍，最长不超过宽的1.75倍；第1、2行间各具4纵列刚毛。

雌雄区别：①雄虫触角丝状，末端3节两侧近于平行；雌虫触角短，念珠状。②雄虫前胸宽为长的1.22～1.34倍；雌虫前胸较窄，宽为长的1.17～1.25倍。③雄

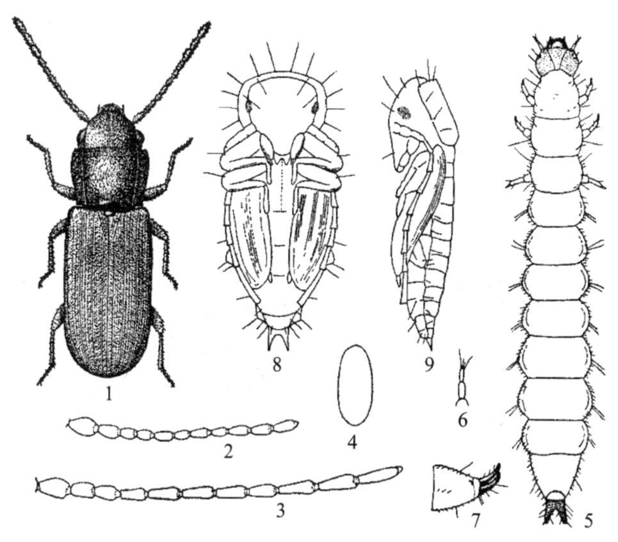

图17-10 长角扁谷盗

1. 成虫 2、3. 雌、雄成虫触角 4. 卵 5. 幼虫 6. 幼虫触角 7. 幼虫腹末端 8、9. 蛹腹面观和侧面观

（仿浙江农业大学）

虫跗节为 5-5-4，即前足、中足为 5 节，后足为 4 节；雌虫跗节为 5-5-5。

（2）卵　长 0.4～0.5mm，椭圆形，乳白色。

（3）幼虫　体长 3～4mm，细长而扁，前后两端缩窄，中间宽。眼位于触角之后，每侧各有单眼 5 个。下颚须两节。肛门横形，位于第 8 腹节腹面后部，其周围有环肛骨片，环肛骨片前端有缺口。尾突长且略向外弯，两尖端的间距大于尾突之长。

（4）蛹　长 1.5～2.0mm，淡黄白色。头部宽大，复眼淡赤褐色。前胸背板扁形。后足伸达腹面第 4 节后缘。鞘翅狭长形，伸达腹面第 5 节后缘。腹部末节狭小，近于方形，末端着生小肉刺 1 对。头部、前胸背板及腹部背面都散生黄褐色的细长毛。

7. 咖啡豆象（图 17-11）

（1）成虫　体长 2.5～4.5mm，长椭圆形，暗褐色。头正面呈三角形。触角 11 节，1～8 节细长丝状，9～11 节扁平膨大。

（2）卵　长 0.5～0.6mm，乳白色，有光泽。

（3）幼虫　老熟幼虫体长 4.5～6mm，微弯多皱，呈伪蛴螬形，乳白色，密生白色短细毛。头大，上颚具 2 齿。胸足退化，仅具痕迹。生活在粮粒内。

（4）蛹　长约 5mm，淡黄白色，密被灰白色细毛。触角细长，弯向背面。鞘翅伸达腹部腹面第 5 节，两鞘翅末端各生 1 褐色肉刺。腹部末端各有 1 个瘤状突。

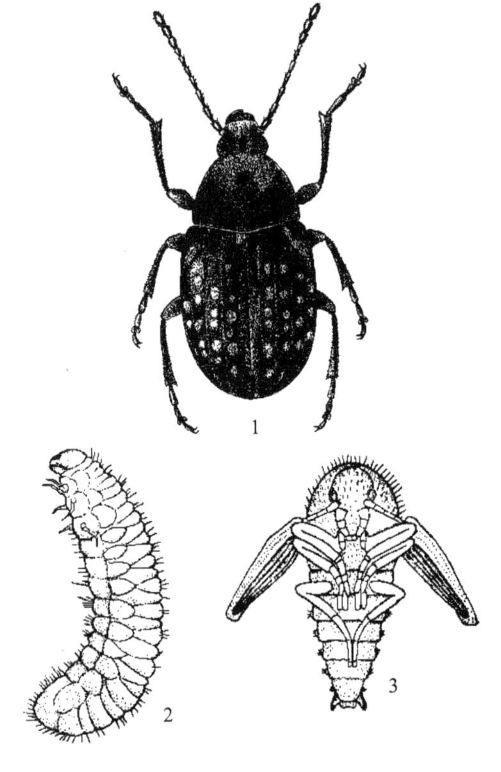

图 17-11　咖啡豆象

1. 成虫　2. 幼虫　3. 蛹

（1 仿赵养昌，余仿浙江农业大学）

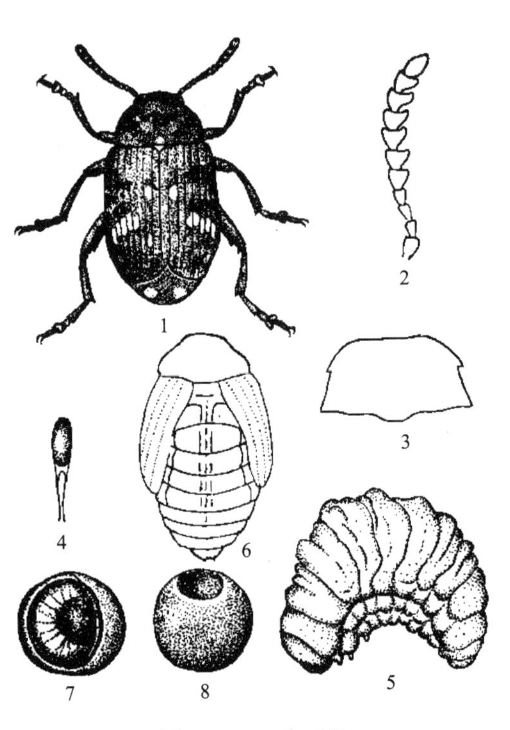

图 17-12　豌豆象

1. 成虫　2. 触角　3. 前胸背板　4. 卵

5. 幼虫　6. 蛹　7、8. 为害状

（仿浙江农业大学）

8. 豌豆象（图 17-12）

（1）成虫　体长 4～5.5mm，椭圆形，灰褐色，体上密生细毛。前胸背板后缘中央的白色毛斑近圆形，两侧缘中央稍前方各有尖端向后的尖齿1个。每鞘翅近末端1/3处有1排成斜直线排列的白色毛斑。臀板左右两侧各有1很明显的黑褐色毛斑。雄虫中足胫节末端内方着生1粗短的刺，雌虫无刺。

（2）卵　长约0.8mm，椭圆形，淡黄色，较细的一端有长约0.5mm的细丝2根。

（3）幼虫　体长5.5～6mm，黄白色，肥胖，并弯曲。头小，口器褐色。各体节多横皱纹。体背部无背线。

（4）蛹　长5.5～6mm，椭圆形，淡黄色。前胸背板和鞘翅上光滑无皱纹，前胸背板侧缘的齿明显。

9. 大谷盗（图17-13）

（1）成虫　体长6.5～10mm，扁平椭圆形，亮黑色。头大，外露，三角形，前口式。触角11节，棒状。前胸背板宽大于长，前角突出，前缘内凹，前胸与中胸连接处呈细颈状。鞘翅各有刻点7纵列。

（2）卵　长椭圆形，长约1.5mm，乳白色，无光泽。

（3）幼虫　成长时体长19～20mm，长扁形，灰白色，有光泽。胴部各节多皱纹，后半部较肥大。前胸盾片和头部黑色，中、后胸背面各有黑褐色斑点1对。腹末有1对黑褐色尾突。

（4）蛹　裸蛹，纺锤形，黄白色，长8～9mm。头部及前胸背板散生黄褐色长毛。各腹节两侧有1小突起。鞘翅伸达第5腹节。腹末腹面着生乳突1对，雌虫乳突3节，雄虫不分节。

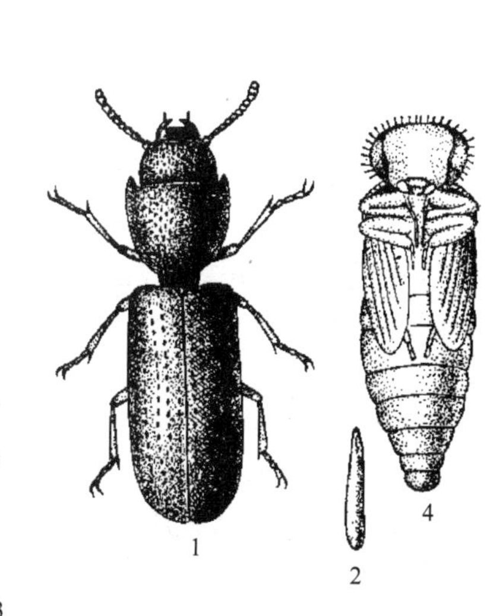

图17-13　大谷盗

1. 成虫　2. 卵　3. 幼虫　4. 蛹腹面观

（仿张景欧）

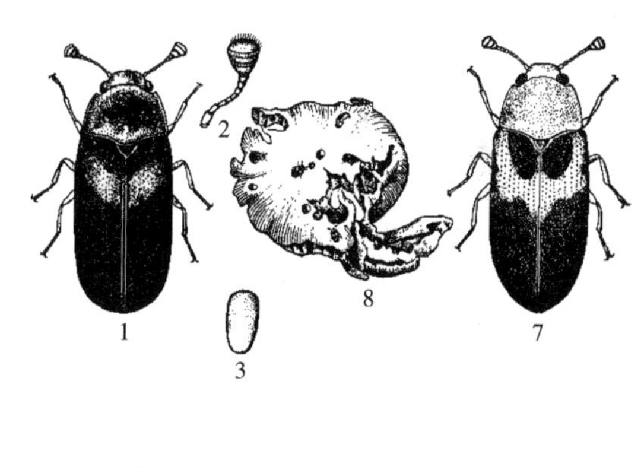

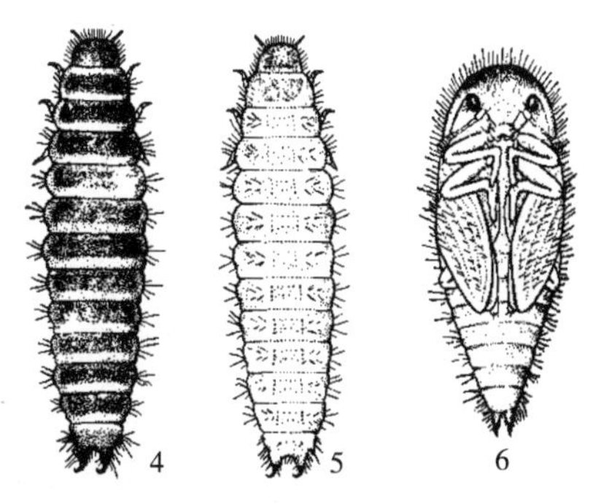

图17-14　小凹黄蕈甲和凹黄蕈甲

小凹黄蕈甲（1～6）：1. 成虫　2. 成虫触角　3. 卵

4、5. 幼虫　6. 蛹　7. 凹黄蕈甲成虫　8. 蘑菇被害状

（仿邓望喜）

10. 凹黄蕈甲（图 17-14）

（1）成虫　体长 3～3.3mm。头部黄褐色。触角锤状，11 节，深褐色。前胸背板宽大于长，黄褐色，中间色较深。两鞘翅基部内缘各有 1 方形黑斑，前半部为黄褐色，后端为黑色。足黄褐色，较细。

（2）卵　长约 0.5mm，长椭圆形，淡褐色。

（3）幼虫　初孵化幼虫体长 0.8mm，肉色，头部褐色。老熟幼虫体长 5～6mm，黄白色，头部棕褐色，3 对足都为淡黄褐色。

（4）蛹　裸蛹，长 4～5mm，淡黄白色。眼黑色，口器两端各有 1 个红点，体背各节有 1 对红棕色毛斑。

11. 拟裸蛛甲（图 17-15）

（1）成虫　体长 1.7～3.2mm，宽卵形，背面球状隆起，形似蜘蛛，暗红褐色。触角丝状，长于体长。足细长，腿节末端膨大。两翅鞘愈合，光滑无毛，两侧缘紧围腹部；后翅退化。雄虫后胸腹板中央有 1 个直立黄褐色毛簇的大刻点。

（2）卵　卵圆形，长约 0.5mm，宽 0.3mm，表面光滑，乳白色，有光泽。

（3）幼虫　老熟幼虫体长约 3.8mm，蛴螬形，乳白色，多皱纹，密生淡黄色毛。额上的淡赤褐色“八”字形纹不明显或无。第 1 腹节气门最大宽度约为气门后上方的鸭嘴状突宽的 3 倍。肛前骨片 V 形，小，仅包围肛门后缘。

（4）蛹　体长约 2.5mm，乳白色，背面隆起成弧状，腹面平行，两侧较细削，中部最宽。腹末近腹面处具有 1 对钩状突，其基部相连，端部伸向两侧；近背面处着生 1 个柄状突，其基部较粗，末端钝圆。

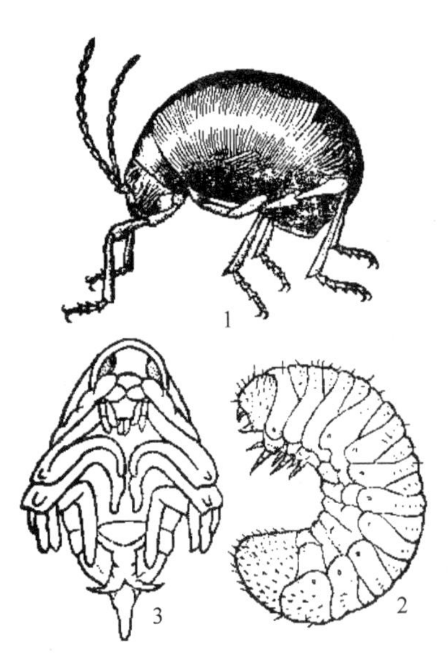

图 17-15　拟裸蛛甲
1. 成虫　2. 幼虫　3. 蛹
（仿邓望喜）

三、发生规律

1. 药材甲　一般每年发生 2～3 代，在江南地区 4 代以上，高纬度地区 1 代。均以幼虫越冬。在 22～25℃条件下，平均卵期、幼虫期、蛹期分别是 10～15、50、10d，完成 1 代约需 70d；在 17℃时完成 1 代需 200d 左右。在 24℃时，成虫平均寿命 17.6d（雄）和 28.6（雌）。羽化的成虫从蛹室蛀孔爬出，不久即交配，2d 后开始产卵。每雌可产卵 20～120 粒，卵产在寄主表面，特别喜产在皱褶和缝隙内，每块卵最多 40 粒。成虫善飞翔，耐干能力强，有假死性、趋光性，但白天喜在黑暗处，常在夜间和傍晚飞出。雌虫产卵在被害物表面，每次产卵数粒，产 50 粒左右。成虫和幼虫均喜在坚硬的食物上蛀孔穴。幼虫共 4 龄，喜蛀入寄主食物中。

生长发育和繁殖最适温度为 24～30℃，相对湿度为 70%～90%，在此范围内温湿度越高发育越快。若相对湿度超过 95%时，多数幼虫因发霉而死亡。卵在 4～5℃时能成活 4 个月，幼虫在 0.5～5℃时也能维持生命约 4 个月。

2. 脊胸露尾甲 据李照会、史秀丽（2000—2002）研究，该虫在山东省1年发生5～6代，以成虫群集于粮仓、加工厂、中草药仓库或曲库内外的各种隐蔽处越冬。越冬成虫从4月上旬开始出蛰活动。春季由于低温，种群增殖缓慢。进入6月，种群数量急剧增加，6月中旬至9月上中旬为全年的盛发期。10月中旬以后，随气温渐降，种群数量渐少，成虫陆续进入越冬状态。但由于采曲房温度较高，极少数继续发生，至翌年1月上旬才全部进入越冬状态。

成虫夜伏昼出，善飞翔。据昼夜观察，每天9:00～10:00开始爬行活动，逐渐进入飞翔阶段，12:00～17:00是飞翔活动高峰期，晚上和清晨则静伏不动，其余时间多藏匿于曲砖底部或其他隐蔽处。成虫羽化后稍活动即可交配，为重复式多次交配，且对交配的场所无明显的选择。卵一般单产，有时数粒或数十粒成块产，多产于曲砖表面的裂缝中或果实腐烂处，极少数产在曲块表面或曲糠中。配对试验表明，交配有刺激雌虫产卵的作用。单雌产卵量变化较大，并明显受雌雄性比影响，当雌雄性比例低时，可使雌虫产卵量增多。雌虫每天平均产卵2.07粒，一生最多可产400余粒，平均为165.9粒。雌成虫寿命平均128.5d，而雄成虫平均为142.3d。成虫喜群居，喜高湿，具一定的趋光性，耐高温，但在32℃以上高温时活动大大减少；具假死性，遇惊扰时，成虫立即静止不动，干扰解除后，成虫即恢复正常活动。

卵初产时乳白色，卵壳薄而透明，随胚胎发育完成而渐变为淡黄白色，孵化前上颚呈淡红褐色清晰可见。幼虫孵化时，头部先伸出并左右摆动，历时10min左右即全部脱壳而出。卵耐湿不耐干，在干燥条件下易干瘪死亡。在8月室内饲养，卵期平均3.2d，孵化率高达95%以上。据饲养观察，幼虫共分3龄。初孵幼虫活动力较弱，2、3龄活动力较强，3龄末期多不食不动，进入预蛹期。曲房内潮湿、温度稍低，且离通风口近的地方较多。在室内饲养，幼虫平均历期为17.9d。

脊胸露尾甲卵期、幼虫期、预蛹期、蛹期、产卵前期、全世代的发育起点温度和有效积温分别是13.8、15.4、15.6、14.4、14.5、14.85℃，37.87、166.55、26.00、76.56、5.21、376.59日度。全世代存活率以25℃时最高，为72.20%±0.98%；32.5℃时降低为7.13%±1.33%。在高温40、45、50℃条件下，对脊胸露尾甲100%致死时间分别为48、4、6h。在0℃条件下，致使幼虫、预蛹、蛹和成虫100%致死的时间分别为6、2、1、7d。

3. 谷蠹 1年发生2代。以成虫蛀入仓库木板、竹器内或在发热的粮堆中越冬，少数以幼虫越冬。来年当气温回升到13℃左右时，越冬成虫开始活动，交配产卵，7月中旬前后出现第1代成虫，8月中旬至9月上旬为第2代，此时为害最为严重。成虫飞翔力强，有趋光性，喜蛀食粮粒胚部。成虫羽化后需经5～8d才开始交配产卵。卵单产或2～3粒连产在粮粒蛀孔或粮缝隙内，卵外黏附粉屑或粪便。产1次卵后，过几天再产1次，单雌产卵量一般为200～500粒。卵的孵化率在95%以上，初孵幼虫性极活泼，爬行于粮粒之间，多从粮粒胚部或破损处蛀入，直至发育为成虫才钻出；未蛀入粮粒的幼虫可取食粉屑或侵食粮粒外表，也可稍大后再蛀入粮粒。幼虫一般4龄，少数为5～6龄。幼虫老熟后在粮粒内或粉屑中化蛹。在气温28℃、相对湿度70%的条件下，用全麦粉饲养，卵期7.1d，幼虫期7.48d，蛹期5.49d，共约40d。

耐热和耐干力很强。发育温度范围为18.2～39℃，最高、最适、最低发育温度分别为8℃、34℃、22℃，当粮食含水量8%～10%、温度为35～40℃时仍能正常发育。但抗寒力很弱，0.6℃以下时只能存活7d，0.6～2.2℃条件下存活时间不超过11d。

谷蠹在粮堆中主要分布于中、下层，若粮温达35～38℃、粮食含水量12%时，仍不改变其分布层次。

4. 赤拟谷盗 在东北地区1年发生1～2代，山东3代，南京4代。以成虫群集在包装物、围席、杂物及仓内各种缝隙中越冬。平均寿命雄虫为547d，雌虫为226d。单雌产卵量平均约327粒，产卵期平均为165d，最长308d。卵散产于粮粒表面或缝隙以及碎屑中。卵外有黏液黏附碎屑及粉末，难于发现。幼虫取食面粉及食物碎屑，一般6～7龄，最多12龄。成虫有假死性，不善飞翔，喜黑暗，常群集于粮堆下层、碎屑或缝隙内。幼虫有群集习性，老熟后常爬到粮堆或粉类表层化蛹。成虫和幼虫耐饥力均较强。

发育温度为20～40℃，相对湿度10%以上。发育最适温为35～37.5℃，相对湿度70%，是一种喜暖害虫。但对高、低温抵抗力均较差，在50℃以上时，各虫态经1～2h即全部死亡；在0℃时经7d各虫态均死亡；有虫粮储存在0.5～5℃条件下，经30d各虫态均死亡。

幼虫的发育速度受食物的影响较大。一般喜食食物的顺序为小麦麸、全麦粉、全玉米粉、白米粉、碎小麦、碎玉米、白米。该虫的发生也与粮食破碎程度有密切关系，碎屑越多，发生越重，完整、洁净的粮粒中一般不能生存。

5. 锯谷盗 南昌1年发生4～5代，南京3～4代，山东2～3代。以成虫在室外树皮、砖石、杂物、尘芥下以及室内各缝隙中越冬。来年3月气温回升后，越冬成虫回到仓内在粮堆内交配产卵。卵多产于粮食碎屑内或粮堆内，散产或聚产。单雌产卵量一般为35～100粒。成虫善爬行，喜欢向上爬和群集在粮堆高处，平时多聚集于粮堆上层。幼虫通常4龄，性活泼，有假死性，只能为害粮食碎屑或粮粒胚部，也可钻入其他害虫的蛀孔内食害。幼虫老熟后，在粮食碎屑中化蛹。

发育适温为30～35℃，相对湿度80%～90%，最适温度为34℃；在-1.1～1.7℃时只有少数成虫和幼虫能存活3周；在-6.7～3.9℃时，经过1周各虫态均死亡。粮食中碎屑越多越有利于生长发育，在完整粮食中发育最慢。此外，该虫抗药性很强。

6. 长角扁谷盗 每年发生3～6代或更多代，在广东1年发生4代。各地均以成虫在较干燥的碎粮、粉屑、垫糠、尘芥及仓内各种缝隙内越冬。成虫善飞，在仓库附近能捕获，并在野外树皮下能找到。羽化后不久即交配产卵，卵少数散产，多数成块产于缝隙中，每块10粒或更多，每日平均产1.85粒，每雌虫一生平均产卵242粒。幼虫喜食种子的胚，在适宜的环境中，经过几个月，能把大部分受伤种子的胚吃掉成空壳。该虫有钻入粮堆深处为害的习性，在粮堆0.90～1.04m的深处，其个体数量达总数的25%。还有自相残杀现象，捕食同类的预蛹和蛹。扁谷盗幼虫还常钻入玉米象的卵窝内，取食玉米象的卵和小幼虫，并在其内继续食害粮粒，亦可取食麦蛾卵等。

长角扁谷盗适宜发育温度为21～37℃，相对湿度70%～90%。在32℃、相对湿度70%的条件下，平均卵期3.5d，幼虫期22d，蛹期4.5d，完成1世代平均需29.2d。幼虫老熟后均吐丝连缀粉屑做茧化蛹，极少在茧外化蛹，在蛀孔内化蛹前，先用粪便堵塞蛀孔，然后化蛹。该虫还常见于老树皮缝隙下活动。

该虫抗低温能力较弱，在-0.5℃时各虫态均死亡。成虫常生活于树皮下。成虫寿命在21℃、32℃时分别为242d和98d。不同食料对幼虫发育影响很显著。例如，用昆虫作饲料发育最快、死亡率最低，其次是食全麦粉者，而食70%～75%粗面粉者最差。

7. 咖啡豆象 每年发生3～4代。以成虫或幼虫在玉米粒或薯干内等处越冬。成虫善跳、飞，很活跃，有假死性。可在仓内或飞至田间玉米穗上产卵、为害。在27℃时，雄虫羽化后3d、雌虫6d性成熟，交配0.5h后即产卵。产卵时，先在食物上咬食1个卵窝，然后在内产卵1粒。单雌一生可产卵20～140粒。在27℃及相对湿度50%～100%条件下，卵期5～8d。幼虫孵化后立即蛀入食物内为害。除温度外，湿度也影响发育速度和成虫寿命。例如，在27℃、相对湿度60%时，在玉米内完成1代需27d；而在相对湿度100%时，则延长至29d。在相对湿度50%时成虫寿命为27～28d，而在相对湿度90%时则为86～134d。

8. 豌豆象 每年发生1代。以成虫在仓库缝隙、包装物、豌豆粒内以及仓外树皮、杂物内越冬。来年4月下旬至5月上旬当豌豆开花结荚时，越冬成虫即飞往豌豆田取食花粉、花蜜，随后交配产卵，卵散产于豌豆荚表面，每荚有卵1～12粒，荚上有不少双重卵和3重卵。单雌产卵量平均为150粒。卵期8～9d。幼虫孵化后，自卵壳下蛀入荚内并侵入豆粒，1豆粒可蛀入数头幼虫，但一般仅有1头成活。受害后豆粒表面多皱纹，并呈淡红色。幼虫共4龄，幼虫期35～42d。当豌豆收获时，豌豆象一般处于2龄阶段，此时豌豆受害损失较小，大量损失是在收获后20d左右，此时主要是4龄幼虫进行为害。幼虫随收获的豌豆进入仓库后继续发育至化蛹，蛹期14～21d。一般在7月羽化为成虫，或钻出粒外，或在豆粒内越冬。成虫善飞，顺风可飞行5km；有假死性；寿命可达10个月以上。

9. 大谷盗 在热带地区每年发生3代，其他地区1～2代，若条件不适，可2～3年完成1代。多数以成虫在木板缝隙、包装物缝隙内及碎屑中越冬，少数以幼虫越冬。4月越冬成虫开始产卵，越冬幼虫同时化蛹，4月底或5月上中旬羽化为成虫，交配产卵。卵散产或10～60粒聚产成块，多产于食物间或缝隙内。成虫产卵期4～14个月，每日产卵不超过16～48粒，单雌一生可产500～1 000粒，最多1 300粒。

成虫以捕食其他仓虫为主；幼虫为害粮食，喜食胚部，为害烟叶成洞或缺刻。老熟后常从被害物中爬出，寻找最安全、方便的场所筑室化蛹。若在缝隙内或软质木材中化蛹，深度可达3～4cm。

成虫、幼虫性凶猛，常自相残杀。喜黑暗，常蛀入木板、梁柱内潜伏。由于成虫几乎不食害粮食，主要捕食仓虫，特别是玉米象、米象、谷象等。因此，大谷盗的发生标志着其他害虫已经发生。所以，有人把大谷盗作为指标性昆虫（英国、印度就不把它作为害虫，而美国、日本则相反）。

在不同温度下各虫态历期：在27～28℃时，卵期约7d，幼虫4～5龄共约48d，蛹期约10d，完成1代需65d；在21℃以下，卵期15～17d，幼虫期250～300d，蛹期22～25d，完成1代需285～352d。成虫、幼虫耐饥、耐寒力强，尤以幼虫更强。如成虫在不同温度下的耐饥力：20℃时52d，4.4～10℃时184d，幼虫可达2年；在－9.4～－6.7℃时，成虫和幼虫均能成活数周。卵和蛹的耐寒力差。

不同食料对发育期的影响：取食小麦或玉米粉的幼虫期为69d，食大麦粉者为83d，食糙米、白米或白面粉者则长达180d。

10. 凹黄蕈甲 在陕西省1年发生2代。以老熟幼虫及成虫越冬。越冬成虫于4月上旬开始活动，4月中旬至5月中旬交配产卵，卵散产于菌褶上。成虫有假死性，喜群居。越冬成虫死亡率为7%。5月下旬至6月卵孵化为幼虫，6月下旬化蛹，至7月下旬羽化为成虫，8月中旬交配产卵。9月上旬新一代卵开始孵化成幼虫，10月下旬以老熟幼虫越冬。越冬老熟幼虫于翌年4月上旬开始活动，5月上旬化蛹，至6月下旬全部羽化为成虫，7月中旬交配产卵，8月下旬孵化为幼虫，至10月上旬化蛹，10月中下旬羽化为成虫，并以成虫越冬。

幼虫历期长，取食量大，越冬死亡率为18%，其中被真菌寄生死亡的占2.3%。

11. 拟裸蛛甲 在大连每年发生2～3代，以成虫或幼虫在粮食碎屑或地板、包装物缝隙内越冬。成虫羽化后在茧内静止数日，再出茧交配产卵。有假死性，行动迟缓，多在粮堆表面及包装品缝隙内活动，喜食干燥的面粉及其他尘芥杂物。在25℃及相对湿度70%的条件下，雄成虫寿命25.5d，雌成虫41.6d。单雌一生可产卵45～524粒，缺乏食物时产卵极少。

幼虫3龄，多潜伏在粮食碎屑中或粉底层，喜食全麦粉，其次是白面粉。喜以分泌物缀碎屑及其粪便成团，第3龄排出的分泌物最多，往往做白色丝质茧潜伏于尘芥中或黏附在包装品、地板及板壁缝隙中。

发育最适温度接近33℃，相对湿度70%～90%。若相对湿度低于30%则不能完成发育。40℃及相对湿度70%时，卵全部死亡。

在23℃、相对湿度70%的条件下，用鱼粉饲养时，卵期14.6d，幼虫期69d，蛹期13.4d，完成1代约需97d；25℃，用小麦饲养，完成1代约需49d，雌虫寿命可长达113d。

四、常见其他有害仓储甲虫（表17-2）

表17-2 9种常见有害仓储甲虫

害虫种类	发生概况
烟草甲（图17-5）	在我国除内蒙古、黑龙江、青海、宁夏外，其他各省（自治区、直辖市）均有发生。食性很杂，为害的食物与药材甲几乎相同，更是贮藏期烟叶及其加工品的严重害虫。1年发生3～6代。成虫有假死性，善飞，喜黑暗，白天多静止不动，黄昏或阴天四处飞翔。每头雌虫产卵50～100粒，产卵期6～25d，夏季卵1周即可孵化。以幼虫越冬
黄斑露尾甲（图17-6）	又名酱曲露尾虫。在我国除新疆、宁夏、西藏外，其他各省（自治区、直辖市）均有发生。食性很杂，为害各种干果、大米、麦类、玉米、豆类、花生仁、酒曲及腐败物质。在重庆自然室温下饲养1年发生6代。主要以成虫和少量蛹在酿造厂醅料车间或仓内各种缝隙中越冬，也有的在田间土下或杂物中越冬。翌年4月中下旬越冬成虫开始产卵，第1代幼虫也开始发生，5～7月虫量迅速增加并出现高峰，10月中下旬至11月陆续进入越冬状态
米扁虫	全世界广泛分布；我国普遍分布。为害粮食及其加工品、油料、干果、黄花菜、辣椒、药材等，最喜食霉烂食物。1年发生多代，在适宜条件下，卵期4～5d，幼虫期7～14d，蛹期约7d，完成1代需16～26d。成虫寿命长达1年以上，行动活泼，但不飞翔，卵散产。幼虫孵化后立即取食，喜欢取食陈旧食物与霉菌，尤其在阿氏曲霉上生长发育最快，但在生有黑曲霉的食物上会迅速死亡。该虫最低发育相对湿度为65%
绿豆象	世界性广泛分布；我国各地均有发生，它原产于我国。幼虫蛀食绿豆、赤豆、豇豆、扁豆、菜豆、蚕豆、豌豆、大豆、小豆等多种豆类及莲子等，尤以绿豆、赤豆、豇豆受害最严重，往往1粒豆内有虫数头，豆粒被蛀食一空，仅剩空壳。在山东1年发生3～4代，江淮地区4～6代，条件适宜时可达11代。以幼虫在豆粒内越冬。翌春化蛹，羽化为成虫爬出豆粒。成虫善飞，爬行迅速，具假死性和趋光性。成虫在仓内将卵产于豆粒表面，多产在豆粒堆的上层。单雌产卵量70～80粒。幼虫孵化后自卵壳下方蛀入豆粒内食害，直至化蛹羽化为成虫出粒。在仓内繁殖数代后，成虫便飞到田间近成熟的豆田中产卵。卵产于豆荚裂缝内，幼虫蛀入随豆粒收获进入仓内，继续繁殖为害至越冬。完成1代需20～67d，其中卵期4～15d，幼虫期13～34d，蛹期3～18d。多数成虫寿命12d。生长发育适温为29.5～32.5℃，相对湿度68%～95%；最适温度为31℃，相对湿度68%～79%。温度低于10℃或高于37℃，发育即停止

（续）

害虫种类	发 生 概 况
四纹豆象	我国分布于广东、广西、福建、云南、湖南、江西、湖北、河南等地，广布于热带和亚热带地区。幼虫为害菜豆、赤豆、豇豆等多种豆类，在田间、仓库均能繁殖。一般1年发生5～6代，环境适宜可多至8～9代。成虫有假死性，在田间豆荚或仓内豆粒上均能产卵繁殖为害。以成虫或幼虫在豆粒中越冬。其他习性与绿豆象类似
小菌虫	在我国除青海、宁夏、西藏外，其他各省（自治区、直辖市）均有发生。为害含水分较高的禾谷类粮食、粉类、干果等。1年发生1～3代。成虫、幼虫均可越冬。喜群居、高湿。成虫、幼虫栖息于阴暗潮湿处和有潮粮处活动，成虫有自相残杀习性
毛蕈甲	又名小蕈甲、粪蕈甲。我国大部分省（自治区、直辖市）皆有分布。主要为害干品香菇和茯苓。生霉的粮食中经常发生，成虫和幼虫都吃霉菌。食性广，除对食用菌子实体干品为害外，对储粮、葡萄干等干果、烟、可可及香料等都为害。并在仓库、货栈、地下室、草堆内、霉木头上、陈骨头上经常被发现。在平均温度26℃、相对湿度73%的条件下，完成1代平均需47d；而在24℃、相对湿度71%的条件下，平均需59d。成虫、幼虫均取食含水量达13%以上的食物
二纹大蕈甲（图17-14）	又名小凹黄蕈甲。我国分布于浙江、广东、湖北等地。对干香菇为害严重，另有报道该虫还为害皮毛等。自然条件下1年发生2代，室内可发生3～4代。成虫喜黑暗，常隐蔽于蛀食孔道内。有假死性。卵多产于菌盖内，产卵前用口器凿1卵窝，在窝内产1粒卵。初孵幼虫爬出卵窝，爬行一段时间，然后从菌盖蛀孔进入，也可从菌褶或菌柄蛀入。幼虫在子实体内纵横取食，形成弯曲的孔道。老熟幼虫在孔道内或爬出孔道化蛹。成虫和幼虫均可对香菇造成为害，尤其喜食潮湿的香菇
日本蛛甲	在我国除西藏、上海、江苏、浙江、安徽、福建、江西外，其他各省（自治区、直辖市）均有发生。为害麦类、玉米、粉类、药材，尤以面粉受害最烈，使粉结块变味。1年发生1～2代。成虫寿命5个月。成虫、幼虫均可越冬。成虫和幼虫均有假死性，喜夜间活动于粮食表面，尤其是面粉，常缀粉末成团匿伏其中。在温度40℃时25～50min各虫态均死亡，但较耐低温

第三节 仓储有害啮虫和螨类

一、种类、分布与为害

在储藏期为害园艺植物常见的害虫还有啮虫目书虱科的嗜卷书虱（*Liposcelis bostrychophilus* Badonnel），蛛形纲蜱螨亚纲粉螨科的腐嗜酪螨［*Tyrophagus putrescentiae* (Schrank)］、粗脚粉螨（*Acarus siro* Linnaeus）、甜果螨［*Carpoglyphus lactis*（Linnaeus)］和家食甜螨［*Glycyphagus domestrcus*（de Geer)］等。现将嗜卷书虱、腐嗜酪螨和粗脚粉螨作为代表介绍，其他两种列表简介。

1. 嗜卷书虱 又名家书虱。分布于欧洲和亚洲；我国分布于河北、河南、山西、陕西、四川、云南、贵州、广西、广东、福建、江苏、浙江、江西、湖南、湖北。成虫和若虫喜在潮湿的库房、栈房为害禾谷类及其加工品、油料、干果、干菜、中药材、烟草、茶叶、衣服、书籍、纸张等。主要啮食粉屑、淀粉糊及霉菌，大量发生时能造成一定经济损失。

2. 腐嗜酪螨 又名卡氏长螨。在全世界广泛分布，我国各地均有发生。常大量发生于蛋粉、火腿、肉干、鱼干、干果、花生、稻谷、大米、小麦、面粉、麸皮、米糠以及烟草、动植物标本等储藏物中。面粉受害后，常因大量蜕皮和排泄物而变色并有异味，是重要的仓储害螨。

3. 粗脚粉螨 又名粗足粉螨。在我国分布于黑龙江、吉林、辽宁、山东、内蒙古、甘肃、青海、新疆、河北、北京、江苏、上海、四川、台湾等地。为害粮食及其加工品、干菜等，发生量大时能导致粮食发霉。在四川和东北等地均有大量发生。

二、形态特征

1. 嗜卷书虱（图 17-16）

（1）成虫　孤雌生殖，无雄虫。体长约 1mm，扁平，柔软，半透明，体背淡褐色，无光泽。头部大，无额缝和冠缝，略带红色。触角长，丝状。眼小，各由 7 个黑色小眼组成。头部、胸部的背片和腹片有稀疏红粒。头、胸、腹的背面密被微小突起。头和腹部的腹面无突起。前胸两侧各有肩刚毛 1 根，其长度约等于两侧的边缘刚毛。前胸腹片前端有刚毛 3～5 根，后端 2 根；中、后胸腹片近前缘有刚毛 6～9 根，排成 1 横列。第 1 腹节背面有骨片 7 片，第 2 腹节背面有骨片 2 片。后足腿节长大，长是最宽处的 2 倍。爪有 5 个很细小的齿。

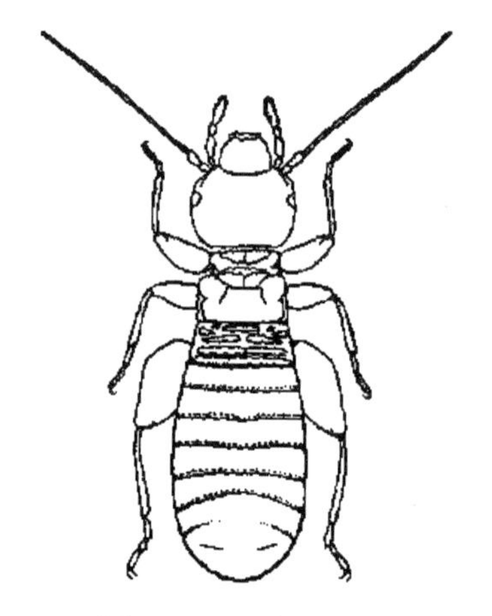

图 17-16　嗜卷书虱
（仿 Broadhead）

（2）卵　短椭圆形，很小，表面有网状纹，灰白色，有光泽。

（3）若虫　外形同成虫。但第 1 龄触角 9 节，3～9 节粗细一样；第 2 龄 3～9 节间有初步分裂，分裂到第 3 龄完成；到第 4 龄外观仅体积大小有别于成虫。

2. 腐嗜酪螨（图 17-17）

（1）雄成螨　体长 280～350μm，卵形，前端尖，表皮光滑有光泽，灰白色。前足体的前缘有内顶毛。向前超过螯肢顶端；外顶毛位于内顶毛后方，较足的膝节长而弯曲。肩毛比前足体长，内肩毛比外肩毛长。后半体有背中毛 4 对，其中第 1 对背中毛及前侧毛最短，第 2 对为第 1 对长度的 2～3 倍，其 3、4 对等长，为第 1 对长度的 7～8 倍，内胛毛比外胛毛长，并与体侧成直角。其余的刚毛均长，连在一起成 1 扇状长列。腹面肛门两侧有 1 对圆形吸盘。螯肢有齿，具有距状突起及上颚刺各 1 个。足末端为柄状爪和发达的爪垫，足 4 跗节的中部着生 1 对吸盘。

（2）雌成螨　体长 320～420μm，体形及刚毛的长度和排列与雄成螨极相似。生殖孔从足Ⅲ基部伸到足Ⅳ之间，生殖裙约为生殖孔全长的一半。

（3）卵　长 90～120μm，长椭圆形，乳白色，表面稍有刻点。

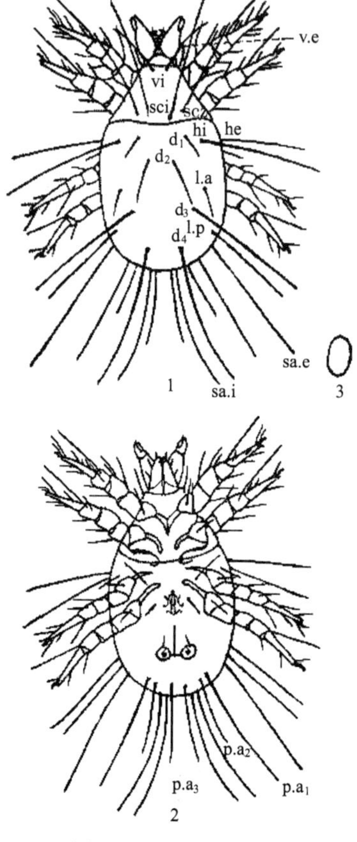

图 17-17　腐嗜酪螨
1. 雄成螨背面观　2. 雌成螨腹面观　3. 卵
（仿 Schrank）

3. 粗脚粉螨（图 17-18）

（1）雄螨　躯体长 315～460μm。体躯卵圆形，无色。颚体及足因食物及年龄不同，由淡黄色到红棕色。

躯体刚毛细，有些稍有栉齿。前足体背板宽阔，向后延伸几达胛毛。vi 毛几伸达螯肢顶端；ve 毛短，不及 vi 毛长度 1/4，着生在前足体板侧角。胛毛 sc 长约为躯体的 1/4，排成横列；sci 毛较 sce 毛稍短。生殖孔位于基节Ⅳ之间，支持阴茎的侧支后方分叉，阴茎为 1 弓形管，末端钝。肛门后缘两侧有肛门吸盘 1 对。螯肢的齿显著，定趾基部有上颚刺，其后方为 1 锥形距突。各足末端的端跗节及有柄的爪极发达。足 1 膝节和股节增大，股节腹面有 1 距状突起。雄螨跗节Ⅳ的 1 对吸盘着生在基部附近，2 个吸盘之距离与吸盘的直径相等。

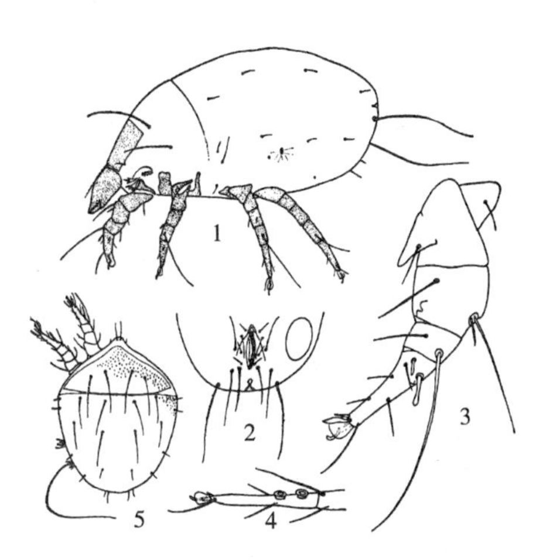

图 17－18　粗脚粉螨

1. 雌成螨侧面观　2. 肛门区　3. 雄螨足Ⅰ内面　4. 雄螨跗节Ⅳ侧面　5. 休眠体背面观

（仿沈兆鹏）

（2）雌螨　躯体长 340～650μm。较雄螨更为卵形，但在着生交配囊处的体躯后缘略凹。背面刚毛排列与雄螨相似，但栉齿更少。肛门周围有肛毛 5 对。生殖孔位于基节Ⅲ与Ⅳ之间，交配囊在狭长而有弹性的管子中开口，并与骨化的球状构造相通，而此球状构造扩大为薄壁的受精囊，有 2 个开口与输卵管相连。足 1 正常。

三、发生规律

1. 嗜卷书虱　喜潮湿环境，干燥环境中不能生存，一般与尘虱、螨类同时发生。畏光，群集寄主底部缝隙尘芥内，夜间活动，爬行迅速。卵散产于寄主碎屑、缝隙中，卵表有黏液与尘芥黏附不易被发现。在温度 25℃±0.7℃和相对湿度 76％的情况下，以酵母为饲料，每雌虫平均可产卵 212.1 粒，寿命平均 175d。卵期为 11d。若虫 4 龄，若虫期为 14.8d。1 年发生 3～4 代。以成虫或若虫潜伏在寄主碎屑或缝隙及尘芥内越冬。

2. 腐嗜酪螨　该螨主要以成螨和休眠体在食物表面、碎屑中等处越冬。性情活泼，行动迅速，喜群集，通常活动于被害物表面，尤其是面粉。对粉类和完整粮粒均能为害，为害大米和小麦时，常从粮粒胚部开始侵食，至内部取食胚乳。幼螨和若螨蜕的皮、螨粪、螨尸产生的特殊臭味，可污染粮食和各种食品而导致发霉变质。当人体接触此螨后，会引起皮疹等症。

该螨喜温暖和潮湿，发育低温为 7～10℃，高温为 35～37℃，其中最适宜发育温度为 22～24℃，相对湿度 92％～100％。在禾谷类含水量 13％～14％、温度 17～25℃时，完成 1 代需 14～23d；在 23℃、相对湿度 87％时，完成 1 代只需 2～3 周；在 32℃、相对湿度 98％～100％的条件下，用啤酒酵母饲养，完成 1 代最快 21d，雌螨占 60％。

腐嗜酪螨喜食脂肪及蛋白质含量高的食物，可借助风、鼠、鸟、昆虫、人和工具等携带传播。在温度过低或过干的条件下，第 1 若螨即变成休眠体。休眠体的体壁硬，足和颚体大部分缩入体内，不食不动，以抵抗不良环境，一旦环境适宜，休眠体即蜕皮恢复活动。

粮食含水量与该螨的发生关系密切，该螨适宜的含水量，大米为 13.4％～14.25％，大豆为 11.7％～13.5％。抗高温能力弱，在 45℃时，经 1h 死亡。但抗低温的能力很强，在 4～5℃时，经 4 个月死亡；在－1～0℃时，活动螨态可活 26d，卵可活 85d；－5℃时，各活动螨态可存活12d，卵为24d；－10～－11℃时，活动螨态经10d死亡，卵约21d死亡。此外，氢氰酸气及氯化苦熏蒸对螨卵无效。

3. 粗脚粉螨 该螨在我国分布很广，为最重要的储藏粮食及其他食品螨类。在面粉中发生的数量要比完整谷物中多，是典型的后期性害螨。此外，它在干酪、养鸡场的草堆以及废弃的蜂箱中也能生活。据报道，牛取食有该螨为害的大麦，会引起腹泻。同时，该螨也取食青霉属的菌类，并消化这些真菌的孢子。

粗脚粉螨多在夏季和初秋发生严重。发生的适宜温度为25～30℃或31℃，相对湿度80%～85%，在此种高温多湿条件下繁殖率最高。至于食物含水量与该螨种群数量的关系，是在受害储藏食物含水量为14%以上时，该螨可将谷物胚芽吃光；而在储藏食物含水量在13%以下时，则不受其害。在极潮湿的谷物中，由于胚芽已完全被食尽，且螨口密度过高，致食物短缺，因此，绝大多数转移他处，当地不易再发现该螨。

粗脚粉螨的休眠体品系，在缺少食物时休眠体数量就增多；而不产生休眠体的品系，即使食物短缺也不产生休眠体。

四、园艺植物贮藏期常见其他害螨发生概况（表17-3）

表17-3 园艺植物贮藏期常见其他害螨发生概况

害螨种类	发生概况
甜果螨	在我国分布于辽宁、北京、山东、上海、福建、台湾、广东、广西、四川、贵州、云南等地，为害食糖、干果、蜜饯等甜味食品。该螨在砂糖以及所有含糖的食物中发现，由于细菌的活动，可在这些食品上产生乳酸、醋酸等少量脂肪酸。在干果、果汁等各种食品上发现。能引起严重的肠胃病，也有引起皮炎的报道
家食甜螨	该螨分布极广，几乎遍及全国各地。对各种动物性、植物性贮藏食品都能为害，经常大量在储粮、房屋及畜舍中发生，而对人体能引起皮炎，也与人的哮喘有关。在温度23～25℃和相对湿度80%～90%时，完成1代需22d。形成休眠体似与外界条件无关，因为约有50%的第1若螨要经过休眠期

第四节 仓储害虫综合治理方法

防治仓储害虫必须贯彻“预防为主，综合防治”的方针，着眼于整个仓库生态系统，合理利用各种措施，以达到控制害虫生长发育和传播蔓延，保障仓储物安全、优质的目的。仓储害虫的具体防治措施包括清洁卫生、植物检疫、物理机械防治、生物防治和化学防治。

一、清洁卫生

搞好仓库等的清洁卫生，是预防仓储害虫发生为害的根本措施。对仓房、货场及加工厂应尽量做到“仓（厂）内面面光、仓（厂）外三不留”，即对仓（厂）内墙壁、天花板上的孔洞、缝隙进行嵌补，做好粉刷工作；对仓（厂）外附近的杂草、垃圾、污水及时清除，使害虫无栖息场所。对于一切相关物品、工具和机械设备等都应保持清洁。

除对仓库、加工厂、机器设备以及仓（厂）周围环境经常保持清洁以外，还要及时进行消毒处理，常用药剂有敌百虫、敌敌畏、辛硫磷、拟除虫菊酯类及防虫磷等。此外，还应做好隔离工作，专仓保存或专容器保存，并经常检查。防止害虫的再度感染，可在储粮周围喷布防虫药带等。

二、植物检疫

储粮害虫生活于粮食中，极易随粮食的调运而进行人为传播，为了杜绝国外危险性害虫的传入以及国内局部分布的害虫蔓延为害，加强对仓储害虫的检疫工作具有重要意义。我国于1992年公布的《中华人民共和国进境植物检疫危险性病、虫、杂草名录》中规定的仓储害虫有6种：谷斑皮蠹（*Trogoderma granarium* Everts）、菜豆象[*Acanthoscelides obtectus*（Say）]、鹰嘴豆象[*Callosobruchus analis*（Fabricius）]、灰豆象[*Callosobruchus phaseoli*（Chevrolate）]、大豆象[*Prostephanus truncatus*（Horn）]和巴西豆象[*Zabrotes subfasciatus*（Boheman）]。

三、物理机械防治

常用机械、高温、低温、气调、电离辐射（如微波、高频、超声波以及核辐射）等处理方法杀虫。

（一）机械防治

机械防治主要是利用人工或动力操作的各种机械来清除储粮中的害虫。具体方法主要有风车除虫、筛子除虫、压盖粮面或揭面、竹筒诱杀、离心撞击机治虫和抗虫粮袋等措施。其中，压盖粮食或种粮面主要用于防治麦蛾等单食性和寡食性害虫，而揭粮食或种粮面是对在其表层30cm以内为害的害虫进行防治。每年开春气温回升时，用席子、木板、袋装草木灰或异种粮紧密压盖在粮食或种粮面上，以阻止羽化的成虫飞出粮堆产卵并导致其死亡。揭面后，对虫粮进行单独杀虫处理，揭面时应从里向外分两次揭除，揭面后应做好防止再度感染的措施。

（二）物理防治

物理防治的基本原理是用物理作用直接消灭仓储害虫或恶化仓储害虫的生活环境，抑制害虫发生和为害的措施。

1. 高温杀虫 一般仓储害虫较适宜的温度为18～35℃，而40～50℃处理数小时，能杀死大量害虫；在45～48℃时处于热昏迷状态；若在52～55℃时，则需很短时间就会死亡。例如，赤拟谷盗成虫在44℃时，经7～10h致死；在46℃以上，经5h死亡。再如，玉米象成虫在50℃时的死亡时间为60min，长角谷盗成虫为90min，赤拟谷盗幼虫为60min、蛹为90min、成虫为72min。

但高温处理必须按照试验证明既能很好地杀虫，又对粮食或食品安全的温度处理，应特别注意的是对种子的发芽率无影响。

（1）暴晒 夏季利用日光暴晒可使温度达到50℃左右，几乎能把所有仓储害虫都杀死。一般将种子、食品等储藏物摊放在晒帘上或摊平于晒谷场上，厚度为3～5cm，进行暴晒，每30min耙翻1次。暴晒时，在晒场周围喷布杀虫剂作为隔离带，以防害虫外逃。对于商品粮及其他食品，在含水量低于12%时，可趁热入仓密闭，其杀虫效果更好。

（2）烘干　利用烘干机、烘干塔等设备处理蘑菇或感染害虫的高水分食品等贮藏物，但对种子粮不易采用此法。对于香菇，采收后先稍加晾晒，随即放进 35～40℃烘干箱或烘房内，经 7～8h，水分散失 30%，再加热至 50～60℃，待水分散发 80%时，保持 50℃数小时，于香菇水分降至 13%左右时取出储藏。烘干过的香菇色泽好、香味浓，且杀死了害虫。

（3）沸水烫杀　适用于处理感染豆象类害虫的少量豆类。将有虫豆类放入箩筐，然后浸入沸水中，对于种子粮必须严格要求，蚕豆浸 30s，豌豆浸 25s，并要求受热均匀，取出放入凉水中稍冷后，即可摊开用布吸水、晾干。

（4）套囤　用于防治豌豆象。在豌豆收获后，当含水量在 14%左右时立即进行。在囤底铺谷糠一层，经压实后不低于 35cm，上铺一层席子，在席子上做圆囤，其高度与直径相近，放入豌豆后再于囤外做一套囤，两囤间相距大于 35cm，并填满谷糠，豌豆上面铺一层席子，然后填入谷糠，压实后需达 35cm 以上。密闭时间可随气温高低调节，气温 30℃时为 25～30d，一般 30～50d。囤内温度应在 50℃以上。密闭 10d 以内，需每天测豆温，每隔 1d 检查虫、霉情况，10d 以后每隔 3～5d 检查 1 次。

2. 低温杀虫

（1）仓外薄摊冷冻　利用北方冬季严寒进行仓外冷冻，来杀死大量害虫。

（2）仓内冷冻　在北方冬季严寒季节，选择干燥晴朗的晚上，打开仓库门窗，使冷空气进入仓内进行冷冻。

（3）机械通风　可用排风或鼓风的办法使仓内温度尽快降低，以消除粮堆发热，抑制害虫和霉菌的滋生。

（4）机械制冷　采用机械制冷的方法，即建造低温库，用于储存蔬菜、果品、成品粮及其他易被仓虫为害的贵重物品等。

3. 气调防治　气调防治是人为地改变粮堆中的气体成分，造成缺氧，以此抑制粮堆中的害虫及微生物的生长，保证储粮完全的一种措施。常用的方法有缺氧储藏、充氮、充 CO_2 等。

（三）其他物理方法

目前，在储粮害虫防治中研究比较多的物理方法还有电离辐射（其中以 γ 射线最普遍）、红外线、高频加热、微波加热、声波、低真空、臭氧、加速电子等。这些技术有的已在实际工作中推广应用。

四、生物防治

目前，利用储粮害虫的外激素、生长调节剂、抑制剂、病原微生物、天敌昆虫以及利用粮食品种的抗虫性来防治和抑制害虫的发生为害已获得了新的进展。

1. 外激素　现已提取并人工合成的外激素有谷蠹雄虫的聚集激素以及谷斑皮蠹、杂拟谷盗、黄粉虫、麦蛾、印度谷螟等数十种储粮害虫的性外激素。这些外激素可用于储粮害虫的调查和防治。用外激素与诱捕器相结合，可捕杀大量害虫，是有效的防治储粮害虫的方法之一。

2. 生长调节剂和抑制剂　现已发现的十几种保幼激素类似物对印度谷螟、粉斑螟、谷象、锯谷盗等十几种害虫均有良好的防治效果。生长抑制剂灭幼脲 1 号对米象、谷象、谷蠹、赤拟谷盗、锯谷盗等均有明显的抑制作用。

3. 病原微生物 在储粮害虫防治中应用最广泛的病原微生物是苏云金杆菌，将苏云金杆菌制剂拌入粮堆或喷施粮面，对印度谷螟、粉斑螟、麦蛾等鳞翅目幼虫的防治效果良好，但对鞘翅目害虫效果不明显。另外，应用颗粒体病毒防治印度谷螟非常有效。

4. 天敌昆虫 寄生和捕食储粮害虫的天敌种类很多，姚康1983年统计全世界仓库益虫共186种，我国常见天敌昆虫达20种。米象金小蜂可寄生于多种甲虫，仓双环猎蝽、黄色花蝽能捕食多种害虫的成虫、卵、幼虫和蛹，它们在一定条件下均能有效地控制害虫的发生。

5. 粮食品种对储粮害虫的抗性 据国内外许多试验证明，不少粮食品种对储粮害虫都有不同程度的抗性。如小麦、稻谷的不同品种（系）对麦蛾、谷蠹、玉米象等的抗性存在明显不同，豌豆有些品种对豌豆象也有明显抗性。

五、化学防治

用于防治仓储害虫的化学药剂可分为防护剂和熏蒸剂两类。

1. 防护剂 防护剂是均匀地拌入尚未发生害虫的原粮中，用以防止仓储害虫发生的一类药剂，具有高效、低毒、药效长、适应性强、使用范围广等特点。它只能阻止害虫的为害，应在粮食尚未受害时使用。目前，常用的防护剂见表17-4。

表17-4 几种粮食防护剂的使用方法

药剂	使用范围	用药量		使用说明
		mg/kg	g/m²	
防虫磷	原粮和种子粮	10～20（国库） 15～30（农村粮库）		成品粮禁用
	空仓、加工器材、防虫线		0.25%稀释液	50%EC 3kg药液喷100m²，防虫线30cm宽
甲嘧硫磷	原粮和种子粮	10		防治对防虫磷有抗性的害虫
	空仓消毒		0.5～1	
	处理麻袋		4～5	
杀螟松	粮食	5～10		抗碱性能较强
	仓库地面		0.75	
甲基毒死蜱	原粮、种子粮	7～10		遇碱或酸即分解
杀虫畏	原粮、种子粮	8～10		粮食含水量高，药效降低
右旋反灭虫菊酯	原粮、种子粮	4～8		对拟谷盗效果差，对烟草甲、药材甲无效
粮种安	原粮、种子粮	2.5		尤其适用于农户贮粮
凯安保	原粮、种子粮、空仓、运具、包装物	0.5～1		勿与碱性物质混用

2. 熏蒸剂 熏蒸剂具有渗透性强、防效高、易于通风散失等特点。当仓储物已经发生害虫，其他防治措施难以奏效时，便可使用熏蒸剂。施药时，要有良好的密封条件和一定的温度，操作时必须严格遵守操作规程，确保人身和财产安全。常见的熏蒸剂见表17-5。

表 17-5 几种常用熏蒸剂的使用方法

药剂	使用范围	用药量（g/m³）					密闭时间（h）	使用说明
		空间	粮堆		加工厂消毒	空仓消毒		
			食用	种用				
磷化铝 片剂	粮食、油料、成品粮、空仓、加工厂	3～6	6～9	6	4～7	0.1～0.15	120～168	种子含水量要低；严防漏雨或帐幕结露；消灭一切火源
磷化铝 粉剂		2～4	4～6	4	3～5			
氯化苦	原粮、油料、薯干、豆类、加工厂	20～30	35～70		30		72	花生仁禁用，种子含水量要低
溴甲烷	原粮、成品粮、油料、薯干等	15～20	30		15～20		48	种子含水量要低
二氯乙烷	种子和谷物	300～450			300～700	280～300	48	一般与四氯化碳混用（二氯乙烷3份，四氯化碳4份）

目前，应用最多的熏蒸剂为磷化铝，其剂型有片剂和粉剂两种。商品片剂是用磷化铝、氨基甲酸铵、硬脂酸镁及石蜡等混合压制而成，黄褐色、圆形，每片直径20mm、厚5mm、重3g，内含磷化铝52%～70%。如含量为70%者，其成分为70%磷化铝细粉、26%氨基甲酸铵、4%固体石蜡，在287kPa高压下制成。磷化铝片吸收水分后分解，释放出磷化氢（$PH_3\uparrow$）毒气而杀虫。其反应式：

$$AIP+NH_2COONH_4+3H_2O \longrightarrow AI(OH)_3+PH_3\uparrow+CO_2+2NH_3\uparrow$$

磷化氢无色，具大蒜气味，气体相对密度1.83（0℃），沸点－87.5℃，在空气中浓度达26mg/L即能自爆，但因氨基甲酸铵和氨气控制磷化氢自燃，使用时较安全，但仍需注意防火。磷化氢微溶于水，易溶于有机溶剂，对铜、铁金属有腐蚀作用。磷化氢在空气中上升、下沉和侧流等方向的扩散速度差异不大，渗透力强，适用范围广，既能熏蒸原粮，又能熏蒸种子和仓储器材，可用于仓库和帐幕内害虫、害螨的熏蒸防治，但不能毒杀休眠期的螨类。

国产片剂磷化铝含量多为58%～60%，每片可产生磷化氢约1g。粉剂磷化铝含量为85%～90%。其作用机制为在空气中遇水分子而分解成磷化氢毒气，从而起到杀虫作用。除磷化铝外，还生产磷化锌、磷化钙。

对于密封性能较好的仓库，可采用整仓熏蒸，熏蒸前需将门窗密封；若仓库密封较差或少量粮食，可采用罩帐熏蒸的方式。

磷化氢对人、畜高毒，主要作用于神经系统。空气中含量达7mg/kg时，人停留6h就会出现中毒症状；含量400mg/kg时，停留30min以上有生命危险。因此，施药时应注意以下问题：

①磷化氢一般不降低种子发芽率，但若气温高、熏蒸剂量大、时间长时，也能使三叶草、甘蓝、绿豆、棉花等作物种子发芽率降低。种子含水量不能超过以下规定：粳稻14%，大麦、玉米13.5%，大豆13%，籼稻、高粱、荞麦、绿豆12.5%，小麦12%，棉子11%，花生9%，菜子8%，芝麻7.5%。

②有些带硬壳的干果，如瓜子、胡桃、松子可以用此药熏蒸，而其他食品如桂圆、枣、柿饼、鱼干、虾干、腌鱼、蜜饯果品和直接入口的糕点等均不能用此药剂熏蒸。

③用量计算要准，投放要恰当，布点要均匀，药片要放在纸或盘中平摊开，不能堆放，

更不能直接加水；货物堆高 3m 以上或包装物品，要用布包药塞入被熏物品深处，以便提高药效。

④严防人、畜中毒。熏蒸时，操作人员必须戴防毒面具和胶皮手套，做好安全防护，不能在仓库内停留时间太久。投药后必须密闭仓库和在仓外注明投毒标志，并检查是否漏气（常用 3%～5%硝酸银溶液浸泡滤纸条检查，如果变黑色即有毒气透出，如果 7s 变黑则对人有危险），若漏气，应立即补封。此外，熏蒸毕，要打开门窗充分通风排除毒气，而后必须再把剩余的药渣（仍含 PH_3↑1.2%～2%）深埋。

此外，采用双低法可用于长期保存粮食，即用塑料薄膜帐密封，放入少量磷化铝，利用自然降氧的方法，使帐幕内形成低氧低药的环境来抑制和消灭害虫。

复习思考题

1. 列举出为害蔬菜种子的主要仓储蛾类害虫 4 种和主要仓储甲虫类害虫 8 种，区分它们的成虫和幼虫。
2. 何谓初期性、中间性、后期性仓储害虫？各举出 2 种害虫。
3. 综合治理仓储害虫需要哪些措施？
4. 如何使用防护剂和熏蒸剂防治仓储害虫？应注意哪些事宜？

第十八章　园艺植物害虫综合治理

我国园艺植物种类繁多，其害虫的种类更多，为害特点多种多样，各种害虫的发生规律及生活习性千变万化。因此，制定园艺植物害虫的综合治理方案，应根据当地的园艺植物及其害虫发生情况，先从某种作物的1种关键性害虫开始，确定其综合治理方案。对于寄主种类较多的某些关键性害虫，则不能限于1种作物，可以在1个区域内，以有关寄主作物及其靶标害虫为对象，进行总体规划，开展综合治理。也可以1种作物或该作物的某1生育期为对象，制定其害虫的综合治理方案。我国生物地理环境复杂，各地生产习惯、耕作制度也不一样，因此，对同种作物害虫的综合治理也要考虑因地、因时制宜和可持续性。与此同时，应该尽量将害虫的综合治理与病害、杂草的综合治理措施有机地结合起来，并将它们纳入整个生产体系，进行科学系统管理。下面5节分别介绍果树（北方、南方）、干果类、露地蔬菜和保护地植物害虫综合治理的基本框架，以供参考应用。

第一节　北方落叶果树害虫综合治理

一、果树害虫概况

北方果区落叶果树种类很多，主要包括仁果类的苹果、梨、山楂、木瓜、海棠、榅桲等，核果类的桃、李、杏、梅、樱桃、枣等，浆果类的葡萄、猕猴桃、柿子、君迁子、无花果、桑葚、石榴、草莓等，以及干果类的核桃、板栗、榛子、胡桃、香榧、松子、枣等。由于果树生长周期长，生物群落多样性指数较高，果园生态环境较稳定，所以害虫种类很多。初步统计，我国各类果树害虫多达1 000多种，不少害虫可以为害多种果树。其中，蔷薇科果树害虫约达500种，干果类害虫有近200种。长年为害各种果树并造成严重损失的有30～40种。除苗期和根部受各种地下害虫的为害外，果树各生长发育阶段的各个部位亦都受到害虫不同方式的为害。

1. 叶部

（1）刺吸汁液类　主要有叶螨类（果台螨、山楂叶螨、李始叶螨、苹全爪螨、二斑叶螨、栗叶螨、瘿螨类、跗线螨、细须螨和镰螯螨等）、蚜虫类（苹果黄蚜、苹果瘤蚜、苹果绵蚜、梨二叉蚜、梨黄粉蚜、桃蚜、桃瘤蚜、桃粉大尾蚜、栗大蚜等）、叶蝉类（小绿叶蝉、大青叶蝉）、梨网蝽、梨木虱、蚧类（日本龟蜡蚧）等。

（2）卷叶、潜叶类　卷叶蛾类（苹小卷蛾、黄斑长卷蛾、褐斑卷蛾等）、梨星毛虫、苹果巢蛾、旋纹潜叶蛾、金纹细蛾等。

（3）食叶类　各种尺蠖、金龟甲、毛虫和蛾类。

2. 枝干　多种介壳虫（草履蚧、康氏粉蚧、柿绒蚧、日本龟蜡蚧、杏球坚蜡蚧、朝鲜球坚蜡蚧、梨枝圆盾蚧、桑白盾蚧、栗链蚧等）、天牛类（桑天牛、梨眼天牛、桃红颈天牛、云斑天牛等），以及木蠹蛾、蠹甲、叶蝉类、梨茎蜂、吉丁虫和透翅蛾类等。

3. 果实　包括蛀果类的食心虫（桃小食心虫、梨小食心虫、苹小食心虫和梨大食心虫）、桃蛀螟、苹果蠹蛾、柿蒂虫、核桃举肢蛾、梨象甲、栗皮夜蛾、栗实象甲、栗剪枝象甲、栗实蛾、蝽类、花金龟类，以及吸果蛾和胡蜂等。

二、果树害虫发生的特点和发展趋势

随着农业生产结构的调整和人民生活水平的提高，果树业生产在人们生活、大农业生产和农村经济结构中的重要性越来越突出，果树栽培面积、种类、种植方式和管理技术的改革与更新速度很快，而害虫发生规律和防治手段的研究相对滞后，病虫害防治对化学农药的依赖性在某些地区仍然较强，加之农药作用机制的单一和大量触杀剂的不合理使用，抗药性产生周期缩短，导致害虫优势种群和果园害虫群落结构较明显的变化，大量次生种群变为优势种群，优势种群的抗药性不断增强，害虫发生期拉长，世代重叠现象严重，给防治上带来了很大的困难。

目前，北方果区从渤海湾、黄河故道及黄土高原（晋、陕、甘 3 省）3 大果区果树害虫的特点和优势种群发生、发展总的趋势是：①害虫优势种群不断地向小型化、钻蛀性、隐蔽性和自我保护能力强的刺吸式口器害虫为主的方向发展；除食心虫仍是果树生产的主要害虫类群以外，20 世纪 60～70 年代果树的主要害虫类群，如梨星毛虫、天幕毛虫甚至一些卷叶蛾等大量咀嚼式口器的食叶性害虫早已不成为优势种群，甚至很少见到。②金纹细蛾、蚜虫类、螨类、介壳虫类、潜叶蛾、木虱、梨茎蜂、天牛等都已上升为各类果树长年大发生的主要害虫。③同一类害虫的优势种群在不断向适应性更强的种群发生变化。如果树害螨的优势种群有由最初的果台螨逐渐经山楂叶螨、苹果全爪螨向二点叶螨过渡和取代的趋势。④新的优势种群不断出现，金纹细蛾、二斑叶螨自 20 世纪 90 年代以来，在北方果区严重为害苹果等果树，目前已成为许多地区果园害螨的优势种。⑤果园生物群落简单化，天敌种类和数量少，生态系统的自然控制能力明显衰退，对化学农药的依赖性增强。⑥随着果树苗木和水果调运量的增加，检疫对象扩散蔓延的危险性越来越大。

三、果树害虫防治的策略与方法

在防治中，一定要从持续控制的角度出发，在分析和掌握害虫优势种群变化、发展动态、趋势和原因的基础上，坚持"预防为主，综合防治"的方针。在策略上，必须从果园甚至区域生态系统的全局出发，以果树业甚至农业生产的可持续发展为宗旨，以无公害果品生产和经济效益提高为目标，从准确掌握果树—昆虫和其他动物—环境 3 者相互关系入手，积极地调节和改善果园生态系统各因素间的相互关系，将增强和发挥生态系统的自然控害作用放在首位，充分发挥生物、农业、物理的方法在果树害虫治理中的作用，创造有利于果树、天敌昆虫和其他有益生物生长发育，而不利于害虫发生为害的环境条件，辅之以必要、科学、合理的化学防治措施。将害虫的种群数量控制在经济损失允许水平之下。并通过严格植物检疫，防止危险性害虫的人为传播蔓延。

（一）植物检疫

严格检疫，加强苗木、接穗和果品调运的检疫检验，严防果树苗木、接穗、果实上及包装箱中的苹果绵蚜、苹小吉丁虫、葡萄根瘤蚜、苹果蠹蛾、美国白蛾、芒果果肉象、芒果果实象、苹果实蝇、柑橘大实蝇、蜜橘大实蝇、柑橘小实蝇，以及一些蚧、螨等危险性害虫害螨传播蔓延。

(二) 农业防治

1. 合理配置果园 结合果树生产的专业化、区域化建设，合理配置果园。

(1) *合理布局树种* 在新果区或果园建设过程中，严格防止具有相同的主要害虫而主要受害时期或受害敏感期又前后相接的树种，作为生产性果树在小范围内或同园混栽，桃园的布局应远离十字花科蔬菜区。但是，在有条件的情况下，在区域化果园中，可针对主要害虫间作少量非生产性的早期受害寄主，如在梨小食心虫严重为害区，要避免桃树和梨树的混栽或小范围内共存，但在大面积梨或苹果生产内，可间作少量非生产性桃树作为诱集作物，集中控制，以减少梨树和苹果树上的用药次数。

(2) *合理配置品种* 在一定范围内尽可能配置同一品种，或生长期基本一致、抽梢整齐、受害敏感期发育速度快的不同品种，尽量避免不同熟期的同一树种连片种植，以免嫩梢期害虫辗转为害。

2. 深翻埋虫 ①果树落叶、害虫完全进入越冬状态后，深翻果园土地，尤其是树冠下土地的深翻，可将大量在深层越冬的害虫翻至地表，暴露在地面被冻死；或将本在表层土缝中、土块下越冬甚至存留在残枝落叶中的害虫深埋，因窒息或环境不适而死亡或翌年不能出土繁殖为害。②苗圃或金龟甲类等害虫为害严重的果园，夏季选择适当时间，及时中耕、除草，也可通过调节土壤温湿度大量杀死土中活动能力较差的虫态而控制其数量；深翻、中耕、锄草等频繁的土壤作业在间接压低害虫数量的同时，也可通过农机具的机械杀伤而直接杀死大量害虫。

3. 覆土埋虫 早春在越冬害虫出蛰上树前，在果树树冠下覆土 10～15cm，可人为地增加害虫的深度，将全部在土中、土表越冬的害虫深埋，以致不能正常出蛰甚至窒息而死。如果土面再能覆以地膜，效果会更好。不覆土只用地膜覆盖，也能起到类似的作用。

4. 果园地面种植覆盖植物 如藿香蓟、紫花苜蓿以及其他显花豆科作物和油菜（桃园不宜）等，在创造直接经济收益和土壤氮素供给的同时，在干旱季节还可调节果园小气候，缓解夏季的高温和干燥，保持果园阴湿环境，在一定程度上也可减轻刺吸式口器害虫的为害；同时也可为天敌提供补充寄主和食料，缓冲农药对其的影响，有利于多种天敌的生存和繁殖。

5. 保持果园果树清洁 ①春、夏季剪除虫梢（梨小食心虫）、虫芽（梨大食心虫）、虫枝（梨茎蜂），摘除虫果（桃、梨、苹果、杏、李、栗），结合冬、春修剪，注意彻底剪除虫梢、虫枝。②生长季节和秋季采收后及时摘除树上的虫果、卷叶、虫瘿，剪掉虫枝，清除果园中的残枝、落叶、落果；刮除树干和主侧枝的老皮及粗皮（在树皮、翘皮缝中越冬的螨类、卷叶蛾、毛虫类幼虫等），集中深埋或焚烧，可消灭大量藏匿在其中的害虫，降低虫源基数。

6. 合理施肥浇水 施足基肥，及时灌水，可增强树势，提高果树的补偿能力，尤其在蚜虫等刺吸式口器害虫严重为害期，及时补充水分就更加必要。

(三) 生物防治

1. 保护利用自然天敌 果园生态系统的天敌资源很丰富，只要采取必要的保护措施避免、减少人为的杀伤，促进其种群数量的恢复和增长，并持续地保持一定的种群数量，就能够发挥其对害虫的自然控制作用。通常可以采用的途径为：

（1）保护天敌越冬　为了使天敌有比较高的越冬存活率，可根据当地害虫、天敌发生、越冬以及其他实际情况，创造有利于天敌的越冬场所，保护越冬。如在栗瘿蜂和卷叶虫中有大量的寄生性天敌，受害严重的果园，可在入冬前采集枯瘿和虫苞（有寄生蜂），装入篮内选择适宜场所越冬，次年3～4月将篮子挂于栗园，使寄生蜂羽化。

（2）合理间作套种，招引和繁殖天敌　在果园间作藿香蓟、油菜（桃园不宜）、紫花苜蓿等，为捕食螨、花蝽等天敌提供潜所和食料。

（3）合理使用农药　尽可能少施农药，在对天敌安全期施药，在必须施药而时间又不容选择时应选择对主要天敌安全的农药，或选用对天敌安全的施药方法，如根区施药和树干涂药等。

2. 繁殖释放天敌　对于一些对害虫控制作用强、有利用前途的天敌昆虫和捕食螨等，可通过室内饲养繁殖，在适当的时间进行释放。如当苹小卷蛾等害虫产卵盛期，每次释放松毛虫赤眼蜂60万头/hm^2，每隔5d释放1次，共3次，防效可达85%以上。土壤施入新线虫46万～91万条/m^2，对秋季脱果入土的桃小食心虫的防效可达98%，在春季对出土幼虫有83%～93%的防效。我国利用释放、助迁和保护利用食螨瓢虫（*Stethorus* spp.）和钝绥螨（*Amblyseius* spp.）、盲走螨（*Typhlodromus* spp.）等捕食螨控制柑橘、苹果害螨都有成功的范例，各地可因地制宜研究和应用。果树蛀干类害虫，幼虫蛀入木质部为害，难于防治。利用管氏肿腿蜂（*Scleroderma guani* Xiao et Wu）能从虫害蛀洞钻入木质部寄生天牛幼虫和蛹。山东省大面积放蜂防治青杨天牛，寄生率达41.9%～82.3%。对栗瘿蜂为害严重的栗林，可采用人工摘除虫瘿的办法，8月以后采集枯瘿，其中有大量的天敌寄生蜂，主要是中华长尾小蜂（*Torymus sinensis* Kamijo），可收集枯瘿装于篮内，次年3～4月悬挂于栗园中，使寄生蜂自然羽化，寄生栗瘿蜂。

3. 菌制剂的应用　利用卵孢白僵菌处理树盘土壤，盖草喷水保湿，也可防治桃小食心虫出土幼虫。用Bt制剂向树冠喷雾，对鳞翅目低龄幼虫有较好的防治效果。

（四）物理机械和人工防治

1. 果实套袋　对于果实个头大、品质好、价格高的果树，进行果实套袋避病虫害和药剂污染果实，效果十分显著，现已在许多地区普遍应用，可进一步推广。具体做法：①纸袋种类：日本小林袋、国产优质袋等。②套袋时间和方法：苹果谢花后30～40d进行，山东省一般在6月中旬前后。套袋前进行疏花、疏果和喷药，套袋时先使纸袋膨胀，后将幼果套入纸袋中央，再用铁丝或绳扎紧纸袋口。③摘袋时间和方法：果实采收前20～25d摘袋。摘袋时要选择晴天的10:00～16:00进行。先去外袋，3～4d后再去里袋。

2. 树体包扎　有条件的果园，在天牛产卵期间，将草绳缠绑在果树枝干上，可有效地阻止成虫产卵和幼虫蛀木；秋季在枝干上捆绑谷草，可引诱害虫、害螨钻入其中越冬，冬季解下烧掉，可以灭虫。如果天敌数量大，保护天敌的效益比用此法防虫的还大时，可以不烧而保护天敌越冬。

3. 诱杀害虫　有条件的果园，可在成虫发生期利用黑光灯、荧光灭虫灯、性诱剂或糖酒醋液诱杀蛾类和金龟甲等害虫（但同时应考虑到这些方法的副作用）。蚜虫发生和为害严重的果园，可利用黄板诱杀有翅蚜，尤其在设施栽培的果树上效果好。

（五）化学防治

落叶果树害虫的化学防治要始终注意其必要性，切忌滥用。首先应抓好休眠期和春季防治，但此时许多害虫的防治适期很短，且不好掌握。因此，准确地测报防治适期是许多害虫防治成功与否的关键，应准确地预测预报害虫和天敌的种群数量消长动态，以便掌握化学防治的必要性和防治适期，避免盲目用药。此外，还应加强采果后某些害虫的防治，以便促进形成足够的花芽，为下年打好基础。对于寄主种类较多或家庭式小果园连片的果区，应在注意联防的同时，也要注意园外其他寄主上害虫的防治。

一般来说，北方果树化学防治的关键时期和相应的方法为：

1. 果树休眠期和春季防治 此期防治应以其他综合措施为主，在蚜、螨、蚧、木虱等害虫发生严重的果园，可以在花芽萌动前用石硫合剂、机油乳剂、触杀蚧螨等清园药剂，压低越冬后残存的虫口密度。但应尽量避免在树干上施药，以保护天敌。

2. 地面施药 在没有针对土壤中越冬的害虫（桃小食心虫、梨虎、杏虎、杏仁蜂等）采取其他措施的果园，根据主要害虫的出土期预报（桃小食心虫一般在麦收前后），在出土或入土的始盛期和盛期分别用辛硫磷乳油、桃小灵乳油或甲基毒死蜱乳油等处理树盘内土壤。

3. 药剂熏杀 用敌敌畏、磷化铝（毒签）等药剂放入枝干虫道蛀孔内，然后用泥土堵口。

4. 内吸剂涂干 在蚜虫、螨类、蚧、木虱等刺吸类害虫严重发生的果园，在果树发芽至开花期，或生长期内严重为害期，选择有效的内吸性杀虫剂，按 1∶8～10 稀释后涂于树干。药环的宽度一般以树干周长的 1/2～1/3 为宜，树老皮粗的可刮去粗皮，幼树可不刮，涂药 2 次，中间间隔时间以药液渗入皮层，稍干为宜，一般 1h 左右。在气候干燥或高温季节涂药后最好用塑料薄膜条包扎，1 周后解除包扎。一般 3d 后可收到防效。本次施药的时机很好，如果药剂选得好，对 1 月左右树上为害的所有害虫，尤其介壳虫、蚜虫、螨类和木虱等都有很好的控制效果，而对天敌安全，应积极推广。

5. 根区施药 结合春季施肥，可将有效的内吸性杀虫剂拌入肥中施入。在天敌数量较大而又必须施药时，也可采用根区施药，以减少对天敌的杀伤。

6. 树冠喷雾 花前花后 1 周左右是果树害螨和卷叶蛾类、梨茎蜂等害虫一年中最为有利的药剂防治时期，不能忽视。但同时大部分天敌也开始上树。因此，要在正确掌握发生期和虫量的基础上，有选择地及时进行喷雾防治，但需选用高效、低毒、低残留、选择性强的农药，并根据当地害虫的抗药性水平掌握适当的浓度和剂量。大力推广应用生物农药和特异性农药。

水果是可以即采即食的产品，不管采用哪种施药方法和选用哪种药，最后 1 次施药距采摘期的时间决不能小于所用药剂的安全间隔期（一般药剂为 7～15d）。

第二节　南方常绿果树害虫综合治理

亚热带主要栽培的常绿果树主要有柑橘、荔枝、龙眼、香蕉、菠萝、芒果，其次还有椰子、枇杷、橄榄、西番莲、番石榴、阳桃、油梨、腰果、番荔枝等。这些果树都受到很多害虫的为害，影响果树的丰产丰收。众所周知，以往防治果树害虫，单纯依赖农药和滥用农药的现象严重，导致害虫产生抗性、农药残留、害虫再猖獗的“3R”问题，同时严重污染环境。以生态学为基础的害虫综合治理，强调各种防治措施的有机协调，最大限度地利用自然和生物因子，要求少用农药，科学用药，创造不利于害虫发生而有利于天敌发挥调控作用的生态系统，对害虫数量进行调控，把害虫控制在经济损失允许水平之下，对防治措施的决策应全盘考虑经济效益、社会效益和生态效益。

亚热带果树害虫的综合治理，以植物检疫、农业防治、生物防治、化学防治、人工防治、高新技术的利用等措施的有机协调，把害虫控制在经济损失允许水平之下。

一、植物检疫

植物检疫是检疫性害虫综合治理的根本性措施，是国家为了防止危险性病、虫、杂草等随同农产品、种子、苗木等的调运而在国家、地区间传播的法令性措施。我国自1954年就制定了植物检疫制度。果树苗木、接穗上的蚧类、螨类、象虫类、果实中的实蝇类等，往往随苗木、果实、接穗等的频繁调运等，从疫区传播至新区，由于新区无天敌控制而酿成比疫区更为惨重的为害。因此，做好植物检疫工作，是防止检疫性害虫传播的关键。

二、农业防治

害虫的发生消长与外界环境条件密切相关，农业防治就是根据害虫、作物、环境3者之间的关系，结合果园的农事操作过程，达到控制害虫的目的。

1. 果园修剪　修剪虫害严重枝叶，集中烧毁，可减轻果树上吹绵蚧、粉蚧类、蜡蚧类、盾蚧类、黑刺粉虱、蚱蝉、蜡蝉类，枝干害虫光盾绿天牛、缠皮虫、枇杷舟蛾、芒果横纹尾夜蛾等害虫的为害。

2. 抹芽控梢　柑橘木虱、蚜虫、潜叶蛾是柑橘嫩梢期3大主要害虫，依据害虫发生特点，抹掉早、晚期不整齐芽梢，控制抽梢时间，避过害虫发生盛期，以减轻为害。荔枝、龙眼害虫爻纹细蛾也可以通过控梢栽培，有利结果兼可治虫。

3. 果园覆盖植物　果园地面种植覆盖植物如藿香蓟、印度豇豆等，在干旱季节可保持果园阴湿环境，避免杂草丛生，有利树株强壮，兼可减轻柑橘锈壁虱为害，同时对柑橘红蜘蛛优势种天敌食螨瓢虫和捕食螨繁育有利。

4. 果园锄草耕翻　许多果树害虫，如金龟子类幼虫蛴螬，在土中生活、化蛹、羽化为成虫；油桐尺蠖幼虫有入土化蛹习性；柑橘花蕾蛆老熟幼虫脱果入土越冬；果树象虫类幼虫、蚱蝉若虫在土中生活等，都可通过果园锄草耕翻起到机械杀伤害虫的作用。

5. 果园栽培管理　果树树体强壮与否，与果园栽培管理关系密切，精耕细作，适时施肥，加强管理，可以提高树势。树体强壮者，抗虫害能力强。同时果园成片种植同一品种，抽梢整齐，可避免嫩梢期害虫辗转为害，造成不利于害虫发生的环境条件。

果园修剪、抹芽控制、种植覆盖植物、锄草耕翻、施肥灌溉等，都是果园栽培管理必需的农事操作过程，是果树树体强壮、产品丰产丰收的基本保证，结合这些农事操作进行防治害虫又可起到控制害虫的目的，所以农业防治是害虫综合治理的基础，是一项经济有效、不污染环境的措施。

三、生物防治

自然界中一种害虫种群数量的消长，受到一系列因素的制约，其中有益生物经常抑制着害虫的发生，人们利用害虫的天敌去控制害虫即生物防治法。害虫的天敌种类很多，除捕食性及寄生性昆虫外，尚有病毒、细菌、真菌和原生动物等病原微生物以及线虫等。害虫的天敌在自然界是一种用之不竭的自然资源，生物防治在我国已成为一种安全、高效、经济的防治措施，且已在大面积生产中应用效果显著。但虽如此，生物防治在目前仍不能完全替代其他防治方法，而只有与其他防治措施有机地结合与协调，才能更有效地抑制害虫的发生为害。

果树害虫种类繁多，但各有其天敌抑制其发生为害。害虫生物防治在生产中大面积应用成功的实例很多。例如，我国柑橘产区头号害虫柑橘全爪螨（红蜘蛛）的优势种捕食性天敌食螨瓢虫（*Stethorus* spp.），福建从20世纪80年代迄今，在主要柑橘产区大量释放、助迁和保护利用，并在大面积控制柑橘红蜘蛛中取得显著成效，经济效益、社会效益和生态效益显著。20世纪90年代广东利用钝绥螨（*Amblyseius* spp.）大面积控制柑橘红蜘蛛也获得成功。

荔枝蝽是荔枝、龙眼的主要害虫，福建自20世纪90年代迄今，在荔枝、龙眼产区荔枝蝽盛卵期（5月）挂放平腹小蜂（*Anastatus japonicus* Ashmead）卵卡，大面积控制荔枝蝽成效显著。此外，尚有荔蝽菌（*Penicillium lilacinum* Thom.）寄生于荔枝蝽的若虫和成虫，被寄生的荔枝蝽的体节、足和触角的节间膜处长出许多灰色菌种，最后死亡，这在荔枝、龙眼果园也较常见。

果树盾蚧类的主要天敌有日本方头甲（*Cybocephalus nipponicus* Endrody-Younga）、红霉菌［*Eussarium coccophilum*（Desm.）］，以及多种蚜小蜂、跳小蜂及多种食蚧寡节瓢虫和唇瓢虫等。福建曾于20世纪80年代末在大面积柑橘园释放日本方头甲控制矢尖蚧，成效显著；红霉菌、寄生蜂、食蚧瓢虫在果园也较为常见，且种群数量多，自然控制作用也是显著的。橄榄星室木虱（*Pseudophacopteron canarium* Yang et Li）在福建闽侯、闽清、莆田等橄榄产区发生普遍且严重，在橄榄园曾利用红星盘瓢虫［*Prynocaria congener*（Billerg）］、红基盘瓢虫［*Lemnia circumusta*（Mulsant）］、黄斑盘瓢虫（*Lemnia saucia* Mulsant）自然控制橄榄星室木虱，效果也非常显著。

此外，利用澳洲瓢虫（*Rodolia cardinalis* Mulsant）和大红瓢虫（*Rodolia rufopilosa* Mulsant）控制果树吹绵蚧（*Icerya purchasi* Maskell）；利用孟氏隐唇瓢虫（*Cryptolaemus montrouzieri* Mulsant）控制果树粉蚧类，在福建、广东都有大面积利用成功的实例。

四、化学防治

化学防治仍是害虫综合治理中的应急措施，但必须与其他防治措施，尤其与生物防治有机协调，科学用药，减少施用农药次数和数量。因此，应对害虫和天敌的发生和种群消长进行预测预报，探明防治适期，避免盲目用药。选择对害虫高效而对天敌低毒的选择性农药，既可治虫又可保护环境。减少施药面积，可根据害虫发生的实际情况，改普治为挑治。施药时间应选择天敌低谷期和抗药较强的虫期进行，以保护利用天敌。改变冬季喷药“清园”的观念。

果树上使用的农药很多，现列举常用农药如下：48%毒死蜱乳油、80%敌敌畏乳油、1.8%阿维菌素乳油、5%氟虫脲乳油、5%氟虫腈悬浮剂、40%速扑杀乳油、20%害扑威乳油、20%亚胺硫磷乳油、35%赛丹乳油、20%灭扫利乳油、10%高效氯氰菊酯乳油、2.5%功夫乳油、10%天王星乳油、20%菊马乳油、10%除尽悬浮剂、10%吡虫啉可湿性粉剂、24%米螨悬浮剂、73%克螨特乳油、20%螨克乳油、50%辛硫磷乳油、20%好年冬乳油等。可根据具体的防治对象如桃小食心虫、芒果象、桃蚜、蚧类、橘蚜、橘二叉蚜、黑刺粉虱、柑橘粉虱、白蛾蜡蝉、木虱、叶蝉类、荔枝蝽、柑橘大实蝇、柑橘潜叶蛾、潜叶跳甲、卷叶蛾类、天牛类、柑橘凤蝶、舞毒蛾、刺蛾类、柑橘红蜘蛛、锈壁虱等，选用较适合的药剂、浓度及其施药方法使用。

五、人工防治

人工防治是害虫综合治理的一项辅助措施，但对有些害虫却是主要而有效的防治方法。果农在生产中常应用的方法有：

1. 刮杀　果树蛀干害虫星天牛成虫产卵在树干基部，产卵处隆起润湿，易于识别，用小刀刮杀皮下卵粒和初孵幼虫，除治在幼虫蛀入韧皮部之前，这是天牛类害虫有效的防治方法。

2. 剥茎　香蕉双带象甲（*Odoiporus longicollis* Oliver）是香蕉的重要害虫，成虫藏匿于腐烂的叶鞘内侧，产卵于皮层叶鞘组织内，幼虫蛀食叶鞘，冬季清除残株，割除枯鞘，可减少大量虫源。

3. 摘除　香蕉弄蝶幼虫结叶苞隐藏，可摘除虫苞；荔枝蝽卵块产于荔枝、龙眼叶背，巡视果园易见，每卵块 14 粒卵，初孵幼虫聚集卵块周围，产卵盛期摘除卵块和初孵幼虫，是有效可行的辅助方法；枇杷重要害虫枇杷瘤蛾（*Melanographia flexilineata* Hampson）初龄幼虫群集食害新梢嫩叶，可人工捕杀。

4. 拾毁落果　柑橘实蝇类取食果肉，使果实溃烂，大量落果；爻纹细蛾（*Conopomorpha sinensis* Bradley）蛀食荔枝、龙眼果实，导致落果等，拾毁虫害落果，可减少果园内的虫源。

第三节　干果类害虫综合治理

一、枣树害虫综合防治

枣树在我国各地均有分布，尤其在北方栽培面积很大，是我国特产果树之一。长期以来，由于害虫的为害，红枣的产量与品质受到很大的影响。枣树害虫虽然很多，但真正在生产上造成重大损失的主要是枣尺蠖、枣镰翅小卷蛾、桃蛀果蛾、食芽象甲、红蜘蛛、日本龟蜡蚧等，在局部地区食芽象甲的为害也很严重。因此，在制定综合防治方案时，应紧紧抓住这几个靶标害虫，有的放矢。综合防治枣树害虫的措施有以下几个方面：

1. 刮树皮　由于枣镰翅小卷蛾、枣绮夜蛾、介壳虫及红蜘蛛均以蛹在树皮的粗皮裂缝、树洞中越冬。因此，在冬季或早春枣树休眠期，结合修剪进行人工刮除粗翘皮、堵树洞、剪除有虫枝条，可有效减轻其为害。试验表明，彻底刮除粗翘皮的枣园比不刮树皮的枣园，发蛾量减少 91.2%，落卵量减少 82.1%，卷叶团减少 74.2%，红蜘蛛的为害明显减轻，通过修剪后介壳虫的为害率明显下降。

2. 设障碍 由于枣尺蠖以蛹在土中越冬，且雌蛾无翅需爬行上树产卵，因此，在早春成虫羽化前（惊蛰前）于主干基部设置“5 道防线”（绑、堆、挖、撒、涂），虫口密度较小的地区可设“3 道防线”（绑、堆、涂），即可有效地控制枣尺蠖成虫及幼虫上树为害。

3. 树上喷药 根据虫情，确有必要，可在 5 月上旬进行树上用药，这时正是枣尺蠖和枣镰翅小卷蛾低龄幼虫为害初期，于树冠上喷布敌百虫、辛硫磷、阿维菌素或菊酯类农药，即可收到有效的控害效果。

4. 利用性诱剂 在枣镰翅小卷蛾各代成虫期及桃蛀果蛾成虫期，利用人工合成的性信息素诱芯诱捕成虫或进行迷向防治，可有效地降低枣果的受害率。

5. 地面撒药 桃蛀果蛾越冬幼虫出土始盛期和盛期（如山东省分别在 6 月上旬和 6 月中旬，山西省晋中地区在 7 月上旬和 7 月下旬）分别在树冠下撒药 1 次（参见桃小食心虫防治方法），毒杀出土幼虫。

6. 树干束草 8 月初树干束草诱集枣镰翅小卷蛾越冬幼虫（还可兼诱枣绮夜蛾越冬幼虫）化蛹，冬季或早春集中处理。

7. 冰冻震落 当严冬冰雪在树枝上冻结成“雨凇”（冰溜子）时，人工敲打树枝震落冰冻在一起的蚧。

二、核桃害虫综合防治

我国记载的核桃害虫有 120 余种，害虫区系各异。黄河中下游产区，为害严重的害虫有核桃举肢蛾、核桃瘤蛾、木橑尺蠖、核桃小吉丁虫、黄须球小蠹、云斑天牛、芳香木蠹蛾、核桃象甲及核桃缀叶螟等。综合防治包括以下几个方面：

1. 果树休眠期防治

①冬前刨树盘，深翻树冠下的土壤，拾除并消灭核桃举肢蛾的越冬幼虫及芳香木蠹蛾（部分幼虫）、木橑尺蠖（蛹）、核桃缀叶螟（幼虫）等的越冬虫态。

②冬季或早春结合果树修剪，彻底剪除被害树枝，消灭黄须球小蠹越冬成虫。

2. 生长期防治

①在核桃举肢蛾和核桃象甲幼虫害果期，及时摘除和拾净被害果，消灭当年幼虫。

②核桃举肢蛾成虫羽化前，于树干四周撒药，毒杀出土成虫。

③在核桃举肢蛾成虫产卵盛期和各种食叶类害虫幼虫初期，依当地果园害虫种类及发生情况，合理选择农药品种和剂量，及时树上喷药防治。

④对于钻蛀为害的云斑天牛、芳香木蠹蛾等，可在幼虫蛀孔内塞入敌敌畏棉球或磷化铝等熏蒸剂并封口，或直接将药液注入孔内，毒杀其中幼虫。

三、柿树害虫综合防治

为害柿树的害虫国内现有记载 80 余种，其中对生产影响最大的是钻蛀为害的柿蒂虫，其次是蚕食叶片的舞毒蛾、柿星尺蠖以及刺吸为害的柿叶蝉、柿绵蚧、柿粉蚧等裸露为害性害虫。据此可采取以下综合防治措施：

1. 冬春刮树皮，集中烧毁　可消灭柿蒂虫（幼虫）、舞毒蛾（部分卵）、柿绵蚧、柿粉蚧（若虫）等害虫的越冬虫态。并结合刨树盘，挖除柿星尺蠖的越冬蛹和草履蚧的越冬卵囊。

2. 摘除虫果　在柿蒂虫幼虫害果期，彻底摘除虫果，集中处理。

3. 喷药防治　在柿蒂虫各成虫盛发期和其他裸露蚕食、刺吸性害虫的幼虫、若虫发生初期，根据果园具体情况，及时于树上喷药防治。

4. 树干绑草　8月中旬前，在刮树皮的树干上束草，诱集柿蒂虫等在粗皮中越冬的害虫，并于冬季或早春集中处理。

四、栗树害虫综合防治

病虫害是板栗生产的最大威胁，据统计，为害板栗的害虫有60多种，其中栗实象甲对生产的影响最大。此外，栗瘿蜂、栗叶螨、栗实蛾、桃蛀螟等在各地也造成不同程度的为害。主要针对栗实象甲的综合防措施如下：

1. 选用抗虫品种　选用栗苞大、苞刺稠密而坚硬的品种，提高对栗实象甲的抗虫性。

2. 改善栗园条件　在栗园内或附近清除其他栎类寄主植物，秋后或冬前翻耕栗园土壤，清除枯枝、落叶，剪除虫瘿枝。在有条件的地方，可摘除栗瘿蜂为害形成的虫瘤，减少虫源。

3. 喷药防治　栗实象甲、栗实蛾成虫期以及栗瘿蜂成虫脱瘤初期、栗叶螨为害初期，因害虫种类选择适宜药剂，及时向树上喷布。

4. 密闭熏蒸　果实脱粒后，置于密闭条件下熏蒸，杀死其内的栗实象甲及栗实蛾幼虫。即在板栗脱蓬期的堆闷过程，用90%敌敌畏EC或80%敌百虫SP 500～800倍液（也可用菊酯类杀虫剂2 000倍液代替）喷拌密封杀虫。

5. 清洁堆蓬场所　堆蓬场地应坚硬，并在场周围用药土封锁，阻止幼虫扩散并毒杀幼虫。

第四节　露地蔬菜害虫综合治理

我国大量露地栽培的蔬菜主要有十字花科、茄科、葫芦科、豆科、百合科、藜科等的许多种类和品种。初步统计露地蔬菜害虫有300多种，其中主要害虫30～40种，不同地区的主要害虫种类及为害严重时期也是有差异的，有的害虫仅在局部地区发生为害，有的害虫间歇性发生严重，这些害虫的食性各异，有的是寡食性，有的多食性，有的除直接为害外尚可传播植物病害，造成更大损失。多年来，我国许多蔬菜产区由于单纯依靠大量施用化学农药防治蔬菜害虫，已引起一系列不容忽视的严重问题，如蔬菜害虫的抗药性不断增强，抗药害虫种类不断增多，大量的自然天敌被杀伤，破坏生态平衡，导致原来受到自然天敌抑制的某些有害生物暴发成灾。另外，防治费用不断上涨，“毒菜事件”常有发生，化学农药对大气、水域、土壤的污染日趋严重。据报道，国内某些施用化学农药较多的地区，堰塘饮水中有机磷含量已超过国家规定标准425倍，尤其是通过生物浓集和食物链在食品中的残留，已严重威胁人们的身体健康，引起人们的极大关注、忧虑和恐慌。因此，对于蔬菜害虫的综合治理当前显得特别重要。现以十字花科蔬菜为例，简述其综合治理措施，供其他类蔬菜害虫防治参考。

我国十字花科蔬菜主要害虫有菜青虫、小菜蛾、菜蚜、甘蓝夜蛾、斜纹夜蛾、甜菜夜蛾、菜螟、黄曲条跳甲、猿叶虫、粉虱、蚜虫类、大青叶蝉、根蛆、蜗牛及蛞蝓等。对十字花科蔬菜害虫的防治应采取预防为主，以农业防治为中心的综合治理措施，才能达到较好的防治效果。同时应加强主要害虫的预测预报，尽量减少化学农药的使用量和使用次数，采收时必须严格遵守安全间隔期，确保蔬菜的安全质量。

（一）清洁田园，实行轮作

十字花科蔬菜的虫源很多都来自于前茬地作物遗留下来的害虫，如小菜蛾、甜菜夜蛾、斜纹夜蛾、黄曲条跳甲、蜗牛和蛞蝓等，当前茬作物收获后，大量虫源便遗留在残株败叶、杂草上生存，有的散落在土地里，这些虫子对食料条件要求不高，加之它们的耐饥饿能力强，在残株败叶及杂草上可以生活一段时间，有的甚至可以完成发育史，一旦后茬作物出现，它们马上可以过渡并形成严重为害。因此，十字花科蔬菜收获后，应及时清除田间残株败叶，彻底清洁田园，并翻耕土地，消灭虫源。如果调查时发现前茬作物遗留虫源数量多，大量散落在土地里，应采取翻耕后晒土，或灌“跑马水”的方法，以消灭遗留在土中的害虫，方能播种、移栽后茬作物。有条件的地方，应大力提倡实行轮作制，以恶化其食料条件，尤其是水旱轮作制效果较好。同时也可实行间作、套种和适时播种、冬耕灭虫等栽培措施防治某些害虫。如在菜螟发生严重的地区，实行冬耕灭虫，并适当调整播种期，使菜螟的盛发期与菜苗的3～5片真叶期错开，以减少为害。

（二）抓好幼苗期害虫防治

十字花科蔬菜幼苗期最易受害，有的害虫在幼苗期为害后将影响作物的终生生长。如大白菜在六叶期以前最易感染病毒病，如果此时蚜虫为害并传毒，将严重影响产量和质量，所以在防治策略上及时消灭传毒昆虫是十分重要的。另外，在幼苗期特别要注意防治喜欢为害幼苗生长点和根际的害虫，如菜螟和黄曲条跳甲根蛆等。在我国东北地区一般8月下旬至9月初采用乐果灌根1～2次可有效地防治地蛆，同时可以明显减少软腐病的发生和为害。培育无虫健康苗是一项十分重要的关键性措施。

（三）科学施肥和合理灌水

科学施肥和合理灌水能改良十字花科蔬菜的营养条件，促进生长，提高其耐害能力，或避开害虫的为害期；同时还可改良土壤性状，恶化害虫的生长环境；有时还可直接杀死某些害虫（如施用茶枯饼）。相反，如施肥不当则可加重害虫的发生为害。如大量施用未经腐熟的有机肥，可引起地蛆发生，造成大量死苗。在某些害虫的盛发期（如菜螟）实行勤灌水，以加大田间湿度，不利于其生长发育，从而引起幼虫大量死亡。

（四）生物防治

十字花科蔬菜害虫种类多，但其天敌资源也丰富，常见种类有广大腿蜂、绒茧蜂、金小蜂、广赤眼蜂、姬蜂、啮小蜂、食虫瓢虫、食蚜蝇、食虫蜘蛛等。充分保护和利用这些天敌对于抑制十字花科蔬菜害虫的发生和为害作用重大。据研究，1头小菜蛾绒茧蜂在25℃时可寄生 300 多头小菜蛾幼虫，1 头大灰食蚜蝇可捕食约 400 头蚜虫。在杭州啮小蜂在不施用化学农药防治的网室里 8 月对小菜蛾的最高寄生率达 84.5%，田间寄生率通常达 20%～30%。因此，采取有效措施制造有利于天敌的生活环境，保护和利用这些自然天敌十分重要。其中，保护天敌安全越冬也是一项十分有意义的工作，如采集菜粉蝶的越冬蛹和幼虫，将其置于细口瓶（如普通酒瓶）中，第 2 年春季这些被寄生虫体内的天敌羽化后可飞到田间继续寄生。

人工大量饲养繁育和释放天敌是生物防治的重要途径。例如，丽蚜小蜂（*Encarsia Formosa* Gahan）防治温室白粉虱、烟粉虱具有较理想的防治效果，已被较广泛地采用，据报道，20 世纪 80 年代以来，世界上有 22 个国家应用，有 6 个国家的 15 个单位进行商业化生产。另外，针对当前的具体情况，尤其要提倡大力推广使用微生物杀虫剂，如 Bt 乳剂的应用，并加大开发和研制微生物杀虫剂的力度，使之在害虫防治上有一个更大的发展。

对小菜蛾、甘蓝夜蛾、棉铃虫等害虫也可采用性引诱剂诱杀雄性成虫。

（五）物理及人工防治

在十字花科蔬菜育苗地，将银灰色反光塑料薄膜铺在苗床四周或在苗床上方挂这种薄膜条（在棚上纵横每隔 30～40cm 距离拉 1 条 30cm 宽的上述薄膜，使之形成网眼），对蚜虫的驱避作用十分显著，可起到防蚜治病的效果，应大力推广使用。

有条件的地方可以成片组织使用黄色黏板诱蚜、黑光灯诱虫等措施。利用防虫网和遮阳网可以阻止一些害虫的侵入和产卵。及时摘除斜纹夜蛾、甜菜夜蛾等害虫的卵块和初孵幼虫被害叶片效果显著。在菜青虫成虫盛发期人工网捕，亦可有效地减轻为害。

（六）化学防治

十字花科蔬菜大多属叶菜类，其食用部分几乎全部为受药部位，加之有些品种采收期长（如菜薹类），如果施药不当，很容易造成农药残留量超标，严重时甚至形成“毒菜事件”，影响人们的身体健康。当前特别要提出的是，必须千方百计设法减少化学农药的使用量和使用次数，不到万不得已坚决不随意使用化学农药。现在各地都在倡导生产无公害蔬菜和绿色食品，这是人们迫切需要的，但是如果不首先提出大量减少单位面积的化学农药使用量，把化学农药使用总量降下来，那将是一句空话和假话，试想如果某地一年比一年地超量使用化学农药，单位面积化学农药使用量不断增加，肯定不能生产出合格的无公害蔬菜和绿色食品。

在必须要进行化学防治时，应选择高效、低毒、低残留的农药品种，坚决禁止使用国家明令禁止在蔬菜上使用的化学农药品种。要不断改进施药方法和技术，如撒施乐果 GR 防治蚜虫，应用药剂土壤处理消灭地下害虫，交替轮换用药，合理复配混用，以延缓和降低害虫的抗药性。同时应加强十字花科蔬菜害虫的预测预报，适当拓宽某些害虫的防治指标，采收期坚决不允许施用化学农药，施用化学农药后必须经过安全间隔期再采收上市。与此同时，广大消费者也应适当改变消费观念和习惯，不要一律拒绝有虫孔的叶菜类。

对十字花科蔬菜害虫的化学防治重点应该为小苗期，因小苗期受药物面积小，害虫暴露完全，药剂防治效果显著。如对大白菜等包心结球类蔬菜药剂防治最迟应抓紧在植株封垄前进行，否则喷药操作十分困难，防治效果不好，且容易碰伤植株的外叶，造成病害入侵机会。防治地下害虫时可用毒饵诱杀，以减少菜叶直接接受药液。

第五节 保护地植物（蔬菜、花卉、果树）害虫综合治理

一、保护地的基本生态环境及害虫发生现状

园艺植物保护地栽培已成为农业生产的重要组成部分。它利用防寒、保温、增温、遮光、降温、防雨等防护措施组建成大棚或温室，实现了北方地区反季节栽培园艺植物的目的，故又称为设施农业。近十几年来，保护地栽培发展十分迅速，现已达 9 000 多万 hm^2，其中山东省潍坊市基本实现了区域性大面积连片生产。栽培的经济植物主要是蔬菜，其次是花卉和果树等。其中，栽培的蔬菜主要有黄瓜、西葫芦、香瓜、西瓜、番茄、茄子、辣（甜）椒、菜豆、芹菜、香菜、小茴香、草莓、韭菜、油菜、甘蓝等；栽培的果树主要是樱桃、桃、杏、葡萄等；而栽培的花卉种类很多，一般是热带、亚热带和当地的名贵花卉。

保护地内具有保温、增温、高湿、密闭、透光等特点。一方面，保护地为园艺植物的生长发育创造了适宜的小气候环境条件；另一方面，它也为害虫的滋生、繁衍与周年为害提供了有利的环境条件，使害虫表现出群落结构更复杂、个体发育周期短、繁殖率高、一旦发生极易猖獗为害等特点。不仅如此，保护地还为许多不能在北方露地安全越冬的害虫提供了越冬场所，从而成为露地蔬菜害虫的重要虫源，如导致温室白粉虱和美洲斑潜蝇等害虫在北方菜田大发生。同时，保护地还为许多天敌提供了适宜的生境，扩大了天敌繁育的时间和空间。由于保护地的密闭性，从而提高了保护利用和释放天敌的控害效能及其后效应。应根据保护地的特点，随时调整其内的温湿度、空气、光照、土壤、水和肥等生态条件，使之适宜于作物和天敌的生长发育和繁衍，而不利于害虫的发生和繁殖。

保护地蔬菜、花卉和果树害虫的种类非常多，与露地栽培过程中的情况几乎等同，仅苹果、梨、桃、葡萄等北方常见果树害虫就达 700 余种，其中比较重要的有 30～40 种。就蔬菜害虫而言，主要有温室白粉虱、烟粉虱、瓜蚜、桃蚜、豆蚜、茶黄螨、朱砂叶螨、截形叶螨、二斑叶螨、美洲斑潜蝇、南美斑潜蝇、蒜蛆、韭蛆、蝼蛄、蛴螬、菜螟、甜菜夜蛾、棉铃虫和烟青虫等，各地全年以蚜虫、叶螨、白粉虱、斑潜蝇最为严重，局部地区蜗牛、野蛞蝓发生严重。韭蛆、蒜蛆对塑料棚韭菜和大蒜生产威胁很大。随着十字花科蔬菜保护地栽培的增多，小菜蛾、菜粉蝶和黄条跳甲的为害日趋加重，且易产生抗药性，增加了防治难度。烟粉虱已传入许多地区，造成了严重为害。棕榈蓟马（*Thrips palmi* Karny）等在南方为害严重的种类，有向北方菜区蔓延的趋势，对北方保护地的蔬菜生产构成潜在威胁。花卉的多样性，导致了害虫的种类繁多，据估计，花卉害虫达 1 500 种以上。它们的为害不仅造成叶片、花蕾大量脱落，影响其生长发育，甚至导致整株枯死，而且也不同程度地影响美观。下面介绍保护地栽培植物害虫综合治理的基本方法。

二、保护地植物害虫综合治理方法

保护地植物害虫防治必须贯彻“预防为主，综合防治”的植保工作方针，从农田生态系统的总体观念出发，本着安全、有效、经济、简便的原则，因地、因时制宜，与露地作物害虫防治相结合，以生态控制为主，有机地配套运用其他各种有效的防治措施，把害虫种群数

量控制在经济损失允许水平之下，达到持续稳定的高产、优质、高效和无农药污染的目的。主要措施如下：

（一）植物检疫

对于检疫性害虫和局部分布的潜在危险性有害动物，如美洲斑潜蝇、南美斑潜蝇、马铃薯甲虫、菜豆象、灰豆象、鹰嘴豆象、巴西豆象、日本金龟子、蔗扁蛾、棕榈蓟马、棕榈象、椰心叶甲、可可褐盲蝽、木薯单爪螨、咖啡潜叶蛾、非洲大蜗牛，以及果树和花卉的其他检疫对象等，应当严格执行植物检疫，防止它们随种苗、接穗以及农产品和运输工具扩散蔓延。禁止从疫区调运相关的蔬菜、果树和花卉的种苗和接穗，如确有必要调运种苗、接穗和成株及其产品时，必须经检疫部门严格检疫检验和处理，合格后持证方可调运。一旦发现检疫对象及其他危险性害虫传入新区，要立即将疫情如实上报主管部门，并采取果断措施，组织人力和物力，予以彻底肃清。

（二）农业防治

1. 合理布局栽培作物 温室和大棚内与附近地块避免棉花、茄子、黄瓜、番茄、菜豆、豇豆、马铃薯、无花果、蓖麻、一品红等植物混栽，以免为白粉虱、斑潜蝇等害虫创造良好的生态环境；秋季温室和大棚内第1茬种植白粉虱、美洲斑潜蝇不喜食而又耐低温的作物，如韭菜、蒜黄、芹菜、油菜等，不利于温室白粉虱和美洲斑潜蝇安全越冬。

2. 阻隔害虫侵害 ①在温室和大棚内栽植无病虫种苗；②在中秋前后温室和大棚开始封闭时，对门窗和通风口安装防虫网，以便阻止以后的害虫向内侵入，尽量减少虫源；③在沟边、地头、棚室四周撒施石灰，形成隔离带，阻止蛞蝓向棚内活动，也可杀死部分成虫和幼虫。

3. 加强田间管理 深翻土地，选用抗虫品种，适时种植，合理密植，增施有机肥，实行轮作，及时清洁棚室内残株败叶、虫株、虫叶，铲除杂草，可减少蚜虫、叶螨、温室白粉虱、斑潜蝇、蜗牛和蛞蝓的来源，促进植株生长，可增强植株的抗虫性。

4. 培育无虫苗 育苗场（床）应与生产温室、大棚隔离，并且在育苗前做好苗房清洁和消毒。①高温消毒，选择晴朗高温季节，每667m^{2}用麦秸或柴草（切成4～6cm长）、石灰50kg，深翻入土中，浇水覆盖密闭14～20d，地温保持60℃以上，对各种病虫害都有很好的防治效果。②用敌敌畏烟剂按每667m^{2}有效成分150g密闭烟熏。③用甲醛、溴甲烷或磷化铝熏蒸土壤消毒。一般在播种前2～3周，先将苗床土充分疏松，按每平方米床土用50ml甲醛，加水5～10kg（视土壤含水量而定），喷于床土上，然后覆盖塑料膜密封7～10d，除去覆盖物，待床土中的药液充分挥发后即可播种。溴甲烷处理则是将床土疏松，堆成一定形状，塑料薄膜覆盖后，按每平方米用药30～40ml，在土温15℃以上熏蒸24～48h，揭膜通风24h后即可播种。用磷化铝熏蒸时，将平整好的苗床按每平方米用1片（3g），加膜覆盖密闭熏蒸3～5d后通风，待充分挥发后播种。但后3种药剂对人畜具有高毒，使用时应注意安全。此外，也可用氯化苦、硫酰氟、阿维菌素代替以上药剂熏蒸消毒。

在育苗过程中要防止害虫迁入；发现虫苗，及时处理；幼苗定植前再进行1次喷药处理。

（三）物理防治和人工捕杀

1. 色板诱杀 利用有翅蚜虫、温室白粉虱、美洲斑潜蝇成虫的趋黄性，在棚室设置黄色黏板或黄皿诱杀之。

2. 银灰膜驱蚜防病毒 在苗期利用银灰色地膜，裁成条铺在植株间，可驱避有翅蚜，防止传播某些虫传植物病毒病害。

3. 诱杀 棚室内安装黑光灯，可以诱杀具有趋光性的害虫。对于蜗牛和蛞蝓，利用树叶、杂草、菜叶等，在棚室或菜田做诱集堆，于早晨集中捕捉，效果很好。对于蝼蛄和地种蝇类也可采用适合的诱饵诱杀。

4. 人工捕杀 当害虫局部发生时，可利用害虫的伪死性进行震落捕杀，或利用捕虫网捕杀成虫；也可及时采摘或捏杀害虫的卵块和虫叶。对于钻蛀性害虫，及时摘除虫果、虫叶和剪除虫枝，或用钢丝钩杀蛀孔内的害虫。

(四) 生物防治

1. 合理协调生物防治与化学防治之间的矛盾 尽量选用如阿维菌素、吡虫啉、抗蚜威、抑食肼、除虫脲、灭蝇胺、氟虫脲、锐劲特、HD-1、扑虱灵、灭螨猛、克螨特等对天敌低毒安全的药剂防治粉虱、叶螨、蚜虫、斑潜蝇、叶蝉、木虱、地蛆、小菜蛾、卷叶蛾、潜叶蛾等重要害虫，能较好地保护利用天敌，提高控害效果。

2. 释放天敌昆虫或捕食螨防治害虫

(1) 释放丽蚜小蜂，防治粉虱 丽蚜小蜂是控制温室白粉虱的有效天敌，世界已有 6 个国家 15 个单位商品化生产，我国已成功地应用于防治温室番茄上的温室白粉虱和烟粉虱。当成虫出现后，即可释放丽蚜小蜂，放蜂量按蜂虱比 1∶30，或平均单株成虫 1 头以下时，每次每 667m^2 放蜂 1 000～3 000 头；成虫 2～3 头时，每 667m^2 放蜂 5 000 头，每 10d 放蜂 1 次，共 2～3 次。如成虫密度较大，可先喷施 25%吡虫啉或 25%扑虱灵可湿性粉剂2 000倍液，再按上述方法释放该寄生蜂。

(2) 温室内释放食蚜瘿蚊防治蚜虫 利用食蚜瘿蚊（*Aphidoletes aphidimyza* Rondani）已成为欧美一些国家防治保护地蚜虫的重要生防措施。我国于 1986 年引入后经试验证明，在温室、塑料大棚和拱棚内植物蚜虫发生期，以 1∶20～30 的益害比释放，可有效控制甜椒上的桃蚜、黄瓜上的瓜蚜、甘蓝和白菜上的甘蓝蚜和萝卜蚜等，释放后 9d 防效可达 70%～89.7%。

(3) 美洲斑潜蝇天敌的保护利用 据有关资料统计，美洲斑潜蝇的寄生蜂有 40 多种，其中以姬小蜂属（*Chrysocharis*）、潜蝇茧蜂属（*Opius*）、新姬小蜂属（*Neochrysocharis*）、亨姬小蜂属（*Hemiptarsenus*）、螯须金小蜂属（*Halticoptera*）的种类较常见。一类为单期寄生，在斑潜蝇幼虫体内完成发育；另一类是在幼虫和蛹的体内完成发育的跨期寄生。目前，荷兰已能够商品化生产美洲斑潜蝇的天敌。

(4) 人工培育捕食螨的抗药性品系 迄今为止，世界上已饲养培育出许多种捕食螨的抗药性品系，释放在保护地内，有效地控制了害螨及小害虫的为害，如智利小植绥螨、西方盲走螨、拟长毛钝绥螨、纽氏钝绥螨、尼氏钝绥螨防治朱砂叶螨、二斑叶螨、柑橘全爪螨及瘿螨、跗线螨和蚧等，都取得良好的效果。

此外，在温室和塑料大棚内人工释放草蛉、七星瓢虫、龟纹瓢虫、黑缘红瓢虫、大红瓢虫等也能够较好地控制蚜虫、粉虱、害螨、蚧类等的为害。

3. 利用微生物防治害虫 除了已较广泛地利用 Bt 制剂、抗生素、白僵菌、绿僵菌，以及多种核型多角体病毒、颗粒体病毒等微生物杀虫剂外，英国利用蜡蚧轮枝菌［*Verticilli-*

um lecanii (Zimm.) Vegas] 的商品化制剂防治粉虱和蚜虫也已经取得成功。

4. 性诱剂诱杀 保护地内应用性诱剂诱杀小菜蛾、棉铃虫等雄蛾较露地效果好。

(五) 化学防治

化学防治仍然是防治保护地植物害虫的重要手段。为了减少不良副作用，应在施药品种和方法上进行改革，将广谱性改用选择性杀虫剂，将普遍喷雾或喷粉改为隐蔽式施药。在保护地内，除了常规喷雾、低容量喷雾、浇灌根、拌种或种子包衣、土壤处理等方法可以使用外，还经常应用烟剂进行密闭熏杀。在用药时间上，应重视在冬季和早春对加温温室或大棚内害虫的防治。

复习思考题

1. 试述果树害虫综合治理的意义及其主要措施。
2. 什么叫害虫生物防治？举例捕食性天敌和寄生性天敌各3种，简述它们在害虫生物防治中的应用。
3. 针对当地某一种果树的害虫发生情况，试制定该果园害虫综合治理的对策和措施。
4. 在蔬菜害虫综合治理中如何使用生态因素？
5. 举例说明植物检疫在花卉害虫综合治理中的作用。
6. 随着人们生活水平的提高和对健康的要求，谈谈在园艺害虫防治中如何应用农药。
7. 在校园内调查花卉上的害虫种类，并对其提出综合治理方案。
8. 设施栽培除了温室、塑料大棚和拱棚以外，还包括哪些方式？如何结合其特点开展害虫防治？

主要参考文献

安徽农学院．1989．茶树病虫害［M］．北京：农业出版社．

北京林学院．1980．森林昆虫学［M］．北京：中国林业出版社．

北京农业大学，华南农业大学，福建农学院，等．1990．果树昆虫学［M］．第2版．北京：农业出版社．

北京农业大学．1981．昆虫学通论［M］．北京：农业出版社．

彩万志，庞雄飞，花保祯，等．2001．普通昆虫学［M］．北京：中国农业大学出版社．

曹骥，等．1988．植物检疫手册［M］．北京：科学出版社．

曹骥，等译．MLFlint，等著．1985．害虫综合治理导论［M］．北京：科学出版社．

曹子刚，董桂芝．1993．苹果主要病虫害及其防治［M］．北京：中国林业出版社．

曹子刚．1995．北方果树病虫害防治［M］．北京：中国农业出版社．

陈杰林．1991．害虫综合防治［M］．北京：农业出版社．

陈俊，等．1996．海南岛蔬菜害螨种类调查［J］．海南大学学报自然科学版，14（4）：316－320．

陈其瑚，俞水炎．1988．蚜虫及其防治［M］．上海：上海科学技术出版社．

陈启宗，黄建国．1985．仓库昆虫图册［M］．北京：科学出版社．

陈启宗．1983．我国蛾类仓库害虫的鉴别［M］．北京：农业出版社．

陈耀溪．1984．仓库害虫［M］．北京：农业出版社．

陈一心．1999．中国动物志・鳞翅目夜蛾科［M］．北京：科学出版社．

陈一心．1986．中国农区地老虎［M］．北京：农业出版社．

程登发．1998．植物保护21世纪展望［M］．北京：中国科学技术出版社．

程桂芳，鲁琦，杨集昆．1998．蔗扁蛾严重发生的原因和防治对策［J］．植物检疫，12（2）：95－97．

程桂芳，杨集昆．1997．北京发现的检疫性新害虫——蔗扁蛾初报［J］．植物检疫，11（2）：95－101．

程桂芳，杨集昆．1997．蔗扁蛾——巴西木上的一种新害虫［J］．植物保护，23（1）：33－35．

程桂芳，杨集昆．1997．蔗扁蛾在我国的发生情况［J］．植物保护，23（6）：95－97．

迟德富，严善春．2001．城市绿地植物虫害及其防治［M］．北京：中国林业出版社．

但建国．1994．小菜蛾种群生态学特性研究［D］．华南农业大学博士论文．

邓望喜．1992．城市昆虫学［M］．北京：农业出版社．

丁锦华，苏建亚．2002．农业昆虫学［M］．南方本．北京：中国农业出版社．

丁锦华．1991．农业昆虫学［M］．南京：江苏科学技术出版社．

董慧芳，等．1987．用杂交方法鉴定我国三种常见叶螨［J］．植物保护学报，14（3）：157－161．

冯纪年．2010．鼠害防治［M］．北京：中国农业出版社．

冯明祥，窦连登．1994．落叶果树害虫原色图谱［M］．北京：金盾出版社．

葛仲麟．1966．中国经济昆虫志・同翅目叶蝉科［M］．北京：科学出版社．

龚鹏，等．2001．温度和光周期对棉蚜性蚜产生的诱导［J］．植物保护学报，28（4）：34－38．

管致和．1995．植物保护概论［M］．北京：中国农业大学出版社．

郭郛，陈永林，卢宝廉．1991．中国飞蝗生物学［M］．济南：山东科学技术出版社．

国家粮食储备局储运管理司．1994．中国粮食储藏大全［M］．重庆：重庆大学出版社．

韩运发．1997．中国经济昆虫志・缨翅目［M］．北京：科学出版社．

韩召军，等．2001．植物保护通论［M］．北京：高等教育出版社．

韩召军，杜相革，徐志宏．2008. 园艺昆虫学［M］．第2版．北京：中国农业大学出版社．
何继龙，等．1984. 八种地老虎幼虫记述［J］．上海农学院学报，2（1），41－47.
何振昌．1997. 中国北方农业害虫原色图鉴［M］．沈阳：辽宁科学技术出版社．
衡雪梅．1999. 大蒜主要害虫的为害及发生规律调查［J］．湖北植保（3），20－21.
花蕾，等．1998. 西北旱区无公害果品病虫防治技术［M］．西安：世界图书出版公司．
华南农学院．1981. 农业昆虫学［M］．北京：农业出版社．
华南农业大学．2001. 植物化学保护［M］．第3版．北京：中国农业出版社．
黄邦侃．1999. 福建昆虫志（第2卷）［M］．福州：福建科学技术出版社．
黄荣华，等．1992. 温度对截形叶螨生长发育和繁殖的影响［J］．植物保护学报，19（1）：17－21.
黄寿山．1999. 蔬菜害虫的生态控制［J］．北京：生态科学，18（3）：47－52.
蒋书楠，等．1985. 中国经济昆虫志·天牛科［M］．北京：科学出版社．
蒋书楠．1992. 城市昆虫学［M］．重庆：重庆出版社．
金波．1997. 花卉病虫害防治手册［M］．北京：中国林业出版社．
匡海源．1986. 农螨学［M］．北京：农业出版社．
匡海源，等．1990. 关于区分朱砂叶螨和二斑叶螨两个近似种的研究［J］．昆虫学报，33（1）：109－116.
雷仲仁，等．1998. 南美斑潜蝇的形态特征及危害特点［J］．植物保护，24（5）：30－31.
雷仲仁，等．1996. 蔬菜上11种潜叶蝇的鉴别［J］．植物保护，22（6）：40－43.
李光博，曾士迈，李振歧．1990. 小麦病虫草鼠害综合治理［M］．北京：农业出版社．
李隆术，李云瑞．1988. 蜱螨学［M］．重庆：重庆出版社．
李生才，等．2001. 果蔬无公害综合用药技术精要［M］．北京：中国农业科技出版社．
李友莲．1999. 植物检疫学［M］．北京：中国农业科技出版社．
李照会，王念慈，等．1995. 山东省花卉蚜虫和螨类名录［J］．山东农业大学学报，26（2）：170－176.
李照会，郑方强，等．2001. 山东省中药材储藏期昆虫群落结构的数量特征研究［J］．粮食储藏，30（3）：12－16.
李照会，郑方强，等．1993. 异色瓢虫对白毛蚜捕食作用的研究［J］．昆虫学报，36（4）：438－443.
李照会，郑方强，宋东苓．1993. 天蛾科雌性生殖系统形态解剖研究［J］．山东农业大学学报，24（2）：160－168.
李照会．2002. 农业昆虫鉴定［M］．北京：中国农业出版社．
梁一刚，文张．1992. 向日葵优质高产栽培法［M］．北京：金盾出版社．
林焕章，张能唐．1999. 花卉病虫害防治手册［M］．北京：中国农业出版社．
刘联仁．1994. 果树害虫防治［M］．北京：气象出版社．
刘绍友．1990. 农业昆虫学（北方本）［M］．陕西：天则出版社．
刘树生．2000. 害虫综合治理面临的机遇、挑战和对策［J］．植物保护，26（4）：35－38.
刘旭，等．1996. 齿爪鳃金龟属幼虫近似种触角超微结构研究［J］．西南农业大学学报，18（6）：507－510.
刘友樵，白九维．1977. 中国经济昆虫志·鳞翅目卷蛾科［M］．北京：科学出版社．
陆自强，祝树德，等．1992. 蔬菜害虫测报与防治新技术［M］．南京：江苏科学技术出版社．
陆自强．1995. 观赏植物昆虫［M］．北京：中国农业出版社．
吕佩珂，段半锁，苏慧兰，等．2002. 中国花卉病虫原色图鉴［M］．北京：蓝天出版社．
吕佩珂，等．1993. 中国果树病虫原色图谱［M］．北京：华夏出版社．
吕佩珂，等．1999. 中国粮食作物（经济作物、药用植物）病虫原色图谱［M］．呼和浩特：远方出版社．
吕佩珂，等．1998. 中国蔬菜病虫原色图谱［M］．北京：中国农业出版社．
罗万春．2002. 世界新农药与环境——发展中的新型杀虫剂［M］．北京：世界知识出版社．
马恩沛，等．1984. 中国农业螨类［M］．上海：上海科学技术出版社．

马奇祥，常中先，戴小枫，等．2001. 常用农药［M］．北京：中国农业出版社．
马奇祥，孔建．1998. 经济作物病虫实用原色图谱［M］．郑州：河南科学技术出版社．
马瑞燕，韩巨才，荆英，等．1999. 山西两种检疫性斑潜蝇研究初报［J］．山西农业大学学报，19（1）：4-6.
马世骏．1979. 中国主要害虫综合防治［M］．北京：科学出版社．
牟吉元，李照会，徐洪富．1995. 农业昆虫学［M］．北京：中国农业科技出版社．
牟吉元，李照会，郑方强，等．1997. 苹果园主要害虫及天敌群落结构和生态控制的研究［J］．山东农业大学学报，28（3）：253-261.
牟吉元，徐洪富，李火苟．1997. 昆虫生态与农业害虫预测预报［M］．北京：中国农业科技出版社．
牟吉元，徐洪富，荣秀兰．1996. 普通昆虫学［M］．北京：中国农业出版社．
南开大学，中山大学，北京大学，等．1980. 昆虫学［M］．北京：人民教育出版社．
聂继合，等．1997. 果树二斑叶螨的研究进展［J］．中国果树（4）：46-47.
农业部发展南亚热带作物办公室．1998. 中国热带南亚热带果树［M］．北京：中国农业出版社．
农业部农药检定所．1998. 新编农药手册［M］．北京：中国农业出版社．
潘崇环．1999. 新编食用菌生产技术图解［M］．北京：中国农业出版社．
潘秀美，等．2001. 葱斑潜蝇生物学特性研究［J］．昆虫知识，38（5）：366-371.
庞雄飞，梁广文．1995. 害虫种群系统的控制［M］．广州：广东科技出版社．
蒲蛰龙．1994. 昆虫病理学［M］．广州：广东科技出版社．
朴春树．1998. 几种杀螨剂对二斑叶螨敏感种群毒力测定［J］．植物保护（5）：20-22.
朴永范．1998. 中国主要农作物害虫天敌种类［M］．北京：中国农业出版社．
朴永范，等．1999. 农作物有害生物可持续治理研究进展［M］．北京：中国农业出版社．
卿贵华，梁广文，黄寿山．2000. 叶菜类蔬菜害虫生态控制系统组建及其效益评价［J］．生态科学，19（1）：36-39.
沈阳农学院．1980. 蔬菜昆虫学［M］．北京：农业出版社．
师光禄，李连昌，张玉梅，等．1992. 枣树害虫的重要天敌——枣盲蛇蛉研究初报［J］．山西农业大学学报（增刊）：21-23.
师光禄，刘素琪，李捷，等．2000. 关于可持续调控枣树主要害虫的理论与实践探讨［G］．中国昆虫学会2000年年会论文集．
师光禄，刘贤谦，李捷，等．1997. 枣林梨圆蚧生物学及发生规律研究［J］．林业科学，33（2）：161-166.
师光禄，刘贤谦，李捷，等．1993. 枣黏虫幼虫空间格局及抽样技术研究［J］．农业科学集刊，10（1）：249-252.
师光禄，刘贤谦，李捷，等．1995. 枣黏虫自然种群生命表的研究［J］．林业科学，31（6）：521-527.
师光禄，刘贤谦，李连昌，等．1997. 枣步曲自然种群生命表的研究及其在测报上的应用［J］．林业科学，33（3）：234-240.
师光禄，刘贤谦，刘旭东，等．1999. 应用信性息素防治枣桃小食心虫的研究［M］．北京：中国农业出版社．
师光禄，刘贤谦，王满全，等．1998. 枣树昆虫群落结构及综合治理效应的研究［J］．林业科学，34（1）：58-64.
师光禄，刘贤谦，赵怀俭，等．1999. 枣黏虫信性息素对成虫行为的影响及控制作用的研究［J］．林业科学，35（2）：71-74.
师光禄，刘贤谦．1996. 中国核桃害虫［M］．北京：中国农业科技出版社．
师光禄，郑王义，党泽普，等．1994. 果树害虫［M］．北京：中国农业出版社．
苏建伟，等．2001. 浅谈害虫成虫防治技术［J］．昆虫知识，38（6）：36-40.

苏建亚，陆悦健．2000. 蔬菜病虫害防治［M］．南京：南京大学出版社．
谭美谦．1998. 二斑叶螨的发生特点及成灾原因［J］．中国果树（3）：46－47.
汤祊德．1977. 中国园林主要蚧虫［M］．沈阳：沈阳市园林科学研究所．
唐振华．1993. 农业害虫抗药性［M］．北京：中国农业出版社．
陶家驹．1990. 台湾省蚜虫志［M］．台北：台湾省立博物馆出版部．
陶家驹．1962—1970. 中国蚜虫志［M］．台北：台湾省立博物馆科学年刊．
田坤发，等．1998. 设施栽培中韭蛆的发生与防治［M］．北京：中国农业出版社．
汪世泽．1993. 昆虫研究法［M］．北京：中国农业出版社．
王凤葵，商鸿生，王树权，等．1996. 关中大蒜病虫害综合防治研究［G］．第三次全国农作物病虫害综合防治学术研讨会论文集．
王慧芙．1981. 中国经济昆虫志・螨目叶螨总科［M］．北京：科学出版社．
王瑞灿，孙企农．1999. 园林花卉病虫害防治手册［M］．上海：上海科学技术出版社．
王险峰．2000. 进口农药应用手册［M］．北京：中国农业出版社．
王子清．1980. 常见介壳虫鉴定手册［M］．北京：科学出版社．
王子清．1982. 中国农区的介壳虫［M］．北京：农业出版社．
魏鸿钧，等．1989. 中国地下害虫［M］．上海：上海科学技术出版社．
吴福祯．1990. 中国农业百科全书・昆虫卷［M］．北京：农业出版社．
吴菊芳，等．2001. 食用菌病虫螨害及防治［M］．北京：中国农业出版社．
吴孔明，陈晓峰．2000. 昆虫学研究进展［M］．北京：中国科技出版社．
吴振延．1995. 药用植物害虫［M］．北京：中国农业出版社．
仵均祥．2009. 农业昆虫学（北方本）［M］．第 2 版．北京：中国农业出版社．
西北农学院．1981. 农业昆虫学［M］．北京：农业出版社．
西北农学院农业昆虫学教研组．1972. 农业昆虫学原理［M］．咸阳：西北农学院．
西北农业大学．2000. 农业昆虫学［M］．第 2 版．北京：中国农业出版社．
夏凯龄，等．1994. 中国动物志・直翅目蝗总科［M］．北京：科学出版社．
萧采瑜，任树芝，郑乐怡，等．1981. 中国蝽类昆虫鉴定手册［M］．第 2 册．北京：科学出版社．
萧刚柔．1997. 拉英汉昆虫、蜱螨、蜘蛛、线虫名称［M］．北京：中国林业出版社．
萧刚柔．1992. 中国森林昆虫［M］．第 2 版．北京：中国林业出版社．
谢映平．1998. 山西林果主要蚧虫［M］．北京：中国林业出版社．
忻介六，杨庆爽，胡成业．1985. 昆虫形态分类学［M］．上海：复旦大学出版社．
忻介六．1988. 农业螨类学［M］．北京：农业出版社．
徐公天，陆庆轩．1999. 花卉病虫害防治图册［M］．沈阳：辽宁科学技术出版社．
徐明慧．1993. 园林植物病虫害防治［M］．北京：中国林业出版社．
徐汝梅．1987. 昆虫种群生态学［M］．北京：北京师范大学出版社．
徐树云，徐国淦，袁锋，等．2001. 中国烟草害虫防治［M］．北京：科学出版社．
徐文华，等．2000. 性信息素在棉铃虫综合治理中的作用研究［J］．植物保护，26（4）：23－25.
徐志宏，蒋平．2001. 板栗病虫害防治彩色图说［M］．杭州：浙江科学技术出版社．
轩静渊，等．1995. 黄斑露尾甲的生活史及虫口消长研究［J］．郑州粮食学院学报，16（1）：97－101.
杨集昆，程桂芳．1997. 中国新记录的辉蛾科及蔗扁蛾的新结构（鳞翅目：谷蛾总科）［J］．武夷科学，13：24－30.
杨集昆，张学敏．1985. 韭菜蛆的鉴定迟眼蕈蚊属二新种［J］．北京农业大学学报，11（2）：153－156.
姚康．1986. 仓库害虫及益虫［M］．北京：中国财政经济出版社．
易齐，等．2000. 保护地蔬菜病虫害防治手册［M］．北京：中国农业出版社．
印象初．1982. 中国蝗总科（Acridoidea）分类系统的研究［J］．高原生物学集刊（1）：69－99.

印象初 . 1995. 世界蝗虫近缘种名录及分布［M］. 北京：中国林业出版社 .
印象初 . 1984. 青藏高原的蝗虫［M］. 北京：科学出版社 .
英汉农业昆虫学词汇编辑委员会 . 1983. 英汉农业昆虫学词汇［M］. 北京：农业出版社 .
尤民生，王海川，杨广 . 1999. 农业害虫的持续控制［J］. 福建农业大学学报，28（4）：434-440.
于春海，徐祝封，等 . 1996. 中草药病虫害原色图谱［M］. 济南：山东科学技术出版社 .
袁锋 . 1998. 昆虫分类学［M］. 北京：中国农业出版社 .
袁锋 . 2001. 农业昆虫学［M］. 北京：中国农业出版社 .
曾庆存 . 1996. 自然控制论［J］. 科技导报，101：3-8.
曾赞安 . 2001. 香港有机农业展望——二十一世纪昆虫学与人类［G］. 第二届中国（海峡两岸）昆虫学学术讨论会论文摘要集 .
张宝棣 . 2002. 蔬菜病虫害原色图谱［M］. 广州：广东科技出版社 .
张昌辉，等 . 1984. 果树害虫预测预报［M］. 北京：农业出版社 .
张广学，钟铁森 . 1983. 中国经济昆虫志 · 同翅目 · 蚜虫类［M］. 北京：科学出版社 .
张广学 . 1999. 西北农林蚜虫志 · 同翅目 · 蚜虫类［M］. 北京：中国环境科学出版社 .
张履鸿 . 1993. 农业经济昆虫学［M］. 哈尔滨：哈尔滨船舶工程学院出版社 .
张润志，等 . 2001. 芒果象甲研究进展（鞘翅目 · 象虫科）［J］. 昆虫知识，38（5）：342-344.
张绍升，罗佳，林时迟，等 . 2004. 食用菌病虫害诊治图谱［M］. 福州：福建科学技术出版社 .
张生芳，刘永平，武增强 . 1998. 中国储藏物甲虫［M］. 北京：中国农业科技出版社 .
张孝羲 . 1985. 昆虫生态及预测预报［M］. 北京：农业出版社 .
张学敏，等 . 2000. 食用菌病虫害防治［M］. 北京：金盾出版社 .
章有为 . 1982. 中国北方常见金龟子种类检索表［J］. 植物保护（3）：27-32.
章宗江 . 1981. 果树害虫天敌［M］. 济南：山东科学技术出版社 .
赵怀谦，赵宏儒，等 . 1994. 园林植物病虫害防治手册［M］. 北京：中国农业出版社 .
赵美琦，曾士迈，吴仁杰 . 1990. 植保效益评估体系的初步探讨［J］. 植物保护学报，17（4）：289-296.
赵庆贺，庞震，龙淑文，等 . 1983. 山西省果树主要害虫及天敌图说［M］. 太原：山西省农业区划委员会 .
赵铁桥，译 . Sneath P H A，R R Numerical 著 . 1984. 数值分类学［M］. 北京：科学出版社 .
赵修复 . 1999. 害虫生物防治［M］. 第 3 版 . 北京：中国农业出版社 .
赵养昌，李鸿兴，高锦亚 . 1982. 中国仓库害虫区系调查［M］. 北京：农业出版社 .
赵养昌 . 1966，中国仓库害虫［M］. 北京：科学出版社 .
赵勇，李照会，许维岸 . 2002. 山东泰安地区美洲斑潜蝇及其寄生蜂消长规律的研究［J］. 昆虫天敌，24（4）：170-174.
浙江农业大学 . 1987. 农业昆虫学［M］. 第 2 版 . 上海：上海科学技术出版社 .
郑方强，李照会，等 . 1993. 中华草蛉幼虫对山楂红叶螨捕食作用的研究［G］. 昆虫学研究论文集 .
郑乐怡，归鸿 . 1999. 昆虫分类［M］. 南京：南京师范大学出版社 .
郑其春，等 . 1997. 食用菌主要病虫害及其防治［M］. 北京：中国农业出版社 .
郑哲民，夏凯龄，等 . 1998. 中国动物志（直翅目 · 蝗总科 · 斑翅蝗科、网翅蝗科）［M］. 北京：科学出版社 .
郑哲民，许文贤，等 . 1990. 陕西蝗虫［M］. 西安：陕西师范大学出版社 .
郑哲民 . 1993. 蝗虫分类学［M］. 西安：陕西师范大学出版社 .
郑哲民 . 1985. 云贵川陕宁地区的蝗虫［M］. 北京：科学出版社 .
植物病虫草鼠害防治大全编写组 . 1996. 植物病虫草鼠害防治大全［M］. 合肥：安徽科学技术出版社 .
中国科学院动物研究所 . 1983. 中国蛾类图鉴［M］. 北京：科学出版社 .
中国科学院动物研究所 . 1962. 中国经济昆虫志（半翅目：蝽科）［M］. 北京：科学出版社 .

中国科学院动物研究所．1987. 中国农业昆虫［M］．北京：农业出版社．
中国科学院中国动物志编辑委员会．1985. 中国经济昆虫志（半翅目）［M］．北京：科学出版社．
中国农业科学院果树研究所，柑橘研究所．1994. 中国果树病虫志［M］．第 2 版．北京：中国农业出版社．
中国农业科学院植物保护研究所．1979. 中国农作物病虫害［M］．北京：农业出版社．
中国农业科学院植物保护研究所．1996. 中国农作物病虫害［M］．第 2 版．北京：中国农业出版社．
中国农作物病虫图谱编绘组．1979. 中国农作物病虫图谱（贮粮害虫）［M］．北京：农业出版社．
中国中药材公司．1990. 中药材仓虫图册［M］．天津：天津科学技术出版社．
中山大学昆虫研究所，译．RL 梅特卡夫，W H 勒克曼，编．1984. 害虫管理引论［M］．北京：科学出版社．
钟觉民．1985. 昆虫分类图谱［M］．南京：江苏科学技术出版社．
钟觉民．1990. 幼虫分类学［M］．北京：农业出版社．
钟扬，李伟，黄德世．1994. 分支分类的理论与方法［M］．北京：科学出版社．
周明牂．1996. 农业昆虫学承启集［M］．北京：中国科学技术出版社．
周正西，王宝青．1999. 动物学［M］．北京：中国农业大学出版社．
祝长清，朱东明，尹新明．1999. 河南昆虫志·鞘翅目［M］．郑州：河南科学技术出版社．
A Earl Pritchard，Edward W. 1955. Baker，A Revision of the Spider Mite Family. Tetranychidae［M］. San Francisco：Pacific Coast Entomological Society.
Chapman R F. 1998. The Insects：Structure and Function［M］. 4th ed. Cambridge，MA：Harvard Univ. Press.
Crozier R H，Pamilo P K. 1995. Evolution of Social Insect Colonies［M］. Oxford：Oxford Univ. Press.
Daly H V，Doyen J T，et al. 1998. Introduction to Insect Biology and Diversity［M］. Oxford：Oxford Univ. Press.
Haines Young R，Green D R，Ccusins S H. 1993. Landscape Ecology and Geographic Information Systems［M］. London：Taylor & Francis.
Nijhouth F. 1994. Insect Hormones［M］. Princeton，NJ：Princeton Univ. Press.
Price P W. 2000. Insect Ecology［M］. 4th ed. New York：John Wiley & Sons.
Putman R J. 1995. Community Ecology［M］. London：Chapman & Hall.
Richards O W，Davies R G. 1977. Imm' s General Textbook of Entomology［M］. 10th ed. London：Chapman and Hall.
Samson F B，Knopf F L. 1996. Ecosystem Management：Selected Readings［M］. New York：Springer-Verlag Inc.
Shi-qiang，Robert J，Jacobson. 2000. Using Adult Female Morphological Characters for Differentiating Teranychus Urticae Complex（Acari：Tetranychidae）from Green-house Tomato Crops in UK［J］. Systematic & Applied Acarology（5）：69－76.

图书在版编目（CIP）数据

园艺植物昆虫学/李照会主编．—2版．—北京：中国农业出版社，2011.2（2024.12重印）
普通高等教育“十一五”国家级规划教材　全国高等农林院校“十一五”规划教材
ISBN 978-7-109-15347-9

Ⅰ.①园…　Ⅱ.①李…　Ⅲ.①园林植物－昆虫学－高等学校－教材　Ⅳ.①S436.8

中国版本图书馆 CIP 数据核字（2011）第 000158 号

中国农业出版社出版
（北京市朝阳区麦子店街 18 号楼）
（邮政编码 100125）
责任编辑　戴碧霞
文字编辑　田彬彬

三河市国英印务有限公司印刷　　新华书店北京发行所发行
2003 年 12 月第 1 版　　2011 年 3 月第 2 版
2024 年 12 月第 2 版河北第 9 次印刷

开本：787mm×1092mm 1/16　　印张：27.5
字数：683 千字
定价：67.00 元